洪錦魁簡介

2023 年和 2024 年連續 2 年獲選博客來 10 大暢銷華文作家，多年來唯一電腦書籍作者獲選，也是一位跨越電腦作業系統與科技時代的電腦專家，著作等身的作家，下列是他在各時期的代表作品。

- DOS 時代：「IBM PC 組合語言、Basic、C、C++、Pascal、資料結構」。
- Windows 時代：「Windows Programming 使用 C、Visual Basic」。
- Internet 時代：「網頁設計使用 HTML」。
- 大數據時代：「R 語言邁向 Big Data 之路」。
- AI 時代：「機器學習 Python 實作、AI 視覺」。
- 通用 AI 時代：「ChatGPT、Copilot、無料 AI、AI(職場、行銷、影片、賺錢術)」。

作品曾被翻譯為簡體中文、馬來西亞文，英文，近年來作品則是在北京清華大學和台灣深智同步發行：

1：C、Java、Python、C#、R 最強入門邁向頂尖高手之路王者歸來

2：Python 網路爬蟲 / 影像創意 / 演算法邏輯思維 / 資料視覺化 - 王者歸來

3：網頁設計 HTML+CSS+JavaScript+jQuery+Bootstrap+Google Maps 王者歸來

4：機器學習基礎數學、微積分、真實數據、專題 Python 實作王者歸來

5：Excel 完整學習、Excel 函數庫、AI 助攻學 Excel VBA 應用王者歸來

6：Python x AI 辦公室自動化之路

7：Power BI 最強入門 – AI 視覺化 + 智慧決策 + 雲端分享王者歸來

8：無料 AI、AI 職場、AI 行銷、AI 繪圖、AI 創意影片的作者

他的多本著作皆曾登上天瓏、博客來、Momo 電腦書類，不同時期暢銷排行榜第 1 名，他的著作特色是，所有程式語法或是功能解說會依特性分類，同時以實用的程式範例做說明，不賣弄學問，讓整本書淺顯易懂，讀者可以由他的著作事半功倍輕鬆掌握相關知識。

AI 視覺
最強入門邁向頂尖高手
王者歸來
序

在數位時代快速演進的浪潮中，「AI 視覺」已從過往的技術領域，躍升為改變人類生活、工作與創作方式的關鍵力量。從手機拍照的即時濾鏡、臉部辨識解鎖，到自動駕駛車輛的車道偵測、攝影機偵測臉部或是我們的肢體動作，影像處理與人工智慧的結合，正在以驚人的速度改寫我們所熟知的世界。

多次與教育界的朋友聊天，一致感覺目前國內缺乏這方面完整敘述的書籍，這也是筆者撰寫這本書的動力。而這本《AI 視覺最強入門邁向頂尖高手之路王者歸來》正是為了幫助更多人踏入並精進這一領域而撰寫。這本書籍雖是用「AI 視覺」為標題，但是採用從認識影像原理說起，然後介紹影像創意、動態影像（GIF、MP4 或 AVI）與 AI 視覺。

其實一幅影像要做分析，讓電腦認知影像本質，牽涉許多複雜的數學運算，所幸 OpenCV 已經將這些複雜的數學運算封裝在一個個的函數內，讓整個學習變的簡化與容易許多。然而學習一個知識如果只是會呼叫函數，不了解函數內部數學原理，所設計的程式只是空洞沒有靈魂的程式碼，為此筆者在撰寫這本書除了採用當下最熱門的 Python 程式語言，同時採用 3 個步驟說明。

1：數學原理。

2：演算法邏輯流程。

3：套用 OpenCV × MediaPipe × Python 講解 AI 視覺的實例程式設計。

當讀者遵循這步驟學習時，相信所設計的物件就是一個帶有靈魂與智慧的程式碼了，本書特色與內容如下：

- 完整解說操作 OpenCV 需要的 Numpy 知識
- 影像讀取、輸出與儲存
- 認識色彩空間 BGR、RGB、HSV 與平滑色彩技術

- 建立藝術畫作、閃爍的星空
- 影像計算與影像的位元運算
- 重複曝光、負片影像技術
- 影像加密與解密
- 建立靜態與動態影像、打破 OpenCV 限制建立中文字輸出函數
- 設計 GIF、MP4 與聚光燈視角 (Spotlight View) 影片設計
- 動態閾值展示影像處理過程
- 數位情報員、深藏在影像的情報秘密
- 數位浮水印、版權所有翻譯必究
- 影像幾何變換、翻轉、仿射、透視、重映射與創作波浪效果動畫
- 影像遮罩與影像濾波器
- 認識卷積
- 認識與刪除影像雜質
- 數學形態學、腐蝕、膨脹、開運算、閉運算、禮帽運算、黑帽運算
- 從影像梯度到內部圖形的邊緣偵測
- 影像金字塔 – 老照片的修復
- 影像輪廓特徵與匹配 – 建立創意字型
- 輪廓的擬合、凸包與幾何測試 – 輪廓用動畫展示
- 醫學應用器官影像的徵 – 用動畫展示
- 霍夫變換 (Hough Transform) 與直線檢測
- 從靜態圖片駕駛車道檢測技術到動態車道檢測影片
- 直方圖、增強影像對比度、修復太曝或太黑影像、去霧處理
- 聚光效果的影像增強技術
- 模板匹配、找尋距離最近的機場、找尋某區域高山數量
- 傅立葉變換的方法與意義、空間域與頻率域的切換
- 傅立葉變換 – 清晰前景與夢幻背景影像設計
- 分水嶺演算法執行複雜圖像，例如：車道與人群分割
- 前景影像擷取 – 模糊與更換背景
- 影像或舊照片修復 – 搶救蒙娜麗莎的微笑
- 辨識手寫數字
- OpenCV 的攝影功能、活用拍照與錄影
- 應用 OpenCV 內建的哈爾 (Haar) 特徵階層式分配器
- 偵測人臉、身體、眼睛、貓臉、俄羅斯車牌

- 設計自己的哈爾爾偵測分配器、影用在偵測台灣汽車車牌
- 人臉辨識原理與應用 – 攝影機與人臉辨識專題
- 專題實作 AI 監控系統設計
- 執行車牌辨識
- MediaPipe 模組剪刀、石頭與布的專題，這是 AI 與人機互動的實作

撰寫這本書的初衷，在於希望讀者不僅能夠「學會」各種影像處理與 AI 視覺技術，更能透過這些案例實踐與程式碼範例，激發屬於自己的想像與創造力。每個章節都嘗試在理論、程式實例與實際應用之間取得平衡，讓初學者能夠無痛入門，也讓已具備一定基礎的工程師和設計師能夠進一步精進並開發更具創意的專案。

願本書能陪伴你在 AI 視覺的道路上穩健成長，從入門邁向頂尖高手，最終以王者之姿歸來，將創意與技術的火花帶到日常生活與工作領域，推動更智慧、更美好的未來。編著本書雖力求完美，但是學經歷不足，謬誤難免，尚祈讀者不吝指正。

洪錦魁 2025/02/15

jiinkwei@me.com

教學資源說明

教學資源有教學投影片、本書實例與習題解答，內容超過 1500 頁。

如果您是學校老師同時使用本書教學，歡迎與本公司聯繫，本公司將提供教學投影片。請老師聯繫時提供任教學校、科系、Email、和手機號碼，以方便深智數位股份有限公司業務單位協助您。

臉書粉絲團

歡迎加入：王者歸來電腦專業圖書系列

歡迎加入：MQTT 與 AIoT 整合應用

歡迎加入：iCoding 程式語言讀書會 (Python, Java, C, C++, C#, JavaScript, 大數據 , 人工智慧等不限)，讀者可以不定期獲得本書籍和作者相關訊息。

歡迎加入：穩健精實 AI 技術手作坊

讀者資源說明

請至本公司網頁 https://deepwisdom.com.tw 下載本書程式實例與習題所需的影像素材檔案。

目錄

第 1 章　影像的讀取、顯示與儲存

第 2 章　認識影像表示方法

第 3 章　學習 OpenCV 需要的 Numpy 知識

第 4 章 認識色彩空間到藝術創作

第 5 章 妙手空空建立影像

第 6 章 影像處理的基礎知識

第 7 章 從靜態到動態的繪圖功能

第 8 章 影像計算邁向影像創作

第 9 章　閾值處理邁向數位情報

第 10 章　影像的幾何變換

第 11 章 影像降噪與平滑技術

第 12 章　數學形態學

第 13 章　影像梯度與邊緣偵測

第 14 章　影像金字塔

第 15 章 輪廓的檢測與匹配

第 16 章 輪廓擬合與凸包的相關應用

第 17 章 輪廓的特徵

第 18 章　自動駕駛車道檢測

第 19 章　直方圖均衡化 - 增強影像對比度

第 20 章　模板匹配 Template Matching

第 23 章　影像擷取

第 24 章　影像修復 - 搶救蒙娜麗莎的微笑

第 25 章　辨識手寫數字

第 26 章 OpenCV 的攝影功能

第 27 章 認識物件偵測原理與資源檔案

第 28 章 攝影機與人臉檔案

第 29 章 人臉辨識

第 30 章 建立哈爾特徵分類器 - 車牌辨識

第 31 章 車牌辨識

第 32 章 MediaPipe 手勢偵測與應用解析

附錄 A OpenCV 函數、名詞與具名常數索引表

第一章

影像的讀取、顯示與儲存

1-0　建議閱讀書籍

1-1　程式導入 OpenCV 模組

1-2　讀取影像檔案

1-3　顯示影像與關閉影像視窗

1-4　儲存影像

這本書的主題是「AI 視覺」，內容會有數學原理、影像構成、演算法邏輯。此外，也會介紹 Python 的 OpenCV 與 MediaPipe 模組，最後設計 AI 視覺相關應用。OpenCV 的全名是 Open Source Computer Vision Library，這一章將從 OpenCV 最基礎的認識影像說起，讀者可以將影像想成圖片，本章將講解下列知識：

1：讀取影像。

2：顯示影像。

3：儲存影像。

4：認識影像的屬性。

1-0 建議閱讀書籍

這本書主要是講解使用 Python 搭配 OpenCV 模組，完整講解影像處理至 AI 視覺的知識，建議讀者要有 Python 基礎知識。同時 OpenCV 是使用 Numpy 模組的陣列觀念處理影像的檔案，所以也建議要有 Numpy 的基礎知識，建議讀者可以參考下列書籍獲得這些知識。

這本書的第 1、2 與 3 版皆曾經獲得博客來銷售排行榜的第 1 名。

1-1 程式導入 OpenCV 模組

1-1-1　安裝主要模組

在使用 OpenCV 前，需要安裝 OpenCV，語法如下：

```
py -version -m pip install opencv-python
```

「-version」是 Python 的版本，假設 OpenCV 是安裝在 Python 3.12，則此處是「-3.12」，上述所敘述是安裝 opencv-python 的主要模組。

1-1-2 擴展模組安裝

Opencv-python 除了有主要模組，另外有擴展模組，擴展模組包含一些含專利需要收費的演算法，以及目前尚在測試的演算法 (這些測試的演算法在穩定後未來也會併入主要模組)，如果想要一起安裝，可以執行下列指令安裝。

```
py -version –m pip install opencv-contrib-python
```

「-version」是 Python 的版本編號。可參考前一小節。

1-1-3 導入模組

設計的程式，需要在使用前用 import 指令導入 OpenCV 模組。

```
import cv2
```

1-1-4 OpenCV 版本

截至目前，OpenCV 的最新正式版本是 4.10.0，於 2024 年 6 月 3 日發布。

此外，OpenCV 於 2024 年 12 月 5 日發布了 5.0.0-alpha 版本，這是一個技術預覽版，屬於新一代 OpenCV 的測試版本。

注意事項：

- 穩定版本：建議在生產環境中使用最新穩定版本（如 4.10.0），以確保功能的穩定性與完整性。
- 測試版本：5.0.0-alpha 主要用於預覽和測試新功能，可能不適合用於生產環境。

若您對 OpenCV 5.0.0 的新特性感興趣，可以在測試環境中嘗試使用，但需注意潛在的不穩定性。我們可以用下列程式了解目前 OpenCV 的版本。

```
>>> import cv2
>>> print(cv2.__version__)
    4.10.0
>>>
```

1-2 讀取影像檔案

1-2-1 影像讀取 imread( ) 的語法

OpenCV 讀取影像檔案是使用 imread( ) 函數，此函數的語法如下：

```
image = cv2.imread(path, flag)                # 回傳的 image 是影像物件
```

- 上述 imread( ) 函數有回傳值 image，所回傳的是讀取到的物件。如果讀取失敗，則回傳值是 None，常見的錯誤是影像物件名稱或路徑錯誤。
- 第 1 個參數 path 是指含路徑的影像檔案，如果省略路徑就是指目前工作的資料夾。
- 第 2 個參數 flag 是可選參數，可以稱是影像旗標，這是具名常數主要是說明讀取影像檔案的類型。如果有省略，表示依原影像格式讀取。

具名常數	值	說明
IMREAD_UNCHANGED	-1	依原影像讀取圖像，保留 alpha 透明度通道。
IMREAD_GRAYSCALE	0	將影像轉為灰階再讀取。
IMREAD_COLOR	1	將影像轉為三通道 BGR 彩色再讀取。
IMREAD_ANYDEPTH	2	當影像有 16 位或 32 位時，回傳相對應深度的影像。否則，將影像轉為 8 位。
IMREAD_ANYCOLOR	4	以所有可能的顏色讀取影像。
IMREAD_LOAD_GDAL	8	使用 GDAL（Geospatial Data Abstraction Library）驅動程式讀取影像。這個選項主要用於讀取地理空間相關的圖像文件，例如 GeoTIFF、HDR、ECW 等格式。
IMREAD_REDUCED_GRAYSCALE_2	16	將影像轉為灰階，同時縮小至原先的 1/2。
IMREAD_REDUCED_COLOR_2	17	將影像轉為三通道 BGR 彩色，同時縮小至原先的 1/2。
IMREAD_REDUCED_GRAYSCALE_4	32	將影像轉為灰階，同時縮小至原先的 1/4。
IMREAD_REDUCED_COLOR_4	33	將影像轉為三通道 BGR 彩色，同時縮小至原先的 1/4。
IMREAD_REDUCED_GRAYSCALE_8	64	將影像轉為灰階，同時縮小至原先的 1/8。
IMREAD_REDUCED_COLOR_8	65	將影像轉為三通道 BGR 彩色，同時縮小至原先的 1/8。
IMREAD_IGNORE_ORIENTATION	128	不以 EXIF 方向旋轉影像。

註　引用上述常數時左邊需要加上 cv2，可以參考 ch1_1.py 第 4 列。

程式實例 ch1_1.py：觀察讀取檔案的回傳值，由於 ch1 資料夾內沒有 none.jpg，所以讀取時回傳值是 NoneType。

```
1  # ch1_1.py
2  import cv2
3
4  img1 = cv2.imread("jk.jpg")                    # 讀取影像
5  print(f"成功讀取 : {type(img1)}")
6  img2 = cv2.imread("none.jpg")                  # 讀取影像
7  print(f"讀取失敗 : {type(img2)}")
```

執行結果

```
==================== RESTART: D:\OpenCV_Python\ch1\ch1_1.py ====================
成功讀取 : <class 'numpy.ndarray'>
讀取失敗 : <class 'NoneType'>
```

1-2-2 可讀取的影像格式

OpenCV 的 cv2.imread( ) 可以讀取的常見影像格式有下列幾種。

- Windows 的點陣圖：*.bmp。
- JPEG 格式圖：*.jpg、*.jpeg、*.jpe。
- TIFF 格式圖：*.tiff、*.tif。
- PNG 格式圖：PNG 是 Portable Network Graphics 的縮寫，*.png。

此外，OpenCV 也支援讀取或輸出（建立）GIF、MP4 或 AVI 影片檔案。

1-3 顯示影像與關閉影像視窗

OpenCV 有提供幾個與顯示影像有關的函數，下列將一一解說。

1-3-1 使用 OpenCV 顯示影像

OpenCV 可以使用 cv2.imshow( ) 將讀取的影像物件顯示在 OpenCV 視窗內，此函數的使用格式如下：

```
cv2.imshow(window_name, image)
```

- window_name：是未來要顯示的視窗標題名稱。
- image：是指要顯示的影像物件。

上述 imshow( ) 函數實際上是執行下列 2 個步驟：

1：建立標題是 window_name 的視窗，所建立的視窗無法更改大小。

2：將 image 影像物件在 window_name 視窗顯示。

程式實例 ch1_2.py：顯示影像。

```
1  # ch1_2.py
2  import cv2
3
4  img = cv2.imread("jk.jpg")                    # 讀取影像
5  cv2.imshow("MyPicture", img)                  # 顯示影像
```

執行結果

如果要關閉上述影像視窗，可以按右上方的關閉鈕。

1-3-2　關閉 OpenCV 視窗

將影像顯示在 OpenCV 視窗後，若是想刪除視窗可以使用下列函數。

```
cv2.destroyWindow(window_name)            # 刪除單一所指定的視窗
cv2.destroyAllWindows( )                  # 刪除所有 OpenCV 的影像視窗
```

程式實例 ch1_3.py：影像閃一下隨即關閉的應用。

```
1  # ch1_3.py
2  import cv2
3
4  img = cv2.imread("jk.jpg")                    # 讀取影像
5  cv2.imshow("MyPicture", img)                  # 顯示影像
6  cv2.destroyWindow("MyPicture")                # 關閉視窗
```

執行結果　影像閃一下隨即關閉。

上述第 5 列顯示影像，第 6 列是關閉影像，所以造成影像閃一下隨即關閉。

1-3-3 等待按鍵的事件

OpenCV 的 cv2.waitKey( ) 函數會等待按鍵事件，語法如下：

```
ret_key = cv2.waitKey(delay)
```

- ret_key：是回傳值，如果在指定時間沒有按下鍵盤的鍵，則回傳值是 -1。如果有按下鍵盤的鍵，則回傳值是按鍵的 ASCII 碼。常見於偵測鍵盤按鍵，對應的 ASCII 碼值如下：

  Enter：13　　Esc：27　　Backspace：8　　Space：32

- delay：單位是毫秒，每 1000 毫秒等於 1 秒。

使用 OpenCV 顯示影像時可以使用 cv2.waitKey(delay) 設定影像顯示的時間，或是在顯示時間內按鍵盤的任意鍵，也可以讓 cv2.waitKey( ) 函數執行結束。若是 delay=0 或是省略，代表無限期等待。若是設為 delay=1000 相當於有等待 1 秒的效果。

程式實例 ch1_4.py：讓影像持續顯示，直到按下鍵盤任意鍵。

```
1  # ch1_4.py
2  import cv2
3
4  img = cv2.imread("jk.jpg")                      # 讀取影像
5  cv2.imshow("MyPicture", img)                    # 顯示影像
6  ret_value = cv2.waitKey(0)                      # 無限等待
7  cv2.destroyWindow("MyPicture")                  # 關閉視窗
```

執行結果 這個程式會持續顯示 jk.jpg，直到按下鍵盤任意鍵。

程式實例 ch1_5.py：讓影像顯示 5 秒或是有鍵盤按鍵發生，最後列出 waitKey( ) 函數的回傳值。

```
1  # ch1_5.py
2  import cv2
3
4  img = cv2.imread("jk.jpg")                      # 讀取影像
5  cv2.imshow("MyPicture", img)                    # 顯示影像
6  ret_value = cv2.waitKey(5000)                   # 等待 5 秒
7  cv2.destroyWindow("MyPicture")                  # 關閉視窗
8  print(f"ret_value = {ret_value}")
```

執行結果 影像顯示結果可以參考 ch1_2.py。下方左圖是等待 5 秒沒有按鍵發生的 Python Shell 視窗結果，下方右圖是直接按鍵盤 e 的結果。

```
======================
ret_value = -1
```

```
======================
ret_value = 101
```

註 執行此程式時，請讓系統以英文輸入模式或是英文 (美國) 鍵盤，才可以測試鍵盤按鍵的輸入。

如果輸入是一般鍵盤鍵，可以使用 ret_value == ord(key) 判斷是否是按了特定的鍵盤字元。

程式實例 ch1_5_1.py：讓影像持續顯示，直到按下鍵盤的 q 或 Q 鍵。

```
1    # ch1_5_1.py
2    import cv2
3
4    img = cv2.imread("jk.jpg")                    # 讀取影像
5    cv2.imshow("MyPicture", img)                  # 顯示影像
6    while True:
7        ret_value = cv2.waitKey(1)                # 每毫秒檢查一次按鍵
8        if ret_value == ord('Q') or ret_value == ord('q'):
9            break
10   cv2.destroyAllWindows()
```

執行結果 這個程式會持續顯示 jk.jpg，直到按下 q 或 Q 鍵。

1-3-4 建立 OpenCV 影像視窗

使用 OpenCV 的 imshow( ) 函數顯示影像時，預設系統會建立一個影像視窗，這個預設所建立的影像視窗，視窗大小是固定，無法更改。不過 OpenCV 也有提供 namedWindow( ) 建立未來要顯示影像的視窗，它的語法如下：

```
cv2.namedWindow(window_name, flag)
```

- window_name：是未來要顯示的視窗名稱。
- flag：是指視窗旗標參數，可能值如下：

■ WINDOW_NORMAL：如果設定，使用者可以自行調整視窗大小。

■ WINDOW_AUTOSIZE：系統將依影像調整視窗大小，使用者無法調整視窗大小，這是預設。

■ WINDOW_OPENGL：將以 OpenGL 支援方式開啟視窗。

程式實例 ch1_6.py：以彩色和灰階顯示影像的應用，其中彩色的 OpenCV 視窗無法調整視窗大小，灰階的 OpenCV 視窗則可以調整視窗大小。同時分別使用 1-3-2 節所述的 destroyWindow( ) 和 destroyAllWindows( ) 函數關閉視窗。

```
1  # ch1_6.py
2  import cv2
3  cv2.namedWindow("MyPicture1")                          # 使用預設
4  cv2.namedWindow("MyPicture2", cv2.WINDOW_NORMAL)       # 可以調整大小
5  img1 = cv2.imread("jk.jpg")                            # 彩色讀取
6  img2 = cv2.imread("jk.jpg", cv2.IMREAD_GRAYSCALE)      # 灰色讀取
7  cv2.imshow("MyPicture1", img1)                         # 顯示影像img1
8  cv2.imshow("MyPicture2", img2)                         # 顯示影像img2
9  cv2.waitKey(3000)                                      # 等待3秒
10 cv2.destroyWindow("MyPicture1")                        # 刪除MyPicture1
11 cv2.waitKey(8000)                                      # 等待8秒
12 cv2.destroyAllWindows()                                # 刪除所有視窗
```

執行結果 下列右邊視窗可以調整大小。

上述程式第 6 列，cv2.IMREAD_GRAYSCALE 也可以使用 0 代替，讀者可以參考 ch1_6_1.py，可以獲得一樣的結果。

```
6  img2 = cv2.imread("jk.jpg", 0)                         # 灰色讀取
```

1-4 儲存影像

OpenCV 可以使用 imwrite( ) 儲存影像，它的使用語法如下：

ret = cv2.imwrite(path, image)

- 第 1 個參數 path 是保存儲存結果的影像檔案名稱，此名稱含路徑，如果省略路徑就是指目前工作的資料夾。此外，除了可以使用相同的影像格式儲存外，也可以使用不同的影像格式儲存影像檔案，例如：jpg、tiff、png … 等。
- 第 2 個參數 image 是要儲存的影像物件。

如果儲存影像成功會回傳 True，否則回傳 False。

程式實例 ch1_7.py：將 jk.jpg 儲存成 out1_7_1.tiff 和 out1_7_2.png。

```
1  # ch1_7.py
2  import cv2
3  cv2.namedWindow("MyPicture")                      # 使用預設
4  img = cv2.imread("jk.jpg")                        # 彩色讀取
5  cv2.imshow("MyPicture", img)                      # 顯示影像img
6  ret = cv2.imwrite("out1_7_1.tiff", img)  # 將檔案寫入out1_7_1.tiff
7  if ret:
8      print("儲存檔案成功")
9  else:
10     print("儲存檔案失敗")
11 ret = cv2.imwrite("out1_7_2.png", img)   # 將檔案寫入out1_7_2.png
12 if ret:
13     print("儲存檔案成功")
14 else:
15     print("儲存檔案失敗")
16 cv2.waitKey(3000)                                 # 等待3秒
17 cv2.destroyAllWindows()                           # 刪除所有視窗
```

執行結果　可以在 ch1 資料夾看到下列影像檔案。

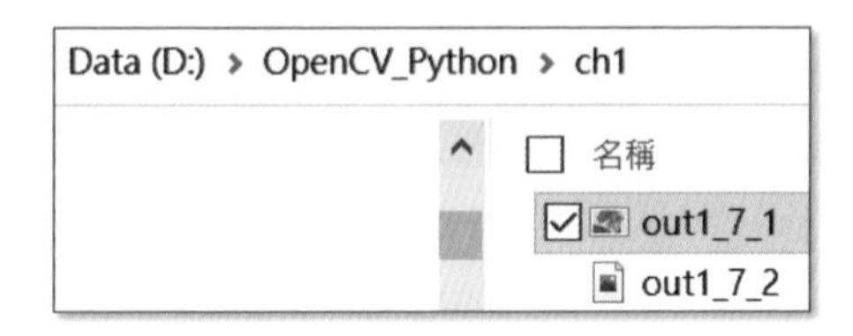

習題

1： 分別以彩色和灰階讀取自己的影像，筆者使用 jk.jpg，在螢幕顯示，同時以下列方式儲存。

用 jk_color.bmp 檔案名稱：彩色儲存。

用 jk_gray.jpg 檔案名稱：灰階儲存。

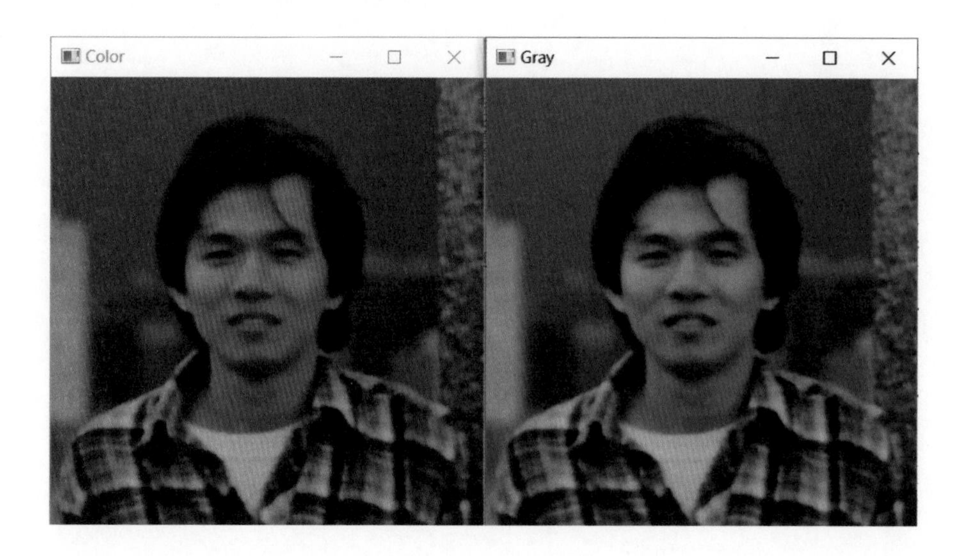

第二章
認識影像表示方法

這一章將從最簡單的影像表示法說起，然後再解說影像的屬性。

2-1 位元影像表示法

有一個位元影像圖如下，下圖是 12 x12 點字的矩陣，所代表的是英文字母 H：

上述每一個方格稱像素，每個圖像的像素點是由 0 或 1 組成，如果像素點是 0 表示此像素是黑色，如果像素點是 1 表示此像素點是白色。在上述觀念下，我們可以用下列表示電腦儲存此英文字母的方式。

0	0	0	0	0	0	0	0	0	0	0	0
0	1	1	1	1	0	0	1	1	1	1	0
0	0	1	1	0	0	0	0	1	1	0	0
0	0	1	1	0	0	0	0	1	1	0	0
0	0	1	1	0	0	0	0	1	1	0	0
0	0	1	1	1	1	1	1	1	1	0	0
0	0	1	1	0	0	0	0	1	1	0	0
0	0	1	1	0	0	0	0	1	1	0	0
0	0	1	1	0	0	0	0	1	1	0	0
0	0	1	1	0	0	0	0	1	1	0	0
0	1	1	1	1	0	0	1	1	1	1	0
0	0	0	0	0	0	0	0	0	0	0	0

因為每一個像素是由 0 或 1 組成，所以稱上述為位元影像表示法。

2-2 GRAY 色彩空間

2-1 節使用位元影像表示圖像，雖然很簡單，缺點是無法很精緻的表示整個影像。

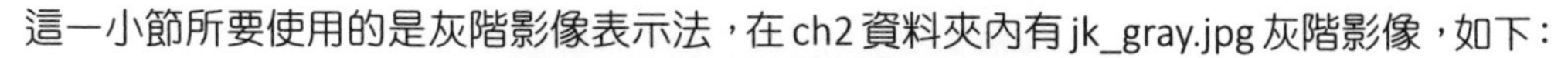

這一小節所要使用的是灰階影像表示法，在 ch2 資料夾內有 jk_gray.jpg 灰階影像，如下：

上述圖雖然也稱黑白影像，但是在黑與白色之間多了許多灰階色彩，因此整個影像相較於位元影像細膩許多。在電腦科學中灰階影像有 256 個等級，使用 0 ~ 255 代表灰階色彩的等級，其中 0 代表純黑色，255 代表純白色。這 256 個灰階等級剛好可以使用 8 個位元 (Bit) 表示，相當於是一個位元組 (Byte)，下列是 10 進制數值與灰階色彩表。

10進位值	灰階色彩實例
0	
32	
64	
96	
128	
160	
192	
224	
255	

若是使用上述灰階色彩，可以使用一個二維陣列代表一個影像，我們將這類色彩稱 GRAY 色彩空間。了解電腦處理上述灰階色彩原理後，對於 2-1 節位元影像表示法中，可以使用 0 代表黑色，255 代表白色的像素。

2-3 RGB 色彩空間

在影像色彩的觀念中，最常應用的觀念是以 RGB 色彩觀念處理彩色影像，我們稱此為 RGB 色彩空間。在這個觀念中所有色彩可以使用 R(Red) 紅色、G(Green) 綠色和 B(Blue) 藍色依照不同比例組成，一般也稱此為三原色，我們又稱此為 R 通道 (channels)、G 通道和 B 通道。這 3 個通道的值是在 0 ~ 255 之間。

註 Channels 本書翻譯為通道，也有文章翻譯為色版。

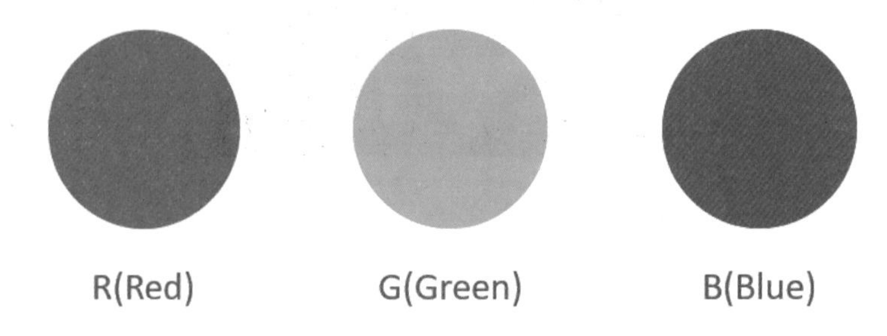

2-3-1 由色彩得知 RGB 通道值

有一個配色工具網站如下：

https://materialui.co/colors

讀者進入網站後可以任點一個色彩，視窗右上方可以看到此色彩的 R 通道、G 通道與 B 通道值。

2-3-2 使用 RGB 通道值獲得色彩區塊

其實 Office 內就有功能可以讓我們輸入 R、G、B 通道值，就可以獲得色彩區塊。在 Excel 視窗環境，執行常用 / 儲存格 / 格式 / 儲存格格式，出現設定儲存格格式對話方塊，選擇填滿標籤，點選其他色彩鈕。

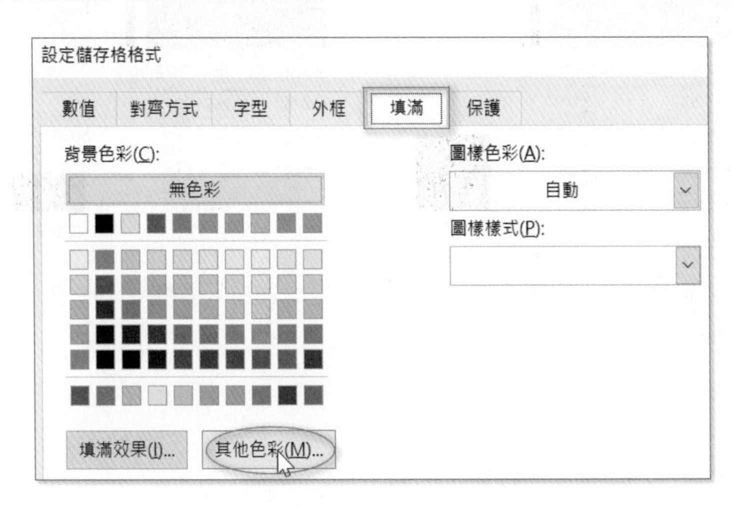

出現色彩對話方塊，請點選自訂標籤，這時可以看到下列對話方塊。

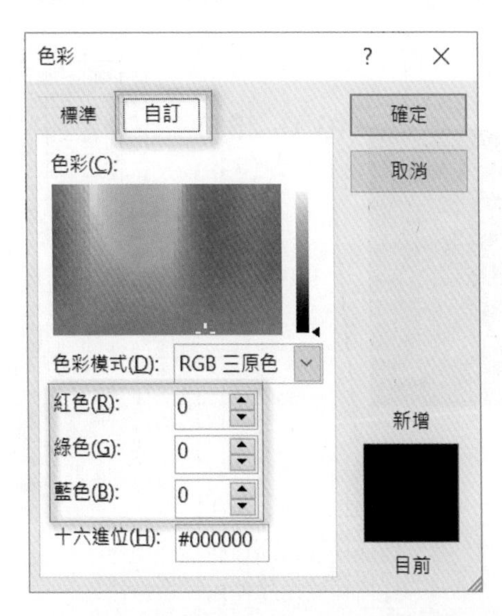

使用者可以在紅色 (R)、綠色 (G)、藍色 (B) 欄位輸入適當的色彩通道值，就可以看到新增的色彩區塊，可以參考上方右邊的結果。

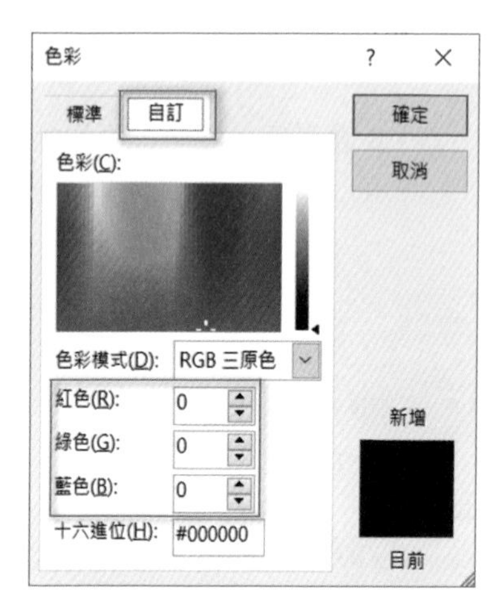

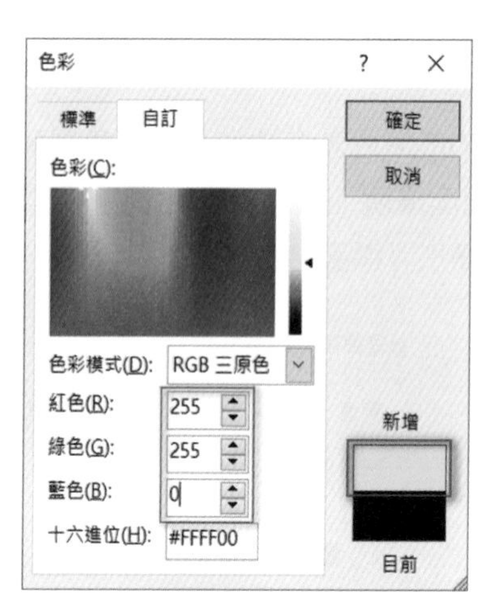

註 在 RGB 通道概念中，因為每個通道有 256(0 ~ 255) 種原色，有 3 個通道，所以可以組合得到下列顏色組合。

256 * 256 * 256 = 16777216

2-3-3 RGB 彩色像素的表示法

了解上述觀念後，我們也可以使用下列觀念代表一個 RGB 彩色像素。

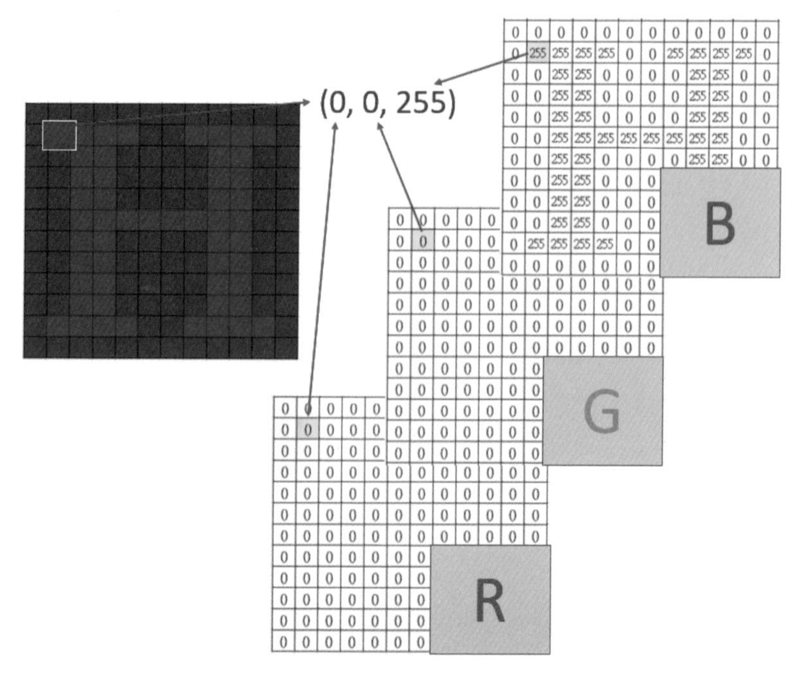

從上圖我們了解，可以用一個三維陣列代表一幅影像。

2-4 BGR 色彩空間

在傳統顏色通道的觀念中，RGB 通道的順序是 R -> G -> B，但是在 OpenCV 的顏色通道順序是 B -> G -> R，相當於下列順序觀念：

- 第 1 個顏色通道資料是 B。
- 第 2 個顏色通道資料是 G。
- 第 3 個顏色通道資料是 R。

這類的色彩觀念稱 BGR 色彩空間，這也是 OpenCV 所使用的色彩空間，2-6 節會有 BGR 色彩空間顏色通道值的實例解說。

2-5 獲得影像的屬性

第 1 章筆者有說明使用 imread( ) 函數讀取影像檔案，在資料處理過程我們必須瞭解影像的屬性，常用的屬性有下列幾種。

- shape 屬性：如果是灰階影像可以由這個屬性獲得影像像素的列數 (rows)、行數 (columns)。如果是彩色影像可以由這個屬性獲得影像像素的列數 (rows)、行數 (columns)、和通道數 (channels)。

註 對於灰階色彩而言，顏色的通道數是 1，shape 屬性則省略此部分。

- size 屬性：這個屬性的值是 " 列數 x 行數 x 通道數 "。
- dtype 屬性：這個屬性是回傳影像的資料類型。

程式實例 ch2_1.py：列印灰階影像的屬性值。

```
1  # ch2_1.py
2  import cv2
3
4  img = cv2.imread("jk.jpg", cv2.IMREAD_GRAYSCALE)    # 灰階讀取
5  print("列印灰階影像的屬性")
6  print(f"shape = {img.shape}")
7  print(f"size  = {img.size}")
8  print(f"dtype = {img.dtype}")
```

執行結果

```
=================== RESTART: D:/OpenCV_Python/ch2/ch2_1.py ===================
列印灰階影像的屬性
shape = (345, 342)
size  = 117990
dtype = uint8
```

如果現在使用 Windows 的小畫家開啟 jk.jpg 檔案，可以看到下列結果。

x = 0, y = 0
X
y = 345
x = 342, y = 345
x = 342
342 × 345像素
y
x = 342, y = 345

在上述小畫家中的狀態列可以看到 342 x 345 像素，這是座標軸的觀念用 (x, y) 代表像素。但是 OpenCV 是使用 (y, x) 方式回傳像素資料。

程式 ch2_1.py 執行結果，size 回傳是 117990，這是 345 x 342 的結果。

程式 ch2_1.py 執行結果，dtype 回傳的資料類型是 uint8，這是 Numpy 模組的資料類型，表示 8 位元無號整數，值在 0 ~ 255 之間。

程式實例 ch2_2.py：列印彩色影像的屬性值。

```
1  # ch2_2.py
2  import cv2
3
4  img = cv2.imread("jk.jpg")                     # 彩色讀取
5  print("列印彩色影像的屬性")
6  print(f"shape = {img.shape}")
7  print(f"size  = {img.size}")
8  print(f"dtype = {img.dtype}")
```

執行結果

```
==================== RESTART: D:/OpenCV_Python/ch2/ch2_2.py ====================
列印彩色影像的屬性
shape = (345, 342, 3)
size  = 353970
dtype = uint8
```

上述 size 的回傳值是 353970，這是 345 x 342 x 3 的結果。

2-6 像素的 BGR 值

滑鼠游標在小畫家的影像上移動，左下角可以看到滑鼠游標的座標，如下所示：

上述小畫家的右下角可以看到影像大小是 342 x 345 的影像，也就是說 x 軸大小是 342 像素，在 OpenCV 的座標觀念中，x 軸座標是在 0 ~ 341 之間。y 軸大小是 345 像素，在 OpenCV 的座標觀念中，y 軸座標是在 0 ~ 344 之間。

有了上述觀念，這一節將介紹讀取與修改特定像素座標的 BGR 值的方法。

2-6-1 讀取特定灰階影像像素座標的 BGR 值

參考 ch2_1.py 第 4 列，我們使用下列指令讀取影像。

```
img = cv2.imread("jk.jpg", cv2.IMREAD_GRAYSCALE)
```

假設想獲得 (169, 118) 的 BGR 值，註：這是採用 OpenCV 座標觀念，可以使用下列指令。

```
px = img[169, 118]
```

上述用灰階影像讀取時，回傳是 Numpy 模組的 uint8 資料類型。

程式實例 ch2_3.py：列出灰階影像 OpenCV 座標 (169, 118) 的 BGR 值，和此值的資料型態。

```
1  # ch2_3.py
2  import cv2
3
4  pt_y = 169
5  pt_x = 118
6  img = cv2.imread("jk.jpg", cv2.IMREAD_GRAYSCALE)     # 灰階讀取
7  px = img[pt_y, pt_x]                                 # 讀px點
8  print(type(px))
9  print(f"BGR = {px}")
```

執行結果

```
==================== RESTART: D:/OpenCV_Python/ch2/ch2_3.py ====================
<class 'numpy.uint8'>
BGR = 128
```

2-6-2　讀取特定彩色影像像素座標的 BGR 值

參考 ch2_2.py 第 4 列，我們使用下列指令讀取影像。

img = cv2.imread("jk.jpg")

假設想獲得 (169, 118) 的 BGR 值，註：這是採用 OpenCV 座標觀念，可以使用下列指令。

px = img[169, 118]

上述用彩色影像讀取時，回傳是 Numpy 模組的陣列資料類型 (numpy.ndarray)。

程式實例 ch2_4.py：列出彩色影像 OpenCV 座標 (169, 118) 的 BGR 值，和此值的資料型態。

```
1  # ch2_4.py
2  import cv2
3
4  pt_y = 169
5  pt_x = 118
6  img = cv2.imread("jk.jpg")          # 彩色讀取
7  px = img[pt_y, pt_x]                # 讀px點
8  print(type(px))
9  print(f"BGR = {px}")
```

執行結果　BGR 通道的值分別是 45、112、191。

```
==================== RESTART: D:\OpenCV_Python\ch2\ch2_4.py ====================
<class 'numpy.ndarray'>
BGR = [ 45 112 191]
```

除了上述方法，也可以一次獲得一個通道的值，方法如下。

```
blue = img[pt_y, pt_x, 0]          # B 通道值
green = img[pt_y, pt_x, 1]         # G 通道值
red = img[pt_y, pt_x, 2]           # R 通道值
```

程式實例 ch2_5.py：列出 OpenCV 座標 (169, 118) 的 BGR 通道個別值。

```
1  # ch2_5.py
2  import cv2
3
4  pt_y = 169
5  pt_x = 118
6  img = cv2.imread("jk.jpg")         # 彩色讀取
7  blue = img[pt_y, pt_x, 0]          # 讀 B 通道值
8  green = img[pt_y, pt_x, 1]         # 讀 G 通道值
9  red = img[pt_y, pt_x, 2]           # 讀 R 通道值
10 print(f"BGR = {blue}, {green}, {red}")
```

執行結果

```
================ RESTART: D:/OpenCV_Python/ch2/ch2_5.py ================
BGR = 45, 112, 191
```

2-6-3 修改特定影像像素座標的 BGR 值

先前實例可以使用下列方式獲得指定影像像素的 BGR 值。

```
px = img[169, 118]
```

假設我們想將更改指定影像像素的值，可以使用下列方式設定此值。

```
px = [blue, green, red]
```

程式實例 ch2_6.py：將 OpenCV 座標 (169, 118) 的 BGR 通道值設為 [255, 255, 255]，[255, 255, 255] 是白色效果。

```
1  # ch2_6.py
2  import cv2
3
4  pt_y = 169
5  pt_x = 118
6  img = cv2.imread("jk.jpg")         # 彩色讀取
7  px = img[pt_y, pt_x]               # 讀取 px 點
8  print(f"更改前BGR = {px}")
9  px = [255, 255, 255]               # 修改 px 點
10 print(f"更改後BGR = {px}")
```

執行結果

```
================ RESTART: D:/OpenCV_Python/ch2/ch2_6.py ================
更改前BGR = [ 45 112 191]
更改後BGR = [255, 255, 255]
```

上述修改了單一像素比較不容易看出來，下列實例筆者將修改一個區塊，讀者可以比較。

程式實例 ch2_7.py：將 jk.jpg 影像右下方設定 50 x 50 像素區間是白色。

```
1  # ch2_7.py
2  import cv2
3
4  img = cv2.imread("jk.jpg")        # 彩色讀取
5  cv2.imshow("Before the change", img)
6  for y in range(img.shape[0]-50, img.shape[0]):
7      for x in range(img.shape[1]-50, img.shape[1]):
8          img[y, x] = [255, 255, 255]
9  cv2.imshow("After the change", img)
10 cv2.waitKey(0)
11 cv2.destroyAllWindows()
```

執行結果

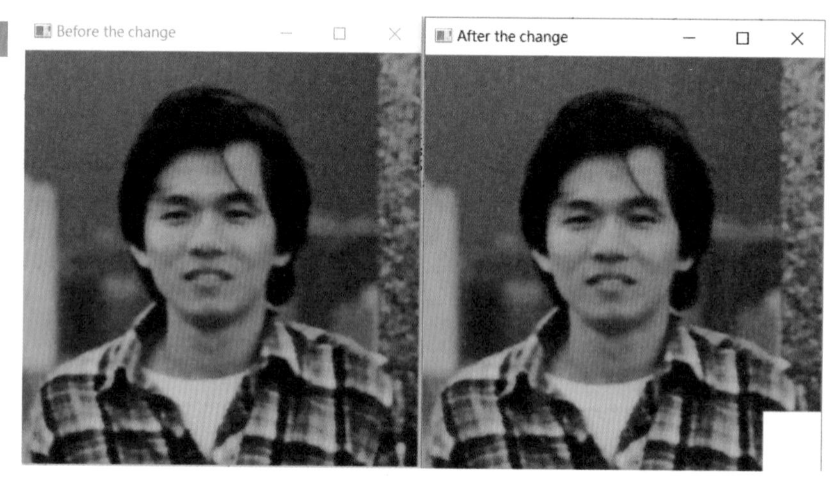

習題

1： 請調整 ch2_7.py，改為下方顯示黃色橫條。

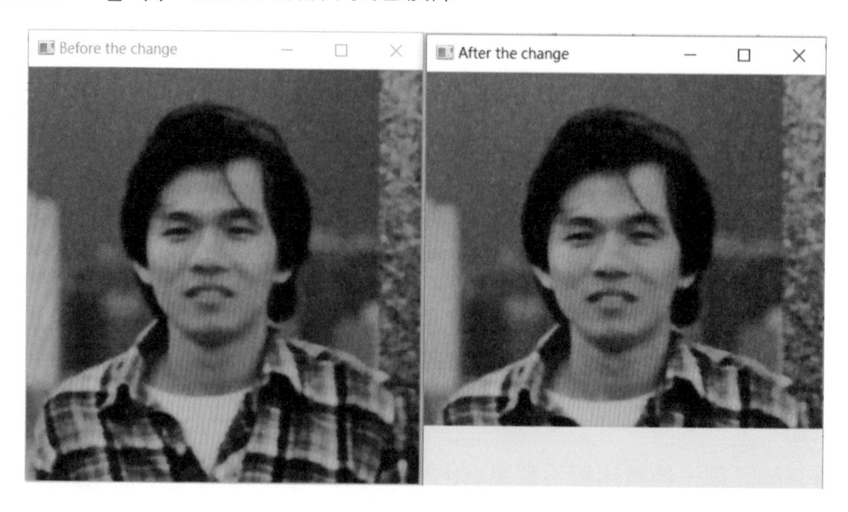

第三章

學習 OpenCV 需要的 Numpy 知識

Python 是一個應用範圍很廣的程式語言，雖然串列 (list) 和元組 (tuple) 可以執行一維陣列 (one-dimension array) 或是多維陣列 (multi-dimension array) 運算。但是如果我們強調需要使用高速計算時，伴隨的優點卻同時產生了一些缺點：

- 執行速度慢。
- 需要較多系統資源。

為此許多高速運算的模組因而誕生，在科學運算或人工智慧領域最常見，因應高速運算而有的模組 Numpy，此名稱所代表的是 Numerical Python。

影像在 OpenCV 是用二維或是三維陣列表示，陣列內每一個值就是影像的像素值，為了因應影像轉換時的高速運算，OpenCV 內部也是使用 Numpy 模組當作資料格式的基礎，這也是為何我們在安裝 OpenCV 時需要安裝 Numpy 的原因，本章將針對未來操作 OpenCV 需要的 Numpy 知識，做一個完整的說明。

3-1 陣列 ndarray

Numpy 模組所建立的陣列資料型態稱 ndarray(n-dimension array)，n 是代表維度，例如：稱一維陣列、二維陣列、 … n 維陣列。ndarray 陣列幾個特色如下：

- 陣列大小是固定。
- 陣列元素內容的資料型態是相同。

也因為上述 Numpy 陣列的特色，讓它運算時可以有較好的執行速度與需要較少的系統資源。

3-2 Numpy 的資料型態

Numpy 支援比 Python 更多資料型態，下列是 Numpy 所定義的資料型態。

- bool_：和 Python 的 bool 相容，以一個位元組儲存 True 或 False。
- int_：預設的整數型態，與 C 語言的 long 相同，通常是 int32 或 int64。
- intc：與 C 語言的 int 相同，通常是 int32 或 int64。
- intp：用於索引的整數，與 C 的 size_t 相同，通常是 int32 或 int64。
- int8：8 位元整數 (-128 ~ 127)。

- int16：16 位元整數 (-32768 ~ 32767)。
- int32：32 位元整數 (-2147483648 ~ 2147483647)。
- int64：64 位元整數 (-9223372036854775808 ~ 9223372036854775807)。
- uint8：8 位元無號整數 (0 ~ 255)。
- uint16：16 位元無號整數 (0 ~ 65535)。
- uint32：32 位元無號整數 (0 ~ 4294967295)。
- uint64：64 位元無號整數 (0 ~ 18446744073709551615)。
- float_：與 Python 的 float 相同。
- float16：半精度浮點數，符號位，5 位指數，10 位尾數。
- float32：單精度浮點數，符號位，8 位指數，23 位尾數。
- float64：雙倍精度浮點數，符號位，11 位指數，52 位尾數。
- complex_：複數，complex_128 的縮寫。
- complex64：複數，由 2 個 32 位元浮點數表示 (實部和虛部)。
- complex128：複數，由 2 個 64 位元浮點數表示 (實部和虛部)。

3-3 建立一維或多維陣列

3-3-1 認識 ndarray 的屬性

當使用 Numpy 模組建立 ndarray 資料型態的陣列後，可以使用下列方式獲得 ndarray 的屬性，下列是幾個常用的屬性。

- ndarray.dtype：陣列元素型態。
- ndarray.itemsize：陣列元素資料型態大小 (或稱所佔空間)，單位是為位元組。
- ndarray.ndim：陣列的維度。
- ndarray.shape：陣列維度元素個數的元組，也可以用於調整陣列大小。
- ndarray.size：陣列元素個數。

3-3-2 使用 array( ) 建立一維陣列

我們可以使用 array( ) 函數建立一維陣列，array( ) 函數的語法如下：

```
numpy.array(object, dtype=None, copy=True, ndmin)
```

上述參數意義如下：

- object：陣列資料。
- dtype：資料類型，如果省略將使用可以容納資料最省的類型。
- copy：這是布林值，預設是 True，object 內容會被複製，3-4-4 節會有實例。
- ndmin：設定陣列應該具有的最小維度。

建立時在小括號內填上中括號，然後將陣列數值放在中括號內，彼此用逗號隔開。

實例 1：建立一維陣列，陣列內容是 1, 2, 3，同時列出陣列的資料型態。

```
>>> import numpy as np
>>> x = np.array([1, 2, 3])
>>> print(type(x))          ← 列印x資料類型
<class 'numpy.ndarray'>
>>> print(x)                ← 列印x陣列內容
[1 2 3]
```

上述所建立的一維陣列圖形如下：

x[0]	1
x[1]	2
x[2]	3

陣列建立好了，可以用索引方式取得或設定內容。

實例 2：列出陣列元素內容。

```
>>> import numpy as np
>>> x = np.array([1, 2, 3])
>>> print(x[0])
1
>>> print(x[1])
2
>>> print(x[2])
3
```

實例 3：設定陣列內容。

```
>>> import numpy as np
>>> x = np.array([1, 2, 3])
>>> x[1] = 10
>>> print(x)
[ 1 10  3]
```

實例 4：認識 ndarray 的屬性。

```
>>> import numpy as np
>>> x = np.array([1, 2, 3])
>>> x.dtype            ← 列印x陣列元素型態
dtype('int32')
>>> x.itemsize         ← 列印x陣列元素大小
4
>>> x.ndim             ← 列印x陣列維度
1
>>> x.shape            ← 列印x陣列外形, 3是第1維元素個數
(3,)
>>> x.size             ← 列印x陣列元素個數
3
```

上述 x.dtype 獲得 int32，表示是 32 位元的整數。x.itemsize 是陣列元素大小，其中以位元組為單位，一個位元組是 8 個位元，由於元素是 32 位元整數，所以回傳是 4。x.ndim 回傳陣列維度是 1，表示這是一維陣列。x.shape 以元組方式回傳第一維元素個數是 3，未來二維陣列還會解說。x.size 則是回傳元素個數。

實例 5：array( ) 函數也可以接受使用 dtype 參數設定元素的資料型態。

```
>>> import numpy as np
>>> x = np.array([2, 4, 6], dtype=np.int8)
>>> x.dtype
dtype('int8')
```

上述因為元素是 8 位元整數，所以執行 x.itemsize，所得的結果是 1。

```
>>> x.itemsize
1
```

實例 6：浮點數陣列的建立與列印。

```
>>> import numpy as np
>>> y = np.array([1.1, 2.3, 3.6])
>>> y.dtype
dtype('float64')
>>> y
array([1.1, 2.3, 3.6])
>>> print(y)
[1.1 2.3 3.6]
```

上述所建立的一維陣列圖形如下：

x[0]	1.1
x[1]	2.3
x[2]	3.6

3-3-3　使用 array( ) 函數建立多維陣列

在使用 array( ) 建立陣列時，如果設定參數 ndmin 就可以建立多維陣列。

程式實例 ch3_1.py：建立二維和三維陣列。

```
1  # ch3_1.py
2  import numpy as np
3
4  row1 = [1, 2, 3]
5  arr1 = np.array(row1, ndmin=2)
6  print(f"陣列維度 = {arr1.ndim}")
7  print(f"陣列外型 = {arr1.shape}")
8  print(f"陣列大小 = {arr1.size}")
9  print("陣列內容")
10 print(arr1)
11 print("-"*70)
12 row2 = [4, 5, 6]
13 arr2 = np.array([row1,row2], ndmin=2)
14 print(f"陣列維度 = {arr2.ndim}")
15 print(f"陣列外型 = {arr2.shape}")
16 print(f"陣列大小 = {arr2.size}")
17 print("陣列內容")
18 print(arr2)
```

執行結果

```
=================== RESTART: D:/OpenCV_Python/ch3/ch3_1.py ===================
陣列維度 = 2
陣列外型 = (1, 3)
陣列大小 = 3
陣列內容
[[1 2 3]]
----------------------------------------------------------------------
陣列維度 = 2
陣列外型 = (2, 3)
陣列大小 = 6
陣列內容
[[1 2 3]
 [4 5 6]]
```

程式實例 ch3_2.py：另一種設定二維陣列的方式重新設計 ch3_1.py。

```
1  # ch3_2.py
2  import numpy as np
3
4  x = np.array([[1, 2, 3], [4, 5, 6]])
5  print(f"陣列維度 = {x.ndim}")
6  print(f"陣列外型 = {x.shape}")
7  print(f"陣列大小 = {x.size}")
8  print("陣列內容")
9  print(x)
```

執行結果

```
=================== RESTART: D:/OpenCV_Python/ch3/ch3_2.py ===================
陣列維度 = 2
陣列外型 = (2, 3)
陣列大小 = 6
陣列內容
[[1 2 3]
 [4 5 6]]
```

上述所建立的二維陣列，與二維陣列索引的圖形如下：

1	2	3
4	5	6

二維陣列內容

x[0, 0]	x[0, 1]	x[0, 2]
x[1, 0]	x[1, 1]	x[1, 2]

二維陣列索引

也可以用 x[0][2] 代表 x[0, 2]，雖然可以獲得一樣的結果，但是實務上仍是有差異。

❑ 語法與運作

- x[0][1]
  - 這是逐步索引：首先取出 x[0] 的結果（例如，它是 x 的第一列），然後在該結果中再索引 [1]。
  - 需要兩步完成：首先取子陣列（或元素），再進一步從該子結果中取值。
  - 它要求 x[0] 返回的是一個可以再索引的物件，例如 numpy.array 或類似結構。
- x[0, 1]
  - 這是一次性索引：直接對 x 的位置 (0, 1) 進行取值。
  - 使用的是 numpy 的多維索引方式，效率更高，且更適合處理多維數據。

❑ 性能差異

x[0, 1] 通常比 x[0][1] 快，因為它是單次操作，而後者需要額外的中間步驟（提取 x[0] 並再索引）。

❑ 潛在問題

如果 x 是多維的 numpy 陣列，兩者通常給出相同的結果。但如果 x 是其他類型的數據結構，例如嵌套的 Python 串列，x[0][1] 可以運作，而 x[0, 1] 會導致錯誤，因為嵌套串列不支持多維索引。

程式實例 ch3_3.py：認識引用二維陣列索引的方式。

```
1   # ch3_3.py
2   import numpy as np
3
4   x = np.array([[1, 2, 3], [4, 5, 6]])
5   # 逐步索引, 速度慢
6   print(x[0][2])
7   print(x[1][2])
8
9   # 單次索引, 速度快
10  print(x[0, 2])
11  print(x[1, 2])
```

執行結果

```
==================== RESTART: D:/OpenCV_Python/ch3/ch3_3.py ====================
3
6
3
6
```

程式實例 ch3_3_1.py：嵌套索引陣列，無法使用單次索引。

```
1    # ch3_3_1.py
2
3    # 嵌套串列
4    x = [[1, 2, 3], [4, 5, 6]]
5    # 逐步索引
6    print(x[0][2])
7    print(x[1][2])
8
9    # 單次索引, 會有錯誤
10   #print(x[0, 2])
11   #print(x[1, 2])
```

3-3-4　使用 zeros( ) 建立內容是 0 的多維陣列

函數 zeros( ) 可以建立內容是 0 的陣列，語法如下：

```
np.zeros(shape, dtype=float)
```

上述參數意義如下：

- shape：陣列外型。
- dtype：預設是浮點數資料類型，也可以用此設定資料類型。

程式實例 ch3_4.py：分別建立 1 x 3 一維和 2 x 3 二維外型的陣列，一維陣列元素資料類型是浮點數 (float)，二維陣列元素資料類型是 8 位元無號整數 (unit8)。

```
1  # ch3_4.py
2  import numpy as np
3
4  x1 = np.zeros(3)
5  print(x1)
6  print("-"*70)
7  x2 = np.zeros((2, 3), dtype=np.uint8)
8  print(x2)
```

執行結果

```
==================== RESTART: D:/OpenCV_Python/ch3/ch3_4.py ====================
[0. 0. 0.]
----------------------------------------------------------------------
[[0 0 0]
 [0 0 0]]
```

在實務應用上，常用這個函數建立二維陣列，也可以說是建立一個影像，因為所建立的內容是 0，相當於建立黑色影像。

程式實例 ch3_4_1.py：建立寬高分別是 200 與 50 的黑色影像。

```
1   # ch3_4_1.py
2   import cv2
3   import numpy as np
4
5   fig = np.zeros((50, 200), dtype=np.uint8)
6   print(fig)
7   cv2.imshow("fig", fig)
8
9   cv2.waitKey(0)
10  cv2.destroyAllWindows()
```

3-3-5 使用 ones( ) 建立內容是 1 的多維陣列

函數 ones( ) 可以建立內容是 1 的陣列，語法如下：

np.ones(shape, dtype=None)

上述參數意義如下：

- shape：陣列外型。
- dtype：預設是 64 浮點數資料類型 (float64)，也可以用此設定資料類型。

程式實例 ch3_5.py：分別建立 1 x 3 一維和 2 x 3 二維外型的陣列，一維陣列元素資料類型是浮點數 (float)，二維陣列元素資料類型是 8 位元無號整數 (unit8)。

```
1  # ch3_5.py
2  import numpy as np
3
4  x1 = np.ones(3)
5  print(x1)
6  print("-"*70)
7  x2 = np.ones((2, 3), dtype=np.uint8)
8  print(x2)
```

執行結果

```
==================== RESTART: D:/OpenCV_Python/ch3/ch3_5.py ====================
[1. 1. 1.]
----------------------------------------------------------------------
[[1 1 1]
 [1 1 1]]
```

在實務應用上，常用這個函數建立二維陣列，也可以說是建立一個影像，假設要建立白色影像，可以將結果乘以 255。

程式實例 ch3_5_1.py：建立寬高分別是 200 與 50 的白色影像。

```
1   # ch3_5_1.py
2   import cv2
3   import numpy as np
4
5   fig = np.ones((50, 200), dtype=np.uint8) * 255
6   print(fig)
7   cv2.imshow("fig", fig)
8
9   cv2.waitKey(0)
10  cv2.destroyAllWindows()
```

執行結果

3-3-6　使用 empty( ) 建立未初始化的多維陣列

函數 empty( ) 可以建立指定形狀與資料類型內容的陣列，陣列內容則未初始化，這時回傳的是記憶體的殘餘資料，語法如下：

```
np.empty(shape, dtype=float)
```

上述參數意義如下：

- shape：陣列外型。
- dtype：預設是浮點數資料類型 (float)，也可以用此設定資料類型。

程式實例 ch3_6.py：分別建立 1 x 3 一維和 2 x 3 二維外型的未初始化陣列，一維陣列元素資料類型是浮點數 (float)，二維陣列元素資料類型是 8 位元無號整數 (unit8)。

```
1  # ch3_6.py
2  import numpy as np
3
4  x1 = np.empty(3)
5  print(x1)
6  print("-"*70)
7  x2 = np.empty((2, 3), dtype=np.uint8)
8  print(x2)
```

執行結果

```
==================== RESTART: D:/OpenCV_Python/ch3/ch3_6.py ====================
[9.13599696e+242 6.01334515e-154 1.03474869e-028]
----------------------------------------------------------------------
[[101  49 100]
 [ 23 131   1]]
```

函數 empty( ) 提供了一種高效的方法來建立陣列，但其內容是隨機且未定義的，僅適合在隨後會被完全填充的情境中使用。使用時需注意：

- 不可依賴未初始化值：empty( ) 的用途通常是配合後續填值操作，因此不能依賴 empty( ) 所返回的陣列內容。
- 適合的場合：如果需要大量建立臨時陣列，但馬上會被新數據覆蓋，可以用 empty( ) 提高效率。
- 避免誤解：如果需要明確的初始值（如零），應使用 zeros( )。

常見錯誤觀念：

- 認為 empty( ) 陣列全為零：這是錯誤的，因為 empty( ) 陣列的內容純屬隨機。
- 用於未填值的計算：因為內容不確定，直接使用會導致錯誤或不穩定的結果。

3-3-7 使用 random.randint( ) 建立隨機數內容的多維陣列

函數 random.randint( ) 可以建立隨機數內容的陣列，語法如下：

```
np.random.randint(low, high=None, size=None, dtype=int)
```

上述參數意義如下：

- low：隨機數的最小值 (含此值)。
- high：這是選項，如果有此參數代表隨機數的最大值 (不含此值)。如果不含此參數，則隨機數是 0 ~ low 之間。
- size：這是選項，陣列的維數。
- dtype：預設是整數資料類型 (int)，也可以用此設定資料類型。

程式實例 ch3_7.py：分別建立單一隨機數、含 10 個元素陣列的隨機數、3 x 5 的二維陣列的隨機數。

```
1  # ch3_7.py
2  import numpy as np
3
4  x1 = np.random.randint(10, 20)
5  print("回傳值是10(含)至20(不含)的單一隨機數")
6  print(x1)
7  print("-"*70)
8  print("回傳一維陣列10個元素, 值是1(含)至5(不含)的隨機數")
9  x2 = np.random.randint(1, 5, 10)
10 print(x2)
11 print("-"*70)
12 print("回傳單3*5陣列, 值是0(含)至10(不含)的隨機數")
13 x3 = np.random.randint(10, size=(3, 5))
14 print(x3)
```

執行結果

```
==================== RESTART: D:\OpenCV_Python\ch3\ch3_7.py ====================
回傳值是10(含)至20(不含)的單一隨機數
15
------------------------------------------------------------------
回傳一維陣列10個元素, 值是1(含)至5(不含)的隨機數
[3 1 4 1 3 1 4 2 3 3]
------------------------------------------------------------------
回傳單3*5陣列, 值是0(含)至10(不含)的隨機數
[[4 1 8 9 0]
 [8 3 5 8 5]
 [3 8 6 2 2]]
```

3-3-8　使用 arange( ) 函數建立陣列數據

函數 arange( ) 是建立陣列數據的方法，此函數語法如下：

```
np.arange(start, stop, step)                    # start 和 step 是可以省略
```

- start 是起始值如果省略預設值是 0。
- stop 是結束值但是所產生的陣列不包含此值。
- step 是陣列相鄰元素的間距如果省略預設值是 1。

程式實例 ch3_7_1.py：建立連續數值 0 ~ 15 的一維陣列。

```
1   # ch3_7_1.py
2   import numpy as np
3
4   x1 = np.arange(16)
5   print(x1)
6
7   # 或是
8   x2 = np.arange(0, 16)
9   print(x2)
10
11  # 或是
12  x3 = np.arange(0, 16, 1)
13  print(x3)
```

執行結果

```
=================== RESTART: D:\OpenCV_Python\ch3\ch3_7_1.py ===================
[ 0  1  2  3  4  5  6  7  8  9 10 11 12 13 14 15]
[ 0  1  2  3  4  5  6  7  8  9 10 11 12 13 14 15]
[ 0  1  2  3  4  5  6  7  8  9 10 11 12 13 14 15]
```

3-3-9　使用 reshape( ) 函數更改陣列形式

函數 reshape( ) 可以更改陣列形式，語法如下：

```
np.reshape(a, newshape)
```

上述 a 是要更改的陣列，newshape 是新陣列的外形，newshape 可以是整數或是元組。

程式實例 ch3_7_2.py：將 1 x 16 陣列改為 2 x 8 陣列。

```
1  # ch3_7_2.py
2  import numpy as np
3
4  x = np.arange(16)
5  print(x)
6  print(np.reshape(x,(2,8)))
```

執行結果

```
================== RESTART: D:/OpenCV_Python/ch3/ch3_7_2.py ==================
[ 0  1  2  3  4  5  6  7  8  9 10 11 12 13 14 15]
[[ 0  1  2  3  4  5  6  7]
 [ 8  9 10 11 12 13 14 15]]
```

有時候 reshape( ) 函數的元組 newshape 的其中一個元素是 -1，這表示將依照另一個元素安排元素內容。

程式實例 ch3_7_3.py：重新設計 ch3_7_2.py，但是 newshape 元組的其中一個元素值是-1，整個 newshape 內容是 (4,-1)。

```
1  # ch3_7_3.py
2  import numpy as np
3
4  x = np.arange(16)
5  print(x)
6  print(np.reshape(x,(4,-1)))
```

執行結果

```
================== RESTART: D:/OpenCV_Python/ch3/ch3_7_3.py ==================
[ 0  1  2  3  4  5  6  7  8  9 10 11 12 13 14 15]
[[ 0  1  2  3]
 [ 4  5  6  7]
 [ 8  9 10 11]
 [12 13 14 15]]
```

程式實例 ch3_7_4.py：重新設計 ch3_7_2.py，但是 newshape 元組的其中一個元素值是-1，整個 newshape 內容是 (-1, 8)。

```
1  # ch3_7_4.py
2  import numpy as np
3
4  x = np.arange(16)
5  print(x)
6  print(np.reshape(x,(-1,8)))
```

執行結果

```
================== RESTART: D:/OpenCV_Python/ch3/ch3_7_4.py ==================
[ 0  1  2  3  4  5  6  7  8  9 10 11 12 13 14 15]
[[ 0  1  2  3  4  5  6  7]
 [ 8  9 10 11 12 13 14 15]]
```

3-4 一維陣列的運算與切片

3-4-1 一維陣列的四則運算

我們可以將一般 Python 數學運算符號「+」,「-」,「*」,「/」,「//」,「%」,「**」應用在 Numpy 的陣列。

實例 1：陣列與整數的加法運算。

```
>>> import numpy as np
>>> x = np.array([1, 2, 3])
>>> y = x + 5
>>> print(y)
[6 7 8]
```

讀者可以將上述觀念應用在其它數學運算符號。

實例 2：陣列加法運算。

```
>>> import numpy as np
>>> x = np.array([1, 2, 3])
>>> y = np.array([10, 20, 30])
>>> z = x + y
>>> print(z)
[11 22 33]
```

實例 3：陣列乘法運算。

```
>>> import numpy as np
>>> x = np.array([1, 2, 3])
>>> y = np.array([10, 20, 30])
>>> z = x * y
>>> print(z)
[10 40 90]
```

實例 4：陣列除法運算。

```
>>> import numpy as np
>>> x = np.array([1, 2, 3])
>>> y = np.array([10, 20, 30])
>>> z = x / y
>>> print(z)
[0.1 0.1 0.1]
>>> z = y / x
>>> print(z)
[10. 10. 10.]
```

3-4-2 一維陣列的關係運算子運算

Python 關係運算子表如下：

關係運算子	說明	實例	說明
>	大於	a > b	檢查是否 a 大於 b
>=	大於或等於	a >= b	檢查是否 a 大於或等於 b
<	小於	a < b	檢查是否 a 小於 b
<=	小於或等於	a <= b	檢查是否 a 小於或等於 b
==	等於	a == b	檢查是否 a 等於 b
!=	不等於	a != b	檢查是否 a 不等於 b

我們也可以將此運算子應用在陣列運算。

實例 1：關係運算子應用在一維陣列的運算。

```
>>> import numpy as np
>>> x = np.array([1, 2, 3])
>>> y = np.array([10, 20, 30])
>>> z = x > y
>>> print(z)
[False False False]
>>> z = x < y
>>> print(z)
[ True  True  True]
```

3-4-3　陣列切片

Numpy 陣列的切片與 Python 的串列切片相同，觀念如下：

[start : end : step]

上述 start、end 是索引值，此索引值可以是正值或是負值，下列是正值或是負值的索引說明圖。

正值索引	0	1	2	3	4	5	6	7	8	9
陣列內容	0	1	2	3	4	5	6	7	8	9
負值索引	-10	-9	-8	-7	-6	-5	-4	-3	-2	-1

切片的參數意義如下：

- start：起始索引，如果省略表示從 0 開始的所有元素。
- end：終止索引，如果省略表示到末端的所有元素，如果有索引則是不含此索引的元素。
- step：用 step 作為每隔多少區間再讀取。

此切片語法的相關應用解說如下：

```
arr[start:end]          # 讀取從索引 start 到 (end-1) 索引的串列元素
arr[:n]                 # 取得串列前 n 名
arr[:-n]                # 取得串列前面，不含最後 n 名
arr[n:]                 # 取得串列索引 n 到最後
arr[-n:]                # 取得串列後 n 名
arr[:]                  # 取得所有元素
```

程式實例 ch3_8.py：陣列切片的應用。

```
1   # ch3_8.py
2   import numpy as np
3
4   x = np.array([0, 1, 2, 3, 4, 5, 6, 7, 8, 9])
5   print(f"陣列元素如下 : {x} ")
6   print(f"x[2:]        = {x[2:]}")
7   print(f"x[:2]        = {x[:2]}")
8   print(f"x[0:3]       = {x[0:3]}")
9   print(f"x[1:4]       = {x[1:4]}")
10  print(f"x[0:9:2]     = {x[0:9:2]}")
11  print(f"x[-1]        = {x[-1]}")
12  print(f"x[::2]       = {x[::2]}")
13  print(f"x[2::3]      = {x[2::3]}")
14  print(f"x[:]         = {x[:]}")
15  print(f"x[::]        = {x[::]}")
16  print(f"x[-3:-7:-1] = {x[-3:-7:-1]}")
```

執行結果

```
==================== RESTART: D:\OpenCV_Python\ch3\ch3_8.py ====================
陣列元素如下 : [0 1 2 3 4 5 6 7 8 9]
x[2:]        = [2 3 4 5 6 7 8 9]
x[:2]        = [0 1]
x[0:3]       = [0 1 2]
x[1:4]       = [1 2 3]
x[0:9:2]     = [0 2 4 6 8]
x[-1]        = 9
x[::2]       = [0 2 4 6 8]
x[2::3]      = [2 5 8]
x[:]         = [0 1 2 3 4 5 6 7 8 9]
x[::]        = [0 1 2 3 4 5 6 7 8 9]
x[-3:-7:-1] = [7 6 5 4]
```

3-4-4　使用參數 copy=True 複製數據

設定 np.array( ) 建立陣列函數的參數 copy 設為 True，相當於 copy=True，就可以得到複製陣列的目的。假設 x1 是 Numpy 的陣列，可以使用下列方式複製數據。

```
x2 = np.array(x1, copy=True)
```

經過上述複製後，x2 是 x1 的副本，當內容修改時彼此不會互相影響。

程式實例 ch3_9.py：使用 np.array( ) 函數複製陣列數據的實例。

```
1  # ch3_9.py
2  import numpy as np
3
4  x1 = np.array([0, 1, 2, 3, 4, 5])
5  x2 = np.array(x1, copy=True)
6  print(x1)
7  print(x2)
8  print('-'*70)
9  x2[0] = 9
10 print(x1)
11 print(x2)
```

執行結果

```
================== RESTART: D:/OpenCV_Python/ch3/ch3_9.py ==================
[0 1 2 3 4 5]
[0 1 2 3 4 5]
----------------------------------------------------------------------
[0 1 2 3 4 5]
[9 1 2 3 4 5]
```

上述第 9 列，當更改 x2[0] 內容時，x1[0] 內容不會受影響。

3-4-5 使用 copy( ) 函數複製陣列

另一種常用複製陣列方式是使用 copy( ) 函數，假設 x1 是 Numpy 的陣列，可以使用下列方式複製數據。

x2 = x1.copy( )

經過上述複製後，x2 是 x1 的副本，當內容修改時彼此不會互相影響。

程式實例 ch3_10.py：使用 copy( ) 函數重新設計 ch3_9.py。

```
1  # ch3_10.py
2  import numpy as np
3
4  x1 = np.array([0, 1, 2, 3, 4, 5])
5  x2 = x1.copy()
6  print(x1)
7  print(x2)
8  print('-'*70)
9  x2[0] = 9
10 print(x1)
11 print(x2)
```

執行結果 與 ch3_9.py 相同。

在實務上我們常常使用這個 copy( ) 函數功能複製一份影像，然後操作另一份影像，但是原始影像保留。

3-5 多維陣列的索引與切片

在多維陣列的應用中，基本觀念圖形如下：

axis = 1

axis = 0

索引	0	1	2	3	4
0	0	1	2	3	4
1	5	6	7	8	9
2	10	11	12	13	14

上述是 3 x 5 的陣列，3 所指的是列 (row)，5 則是指行 (column)。對於二維陣列而言軸數是 2，分別 axis=0，axis=1，上述圖形也說明了垂直線是軸 0 (axis=0)，水平線是軸 1 (axis=1)，更多軸的定義將在 3-5-1 節說明。

3-5-1 認識 axis 的定義

程式實例 ch3_11.py：建立 3 x 5 的二維陣列同時列印結果。

```
1  # ch3_11.py
2  import numpy as np
3
4  x1 = [0, 1, 2, 3, 4]
5  x2 = [5, 6, 7, 8, 9]
6  x3 = [10, 11, 12, 13, 14]
7  x4 = np.array([x1, x2, x3])
8  print(x4)
```

執行結果 這個程式可以得到下列結果。

axis = 1

axis = 0

```
[[ 0  1  2  3  4]
 [ 5  6  7  8  9]
 [10 11 12 13 14]]
```

在軸 (axis) 的定義中，最小軸編號代表陣列的最外層，所以上述最外層的軸編號是 0，相當於 axis=0，在此層有 3 個子陣列，分別是 [0, 1, 2, 3, 4]、[5, 6, 7, 8, 9]、[10, 11, 12, 13, 14] 等。最大數值的軸代表最內層，此例是 axis=1，每個陣列有 5 個元素。2 個二維陣列，可以建立三維陣列，可參考下列實例。

程式實例 ch3_12.py：建立 2 x 3 x 5 的三維陣列同時列印結果。

```
1  # ch3_12.py
2  import numpy as np
3
4  x1 = [0, 1, 2, 3, 4]
5  x2 = [5, 6, 7, 8, 9]
6  x3 = [10, 11, 12, 13, 14]
7  x4 = np.array([x1, x2, x3])
8  x5 = np.array([x4, x4])
9  print(x5)
```

執行結果 這個程式可以得到下列結果。

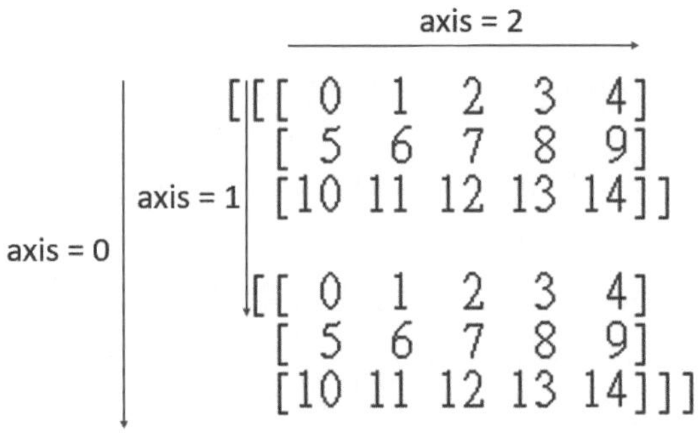

axis = 2

axis = 1

axis = 0

```
[[[ 0  1  2  3  4]
  [ 5  6  7  8  9]
  [10 11 12 13 14]]

 [[ 0  1  2  3  4]
  [ 5  6  7  8  9]
  [10 11 12 13 14]]]
```

讀者可以留意軸編號是由最外層往最內層編號。

3-5-2　多維陣列的索引

❑ 二維陣列

下列是二維陣列內容與相對位置的索引圖。

0	1	2	3	4
5	6	7	8	9
10	11	12	13	14

二維陣列內容

(0,0)	(0,1)	(0,2)	(0,3)	(0,4)
(1,0)	(1,1)	(1,2)	(1,3)	(1,4)
(2,0)	(2,1)	(2,2)	(1,4)	(2,4)

二維陣列索引

要索引二維陣列內容須使用 2 個索引，分別是 axis=0 的索引編號與 axis=1 的索引編號，細節可以參考下列實例。

程式實例 ch3_13.py：列出二維陣列特定索引的陣列元素。

```
1  # ch3_13.py
2  import numpy as np
3
4  x1 = [0, 1, 2, 3, 4]
5  x2 = [5, 6, 7, 8, 9]
6  x3 = [10, 11, 12, 13, 14]
7  x4 = np.array([x1, x2, x3])
8  print(f"x4[2,1] = {x4[2,1]}")
9  print(f"x4[1,3] = {x4[1,3]}")
```

執行結果

```
=================== RESTART: D:/OpenCV_Python/ch3/ch3_13.py ===================
x4[2,1] = 11
x4[1,3] = 8
```

❑ 三維陣列

下列是三維陣列內容與相對位置的索引圖。

0	1	2	3	4
5	6	7	8	9
10	11	12	13	14

0	1	2	3	4
5	6	7	8	9
10	11	12	13	14

三維陣列內容

(0,0,0)	(0,0,1)	(0,0,2)	(0,0,3)	(0,0,4)
(0,1,0)	(0,1,1)	(0,1,2)	(0,1,3)	(0,1,4)
(0,2,0)	(0,2,1)	(0,2,2)	(0,1,4)	(0,2,4)

(1,0,0)	(1,0,1)	(1,0,2)	(1,0,3)	(1,0,4)
(1,1,0)	(1,1,1)	(1,1,2)	(1,1,3)	(1,1,4)
(1,2,0)	(1,2,1)	(1,2,2)	(1,1,4)	(1,2,4)

三維陣列索引

要索引三維陣列內容須使用 3 個索引，分別是 axis=0 的索引編號、axis=1 的索引編號與 axis=2 的索引編號，細節可以參考下列實例。

程式實例 ch3_14.py：列出三維陣列特定索引的陣列元素。

```
1  # ch3_14.py
2  import numpy as np
3
4  x1 = [0, 1, 2, 3, 4]
5  x2 = [5, 6, 7, 8, 9]
6  x3 = [10, 11, 12, 13, 14]
7  x4 = np.array([x1, x2, x3])
8  x5 = np.array([x4, x4])
```

```
 9  print(f"x5[0,2,1] = {x5[0,2,1]}")
10  print(f"x5[0,1,3] = {x5[0,1,3]}")
11  print(f"x5[1,0,1] = {x5[1,0,1]}")
12  print(f"x5[1,1,4] = {x5[1,1,4]}")
```

執行結果

```
=================== RESTART: D:/OpenCV_Python/ch3/ch3_14.py ===================
x5[0,2,1] = 11
x5[0,1,3] = 8
x5[1,0,1] = 1
x5[1,1,4] = 9
```

3-5-3 多維陣列的切片

3-4-3 節陣列切片的觀念也可以應用在多維陣列，因為切片可能造成降維度，下列將直接以實例解說。

程式實例 ch3_15.py：二維陣列切片的應用。

```
 1  # ch3_15.py
 2  import numpy as np
 3
 4  x1 = [0, 1, 2, 3, 4]
 5  x2 = [5, 6, 7, 8, 9]
 6  x3 = [10, 11, 12, 13, 14]
 7  x = np.array([x1, x2, x3])
 8  print("x[:,:]   = 結果是二維陣列")            # 結果是二維陣列
 9  print(x[:,:])
10  print("-"*70)
11  print("x[2,:4]  = 結果是一維陣列")            # 結果是一維陣列
12  print(x[2,:4])
13  print("-"*70)
14  print("x[:2,:1] = 結果是二維陣列")            # 結果是二維陣列
15  print(x[:2,:1])
16  print("-"*70)
17  print("x[:,4:]  =  結果是二維陣列")           # 結果是二維陣列
18  print(x[:,4:])
19  print("-"*70)
20  print("x[:,4]   =  結果是一維陣列")           # 結果是一維陣列
21  print(x[:,4])
```

執行結果

```
==================== RESTART: D:/OpenCV_Python/ch3/ch3_15.py ====================
x[:,:]   = 結果是二維陣列
[[ 0  1  2  3  4]
 [ 5  6  7  8  9]
 [10 11 12 13 14]]
----------------------------------------------------------------------
x[2,:4]  = 結果是一維陣列
[10 11 12 13]
----------------------------------------------------------------------
x[:2,:1] = 結果是二維陣列
[[0]
 [5]]
----------------------------------------------------------------------
x[:,4:]  =  結果是二維陣列
[[ 4]
 [ 9]
 [14]]
----------------------------------------------------------------------
x[:,4]   =  結果是一維陣列
[ 4  9 14]
```

上述切片可以使用下列圖例解說，需要特別留意的是，紅色虛線框的結果是使用切片降維成一維陣列的結果。另外，x[:,4:] 和 x[:,4] 表面上結果是 4, 9, 14，但是 x[:,4] 第 2 個索引指明切片是第 4 行 (column)，所以得到的是降維度結果，也就是從二維資料降成一維結果。

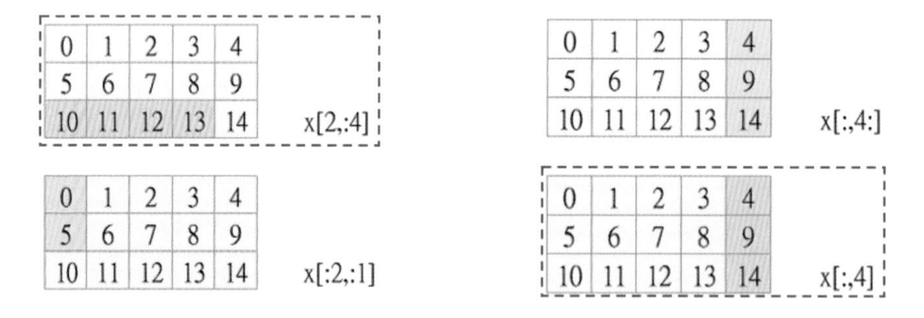

索引在使用上，會偏向使用 [,] 處理維度之間的切片，而不是使用 [ ][ ]，如果使用 [ ][ ] 做切片有時候會造成錯誤。

程式實例 ch3_16.py：使用 [ ][ ] 切片造成錯誤的實例。

```
1  # ch3_16.py
2  import numpy as np
3
4  x1 = [0, 1, 2, 3, 4]
5  x2 = [5, 6, 7, 8, 9]
6  x3 = [10, 11, 12, 13, 14]
7  x = np.array([x1, x2, x3])
8  print("x[:2,4]  = 結果是一維陣列")       # 結果是一維陣列
9  print(x[:2,4])
10 print("-"*70)
11 print("x[:2][4] = 結果是錯誤")          # 結果是錯誤
12 print(x[:2][4])
```

執行結果

```
==================== RESTART: D:/OpenCV_Python/ch3/ch3_16.py ===================
x[:2,4]  = 結果是一維陣列
[4 9]
----------------------------------------------------------------------
x[:2][4] = 結果是錯誤
Traceback (most recent call last):
  File "D:/OpenCV_Python/ch3/ch3_16.py", line 12, in <module>
    print(x[:2][4])
IndexError: index 4 is out of bounds for axis 0 with size 2
```

3-6 陣列水平與垂直合併

3-6-1 陣列垂直合併 vstack( )

函數 vstack( ) 可以垂直合併陣列，此函數的語法如下：

x = np.vstack(tup)

上述參數是 tup 元組，元組內容是要垂直合併的兩個陣列。

程式實例 ch3_17.py：垂直合併陣列。

```
1  # ch3_17.py
2  import numpy as np
3
4  x1 = np.arange(4).reshape(2,2)
5  print(f"陣列 1 \n{x1}")
6  x2 = np.arange(4,8).reshape(2,2)
7  print(f"陣列 2 \n{x2}")
8  x = np.vstack((x1,x2))
9  print(f"合併結果 \n{x}")
```

執行結果

```
================== RESTART: D:/OpenCV_Python/ch3/ch3_17.py ==================
陣列 1
[[0 1]
 [2 3]]
陣列 2
[[4 5]
 [6 7]]
合併結果
[[0 1]
 [2 3]
 [4 5]
 [6 7]]
```

影像就是以陣列方式儲存，使用 vstack( ) 可以將兩幅影像垂直合併，這將是讀者的習題。

3-6-2　陣列水平合併 hstack( )

函數 hstack( ) 可以水平合併陣列，此函數的語法如下：

x = np.hstack(tup)

上述參數是 tup 元組，元組內容是要水平合併的兩個陣列。

程式實例 ch3_18.py：水平合併陣列。

```
1  # ch3_18.py
2  import numpy as np
3
4  x1 = np.arange(4).reshape(2,2)
5  print(f"陣列 1 \n{x1}")
6  x2 = np.arange(4,8).reshape(2,2)
7  print(f"陣列 2 \n{x2}")
8  x = np.hstack((x1,x2))
9  print(f"合併結果 \n{x}")
```

執行結果

```
================= RESTART: D:/OpenCV_Python/ch3/ch3_18.py =================
陣列 1
[[0 1]
 [2 3]]
陣列 2
[[4 5]
 [6 7]]
合併結果
[[0 1 4 5]
 [2 3 6 7]]
```

影像就是以陣列方式儲存，使用 hstack( ) 可以將兩幅影像水平合併，這將是讀者的習題。

習題

1： 請使用 huang.jpg 影像，然後將影像水平合併，最後列出合併結果。

2： 請使用 flower1.jpg 影像，然後將影像合成 4 張結果。

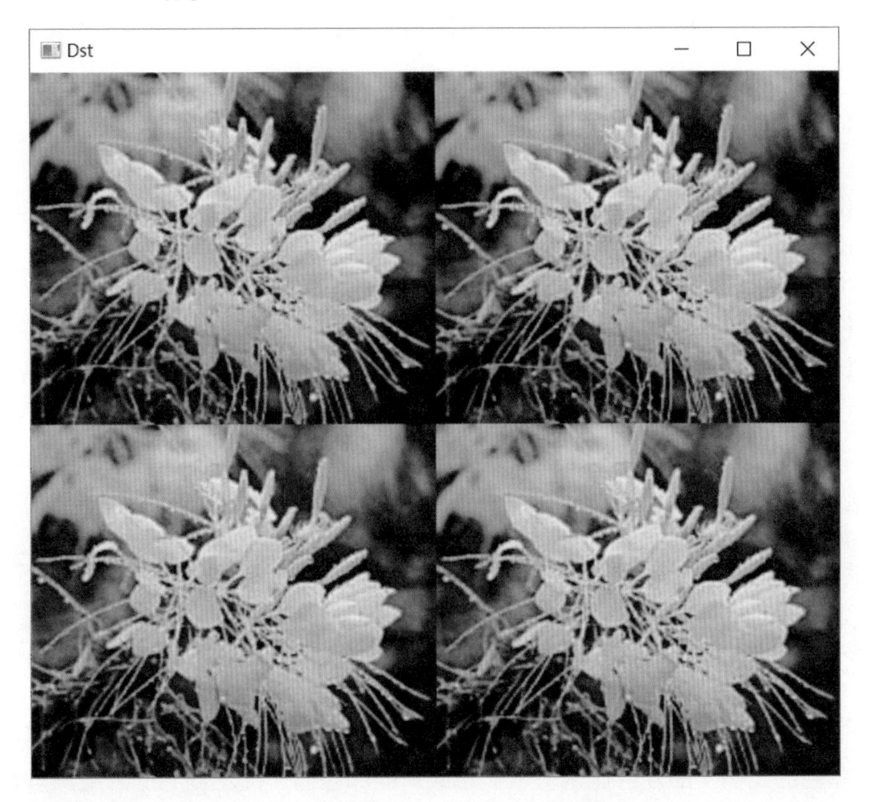

3： 請依據下列條件設計程式，圖像是 seaside.jpg，將影像的左上角 100 x 100 區塊設置為純紅色 [0, 0, 255]，並將右下角 100 x 100 區塊設置為純綠色 [0, 255, 0]。

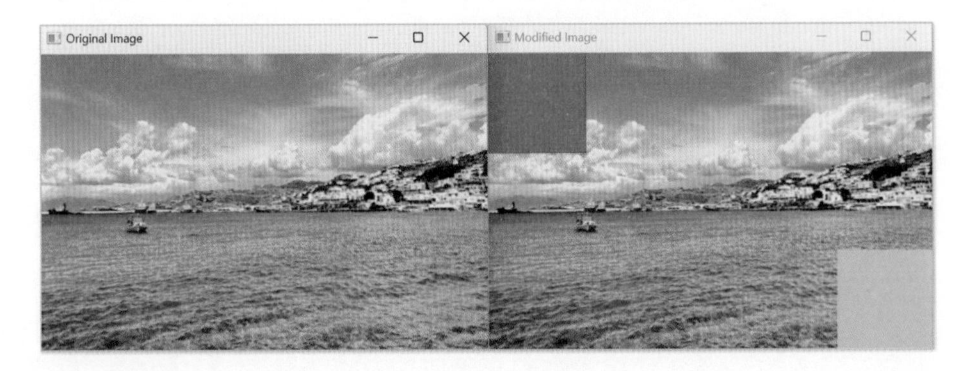

4：請設計一段程式碼，生成一張影像，寬高分別是 700 和 100，顯示從左到右漸變的彩虹色彩條（漸變色包括紅、橙、黃、綠、藍、靛、紫），顏色定義如下：

```
# 定義彩虹色
colors = [
    (255, 0, 0),         # 紅色
    (255, 127, 0),       # 橙色
    (255, 255, 0),       # 黃色
    (0, 255, 0),         # 綠色
    (0, 0, 255),         # 藍色
    (75, 0, 130),        # 靛色
    (148, 0, 211)        # 紫色
]
```

註　這個程式需使用「平滑過渡的原理」，是根據當前像素的位置，計算其對左右相鄰顏色的比例（即混合比例），並生成新的顏色值。從左到右的彩虹漸變影像呈現出自然的過渡效果，而不是生硬的色塊分界。

第四章
色彩空間到藝術創作

4-1 BGR 與 RGB 色彩空間的轉換

本書 2-3 節說明了 RGB 色彩空間，2-4 節說明了 BGR 色彩空間。這一節則說明如何將 BGR 色彩空間的影像轉成 RGB 色彩空間，這個色彩的轉換稱色彩空間類型轉換，從第 2 章我們使用預設的 imread( ) 讀取影像檔案時，所獲得的是 BGR 色彩空間影像。OpenCV 提供下列轉換函數，可以將 BGR 影像轉換至其他影像。

```
image = cv2.cvtColor(src, code)
```

上述函數的回傳值 image 是一個轉換結果的影像物件，也可以稱目標影像，其他參數說明如下：

- src：要轉換的影像物件。
- code：色彩空間轉換具名參數，下列是常見的參數表。

具名參數	值	說明
COLOR_BGR2BGRA	0	影像從 BGR 色彩轉為 BGRA 色彩
COLOR_RGB2RGBA	=COLOR_BGR2BGRA	與上一項相同
COLOR_BGRA2BGR	1	影像從 BGRA 色彩轉為 BGR 色彩
COLOR_RBGA2RGB	=COLOR_BGRA2BGR	與上一項相同
COLOR_BGR2RGBA	2	影像從 BGR 色彩轉為 RGBA 色彩
COLOR_RGB2BGRA	=COLOR_BGR2RGBA	與上一項相同
COLOR_RGBA2BGR	3	影像從 RGBA 色彩轉為 BGR 色彩
COLOR_BGRA2RGB	=COLOR_RGBA2BGR	與上一項相同
COLOR_BGR2RGB	4	影像從 BGR 色彩轉為 RGB 色彩
COLOR_RGB2BGR	=COLOR_BGR2RGB	與上一項相同
COLOR_BGR2GRAY	6	影像從 BGR 色彩轉為 GRAY 色彩
COLOR_RGB2GRAY	7	影像從 RGB 色彩轉為 GRAY 色彩
COLOR_GRAY2BGR	8	影像從 GRAY 色彩轉為 BGR 色彩
COLOR_GRAY2RGB	= COLOR_GRAY2BGR	與上一項相同
COLOR_BGR2HSV	40	影像從 BGR 色彩轉為 HSV 色彩
COLOR_RGB2HSV	41	影像從 RGB 色彩轉為 HSV 色彩
COLOR_HSV2BGR	54	影像從 HSV 色彩轉為 BGR 色彩
COLOR_HSV2RGB	55	影像從 HSV 色彩轉為 RGB 色彩

註 理論上色彩空間轉換是雙向的，但是灰階 (GRAY) 色彩已經沒有 Blue、Green 和 Red 顏色比例，所以灰階轉成 BGR 色彩，結果顏色仍是灰階。不過對於 BGR 色彩的影像，其通道值將是含 3 個元素的一維陣列，讀者可以參考 ch4_2.py 的執行結果。

程式實例 ch4_1.py：讀取彩色影像 view.jpg，然後將此影像轉成 RGB 影像。

```
1  # ch4_1.py
2  import cv2
3
4  img = cv2.imread("view.jpg")                          # BGR 讀取
5  cv2.imshow("view.jpg", img)
6  img_rgb = cv2.cvtColor(img, cv2.COLOR_BGR2RGB)  # BGR 轉 RBG
7  cv2.imshow("RGB Color Space", img_rgb)
8  cv2.waitKey(0)
9  cv2.destroyAllWindows()
```

執行結果

從上述執行結果可以看到，BGR 色彩可以得到原影像，RGB 色彩則呈現淺藍色效果。BGR 影像與 RBG 影像可以互轉，可以參考下列實例。

程式實例 ch4_2.py：繼續 ch4_1.py 將 RBG 影像轉回 BGR 影像。

```
1  # ch4_2.py
2  import cv2
3
4  img = cv2.imread("view.jpg")                              # BGR讀取
5  cv2.imshow("view.jpg", img)
6  img_rgb = cv2.cvtColor(img, cv2.COLOR_BGR2RGB)       # BGR轉RBG
7  cv2.imshow("RGB Color Space", img_rgb)
8  img_bgr = cv2.cvtColor(img_rgb, cv2.COLOR_RGB2BGR)  # RGB轉BGR
9  cv2.imshow("BGR Color Space", img_bgr)
10 cv2.waitKey(0)
11 cv2.destroyAllWindows()
```

執行結果

在色彩空間具名轉換參數表可以看到 COLOR_RGB2BGR 列的欄位值是 =COLOR_BGR2RGB，我們可以使用下列 ch4_3.py 做實驗測試。

程式實例 ch4_3.py：重新設計 ch4_2.py，將第 8 列的 COLOR_RGB2BGR 參數改為 COLOR_BGR2RGB。

```
 1  # ch4_3.py
 2  import cv2
 3
 4  img = cv2.imread("view.jpg")                              # BGR讀取
 5  cv2.imshow("view.jpg", img)
 6  img_rgb = cv2.cvtColor(img, cv2.COLOR_BGR2RGB)            # BGR轉RBG
 7  cv2.imshow("RGB Color Space", img_rgb)
 8  img_bgr = cv2.cvtColor(img_rgb, cv2.COLOR_BGR2RGB)        # RGB轉BGR
 9  cv2.imshow("BGR Color Space", img_bgr)
10  cv2.waitKey(0)
11  cv2.destroyAllWindows()
```

執行結果　與 ch4_2.py 相同。

4-2 BGR 色彩空間轉換至 GRAY 色彩空間

4-2-1　使用 cvtColor( ) 函數

在 2-2 節說明了 GRAY 色彩空間，在 2-3 節說明了 RGB 色彩空間，2-4 節說明了 BGR 色彩空間。這一節則說明如何將 BGR 色彩空間的影像轉成 GRAY 色彩，這個色彩的轉換稱色彩空間類型轉換，可以參考下列實例。

程式實例 ch4_4.py：讀取彩色影像 jk.jpg，然後將此影像轉成灰階影像。

```
1  # ch4_4.py
2  import cv2
3
4  img = cv2.imread("jk.jpg")                              # BGR讀取
5  cv2.imshow("BGR Color Space", img)
6  img_gray = cv2.cvtColor(img, cv2.COLOR_BGR2GRAY)        # BGR轉GRAY
7  cv2.imshow("GRAY Color Space", img_gray)
8  cv2.waitKey(0)
9  cv2.destroyAllWindows()
```

執行結果

程式實例 ch4_5.py：讀取彩色影像，將 BGR 色彩轉成 GRAY 色彩，然後顯示特定像素點（在第 4 和 5 列設定）的 GRAY 色彩的通道值，也可以稱像素值。然後將 GRAY 色彩轉為 BGR 色彩，然後顯示 BGR 色彩的通道值，也可以稱像素值。

```
1  # ch4_5.py
2  import cv2
3
4  pt_x = 169
5  pt_y = 118
6  img = cv2.imread("jk.jpg")                  # BGR讀取
7  # BGR彩色轉成灰階GRAY
8  img_gray = cv2.cvtColor(img, cv2.COLOR_BGR2GRAY)
9  cv2.imshow("GRAY Color Space", img_gray)
10 px = img_gray[pt_x, pt_y]
11 print(f"Gray Color 通道值 = {px}")
12
13 # 灰階GRAY轉成BGR彩色
14 img_color = cv2.cvtColor(img_gray, cv2.COLOR_GRAY2BGR)
15 cv2.imshow("BGR Color Space", img_gray)
16 px = img_color[pt_x, pt_y]
17 print(f"BGR Color  通道值 = {px}")
18
19 cv2.waitKey(0)
20 cv2.destroyAllWindows()
```

執行結果 下列是 Python Shell 視窗的執行結果。

```
=================== RESTART: D:\OpenCV_Python\ch4\ch4_5.py ===================
Gray Color 通道值 = 128
BGR Color  通道值 = [128 128 128]
```

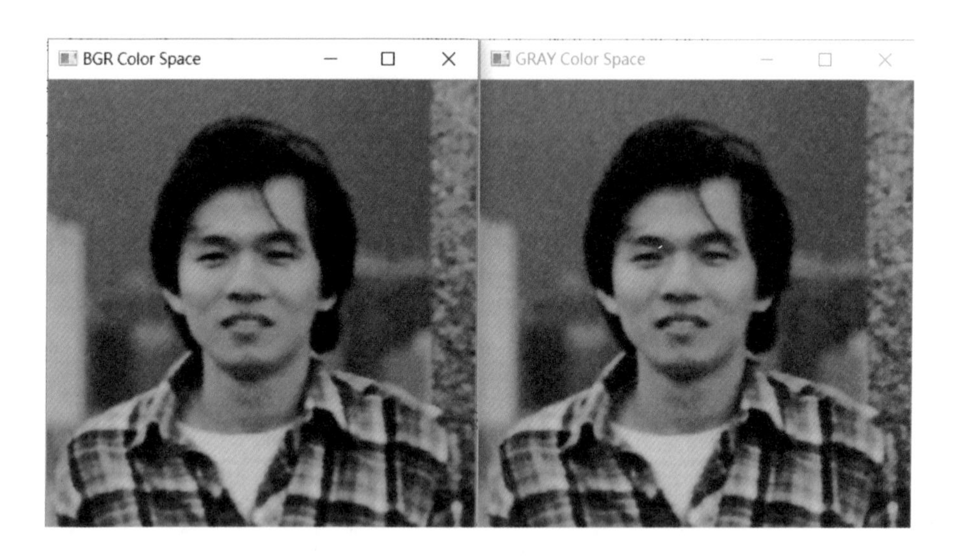

4-2-2　OpenCV 內部轉換公式

OpenCV 將 BGR 色彩轉為 GRAY 色彩的公式如下：

Gray = 0.2989 * R + 0.5870 * G + 0.1140 * B

將 GRAY 色彩轉為 BGR 色彩的公式如下：

B = Gray

G = Gray

R = Gray

讀者讀完 4-4 節和 4-5 節內容後，也可以用上述公式自行轉換，不過對一般讀者而言，建議直接使用 4-2-1 的 cv2.cvtColor( ) 函數轉換即可。

4-3 HSV 色彩空間

4-3-1 認識 HSV 色彩空間

HSV 色彩空間是由 Alvy Ray Smith(美國電腦科學家，1943 年 9 月 8 日 -) 於 1978 年所創，色彩由色相 H(Hue)、飽和度 S(Saturation) 和明度 V(Value) 所組成。基本觀念是使用圓柱座標描述顏色，相當於顏色就是圓柱座標上的一個點。

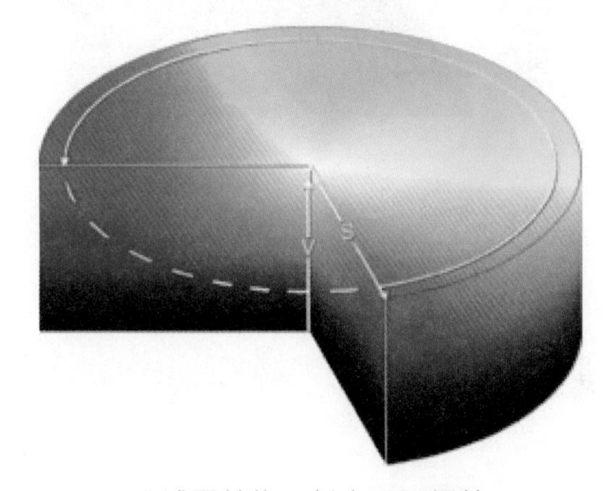

上述圖片均取材自下列網站

https://psychology.wikia.org/wiki/HSV_color_space?file=HueScale.svg

繞著這個圓柱的角度就是色相 (H)，軸的距離是飽和度 (S)，高度則是明度 (V)。因為黑色點在圓心下面，白色點在圓心上面，所以又可以使用倒圓錐體表達這個 HSV 色彩空間，如下所示：

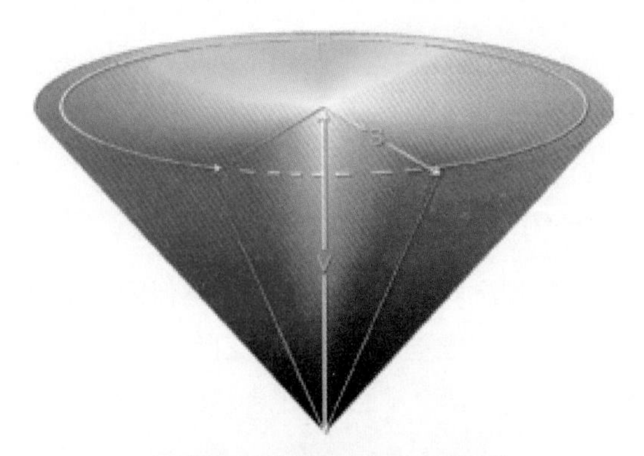

上述圖片均取材自下列網站

https://psychology.wikia.org/wiki/HSV_color_space?file=HueScale.svg

我們也可以使用環圈輪方式表達 HSV 色彩空間，如下所示：

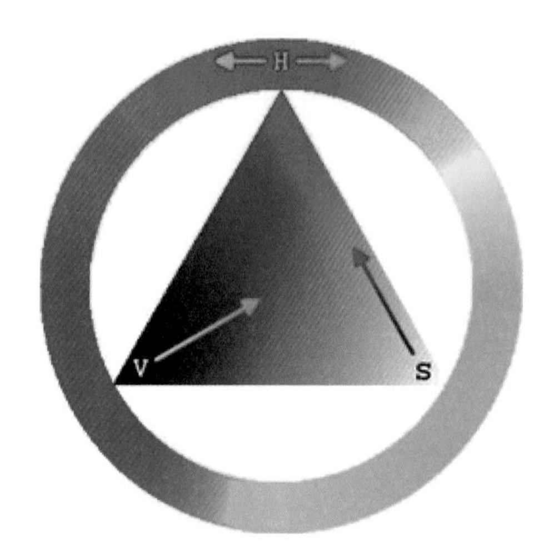

上述圖片均取材自下列網站
https://psychology.wikia.org/wiki/HSV_color_space?file=HueScale.svg

❑ 色調 H(Hue)

是指色彩的基本屬性，也就是我們日常生活所謂的紅色、黃色、綠色、藍色、… 等。此值的範圍是 0 ~ 360 度之間，不過 OpenCV 依公式處理成 0 ~ 180 之間。

上述圖片均取材自下列網站
https://psychology.wikia.org/wiki/HSV_color_space?file=HueScale.svg

❑ 飽和度 S(Saturation)

是指色彩的純度，數值越高彩純度越高，數值越低則逐漸變灰。此值範圍是 0 ~ 100%，不過 OpenCV 也是依公式處理成 0 ~ 255 之間。下列左邊是原影像與右邊色彩飽和度是 0% 的比較。

❑ 明度 V(Value)

其實就是顏色的亮度，此值範圍是 0 ~ 100%，不過 OpenCV 也是依公式處理成 0 ~ 255 之間，當明度是 0 時影像呈現黑色。

4-3-2 將影像由 BGR 色彩空間轉為 HSV 色彩空間

有關色彩轉換公式可以參考 4-1 節的 cv2.cvtColor( ) 函數，與轉換有關的具名參數也可以參考該節。

```
image = cv2.cvtColor(src, code)
```

程式實例 ch4_6.py：將影像由 BGR 色彩空間轉為 HSV 色彩空間，然後分別顯示原影像與 HSV 色彩空間影像。

```
1  # ch4_6.py
2  import cv2
3
4  img = cv2.imread("mountain.jpg")                        # BGR讀取
5  cv2.imshow("BGR Color Space", img)
6  img_hsv = cv2.cvtColor(img, cv2.COLOR_BGR2HSV)  # BGR轉HSV
7  cv2.imshow("HSV Color Space", img_hsv)
8  cv2.waitKey(0)
9  cv2.destroyAllWindows()
```

執行結果 下方右圖是 HSV 色彩空間影像。

4-3-3 將 RGB 色彩轉換成 HSV 色彩公式

假設 MAX 是 (R, G, B) 的最大值，MIN 是 (R, G, B) 的最小值，則 RGB 轉換成 HSV 的公式如下：

$$H = \begin{cases} \text{沒有定義} & \text{if } MAX = MIN \\ 60^\circ \times \frac{G-B}{MAX-MIN} + 0^\circ, & \text{if } MAX = R \\ & \text{and } G \geq B \\ 60^\circ \times \frac{G-B}{MAX-MIN} + 360^\circ, & \text{if } MAX = R \\ & \text{and } G < B \\ 60^\circ \times \frac{B-R}{MAX-MIN} + 120^\circ, & \text{if } MAX = G \\ 60^\circ \times \frac{R-G}{MAX-MIN} + 240^\circ, & \text{if } MAX = B \end{cases}$$

$$S = \begin{cases} 0, & \text{if } MAX = 0 \\ 1 - \frac{MIN}{MAX}, & \text{其他} \end{cases}$$

上述公式僅供參考，對一般讀者而言，建議直接使用 cv2.cvtColor( ) 函數轉換即可。

4-4 拆分色彩通道

4-4-1 拆分 BGR 影像的通道

OpenCV 提供 split( ) 函數可以拆分 BGR 影像物件的色彩通道，成為 B 通道影像物件、G 通道影像物件和 R 通道影像物件，此語法如下：

```
blue, green, red = cv2.split(bgr_image)
```

上述 bgr_image 是 BGR 影像物件，等號左邊 blue, green, red 內容如下：

- blue：回傳 B 通道影像物件。
- green：回傳 G 通道影像物件。
- red：回傳 R 通道影像物件。

程式實例 ch4_7.py：有一個影像 colorbar.jpg，內容如下，請分別顯示此影像以及所拆分的通道影像。

```
1  # ch4_7.py
2  import cv2
3
4  image = cv2.imread('colorbar.jpg')
5  cv2.imshow('bgr', image)
6  blue, green, red = cv2.split(image)
7  cv2.imshow('blue', blue)
8  cv2.imshow('green', green)
9  cv2.imshow('red', red)
10
11 print(f"B通道影像屬性 shape = {blue.shape}")
12 print("列印B通道內容")
13 print(blue)
14
15 cv2.waitKey(0)
16 cv2.destroyAllWindows()
```

執行結果

```
==================== RESTART: D:\OpenCV_Python\ch4\ch4_7.py ====================
B通道影像屬性 shape = (319, 279)
列印B通道內容
[[0 0 0 ... 0 0 0]
 [0 0 0 ... 0 0 0]
 [0 0 0 ... 0 0 0]
 ...
 [0 0 0 ... 0 0 0]
 [0 0 0 ... 0 0 0]
 [0 0 0 ... 0 0 0]]
```

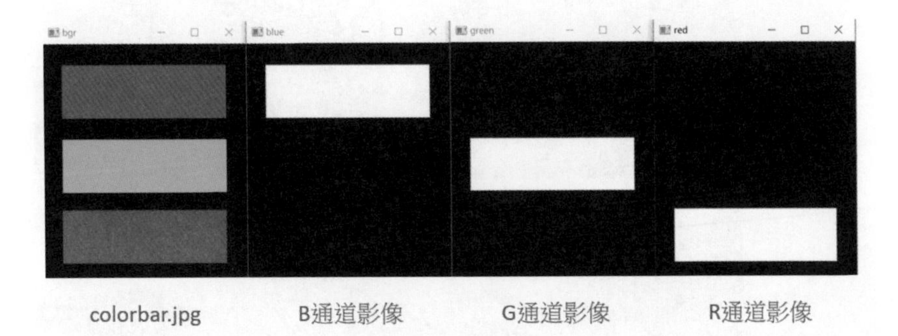

colorbar.jpg　　B通道影像　　G通道影像　　R通道影像

讀者可能覺得奇怪，為何拆分出來的通道顏色已經失去了原先的藍色、綠色、紅色，這是因為所拆分出來的 B、G、R 是單通道，我們可以從第 11 列的列印 B 通道屬性結果得到是單通道，從第 13 列列印可以得到 B 通道內容是 255，所以可以得到通道影像是白色。至於 G 通道與 R 通道觀念可以依此類推。

註 列印結果因為只顯示左右各 3 個位元組，所以無法看到此通道內容值是 255。

程式實例 ch4_8.py：使用 mountain.jpg 取代 colorbar.jpg，重新設計 ch4_7.py，這一個實例同時驗證所拆分的影像是單通道，所得影像是以灰階顯示。

```
1  # ch4_8.py
2  import cv2
3
4  image = cv2.imread('mountain.jpg')
5  cv2.imshow('bgr', image)
6  blue, green, red = cv2.split(image)
7  cv2.imshow('blue', blue)
8  cv2.imshow('green', green)
9  cv2.imshow('red', red)
10
11 print(f"BGR  影像 : {image.shape}")
12 print(f"B通道影像 : {blue.shape}")
13 print(f"G通道影像 : {green.shape}")
14 print(f"R通道影像 : {red.shape}")
15
16 cv2.waitKey(0)
17 cv2.destroyAllWindows()
```

執行結果 從下列可以看到 BGR 影像是 3 個通道，其他皆是 1 個通道。

```
==================== RESTART: D:\OpenCV_Python\ch4\ch4_8.py ====================
BGR  影像 : (314, 425, 3)
B通道影像 : (314, 425)
G通道影像 : (314, 425)
R通道影像 : (314, 425)
```

上述 B、G、R 通道影像由於是單通道，所以結果呈現灰階顯示。同時因為通道值的內容不同，所以呈現不同的灰階效果。

程式實例 ch4_8_1.py：驗證 BGR 通道有不同的內容，因此影像呈現不同的灰階效果。

```
1  # ch4_8_1.py
2  import cv2
3
4  image = cv2.imread('mountain.jpg')
5  cv2.imshow('bgr', image)
6  blue, green, red = cv2.split(image)
7  cv2.imshow('blue', blue)
8  cv2.imshow('green', green)
9  cv2.imshow('red', red)
10
11 print(f"BGR  影像 : {image.shape}")
12 print("B通道內容 : ")
13 print(blue)
14 print("G通道內容 : ")
15 print(green)
16 print("R通道內容 : ")
17 print(red)
18
19 cv2.waitKey(0)
20 cv2.destroyAllWindows()
```

執行結果 省略繪製影像，只顯示 B、G、R 通道內容。

```
==================== RESTART: D:\OpenCV_Python\ch4\ch4_8_1.py ====================
BGR  影像 : (314, 425, 3)
B通道內容 :
[[250 250 252 ... 255 255 255]
 [248  34  27 ... 245 245 255]
 [246  27  12 ... 246 247 255]
 ...
 [254  57  23 ... 175  78 255]
 [248  61  55 ... 183 218 255]
 [255  78  65 ... 210 241 255]]
G通道內容 :
[[252 255 254 ... 255 255 255]
 [254  51  41 ... 245 245 255]
 [246  27  30 ... 246 247 255]
 ...
 [248  37   0 ... 187  56 255]
 [245  33   9 ... 209 222 255]
 [255  57  24 ... 235 244 255]]
R通道內容 :
[[252 251 254 ... 255 255 255]
 [255 124 129 ... 245 245 255]
 [255 133 137 ... 246 247 255]
 ...
 [255   6   7 ...  69  31 255]
 [255  22   1 ...  72 103 255]
 [251  25   0 ... 107 134 255]]
```

4-4-2　拆分 HSV 影像的通道

OpenCV 提供 split( ) 函數也可以拆分 BGR 影像物件的色彩通道，成為 Hue 通道影像物件、Saturation 通道影像物件和 Value 通道影像物件，此語法如下：

hue, saturation, value = cv2.split(hsv_image)　　　　# 參數是 HSV 影像物件

上述相關語法可以參前一小節。

程式實例 ch4_9.py：列印 mountain.jpg，然後將此 BGR 影像物件轉成 HSV 影像物件，然後拆分 HSV 影像物件，最後列出拆分後的 Hue 通道影像物件、Saturation 通道影像物件、Value 通道影像物件。

```
1  # ch4_9.py
2  import cv2
3
4  image = cv2.imread('mountain.jpg')
5  cv2.imshow('bgr', image)
6
7  hsv_image = cv2.cvtColor(image, cv2.COLOR_BGR2HSV)
8  hue, saturation, value = cv2.split(hsv_image)
9  cv2.imshow('hsv', hue)
10 cv2.imshow('saturation', saturation)
11 cv2.imshow('value', value)
12
13 cv2.waitKey(0)
14 cv2.destroyAllWindows()
```

執行結果

4-5 合併色彩通道

4-5-1 合併 B、G、R 通道的影像

OpenCV 提供 merge( ) 函數可以合併 B、G、R 通道的影像物件，成為 BGR 影像物件，此語法如下：

```
bgr_image = cv2.merge([blue, green, red])          # 合併通道的影像物件
```

上述 bgr_image 是 BGR 影像物件，merge( ) 參數內容可以是串列 (list)，可以參考上述語法公式，也可以使用元組 (tuple) 方式傳遞要合併的通道影像物件，參數內容如下：

- blue：B 通道影像物件。
- green：G 通道影像物件。
- red：R 通道影像物件。

註 合併順序若是不同，所得的結果也會不同。

程式實例 ch4_10.py：使用 B-> G-> R 順序合併，然後使用 R-> G-> B 順序合併，最後列出 2 個結果，視窗標題會顯示合併順序。

```
1  # ch4_10.py
2  import cv2
3
4  image = cv2.imread('street.jpg')
5  blue, green, red = cv2.split(image)
6  bgr_image = cv2.merge([blue, green, red])   # 依據 B G R 順序合併
7  cv2.imshow("B -> G -> R ", bgr_image)
8
9  rgb_image = cv2.merge([red, green, blue])   # 依據 R G B 順序合併
10 cv2.imshow("R -> G -> B ", rgb_image)
11
12 cv2.waitKey(0)
13 cv2.destroyAllWindows()
```

執行結果

從上述可以得到合併的順序不同，所得到的影像也會不同。當以 BGR 順序所得就是 BGR 色彩影像，當以 RGB 順序所得就是 RGB 色彩影像。至於 BGR 色彩影像與 RGB 色彩影像的轉換，讀者可以複習 4-1 節。

4-5-2　合併 H、S、V 通道的影像

OpenCV 提供 merge( ) 函數也可以合併 H、S、V 通道的影像物件，成為 HSV 影像物件，此語法如下：

```
hsv_image = cv2.merge([hue, saturation, value])                # 合併通道的影像物件
```

上述 hsv_image 是 HSV 影像物件，merge( ) 參數內容如下：

- hsv：H 通道影像物件。
- saturation：S 通道影像物件。
- value：V 通道影像物件。

註 合併順序若是不同，所得的結果也會不同。

程式實例 ch4_11.py：顯示原影像，接著將 BGR 影像轉成 HSV 影像，然後將 HSV 影像的通道拆分，再使用 H-> S-> V 順序合併，最後列出合併結果。

```
1  # ch4_11.py
2  import cv2
3  
4  image = cv2.imread('street.jpg')
5  hsv_image = cv2.cvtColor(image, cv2.COLOR_BGR2HSV)
6  
7  hue, saturation, value = cv2.split(hsv_image)
8  hsv_image = cv2.merge([hue, saturation, value])   # 依據 H S V 順序合併
9  
10 cv2.imshow("The Image", image)
11 cv2.imshow("The Merge Image", hsv_image)
12 
13 cv2.waitKey(0)
14 cv2.destroyAllWindows()
```

執行結果 下列左邊是原影像，右邊是拆分成 HSV 影像，再合併的結果。

4-6 拆分與合併色彩通道的應用

4-6-1 色調 Hue 調整

這一節將應用 Python 的切片知識，執行修訂通道內容的方法，此小節是調整色調 (Hue) 的值，了解對影像的影響程度。

程式實例 ch4_12.py：將 BGR 影像轉成 HSV，然後拆分，第 8 列修訂色調 (hsv) 為 200，再將所拆分的 hue、saturation、value 通道合併，接著將 HSV 色彩轉回 BGR 色彩，然後顯示原影像，和修訂後的 BGR 色彩影像。

```
1  # ch4_12.py
2  import cv2
3
4  image = cv2.imread('street.jpg')
5  hsv_image = cv2.cvtColor(image, cv2.COLOR_BGR2HSV)
6
7  hsv, saturation, value = cv2.split(hsv_image)
8  hsv[:,:] = 200                                        # 修訂 hsv 內容
9  hsv_image = cv2.merge([hsv, saturation, value])      # 依據H S V順序合併
10 new_image = cv2.cvtColor(hsv_image, cv2.COLOR_HSV2BGR) # HSV 轉 BGR
11
12 cv2.imshow("The Image", image)
13 cv2.imshow("The New Image", new_image)
14
15 cv2.waitKey(0)
16 cv2.destroyAllWindows()
```

執行結果

上述第 8 列筆者使用 Python 的切片觀念修改色調 hsv，其實也可以使用 fill( ) 函數執行修改，此函數值可以用參數值填滿。本書所附 ch4_12_1.py 的第 8 列內容如下，可以得到相同的結果。

```
8  hsv.fill(200)                                    # 修訂 hsv 內容
```

註　建議讀者可以適度調整色調 (Hue) 的值，了解對影像的影響，這樣更可以徹底了解色調。

4-6-2　飽和度 Saturation 調整

參考上述實例，我們也可以調整飽和度 (saturation)，了解對整個影像的影響。

程式實例 ch4_13.py：重新設計 ch4_12_1.py，將飽和度 (saturation) 設為 255，然後列出結果做比對。

```
1   # ch4_13.py
2   import cv2
3
4   image = cv2.imread('street.jpg')
5   hsv_image = cv2.cvtColor(image, cv2.COLOR_BGR2HSV)
6
7   hsv, saturation, value = cv2.split(hsv_image)
8   saturation.fill(255)                                # 修訂 hsv 內容
9   hsv_image = cv2.merge([hsv, saturation, value])     # 依據H S V順序合併
10  new_image = cv2.cvtColor(hsv_image, cv2.COLOR_HSV2BGR) # HSV 轉 BGR
11
12  cv2.imshow("The Image", image)
13  cv2.imshow("The New Image", new_image)
14
15  cv2.waitKey(0)
16  cv2.destroyAllWindows()
```

執行結果

註 建議讀者可以適度調整飽和度 (Saturation) 的值，了解對影像的影響，這樣更可以徹底了解飽和度。

4-6-3 明度 Value 調整

參考 4-6-1 節實例，我們也可以調整亮度 (Value)，了解對整個影像的影響。

程式實例 ch4_14.py：重新設計 ch4_12_1.py，將亮度 (Value) 設為 255，然後列出結果做比對。

```
1  # ch4_14.py
2  import cv2
3
4  image = cv2.imread('street.jpg')
5  hsv_image = cv2.cvtColor(image, cv2.COLOR_BGR2HSV)
6
7  hsv, saturation, value = cv2.split(hsv_image)
8  value.fill(255)                                    # 修訂 value 內容
9  hsv_image = cv2.merge([hsv, saturation, value])    # 依據H S V順序合併
10 new_image = cv2.cvtColor(hsv_image, cv2.COLOR_HSV2BGR) # HSV 轉 BGR
11
12 cv2.imshow("The Image", image)
13 cv2.imshow("The New Image", new_image)
14
15 cv2.waitKey(0)
16 cv2.destroyAllWindows()
```

執行結果

註　建議讀者可以適度調整亮度 (Value) 的值，了解對影像的影響，這樣更可以徹底了解亮度。

4-7 alpha 通道

OpenCV 在 BGR 的色彩空間，除了有 B、G、R 通道外，另外增加 A(又稱 alpha) 通道，這個 A 通道就是所謂的透明度，A 的值也是在 0 ~ 255 間，如果 A 的值是 0 代表完全透明，如果 A 的值是 255 代表完全不透明。延伸檔名是 png，是一個典型用有 A(alpha) 通道的影像。

擁有 A 通道的 BGR 色彩空間稱 BGRA 色彩空間，OpenCV 在讀取影像後所得的是 BGR 物件，假設是 image，可以使用下列方式將 image 影像物件由 BGR 色彩轉為 BGRA 色彩。

```
bgra_image = cv2.cvtColor(image, cv2.COLOR_BGR2BGRA)
```

程式實例 ch4_15.py：顯示原影像，將 BGR 影像轉為 BGRA 影像同時顯示 alpha 通道值和影像，接著分別將 BGRA 影像轉為 alpha=32 和 alpha=128，然後顯示以及儲存至 a32_image 和 a128_image。

```
1  # ch4_15.py
2  import cv2
3
4  image = cv2.imread('street.jpg')
5  cv2.imshow("The Image", image)                    # 顯示BGR影像
6
7  bgra_image = cv2.cvtColor(image, cv2.COLOR_BGR2BGRA)
8  b, g, r, a = cv2.split(bgra_image)
9  print("列出轉成含A通道影像物件後的alpha值")
10 print(a)
11
12 a[:,:] = 32                                       # 修訂alpha內容
13 a32_image = cv2.merge([b, g, r, a])               # alpha=32影像物件
14 cv2.imshow("The a32 Image", a32_image)            # 顯示alpha=32影像
15
16 a.fill(128)                                       # 修訂alpha內容
17 a128_image = cv2.merge([b, g, r, a])              # alpha=128影像物件
18 cv2.imshow("The a128 Image", a128_image)          # 顯示alpha=128影像
19
20 cv2.waitKey(0)
21 cv2.destroyAllWindows()
22
23 cv2.imwrite('a32.png', a32_image)                 # 儲存alpha=32影像
24 cv2.imwrite('a128.png', a128_image)               # 儲存alpha=128影像
```

執行結果 從執行結果可以看到 BGR 轉成 BGRA 後的 alpha 值是 255。

```
==================== RESTART: D:/OpenCV_Python/ch4/ch4_15.py ===================
列出轉成含A通道影像物件後的alpha值
[[255 255 255 ... 255 255 255]
 [255 255 255 ... 255 255 255]
 [255 255 255 ... 255 255 255]
 ...
 [255 255 255 ... 255 255 255]
 [255 255 255 ... 255 255 255]
 [255 255 255 ... 255 255 255]]
```

從上述執行結果好像原始影像與 a32_image、a128_image 彼此沒有差異，可是我們在第 23 和 24 列分別以 a32.png 和 a128.png 儲存檔案，如果開啟可以得到下列透明影像的結果。

a32.png

a128.png

習題

1： 讀取 coffee.jpg，然後使用 4 種方式顯示影像，其中兩項分別是 BGR 和 RGB，如下所示：

另兩種方式分別是 HSV 的 S 通道和 V 通道，如下：

2： 重新設計 ch4_11.py，使用 S、V、H 和 V、H、S 順序合併，分別列出執行結果。

第五章

妙手空空建立影像

5-1　影像座標

5-2　建立與編輯灰階影像

5-3　建立彩色影像

5-1 影像座標

OpenCV的影像座標左上角是(0, 0)，第一個0是代表縱軸y，也可以用height表示，往下會遞增。第二個0代表橫軸x，也可以用width表示，往右會遞增。可以參考下圖。

由於索引是從0開始，這與影像座標相符，所以可以得到影像某位置的座標與索引關係如下：

影像列索引 = 影像像素的縱座標
影像行索引 = 影像像素的橫座標

5-2 建立與編輯灰階影像

5-2-1 建立灰階影像

從前面的觀念可以知道，二維陣列可以代表一個灰階影像，在灰階影像中元素值0代表黑色，元素值255代表白色，介於0 ~ 255間的值則是灰階的層次。

程式實例 ch5_1.py：建立一個 height = 160，width = 280 的黑色影像。

```
1  # ch5_1.py
2  import cv2
3  import numpy as np
4
5  height = 160                      # 影像高
```

```
 6  width = 280                 # 影像寬
 7  # 建立GRAY影像陣列
 8  image = np.zeros((height, width), np.uint8)
 9  cv2.imshow("image", image)  # 顯示影像
10
11  cv2.waitKey(0)
12  cv2.destroyAllWindows()
```

執行結果

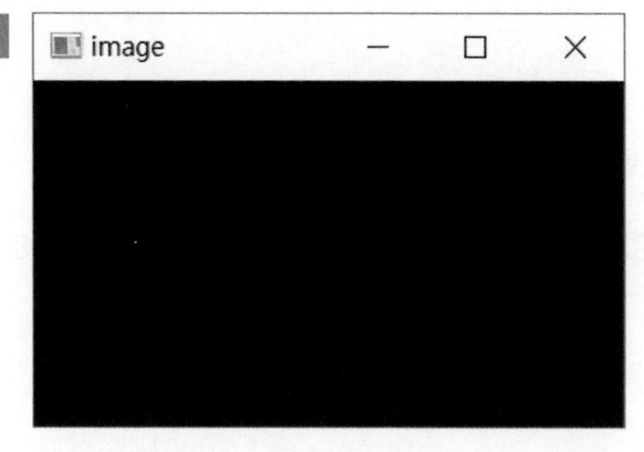

程式實例 ch5_2.py：建立一個 height = 160，width = 280 的白色影像。

```
 1  # ch5_2.py
 2  import cv2
 3  import numpy as np
 4
 5  height = 160                # 影像高
 6  width = 280                 # 影像寬
 7  # 建立GRAY影像陣列
 8  image = np.zeros((height, width), np.uint8)
 9  image.fill(255)             # 元素內容改為白色 255
10  cv2.imshow("image", image)  # 顯示影像
11
12  cv2.waitKey(0)
13  cv2.destroyAllWindows()
```

執行結果

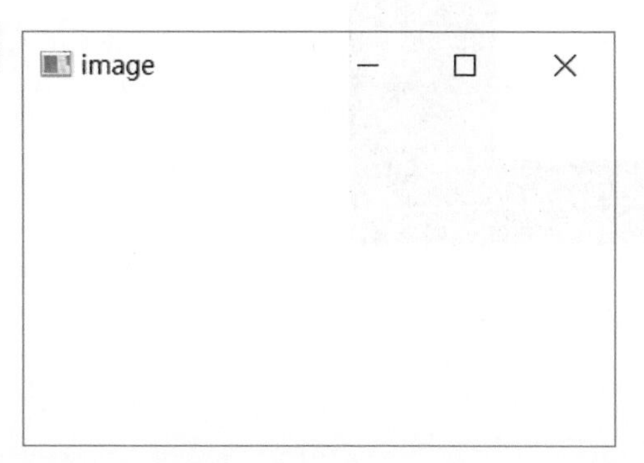

上述筆者第 9 列將影像的像素值改為 255，就可以產生白色影像。有些 OpenCV 的程式設計師也會喜歡使用 np.ones( ) 函數建立值是 1 的陣列，然後用乘法，也就是乘以 255，就可以建立白色影像。

程式實例 ch5_3.py：使用 np.ones( ) 函數，重新設計 ch5_2.py。

```
7  # 建立GRAY影像陣列
8  image = np.ones((height, width), np.uint8) * 255
9  cv2.imshow("image", image)  # 顯示影像
```

執行結果　與 ch5_2.py 相同。

5-2-2　編輯灰階影像

其實只要更改二維陣列像素值的內容就可以更改影像。

程式實例 ch5_4.py：在所繪製的黑色影像中，繪製白色矩形，此白色矩形的座標高是在 40 至 120 之間，寬是在 70 至 210 之間。

```
1  # ch5_4.py
2  import cv2
3  import numpy as np
4
5  height = 160                    # 影像高
6  width = 280                     # 影像寬
7  # 建立GRAY影像陣列
8  image = np.zeros((height, width), np.uint8)
9  image[40:120, 70:210] = 255 # 高在40至120之間,寬在70至210之間,設為255
10 cv2.imshow("image", image)  # 顯示影像
11
12 cv2.waitKey(0)
13 cv2.destroyAllWindows()
```

執行結果

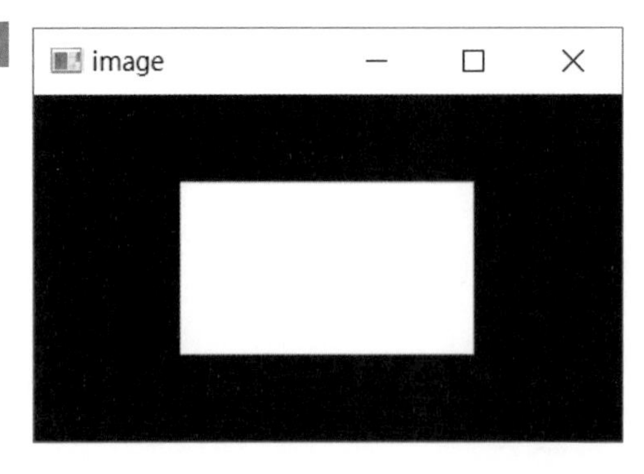

程式實例 ch5_5.py：建立黑白相間的水平影像。

```
1  # ch5_5.py
2  import cv2
3  import numpy as np
4
5  height = 160                    # 影像高
6  width = 280                     # 影像寬
```

```
 7  # 建立GRAY影像陣列
 8  image = np.zeros((height, width), np.uint8)
 9  for y in range(0, height, 20):
10      image[y:y+10, :] = 255  # 白色厚度是10
11  cv2.imshow("image", image)  # 顯示影像
12
13  cv2.waitKey(0)
14  cv2.destroyAllWindows()
```

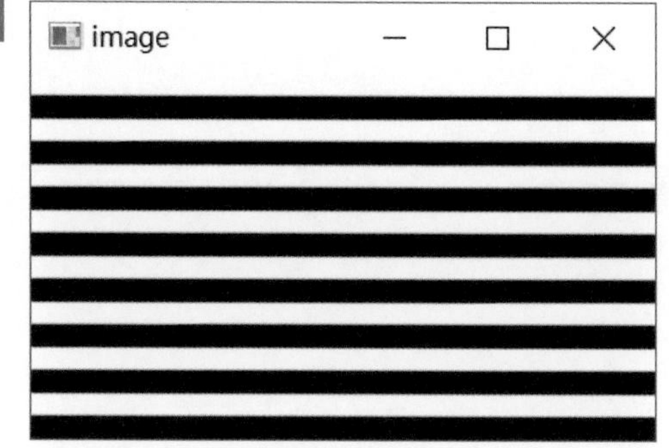

5-2-3 使用隨機數建立灰階影像

程式實例 ch5_6.py：使用 0 ~ 256 之間的隨機數建立灰階影像。

```
 1  # ch5_6.py
 2  import cv2
 3  import numpy as np
 4
 5  height = 160                    # 影像高
 6  width = 280                     # 影像寬
 7  # 使用random.randint()建立GRAY影像陣列
 8  image = np.random.randint(256,size=[height, width],dtype=np.uint8)
 9  cv2.imshow("image", image)  # 顯示影像
10
11  cv2.waitKey(0)
12  cv2.destroyAllWindows()
```

執行結果

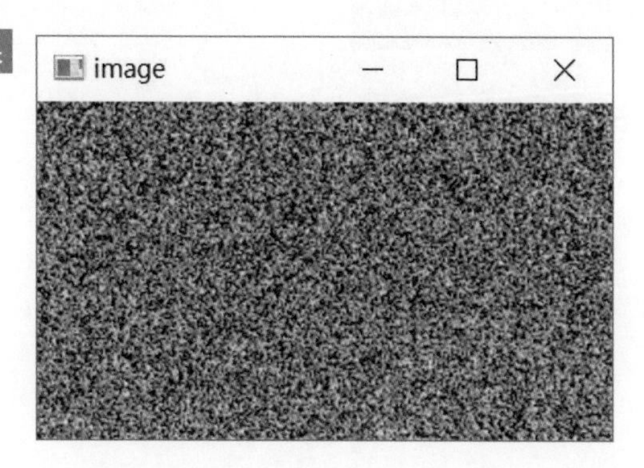

5-3 建立彩色影像

要建立彩色影像主要是要建立三維陣列，同時第三維度的大小是 3，所以第 3 維度的索引分別如下：

0：代表 B(blue) 通道。

1：代表 G(Green) 通道。

2：代表 R(Red) 通道。

程式實例 ch5_7.py：建立藍色影像。

```
1  # ch5_7.py
2  import cv2
3  import numpy as np
4
5  height = 160                         # 影像高
6  width = 280                          # 影像寬
7  # 建立BGR影像陣列
8  image = np.zeros((height, width, 3), np.uint8)
9  image[:,:,0] = 255                   # 建立 B 通道像素值
10 cv2.imshow("image", image)           # 顯示影像
11
12 cv2.waitKey(0)
13 cv2.destroyAllWindows()
```

執行結果

程式實例 ch5_8.py：擴充 ch5_7.py 分別建立，藍色、綠色與紅色影像。

```
1  # ch5_8.py
2  import cv2
3  import numpy as np
4
5  height = 160                                        # 影像高
6  width = 280                                         # 影像寬
7  # 建立BGR影像陣列
```

```
 8  image = np.zeros((height, width, 3), np.uint8)
 9  blue_image = image.copy()
10  blue_image[:,:,0] = 255                         # 建立 B 通道像素值
11  cv2.imshow("blue image", blue_image)            # 顯示blue image影像
12
13  green_image = image.copy()
14  green_image[:,:,1] = 255                        # 建立 G 通道像素值
15  cv2.imshow("green image", green_image)          # 顯示green image影像
16
17  red_image = image.copy()
18  red_image[:,:,2] = 255                          # 建立 R 通道像素值
19  cv2.imshow("red image", red_image)              # 顯示red image影像
20
21  cv2.waitKey(0)
22  cv2.destroyAllWindows()
```

執行結果

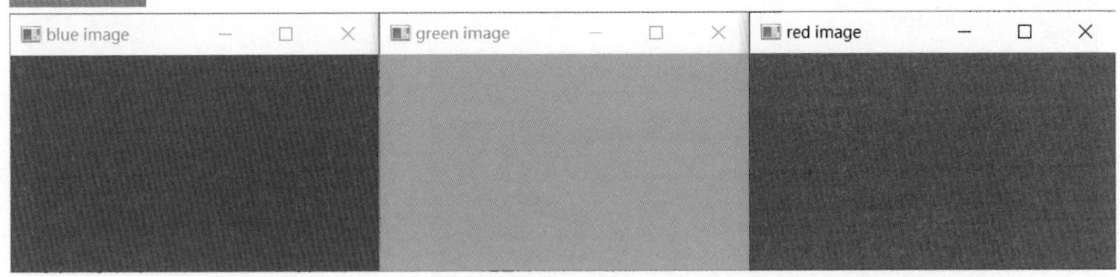

程式實例 ch5_9.py：建立彩色的隨機影像。

```
 1  # ch5_9.py
 2  import cv2
 3  import numpy as np
 4
 5  height = 160                    # 影像高
 6  width = 280                     # 影像寬
 7  # 使用random.randint()建立GRAY影像陣列
 8  image = np.random.randint(256,size=[height,width,3],dtype=np.uint8)
 9  cv2.imshow("image", image)  # 顯示影像
10
11  cv2.waitKey(0)
12  cv2.destroyAllWindows()
```

執行結果

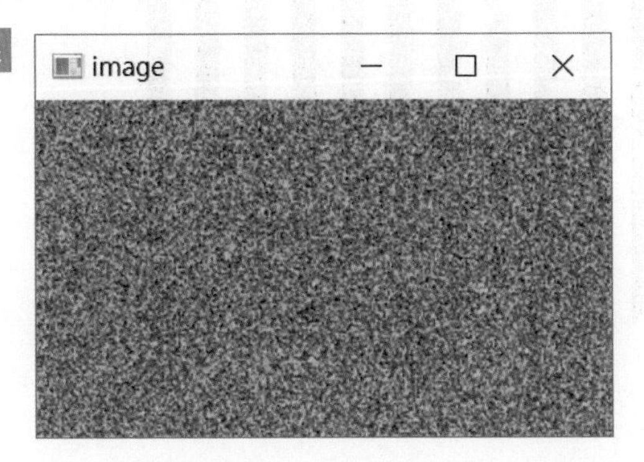

程式實例 ch5_10.py：使用三維陣列，然後建立 Blue、Green、Red 色彩的橫條。

```
1  # ch5_10.py
2  import cv2
3  import numpy as np
4
5  height = 150                    # 影像高
6  width = 300                     # 影像寬
7  image = np.zeros((height,width,3),np.uint8)
8  image[0:50,:,0] = 255           # blue
9  image[50:100,:,1] = 255         # green
10 image[100:150,:,2] = 255        # red
11 cv2.imshow("image", image)  # 顯示影像
12
13 cv2.waitKey(0)
14 cv2.destroyAllWindows()
```

執行結果

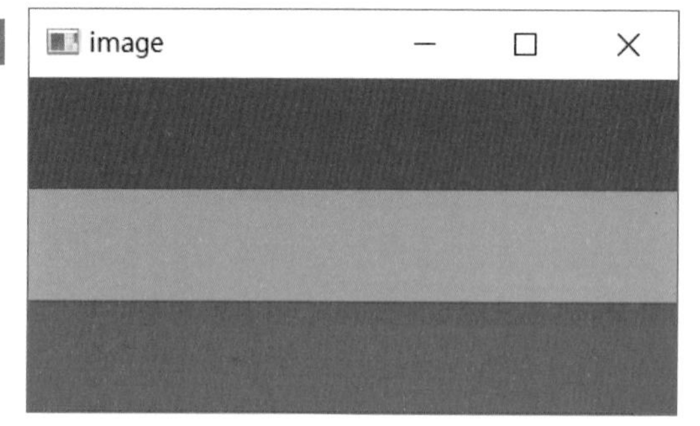

習題

1： 修改 ch5_5.py 建立垂直的效果圖。

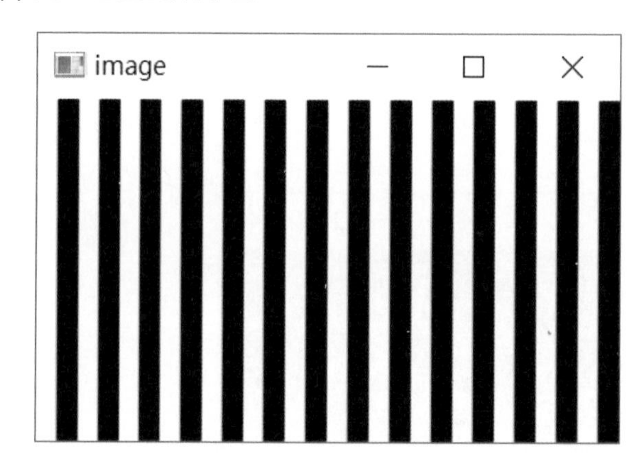

2： 修改 ch5_10.py 建立垂直的彩色效果圖。

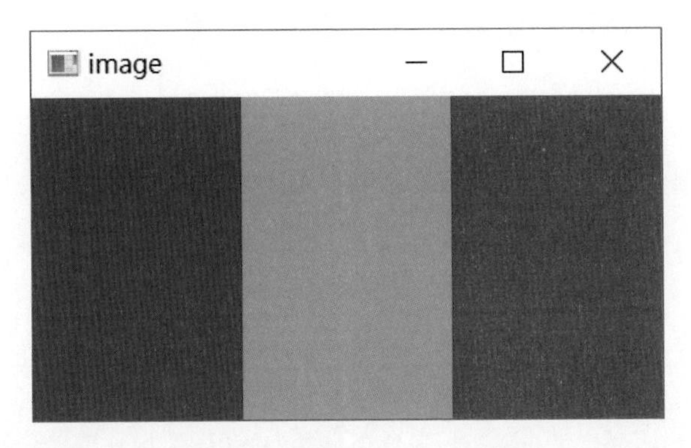

3： 建立一個具有漸層效果，尺寸是 256 x 256 的彩色影像，其中：

- 紅色通道的值從影像的左側至右側逐漸增加。
- 綠色通道的值從影像的上側至下側逐漸增加。
- 藍色通道的值保持為固定值，讓影像呈現穩定的基底色。

基礎概念是在 NumPy 中，彩色影像可以表示為三維陣列，形狀為 (height, width, 3)。然後設計紅、綠、藍三個通道，最後合併通道。

- 紅色通道：透過 NumPy 的 arange 函數生成從 0 到 255 的數列，並重複成為每一行的值。
- 綠色通道：透過 arange 函數生成從 0 到 255 的數列，並重複成為每一列的值。
- 藍色通道：使用固定值填充整個通道。

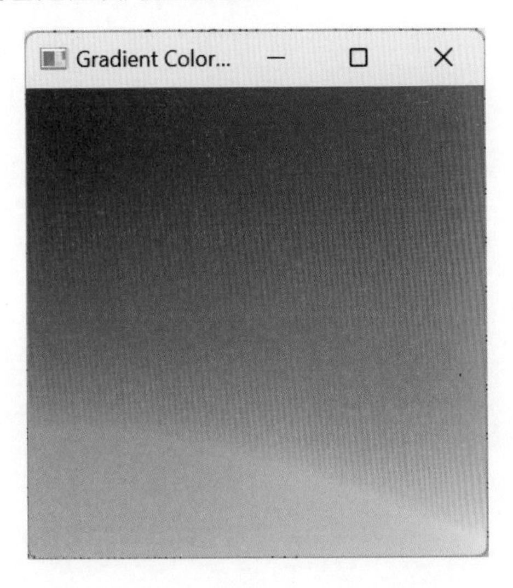

4： 生成一個 8x8 的彩色棋盤格影像，其中每個方塊的顏色為隨機生成，方塊大小是 50 x 50，並將影像顯示在螢幕上，可參考下方左圖。

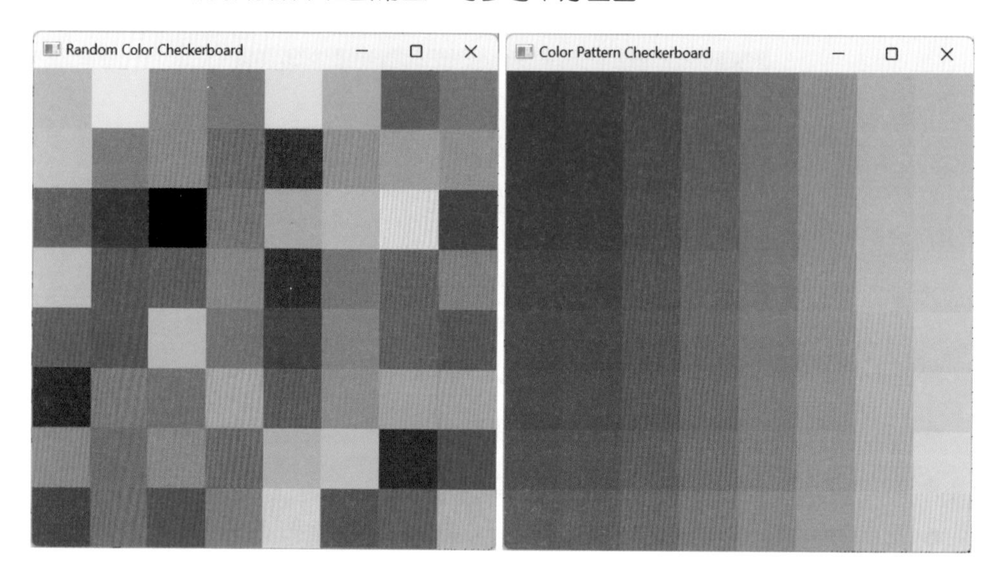

5： 本程式生成一個 8x8 的彩色棋盤格影像，方塊大小是 50 x 50，其中每個方塊的顏色根據規律變化，執行結果可以參考上方右圖。

- 紅色通道：值隨棋盤格的列數遞增。
- 綠色通道：值隨棋盤格的行數遞增。
- 藍色通道：保持為固定值（128）。

第六章

影像處理的基礎知識

雖然前面章節筆者對於影像的像素讀取與修改有做說明，不過在做更進一步的影像處理前，本章將對影像處理的基礎知識，做一個完整的說明。

6-1 灰階影像的編輯

6-1-1 自創灰階影像與編輯的基礎實例

這一節將從簡單自創一個 5 x 12的灰階影像，然後講解讀取與編輯的方法，最後列出結果。

程式實例 ch6_1.py：自創 5 x 12 的灰階影像陣列，列印此灰階影像陣列，然後讀取 (1, 4) 座標的像素，列出所讀的值。修改 (1, 4) 座標的像素，最後列出灰階影像陣列與修改結果。

```
1  # ch6_1.py
2  import cv2
3  import numpy as np
4
5  # 建立GRAY影像陣列
6  image = np.zeros((5, 12), np.uint8)
7  print(f"修改前 image=\n{image}")               # 顯示修改前GRAY影像
8  print(f"image[1,4] = {image[1, 4]}")          # 列出特定像素點的內容
9
10 image[1,4] = 255                              # 修改像素點的內容
11 print(f"修改後 image=\n{image}")               # 顯示修改後的GRAY影像
12 print(f"image[1,4] = {image[1, 4]}")          # 列出特定像素點的內容
```

執行結果

```
==================== RESTART: D:/OpenCV_Python/ch6/ch6_1.py ====================
修改前 image=
[[0 0 0 0 0 0 0 0 0 0 0 0]
 [0 0 0 0 0 0 0 0 0 0 0 0]
 [0 0 0 0 0 0 0 0 0 0 0 0]
 [0 0 0 0 0 0 0 0 0 0 0 0]
 [0 0 0 0 0 0 0 0 0 0 0 0]]
image[1,4] = 0
修改後 image=
[[  0   0   0   0   0   0   0   0   0   0   0   0]
 [  0   0   0   0 255   0   0   0   0   0   0   0]
 [  0   0   0   0   0   0   0   0   0   0   0   0]
 [  0   0   0   0   0   0   0   0   0   0   0   0]
 [  0   0   0   0   0   0   0   0   0   0   0   0]]
image[1,4] = 255
```

6-1-2 讀取灰階影像與編輯的實例

程式實例 ch6_2.py：讀取灰階影像，然後用白色長條遮住眼睛部位，分別顯示原始影像與修改後的影像。

```
1  # ch6_2.py
2  import cv2
3
4  img = cv2.imread("jk.jpg", cv2.IMREAD_GRAYSCALE)     # 灰色讀取
5  cv2.imshow("Before modify", img)                      # 顯示修改前影像img
6  for y in range(120,140):                              # 修改影像
7      for x in range(110,210):
8          img[y,x] = 255
9  cv2.imshow("After modify", img)                       # 顯示修改後影像img
10
11 cv2.waitKey(0)
12 cv2.destroyAllWindows()                               # 刪除所有視窗
```

執行結果

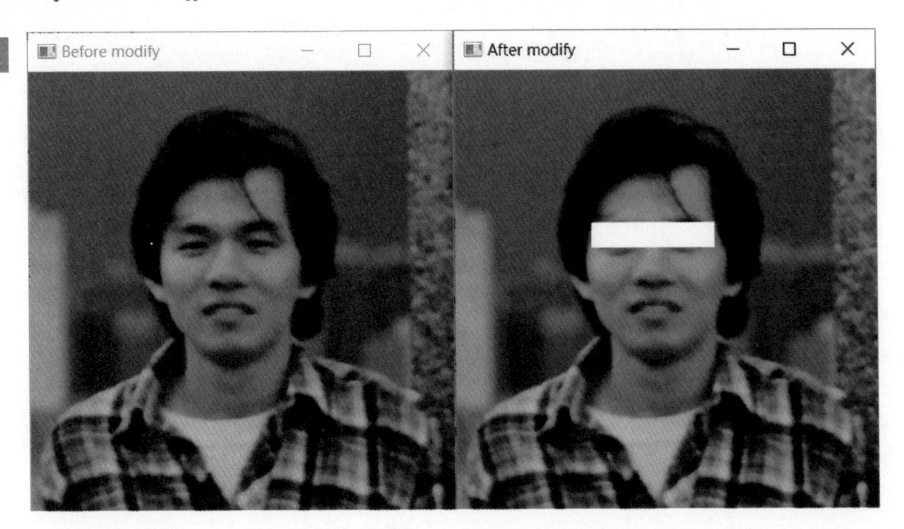

6-2 彩色影像的編輯

6-2-1 了解彩色影像陣列的結構

這一節將先用實例建立彩色影像，然後列出彩色影像的陣列值，再解釋陣列值的意義。

程式實例 ch6_3.py：建立 3 組 2 x 3 的彩色影像，第一組彩色影像陣列是藍色，第二組彩色影像陣列是綠色，第三組彩色影像陣列是紅色，列出陣列內容。

```
1  # ch6_3.py
2  import cv2
3  import numpy as np
4
5  # 建立藍色blue底的彩色影像陣列
6  blue_img = np.zeros((2,3,3),np.uint8)
7  blue_img[:,:,0] = 255                        # 填滿藍色
8  print(f"blue image =\n{blue_img}")           # 顯示blue_img影像陣列
9
10 # 建立綠色green底的彩色影像陣列
11 green_img = np.zeros((2,3,3),np.uint8)
12 green_img[:,:,1] = 255                       # 填滿綠色
13 print(f"green image =\n{green_img}")         # 顯示green_img影像陣列
14
15 # 建立紅色red底的彩色影像陣列
16 red_img = np.zeros((2,3,3),np.uint8)
17 red_img[:,:,2] = 255                         # 填滿紅色
18 print(f"red image =\n{red_img}")             # 顯示red_img影像陣列
```

執行結果　每個影像皆是三維陣列。

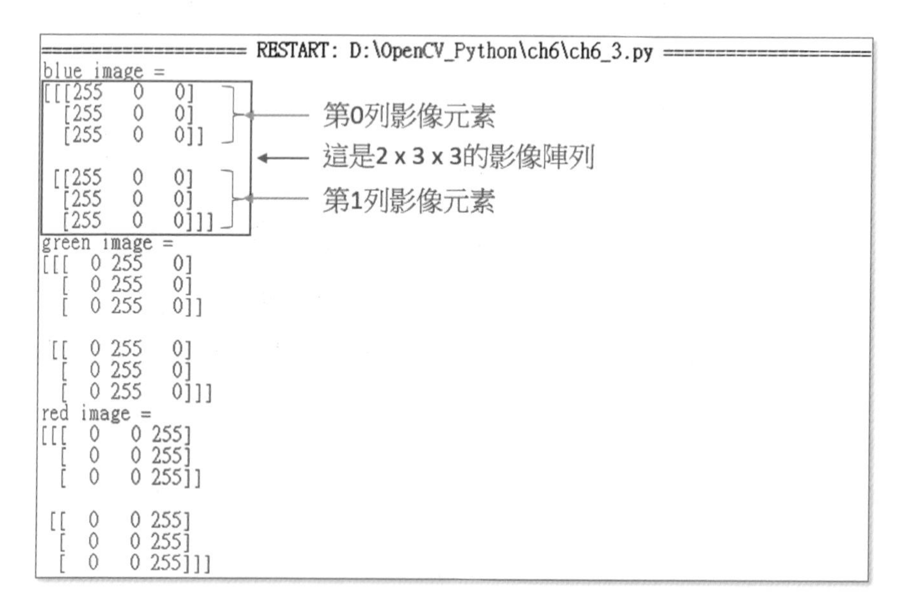

```
==================== RESTART: D:\OpenCV_Python\ch6\ch6_3.py ====================
blue image =
[[[255   0   0]
  [255   0   0]
  [255   0   0]]

 [[255   0   0]
  [255   0   0]
  [255   0   0]]]
green image =
[[[  0 255   0]
  [  0 255   0]
  [  0 255   0]]

 [[  0 255   0]
  [  0 255   0]
  [  0 255   0]]]
red image =
[[[  0   0 255]
  [  0   0 255]
  [  0   0 255]]

 [[  0   0 255]
  [  0   0 255]
  [  0   0 255]]]
```


現在我們可以用下圖搭配上述執行結果做圖示說明。

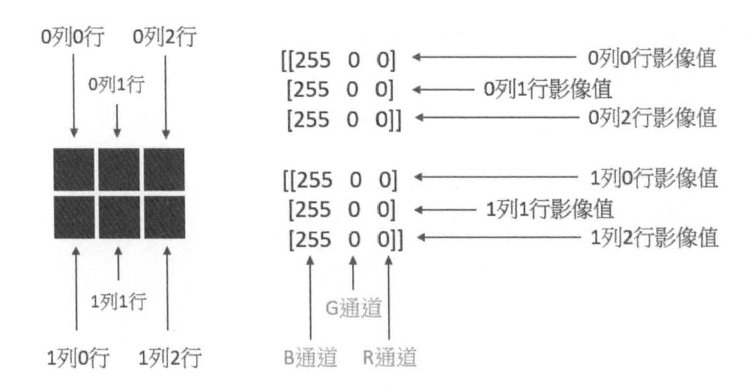

程式實例 ch6_4.py：建立藍色、綠色、紅色的視窗，然後解釋彩色陣列內容的意義。

```
 1  # ch6_4.py
 2  import cv2
 3  import numpy as np
 4
 5  # 建立藍色blue底的彩色影像陣列
 6  blue_img = np.zeros((100,150,3),np.uint8)
 7  blue_img[:,:,0] = 255                        # 填滿藍色
 8  print(f"blue image =\n{blue_img}")           # 顯示blue_img影像陣列
 9  cv2.imshow("Blue Image",blue_img)            # 顯示藍色影像
10
11  # 建立綠色green底的彩色影像陣列
12  green_img = np.zeros((100,150,3),np.uint8)
13  green_img[:,:,1] = 255                       # 填滿綠色
14  print(f"green image =\n{green_img}")         # 顯示green_img影像陣列
15  cv2.imshow("Green Image",green_img)          # 顯示綠色影像
16
17  # 建立紅色red底的彩色影像陣列
18  red_img = np.zeros((100,150,3),np.uint8)
19  red_img[:,:,2] = 255                         # 填滿紅色
20  print(f"red image =\n{red_img}")             # 顯示red_img影像陣列
21  cv2.imshow("Red Image",red_img)              # 顯示紅色影像
22
23  cv2.waitKey(0)
24  cv2.destroyAllWindows()                      # 刪除所有視窗
```

執行結果

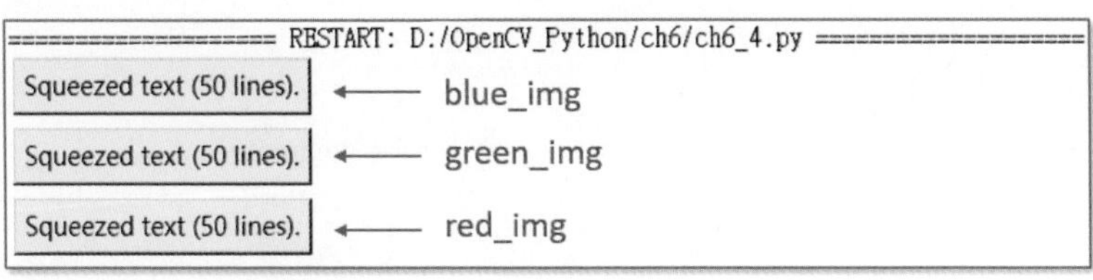

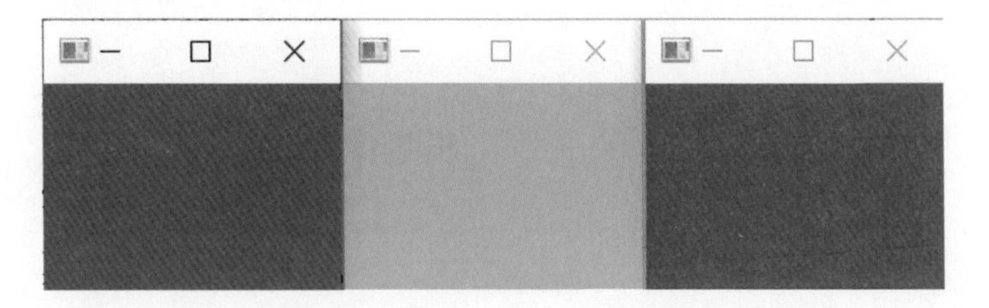

這個實例比前一個實例複雜，不過觀念是相同的，必須展開 Python Shell 視窗的 Squeezed text，連按兩下第 1、2 和 3 項後可以得到下列結果。

第0列像素值　　第1列像素值

```
blue image =           green image =           red image =
[[[255   0   0]        [[[  0 255   0]         [[[  0   0 255]
  [255   0   0]          [  0 255   0]           [  0   0 255]
  [255   0   0]          [  0 255   0]           [  0   0 255]
  ...                    ...                     ...
  [255   0   0]          [  0 255   0]           [  0   0 255]
  [255   0   0]          [  0 255   0]           [  0   0 255]
  [255   0   0]]         [  0 255   0]]          [  0   0 255]]

 [[255   0   0]         [[  0 255   0]          [[  0   0 255]
  [255   0   0]          [  0 255   0]           [  0   0 255]
  [255   0   0]          [  0 255   0]           [  0   0 255]
  ...                    ...                     ...
  [255   0   0]          [  0 255   0]           [  0   0 255]
  [255   0   0]          [  0 255   0]           [  0   0 255]
  [255   0   0]]         [  0 255   0]]          [  0   0 255]]
```

6-2-2　自創彩色影像與編輯的實例

程式實例 ch6_5.py：自創一個 2 x 3 x 3 的彩色影像陣列，先列印此彩色影像陣列。然後列印 [0,1] 像素點的 BGR 內容。接著第 12 列是修訂 [0,1] 的內容為 [50,100,150]，最後再列印一次此影像陣列，驗證修改結果。

```
1  # ch6_5.py
2  import cv2
3  import numpy as np
4
5  # 建立藍色blue底的彩色影像陣列
6  blue = np.zeros((2,3,3),np.uint8)
7  blue[:,:,0] = 255                                # 填滿藍色
8  print(f"blue =\n{blue}")                         # 列印影像陣列
9  # 列印修訂前的像素點
10 print(f"blue[0,1] = {blue[0,1]}")
11
12 blue[0,1] = [50,100,150]                         # 修訂像素點
13 print("修訂後")
14 # 列印修訂後的像素點
15 print(f"blue =\n{blue}")                         # 列印影像陣列
```

執行結果

```
==================== RESTART: D:/OpenCV_Python/ch6/ch6_5.py ====================
blue =
[[[255   0   0]
  [255   0   0]
  [255   0   0]]

 [[255   0   0]
  [255   0   0]
  [255   0   0]]]
blue[0,1] = [255   0   0]
修訂後
blue =
[[[255   0   0]
  [ 50 100 150]
  [255   0   0]]

 [[255   0   0]
  [255   0   0]
  [255   0   0]]]
```

上述是一次修改 BGR 通道的值，下列實例則是修訂單一通道的值。

程式實例 ch6_6.py：自創一個 2 x 3 x 3 的彩色影像陣列，先列印此彩色影像陣列。然後列印 [0,1,2] 像素點的通道值。接著第 12 列是修訂 [0,1,2] 的內容為 50，最後再列印一次此影像陣列，驗證修改結果。

```
1  # ch6_6.py
2  import cv2
3  import numpy as np
4
5  # 建立藍色blue底的彩色影像陣列
6  blue = np.zeros((2,3,3),np.uint8)
7  blue[:,:,0] = 255                          # 填滿藍色
8  print(f"blue =\n{blue}")                   # 列印影像陣列
9  # 列印修訂前的像素點
10 print(f"blue[0,1,2] = {blue[0,1,2]}")
11
12 blue[0,1,2] = 50                           # 修訂像素點的單一通道
13 print("修訂後")
14 # 列印修訂後的像素點
15 print(f"blue =\n{blue}")                   # 列印影像陣列
16 print(f"blue[0,1,2] = {blue[0,1,2]}")
```

執行結果

```
==================== RESTART: D:\OpenCV_Python\ch6\ch6_6.py ====================
blue =
[[[255   0   0]
  [255   0   0]
  [255   0   0]]

 [[255   0   0]
  [255   0   0]
  [255   0   0]]]
blue[0,1,2] = 0
修訂後
blue =
[[[255   0   0]
  [255   0  50]
  [255   0   0]]

 [[255   0   0]
  [255   0   0]
  [255   0   0]]]
blue[0,1,2] = 50
```

6-2-3 讀取彩色影像與編輯的實例

和前面小節內容一樣，我們可以一次更改一個通道值內容，可以參考下列實例第 14 ~ 17 列。也可以一次更改一個像素點的 BGR 通道值，可以參考下列實例第 10 ~ 12 列，或是第 19 ~ 21 列，

程式實例 ch6_7.py：讀取彩色影像，然後編輯影像，在編輯過程會列出長條左上角修改前與修改後的像素值。

```
1  # ch6_7.py
2  import cv2
3
4  img = cv2.imread("jk.jpg")                    # 彩色讀取
5  cv2.imshow("Before modify", img)              # 顯示修改前影像img
6  print(f"修改前img[115,110] = {img[115,110]}")
7  print(f"修改前img[125,110] = {img[125,110]}")
8  print(f"修改前img[135,110] = {img[135,110]}")
9  # 紫色長條
10 for y in range(115,125):                      # 修改影像
11     for x in range(110,210):
12         img[y,x] = [255,0,255]                # 紫色取代
13 # 白色長條
14 for z in range(125,135):                      # 修改影像:一次一個通道值
15     for y in range(110,210):
16         for x in range(0,3):                  # 一次一個通道值
17             img[z,y,x] = 255                  # 白色取代
18 # 黃色長條
19 for y in range(135,145):                      # 修改影像
20     for x in range(110,210):
21         img[y,x] = [0,255,255]                # 黃色取代
22 cv2.imshow("After modify", img)               # 顯示修改後影像img
23 print(f"修改後img[115,110] = {img[115,110]}")
24 print(f"修改後img[125,110] = {img[125,110]}")
25 print(f"修改後img[135,110] = {img[135,110]}")
26 cv2.waitKey(0)
27 cv2.destroyAllWindows()                       # 刪除所有視窗
```

執行結果

```
=================== RESTART: D:/OpenCV_Python/ch6/ch6_7.py ===================
修改前img[115,110] = [21 26 57]
修改前img[125,110] = [ 31  63 134]
修改前img[135,110] = [ 57 126 195]
修改後img[115,110] = [255   0 255]
修改後img[125,110] = [255 255 255]
修改後img[135,110] = [  0 255 255]
```

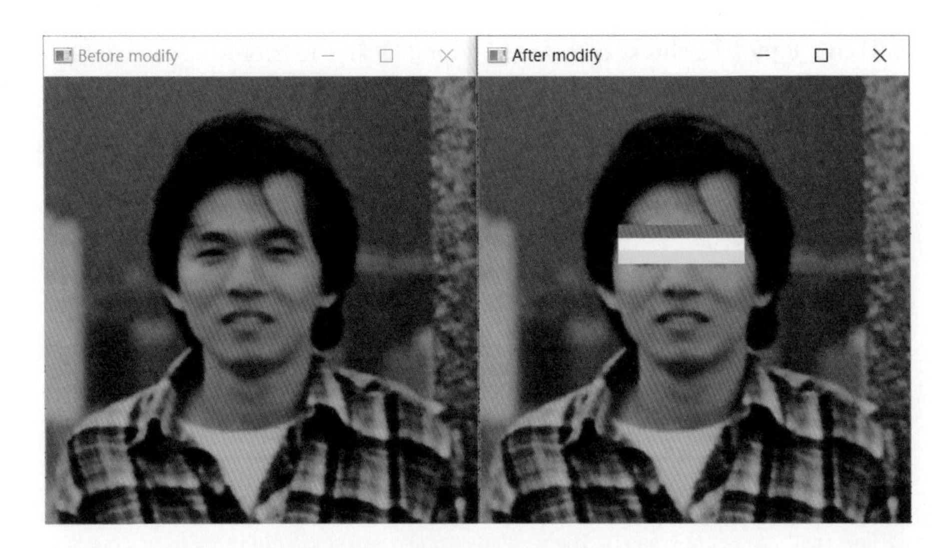

上述實例筆者使用傳統簡單的方法編輯影像區塊內容，其實對於 Python 程式設計師那是沒有效率的方法，我們可以用簡單方式直接取代，例如：10 ~ 12 列可以用下列取代。

```
img[115:210,110:210] = [255, 0, 255]
```

程式實例 ch6_7_1.py：重新設計 ch6_7.py，第 10 ~ 12 列使用單列代替迴圈。

```
 9  # 紫色長條
10  img[115:125,110:210] = [255, 0, 255]
```

執行結果 與 ch6_7.py 相同。

6-3 編輯含 alpha 通道的彩色影像

對一個含 alpha 通道的彩色影像，每一個像素是由含 4 個元素的陣列所組成，也就是有 4 個通道，索引 3 是 A(alpha) 通道如下所示：

```
[B, G, R, A]
```

如果要讀取含 alpha 通道的檔案，例如：以 PNG 為延伸檔名的檔案，下列是讀取 street.png 為實例，cv2.imread( ) 語法如下：

```
image = cv2.imread("street.png", cv2.IMREAD_UNCHANGED)
```

程式實例 ch6_8.py：在 ch6 資料夾有 street.png 檔案，這個檔案的透明度是 32，這個程式會讀取 street.png，同時顯示 [10,50] 和 [50,99] 的像素值，然後修改 [0,0] 至 [200,200] 間的 alpha 值為半透明的 128，最後再列出 [10,50] 和 [50,99] 的像素值，讀者可以比較修改結果。同時將修改結果存入 street128.png。

```
1  # ch6_8.py
2  import cv2
3
4  img = cv2.imread("street.png",cv2.IMREAD_UNCHANGED)      # PNG讀取
5  cv2.imshow("Before modify", img)         # 顯示修改前影像img
6  print(f"修改前img[10,50] = {img[10,50]}")
7  print(f"修改前img[50,99] = {img[50,99]}")
8  print("-"*70)
9  for z in range(0,200):                   # 一次一個修改alpha通道值
10     for y in range(0,200):
11         img[z,y,3] = 128                 # 修改alpha通道值
12 print(f"修改後img[10,50] = {img[10,50]}")
13 print(f"修改後img[50,99] = {img[50,99]}")
14 cv2.imwrite("street128.png", img)        # 儲存含alpha通道的檔案
15
16 cv2.waitKey(0)
17 cv2.destroyAllWindows()                  # 刪除所有視窗
```

執行結果　下列可以看到 alpha 通道值修改前與修改後結果。

```
==================== RESTART: D:/OpenCV_Python/ch6/ch6_8.py ====================
修改前img[10,50] = [ 27  82 109  32]
修改前img[50,99] = [ 19 168 248  32]
----------------------------------------------------------------------
修改後img[10,50] = [ 27  82 109 128]
修改後img[50,99] = [ 19 168 248 128]
```

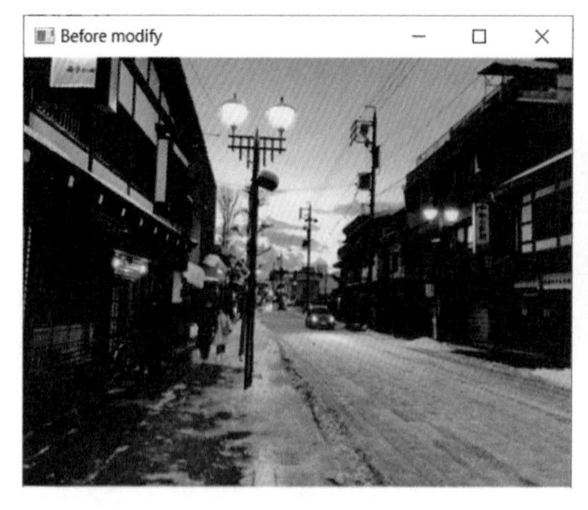

street.png

street128.png

上述右邊的 street128.png 圖是在 Windows 視窗開啟的結果。

上述幾個程式筆者使用迴圈方式設定某區塊的值，坦白說是中規中矩，靈活應用 Python 的切片可以讓程式簡化許多，例如：上述程式第 9 列到第 11 列，可以使用下列含切片的程式碼取代。

```
img[0:200,0:200,3] = 128
```

細節可以參考下列實例 ch6_8_1.py，執行結果則存入 street128_1.png。

```
1  # ch6_8_1.py
2  import cv2
3
4  img = cv2.imread("street.png",cv2.IMREAD_UNCHANGED)     # PNG讀取
5  cv2.imshow("Before modify", img)         # 顯示修改前影像img
6  print(f"修改前img[10,50] = {img[10,50]}")
7  print(f"修改前img[50,99] = {img[50,99]}")
8  print("-"*70)
9  img[0:200,0:200,3] = 128
10 print(f"修改後img[10,50] = {img[10,50]}")
11 print(f"修改後img[50,99] = {img[50,99]}")
12 cv2.imwrite("street128_1.png", img)      # 儲存含alpha通道的檔案
13
14 cv2.waitKey(0)
15 cv2.destroyAllWindows()                  # 刪除所有視窗
```

6-4 影像感興趣區域的編輯

6-4-1 擷取影像感興趣區塊

在大數據時代資料量非常巨大，可是我們只對部分資料感興趣，這時我們可以使用數據擷取、清洗技術，獲得感興趣的數據。

影像處理的觀念是類似，當我們獲取一個影像時，可能只對這個影像的部分區域感興趣，我們可以選擇感興趣的區域。例如：在做人臉拍照時難免會有背景，如果要做人臉辨識，可以只取人臉部份進行處理，這時人臉部份我們可以稱作感興趣區域 (Region of interest，簡稱 ROI)。

程式實例 ch6_9.py：使用 jk.jpg 影像檔案，設計只取臉部，然後開啟視窗顯示臉部，同時存入 jkface.jpg。這一個實例感興趣區域 (ROI) 的座標如下：

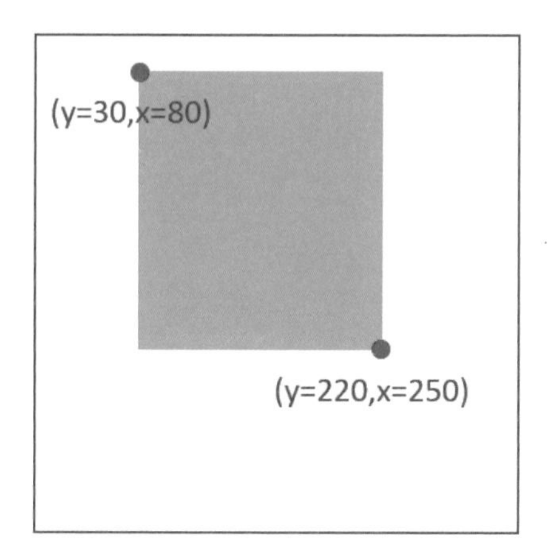

註 目前筆者尚未介紹人臉辨識，讀者可以先將 jk.jpg 載入小畫家，然後可以了解要取感興趣區域的座標。

```
1    # ch6_9.py
2    import cv2
3
4    img = cv2.imread("jk.jpg")                # 彩色讀取
5    cv2.imshow("Hung Image", img)             # 顯示影像
6    face = img[30:220,80:250]                 # ROI
7    cv2.imshow("Face", face)                  # 顯示影像
8
9    cv2.waitKey(0)
10   cv2.destroyAllWindows()                   # 刪除所有視窗
```

執行結果

6-4-2 建立影像馬賽克效果

這一節將說明為感興趣的影像區塊建立馬賽克效果，主要觀念是第 8 列將感興趣區塊相同大小空間設為隨機彩色影像，然後第 9 列將隨機影像區塊設定給感興趣區塊。

程式實例 ch6_10.py：為感興趣區塊 (ROI) 設定馬賽克。

```
1   # ch6_10.py
2   import cv2
3   import numpy as np
4
5   img = cv2.imread("jk.jpg")                    # 彩色讀取
6   cv2.imshow("Hung Image", img)                 # 顯示影像
7   # ROI大小區塊建立馬賽克
8   face = np.random.randint(0,256,size=(190,170,3))  # 馬賽克效果
9   img[30:220,80:250] = face                     # ROI
10  cv2.imshow("Face", img)                       # 顯示影像
11
12  cv2.waitKey(0)
13  cv2.destroyAllWindows()                       # 刪除所有視窗
```

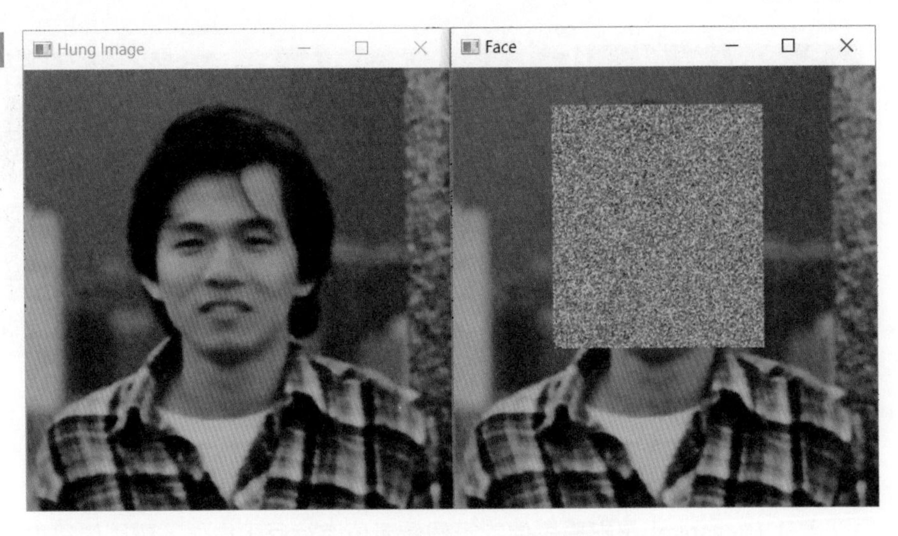

6-4-3　感興趣區塊在不同影像間移植

程式實例 ch6_11.py：將感興趣的區塊在不同影像間複製，這個程式會將頭像複製到美鈔的影像上。

```
1   # ch6_11.py
2   import cv2
3   import numpy as np
4
5   img = cv2.imread("jk.jpg")                   # 彩色讀取
6   cv2.imshow("Hung Image", img)               # 顯示影像
7   usa = cv2.imread("money.jpg")               # 彩色讀取
8   cv2.imshow("Money Image", usa)              # 顯示影像
9   face = img[30:220,80:250]                   # ROI
10  usa[30:220,120:290] = face                  # 複製到usa影像
11  cv2.imshow("Image", usa)                    # 顯示影像
12
13  cv2.waitKey(0)
14  cv2.destroyAllWindows()                     # 刪除所有視窗
```

執行結果

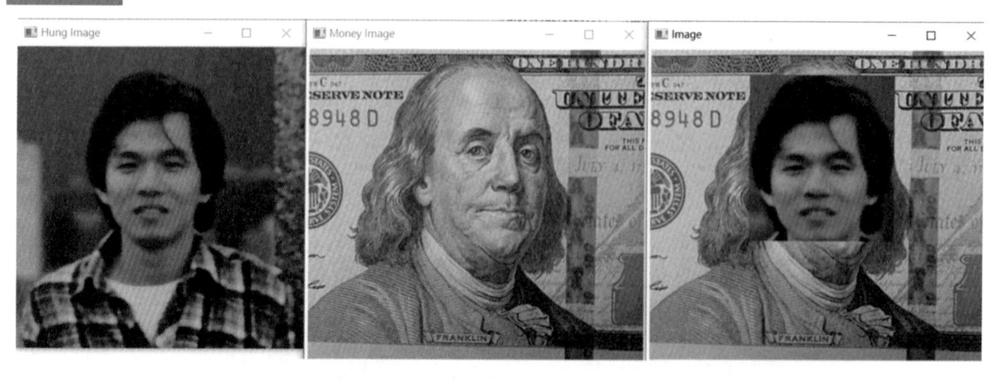

6-5 負片影像處理

負片 (Negative) 是指將影像的每個像素值進行反轉操作，讓影像呈現與原始影像相反的色彩或亮度。

6-5-1　負片的基本概念與應用

將影像像素值進行反轉，可以生成負片影像。適用範圍：

- 灰階影像：針對單通道進行反轉。
- 彩色影像：針對 R、G、B 三個通道分別反轉。

負片處理的應用場景：

- 攝影與影像復原：負片是傳統膠片攝影的基礎，沖洗時需要將負片還原為正片。
- 藝術效果與設計：利用負片生成反差強烈的藝術效果，適用於設計圖像。
- 醫學影像分析：在 X 光片等應用中，負片可增強特定區域的細節。

6-5-2 負片應用在灰階影像

程式實例 ch6_12.py：負片應用在 money.jpg 的實例。

```
1   # ch6_12.py
2   import cv2
3
4   # 讀取灰階影像
5   image = cv2.imread("money.jpg", cv2.IMREAD_GRAYSCALE)
6   negative = 255 - image      # 負片處理
7
8   # 顯示結果
9   cv2.imshow("Original", image)
10  cv2.imshow("Negative", negative)
11  cv2.waitKey(0)
12  cv2.destroyAllWindows()
```

執行結果

6-5-3　負片應用在彩色影像

程式實例 ch6_13.py：負片應用在 jk.jpg 的實例。

```
1    # ch6_13.py
2    import cv2
3    
4    # 讀取彩色影像
5    image = cv2.imread("jk.jpg")
6    negative = 255 - image              # 彩色影像負片處理
7    
8    # 顯示結果
9    cv2.imshow("Original", image)
10   cv2.imshow("Negative", negative)
11   cv2.waitKey(0)
12   cv2.destroyAllWindows()
```

執行結果

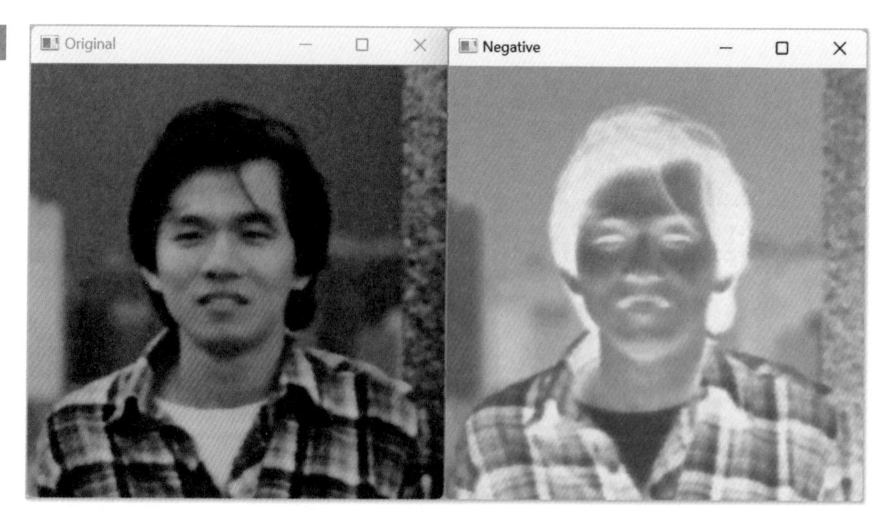

6-5-4　ROI 負片處理

我們也可以只對影像的感興趣區 (ROI) 域進行負片處理。

程式實例 ch6_14.py：針對 money.jpg 的部分區塊做負片處理。

```
1    # ch6_14.py
2    import cv2
3    import numpy as np
4
5    # 讀取彩色影像
6    image = cv2.imread("money.jpg")
7
8    # 定義感興趣區域 (ROI)
9    roi = image[30:220, 120:290]     # 設置 ROI 區域
10   roi_negative = 255 - roi         # 對 ROI 區域進行負片處理
11
12   # 替換原始影像中的 ROI
13   image[30:220, 120:290] = roi_negative
14
15   # 顯示結果
16   cv2.imshow("Original with ROI Negative", image)
17   cv2.waitKey(0)
18   cv2.destroyAllWindows()
```

執行結果

習題

1： 參考 ch6_7_1.py 的觀念，重新設計整個 ch6_7.py，執行結果與 ch6_7.py 相同。

2： 請參考 ch6_11.py，但是將感興趣區域移至相同大小的空白畫布。

3： 請參考 ch6_14.py 和 ch6_11.py，將 jk.jpg 頭像做負片處理。

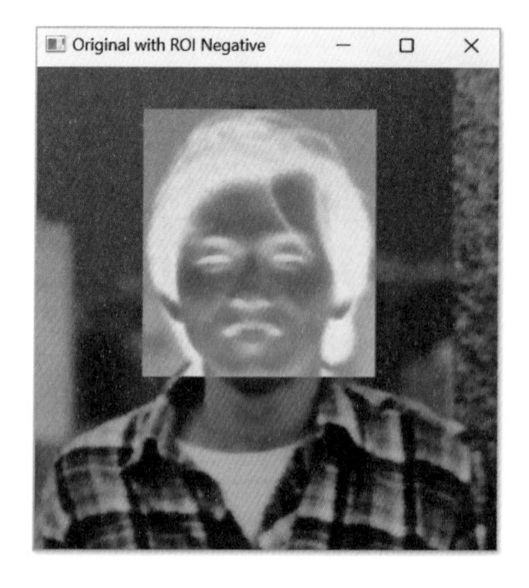

第七章

從靜態到動態的繪圖功能

OpenCV 也像大多數的影像模組一樣可以執行繪圖，本章將講解這方面的知識。

7-1 建立畫布

我們可以使用 Numpy 的 np.zeros( ) 或 np.ones( ) 建立畫布，下列是使用 zeros( ) 建立 height=200，width=300 的方法。

```
img = np.zeros((200,300,3),np.uint8)
```

上述函數回傳的是 img 畫布物件，(200,300) 是畫布的大小，200 是畫布的高度，300 是畫布的寬度，3 主要是指 BGR 通道可以建立彩色畫布，如下所示：

但是上述畫布缺點是所建立的是黑色，如果希望可以建立白色畫布，可以改用 np.ones( ) 函數，然後將陣列內容設為 255，因為 np.ones( ) 函數所建立的陣列內容是 1，可以用乘以 255 方式處理，整個語法如下：

```
img = np.ones((200,300),np.uint8) * 255
```

這時可以建立下列白色的畫布，因為是白色畫布，筆者用虛線框表示。

註　繪圖的座標採用的是 (x, y)。

7-2 繪製直線

OpenCV 的 line( ) 函數可以繪製直線，語法如下：

```
cv2.line(img, pt1, pt2, color, thickness=1, lineType=LINE_8)
```

上述可以從 pt1 點繪一條線到 pt2 點，其他各參數意義如下：

- img：繪圖物件，也可以想成畫布。
- pt1：線段的起點，畫布的左上角是 (0, 0)，座標是 (x, y)。
- pt2：線段的終點。
- color：OpenCV 使用 (B, G, R) 方式處理色彩，所以 (255,0,0) 是藍色。
- thickness：線條寬度，預設是 1。
- line_Type：可選參數，這是指線條樣式，有 LINE_4、LINE_8 或 LINE_AA 可選，預設是 LINE_8。

程式實例 ch7_1.py：用直線工具繪製矩形的應用。

```
1  # ch7_1.py
2  import cv2
3  import numpy as np
4
5  img = np.ones((350,500,3),np.uint8) * 255        # 建立白色底的畫布
6  cv2.line(img,(1,1),(300,1),(255,0,0))            # 上方水平直線
7  cv2.line(img,(300,1),(300,300),(255,0,0))        # 右邊垂直直線
8  cv2.line(img,(300,300),(1,300),(255,0,0))        # 下邊水平直線
9  cv2.line(img,(1,300),(1,1),(255,0,0))            # 左邊垂直直線
10 cv2.imshow("My Draw",img)                        # 畫布顯示直線
11
12 cv2.waitKey(0)
13 cv2.destroyAllWindows()                          # 刪除所有視窗
```

執行結果 可參考下方左圖。

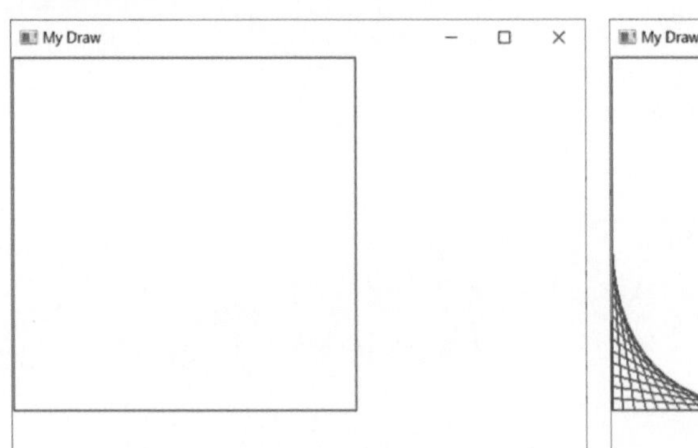

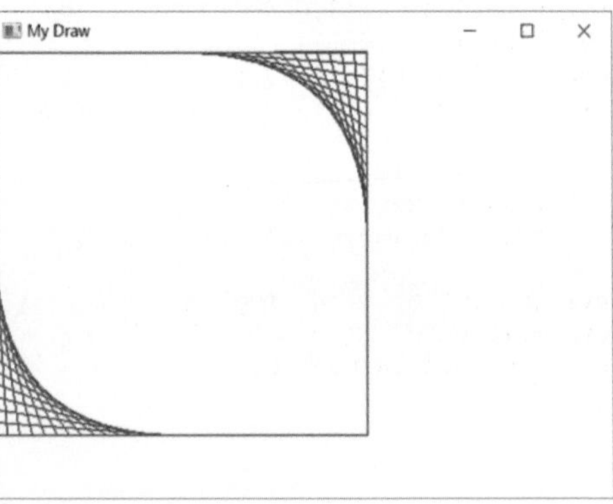

程式實例 ch7_2.py：繪製線條的應用。

```
1  # ch7_2.py
2  import cv2
3  import numpy as np
4
5  img = np.ones((350,500,3),np.uint8) * 255          # 建立白色底的畫布
6  cv2.line(img,(1,1),(300,1),(255,0,0))              # 上方水平直線
7  cv2.line(img,(300,1),(300,300),(255,0,0))          # 右邊垂直直線
8  cv2.line(img,(300,300),(1,300),(255,0,0))          # 下邊水平直線
9  cv2.line(img,(1,300),(1,1),(255,0,0))              # 左邊垂直直線
10 for x in range(150, 300, 10):
11     cv2.line(img,(x,1),(300,x-150),(255,0,0))
12 for y in range(150, 300, 10):
13     cv2.line(img,(1,y),(y-150,300),(255,0,0))
14
15 cv2.imshow("My Draw",img)                           # 畫布顯示結果
16 cv2.waitKey(0)
17 cv2.destroyAllWindows()                             # 刪除所有視窗
```

執行結果 可參考上方右圖。

7-3 畫布背景色彩的設計

7-3-1 單區塊的底部色彩

我們可以使用切片的觀念設定矩形區塊的色彩。

程式實例 ch7_3.py：重新設計 ch7_2.py，設定矩形區塊是黃色，這個程式最重要是第 6 列，這也是設定矩形是黃色底的關鍵。

```
1  # ch7_3.py
2  import cv2
3  import numpy as np
4
5  img = np.ones((350,500,3),np.uint8) * 255          # 建立白色底的畫布
6  img[1:300,1:300] = (0,255,255)                      # 設定黃色底
7
8  cv2.line(img,(1,1),(300,1),(255,0,0))              # 上方水平直線
9  cv2.line(img,(300,1),(300,300),(255,0,0))          # 右邊垂直直線
10 cv2.line(img,(300,300),(1,300),(255,0,0))          # 下邊水平直線
11 cv2.line(img,(1,300),(1,1),(255,0,0))              # 左邊垂直直線
12 for x in range(150, 300, 10):
13     cv2.line(img,(x,1),(300,x-150),(255,0,0))
14 for y in range(150, 300, 10):
15     cv2.line(img,(1,y),(y-150,300),(255,0,0))
16
17 cv2.imshow("My Draw",img)                           # 畫布顯示結果
18 cv2.waitKey(0)
19 cv2.destroyAllWindows()                             # 刪除所有視窗
```

執行結果

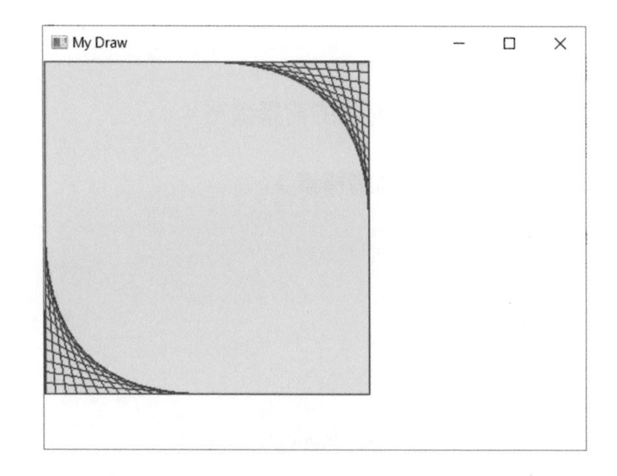

7-3-2 建立含底色圖案的畫布

要建立含底色圖案的畫布，可以使用 cv2.imread( ) 讀取影像，所讀的影像就可以成為畫布。

程式實例 ch7_4.py：重新設計 ch7_3.py，使用 antarctic.jpg 當作畫布，這個程式只列出差異部分。

```
5  img = cv2.imread("antarctic.jpg")                  # 使用影像當畫布
```

執行結果

7-3-3 漸層色背景設計

使用 Numpy 的函數，也可以設計漸層色的背景畫布。

程式實例 ch7_4_1.py：從左到右的顏色漸層背景。

```
1   # ch7_4_1.py
2   import numpy as np
3   import cv2
4   
5   # 設定畫布尺寸
6   height, width = 400, 600
7   
8   # 建立畫布
9   canvas = np.zeros((height, width, 3), dtype=np.uint8)
10  
11  # 設定漸層方向 (左到右)
12  for x in range(width):
13      canvas[:, x, 0] = 255 * (x / width)          # 藍色通道
14      canvas[:, x, 1] = 128                        # 固定綠色通道
15      canvas[:, x, 2] = 255 * (1 - x / width)      # 紅色通道
16  
17  # 顯示畫布
18  cv2.imshow("Gradient Background", canvas)
19  cv2.waitKey(0)
20  cv2.destroyAllWindows()
```

執行結果

上述程式使用 Numpy 建立 (高度 , 寬度 , 3) 的彩色畫布，分別對每個通道設定顏色值。顏色漸變邏輯如下：

- 藍色通道：從左到右逐漸增加。

- 綠色通道：固定為中等值（128）。
- 紅色通道：從左到右逐漸減少。

了解上述觀念，我們可以任意調整顏色組合。

程式實例 ch7_4_2.py：將漸層色調整為黃、橘色和綠色的暖色系組合，可以根據這些顏色的特性，對 RGB 通道進行如下調整：

色彩特性：

- 黃色：紅色和綠色通道較高，藍色通道為低值。
  - (R, G, B) = (255, 255, 0)
- 橘色：紅色通道高，綠色通道適中，藍色通道為低值。
  - (R, G, B) = (255, 165, 0)
- 綠色：綠色通道高，紅色通道適中，藍色通道為低值。
  - (R, G, B) = (127, 255, 0)

漸層設計邏輯：

- 左側：黃色起始色。
- 中間：逐漸過渡到橘色。
- 右側：過渡到綠色。

```
1   # ch7_4_2.py
2   import numpy as np
3   import cv2
4
5   # 設定畫布尺寸
6   height, width = 400, 600
7
8   # 建立畫布
9   canvas = np.zeros((height, width, 3), dtype=np.uint8)
10
11  # 設定漸層
12  for x in range(width):
13      # 計算比例
14      ratio = x / width
15
16      if ratio < 0.5:                 # 黃色到橘色過渡
17          canvas[:, x, 0] = int(0 * (1 - 2 * ratio))              # 藍色通道
18          canvas[:, x, 1] = int(255 - (90 * 2 * ratio))           # 綠色通道
19          canvas[:, x, 2] = 255                                   # 紅色通道
20      else:                           # 橘色到綠色過渡
21          canvas[:, x, 0] = int(0 * (2 * ratio - 1))              # 藍色通道
22          canvas[:, x, 1] = int(165 + (90 * (2 * ratio - 1)))     # 綠色通道
```

```
23              canvas[:, x, 2] = int(255 - (128 * (2 * ratio - 1)))    # 紅色通道
24
25      # 顯示畫布
26      cv2.imshow("Yellow-Orange-Green Gradient", canvas)
27      cv2.waitKey(0)
28      cv2.destroyAllWindows()
```

上述程式的顏色過渡期間的觀念如下：

- 黃色到橘色（左到中間）
  - 綠色逐漸減少（255 遞減至 165）。
  - 紅色保持高值（255）。
  - 藍色保持低值（0）。
- 橘色到綠色（中間到右）
  - 綠色逐漸增加（165 遞減至 255）。
  - 紅色逐漸減少（255 遞減至 127）。
  - 藍色保持低值（0）。

最後程式效果如下：

- 左側：黃色（溫暖亮眼）。
- 中間：橘色（柔和熱情）。
- 右側：綠色（自然清新）。

在設計程式時，第 17 和 21 列，即使藍色通道始終為 0，筆者仍然使用公式處理，主要是為了保證程式的靈活性和可擴展性。

7-4 繪製矩形

OpenCV 所提供的繪製矩形函數是 rectangle( )，此語法如下：

cv2.rectangle(img, pt1, pt2, color, thickness=1, lineType=LINE_8)

上述可以繪製左上角是 pt1，右下角是 pt2 點的矩形，其他各參數意義如下：

- img：繪圖物件，也可以想成畫布。
- pt1：矩形的左上角座標，資料格式是元組 (x, y)。
- pt2：矩形的右下角座標，資料格式是元組 (x, y)。
- color：OpenCV 使用 (B, G, R) 方式處理色彩，所以 (255,0,0) 是藍色。
- thickness：線條寬度，預設是 1。如果寬度設為 -1，則建立實心矩形。
- line_Type：可選參數，這是指線條樣式，有 LINE_4、LINE_8 或 LINE_AA 可選，預設是 LINE_8。

程式實例 ch7_5.py：使用 rectangle( ) 函數重新設計 ch7_2.py。

```
1  # ch7_5.py
2  import cv2
3  import numpy as np
4
5  img = np.ones((350,500,3),np.uint8) * 255          # 建立白色底的畫布
6  cv2.rectangle(img,(1,1),(300,300),(255,0,0))       # 繪製矩形
7  for x in range(150, 300, 10):
8      cv2.line(img,(x,1),(300,x-150),(255,0,0))
9  for y in range(150, 300, 10):
10     cv2.line(img,(1,y),(y-150,300),(255,0,0))
11
12 cv2.imshow("My Draw",img)                          # 畫布顯示結果
13 cv2.waitKey(0)
14 cv2.destroyAllWindows()                            # 刪除所有視窗
```

執行結果 與 ch7_2.py 相同。

程式實例 ch7_6.py：使用 rectangle( ) 函數重新設計 ch7_3.py。

```
1  # ch7_6.py
2  import cv2
3  import numpy as np
4
5  img = np.ones((350,500,3),np.uint8) * 255                # 建立白色底的畫布
6  cv2.rectangle(img,(1,1),(300,300),(0,255,255),-1)        # 設定黃色底
7  cv2.rectangle(img,(1,1),(300,300),(255,0,0))             # 繪製矩形
8  for x in range(150, 300, 10):
```

```
 9     cv2.line(img,(x,1),(300,x-150),(255,0,0))
10 for y in range(150, 300, 10):
11     cv2.line(img,(1,y),(y-150,300),(255,0,0))
12
13 cv2.imshow("My Draw",img)                          # 畫布顯示結果
14 cv2.waitKey(0)
15 cv2.destroyAllWindows()                            # 刪除所有視窗
```

執行結果 與 ch7_3.py 相同。

7-5 繪製圓

7-5-1 繪製圓的基礎知識

OpenCV 所提供的繪製圓形函數是 circle( )，此語法如下：

cv2.circle(img,center,radius,color,thickness=1, lineType=LINE_8)

上述可以繪製圓形，其他各參數意義如下：

- img：繪圖物件，也可以想成畫布。
- center：設定圓中心座標，資料格式是元組 (x, y)。
- radius：設定半徑。
- color：OpenCV 使用 (B, G, R) 方式處理色彩，所以 (255,0,0) 是藍色。
- thickness：線條寬度，預設是 1。如果寬度設為 -1，則建立實心圓形。
- line_Type：可選參數，這是指線條樣式，有 LINE_4、LINE_8 或 LINE_AA 可選，預設是 LINE_8。

上述可以繪製圓心是 center，半徑是 radius 的圓，如果「thickness = -1」表示是建立實心圓，其他各參數意義與前面函數相同。

程式實例 ch7_7.py：繪製同心圓，其中最中間的是實心圓。

```
1 # ch7_7.py
2 import cv2
3
4 img = cv2.imread("antarctic.jpg")        # 使用影像當畫布
5 cy = int(img.shape[0] / 2)               # 中心點 y 座標
6 cx = int(img.shape[1] / 2)               # 中心點 x 座標
7 red = (0, 0, 255)                        # 設定紅色
8 yellow = (0,255,255)                     # 設定黃色
```

```
9  cv2.circle(img,(cx,cy),30,red,-1)          # 繪製實心圓形
10 for r in range(40, 200, 20):               # 繪製系列空心圓形
11     cv2.circle(img,(cx,cy),r,yellow,2)
12
13 cv2.imshow("My Draw",img)                  # 畫布顯示結果
14 cv2.waitKey(0)
15 cv2.destroyAllWindows()                    # 刪除所有視窗
```

執行結果

7-5-2 隨機色彩的應用

假設我們現在想要建立隨機色彩的圓，可以參考 3-3-7 節的觀念使用 Numpy 模組的 random.randint( ) 函數，由於色彩是需要有 3 個元素的陣列，可以使用下列實例建立色彩隨機數。

程式實例 ch7_8.py：建立 3 個元素的陣列。

```
1  # ch7_8.py
2  import numpy as np
3
4  np.random.seed(42)                # 種子值
5  print("回傳單3個元素的陣列, 值是0(含)至256(不含)的隨機數")
6  arr = np.random.randint(0,256, size=3)
7  print(type(arr))
8  print(arr)
```

執行結果

```
==================== RESTART: D:\OpenCV_Python\ch7\ch7_8.py ====================
回傳單3個元素的陣列, 值是0(含)至256(不含)的隨機數
<class 'numpy.ndarray'>
[102 179  92]
```

上述我們獲得了含 3 個元素的陣列，許多函數在使用時，是需要將陣列改為串列或元組，我們可以使用 Numpy 模組的 tolist( ) 函數，這個函數可以將陣列改為串列，可以參考下列實例。

程式實例 ch7_9.py：擴充 ch7_8.py 將陣列轉成串列，產生隨機色彩值。

```
1   # ch7_9.py
2   import numpy as np
3
4   np.random.seed(42)          # 種子值
5   print("回傳單3個元素的陣列, 值是0(含)至256(不含)的隨機數")
6   arr = np.random.randint(0,256, size=3)
7   print(type(arr))
8   print(arr)
9   print("將陣列改為串列")
10  print(arr.tolist())
```

執行結果

```
==================== RESTART: D:\OpenCV_Python\ch7\ch7_9.py ====================
回傳單3個元素的陣列, 值是0(含)至256(不含)的隨機數
<class 'numpy.ndarray'>
[102 179  92]
將陣列改為串列
[102, 179, 92]
```

註 Numpy 沒有提供將陣列轉成元組的函數，上述實例獲得串列後，可以用 tuple( ) 函數，將串列轉成元組。

程式實例 ch7_10.py：使用黑色底的畫布建立 50 個隨機色彩的實心圓，其中圓中心、圓半徑與色彩是隨機產生。

```
1   # ch7_10.py
2   import cv2
3   import numpy as np
4
5   np.random.seed(42)                          # 種子值
6   height = 400                                # 畫布高度
7   width = 600                                 # 畫布寬度
8   img = np.zeros((height,width,3),np.uint8)   # 建立黑底畫布陣列
9   for i in range(0,50):
10      cx = np.random.randint(0,width)         # 隨機數圓心的 x 軸座標
11      cy = np.random.randint(0,height)        # 隨機數圓心的 y 軸座標
12      color = np.random.randint(0,256, size=3).tolist() # 建立隨機色彩
13      r = np.random.randint(5,100)            # 在5 - 100間的隨機半徑
14      cv2.circle(img,(cx,cy),r,color,-1)      # 建立隨機實心圓
15  cv2.imshow("Random Circle",img)
16
17  cv2.waitKey(0)
18  cv2.destroyAllWindows()                     # 刪除所有視窗
```

執行結果

7-6 繪製橢圓或橢圓弧度

OpenCV 所提供的繪製橢圓形函數是 ellipse( )，此語法如下：

```
cv2.ellipse(img,center,axes,angle,startAngle,endAngle,color,thickness=1,lineType=LINE_8)
```

上述可以繪製橢圓，橢圓圓心是 center，與建立圓不一樣的參數意義如下：

- axes：軸的長度。
- angle：橢圓偏移的角度。
- startAngle：圓弧起點的角度。
- endAngle：圓弧終點的角度。

如果設定 startAngle=0，endAngle=360 可以繪製完整的橢圓。也可以利用此特性繪製橢圓弧度。

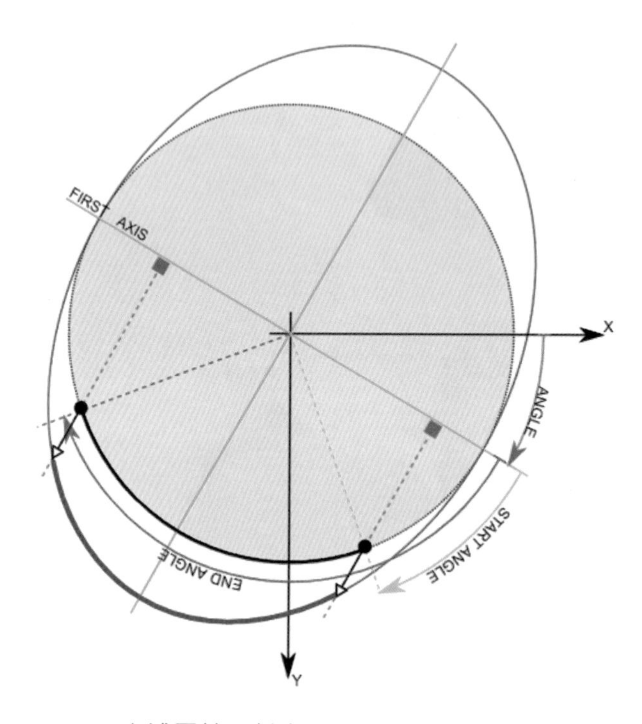

上述圖片取材自 OpenCV 官方網站

https://docs.opencv.org/4.5.3/d6/d6e/group__imgproc__draw.html#ga07d2f74cadcf8e305e810ce8eed13bc9

程式實例 ch7_11.py：以畫布中心為橢圓的中心，使用繪製橢圓形的函數 ellipse( )，繪製 2 個橢圓和 1 個橢圓弧度。

```
1  # ch7_11.py
2  import cv2
3
4  img = cv2.imread("antarctic.jpg")        # 使用影像當畫布
5  cy = int(img.shape[0] / 2)               # 中心點 y 座標
6  cx = int(img.shape[1] / 2)               # 中心點 x 座標
7  red = (0, 0, 255)                        # 設定紅色
8  yellow = (0,255,255)                     # 設定黃色
9  blue = (255,0,0)                         # 設定藍色
10 size = (200,100)
11 angle = 0
12 cv2.ellipse(img,(cx,cy),size,angle,0,360,red,1)      # 繪製橢圓形
13 angle = 45
14 cv2.ellipse(img,(cx,cy),size,angle,0,360,yellow,5)  # 繪製橢圓形
15 cv2.ellipse(img,(cx,cy),size,angle,45,135,blue,3)   # 繪製橢圓弧
16
17 cv2.imshow("My Draw",img)                # 畫布顯示結果
18 cv2.waitKey(0)
19 cv2.destroyAllWindows()                  # 刪除所有視窗
```

執行結果

程式實例 ch7_12.py：以畫布中心為橢圓的中心，隨機繪製不同顏色、偏移的橢圓。

```
1  # ch7_12.py
2  import cv2
3  import numpy as np
4
5  img = cv2.imread("antarctic.jpg")       # 使用影像當畫布
6  cy = int(img.shape[0] / 2)              # 中心點 y 座標
7  cx = int(img.shape[1] / 2)              # 中心點 x 座標
8  size = (200,100)                        # 橢圓的x,y軸長度
9  for i in range(0,15):
10     angle = np.random.randint(0,361)    # 橢圓偏移的角度
11     color = np.random.randint(0,256,size=3).tolist()    # 橢圓的隨機色彩
12     cv2.ellipse(img,(cx,cy),size,angle,0,360,color,1)   # 繪製橢圓形
13
14 cv2.imshow("My Draw",img)               # 畫布顯示結果
15 cv2.waitKey(0)
16 cv2.destroyAllWindows()                 # 刪除所有視窗
```

執行結果

7-7 繪製多邊形

OpenCV 提供繪製多邊形的函數是 polylines( )，語法如下：

cv2.polylines(img,pts,isClosed,color,thickness=1,lineType=LINE_8)

上述可以繪製封閉式或開放式的多邊形，幾個不一樣的參數意義如下：

- pts：這是 Numpy 的陣列，內含多邊形頂點的座標 (x, y)。
- isClosed：如果是 True 則是建立封閉式多邊形，也就是第一個點和最後一個點會連接。如果是 False 則是建立開放式多邊形，也就是第一個點和最後一個點不會連接。

程式實例 ch7_13.py：繪製封閉式多邊形，多邊形線條是藍色，線條寬度是 5。繪製開放式多邊形，多邊形線條是紅色，線條寬度是 3。

```
1  # ch7_13.py
2  import cv2
3  import numpy as np
4
5  img1 = np.ones((200,300,3),np.uint8) * 255                    # 畫布1
6  pts = np.array([[150,50],[250,100],[150,150],[50,100]]) # 頂點陣列
7  cv2.polylines(img1,[pts],True,(255,0,0),5)                    # 繪製封閉式多邊形
```

```
8
9   img2 = np.ones((200,300,3),np.uint8) * 255                # 畫布2
10  cv2.polylines(img2,[pts],False,(0,0,255),3)               # 繪製開放式多邊形
11
12  cv2.imshow("isClosed_True",img1)                          # 畫布顯示封閉式多邊形
13  cv2.imshow("isClosed_False",img2)                         # 畫布顯示開放式多邊形
14  cv2.waitKey(0)
15  cv2.destroyAllWindows()                                   # 刪除所有視窗
```

執行結果

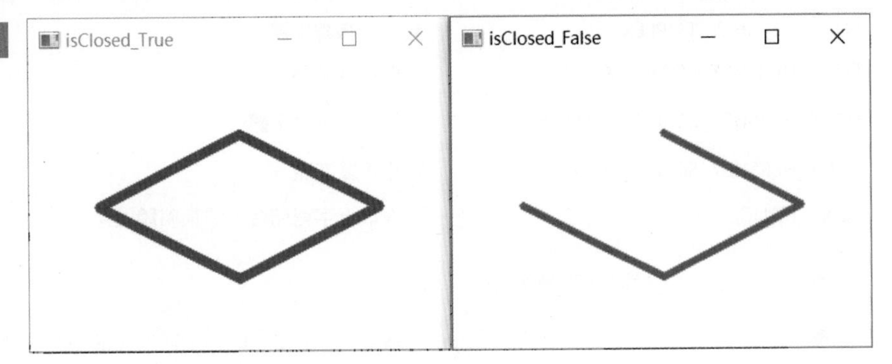

7-8 輸出文字

7-8-1 預設英文字輸出

OpenCV 提供輸出文字的函數是 putText( )，語法如下：

cv2.putText(img,text,org,fontFace,fontScale,color,thickness=1,lineType=LINE_8,
　　　　bottomLeftOrigin=False)

上述可以輸出文字，幾個不一樣的參數意義如下：

- img：輸出的畫布。
- text：要輸出的文字。
- org：文字位置，是指第一個文字左下方的座標 (x, y)。
- fontFace：文字的字體樣式。

字體樣式	說明
FONT_HERSHEY_SIMPLEX	常規大小無襯線字體（預設）
FONT_HERSHEY_PLAIN	較小的無襯線字體。
FONT_HERSHEY_DUPLEX	較粗的無襯線字體。
FONT_HERSHEY_COMPLEX	常規大小襯線字體。
FONT_HERSHEY_TRIPLEX	較粗的襯線字體。
FONT_HERSHEY_COMPLEX_SMALL	小型襯線字體。
FONT_HERSHEY_SCRIPT_SIMPLEX	常規大小手寫字體。
FONT_HERSHEY_SCRIPT_COMPLEX	較粗手寫字體。
FONT_ITALIC	可與以上字型結合，添加斜體效果。

- fontScale：文字的字體大小。
- bottomLeftOrigin：預設是 False，當設為 True 時，可以有垂直倒影的效果。

程式實例 ch7_14.py：輸出藍色 Python 文字，字型寬度是 12。

```
1  # ch7_14.py
2  import cv2
3  import numpy as np
4
5  img = np.ones((300,600,3),np.uint8) * 255    # 畫布
6  font = cv2.FONT_HERSHEY_SIMPLEX
7  cv2.putText(img,'Python',(150,180),font,3,(255,0,0),12)
8
9  cv2.imshow("Python",img)                    # 畫布顯示文字
10 cv2.waitKey(0)
11 cv2.destroyAllWindows()                     # 刪除所有視窗
```

執行結果　可以參考下方左圖。

程式實例 ch7_15.py：擴充 ch7_14.py，在同樣位置再輸出一次 Python 文字，這次所輸出的字型寬度是 5 使用黃色。

```
1  # ch7_15.py
2  import cv2
3  import numpy as np
4
5  img = np.ones((300,600,3),np.uint8) * 255    # 畫布
6  font = cv2.FONT_HERSHEY_SIMPLEX
7  cv2.putText(img,'Python',(150,180),font,3,(255,0,0),12)
8  cv2.putText(img,'Python',(150,180),font,3,(0,255,255),5)
9
10 cv2.imshow("Python",img)                      # 畫布顯示文字
11 cv2.waitKey(0)
12 cv2.destroyAllWindows()                       # 刪除所有視窗
```

執行結果　可以參考上方右圖。

程式實例 ch7_16.py：設計含倒影的文字。

```
1  # ch7_16.py
2  import cv2
3  import numpy as np
4
5  img = np.ones((300,600,3),np.uint8) * 255    # 畫布
6  font = cv2.FONT_HERSHEY_SIMPLEX
7  cv2.putText(img,'Python',(120,120),font,3,(255,0,0),12)
8  cv2.putText(img,'Python',(120,180),font,3,(0,255,0),12,
9              cv2.LINE_8,True)
10
11 cv2.imshow("Python",img)                      # 畫布顯示文字
12 cv2.waitKey(0)
13 cv2.destroyAllWindows()                       # 刪除所有視窗
```

執行結果

程式實例 ch7_17.py：在影像畫布上輸出文字。

```
1  # ch7_17.py
2  import cv2
3
4  img = cv2.imread("antarctic.jpg")
5  font = cv2.FONT_HERSHEY_SIMPLEX
6  cv2.putText(img,'Antarctic',(120,120),font,3,(255,0,0),12)
7
8  cv2.imshow("Antarctic",img)
9  cv2.waitKey(0)
10 cv2.destroyAllWindows()                          # 刪除所有視窗
```

執行結果

7-8-2 中文字輸出

OpenCV 預設是只有支援英文字的輸出，不過我們可以使用 PIL 模組，處理成可以輸出中文字，基本步驟觀念如下：

1： 將 OpenCV 的影像格式轉成 PIL 影像格式。

2： 使用 PIL 格式輸出中文字。

3： 將 PIL 的影像格式轉成 OpenCV 影像格式。

程式實例 ch7_17_1.py：重新設計 ch7_17.py 輸出中文字的應用。

```
1  # ch7_17_1.py
2  import cv2
3  import numpy as np
4  from PIL import Image, ImageDraw, ImageFont
5
6  def cv2_Chinese_Text(img,text,left,top,textColor,fontSize):
7      ''' 建立中文字輸出 '''
8  # 影像轉成 PIL影像格式
9      if (isinstance(img,np.ndarray)):
10         img = Image.fromarray(cv2.cvtColor(img, cv2.COLOR_BGR2RGB))
11     draw = ImageDraw.Draw(img)              # 建立PIL繪圖物件
12     fontText = ImageFont.truetype(          # 建立字型 - 新細明體
13                 "C:\Windows\Fonts\mingliu.ttc",     # 新細明體
14                 fontSize,                   # 字型大小
15                 encoding="utf-8")           # 編碼方式
16     draw.text((left,top),text,textColor,font=fontText)  # 繪製中文字
17 # 將PIL影像格式轉成OpenCV影像格式
18     return cv2.cvtColor(np.asarray(img),cv2.COLOR_RGB2BGR)
19
20 img = cv2.imread("antarctic.jpg")
21 img = cv2_Chinese_Text(img, "我在南極", 220, 100, (0,0,255), 50)
22
23 cv2.imshow("Antarctic",img)
24 cv2.waitKey(0)
25 cv2.destroyAllWindows()                     # 刪除所有視窗
```

執行結果

7-9 反彈球的設計

其實 OpenCV 講解至此，我們已經可以設計動畫了，假設我們要設計一個反彈球，觀念如下：

1：選定位置顯示反彈球。

2：讓反彈球顯示一段時間。

3：在新位置顯示反彈球。

4：回到步驟 2。

上述步驟 2，讓反彈球顯示一段時間可以使用 time 模組的 sleep 函數，語法如下：

```
import time
...
time.sleep(speed)                    # speed 單位是秒
```

由 speed 的設定值可以設定反彈球的速度。

程式實例 ch7_18.py：自由落體的反彈球設計，這個程式設計時反彈球會在畫布上方，然後往下，當到球到畫布底部後，會往上反彈。當球到畫布上方後，會往下掉落。

```
1  # ch7_18.py
2  import cv2
3  import numpy as np
4  from random import *
5  import time
6
7  width = 640                                 # 反彈球畫布寬度
8  height = 480                                # 反彈球畫布高度
9  r = 15                                      # 反彈球半徑
10 speed = 0.01                                # 反彈球移動速度
11 x = int(width / 2) - r                      # 反彈球的最初 x 位置
12 y = 50                                      # 反彈球的最初 y 位置
13 y_step = 5                                  # 反彈球移動 y 步伐
14
15 while cv2.waitKey(1) == -1:
16     if y > height - r or y < r:             # 反彈球超出畫布下邊界或是上邊界
17         y_step = -y_step
18     y += y_step                             # 新的反彈球 y 位置
19     img = np.ones((height, width, 3), np.uint8) * 255
20     cv2.circle(img,(x,y),r,(255,0,0),-1)        # 繪製反彈球
21     cv2.imshow("Bouncing Ball",img)
22     time.sleep(speed)                           # 依speed設定休息
23
24 cv2.destroyAllWindows()                         # 刪除所有視窗
```

執行結果

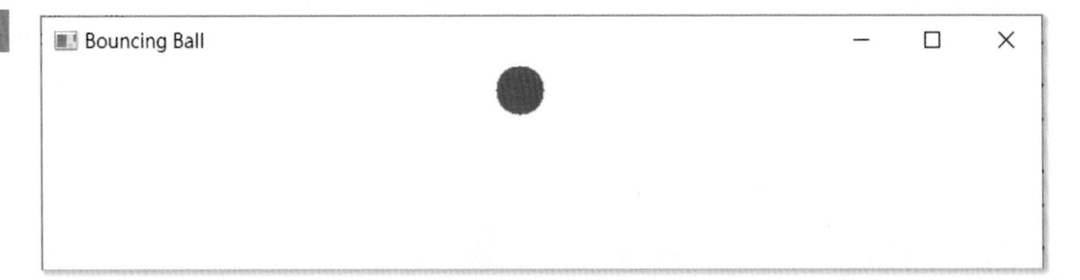

上述反彈球是垂直上下移動，我們使用 y_step 設定移動步伐，如果是 y_step 是正值則球往下方移動，如果是 y_step 是負值則球往上方移動。如果我們要設計可以往左下方或右下方移動的反彈球，可以增加 x_step，然後使用下列方式判斷是否超出右邊界或是左邊界。

```
If x > width – r or x < r:
   x_step = -x_step
```

如果是 x_step 是正值則球往右方移動，如果是 x_step 是負值則球往左方移動。

程式實例 ch7_19.py：擴充 ch7_19.py，增加左右移動的功能，讓球最初位置在 (50,50)。

```
1  # ch7_19.py
2  import cv2
3  import numpy as np
4  from random import *
5  import time
6
7  width = 640                               # 反彈球畫布寬度
8  height = 480                              # 反彈球畫布高度
9  r = 15                                    # 反彈球半徑
10 speed = 0.01                              # 反彈球移動速度
11 x = 50                                    # 反彈球的最初 x 位置
12 y = 50                                    # 反彈球的最初 y 位置
13 x_step = 5                                # 反彈球移動 x 步伐
14 y_step = 5                                # 反彈球移動 y 步伐
15
16 while cv2.waitKey(1) == -1:
17     if x > width - r or x < r:            # 反彈球超出畫布右邊界或是左邊界
18         x_step = -x_step
19     if y > height - r or y < r:           # 反彈球超出畫布下邊界或是上邊界
20         y_step = -y_step
21     x += x_step                           # 新的反彈球 x 位置
22     y += y_step                           # 新的反彈球 y 位置
23     img = np.ones((height, width, 3), np.uint8) * 255
24     cv2.circle(img,(x,y),r,(255,0,0),-1)      # 繪製反彈球
25     cv2.imshow("Bouncing Ball",img)
26     time.sleep(speed)                         # 依speed設定休息
27
28 cv2.destroyAllWindows()                       # 刪除所有視窗
```

執行結果

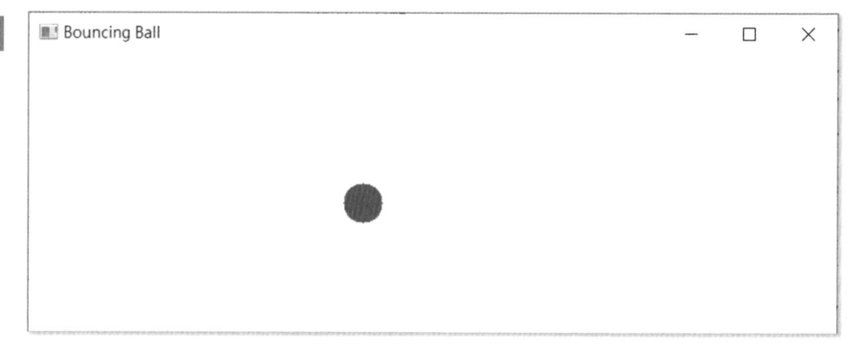

上述移動方式是固定，所以不論何時執行均可以看到相同的移動軌跡。如果希望可以每次執行球有不同的軌跡，可以設計不同的 x 軸步伐，下列是步伐串列的設計。

random_step = [3, 4, 5, 6, 7]
shuffle(random_step)
x_step = rando_step[0]

這樣就可以讓 x 軸每次移動不同步伐。

程式實例 ch7_20.py：擴充設計反彈球，讓每次執行時，球在 x 軸方向有不同的移動選擇。

```
1  # ch7_20.py
2  import cv2
3  import numpy as np
4  from random import *
5  import time
6
7  width = 640                                    # 反彈球畫布寬度
8  height = 480                                   # 反彈球畫布高度
9  r = 15                                         # 反彈球半徑
10 speed = 0.01                                   # 反彈球移動速度
11 x = 50                                         # 反彈球的最初 x 位置
12 y = 50                                         # 反彈球的最初 y 位置
13 random_step = [3, 4, 5, 6, 7]                  # x 步伐串列
14 shuffle(random_step)                           # 隨機產生 x 步伐串列
15 x_step = random_step[0]                        # 反彈球移動 x 步伐
16 y_step = 5                                     # 反彈球移動 y 步伐
17
18 while cv2.waitKey(1) == -1:
19     if x > width - r or x < r:                 # 反彈球超出畫布右邊界或是左邊界
20         x_step = -x_step
21     if y > height - r or y < r:                # 反彈球超出畫布下邊界或是上邊界
22         y_step = -y_step
23     x += x_step                                # 新的反彈球 x 位置
24     y += y_step                                # 新的反彈球 y 位置
25     img = np.ones((height, width, 3), np.uint8) * 255
26     cv2.circle(img,(x,y),r,(255,0,0),-1)      # 繪製反彈球
27     cv2.imshow("Bouncing Ball",img)
28     time.sleep(speed)                          # 依speed設定休息
```

```
29
30  cv2.destroyAllWindows()                          # 刪除所有視窗
```

執行結果 讀者可以參考 ch7_19.py 的畫面。

7-10 滑鼠事件

7-10-1 OnMouseAction( )

在操作畫布時，我們可能會碰上使用者在畫布上操作滑鼠，例如：按一下滑鼠左鍵、按一下滑鼠右鍵、… 等，然後做出反應，這時可以使用 OnMouseAction( ) 函數建立滑鼠事件處理方法，此函數語法如下：

OnMouseAction(event, x, y, flags, param):

上述 OnMouseAction 是回應滑鼠事件的函數名稱，我們也可以自訂名稱，其他各參數意義如下：

- event：滑鼠事件名稱，可以參考下列 event 事件表。
- x, y：滑鼠事件發生時，滑鼠所在 x, y 座標。
- flags：代表滑鼠拖曳事件，或是鍵盤與滑鼠綜合事件，可以參考下列鍵盤與滑鼠綜合事件表。
- param：標記函數 ID。

下列是 event 事件表。

具名常數	值	說明
EVENT_MOUSEMOVE	0	移動滑鼠
EVENT_LBUTTONDOWN	1	按一下滑鼠左鍵
EVENT_RBUTTONDOWN	2	按一下滑鼠右鍵
EVENT_MBUTTONDOWN	3	按一下滑鼠中間鍵
EVENT_LBUTTONUP	4	放開滑鼠左鍵
EVENT_RBUTTONUP	5	放開滑鼠右鍵
EVENT_MBUTTONUP	6	放開滑鼠中間鍵
EVENT_LBUTTONDBCLK	7	連按兩次滑鼠左鍵
EVENT_RBUTTONDBCLK	8	連按兩次滑鼠右鍵
EVENT_MBUTTONDBCLK	9	連按兩次滑鼠中間鍵

下列是滑鼠拖曳事件，或是鍵盤與滑鼠綜合事件表。

具名常數	值	說明
EVENT_FLAG_LBUTTON	1	拖曳左鍵
EVENT_FLAG_RBUTTON	2	拖曳右鍵
EVENT_FLAG_MBUTTON	4	拖曳中間鍵
EVENT_FLAG_CTRLKEY	8~15	按住 Ctrl 不放
EVENT_FLAG_SHIFTKEY	16~31	按住 Shift 不放
EVENT_FLAG_ALTKEY	32~39	按著 Alt 不放

程式實例 ch7_21.py：列出所有 OpenCV 的滑鼠事件。

```
1  # ch7_21.py
2  import cv2
3
4  events = [i for i in dir(cv2) if "EVENT" in i]
5  for e in events:
6      print(e)
```

執行結果

```
==================== RESTART: D:/OpenCV_Python/ch7/ch7_21.py ====================
EVENT_FLAG_ALTKEY
EVENT_FLAG_CTRLKEY
EVENT_FLAG_LBUTTON
EVENT_FLAG_MBUTTON
EVENT_FLAG_RBUTTON
EVENT_FLAG_SHIFTKEY
EVENT_LBUTTONDBLCLK
EVENT_LBUTTONDOWN
EVENT_LBUTTONUP
EVENT_MBUTTONDBLCLK
EVENT_MBUTTONDOWN
EVENT_MBUTTONUP
EVENT_MOUSEHWHEEL
EVENT_MOUSEMOVE
EVENT_MOUSEWHEEL
EVENT_RBUTTONDBLCLK
EVENT_RBUTTONDOWN
EVENT_RBUTTONUP
```

7-10-2　setMouseCallback( )

前一小節我們了解了 OpenCV 各類事件後，在 OpenCV 中我們還要使用 setMouseCallback( ) 函數，將特定視窗與事件進行綁定，語法如下：

cv2.setMouseCallback('image', OnMouseAction)

上述 image 是視窗名稱，OnMouseAction 則是前一小節的觀念，相當於將 image 視窗與 OnMouseAction 函數綁定。

程式實例 ch7_22.py：在 Python Shell 視窗顯示所按的滑鼠事件名稱和滑鼠所在座標。

```
1  # ch7_22.py
2  import cv2
3  import numpy as np
4  def OnMouseAction(event, x, y, flags, param):
5      if event == cv2.EVENT_LBUTTONDOWN:            # 按一下滑鼠左鍵
6          print(f"在x={x}, y={y}, 按一下滑鼠左鍵")
7      elif event == cv2.EVENT_RBUTTONDOWN:          # 按一下滑鼠右鍵
8          print(f"在x={x}, y={y}, 按一下滑鼠右鍵_")
9      elif event == cv2.EVENT_MBUTTONDOWN:          # 按一下滑鼠中間鍵
10         print(f"在x={x}, y={y}, 按一下滑鼠中間鍵")
11     elif flags == cv2.EVENT_FLAG_LBUTTON:         # 按住滑鼠左鍵拖曳
12         print(f"在x={x}, y={y}, 按住滑鼠左鍵拖曳")
13     elif flags == cv2.EVENT_FLAG_RBUTTON:         # 按住滑鼠右鍵拖曳
14         print(f"在x={x}, y={y}, 按住滑鼠右鍵拖曳")
15
16 image = np.ones((200,300,3),np.uint8) * 255
17 cv2.namedWindow("OpenCV Mouse Event")
18 cv2.setMouseCallback("OpenCV Mouse Event",OnMouseAction)
19 cv2.imshow("OpenCV Mouse Event",image)
20
21 cv2.waitKey(0)
22 cv2.destroyAllWindows()                           # 刪除所有視窗
```

執行結果

```
=================== RESTART: D:\OpenCV_Python\ch7\ch7_22.py ===================
在x=77, y=43, 按一下滑鼠左鍵
在x=97, y=82, 按一下滑鼠右鍵_
在x=188, y=115, 按一下滑鼠左鍵
在x=192, y=115, 按一下滑鼠左鍵
在x=193, y=115, 按住滑鼠左鍵拖曳
```

7-10-3 建立隨機圓

程式實例 ch7_23.py：按一下滑鼠左鍵可以在滑鼠游標位置產生實心的圓，圓半徑是 10 ~ 50 之間隨機產生，色彩也是隨機產生。按一下滑鼠右鍵可以產生線條寬度是 3 的隨機空心圓。在英文輸入模式下，按 Q 或 q 鍵可以結束程式。

```
1  # ch7_23.py
2  import cv2
3  import numpy as np
4
5  def OnMouseAction(event, x, y, flags, param):
6      # color可以產生隨機色彩
7      color = np.random.randint(0,high = 256,size=3).tolist()
8      r = np.random.randint(10, 50)                 # 隨機10-50半徑的圓
9      if event == cv2.EVENT_LBUTTONDOWN:            # 按一下滑鼠左鍵
10         cv2.circle(image,(x,y),r,color,-1)        # 隨機的實心圓
11     elif event == cv2.EVENT_RBUTTONDOWN:          # 按一下滑鼠右鍵
12         cv2.circle(image,(x,y),r,color,3)         # 隨機的空心圓
13
14 height = 400                                      # 視窗高度
```

```
15    width = 600                                          # 視窗寬度
16    image = np.ones((height,width,3),np.uint8) * 255
17    cv2.namedWindow("Draw Circle")
18    cv2.setMouseCallback("Draw Circle",OnMouseAction)
19    while True:
20        cv2.imshow("Draw Circle",image)
21        key = cv2.waitKey(100)                           # 0.1秒檢查一次
22        if key == ord('Q') or key == ord('q'):           # Q或q則結束
23            break
24
25    cv2.destroyAllWindows()                              # 刪除所有視窗
```

執行結果

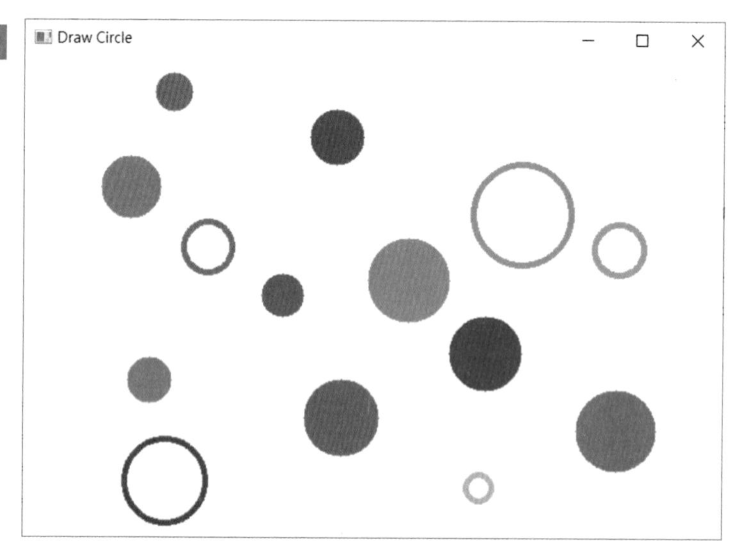

上述程式可以擴充用下列指令刪除視窗圖像：

Image.fill(255)

程式實例 ch7_23_1.py：增加按一下「c」或是「C」鍵可以清除畫布，下列只列出關鍵語法。

```
19    while True:
20        cv2.imshow("Draw Circle", image)
21        key = cv2.waitKey(100)                           # 0.1秒檢查一次按鍵
22        if key == ord('Q') or key == ord('q'):           # 按Q或q結束程式
23            break
24        elif key == ord('C') or key == ord('c'):         # 按C或c清除畫布
25            image.fill(255)                              # 將畫布填充為白色
```

7-10-4 滑鼠與鍵盤的混合應用

程式實例 ch7_24.py：如果按著鍵盤 s 鍵，再按滑鼠左鍵可以建立實心圓，如果沒有按鍵盤 s 鍵，可以產生空心圓。如果按著鍵盤 s 鍵，再按滑鼠右鍵可以建立實心矩形，如果沒有按鍵盤 s 鍵，可以產生空心矩形。在英文輸入模式下，按 Q 或 q 鍵可以結束程式。

```
1    # ch7_24.py
2    import cv2
3    import numpy as np
4
5    def OnMouseAction(event, x, y, flags, param):
6        # color可以產生隨機色彩
7        color = np.random.randint(0,high = 256,size=3).tolist()
8        if event == cv2.EVENT_LBUTTONDOWN:              # 按一下滑鼠左鍵
9            r = np.random.randint(10, 50)               # 隨機10-50半徑的圓
10           if key == ord('s'):
11               cv2.circle(image,(x,y),r,color,-1)  # 隨機的實心圓
12           else:
13               cv2.circle(image,(x,y),r,color,3)   # 隨機的線寬是 3 的圓
14       elif event == cv2.EVENT_RBUTTONDOWN:            # 按一下滑鼠右鍵
15           px = np.random.randint(10,100)
16           py = np.random.randint(10,100)
17           if key == ord('s'):
18               cv2.rectangle(image,(x,y),(px,py),color,-1)     # 實心矩形
19           else:
20               cv2.rectangle(image,(x,y),(px,py),color,3)      # 空心矩形
21
22   height = 400                                         # 視窗高度
23   width = 600                                          # 視窗寬度
24   image = np.ones((height,width,3),np.uint8) * 255
25   cv2.namedWindow("MyDraw")
26   cv2.setMouseCallback("MyDraw",OnMouseAction)
27   while True:
28       cv2.imshow("MyDraw",image)
29       key = cv2.waitKey(100)                           # 0.1秒檢查一次
30       if key == ord('Q') or key == ord('q'):           # Q或q則結束
31           break
32
33   cv2.destroyAllWindows()                              # 刪除所有視窗
```

執行結果

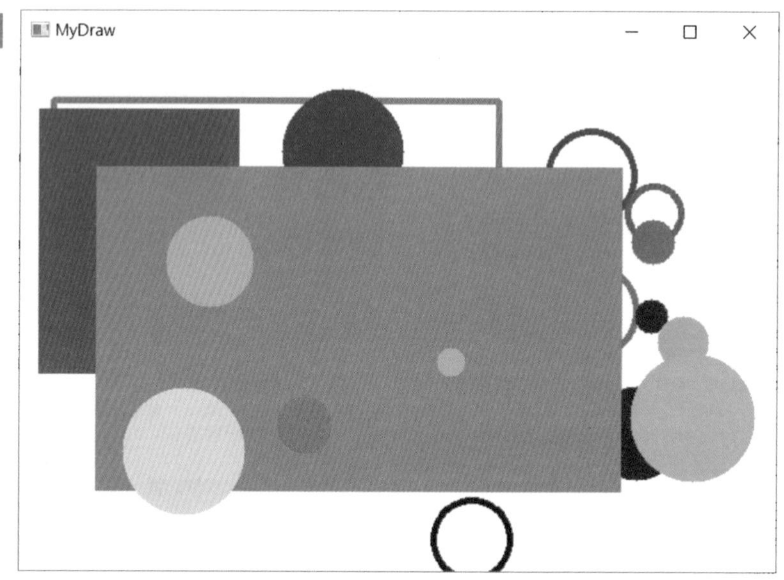

7-11 滾動條的設計

OpenCV 的 createTrackbar( ) 函數可以建立特定值區間的滾動條，我們可以利用滾動條執行一些操作，這一節將講解使用滾動條設定視窗背景顏色。

```
cv2.createTrackbar(trackbarname, winname, value, count, onChange)
```

上述各參數意義如下：

- trackbarname：滾動條的名稱。
- winname：視窗名稱。
- value：滾動條的初值。
- count：滾動條的最大值。
- onChange：回調函數，我們將滾動條所要執行的操作寫在此。

程式執行過程使用者可以操作滾動條，OpenCV 提供了 getTrackbarPos( ) 函數可以使用它獲得滾動條的目前值。

```
code = getTrackerbarPos(trackername, winname)
```

上述 code 是所讀取滾動條的回傳值，參數意義如下：

- trackername：滾動條名稱。
- winname：視窗名稱。

程式實例 ch7_25.py：使用 3 個滾動條設計影像背景顏色，可以按 Esc 鍵結束程式。

```
1   # ch7_25.py
2   import cv2
3   import numpy as np
4
5   def onChange(x):
6       b = cv2.getTrackbarPos("B",'canvas')          # 建立B通道顏色
7       g = cv2.getTrackbarPos("G",'canvas')          # 建立G通道顏色
8       r = cv2.getTrackbarPos("R",'canvas')          # 建立R通道顏色
9       canvas[:] = [b,g,r]                           # 設定背景色
10
11  canvas = np.ones((200,640,3),np.uint8) * 255      # 寬640,高200
12  cv2.namedWindow("canvas")
13  cv2.createTrackbar("B","canvas",0,255,onChange)   # 藍色通道控制
14  cv2.createTrackbar("G","canvas",0,255,onChange)   # 綠色通道控制
15  cv2.createTrackbar("R","canvas",0,255,onChange)   # 紅色通道控制
16  while True:
17      cv2.imshow("canvas",canvas)
18      key = cv2.waitKey(100)                     # 0.1秒檢查一次
19      if key == 27:                              # Esc 則結束
20          break
21
22  cv2.destroyAllWindows()                        # 刪除所有視窗
```

執行結果

7-12 滾動條當作開關的應用

程式實例 ch7_26.py：這是將滾動條當作開關的應用，預設開關是 0，這時按一下滑鼠左鍵可以繪製空心圓。按一下滾動條軌跡可以將開關設為 1，這時按一下滑鼠左鍵可以繪製實心圓。按 Q 或 q 則程式結束。

```
1  # ch7_26.py
2  import cv2
3  import numpy as np
4
5  def onChange(x):
6      pass
7
8  def OnMouseAction(event, x, y, flags, param):
9      # color可以產生隨機色彩
10     color = np.random.randint(0,high = 256,size=3).tolist()
11     r = np.random.randint(10, 50)                     # 隨機10-50半徑的圓
12     if event == cv2.EVENT_LBUTTONDOWN:                # 按一下滑鼠左鍵
13         cv2.circle(image,(x,y),r,color,thickness)   # 隨機的圓
14
15 thickness = -1                                        # 預設寬度是 0
16 height = 400                                          # 視窗高度
17 width = 600                                           # 視窗寬度
18 image = np.ones((height,width,3),np.uint8) * 255
19 cv2.namedWindow("Draw Circle")
20 cv2.setMouseCallback("Draw Circle",OnMouseAction)
21 cv2.createTrackbar('Thickness','Draw Circle',0,1,onChange)
22 while True:
23     cv2.imshow("Draw Circle",image)
24     key = cv2.waitKey(100)                            # 0.1秒檢查一次
25     num = cv2.getTrackbarPos('Thickness','Draw Circle')
26     if num == 0:
27         thickness = -1                                # 實心設定
28     else:
29         thickness = 3                                 # 寬度是 3
30     if key == ord('Q') or key == ord('q'):            # Q或q則結束
31         break
32 cv2.destroyAllWindows()                               # 刪除所有視窗
```

執行結果

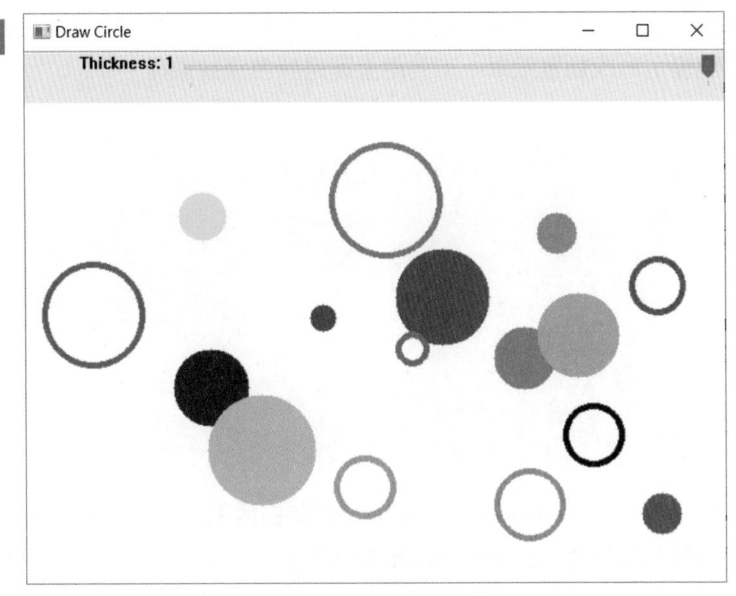

習題

1： 修訂 ch7_4_2.py，將漸層改為從上到下。

2：　修訂 ch7_4_2.py，設計一個可以動態顯示漸層背景的程式，顏色從左到右流動，並能隨時間變化形成動畫效果。下列兩張圖是顏色流動過程。

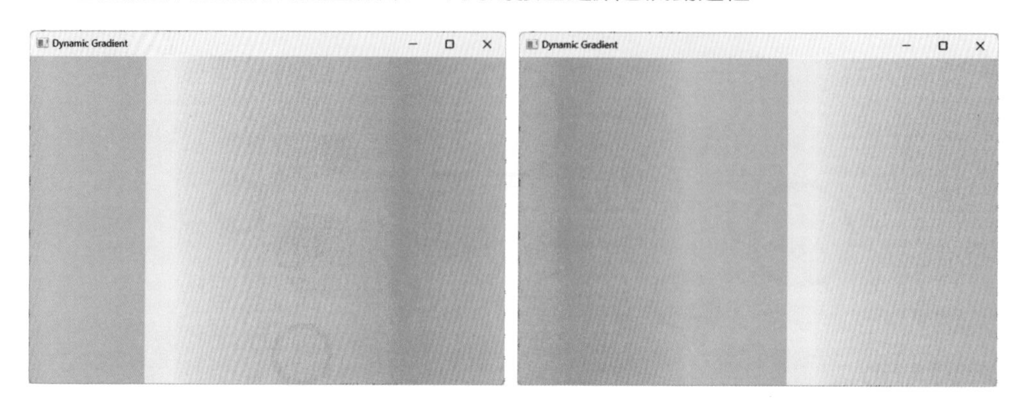

3：　修訂 ch7_12.py，在 width=600，height=480 的白色畫布中，每秒繪製 1 條不同線條寬度的橢圓，其中色彩與偏移角度是隨機產生，線條厚度也是在 0 ~ 5 間隨機產生。當按一下「q」鍵時，程式才結束。

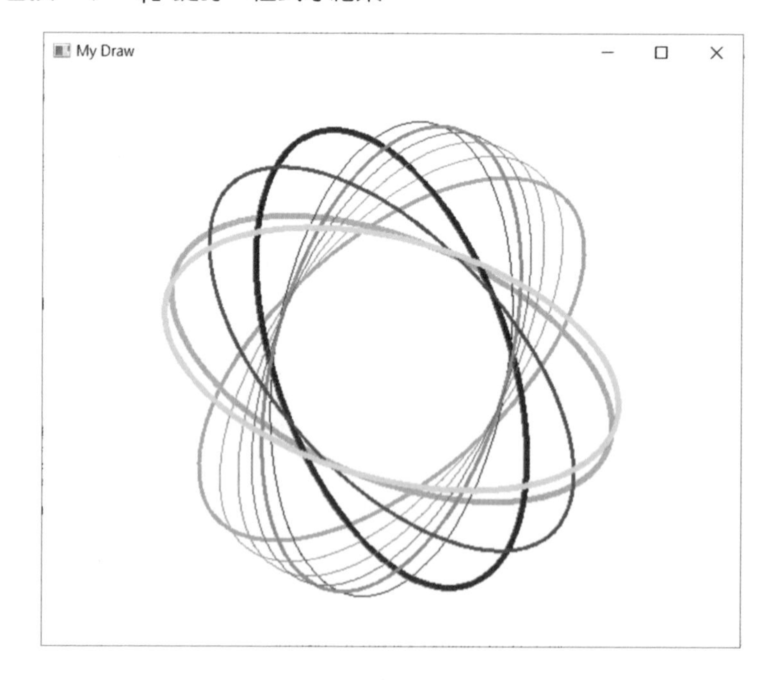

4： 修訂 ch7_23.py，產生矩形，寬度與高度也是隨機產生。

5： 設計一個模擬繁星點綴的程式。在黑色背景上隨機生成 100 顆星星。星星的亮度（灰階值）和大小隨機分配。星星實現閃爍效果，讀者可以設定每 0.1 秒閃爍一次，模擬夜空中繁星的動態變化。程式執行結果可以參考下方左圖，程式概念與設計邏輯如下：

- 畫布建立
  - 使用 NumPy 建立一個大小為 (高度 , 寬度) 的黑色畫布。
  - 黑色畫布對應灰階值為 0。
- 星星屬性
  - 位置：(x, y) 座標，隨機生成。
  - 半徑：模擬星星的大小，範圍為 3 ~ 6 像素。
  - 亮度：模擬星星的明暗，範圍為 100 ~ 255 的灰階值。
- 閃爍效果
  - 每幀更新畫布時，隨機調整星星的亮度。
  - 亮度在 100 ~ 255 範圍內隨機變化，讓星星看起來像在閃爍。

- 動畫顯示
  - 使用 OpenCV 的 imshow 函數持續刷新畫布，實現動態效果。
  - 提供退出按鍵控制（如按 q 鍵退出程式）。

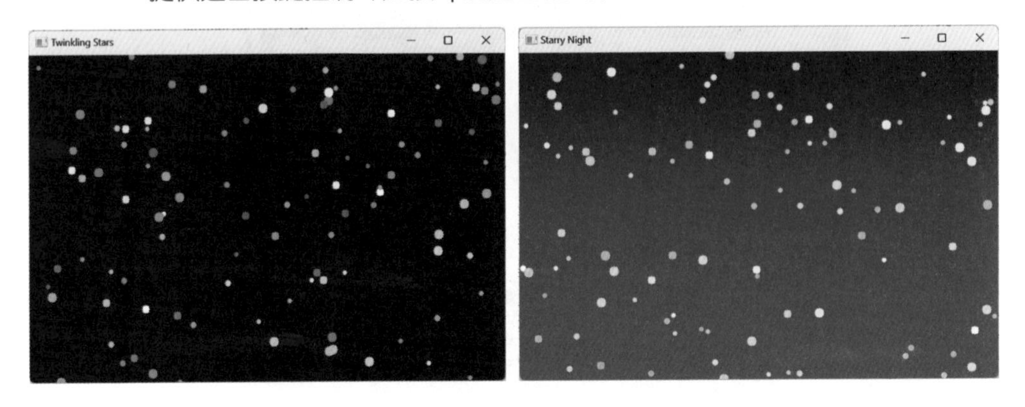

6： 將前一個習題的星星改為藍紫色漸層，可以參考上方右圖。

第八章
影像計算邁向影像創作

影像處理的方法有許多，最基礎就是影像加法運算，本章將從加法運算說起，逐步介紹更多影像拆分、組合、加密、… 等方法。

8-1 影像加法運算

影像的加法運算有 2 種：

1： 使用 add( ) 函數。

2： 使用數學加法 + 符號。

8-1-1 使用 add( ) 函數執行影像加法運算

OpenCV 內有影像加法運算 add( )，此函數語法如下：

```
res = cv2.add(src1, src2, dst=None,mask=None, dtype=None)
```

上述 res 是回傳值，也就是加法運算後的目標影像，語法其他參數說明如下：

- src1：第 1 幅影像。
- src2：第 2 幅影像。
- mask：圖像遮罩，8-2 節做說明。
- dtype：圖像的資料類型。

在影像加法運算中，2 幅影像必須要有相同大小才可以相加。影像加法運算就是影像的像素值相加，假設 src1 的像素值是 a，src2 的像素值是 b，相加結果是 c，使用 add( ) 執行影像相加時，基本公式如下：

```
c = a + b          # 如果 a + b <= 255
c = 255            # 如果 a + b > 255
```

也就是如果相加的結果小於或等於 255，則像素值就是相加結果。如果相加結果大於 255，相加結果就是 255。下列是基本觀念說明：

120	80	45
79	101	78
251	99	66

+

38	90	77
101	101	150
98	100	122

=

158	170	122
180	202	228
255	199	188

當使用 add( ) 函數為影像相加後，最大的特色是影像會變的更亮。

程式實例 ch8_1.py：使用 add( ) 函數執行影像像素值相加的應用。

```
1  # ch8_1.py
2  import cv2
3  import numpy as np
4
5  np.random.seed(42)              # 設定全域種子值
6  src1 = np.random.randint(0,256,size=[3,3],dtype=np.uint8)
7  src2 = np.random.randint(0,256,size=[3,3],dtype=np.uint8)
8  res = cv2.add(src1,src2)
9  print(f"src1 = \n {src1}")
10 print(f"src2 = \n {src2}")
11 print(f"dst = \n {res}")
```

執行結果

```
==================== RESTART: D:\OpenCV_Python\ch8\ch8_1.py ====================
src1 =
 [[102 220 225]
 [ 95 179  61]
 [234 203  92]]
src2 =
 [[ 14 149 245]
 [ 46 106 244]
 [ 99 187  71]]
dst =
 [[116 255 255]
 [141 255 255]
 [255 255 163]]
```

程式實例 ch8_2.py：處理灰階影像使用 add( ) 相加，了解結果。

```
1  # ch8_2.py
2  import cv2
3  import numpy as np
4
5  img = cv2.imread("jk.jpg", cv2.IMREAD_GRAYSCALE)     # 灰色讀取
6  res = cv2.add(img, img)
7  cv2.imshow("MyPicture1", img)                        # 顯示影像img
8  cv2.imshow("MyPicture2", res)                        # 顯示影像res
9
10 cv2.waitKey(0)                                       # 等待
11 cv2.destroyAllWindows()                              # 刪除所有視窗
```

執行結果　下方左圖是原圖，下方右邊是相加的結果。

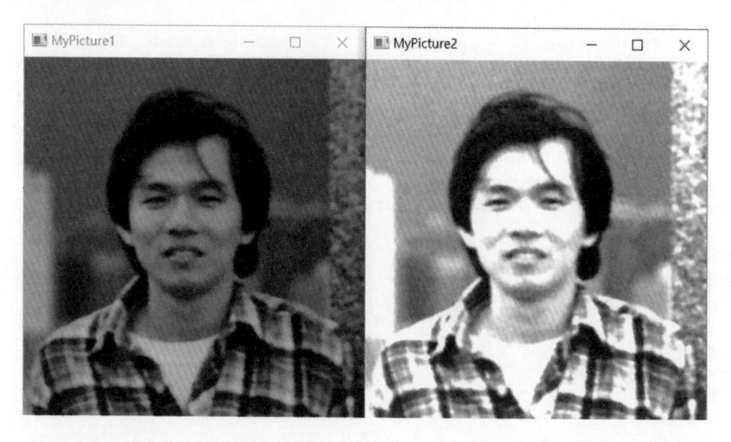

程式實例 ch8_3.py：重新設計 ch8_2.py，但是使用彩色圖像。

```
1  # ch8_3.py
2  import cv2
3  import numpy as np
4
5  img = cv2.imread("jk.jpg")                         # 彩色讀取
6  res = cv2.add(img, img)
7  cv2.imshow("MyPicture1", img)                      # 顯示影像img
8  cv2.imshow("MyPicture2", res)                      # 顯示影像res
9
10 cv2.waitKey(0)                                     # 等待
11 cv2.destroyAllWindows()                            # 刪除所有視窗
```

執行結果

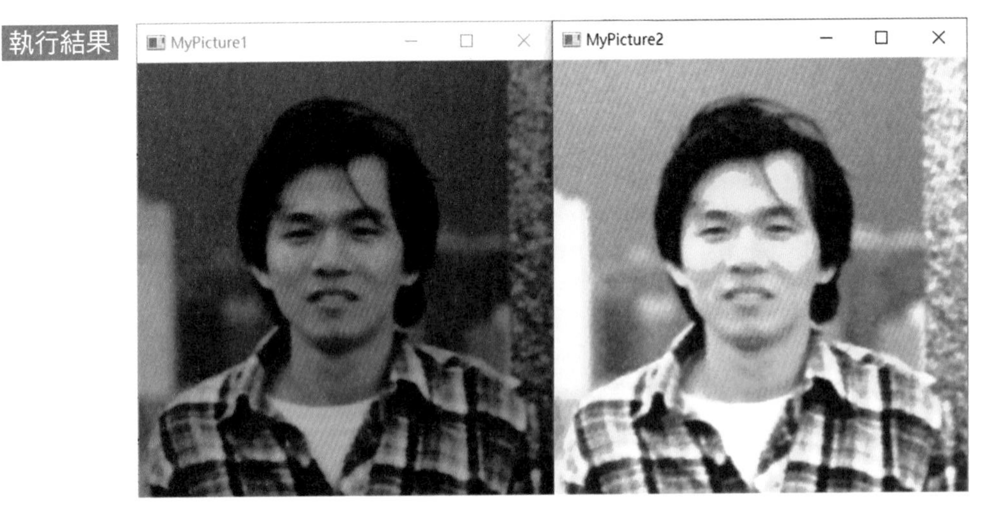

上述是我們將相同的影像相加所得到的結果，我們也可以將影像加上一個相同大小的數值陣列，這時可以更精緻的設計影像。

程式實例 ch8_3_1.py：更精緻調整影像亮度的應用，這個程式會建立一個與影像相同大小的陣列，陣列值 value 皆是 20，然後使用 add( ) 執行相加，可以得到影像變亮的效果。

```
1  # ch8_3_1.py
2  import cv2
3  import numpy as np
4
5  value = 20                                         # 亮度調整值
6  img = cv2.imread("jk.jpg")                         # 彩色讀取
7  coff = np.ones(img.shape,dtype=np.uint8) * value
8
9  res = cv2.add(img, coff)                           # 調整亮度結果
10 cv2.imshow("MyPicture1", img)                      # 顯示影像img
11 cv2.imshow("MyPicture2", res)                      # 顯示影像res
12
13 cv2.waitKey(0)                                     # 等待
14 cv2.destroyAllWindows()                            # 刪除所有視窗
```

執行結果

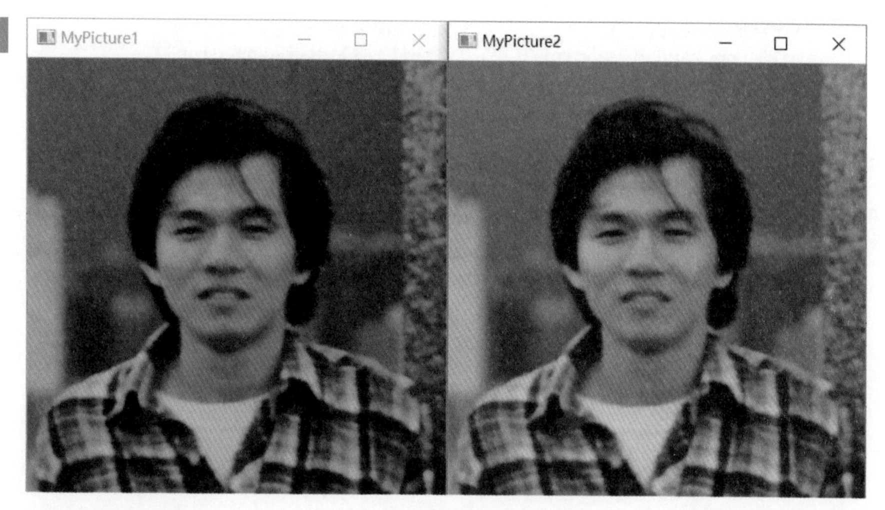

讀者可以將上述執行結果與 ch8_3.py 的執行結果做比較，然後更改 value 值，得到影像變亮的更多體會。

8-1-2 使用數學加法 + 符號執行影像加法運算

影像加法運算就是影像的像素值相加，假設 src1 的像素值是 a，src2 的像素值是 b，相加結果是 c，使用加法（+）執行影像相加時，基本公式如下：

```
c = a + b                      # 如果 a + b <= 255
c = mod((a + b), 256)          # 如果 a + b > 255，相當於取 256 餘數
```

也就是如果相加的結果小於或等於 255，則像素值就是相加結果。如果相加結果大於 255，相加結果就是 256 的餘數。下列是基本觀念說明：

120	80	45
79	101	78
251	99	66

\+

38	90	77
101	101	150
98	100	122

=

158	170	122
180	202	228
93	199	188

上述 251 + 98 = 349，取 256 的餘數後結果是 93。

程式實例 ch8_4.py：使用加法符號重新設計 ch8_1.py。

```
1    # ch8_4.py
2    import cv2
3    import numpy as np
4
```

```
5    np.random.seed(42)          # 設定全域種子值
6    src1 = np.random.randint(0,256,size=[3,3],dtype=np.uint8)
7    src2 = np.random.randint(0,256,size=[3,3],dtype=np.uint8)
8    print(f"src1 = \n {src1}")
9    print(f"src2 = \n {src2}")
10   print(f"dst = \n {src1+src2}")
```

執行結果

```
==================== RESTART: D:\OpenCV_Python\ch8\ch8_4.py ====================
src1 =
 [[102 220 225]
 [ 95 179  61]
 [234 203  92]]
src2 =
 [[ 14 149 245]
 [ 46 106 244]
 [ 99 187  71]]
dst =
 [[116 113 214]
 [141  29  49]
 [ 77 134 163]]
```

程式實例 ch8_5.py：擴充 ch8_2.py，增加加法「+」符號運算，並觀察執行結果。

```
1   # ch8_5.py
2   import cv2
3   import numpy as np
4
5   img = cv2.imread("jk.jpg", cv2.IMREAD_GRAYSCALE)     # 灰色讀取
6   res1 = cv2.add(img, img)
7   res2 = img + img
8   cv2.imshow("MyPicture1", img)                        # 顯示影像img
9   cv2.imshow("MyPicture2", res1)                       # 顯示影像res1
10  cv2.imshow("MyPicture3", res2)                       # 顯示影像res2
11
12  cv2.waitKey(0)                                       # 等待
13  cv2.destroyAllWindows()                              # 刪除所有視窗
```

執行結果　下列右邊就是加法「+」符號的結果。

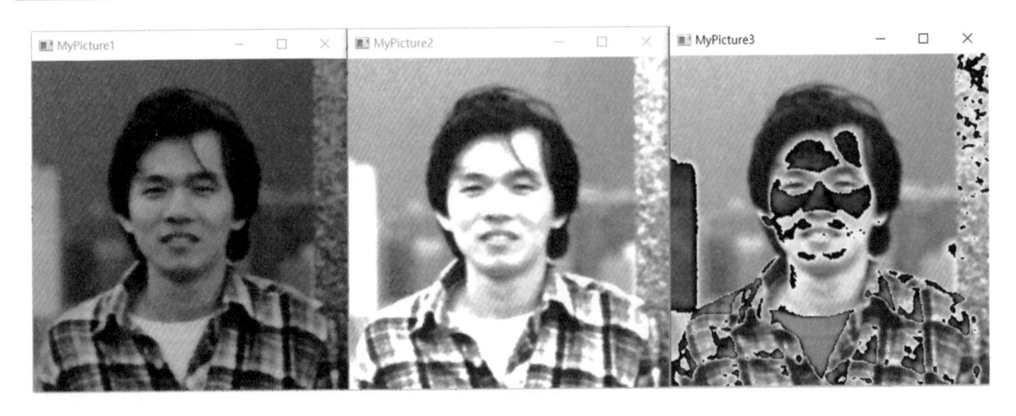

從上圖可以發現，原始影像比較亮的部分，經過了數學加法運算後，因為超過 255，經過取 256 的餘數後，像素值變小，反而影像變黑了。

程式實例 ch8_6.py：使用彩色影像重新設計 ch8_5.py，主要是修訂第 5 列。

```
1  # ch8_6.py
2  import cv2
3  import numpy as np
4
5  img = cv2.imread("jk.jpg")                # 彩色讀取
6  res1 = cv2.add(img, img)
7  res2 = img + img
8  cv2.imshow("MyPicture1", img)             # 顯示影像img
9  cv2.imshow("MyPicture2", res1)            # 顯示影像res1
10 cv2.imshow("MyPicture3", res2)            # 顯示影像res2
11
12 cv2.waitKey(0)                            # 等待
13 cv2.destroyAllWindows()                   # 刪除所有視窗
```

執行結果

從上圖可以發現，彩色影像比較亮的部分，經過了數學加法運算後，超過 255 影像值，經過取 256 的餘數後，部分 BGR 顏色通道的像素值變小，部分 BGR 顏色通道像素值變大，影像會變的是含藍色 (Blue)、綠色 (Green) 或紅色 (Red) 深沈顏色組合。

8-1-3　加總 B、G、R 原色的實例

程式實例 ch8_7.py：建立 B、G、R 通道的原色 (值是 255)，觀察使用 add( ) 加總的結果。

```
1  # ch8_7.py
2  import cv2
3  import numpy as np
4
5  b = np.zeros((200,250,3),np.uint8)              # b影像
6  g = np.zeros((200,250,3),np.uint8)              # g影像
7  r = np.zeros((200,250,3),np.uint8)              # r影像
8  b[:,:,0] = 255                                  # 設定藍色
9  g[:,:,1] = 255                                  # 設定綠色
10 r[:,:,2] = 255                                  # 設定紅色
11 cv2.imshow("B channel", b)                      # 顯示影像b
12 cv2.imshow("G channel", g)                      # 顯示影像g
13 cv2.imshow("R channel", r)                      # 顯示影像r
14
15 img1 = cv2.add(b,g)                             # b + g影像
16 cv2.imshow("B + G",img1)
17 img2 = cv2.add(g,r)                             # g + r影像
18 cv2.imshow("G + R",img2)
19 img3 = cv2.add(img1,r)                          # b + g + r影像
20 cv2.imshow("B + G + R",img3)
21
22 cv2.waitKey(0)                                  # 等待
23 cv2.destroyAllWindows()                         # 刪除所有視窗
```

執行結果

8-2 遮罩 mask

8-2-1 遮罩的基本概念

在影像處理中，遮罩 (mask) 是一個二值化的影像，用於選擇性地應用操作。遮罩可以控制哪些區域會受到處理，哪些區域會被忽略。

- 遮罩的值為 0（黑色）：對應的影像區塊不會受到影響。
- 遮罩的值為 255（白色）：對應的影像區塊會參與操作。

例如，在影像加法中，遮罩可以用來選擇影像的一部分執行加法，而保留其他部分不變。

8-2-2 遮罩的應用場景

- 感興趣區域 (ROI)：遮罩可以選擇影像中的特定區域，應用於特定處理。例如，僅對感興趣的部分進行顏色調整或濾波處理。
- 影像加法：使用遮罩可以實現僅對指定區域進行加法操作，其他部分保持原樣。
- 影像融合：透過遮罩，可以將兩張影像的部分內容融合在一起，創造選擇性效果。

在 6-4-1 節筆者有說明感興趣的區域 ROI(Region of Interest)，我們可以將該觀念應用在此節，然後針對此區域做更進一步的處理。

程式實例 ch8_8.py：建立 mask 的影像陣列，並觀察執行結果。

```
1   # ch8_8.py
2   import cv2
3   import numpy as np
4
5   img1 = np.ones((4,5),dtype=np.uint8) * 8
6   img2 = np.ones((4,5),dtype=np.uint8) * 9
7   mask = np.zeros((4,5),dtype=np.uint8)
8   mask[1:3,1:4] = 255
9
10  np.random.seed(42)            # 設定全域種子值
11  dst = np.random.randint(0,256,(4,5),np.uint8)
12
13  print("img1 = \n",img1)
14  print("img2 = \n",img2)
15  print("mask = \n",mask)
16  print("最初值 dst =\n",dst)
17  dst = cv2.add(img1,img2,mask=mask)
18  print("結果值 dst =\n",dst)
```

執行結果

```
==================== RESTART: D:\OpenCV_Python\ch8\ch8_8.py ====================
img1 =
 [[8 8 8 8 8]
 [8 8 8 8 8]
 [8 8 8 8 8]
 [8 8 8 8 8]]
img2 =
 [[9 9 9 9 9]
 [9 9 9 9 9]
 [9 9 9 9 9]
 [9 9 9 9 9]]
mask =
 [[  0   0   0   0   0]
 [  0 255 255 255   0]
 [  0 255 255 255   0]
 [  0   0   0   0   0]]
最初值 dst =
 [[102 220 225  95 179]
 [ 61 234 203  92   3]
 [ 98 243  14 149 245]
 [ 46 106 244  99 187]]
結果值 dst =
 [[ 0  0  0  0  0]
 [ 0 17 17 17  0]
 [ 0 17 17 17  0]
 [ 0  0  0  0  0]]
```

ROI區域，整個陣列就是mask

影像初值

含mask加法後的影像值

程式實例 ch8_8_1.py：不含 mask 的影像加法與含 mask 的影像加法處理。

```
1  # ch8_8_1.py
2  import cv2
3  import numpy as np
4
5  img1 = np.zeros((200,300,3),np.uint8)        # 建立img1影像
6  img1[:,:,1] = 255
7  cv2.imshow("img1", img1)                     # 顯示影像img1
8  img2 = np.zeros((200,300,3),np.uint8)        # 建立img2影像
9  img2[:,:,2] = 255
10 cv2.imshow("img2", img2)                     # 顯示影像img2
11 m = np.zeros((200,300,1),np.uint8)           # 建立mask(m)影像
12 m[50:150,100:200,:] = 255                    # 建立 ROI
13 cv2.imshow("mask", m)                        # 顯示影像m
14
15 img3 = cv2.add(img1,img2)                    # 不含mask的影像相加
16 cv2.imshow("img1 + img2",img3)
17 img4 = cv2.add(img1,img2,mask=m)             # 含mask的影像相加
18 cv2.imshow("img1 + img2 + mask",img4)
19
20 cv2.waitKey(0)
21 cv2.destroyAllWindows()                      # 刪除所有視窗
```

執行結果

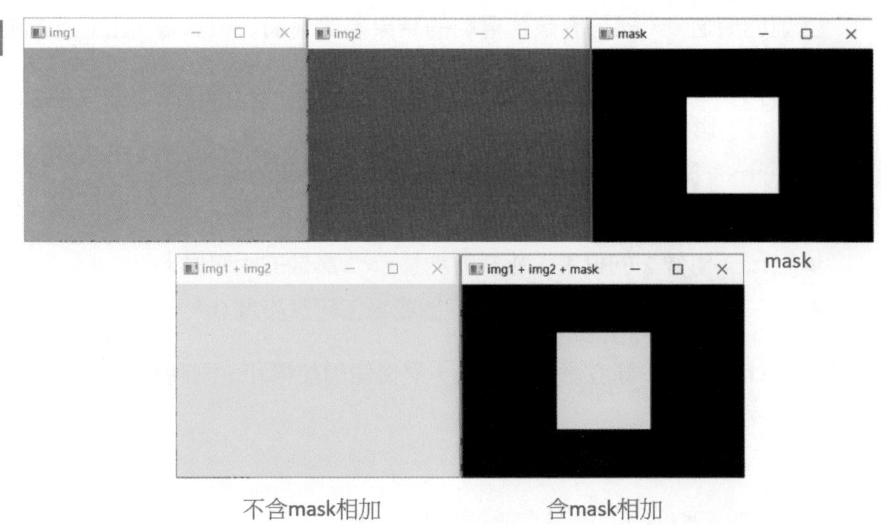

上述左邊是不含 mask 參數相加的結果，上述右邊是含 mask 參數的相加結果。

8-3 重複曝光技術

所謂重複曝光技術是指一張照片有多個影像，OpenCV 是利用加權和的方式處理這類的應用。

8-3-1 影像的加權和觀念

前一節筆者介紹了影像相加的觀念，我們可以更進一步擴充此觀念到影像在執行相加時，各帶有權重執行相加。這時的基礎概念公式如下：

```
dst = saturate(src1 * alpha + src2 * beta + gamma)
```

上述 saturate( ) 表示最大飽和值，公式內 src1 和 src2 必須是大小相同的影像，alpha 是 src1 的權重，beta 是 src2 的權重，gamma 則是影像校正值。

8-3-2 OpenCV 的影像加權和方法

所謂的影像加權和可以想成是兩幅影像的融合，OpenCV 加權和的方法是 addWeighted( )，語法如下：

```
dst = addWeighted(src1, alpha, src2, beta, gamma)
```

上述回傳值 dst 就是影像加權和的結果影像或稱目標影像，上述函數各參數意義如下：

- src1：影像 1。
- alpha：影像 1 的權重，相當於調整 src1 影像的明暗度。
- src2：影像 2。
- beta：影像 2 的權重，相當於調整 src2 影像的明暗度。
- gamma：影像校正值，如果不需要修正可以設為 0。

程式實例 ch8_9.py：建立影像像素值，然後使用加權和，同時觀察執行結果。

```
1  # ch8_9.py
2  import cv2
3  import numpy as np
4
5  src1 = np.ones((2,3),dtype=np.uint8) * 10              # 影像 src1
6  src2 = np.ones((2,3),dtype=np.uint8) * 50              # 影像 src2
7  alpha = 1
8  beta = 0.5
9  gamma = 5
10 print(f"src1 = \n {src1}")
11 print(f"src2 = \n {src2}")
12 dst = cv2.addWeighted(src1,alpha,src2,beta,gamma)    # 加權和
13 print(f"dst = \n {dst}")
```

執行結果

```
==================== RESTART: D:/OpenCV_Python/ch8/ch8_9.py ====================
src1 =
 [[10 10 10]
 [10 10 10]]
src2 =
 [[50 50 50]
 [50 50 50]]
dst =
 [[40 40 40]
 [40 40 40]]
```

程式實例 ch8_10.py：影像加權和的應用。

```
1  # ch8_10.py
2  import cv2
3  import numpy as np
4
5  src1 = cv2.imread("lake.jpg")                          # 影像 src1
6  cv2.imshow("lake",src1)
7  src2 = cv2.imread("geneva.jpg")                        # 影像 src2
8  cv2.imshow("geneva.jpg",src2)
9  alpha = 1
10 beta = 0.2
11 gamma = 1
12 dst = cv2.addWeighted(src1,alpha,src2,beta,gamma)    # 加權和
13 cv2.imshow("lake+geneva",dst)                          # 顯示結果
14
15 cv2.waitKey()
16 cv2.destroyAllWindows()
```

執行結果 下列所讀取的原影像。

上述是加權和的結果。

8-4 影像的位元運算

前面我們敘述的影像，像素值是在 0 ~ 255 之間，以 10 進制為單位解說，其實也可以使用 2 進制為單位作解說，這時每個像素值是在 00000000 ~ 11111111 之間。OpenCV 影像的位元運算有下列 4 個函數。

cv2.bitwise_and( )：相當於邏輯的 and 運算。

cv2.bitwise_or( )：相當於邏輯的 or 運算。

cv2.bitwise_not( )：相當於邏輯的 not 運算。

cv2.bitwise_xor( )：相當於邏輯的 xor 運算。

本節將分成 4 個小節做說明。

8-4-1　邏輯的 and 運算

邏輯的 and 運算基本規則如下：

and	1	0
1	1	0
0	0	0

上述相當於二進制運算中，兩個位元是 1 則進行 and 運算後回傳 1，否則回傳 0。可以參考下列實例。

	10010011
	11100110
and	10000010

OpenCV 邏輯 and 運算的函數如下：

```
dst = cv2.bitwise_and(src1, src2, mask=None)
```

上述 dst 是返回的影像或稱目標影像物件，其他參數意義如下：

- src1：要做 and 運算的影像 1。
- src2：要做 and 運算的影像 2。
- mask：遮罩。

在做 and 運算時，會有下列 2 個特色：

1：任一像素值與白色像素值 (11111111) 執行 and 運算時，結果是原像素值，可以參考下方左圖。

	10010011
白色像素值	11111111
and	10010011

	10010011
黑色像素值	00000000
and	00000000

2：任一像素值與黑色像素值 (00000000) 執行 and 運算時，結果是黑色像素值，可以參考上方右圖。

了解上述特性後，我們可以仿照 8-2 節設計影像遮罩的應用。

程式實例 ch8_11.py：使用簡單的陣列，徹底了解邏輯的 and 運算規則。

```
1   # ch8_11.py
2   import cv2
3   import numpy as np
4
5   np.random.seed(42)              # 設定全域種子值
6   src1 = np.random.randint(0,255,(3,5),dtype=np.uint8)
7   src2 = np.zeros((3,5),dtype=np.uint8)
8   src2[0:2,0:2] = 255
9   dst = cv2.bitwise_and(src1,src2)
10  print(f"src1 = \n {src1}")
11  print(f"src2 = \n {src2}")
12  print(f"dst = \n {dst}")
```

執行結果

```
=================== RESTART: D:\OpenCV_Python\ch8\ch8_11.py ===================
src1 =
 [[102 220 225  95 179]
 [ 61 234 203  92   3]
 [ 98 243  14 149 245]]
src2 =
 [[255 255   0   0   0]
 [255 255   0   0   0]
 [  0   0   0   0   0]]
dst =
 [[102 220   0   0   0]
 [ 61 234   0   0   0]
 [  0   0   0   0   0]]
```

在實例中，當我們讀取影像後可以得到 shape 屬性會回傳影像的 height 與 width，所以我們使用 np.zeros( ) 建立大小相同的陣列時，第一個參數可以使用此特性。例如：如果讀取 src1 影像，可以使用下列方式建立相同大小的陣列。

```
src2 = np.zeros(src1.shape,dtype=np.uint8)
```

細節可以參考下列實例第 6 列。

程式實例 ch8_12.py：使用邏輯的 and 運算，設計影像遮罩，最後使用 and 運算的影像應用。在這個影像應用中，相當於保留影像遮罩設為 255 的部分。

```
1   # ch8_12.py
2   import cv2
3   import numpy as np
4
5   src1 = cv2.imread("jk.jpg",cv2.IMREAD_GRAYSCALE)    # 讀取影像
6   src2 = np.zeros(src1.shape,dtype=np.uint8)          # 建立mask
7
8   src2[30:260,70:260]=255
9   dst = cv2.bitwise_and(src1,src2)                    # 執行and運算
10  cv2.imshow("Hung",src1)
11  cv2.imshow("Mask",src2)
12  cv2.imshow("Result",dst)
13
```

```
14  cv2.waitKey()
15  cv2.destroyAllWindows()                                  # 刪除所有視窗
```

執行結果 可以將下方中間的圖想成 mask，下方右圖是 and 運算的結果。

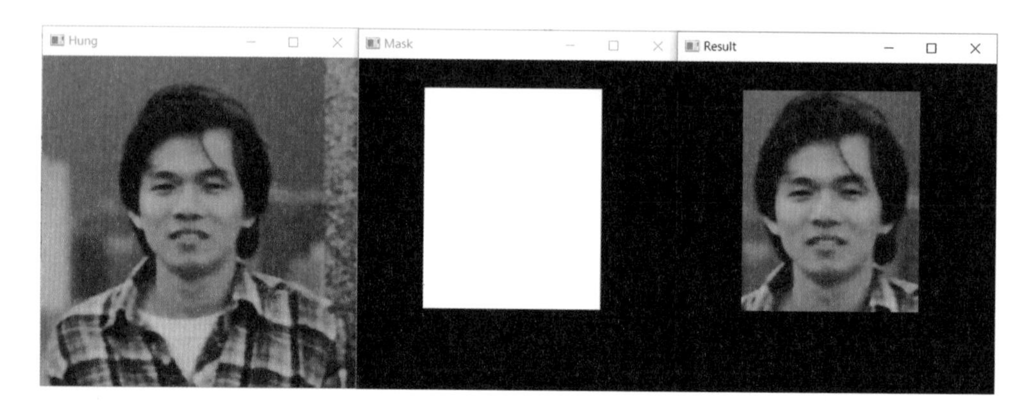

程式實例 ch8_13.py：使用讀取彩色影像重新設計 ch8_12.py，讀者需瞭解第 8 列，三維陣列設定 255 的方式。

```
1   # ch8_13.py
2   import cv2
3   import numpy as np
4
5   src1 = cv2.imread("jk.jpg")                              # 讀取影像
6   src2 = np.zeros(src1.shape,dtype=np.uint8)               # 建立mask
7
8   src2[30:260,70:260,:]=255                                # 這是3維陣列
9   dst = cv2.bitwise_and(src1,src2)                         # 執行and運算
10  cv2.imshow("Hung",src1)
11  cv2.imshow("Mask",src2)
12  cv2.imshow("Result",dst)
13
14  cv2.waitKey()
15  cv2.destroyAllWindows()                                  # 刪除所有視窗
```

執行結果

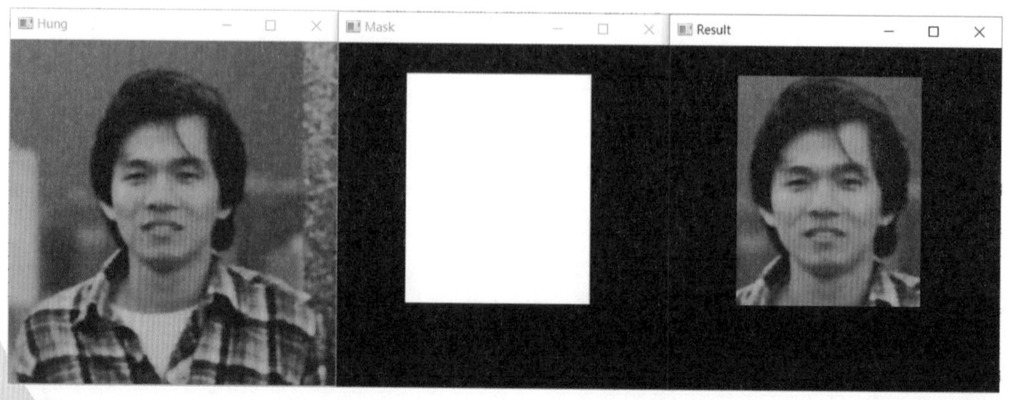

8-4-2 邏輯的 or 運算

邏輯的 or 運算基本規則如下：

or	1	0
1	1	1
0	1	0

上述相當於二進制運算中，兩個位元只要有一個位元是 1 則進行 or 運算後回傳 1，否則回傳 0。可以參考下列實例。

	10010011
	11100110
or	11110111

OpenCV 邏輯 or 運算的函數如下：

```
dst = cv2.bitwise_or(src1, src2, mask=None)
```

上述 dst 是返回的影像或稱目標影像物件，其他參數意義如下：

- src1：要做 or 運算的影像 1。
- src2：要做 or 運算的影像 2。
- mask：遮罩。

在做 or 運算時，會有下列 2 個特色：

1： 任一像素值與白色像素值 (11111111) 執行 or 運算時，結果是白色像素，可以參考下方左圖。

	10010011
白色像素值	11111111
or	11111111

	10010011
黑色像素值	00000000
or	10010011

2： 任一像素值與黑色像素值 (00000000) 執行 or 運算時，結果是原像素值，可以參考上方右圖。

程式實例 ch8_14.py：使用簡單的陣列，徹底了解邏輯的 or 運算規則。

```
1    # ch8_14.py
2    import cv2
3    import numpy as np
4
5    np.random.seed(42)              # 設定全域種子值
6    src1 = np.random.randint(0,255,(3,5),dtype=np.uint8)
7    src2 = np.zeros((3,5),dtype=np.uint8)
8    src2[0:2,0:2] = 255
9    dst = cv2.bitwise_or(src1,src2)
10   print(f"src1 = \n {src1}")
11   print(f"src2 = \n {src2}")
12   print(f"dst = \n {dst}")
```

執行結果

```
==================== RESTART: D:\OpenCV_Python\ch8\ch8_14.py ====================
src1 =
 [[102 220 225  95 179]
 [ 61 234 203  92   3]
 [ 98 243  14 149 245]]
src2 =
 [[255 255   0   0   0]
 [255 255   0   0   0]
 [  0   0   0   0   0]]
dst =
 [[255 255 225  95 179]
 [255 255 203  92   3]
 [ 98 243  14 149 245]]
```

程式實例 ch8_15.py：使用 or 運算重新設計 ch8_13.py。

```
1   # ch8_15.py
2   import cv2
3   import numpy as np
4
5   src1 = cv2.imread("jk.jpg")                              # 讀取影像
6   src2 = np.zeros(src1.shape,dtype=np.uint8)               # 建立mask
7
8   src2[30:260,70:260,:]=255                                # 這是3維陣列
9   dst = cv2.bitwise_or(src1,src2)                          # 執行or運算
10  cv2.imshow("Hung",src1)
11  cv2.imshow("Mask",src2)
12  cv2.imshow("Result",dst)
13
14  cv2.waitKey()
15  cv2.destroyAllWindows()                                  # 刪除所有視窗
```

執行結果

上述相當於遮罩區外的影像保留。

8-4-3 邏輯的 not 運算

邏輯 not 運算規則如下，也就是 1 轉為 0，0 轉為 1。

not	1	0
	0	1

OpenCV 邏輯 not 運算的函數如下：

```
dst = cv2.bitwise_not(src, mask=None)
```

上述 dst 是返回的影像或稱目標影像物件，src 則是要處理的影像。

程式實例 ch8_16.py：對影像物件執行位元的 not 運算。

```
1  # ch8_16.py
2  import cv2
3  import numpy as np
4
5  src = cv2.imread("forest.jpg")              # 讀取影像
6  dst = cv2.bitwise_not(src)                  # 執行or運算
7  cv2.imshow("Forest",src)
8  cv2.imshow("Not Forest",dst)
9
10 cv2.waitKey()
11 cv2.destroyAllWindows()                     # 刪除所有視窗
```

執行結果 下方左圖是原影像，右圖是 not 運算的結果。

8-4-4　邏輯的 xor 運算

邏輯的 xor 運算基本規則如下：

xor	1	0
1	0	1
0	1	0

上述相當於二進制運算中，兩個位元只要不相同則進行 xor 運算後回傳 1，如果相同則回傳 0。可以參考下列實例。

	10010011
	11100110
xor	01110101

OpenCV 邏輯 xor 運算的函數如下：

```
dst = cv2.bitwise_xor(src1, src2, mask=None)
```

上述 dst 是返回的影像或稱目標影像物件，其他參數意義如下：

- src1：要做 xor 運算的影像 1。
- src2：要做 xor 運算的影像 2。
- mask：遮罩。

在做 xor 運算時，會有下列 2 個特色：

1：任一像素值與白色像素值 (11111111) 執行 xor 運算時，結果是 not 運算的結果，可以參考下方左圖。

	10010011
白色像素值	11111111
xor	01101100

	10010011
黑色像素值	00000000
xor	10010011

2：任一像素值與黑色像素值 (00000000) 執行 xor 運算時，結果是原像素值，可以參考上方右圖。

程式實例 ch8_17.py：影像執行 xor 運算後的結果。

```
1  # ch8_17.py
2  import cv2
3  import numpy as np
4
5  src1 = cv2.imread("forest.jpg")          # 讀取影像
6  src2 = np.zeros(src1.shape,np.uint8)
7
8  src2[:,120:360,:] = 255                  # 建立mask白色區塊
9  dst = cv2.bitwise_xor(src1,src2)         # 執行xor運算
10 cv2.imshow("Forest",src1)                # forest.jpg
11 cv2.imshow("Mask",src2)                  # mask
12 cv2.imshow("Forest xor operation",dst)   # 結果
13
14 cv2.waitKey()
15 cv2.destroyAllWindows()                  # 刪除所有視窗
```

執行結果 下列左圖是原始圖案，右圖是 xor 運算的結果。

下列是所設計的 src2，也就是遮罩 mask。

8-5 影像加密與解密

請回憶下列邏輯 xor 運算。

	10010011
白色像素值	11111111
xor	01101100

	10010011
黑色像素值	00000000
xor	10010011

我們可以看到，假設原始影像的像素值是 A(假設是 src1)，遮罩是 B(假設是 src2)，執行 xor 運算後結果是 C(假設是 dst)，則存在下列關係：

C = A xor B　　　　　相當於 dst = src1 xor src2
A = B xor C　　　　　相當於 src1 = src2 xor dst

我們可以將遮罩影像 B 當作是一個密鑰影像，影像 A 與密鑰影像執行 xor 運算後就可以為影像 A 加密，得到影像 C。如果要解密，可以讓密鑰影像與影像 C 執行 xor 運算，就可以得到影像 A。

程式實例 ch8_18.py：影像加密與解密。

```
1  # ch8_18.py
2  import cv2
3  import numpy as np
4
5  src = cv2.imread("forest.jpg")                          # 讀取影像
6  key = np.random.randint(0,256,src.shape,np.uint8)       # 密鑰影像
7  print(src.shape)
8  cv2.imshow("forest",src)                                # 原始影像
9  cv2.imshow("key",key)                                   # 密鑰影像
10
11 img_encry = cv2.bitwise_xor(src,key)                    # 加密結果的影像
12 img_decry = cv2.bitwise_xor(key,img_encry)              # 解密結果的影像
13 cv2.imshow("encrytion",img_encry)                       # 加密結果影像
14 cv2.imshow("decrytion",img_decry)                       # 解密結果影像
15
16 cv2.waitKey()
17 cv2.destroyAllWindows()                                 # 刪除所有視窗
```

執行結果

原始影像　　　密鑰影像

下列是加密後與解密後的影像。

加密影像結果　　　解密影像結果

8-6 動態影像 GIF 設計

這一節我們將探討如何將靜態影像處理擴展至動態影像應用，包括設計移動遮罩以實現區域性的動態效果，以及如何使用 Python 將動態影像結果保存為 GIF 動畫。這些技術不僅能直觀說明影像處理的過程，還可廣泛應用於動畫設計、網頁素材與教學示範，從而提升影像創作的多樣性與實用性。

8-6-1 移動遮罩的設計與應用

在前面章節中，我們學習了如何利用靜態遮罩選取影像的特定區域進行處理。然而，在實際應用中，遮罩不僅可以靜態應用，還可以動態移動，處理影像的不同區域，實現更豐富的效果。本節將詳細講解移動遮罩的設計邏輯，並展示其應用場景。

❑ 遮罩的靜態與動態對比

靜態遮罩：

- 靜態遮罩通常是一個固定的二值化影像，用於選取影像的某一部分進行操作。例如：
  - 固定的圓形或矩形遮罩，用於保留特定區域的內容。
  - 遮罩的區域不隨時間變化。
- 靜態遮罩的缺點是局限於固定的選取範圍，無法靈活處理影像的不同區域。

動態遮罩：

- 動態遮罩的區域會隨時間更新，通常透過動畫的方式移動遮罩區域。特點包括：
  - 遮罩的位置、大小或形狀可以根據需求動態變化。
  - 可以用於處理影像的多個區域或實現動畫效果。

❑ 移動遮罩的設計邏輯

- 遮罩位置的動態更新：
  - 使用變數（如 x 或 y）控制遮罩的位置。
  - 每幀更新變數值，實現遮罩位置的移動。

- 邊界重置：當遮罩超出影像邊界時，需將位置重置到起始點，形成循環效果。
- 遮罩應用：每幀生成新的遮罩，並將其應用到影像處理中。

程式實例 ch8_19.py：聚光燈視角 (Spotlight View) 設計。擴充設計 ch8_13_1.py，將圓形遮罩改為從右到左移動，形成循環，按 q 可以結束程式。

```
1   # ch8_19.py
2   import cv2
3   import numpy as np
4   
5   # 讀取影像
6   image = cv2.imread("forest.jpg")
7   # 創建與影像大小相同的遮罩
8   mask = np.zeros(image.shape[:2], dtype=np.uint8)     # 單通道遮罩
9   # 設定圓的初始位置和移動方向
10  radius = min(image.shape[0], image.shape[1]) // 4
11  start_x = image.shape[1] + radius                    # 從右側開始
12  center_y = image.shape[0] // 2       # 圓的垂直位置固定為影像中央
13  # 視窗設置
14  cv2.namedWindow("Moving Mask", cv2.WINDOW_NORMAL)
15  while True:
16      mask.fill(0)                     # 重置遮罩
17      # 計算圓的位置
18      center_x = start_x % (image.shape[1] + 2 * radius) - radius
19      # 繪製圓形遮罩
20      cv2.circle(mask, (center_x, center_y), radius, 255, -1)
21      # 在遮罩中進行處理 (僅處理白色區域)
22      result = cv2.bitwise_and(image, image, mask=mask)
23      # 顯示結果
24      cv2.imshow("Moving Mask", result)
25  
26      # 更新位置
27      start_x -= 10  # 每幀向左移動10個像素
28      # 重置到右側重新開始
29      if start_x < -radius:
30          start_x = image.shape[1] + radius
31  
32      # 控制速度與結束條件
33      if cv2.waitKey(30) & 0xFF == ord('q'):
34          break
35  
36  cv2.destroyAllWindows()
```

執行結果

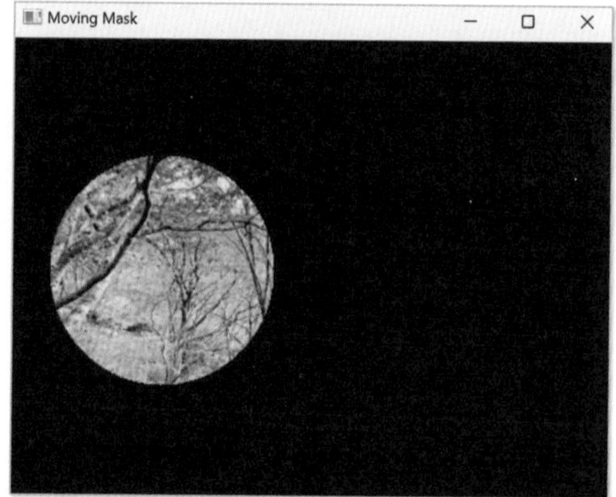

這個程式設計的關鍵是：

- 動態更新
  - 使用變數 start_x 控制遮罩的橫向位置。
  - 每幀減少 start_x 值，模擬遮罩從右到左移動的效果。
- 邊界重置
  - 當遮罩移出影像範圍，將 start_x 重置到右側，形成循環動畫。

上述移動遮罩的應用場景是：

- 動態區域處理：在多區域逐步應用特效（如亮度調整、濾波）。
- 動態效果創作：創建遮罩移動效果，作為影像動畫的一部分。
- 動態高亮區域：用於展示或強調影像的某些特定區域。

8-6-2 保存為 GIF 動畫

在上一節中，我們學習了如何設計和應用移動遮罩，實現了影像的動態處理效果。本節將進一步探索如何將這些動態處理結果保存為 GIF 動畫，並介紹 Python 中 Pillow 模組在動畫保存中的使用方法。

首先筆者將介紹 GIF(Graphics Interchange Format) 動畫原理，GIF 是一種支持多幀影像的文件格式，廣泛應用於網頁動畫和動態效果展示。GIF 動畫的核心特點是將多個靜態影像（幀）組合在一起，並設置播放順序和時間間隔，形成連續的動畫效果。

❑ GIF 動畫的核心結構

- 幀序列
  - GIF 動畫由一系列幀組成，每幀是一張靜態影像。
  - 幀按指定的順序和時間間隔播放。
- 時間控制
  - 每幀可以指定顯示的時間（通常以毫秒為單位）。
  - 支持設定整個動畫的循環播放次數（例如，無限循環）。
- 壓縮與存儲：GIF 支持無損壓縮，但僅支持 256 色（調色板限制），因此適合簡單的動畫。

❑ 建立 GIF 動畫的步驟

- 步驟 1：生成幀
  - GIF 動畫的第一步是準備幀，每幀都是一張靜態影像。
  - 每幀可以是同一張影像的不同版本（如遮罩移動、顏色變化），也可以是完全不同的影像。
- 步驟 2：存儲幀
  - 使用串列或其他結構存儲幀序列，確保幀的順序與動畫播放順序一致。
- 步驟 3：保存為 GIF
  - 將幀序列保存為 GIF 文件，指定播放時間和循環次數。
  - 使用支持 GIF 的影像處理工具（如 Python 的 Pillow 模組）。

❑ Python 中使用 Pillow 建立 GIF

Pillow 是 Python 的一個強大的影像處理模組，支持 GIF 的生成和保存。

- 建立幀：每幀轉換為 Pillow 的 Image 物件。
- 保存 GIF：使用 Image.save() 方法將幀序列保存為 GIF，其語法如下：

```
Image.save(fp, save_all=False, append_images=None, duration=None, loop=0)
```

關鍵參數說明：

- fp：文件路徑或文件物件，指定保存的目標位置。例如：「output.gif」。

- save_all
  - 是否保存所有幀，預設為 False（僅保存第一幀）。
  - 設為 True 時，支持保存多幀動畫。例如：「save_all=True」。
- append_images：指定其餘幀。
  - 指定其他幀的串列，應為 Pillow 的 Image 物件。
  - 第一幀使用主物件，其餘幀來自該串列。
- duration：每幀顯示時間（毫秒），例如：「duration=100」表示每幀顯示 100 毫秒。。
- loop：循環次數（0 表示無限循環），1 表示播放 1 次。

程式實例 ch8_20.py：擴充設計 ch8_19.py，將聚光燈視角轉成 GIF 動畫。

```
1    # ch8_20.py
2    import cv2
3    import numpy as np
4    from PIL import Image
5
6    # 讀取影像
7    image = cv2.imread("forest.jpg")
8
9    # 創建與影像大小相同的遮罩
10   mask = np.zeros(image.shape[:2], dtype=np.uint8)        # 單通道遮罩
11   radius = min(image.shape[0], image.shape[1]) // 4
12   start_x = image.shape[1] + radius                       # 從右側開始
13   center_y = image.shape[0] // 2           # 圓的垂直位置固定為影像中央
14
15   # 用於儲存每幀的影像
16   frames = []
17
18   # 移動遮罩並儲存幀
19   for _ in range((image.shape[1] + 2 * radius) // 10):    # 計算總幀數
20       # 重置遮罩
21       mask.fill(0)
22       # 計算圓的位置
23       center_x = start_x % (image.shape[1] + 2 * radius) - radius
24       # 繪製圓形遮罩
25       cv2.circle(mask, (center_x, center_y), radius, 255, -1)
26       # 在遮罩中進行處理
27       result = cv2.bitwise_and(image, image, mask=mask)
28       # 將影像從 BGR 轉為 RGB, 並加入 PIL 支持的格式
29       result_rgb = cv2.cvtColor(result, cv2.COLOR_BGR2RGB)
30       frames.append(Image.fromarray(result_rgb))
31       # 更新位置
32       start_x -= 10
33
```

```
14
15    # 用於儲存每幀的影像
16    frames = []
17
18    # 移動遮罩並儲存幀
19    for _ in range((image.shape[1] + 2 * radius) // 10):    # 計算總幀數
20        # 重置遮罩
21        mask.fill(0)
22        # 計算圓的位置
23        center_x = start_x % (image.shape[1] + 2 * radius) - radius
24        # 繪製圓形遮罩
25        cv2.circle(mask, (center_x, center_y), radius, 255, -1)
26        # 在遮罩中進行處理
27        result = cv2.bitwise_and(image, image, mask=mask)
28        # 將影像從 BGR 轉為 RGB, 並加入 PIL 支持的格式
29        result_rgb = cv2.cvtColor(result, cv2.COLOR_BGR2RGB)
30        frames.append(Image.fromarray(result_rgb))
31        # 更新位置
32        start_x -= 10
33
34    # 儲存為 GIF
35    gif_path = "moving_mask.gif"
36    frames[0].save(gif_path, save_all=True, append_images=frames[1:],
37                   duration=50, loop=0)
38    print(f"GIF 已成功儲存為: {gif_path}")
```

執行結果 上述執行後就會生成 GIF 動畫，用 moving_mask.gif 儲存。

GIF 動畫可以應用在下列領域：

- 影像處理結果展示
  - 動態展示影像處理的效果，方便讀者觀察和理解。
  - 在技術報告或研究論文中，用於直觀呈現處理過程。
- 網頁動畫素材
  - 輕量級的 GIF 是網頁中常用的動態素材格式。
  - 適合展示動態效果，如過濾器應用、遮罩移動等。
- 教育：用於教學過程中，展示影像技術的應用，如遮罩效果、影像融合等。
- 動態效果創作：GIF 可作為藝術創作的一部分，應用於多媒體設計或影像藝術。

8-7 設計 MP4 影片檔案

在數位時代，影片已經成為一種不可或缺的媒體形式，無論是在社交媒體分享、教育內容創作，還是在數據可視化和專業影像處理中，都扮演著舉足輕重的角色。而 MP4 作為一種廣泛使用的影片容器格式，因其高壓縮率、優異的播放性能和兼容性，成為眾多影片應用的首選。

本節內容的目的是引導讀者從基礎出發，學會如何使用程式生成 MP4 影片檔案。透過程式化的方式創建影片，不僅能夠幫助開發者深刻理解影片編碼的運作原理，還能靈活應對多種實際需求，例如：

- 自動生成動態影像作為數據可視化工具；
- 創建動畫或特效影片，應用於數位媒體製作。

在接下來的內容中，我們將結合 Python 編程環境和 OpenCV 庫，逐步介紹 MP4 影片檔案的生成過程，涵蓋以下關鍵概念：

- 影片的組成：如何透過多幀影像構成影片。
- MP4 格式的特點：壓縮效率與播放性能的平衡。
- 程式實現步驟：從影像數據的準備到影片文件的輸出。

學習本節內容，讀者將掌握建立 MP4 影片檔案的核心技術，並能將其靈活運用於自己的創意或專業項目中。這不僅是一種技能的提升，更是一種創造的開始，讓我們一起探索影片世界的無限可能性！

8-7-1 MP4 檔案設計步驟

❑ 認識 MP4 影片結構

- MP4 是一種容器格式，可以存儲影片、音訊和其他資料。
- 在 MP4 中，影片由一系列幀組成，每幀是靜態影像。
- 透過編碼工具（如 OpenCV 的 VideoWriter）將多個影像合併為一個 MP4 影片文件。

❑ 定義輸出參數

在開始生成影片之前，需要定義影片的關鍵參數：

- 輸出檔案名稱：影片檔案保存的路徑和名稱。
- 解析度（Resolution）：影像的寬和高（像素）。
- 幀率（Frame Rate, FPS）：每秒顯示的幀數，常用值為 30。
- 影片編碼器：壓縮影片數據的工具，例如 MP4V、XVID。

下列是示範程式碼：

```
frame_height, frame_width = image.shape[:2]          # 獲取圖片的高和寬
output_file = "myvideo.mp4"                          # 影片檔案名稱
fps = 30                                             # 幀率
fourcc = cv2.VideoWriter_fourcc(*'mp4v')             # MP4 編碼器
```

上述 VideoWriter_fourcc( ) 函數是 OpenCV 中用於指定影片編碼格式的函數，它定義了影片壓縮和存儲的編碼器（codec）。其語法如下：

```
fourcc = cv2.VideoWriter_fourcc(codec)
```

上述函數回傳是編碼器格式，如果參數是「*'mp4v'」，則編碼器格式是 MP4 檔案。有關 codec 的用法可以參考下表：

FourCC	說明	用途
'XVID'	MPEG-4 編碼器（較廣泛支持）	AVI 文件，較通用
'MJPG'	Motion JPEG（壓縮效果好）	AVI 文件
'X264'	H.264 編碼器（高壓縮率）	MP4 文件，高清視頻
'mp4v'	MPEG-4 影片編碼	MP4 文件，流行影片格式
'DIVX'	DivX 影片編碼	AVI 文件
'H264'	高效影片編碼（需要額外庫支持）	MP4 文件

❑ 創建 VideoWriter 物件

使用 OpenCV 的 VideoWriter 物件來初始化影片文件。

- 定義 MP4 文件的寫入方式。
- 將每一幀影像寫入影片。

下列是示範程式碼：

```
out = cv2.VideoWriter(output_file, fourcc, fps, (frame_width, frame_height))
```

上述 cv2.VideoWriter( ) 函數的參數可以由前面步驟得到。

❑ 準備每一幀的影像

每一幀是靜態影像，可以從現有圖片生成或動態生成，然後寫入幀。例如：

```
out.write(frame)                                    # 這是寫入一幅幀
```

要完成影片是需要用迴圈生成系列的幀。

❑ 儲存影片檔案

完成所有幀寫入後，釋放資源並保存檔案。

下列是示範的程式碼。

```
out.release()
print(f"MP4 已成功儲存為 : {output_file}")
```

8-7-2　MP4 影片實作

程式實例 ch8_21.py：重新設計 ch8_20.py「聚光燈視角」，改用 MP4 格式儲存。

```
1   # ch8_21.py
2   import cv2
3   import numpy as np
4
5   # 讀取影像
6   image = cv2.imread("forest.jpg")
7
8   # 定義輸出影片參數
9   frame_height, frame_width = image.shape[:2]
10  output_file = "forest_video.mp4"
11  fps = 30                                                # 幀率
12
13  # 定義 VideoWriter 物件
14  fourcc = cv2.VideoWriter_fourcc(*'mp4v')                # MP4 編碼器
15  out = cv2.VideoWriter(output_file, fourcc, fps, (frame_width, frame_height))
16
17  # 創建與影像大小相同的遮罩
18  mask = np.zeros(image.shape[:2], dtype=np.uint8)        # 單通道遮罩
19  radius = min(image.shape[0], image.shape[1]) // 4
20  start_x = image.shape[1] + radius                       # 從右側開始
21  center_y = image.shape[0] // 2                          # 圓的垂直位置固定為影像中央
22  total_frames = (image.shape[1] + 2 * radius) // 10      # 計算總幀數
23
24  # 移動遮罩並寫入幀
25  for _ in range(total_frames):
26      # 重置遮罩
27      mask.fill(0)
28      # 計算圓的位置
29      center_x = start_x % (image.shape[1] + 2 * radius) - radius
30      # 繪製圓形遮罩
31      cv2.circle(mask, (center_x, center_y), radius, 255, -1)
32      # 在遮罩中進行處理
33      result = cv2.bitwise_and(image, image, mask=mask)
```

```
34          # 將幀寫入影片
35          out.write(result)
36          # 更新位置
37          start_x -= 10
38
39      # 釋放資源
40      out.release()
41      print(f"MP4 已成功儲存為 : {output_file}")
```

執行結果

```
=================== RESTART: D:/OpenCV_Python/ch8/ch8_21.py ===================
MP4 已成功儲存為 : forest_video.mp4
```

下列是播放此影片的畫面：

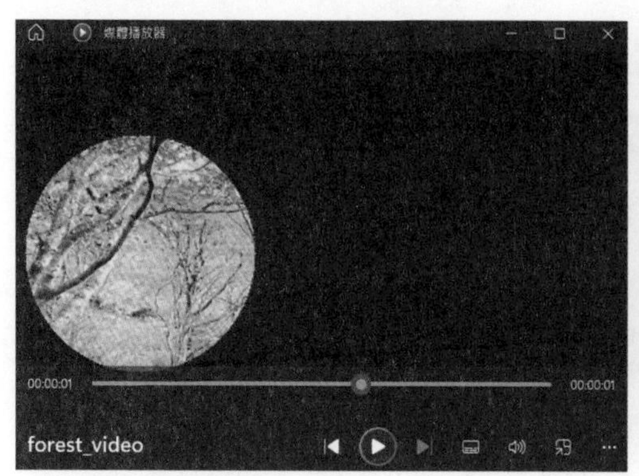

如果要重複播放影片，可以設計重複生成幀的觀念。

程式實例 ch8_22.py：用重複播放 5 次的方式，重新設計 ch8_21.py。

```
24      # 重複生成幀, 模擬無限循環
25      repeat_times = 5                                    # 重複次數, 視需求調整
26      for _ in range(repeat_times):
27          start_x = image.shape[1] + radius               # 重置起點
28          for _ in range(total_frames):
29              # 重置遮罩
30              mask.fill(0)
31              # 計算圓的位置
32              center_x = start_x % (image.shape[1] + 2 * radius) - radius
33              # 繪製圓形遮罩
34              cv2.circle(mask, (center_x, center_y), radius, 255, -1)
35              # 在遮罩中進行處理
36              result = cv2.bitwise_and(image, image, mask=mask)
37              # 將幀寫入影片
38              out.write(result)
39              # 更新位置
40              start_x -= 10
```

執行結果

```
=================== RESTART: D:\OpenCV_Python\ch8\ch8_22.py ===================
MP4循環影片已儲存為 : looping_forest.mp4
```

執行上述程式後，可以重複播放畫面 5 次。

習題

1： 使用風景影像 mazu.jpg，重新設計 ch8_6.py，體會 add( ) 函數與加法符號的差異。

上方左圖是 add( ) 函數，上方右圖是加法符號方法。

2： 參考 ch8_13.py，讀取 geneva.jpg 影像可以參考下方左圖，然後建立下方右圖的 mask。

最後得到下列結果。

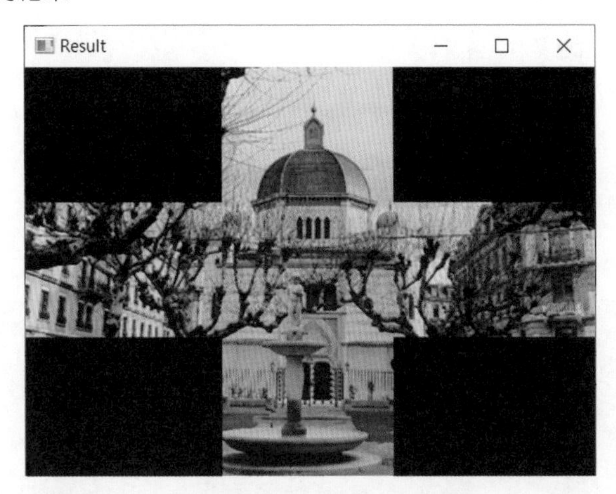

3： 參考 ch8_15.py，讀取 geneva.jpg 影像可以參考下方左圖，然後建立下方右圖的 mask。

最後得到下列結果。

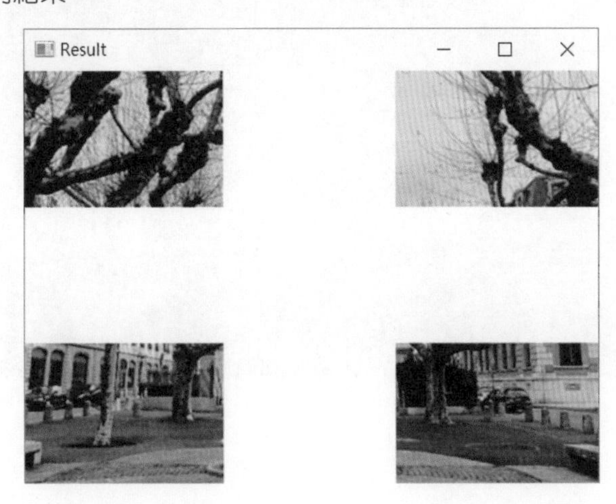

4： 重新設計 ch8_18.py，差異如下：

- 圖像改成 jk.jpg。
- 圖像局部加密，加密區塊左上方 (x1, y1) 是 (80, 30)，右下方 (x2, y2) 是 (250, 220)。

下方分別是原始影像與密鑰影像。

下方分別是加密後與解密後的影像。

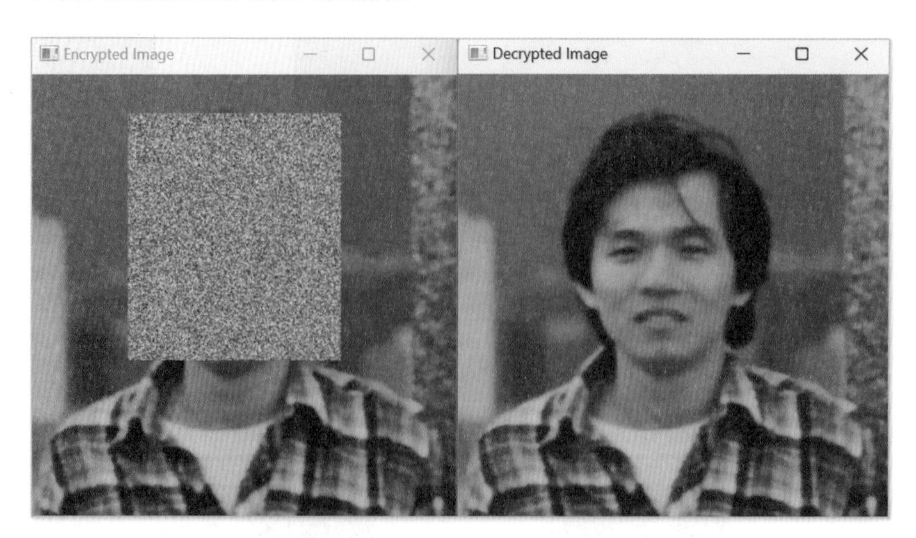

5： 在 ex 資料夾有 springfield.jpg，這是比較黑的影像，程式參考 ch8_19.py，但是改為遮罩經過區域，亮度加倍，下方左圖是原始影像，右圖是程式執行畫面。

6： 請參考 ch8_20.py 和上述習題 5，將上述執行結果用 springfield_brighten.gif 儲存。

```
==================== RESTART: D:/OpenCV_Python/ex/ex8_6.py ====================
GIF 已成功保存為: springfield_brighten.gif
```

7：請將習題 6 改為重複播放 5 次的 MP4 檔案。

```
==================== RESTART: D:/OpenCV_Python/ex/ex8_7.py ====================
MP4 影片已成功保存為: looping_springfield.mp4
```

第九章
閾值處理邁向數位情報

英文 threshold，可以解釋為臨界值，也可以稱閾值，本書則使用閾值當作書籍內文的敘述。

影像閾值處理（Thresholding）是數位影像處理中的一項關鍵技術，透過設定像素值的臨界值，將影像分割為前景與背景，從而實現輪廓提取、物體檢測和區域分析等功能。這項技術的簡單高效使其成為影像分割中最常用的方法之一。

本章將介紹 OpenCV 提供的兩個核心函數：threshold( ) 和 adaptiveThreshold( )。除了探討固定閾值的應用場景外，還將深入講解自適應閾值和 Otsu 演算法，幫助讀者應對亮度不均的影像處理挑戰。本章亦將展示如何結合閾值處理技術進行進階應用，包括浮水印嵌入、動態影像生成以及影像的多層分解，為讀者提供理論與實作的全面指引。

9-1 threshold( ) 函數

OpenCV 的 threshold( ) 函數一般是用來對灰階影像做二值化的處理，例如：將大於閾值設為 255，其他則設為 0。不過如果將此觀念應用在彩色影像，也可以得到特別的影像特效，筆者也將用實例解說。

9-1-1 基礎語法

OpenCV 的 threshold( ) 函數語法如下：

```
ret, dst = threshold(src, thresh, maxval, type)
```

上述回傳的 ret 是函數回傳的閾值，dst 是閾值處理後的目標影像。其他參數意義如下：

- src：原始的影像，可以是灰階或彩色影像。
- thresh：閾值。
- maxval：需要設定像素的最大值。
- type：代表閾值函數處理的方法，可以參考下表。

具名常數	值	說明
THRESH_BINARY	0	影像值大於閾值取最大值，其他是 0
THRESH_BINARY_INV	1	影像值大於閾值取 0，其他取最大值
THRESH_TRUNC	2	影像值大於閾值取閾值，其他值不變
THRESH_TOZERO	3	影像值大於閾值則不變，其他取 0
THRESH_TOZERO_INV	4	影像值大於閾值取 0，其他值不變
THRESH_OTSU	8	使用演算法自動計算閾值
THRESH_TRIANGLE	16	使用三角形演算法自動計算閾值

由於每個影像的像素值是在 0 ~ 255 間，如果要將影像二值化，建立閾值時可以取中間數，例如：127 或 128 當作閾值。但是在實用上，閾值可以隨所需要的工作自行調整，甚至可以讓前景與背景顏色類似的影像浮現。

9-1-2 二值化處理 THRESH_BINARY 與現代情報戰

二值化處理方式如下：

```
if 像素值 > 閾值 :
    像素值 = 最大值
else:
    像素值 = 0
```

這一節筆者將講解系列實例，讓讀者了解閾值的使用時機和可能效果。

程式實例 ch9_1.py：使用隨機函數建立 3 x 5 陣列，然後將大於 127 的值設為 255，其他值設為 0，讀者可以由此了解 threshold( ) 函數的用法。

```
1   # ch9_1.py
2   import cv2
3   import numpy as np
4
5   thresh = 127                          # 定義閾值
6   maxval = 255                          # 定義像素最大值
7
8   np.random.seed(42)                    # 設定種子值
9   src = np.random.randint(0,256,size=[3,5],dtype=np.uint8)
10  ret, dst = cv2.threshold(src,thresh,maxval,cv2.THRESH_BINARY)
11  print(f"src =\n {src}")
12  print(f"threshold = {ret}")
13  print(f"dst =\n {dst}")
```

執行結果

```
==================== RESTART: D:\OpenCV_Python\ch9\ch9_1.py ====================
src =
 [[102 220 225  95 179]
 [ 61 234 203  92   3]
 [ 98 243  14 149 245]]
threshold = 127.0
dst =
 [[  0 255 255   0 255]
 [  0 255 255   0   0]
 [  0 255   0 255 255]]
```

從上述我們可以得到大於 127 的像素值將變為 255，其他像素值是 0。

程式實例 ch9_2.py：將影像用灰階讀取，然後分別設定閾值為 127 和 80，了解可能的結果。

```
1  # ch9_2.py
2  import cv2
3
4  thresh = 127                              # 定義閾值
5  maxval = 255                              # 定義像素最大值
6  src = cv2.imread("jk.jpg",cv2.IMREAD_GRAYSCALE)
7  ret, dst = cv2.threshold(src,thresh,maxval,cv2.THRESH_BINARY)
8  cv2.imshow("Src",src)
9  cv2.imshow("Dst - 127",dst)               # threshold = 127
10 thresh = 80                               # 修訂所定義的閾值
11 ret, dst = cv2.threshold(src,thresh,maxval,cv2.THRESH_BINARY)
12 cv2.imshow("Dst - 80",dst)                # threshold = 80
13
14 cv2.waitKey(0)
15 cv2.destroyAllWindows()
```

執行結果

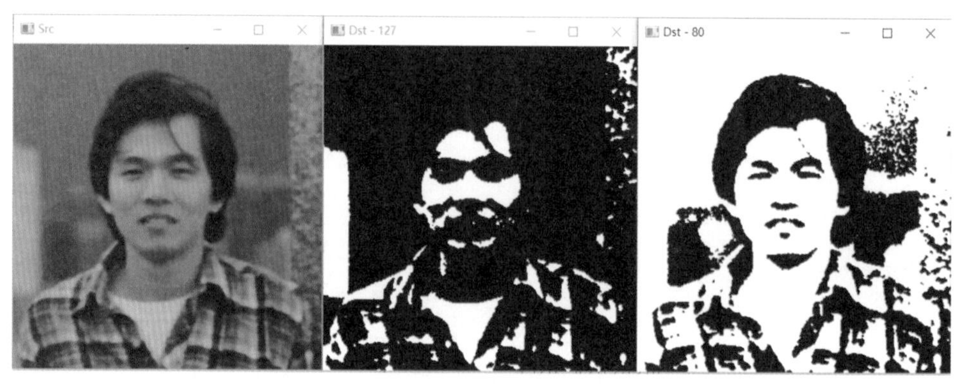

threshold = 127　　threshold = 80

程式實例 ch9_3.py：使用彩色讀取，重新設計 ch9_2.py。

```
6  src = cv2.imread("jk.jpg")
```

執行結果

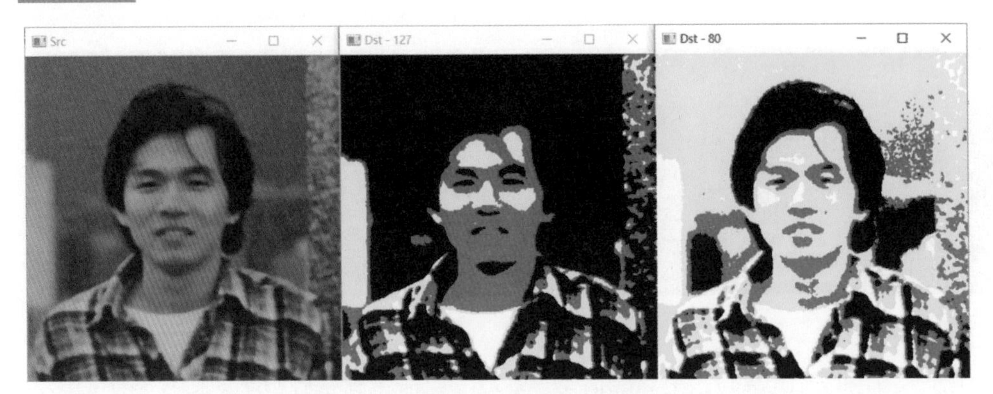

threshold = 127　　threshold = 80

在 ch9 資料夾有一個圖形 numbers.jpg 如下：

程式實例 ch9_4.py：現在讀者可能看到這個影像有 4 個數字，用先前的觀念，我們使用二值化處理，但是閾值分別設為 127 和 10，觀察可以得到的結果。

```
 1  # ch9_4.py
 2  import cv2
 3
 4  src = cv2.imread("numbers.jpg")
 5  thresh = 127                     # 閾值 = 10
 6  maxval = 255                     # 二值化的極大值
 7  ret, dst = cv2.threshold(src,thresh,maxval,cv2.THRESH_BINARY)
 8  cv2.imshow("Src",src)
 9  cv2.imshow("Dst - 127",dst)      # threshold = 127
10  thresh = 10                      # 更改閾值 = 10
11  ret, dst = cv2.threshold(src,thresh,maxval,cv2.THRESH_BINARY)
12  cv2.imshow("Dst - 10",dst)       # threshold = 10
13
14  cv2.waitKey(0)
15  cv2.destroyAllWindows()
```

執行結果

從上圖我們可以得到如果將闕值設為 127，只能看到 1 個數字。但是將闕值設為 10 時，真實情況，原始影像內有 5 個數字。上述應用是非常廣泛，例如：情報員可以將情報隱藏，表面上看不出關鍵數據，需要使用上述方法才可以讓真正情報數據顯示。

9-1-3　反二值化處理 THRESH_BINARY_INV

所謂反二值化闕值處理，是指如果影像的像素值大於闕值取 0，其他則取最大值，語法觀念如下：

```
if 像素值 > 闕值 :
    像素值 = 0
else:
    像素值 = 最大值
```

程式實例 ch9_5.py：使用 THRESH_BINARY_INV，重新設計 ch9_1.py，讀者可以觀察執行結果。

```
1   # ch9_5.py
2   import cv2
3   import numpy as np
4
5   thresh = 127                              # 定義闕值
6   maxval = 255                              # 定義像素最大值
7
8   np.random.seed(42)                        # 設定種子值
9   src = np.random.randint(0,256,size=[3,5],dtype=np.uint8)
10  ret, dst = cv2.threshold(src,thresh,maxval,cv2.THRESH_BINARY_INV)
11  print(f"src =\n {src}")
12  print(f"threshold = {ret}")
13  print(f"dst =\n {dst}")
```

執行結果

```
==================== RESTART: D:\OpenCV_Python\ch9\ch9_5.py ====================
src =
 [[102 220 225  95 179]
 [ 61 234 203  92   3]
 [ 98 243  14 149 245]]
threshold = 127.0
dst =
 [[255   0   0 255   0]
 [255   0   0 255 255]
 [255   0 255   0   0]]
```

程式實例 ch9_6.py：使用 THRESH_BINARY_INV，重新設計 ch9_2.py，讀者可以觀察執行結果。

```
1  # ch9_6.py
2  import cv2
3
4  thresh = 127                              # 定義閾值
5  maxval = 255                              # 定義像素最大值
6  src = cv2.imread("jk.jpg",cv2.IMREAD_GRAYSCALE)
7  ret, dst = cv2.threshold(src,thresh,maxval,cv2.THRESH_BINARY_INV)
8  cv2.imshow("Src",src)
9  cv2.imshow("Dst - 127",dst)               # threshold = 127
10 thresh = 80                               # 修訂所定義的閾值
11 ret, dst = cv2.threshold(src,thresh,maxval,cv2.THRESH_BINARY_INV)
12 cv2.imshow("Dst - 80",dst)                # threshold = 80
13
14 cv2.waitKey(0)
15 cv2.destroyAllWindows()
```

執行結果

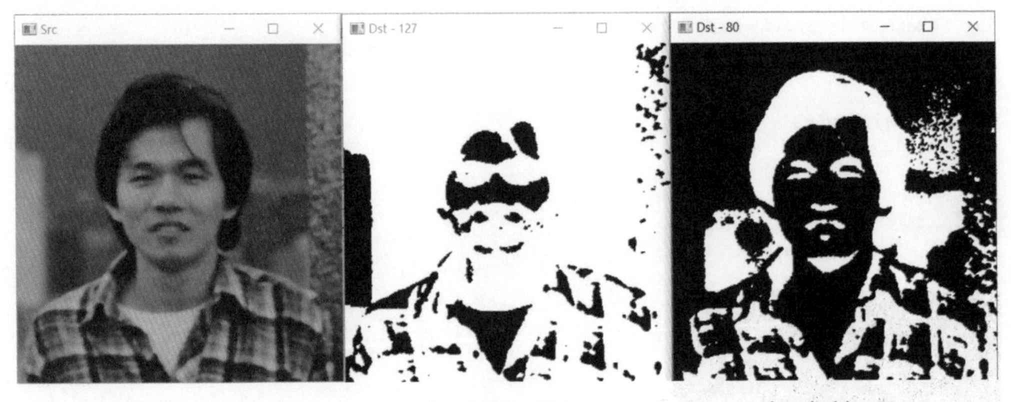

threshold = 127　　threshold = 80

程式實例 ch9_7.py：使用彩色讀取重新設計 ch9_6.py。

```
6  src = cv2.imread("jk.jpg")
```

執行結果

threshold = 127　　threshold = 80

程式實例 ch9_8.py：使用 THRESH_BINARY_INV，重新設計 ch9_4.py，讀者可以觀察執行結果。

```
1  # ch9_8.py
2  import cv2
3
4  src = cv2.imread("numbers.jpg")
5  thresh = 127                          # 閾值 = 10
6  maxval = 255                          # 二值化的極大值
7  ret, dst = cv2.threshold(src,thresh,maxval,cv2.THRESH_BINARY_INV)
8  cv2.imshow("Src",src)
9  cv2.imshow("Dst - 127",dst)          # threshold = 127
10 thresh = 10                           # 更改閾值 = 10
11 ret, dst = cv2.threshold(src,thresh,maxval,cv2.THRESH_BINARY_INV)
12 cv2.imshow("Dst - 10",dst)           # threshold = 10
13
14 cv2.waitKey(0)
15 cv2.destroyAllWindows()
```

執行結果

threshold = 127　　threshold = 10

9-1-4 截斷閾值處理 THRESH_TRUNC

如果影像的像素值大於閾值取閾值，其他則像素值不變，語法觀念如下：

```
if 像素值 > 閾值 :
    像素值 = 閾值
else:
    像素值 = 像素值                    # 相當於不變
```

程式實例 ch9_9.py：使用 THRESH_TRUNC，重新設計 ch9_1.py，讀者可以觀察執行結果。

```
1   # ch9_9.py
2   import cv2
3   import numpy as np
4
5   thresh = 127                              # 定義閾值
6   maxval = 255                              # 定義像素最大值
7
8   np.random.seed(42)                        # 設定種子值
9   src = np.random.randint(0,256,size=[3,5],dtype=np.uint8)
10  ret, dst = cv2.threshold(src,thresh,maxval,cv2.THRESH_TRUNC)
11  print(f"src =\n {src}")
12  print(f"threshold = {ret}")
13  print(f"dst =\n {dst}")
```

執行結果

```
================== RESTART: D:\OpenCV_Python\ch9\ch9_9.py ==================
src =
 [[102 220 225  95 179]
 [ 61 234 203  92   3]
 [ 98 243  14 149 245]]
threshold = 127.0
dst =
 [[102 127 127  95 127]
 [ 61 127 127  92   3]
 [ 98 127  14 127 127]]
```

程式實例 ch9_10.py：使用 THRESH_TRUNC，重新設計 ch9_2.py，讀者可以觀察執行結果。

```
1  # ch9_10.py
2  import cv2
3
4  thresh = 127                              # 定義閾值
5  maxval = 255                              # 定義像素最大值
6  src = cv2.imread("jk.jpg",cv2.IMREAD_GRAYSCALE)
7  ret, dst = cv2.threshold(src,thresh,maxval,cv2.THRESH_TRUNC)
8  cv2.imshow("Src",src)
9  cv2.imshow("Dst - 127",dst)               # threshold = 127
10 thresh = 80                               # 修訂所定義的閾值
```

```
11  ret, dst = cv2.threshold(src,thresh,maxval,cv2.THRESH_TRUNC)
12  cv2.imshow("Dst - 80",dst)          # threshold = 80
13
14  cv2.waitKey(0)
15  cv2.destroyAllWindows()
```

執行結果

程式實例 ch9_11.py：使用彩色讀取重新設計 ch9_10.py。

```
6  src = cv2.imread("jk.jpg")
```

執行結果

9-1-5　低閾值用 0 處理 THRESH_TOZERO

也如果影像的像素值小於或等於閾值，像素值取 0，其他則像素值不變，語法觀念如下：

```
if 像素值 <= 閾值 :
    像素值 = 0
else:
    像素值 = 像素值                    # 相當於不變
```

程式實例 ch9_12.py：使用 THRESH_TOZERO，重新設計 ch9_1.py，讀者可以觀察執行結果。

```
1  # ch9_12.py
2  import cv2
3  import numpy as np
4
5  thresh = 127                              # 定義閾值
6  maxval = 255                              # 定義像素最大值
7
8  np.random.seed(42)                        # 設定種子值
9  src = np.random.randint(0,256,size=[3,5],dtype=np.uint8)
10 ret, dst = cv2.threshold(src,thresh,maxval,cv2.THRESH_TOZERO)
11 print(f"src =\n {src}")
12 print(f"threshold = {ret}")
13 print(f"dst =\n {dst}")
```

執行結果

```
==================== RESTART: D:\OpenCV_Python\ch9\ch9_12.py ===================
src =
 [[102 220 225  95 179]
 [ 61 234 203  92   3]
 [ 98 243  14 149 245]]
threshold = 127.0
dst =
 [[  0 220 225   0 179]
 [  0 234 203   0   0]
 [  0 243   0 149 245]]
```

程式實例 ch9_13.py：使用 THRESH_TOZERO，重新設計 ch9_2.py，讀者可以觀察執行結果。

```
1  # ch9_13.py
2  import cv2
3
4  thresh = 127                              # 定義閾值
5  maxval = 255                              # 定義像素最大值
6  src = cv2.imread("jk.jpg",cv2.IMREAD_GRAYSCALE)
7  ret, dst = cv2.threshold(src,thresh,maxval,cv2.THRESH_TOZERO)
8  cv2.imshow("Src",src)
9  cv2.imshow("Dst - 127",dst)               # threshold = 127
10 thresh = 80                               # 修訂所定義的閾值
11 ret, dst = cv2.threshold(src,thresh,maxval,cv2.THRESH_TOZERO)
12 cv2.imshow("Dst - 80",dst)                # threshold = 80
13
14 cv2.waitKey(0)
15 cv2.destroyAllWindows()
```

執行結果

thresh = 127　　thresh = 80

程式實例 ch9_14.py：使用彩色讀取，重新設計 ch9_13.py，讀者可以觀察執行結果。

```
6  src = cv2.imread("jk.jpg")
```

執行結果

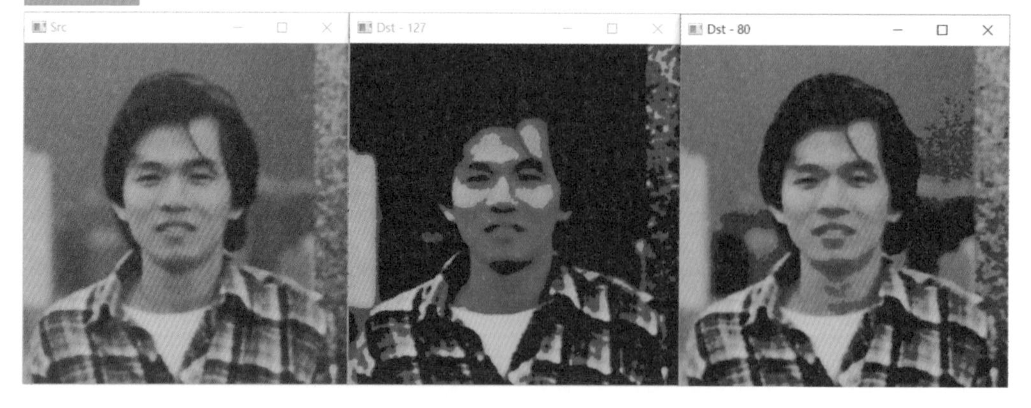

9-1-6 高閾值用 0 處理 THRESH_TOZERO_INV

如果影像的像素值大於閾值，像素值取 0，其他則像素值不變，語法觀念如下：

```
if 像素值 > 閾值 :
    像素值 = 0
else:
    像素值 = 像素值                    # 相當於不變
```

程式實例 ch9_15.py：使用 THRESH_TOZERO_INV，重新設計 ch9_12.py，讀者可以觀察執行結果。

```
1  # ch9_15.py
2  import cv2
3  import numpy as np
4
5  thresh = 127                                    # 定義閾值
6  maxval = 255                                    # 定義像素最大值
7
8  np.random.seed(42)                              # 設定種子值
9  src = np.random.randint(0,256,size=[3,5],dtype=np.uint8)
10 ret, dst = cv2.threshold(src,thresh,maxval,cv2.THRESH_TOZERO_INV)
11 print(f"src =\n {src}")
12 print(f"threshold = {ret}")
13 print(f"dst =\n {dst}")
```

執行結果

```
==================== RESTART: D:\OpenCV_Python\ch9\ch9_15.py ===================
src =
 [[102 220 225  95 179]
 [ 61 234 203  92   3]
 [ 98 243  14 149 245]]
threshold = 127.0
dst =
 [[102   0   0  95   0]
 [ 61   0   0  92   3]
 [ 98   0  14   0   0]]
```

程式實例 ch9_16.py：使用 THRESH_TOZERO_INV，重新設計 ch9_13.py，讀者可以觀察執行結果。

```
1  # ch9_16.py
2  import cv2
3
4  thresh = 127                                    # 定義閾值
5  maxval = 255                                    # 定義像素最大值
6  src = cv2.imread("jk.jpg",cv2.IMREAD_GRAYSCALE)
7  ret, dst = cv2.threshold(src,thresh,maxval,cv2.THRESH_TOZERO_INV)
8  cv2.imshow("Src",src)
9  cv2.imshow("Dst - 127",dst)                     # threshold = 127
10 thresh = 80                                     # 修訂所定義的閾值
11 ret, dst = cv2.threshold(src,thresh,maxval,cv2.THRESH_TOZERO_INV)
12 cv2.imshow("Dst - 80",dst)                      # threshold = 80
13
14 cv2.waitKey(0)
15 cv2.destroyAllWindows()
```

執行結果

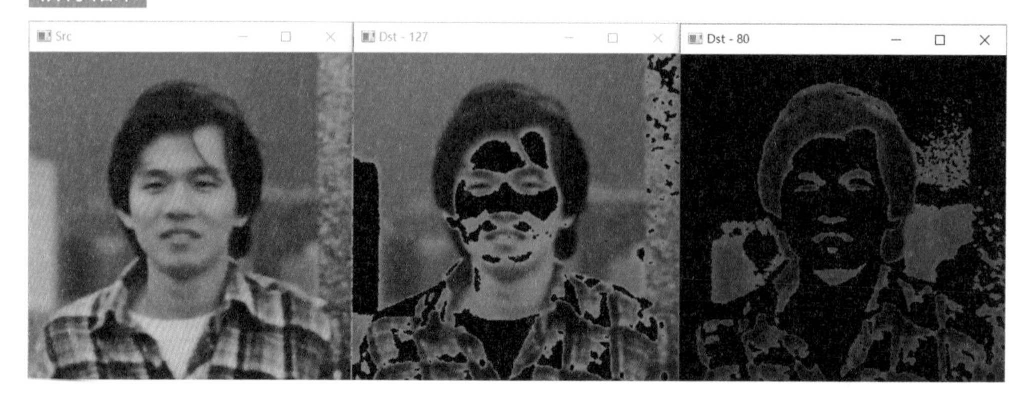

程式實例 ch9_17.py：使用彩色讀取，重新設計 ch9_16.py，讀者可以觀察執行結果。

```
6   src = cv2.imread("jk.jpg")
```

執行結果

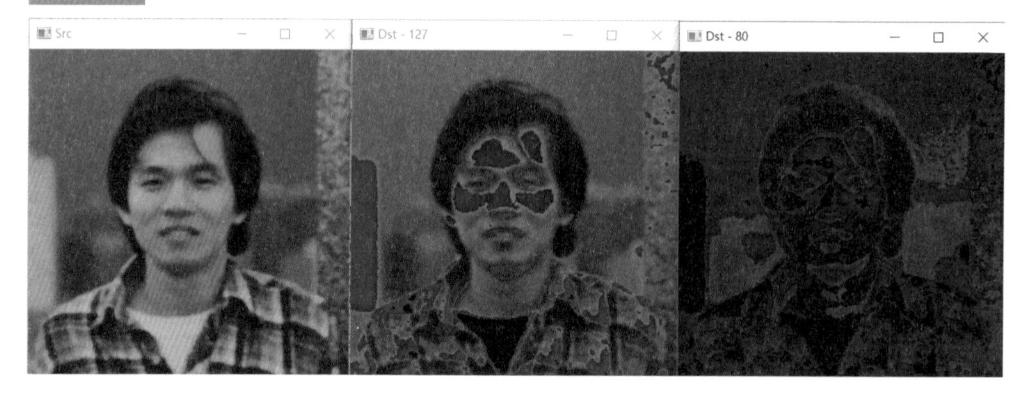

9-2 Otsu 演算法

前一節我們使用 threshold( ) 函數時，必須自行設定一個閾值，當作 threshold( ) 函數處理的依據，當時筆者皆會使用 127 以及另一個數字當作閾值 80，這是讓讀者體會不同閾值的影響。假設有一個影像 image 內容如下：

[[108, 108, 120, 120]
  [108, 108, 120, 120]
  [120, 120, 120, 120]]

如果我們仍用 127 當作閾值，這時可以得到下列結果。

[[0, 0, 0, 0]
[0, 0, 0, 0]
[0, 0, 0, 0]]

如果我們使用 80 當作閾值，這時可以得到下列結果。

[[255, 255, 255, 255]
[255, 255, 255, 255]
[255, 255, 255, 255]]

很明顯這不是我們所要結果，如果從上述數據判斷，可以將閾值設為 108(含) 至 120(不含) 間則是完美的結果，例如：將閾值設為 108，可以得到下列比較好的結果。

[[0, 0, 255, 255]
[0, 0, 255, 255]
[255, 255, 255, 255]]

在實際的影像應用中，影像的像素值比較複雜，我們無法直接用目視的方法完成閾值的判斷。若是我們手動計算處理，則是一個複雜龐大的工程。OpenCV 有提供一個 Otsu 方法，這個方法根據目前影像，遍歷所有可能的閾值，然後找出最佳的閾值。

將 Otsu 方法在應用在 threshold( ) 函數時，首先必須將閾值設為 0，假設我們使用 THRESH_BINARY，則 threshold( ) 函數的語法如下：

thresh = 0
maxval = 255
ret, dst = cv2.threshold(src,thresh,maxval,cv2.THRESH_BINARY+cv2.THRESH_OTSU)

上述回傳值 ret 是 Otsu 方法計算的閾值，dst 則是回傳的影像。

程式實例 ch9_18.py：，列出原始陣列與測試陣列。

```
1  # ch9_18.py
2  import cv2
3  import numpy as np
4
5  thresh = 127                               # 定義閾值
6  maxval = 255                               # 定義像素最大值
7  src = np.ones((3,4),dtype=np.uint8) * 120    # 設定陣列是 120
8  src[0:2,0:2]=108                           # 設定陣列區間為 0
9  ret, dst = cv2.threshold(src,thresh,maxval,cv2.THRESH_BINARY)
10 print(f"src =\n {src}")
11 print(f"threshold = {ret}")
12 print(f"dst =\n {dst}")
```

執行結果

```
==================== RESTART: D:/OpenCV_Python/ch9/ch9_18.py ===================
src =
 [[108 108 120 120]
 [108 108 120 120]
 [120 120 120 120]]
threshold = 127.0
dst =
 [[0 0 0 0]
 [0 0 0 0]
 [0 0 0 0]]
```

程式實例 ch9_19.py：重新設計 ch9_18.py，測試 Otsu 方法所回傳的陣列與閾值。

```
1  # ch9_19.py
2  import cv2
3  import numpy as np
4
5  thresh = 0                                    # 定義閾值
6  maxval = 255                                  # 定義像素最大值
7  src = np.ones((3,4),dtype=np.uint8) * 120    # 設定陣列是 120
8  src[0:2,0:2]=108                              # 設定陣列區間為 0
9  ret, dst = cv2.threshold(src,thresh,maxval,cv2.THRESH_BINARY+cv2.THRESH_OTSU)
10 print(f"src =\n {src}")
11 print(f"threshold = {ret}")
12 print(f"dst =\n {dst}")
```

執行結果

```
==================== RESTART: D:/OpenCV_Python/ch9/ch9_19.py ===================
src =
 [[108 108 120 120]
 [108 108 120 120]
 [120 120 120 120]]
threshold = 108.0
dst =
 [[  0   0 255 255]
 [  0   0 255 255]
 [255 255 255 255]]
```

上述我們得到 Otsu 方法的閾值是 108.0，這也是完美分割的結果。

程式實例 ch9_20.py：使用閾值是 127，和使用 Otsu 方法，重新設計 ch9_2.py，這個程式也同時列出 Otsu 方法的閾值。

```
1  # ch9_20.py
2  import cv2
3
4  src = cv2.imread("jk.jpg",cv2.IMREAD_GRAYSCALE)
5  cv2.imshow("Src",src)
6  thresh = 127                                  # 定義閾值 = 127
7  maxval = 255                                  # 定義像素最大值
8  ret, dst = cv2.threshold(src,thresh,maxval,cv2.THRESH_BINARY)
9  cv2.imshow("Src - 127",dst)                   # threshold = 127
10 thresh = 0                                    # 定義閾值 = 0
11 ret, dst = cv2.threshold(src,thresh,maxval,cv2.THRESH_BINARY+cv2.THRESH_OTSU)
12 cv2.imshow("Dst - Otsu",dst)                  # Otsu
13 print(f"threshold = {ret}")
14
15 cv2.waitKey(0)
16 cv2.destroyAllWindows()
```

執行結果 下列可以看到 Otsu 方法所回傳的閾值。

```
==================== RESTART: D:/OpenCV_Python/ch9/ch9_20.py ===================
threshold = 107.0
```

thresh = 127　　　　Otsu方法

從上圖可以得到 Otsu 方法所回傳的影像比我們取閾值 127 要清晰許多。

9-3 自適應閾值方法 adaptiveThreshold( ) 函數

對於一幅色彩均勻的影像，使用一個閾值就可以完成影像分析。但是對於色彩不均勻或是關鍵影像區塊不易區分，如果只是使用一個閾值無法獲得清晰的結果影像。

為了解決上述困境，OpenCV 提供了自適應閾值方法，這種方法的閾值不是單一的，而是可變化的閾值，自適應閾值方法會計算每個像素點與周圍區域的關係，而算出閾值，然後使用此閾值對周遭的區域進行處理，這個方法可以獲得更好的影像效果。計算閾值與周圍區域的關係有兩種演算法：

- ADAPTIVE_THRESH_MEAN_C：算術平均法，周圍區域的平均值當作閾值，再減去參數 C，C 是一個常數，下列語法會解說。
- ADAPTIVE_THRESH_GAUSSIAN_C：高斯加權和法，這是一種高斯加權的平均法，計算中心點與周圍區域所有像素點進行加權計算，計算結果再減去參數 C，C 是一個常數，下列語法會解說。

自適應閾值法的語法公式如下：

dst = cv2.adaptiveThreshold(src, maxValue, adaptiveMethod, thresholdType,
　　blockSize, C)

上述公式的回傳值是自適應閾值分析的結果影像 dst，其他參數意義如下：

- src：原始影像。
- maxValue：最大像素值。
- adaptiveMethod：有 ADAPTIVE_THRESH_MEAN_C 和 ADAPTIVE_THRESH_GAUSSIAN_C 兩種方法，可以參考前面解說。
- thresholdType：閾值類型，需是 THRESH_BINARY 或 THRESH_BINARY_INV。
- blockSize：用來計算閾值的周圍區域大小，一般是 3、5、7 …。
- C：常數，通常是正數，但也可以是零或是負數。

程式實例 ch9_21.py：對一座美國大學的建築物，使用二值化處理 threshold( ) 和 adaptiveThreshold( ) 自適應閾值法，在使用自適應閾值方法時，需同時使用 ADAPTIVE_THRESH_MEAN_C 方法和 ADAPTIVE_THRESH_GAUSSIAN_C 方法然後列出處理結果。

```
1  # ch9_21.py
2  import cv2
3
4  src = cv2.imread("school.jpg",cv2.IMREAD_GRAYSCALE)      # 灰階讀取
5  thresh = 127                                              # 閾值
6  maxval = 255                                              # 定義像素最大值
7  ret,dst = cv2.threshold(src,thresh,maxval,cv2.THRESH_BINARY)     # 二值化處理
8  # 自適應閾值計算方法為ADAPTIVE_THRESH_MEAN_C
9  dst_mean = cv2.adaptiveThreshold(src,maxval,cv2.ADAPTIVE_THRESH_MEAN_C,
10                                  cv2.THRESH_BINARY,3,5)
11 # 自適應閾值計算方法為ADAPTIVE_THRESH_GAUSSIAN_C
12 dst_gauss = cv2.adaptiveThreshold(src,maxval,cv2.ADAPTIVE_THRESH_GAUSSIAN_C,
13                                  cv2.THRESH_BINARY,3,5)
14 cv2.imshow("src",src)                                     # 顯示原始影像
15 cv2.imshow("THRESH_BINARY",dst)                           # 顯示二值化處理影像
16 cv2.imshow("ADAPTIVE_THRESH_MEAN_C",dst_mean)             # 顯示自適應閾值結果
17 cv2.imshow("ADAPTIVE_THRESH_GAUSSIAN_C",dst_gauss)        # 顯示自適應閾值結果
18
19 cv2.waitKey(0)
20 cv2.destroyAllWindows()
```

執行結果

原始影像　　二值化處理THRESH_BINARY

ADAPTIVE_THRESH_MEAN_C　　ADAPTIVE_THRESH_GAUSSIAN_C

從上述執行結果可以看到，使用自適應閾值方法，可以獲得比一般二值方法獲得更好的影像二值法的結果。

9-4 平面圖的分解

對一個灰階影像的平面圖而言，每個像素點是由 0 ~ 255 組成，我們可以使用下列 2 進制公式表示。

$$img = a_7 * 2^7 + a_6 * 2^6 + a_5 * 2^5 + a_4 * 2^4 + a_3 * 2^3 + a_2 * 2^2 + a_1 * 2^1 + a_0 * 2^0$$

在影像應用中，也可以擷取每一個位元的影像值，當作平面影像。例如：a_0當作第 0 平面影像、a_1當作第 1 平面影像、… 、a_7當作第 7 平面影像。在這個觀念下，可以將原圖分解成為 8 個位元平面影像，其中a_0影像的權重最低，a_7影像的權重最高。a_0影像的權重低代表對整個影像的影響最小，a_7影像的權重最高代表對整個影像的影響最大。

例如：有一個灰階影像如下：

201	88	90
123	12	36
79	6	200

我們可以將上述灰階影像的像素值轉成下列二進制影像的像素值。

11001001	01011000	01011010
01111011	00001100	00100100
01001111	00000110	11001000

若是將上述影像分解，我們可以得到下列 8 個影像平面內容。

1	0	0
1	0	0
1	0	0

a_0

0	0	1
1	0	0
1	1	0

a_1

0	0	0
0	1	1
1	1	0

a_2

1	1	1
1	1	0
1	0	1

a_3

0	1	1
1	0	0
0	0	0

a_4

0	0	0
1	0	1
0	0	0

a_5

1	1	1
1	0	0
1	0	1

a_6

1	0	0
0	0	0
0	0	1

a_7

程式實例 ch9_22.py：將原始圖案分解，依照位元觀念，從a_0至a_7分解為 8 個圖案，在分解過程，將大於 0 的像素值改為 255，也就是本章的閾值觀念，最後顯示 8 個影像圖。

```
1  # ch9_22.py
2  import cv2
3  import numpy as np
4
5  img = cv2.imread("jk.jpg",cv2.IMREAD_GRAYSCALE)
6  cv2.imshow("JK Hung",img)
7
8  row, column = img.shape
9  x = np.zeros((row,column,8),dtype=np.uint8)
10 for i in range(8):
11     x[:,:,i] = 2**i                             # 填上權重
12 result = np.zeros((row,column,8),dtype=np.uint8)
13 for i in range(8):
14     result[:,:,i] = cv2.bitwise_and(img,x[:,:,i])
15     mask = result[:,:,i] > 0                    # 影像邏輯值
16     result[mask] = 255                          # True的位置填255
17     cv2.imshow(str(i),result[:,:,i])            # 顯示影像
18
19 cv2.waitKey(0)
20 cv2.destroyAllWindows()
```

執行結果

原始影像　　a_0　　a_1

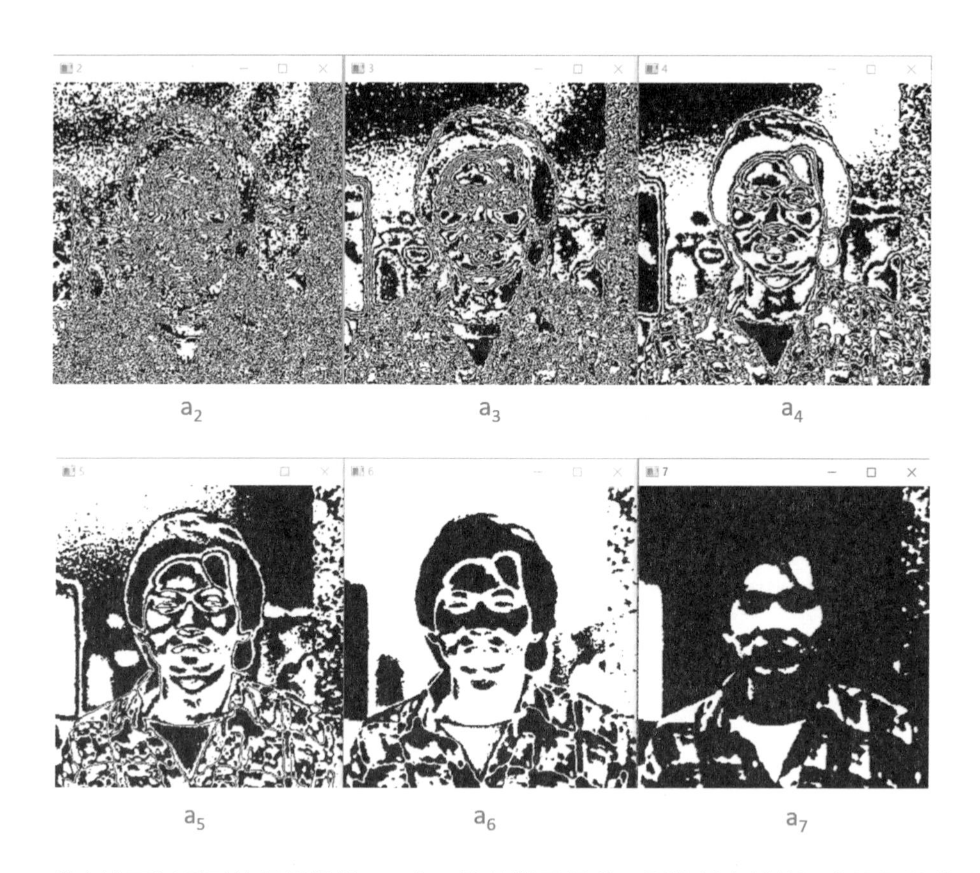

a_2　a_3　a_4

a_5　a_6　a_7

從上述可以看到整個影像從a_0到a_7隨著權重提升，影像越來越接近實際影像的結果。

9-5 隱藏在影像內的數位浮水印

前一節筆者介紹了平面圖的分解，在該節內容我們認識了a_0第 0 平面影像，這個平面影像是由每個像素點的最低有效位元 (Least significiant bit) 所組成，在該節我們知道最低有效位元對影像的影響最小。所謂的數位浮水印就是將二值影像，隱藏在a_0平面影像，這樣既不會影像到原始影像，同時也達到隱藏影像的目的。

數位浮水印影用的範圍有許多，例如：可以隱藏版權訊息、身份驗證訊息、或是在數位戰爭時代隱藏情報資訊。

9-5-1 驗證最低有效位元對影像沒有太大的影響

我們可以建立與原始影像大小相同的影像矩陣，然後將這個影像矩陣設為 254，這時相當於每個像素點的像素值是 11111110，然後將這個矩陣影像與原始影像做 bitwise_and( ) 操作，就可以將原始影像的最低有效位元設為 0。

程式實例 ch9_23.py：驗證最低有效位元對影像沒有太大的影響，將 jk.jpg 的最低有效位元設為 0，同時觀察執行結果。

```
1  # ch9_23.py
2  import cv2
3  import numpy as np
4
5  jk = cv2.imread("jk.jpg",cv2.IMREAD_GRAYSCALE)
6  cv2.imshow("JK Hung",jk)                                    # 顯示原始影像
7
8  row, column = jk.shape                                      # 取得列高和欄寬
9  h7 = np.ones((row,column),dtype=np.uint8) * 254             # 建立像素值是254的影像
10 cv2.imshow("254",h7)                                        # 顯示像素值是254的影像
11 new_jk = cv2.bitwise_and(jk,h7)                             # 原始影像最低有效位元是 0
12 cv2.imshow("New JK",new_jk)                                 # 顯示新影像
13
14 cv2.waitKey(0)
15 cv2.destroyAllWindows()
```

執行結果

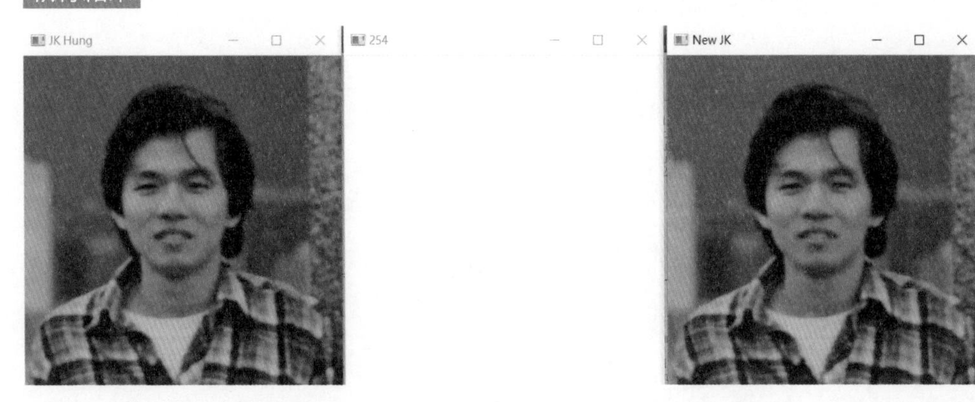

上述左邊是原始影像，中間是全部像素值為 254 的矩陣影像，右邊是最低有效位元是 0 的原始影像，從上述執行結果可以看到，更改了原始影像的最低有效位元對影像影響不大。

9-5-2　建立數位浮水印

建立數位浮水印包含 6 個步驟：

1：取得原始影像的 row 和 column，可以參考 9-5-3 節。

2：建立像素值是 254 的提取矩陣，可以參考 9-5-4 節。

3：取得原始影像的高 7 位影像，可以參考 9-5-5 節。

4：建立與原始影像相同大小的浮水印影像，可以參考 9-5-6 節。

5：將浮水印影像嵌入原始影像，建立含浮水印的影像，稱結果影像，可以參考 9-5-7 節。

6：從結果影像擷取浮水印影像，可以參考 9-5-8 節。

9-5-3　取得原始影像的 row 和 column

假設原始影像是 jk.jpg，可以使用下列方式取得原始影像。

```
jk = cv2.imread("jk.jpg",cv2.IMREAD_GRAYSCALE)
row, column = jk.shape                          # 取得列高與行寬
```

9-5-4　建立像素值是 254 的提取矩陣

建立 row x column 的矩陣，這個矩陣每個像素值是 254，這個矩陣主要是要保留原始影像的最高 7 位的像素值，可以使用下列方式建立此矩陣。

```
h7 = np.ones((row, column), dtype=np.uint8) * 254
```

9-5-5　取得原始影像的高 7 位影像

要取得原始影像的高 7 位影像，須使用 bitwise_and( ) 函數，執行下列操作。

```
tmp_jk = cv2.bitwise_and(jk, h7)
```

9-5-6　建立浮水印影像

要建立浮水印影像需要 2 個步驟：

1：建立浮水印大小是 row x column 的影像矩陣。

2：浮水印影像是灰階影像時，需做二值化處理。

假設一個二值化的影像矩陣如下：

255	255	0	0
0	255	255	0
255	255	0	255

我們必須將上述二值化像素值從 255 改為 1，這是為了方便未來可以嵌入原始影像，整個結果如下：

1	1	0	0
0	1	1	0
1	1	0	1

上述浮水印矩陣內容相當於下列所示：

00000001	00000001	00000000	00000000
00000000	00000001	00000001	00000000
00000001	00000001	00000000	00000001

假設上述浮水印影像是 copyright.jpg，下列是處理浮水印的語法。

```
watermark = cv2.imread("copyright.jpg",IMREAD_GRAYSCALE)
ret, wm = cv2.threshold(watermark,0,1,cv2.THRESH_BINARY)
```

上述是將大於閾值 (0) 的值設為 1，wm 就是我們想要的浮水印內容。

9-5-7 將浮水印影像嵌入原始影像

可以將此影像與 9-5-5 節的 tmp_jk，做 bitwise_or( ) 函數運算，假設執行結果是 new_jk，整個語法如下：

```
new_jk = cv2.bitwise_or(tmp_jk, wm)
```

程式實例 ch9_24.py：將浮水印影像嵌入原始影像。

```
1  # ch9_24.py
2  import cv2
3  import numpy as np
4
```

```
 5  jk = cv2.imread("jk.jpg",cv2.IMREAD_GRAYSCALE)
 6  cv2.imshow("JK Hung",jk)                                   # 顯示原始影像
 7
 8  row, column = jk.shape                                     # 取得列高和欄寬
 9  h7 = np.ones((row,column),dtype=np.uint8) * 254            # 建立像素值是254的影像
10  tmp_jk = cv2.bitwise_and(jk,h7)                            # 原始影像最低有效位元是 0
11  watermark = cv2.imread("copyright.jpg",cv2.IMREAD_GRAYSCALE)
12  cv2.imshow("Copy Right",watermark)                         # 顯示浮水印影像
13  ret, wm = cv2.threshold(watermark,0,1,cv2.THRESH_BINARY)
14  # 浮水印影像嵌入最低有效位元是 0的原始影像
15  new_jk = cv2.bitwise_or(tmp_jk, wm)
16  cv2.imshow("New JK",new_jk)                                # 顯示新影像
17
18  cv2.waitKey(0)
19  cv2.destroyAllWindows()
```

執行結果

上述左邊是原始影像，中間是浮水印影像，右邊是含浮水印的結果影像，從上述可以看到表面上是無法看出左右兩邊影像的差異。

9-5-8　擷取浮水印影像

首先要建立 row x column 的矩陣，這個矩陣每個像素值是 1，這個矩陣主要是要保留原始影像的最低位元的像素值，可以使用下列方式建立此矩陣。

```
h0 = np.ones((row, column), dtype=np.uint8)
```

可以使用下列指令從含浮水印的 new_jk 擷取浮水印。

```
wm = cv2.bitwise_and(new_jk, h0)
```

接著將大於閾值 (0) 的值設為 255，下列 dst 就是我們想要的浮水印內容。

```
ret, dst = cv2.threshold(wm,0,255,cv2.THRESH_BINARY)
```

程式實例 ch9_25.py：將浮水印影像 copyright.jpg，嵌入原始影像，然後再將此影像擷取出來。

```
1  # ch9_25.py
2  import cv2
3  import numpy as np
4
5  jk = cv2.imread("jk.jpg",cv2.IMREAD_GRAYSCALE)
6  cv2.imshow("JK Hung",jk)                                # 顯示原始影像
7
8  row, column = jk.shape                                  # 取得列高和欄寬
9  h7 = np.ones((row,column),dtype=np.uint8) * 254         # 建立像素值是254的影像
10 tmp_jk = cv2.bitwise_and(jk,h7)                         # 原始影像最低有效位元是 0
11
12 watermark = cv2.imread("copyright.jpg",cv2.IMREAD_GRAYSCALE)
13 cv2.imshow("original watermark",watermark)              # 顯示浮水印影像
14 ret, wm = cv2.threshold(watermark,0,1,cv2.THRESH_BINARY)
15
16 new_jk = cv2.bitwise_or(tmp_jk, wm)                     # 浮水印影像嵌入原始影像
17 cv2.imshow("New JK",new_jk)                             # 顯示新影像
18 # 擷取浮水印
19 h0 = np.ones((row,column),dtype=np.uint8)
20 wm = cv2.bitwise_and(new_jk, h0)
21 ret, dst = cv2.threshold(wm,0,255,cv2.THRESH_BINARY)
22 cv2.imshow("result Watermark",dst)                      # 顯示浮水印
23
24 cv2.waitKey(0)
25 cv2.destroyAllWindows()
```

執行結果 下列是原始影像與浮水印影像。

下列是內含浮水印的影像與擷取出來的影像。

9-6 動態展示影像處理過程

閾值處理是影像分割中的核心技術之一，讀者已經了解不同閾值如何影響前景與背景的分離效果。

- 過低閾值：分割過多，背景噪聲被認為是前景。
- 過高閾值：分割過少，部分目標區域被忽略。

我們可以透過 GIF 動畫直觀呈現閾值處理過程，使抽象的數學邏輯具象化。幫助讀者理解閾值過高或過低對影像分割的影響，例如：

程式實例 ch9_26.py：使用 number.jpg，設計一個動畫，展示影像的閾值處理過程（從閾值 0 到 255 的逐步變化），將生成的結果保存為 GIF。

```
1   # ch9_26.py
2   import cv2
3   import numpy as np
4   from PIL import Image
5
6   # 讀取灰階影像
7   image = cv2.imread("numbers.jpg", cv2.IMREAD_GRAYSCALE)
8
9   # 保存每個閾值處理結果的幀
10  frames = []
11
12  # 迴圈從閾值 0 到 255
13  for thresh in range(0, 256, 5):       # 每次增量 5
14      _, binary_image = cv2.threshold(image, thresh, 255, cv2.THRESH_BINARY)
```

```
15
16         # 將處理結果轉換為 PIL 格式
17         binary_rgb = cv2.cvtColor(binary_image, cv2.COLOR_GRAY2RGB)
18         frames.append(Image.fromarray(binary_rgb))
19
20     # 保存為 GIF 動畫
21     gif_path = "numbers_animation.gif"
22     frames[0].save(
23         gif_path,
24         save_all=True,
25         append_images=frames[1:],
26         duration=100,                       # 每幀顯示 100 毫秒
27         loop=0                              # 無限迴圈
28     )
29     print(f"GIF 動畫已保存為: {gif_path}")
30
31     # 顯示完成訊息
32     cv2.imshow("Original Image", image)
33     cv2.waitKey(0)
34     cv2.destroyAllWindows()
```

執行結果 本程式會顯示原始影像，以及告知儲存結果。

```
==================== RESTART: D:/OpenCV_Python/ch9/ch9_26.py ====================
GIF 動畫已保存為: numbers_animation.gif
```

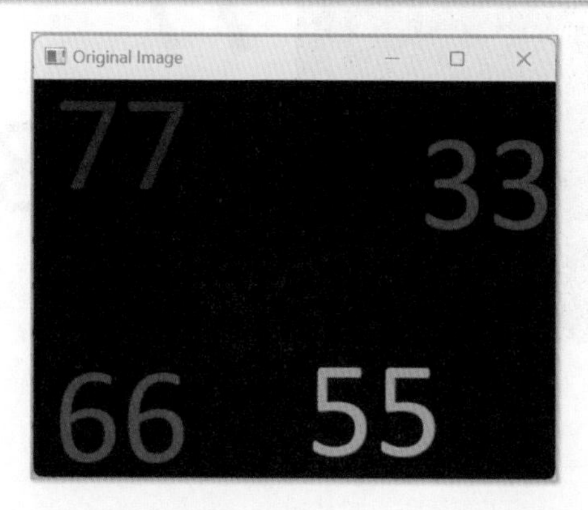

讀者可以點選 numbers_animation.gif 檔案，了解整個動畫過程。

習題

1： 有一個圖檔 ex9_1.jpg 如下方左圖，請參考 ch9_4.py 得到下方右圖的結果，

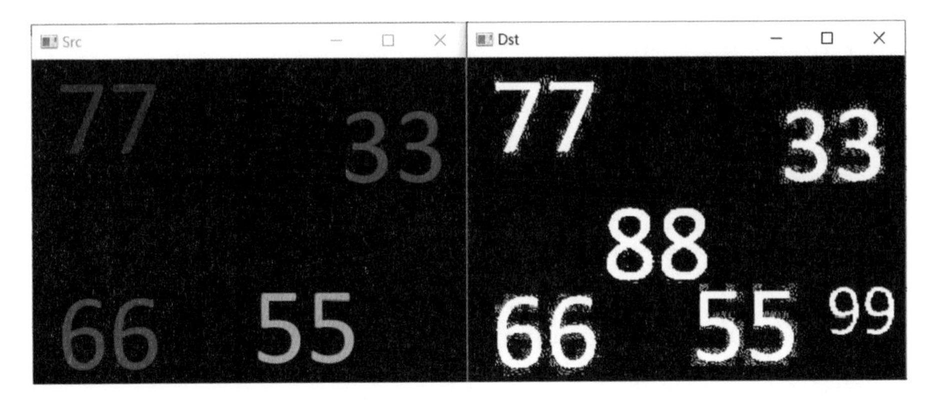

2： 有一個圖檔 ex9_1.jpg 如下方左圖，請參考 ch9_8.py 得到下方右圖的結果，

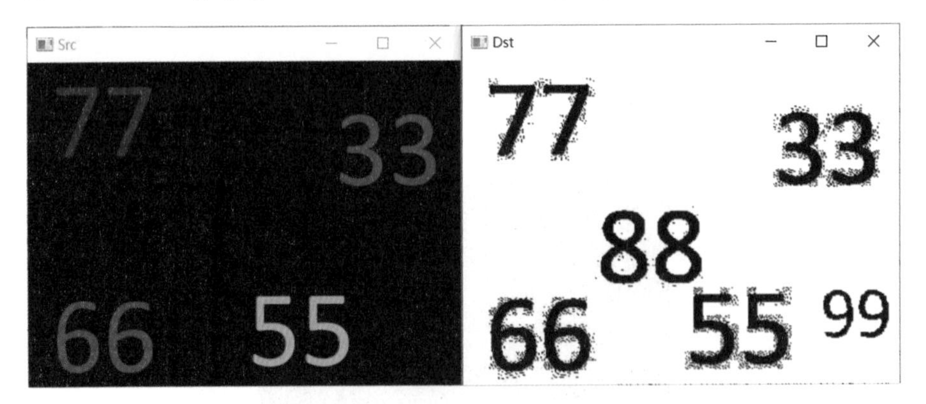

3： 使 用 minnesota.jpg 擴 充 程 式 ch9_21.py， 但 是 增 加 使 用 THRESH_TOZERO 和 THRESH_TOZERO_INV 類別。

原始影像　　二值化處理THRESH_BINARY

THRESH_TOZERO　　THRESH_TOZERO_INV

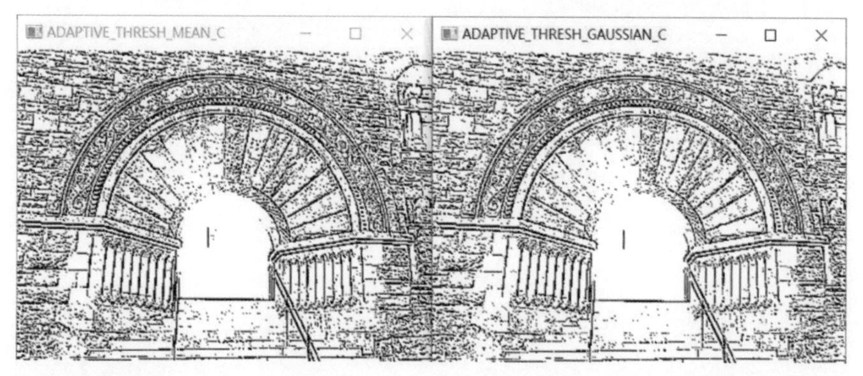

ADAPTIVE_THRESH_MEAN_C　　ADAPTIVE_THRESH_GAUSSIAN_C

4： 有一個圖檔 topschool.jpg 如下方左圖，請得到下方右圖的結果，

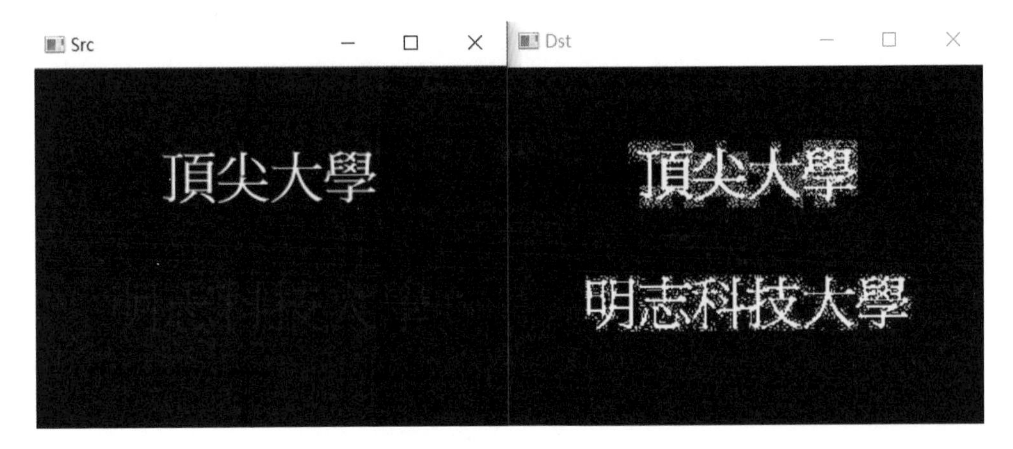

第十章
影像的幾何變換

幾何變換（Geometric Transformations）是影像處理中的核心技術之一，透過改變影像的形狀、大小或位置，實現影像的重新構造與呈現。這些變換不僅是基礎的影像編輯操作，更是計算機視覺領域的關鍵組成部分。部分變換牽涉的數學比較複雜，不過 OpenCV 已經將這些複雜的數學隱藏，讀者只要學會 OpenCV 所提供的函數以及參數，就可以處理幾何變換的效果。

10-1 認識幾何變換

❑ 幾何變換的概念框架

幾何變換的核心目標是透過數學運算將影像像素重新定位。其主要操作包括：

- 縮放 (Scaling)：改變影像的尺寸，常用於壓縮或放大影像。
- 平移 (Translation)：將影像沿某個方向移動，改變其位置。
- 旋轉 (Rotation)：繞某個中心點旋轉影像。
- 翻轉 (Flipping)：對影像進行水平或垂直方向的鏡像變換。
- 仿射變換 (Affine Transformation)：保持影像平行性的同時改變形狀或大小。
- 透視變換 (Perspective Transformation)：模擬三維空間的視角效果，改變影像的透視關係。
- 重映射 (Remapping)：透過非線性方式重新分配像素位置，用於特殊效果。

這些變換在技術上依賴數學矩陣和插值方法，實作對影像像素的重新排列。

❑ 幾何變換的重要性

- 在影像處理的應用
  - **影像適配與視覺優化**：縮放和翻轉操作可適配影像尺寸與格式需求，提升影像展示效果。
  - **圖像配準與融合**：仿射變換和透視變換是影像對齊（Image Alignment）的基礎，適合全景圖生成或多影像合成。
- 計算機視覺中的應用
  - **數據增強**：幾何變換用於生成不同視角或大小的影像，豐富訓練數據集，提升機器學習模型的泛化能力。

- 物件識別與場景理解：透過旋轉、平移和翻轉等操作，幫助模型適應目標在不同位置和方向上的變化。
- 特徵點匹配與目標檢測：仿射變換用於特徵點匹配，使影像在不同視角下仍能準確對應。

❑ 真實應用場景

- 影像縮放在電子商務中的應用
  - 場景描述：在電子商務平台中，產品圖像需要適配多種設備（如手機、平板、電腦）的顯示比例，或生成不同解析度的縮略圖以提升頁面加載速度。
  - 技術實現
    - 使用影像縮放技術改變影像大小，同時保證細節清晰。
    - 使用不同插值方法（如最近鄰插值、雙線性插值）滿足速度或質量需求。
- 仿射變換在圖像對齊中的應用
  - 場景描述：圖像對齊是將多張影像進行對齊，用於生成全景圖或進行影像疊加分析。仿射變換可以糾正影像因角度差異導致的偏移、旋轉等問題。
  - 技術實現：透過選取對應點（如特徵點或角點），計算仿射變換矩陣，實現影像對齊。

10-2 影像縮放效果

OpenCV 提供了 resize( ) 函數可以執行影像的縮放，這個函數的語法如下：

```
dst = cv2.resize(src, dsize, fx, fy, interpolation)
```

上述函數 resize( ) 可以執行影像縮放，各參數意義如下：

- dst：縮放結果的影像或稱目標影像。
- src：原始影像。
- dsize：使用 (width, height) 方式設定新的影像大小。
- fx：這是可選參數，設定水平方向的縮放比例。
- fy：這是可選參數，設定垂直方向的縮放比例。

- interpolation：這是可選參數，是指縮放影像時使用哪一種方法對影像進行刪減或是增補。

具名常數	值	說明
INTER_NEAREST	0	最近插值法
INTER_LINEAR	1	雙線性插值法，在插入點選擇 4 個點進行插值處理，這是預設的方法
INTER_CUBIC	2	雙三次插值法，可以創造更平滑的邊緣影像
INTER_AREA	3	對影像縮小重新採樣的首選方法，但是影像放大時類似最近插值法
INTER_LENCZOS4	4	Lencz 的插值方法，這個方法會在 x 和 y 的方向分別對 8 個點進行插值

更改影像大小可以使用 dsize 直接更改影像大小，另一種是使用設定 fx 和 fy 的值更改影像大小。

10-2-1　使用 dsize 參數執行影像縮放

使用 dsize 參數執行影像縮放需注意參數格式是 (width, height)，當使用 dsize 參數後，就可以不必使用 fx 和 fy。

程式實例 ch10_1.py：使用 dsize 參數將影像更改為 width = 300，height = 200 的實例。

```
1  # ch10_1.py
2  import cv2
3
4  src = cv2.imread("southpole.jpg")        # 讀取影像
5  cv2.imshow("Src",src)                    # 顯示原始影像
6  width = 300                              # 新的影像寬度
7  height = 200                             # 新的影像高度
8  dsize = (width, height)
9  dst = cv2.resize(src, dsize)             # 重設影像大小
10 cv2.imshow("Dst",dst)                    # 顯示新的影像
11
12 cv2.waitKey(0)
13 cv2.destroyAllWindows()
```

執行結果

原始影像

新影像

10-2-2 使用 fx 和 fy 執行影像的縮放

我們可以直接設定 fx 和 fy 的參數值更改影像大小，使用這種方式時原先 dsize 參數需改為 None。

程式實例 ch10_2.py：使用 fx = 0.5，fy = 1.1 更改影像大小，這個程式在執行時同時會列出原始影像和新影像的大小。

```
1  # ch10_2.py
2  import cv2
3
4  src = cv2.imread("southpole.jpg")                # 讀取影像
5  cv2.imshow("Src",src)                            # 顯示原始影像
6  dst = cv2.resize(src,None,fx=0.5,fy=1.1)         # 重設影像大小
7  cv2.imshow("Dst",dst)                            # 顯示新的影像
8  print(f"src.shape = {src.shape}")
9  print(f"dst.shape = {dst.shape}")
10
11 cv2.waitKey(0)
12 cv2.destroyAllWindows()
```

執行結果

```
================== RESTART: D:/OpenCV_Python/ch10/ch10_2.py ==================
src.shape = (269, 523, 3)
dst.shape = (296, 262, 3)
```

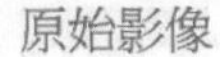
原始影像

新影像

10-3 影像翻轉

影像可以執行水平方向翻轉，所謂的水平翻轉是指沿著 y 軸左右翻轉。

水平翻轉或稱 y 軸翻轉

也可以執行垂直方向翻轉，所謂的垂直翻轉是指沿著 x 軸上下翻轉。

同時水平與垂直翻轉，可參考下圖。

同時水平與垂直翻轉

OpenCV 的 flip( ) 函數可以執行影像翻轉，語法如下：

dst = cv2.flip(src, flipCode)

上述函數 flip( ) 可以執行影像翻轉，各參數意義如下：

- dst：縮放結果的影像或稱目標影像。
- src：原始影像。
- flipCode：可以設定影像翻轉方式，可以有下列設定方式。
  - 0：垂直翻轉，也就是稱 x 軸翻轉。
  - 正值：例如 1，水平翻轉，也就是稱 y 軸翻轉。
  - 負值：例如 -1，同時水平與垂直翻轉。

程式實例 ch10_3.py：將一個影像同時做垂直翻轉、水平翻轉、水平與垂直翻轉。

```
1  # ch10_3.py
2  import cv2
3
4  src = cv2.imread("python.jpg")                              # 讀取影像
5  cv2.imshow("Src",src)                                       # 顯示原始影像
6  dst1 = cv2.flip(src,0)                                      # 垂直翻轉
7  cv2.imshow("dst1 - Flip Vertically",dst1)                   # 顯示垂直影像
8  dst2 = cv2.flip(src,1)                                      # 水平翻轉
9  cv2.imshow("dst2 - Flip Horizontally",dst2)                 # 顯示水平影像
10 dst3 = cv2.flip(src,-1)                                     # 水平與垂直翻轉
11 cv2.imshow("dst3 - Horizontally and Vertically",dst3)       # 顯示水平與垂直影像
12
13 cv2.waitKey(0)
14 cv2.destroyAllWindows()
```

執行結果

原始影像　　垂直翻轉　　水平翻轉　　水平與垂直翻轉

10-4 影像仿射

影像仿射是指影像在二維空間的幾何變換，變換後的影像仍可以保持平行性與平直性。所謂的平行性是指影像經過仿射處理後，平行線仍是平行線。所謂的平直性是指影像經過仿射處理後，直線仍是直線。常見的影像仿射有平移、旋轉和傾斜，可以參考下圖。

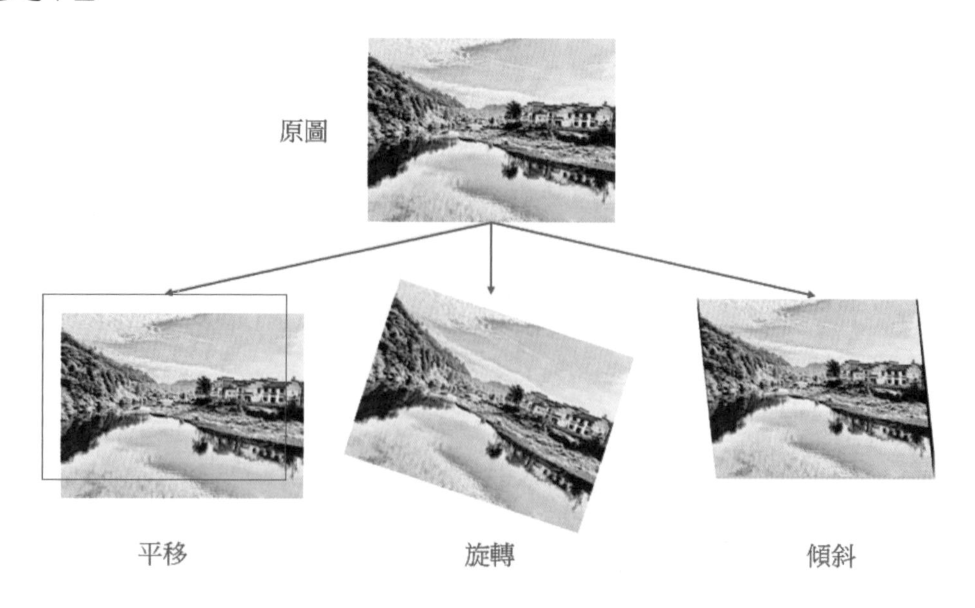

10-4-1 仿射的數學基礎

OpenCV 的仿射是使用 2 x 3 的變換矩陣達到影像仿射的目的，假設 M 是仿射矩陣，則 M 矩陣內容如下：

$$M = \begin{bmatrix} M_{11} & M_{12} & M_{13} \\ M_{21} & M_{22} & M_{23} \end{bmatrix}$$

假設 src 是原始影像，dst 是仿射結果影像，基礎數學公式如下。

$$dst(x, y) = src(M_{11}x + M_{12}y + M_{13}, M_{21}x + M_{22}y + M_{23})$$

下列是圖例解說：

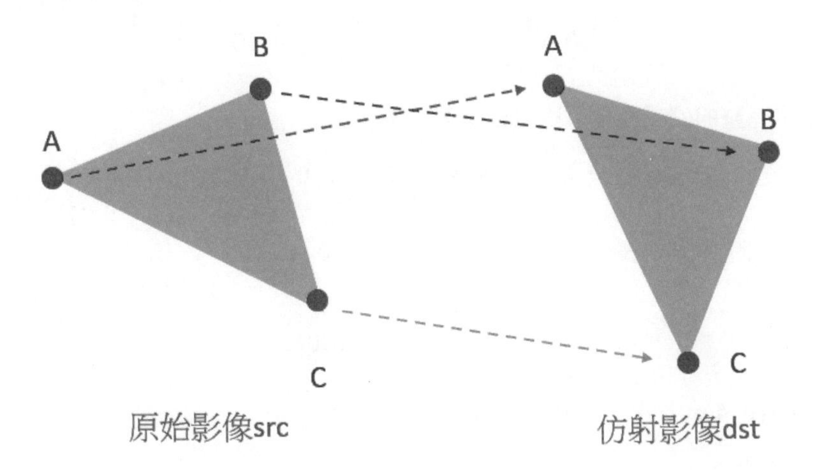

10-4-2 仿射的函數語法

OpenCV 的影像仿射函數如下：

```
dst = cv2.warpAffine(src, M, dsize, flags, borderMode, borderValue)
```

上述函數 warpAffine( ) 可以執行影像仿射，各參數意義如下：

- dst：仿射結果的影像或稱目標影像。
- src：原始影像。
- M：這是一個 3 x 2 的變換矩陣，不同的變換矩陣將產生不同仿射效果。
- dsize：使用 (width, height) 方式設定新的影像大小。

- flags：這是可選參數，影響仿射時插值的方法，預設是 INTER_LINEAR。如果方法參數使用 WARP_INVERSE_MAP 時，代表 M 是逆變換矩陣，可以完成從 dst 到 src 的轉換。
- borderMode：這是可選參數，預設是 BORDER_CONSTANT，可以設定邊界像素模式。
- borderValue：這是可選參數，邊界填充值，預設是 0。

10-4-3　影像平移

影像平移相當於平行移動影像，假設我們要平移影像 x=50, y=100，如果套上 10-4-1 節的數學公式，我們期待得到下列公式結果。

$$dst(x,y) = src(x+50, y+100)$$

如果用完整的公式表達，則公式內容如下：

$$dst(x,y) = src(1*x+0*y+50, 0*x+1*y+100)$$

從上述完整的公式表達，我們可以得到 M 矩陣內容如下：

$$M = \begin{bmatrix} 1 & 0 & 50 \\ 0 & 1 & 100 \end{bmatrix}$$

程式實例 ch10_4.py：影像平移 x = 50, y = 100 的應用。

```
1  # ch10_4.py
2  import cv2
3  import numpy as np
4
5  src = cv2.imread("rural.jpg")                 # 讀取影像
6  cv2.imshow("Src",src)                         # 顯示原始影像
7
8  height, width = src.shape[0:2]                # 獲得影像大小
9  dsize = (width, height)                       # 建立未來影像大小
10 x = 50                                        # 平移 x = 50
11 y = 100                                       # 平移 y = 100
12 M = np.float32([[1, 0, x],
13                 [0, 1, y]])                   # 建立 M 矩陣
14 dst = cv2.warpAffine(src, M, dsize)           # 執行仿射
15 cv2.imshow("Dst",dst)                         # 顯示平移結果影像
16
17 cv2.waitKey(0)
18 cv2.destroyAllWindows()
```

執行結果

10-4-4 影像旋轉

從前一節的內容我們體會，有關影像仿射，計算 M 矩陣是整個仿射的關鍵，這一節將講解影像仿射在旋轉的應用。OpenCV 有提供 getRotationMatrix2D( ) 函數，我們可以使用獲得 M 矩陣，這個函數的語法如下：

M = cv2.getRotationMatrix2D(center, angle, scale)

上述函數可以回傳 M 矩陣，各參數意義如下：

- center：旋轉的中心點座標 (width, height)。
- angle：旋轉的角度，正值表示逆時鐘方向，負值表示順時鐘方向。
- scale：縮放比。

程式實例 ch10_5.py：逆時鐘 30 度與順時鐘 30 度的影像旋轉。

```
1  # ch10_5.py
2  import cv2
3
4  src = cv2.imread("rural.jpg")                    # 讀取影像
5  cv2.imshow("Src",src)                            # 顯示原始影像
6
7  height, width = src.shape[0:2]                   # 獲得影像大小
8  # 逆時鐘轉 30 度
9  M = cv2.getRotationMatrix2D((width/2,height/2), 30, 1)  # 建立 M 矩陣
10 dsize = (width, height)                          # 建立未來影像大小
11 dst1 = cv2.warpAffine(src, M, dsize)             # 執行仿射
12 cv2.imshow("Dst - counterclockwise",dst1)        # 顯示逆時鐘影像
13
14 # 順時鐘轉 30 度
15 M = cv2.getRotationMatrix2D((width/2,height/2), -30, 1)  # 建立 M 矩陣
16 dst = cv2.warpAffine(src, M, dsize)              # 執行仿射
17 cv2.imshow("Dst clockwise",dst)                  # 顯示順時鐘影像
18
19 cv2.waitKey(0)
20 cv2.destroyAllWindows()
```

執行結果　下列分別是原始影像、逆時鐘 30 度與順時鐘 30 度的結果影像。

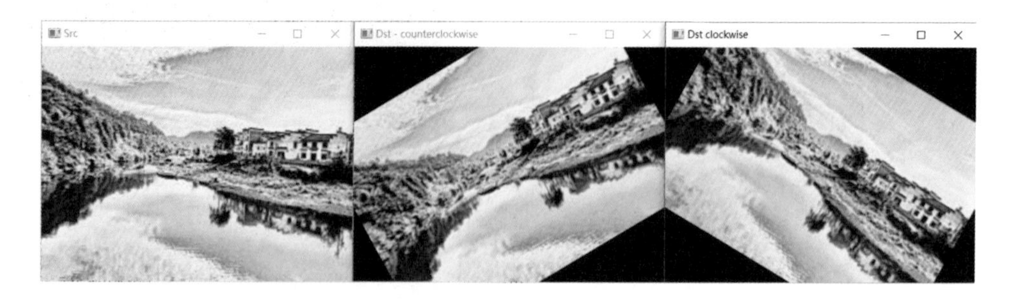

10-4-5　影像傾斜

前面兩節內容，影像位移、影像旋轉在建立仿射矩陣 M 時相對簡單，如果要建立本節內容影像傾斜則需要更複雜的公式，下列是影像的傾斜示意圖，其實也可以說影像傾斜是將矩形映射為平行四邊形。

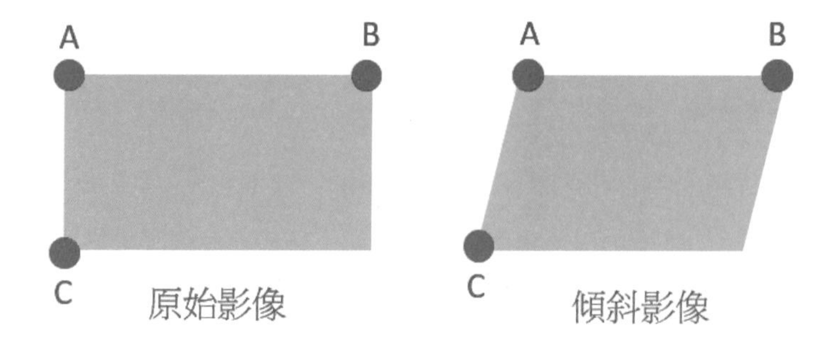

因為影像仿射仍可以保持平行性與平直性，所以上述傾斜只需要 3 個點就可以了，第 4 個點可以用 A、B、C 三個點計算得到。對於影像傾斜 OpenCV 提供了 cv2.getAffineTransform( ) 函數可以計算轉仿射矩陣 M，語法如下：

```
M = cv2.getAffineTransform(src, dst)
```

上述參數意義如下：

- src：原始影像的 3 個點座標，可以參考本小節前段的圖示解說，也就是設定 A、B、C 三個點的座標，座標格式的資料類型是浮點數。
- dst：傾斜影像，也是我們要轉換目的影像的 3 個點座標，可以參考本小節前段的圖示解說，也就是設定 A、B、C 三個點的座標，資料格式是浮點數。

上述相當於原始影像的 A、B、C 三個點的座標可以對應到目的影像的 A、B、C 三個點的座標 A、B、C 三個點的座標，就可以達到壓縮的效果。

程式實例 ch10_6.py：影像向右上方傾斜的設計，src 影像的 3 個座標分別如下：

左上方：[0, 0]

右上方：[width-1, 0]

左下方：[0, height – 1]

dst 影像的 3 個座標分別如下：

左上方：[30, 0]

右上方：[width-1, 0]

左下方：[0, height – 1]

```
1  # ch10_6.py
2  import cv2
3  import numpy as np
4
5  src = cv2.imread("rural.jpg")                                # 讀取影像
6  cv2.imshow("Src",src)                                        # 顯示原始影像
7
8  height, width = src.shape[0:2]                               # 獲得影像大小
9  srcp = np.float32([[0,0],[width-1,0],[0,height-1]])          # src的A,B,C三個點
10 dstp = np.float32([[30,0],[width-1,0],[0,height-1]])         # dst的A,B,C三個點
11 M = cv2.getAffineTransform(srcp,dstp)                        # 建立 M 矩陣
12 dsize = (width, height)
13 dst = cv2.warpAffine(src, M, dsize)                          # 執行仿射
14 cv2.imshow("Dst",dst)                                        # 顯示傾斜影像
15
16 cv2.waitKey(0)
17 cv2.destroyAllWindows()
```

執行結果

同樣的程式只要更改 dst 影像不同的 A、B、C 三個點的座標可以得到不同的效果。

程式實例 ch10_7.py：下列是改為 dst 影像向左上方傾斜，下列是 dst 影像 A、B、C 三個點座標以及程式碼。

左上方 A：[0, 0]

右上方 B：[width-1-30, 0]

左下方 C：[30, height – 1]

```
10  dstp = np.float32([[0,0],[width-1-30,0],[30,height-1]]) # dst的A,B,C三個點
```

執行結果

程式實例 ch10_8.py：傾斜時更改寬度的設計，下列是 dst 影像 A、B、C 三個點座標。

左上方 A：[0, height*0.2]

右上方 B：[width*0.8, height*0.2]

左下方 C：[width*0.1, height*0.9]

由於 A、B、C 三個點座標比較複雜，所以筆者分成 3 列程式碼。

```
1   # ch10_8.py
2   import cv2
3   import numpy as np
4
5   src = cv2.imread("rural.jpg")                    # 讀取影像
6   cv2.imshow("Src",src)                            # 顯示原始影像
7
8   height, width = src.shape[0:2]                   # 獲得影像大小
9   srcp = np.float32([[0,0],[width-1,0],[0,height-1]])
10  a = [0,height*0.2]                               # A
11  b = [width*0.8,height*0.2]                       # B
12  c = [width*0.1,height*0.9]                       # C
13  dstp = np.float32([a,b,c])                       # dst的 A, B, C
14  M = cv2.getAffineTransform(srcp,dstp)            # 建立 M 矩陣
15  dsize = (width, height)
16  dst = cv2.warpAffine(src, M, dsize)              # 執行仿射
```

```
17  cv2.imshow("Dst",dst)                          # 顯示傾斜影像
18
19  cv2.waitKey(0)
20  cv2.destroyAllWindows()
```

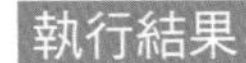
執行結果

上述 dst 影像的 ab 點的線是一條水平直線的傾斜，也可以讓 ab 點的線是一條傾斜線，可以參考下列實例。

程式實例 ch10_9.py：使用 ab 點是傾斜線重新設計 ch10_8.py，筆者只是修改 dst 的 A 點座標。

```
10   a = [0,height*0.4]                          # A
```

執行結果

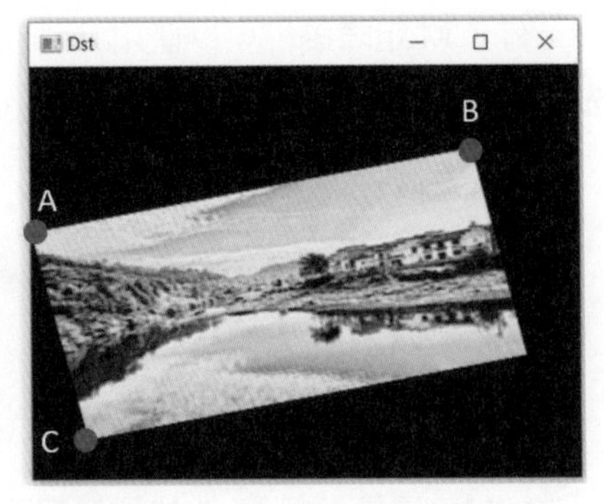

10-5 影像透視

10-4-5 節筆者講解了將矩形映射為平行四邊形，這一節所述的影像透視則是可以將矩形映射為任意的四邊形。下列是一幅簡單的透視圖，從正面看是一個正立方體，但是從兩側看，就成了一幅任意四邊形，同時從不同的角度、或是不同的距離，可以獲得不同的形狀。

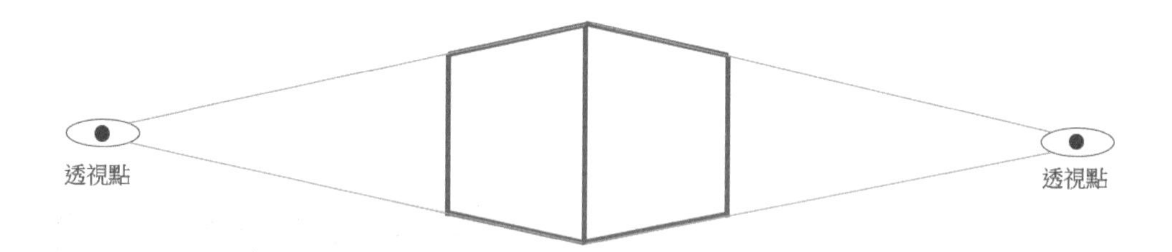

上述也可以解釋透視其實是將矩形映射為任意的四邊形，有關這方面的計算一樣也是可以透過 M 矩陣計算完成，不過數學應用比較複雜。因此 OpenCV 提供了函數 getPerspectiveTransform( ) 讓我們可以用比較簡單的方式計算 M 矩陣，這個函數的語法如下：

```
M = cv2. getPerspectiveTransform( src, dst)
```

上述函數的回傳值是 M 矩陣，函數內的參數說明如下：

- src：原始影像的 4 個座標點，也就是設定 A、B、C、D 四個點的座標，座標格式的資料類型是 32 位元浮點數。例如：[[0,0], [10,0], [0, 10], [10, 10]]。
- dst：目的影像的 4 個座標點，也就是設定 A、B、C、D 四個點的座標，座標格式的資料類型是 32 位元浮點數。

有了 M 矩陣後，可以使用 warpPerspective( ) 函數得到透視的影像，此函數的語法如下：

```
dst = cv2.warpPerspective( src, M, dsize, flags, borderMode, borderValue)
```

上述函數可以得到最後的透視影像結果，各參數意義如下：

- dst：透視結果的影像或稱目標影像。
- src：原始影像。
- M：這是一個 4 x 2 的變換矩陣，不同的變換矩陣將產生不同透視效果，矩陣的資料類型是 32 位元浮點數。
- dsize：使用 (width, height) 方式設定新的影像大小。
- flags：可選參數，影響透視時插值的方法，預設是 INTER_LINEAR。如果方法參數使用 WARP_INVERSE_MAP 時，代表 M 是逆變換矩陣，可以完成從 dst 到 src 的轉換。

- borderMode：可選參數，預設是 BORDER_CONSTANT，可以設定邊界像素模式。
- borderValue：可選參數，邊界填充值，預設是 0。

程式實例 ch10_10.py：透視圖的應用，透視點是在正前方下方，可以得到影像上方變窄的透視效果。

```
1  # ch10_10.py
2  import cv2
3  import numpy as np
4  
5  src = cv2.imread("tunnel.jpg")                     # 讀取影像
6  cv2.imshow("Src",src)                              # 顯示原始影像
7  
8  height, width = src.shape[0:2]                     # 獲得影像大小
9  a1 = [0, 0]                                        # 原始影像的 A
10 b1 = [width, 0]                                    # 原始影像的 B
11 c1 = [0, height]                                   # 原始影像的 C
12 d1 = [width-1, height-1]                           # 原始影像的 D
13 srcp = np.float32([a1, b1, c1, d1])
14 a2 = [150, 0]                                      # dst的 A
15 b2 = [width-150, 0]                                # dst的 B
16 c2 = [0, height-1]                                 # dst的 C
17 d2 = [width-1, height-1]                           # dst的 D
18 dstp = np.float32([a2, b2, c2, d2])
19 M = cv2.getPerspectiveTransform(srcp,dstp)  # 建立 M 矩陣
20 dsize = (width, height)
21 dst = cv2.warpPerspective(src, M, dsize)     # 執行透視
22 cv2.imshow("Dst",dst)                              # 顯示透視影像
23 
24 cv2.waitKey(0)
25 cv2.destroyAllWindows()
```

執行結果

10-6 重映射

OpenCV 有提供 remap( ) 函數，這個函數可以執行影像重映射，所謂的重映射就是將一幅影像 (可稱來源影像) 的像素點，放到另一個影像 (可稱目的影像) 指定位置的過程。

前兩節筆者介紹了仿射和透視，主要是用變換矩陣指定映射的方式。OpenCV 所提供的 remap( ) 也稱做自定義的方法執行映射，使用這個功能我們可以執行翻轉、扭曲、變形、或是讓特定影像區域內容效果增強。這個函數的語法如下：

```
dst = cv2.remap(src, map1, map2, interpolation, borderMode, borderValue)
```

上述函數可以得到最後的影像重映射的結果，各參數意義如下：

- dst：重映射結果的影像或稱目標影像。
- src：原始影像。
- map1：用於插值的 x 座標。
- map2：用於插值的 y 座標。
- interpolation：標註插值方式，預設是 INTER_LINEAR，不支援 INTER_AREA。
- borderMode：可選參數，預設是 BORDER_CONSTANT，可以設定邊界像素模式。
- borderValue：可選參數，邊界填充值，預設是 0。

10-6-1 解說 map1 和 map2

所謂的映射是指原始影像 (筆者用 src) 對應到目的影像 (筆者用 dst) 的過程，我們可以用下列方式更進一步解說 map1 和 map2。

- map1：dst 影像的每一個像素內容都是由 src 影像的某個像素對應而得到，map1 則是存放 src 影像的 x 座標 (columns)，因此程式設計師喜歡用 mapx 代替 map1。
- map2：dst 影像的每一個像素內容都是由 src 影像的某個像素對應而得到，map2 則是存放 src 影像的 y 座標 (rows)，因此程式設計師喜歡用 mapy 代替 map2。

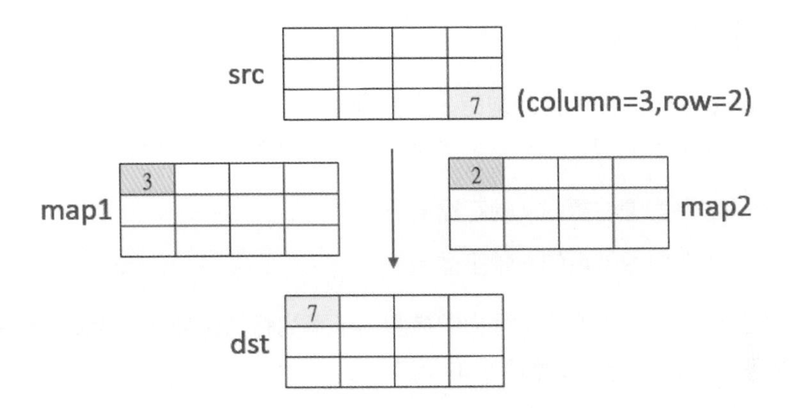

程式實例 ch10_10_1.py：用陣列了解映射的基礎操作，所有目的影像 (dst) 的像素值皆是來自原始影像 (src) 座標 (3,2)(相當於 column=3, row=2)。

```
1     # ch10_10_1.py
2     import cv2
3     import numpy as np
4
5     np.random.seed(42)                                          # 設定種子值
6     src = np.random.randint(0,256,size=[3,4],dtype=np.uint8)
7     rows, cols = src.shape
8     mapx = np.ones(src.shape, np.float32) * 3                   # 設定 mapx
9     mapy = np.ones(src.shape, np.float32) * 2                   # 設定 mapy
10    dst = cv2.remap(src, mapx, mapy, cv2.INTER_LINEAR)  # 執行映射
11    print(f"src =\n {src}")
12    print(f"mapx =\n {mapx}")
13    print(f"mapy =\n {mapy}")
14    print(f"dst =\n {dst}")
```

執行結果

```
================= RESTART: D:\OpenCV_Python\ch10\ch10_10_1.py =================
src =
 [[102 220 225  95]
 [179  61 234 203]
 [ 92   3  98 243]]
mapx =
 [[3. 3. 3. 3.]
 [3. 3. 3. 3.]
 [3. 3. 3. 3.]]
mapy =
 [[2. 2. 2. 2.]
 [2. 2. 2. 2.]
 [2. 2. 2. 2.]]
dst =
 [[243 243 243 243]
 [243 243 243 243]
 [243 243 243 243]]
```

10-6-2 影像複製

使用 remap( ) 函數在執行映射時，主要是 map1 和 map2 的設定，要執行映射的複製，相當於 src 影像座標影射到 dst 影像座標值，需要設定如下：

map1：設定為對應位置的 x 軸座標。

map2：設定為對應位置的 y 軸座標。

在實際使用 remap( ) 函數執行影像複製前，下列將先複製一個矩陣，讀者可以先由簡單的數字了解 remap( ) 函數的基本操作。

程式時例 ch10_11.py：使用映射 remap( ) 函數執行矩陣複製的實例。

```
1    # ch10_11.py
2    import cv2
3    import numpy as np
4
5    np.random.seed(42)                                          # 設定種子值
6    src = np.random.randint(0,256,size=[3,5],dtype=np.uint8)
7    rows, cols = src.shape
8    mapx = np.zeros(src.shape, np.float32)
9    mapy = np.zeros(src.shape, np.float32)
10   for r in range(rows):                                       # 建立mapx和mapy
11       for c in range(cols):
12           mapx[r, c] = c                                      # 設定mapx
13           mapy[r, c] = r                                      # 設定mapy
14   dst = cv2.remap(src, mapx, mapy, cv2.INTER_LINEAR)          # 執行映射
15   print(f"src =\n {src}")
16   print(f"mapx =\n {mapx}")
17   print(f"mapy =\n {mapy}")
18   print(f"dst =\n {dst}")
```

執行結果

```
=================== RESTART: D:\OpenCV_Python\ch10\ch10_11.py ===================
src =
 [[102 220 225  95 179]
 [ 61 234 203  92   3]
 [ 98 243  14 149 245]]
mapx =
 [[0. 1. 2. 3. 4.]
 [0. 1. 2. 3. 4.]
 [0. 1. 2. 3. 4.]]
mapy =
 [[0. 0. 0. 0. 0.]
 [1. 1. 1. 1. 1.]
 [2. 2. 2. 2. 2.]]
dst =
 [[102 220 225  95 179]
 [ 61 234 203  92   3]
 [ 98 243  14 149 245]]
```

程式實例 ch10_12.py：使用映射 remap( ) 函數執行影像複製的實例。

```
1   # ch10_12.py
2   import cv2
3   import numpy as np
4
5   src = cv2.imread("huang.jpg")
6   rows, cols = src.shape[:2]
7   mapx = np.zeros(src.shape[:2], np.float32)
8   mapy = np.zeros(src.shape[:2], np.float32)
9   for r in range(rows):                                # 建立mapx和mapy
10      for c in range(cols):
11          mapx[r, c] = c                               # 設定mapx
12          mapy[r, c] = r                               # 設定mapy
13  dst = cv2.remap(src, mapx, mapy, cv2.INTER_LINEAR)   # 執行映射
14
15  cv2.imshow("src",src)
16  cv2.imshow("dst",dst)
17
18  cv2.waitKey(0)
19  cv2.destroyAllWindows()
```

執行結果

10-6-3 垂直翻轉

所謂的垂直翻轉就是影像沿著 x 軸做翻轉，這時 mapx 與 mapy 的設定觀念如下：

mapx：x 軸的座標不更改。

mapy：假設 y 軸的列數是 rows，則可用公式 "rows – 1 – x"。

程式實例 ch10_13.py：使用映射 remap( ) 函數執行垂直翻轉的矩陣實例。

```
1   # ch10_13.py
2   import cv2
3   import numpy as np
4
5   np.random.seed(42)                                    # 設定種子值
6   src = np.random.randint(0,256,size=[3,5],dtype=np.uint8)
7   rows, cols = src.shape
8   mapx = np.zeros(src.shape, np.float32)
9   mapy = np.zeros(src.shape, np.float32)
10  for r in range(rows):                                 # 建立mapx和mapy
11      for c in range(cols):
12          mapx[r, c] = c                                # 設定mapx
13          mapy[r, c] = rows-1-r                         # 設定mapy
14  dst = cv2.remap(src, mapx, mapy, cv2.INTER_LINEAR)    # 執行映射
15  print(f"src =\n {src}")
16  print(f"mapx =\n {mapx}")
17  print(f"mapy =\n {mapy}")
18  print(f"dst =\n {dst}")
```

執行結果

```
=================== RESTART: D:\OpenCV_Python\ch10\ch10_13.py ==================
src =
 [[102 220 225  95 179]
 [ 61 234 203  92   3]
 [ 98 243  14 149 245]]
mapx =
 [[0. 1. 2. 3. 4.]
 [0. 1. 2. 3. 4.]
 [0. 1. 2. 3. 4.]]
mapy =
 [[2. 2. 2. 2. 2.]
 [1. 1. 1. 1. 1.]
 [0. 0. 0. 0. 0.]]
dst =
 [[ 98 243  14 149 245]
 [ 61 234 203  92   3]
 [102 220 225  95 179]]
```

程式實例 ch10_14.py：使用映射 remap( ) 函數執行影像垂直翻轉的實例。

```
1   # ch10_14.py
2   import cv2
3   import numpy as np
4
5   src = cv2.imread("huang.jpg")
6   rows, cols = src.shape[:2]
7   mapx = np.zeros(src.shape[:2], np.float32)
8   mapy = np.zeros(src.shape[:2], np.float32)
9   for r in range(rows):                                 # 建立mapx和mapy
10      for c in range(cols):
11          mapx.itemset((r, c), c)                       # 設定mapx
12          mapy.itemset((r, c), rows-1-r)                # 設定mapy
13  dst = cv2.remap(src, mapx, mapy, cv2.INTER_LINEAR)    # 執行映射
14
15  cv2.imshow("src",src)
16  cv2.imshow("dst",dst)
```

```
17
18 cv2.waitKey(0)
19 cv2.destroyAllWindows()
```

執行結果

10-6-4 水平翻轉的實例

所謂的水平翻轉就是影像沿著 y 軸做翻轉，這時 mapx 與 mapy 的設定觀念如下：

mapx：假設 x 軸的行數是 cols，則可用公式 "cols – 1 – x"。

mapy：y 軸的座標不更改。

程式實例 ch10_15.py：使用映射 remap( ) 函數執行水平翻轉的矩陣實例。

```
1  # ch10_15.py
2  import cv2
3  import numpy as np
4
5  np.random.seed(42)                                        # 設定種子值
6  src = np.random.randint(0,256,size=[3,5],dtype=np.uint8)
7  rows, cols = src.shape
8  mapx = np.zeros(src.shape, np.float32)
9  mapy = np.zeros(src.shape, np.float32)
10 for r in range(rows):                                     # 建立mapx和mapy
11     for c in range(cols):
12         mapx[r, c] = cols-1-c                             # 設定mapx
13         mapy[r, c] = r                                    # 設定mapy
14 dst = cv2.remap(src, mapx, mapy, cv2.INTER_LINEAR)        # 執行映射
15 print(f"src =\n {src}")
16 print(f"mapx =\n {mapx}")
17 print(f"mapy =\n {mapy}")
18 print(f"dst =\n {dst}")
```

執行結果

```
==================== RESTART: D:\OpenCV_Python\ch10\ch10_15.py ===================
src =
 [[102 220 225  95 179]
 [ 61 234 203  92   3]
 [ 98 243  14 149 245]]
mapx =
 [[4. 3. 2. 1. 0.]
 [4. 3. 2. 1. 0.]
 [4. 3. 2. 1. 0.]]
mapy =
 [[0. 0. 0. 0. 0.]
 [1. 1. 1. 1. 1.]
 [2. 2. 2. 2. 2.]]
dst =
 [[179  95 225 220 102]
 [  3  92 203 234  61]
 [245 149  14 243  98]]
```

程式實例 ch10_16.py：使用映射 remap( ) 函數執行影像水平翻轉的實例。

```
1    # ch10_16.py
2    import cv2
3    import numpy as np
4
5    src = cv2.imread("huang.jpg")
6    rows, cols = src.shape[:2]
7    mapx = np.zeros(src.shape[:2], np.float32)
8    mapy = np.zeros(src.shape[:2], np.float32)
9    for r in range(rows):                                      # 建立mapx和mapy
10       for c in range(cols):
11           mapx[r, c] = cols-1-c                              # 設定mapx
12           mapy[r, c] = r                                     # 設定mapy
13   dst = cv2.remap(src, mapx, mapy, cv2.INTER_LINEAR)  # 執行映射
14
15   cv2.imshow("src",src)
16   cv2.imshow("dst",dst)
17
18   cv2.waitKey(0)
19   cv2.destroyAllWindows()
```

執行結果

10-6-5 影像縮放

使用映射也可以設計縮小影像，例如：將綠色區塊的影像縮小至藍色區塊大小，下列是假設影像上、下、左、右皆縮小 0.25 的示意圖。

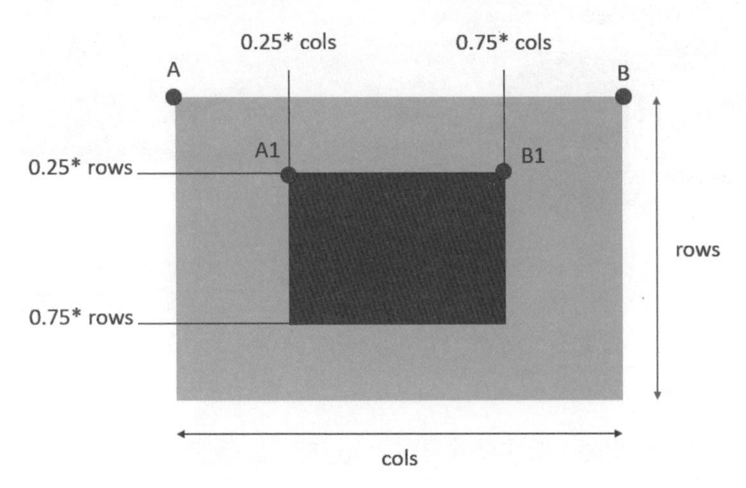

上述筆者將 dst 目標影像與 src 來源影像重疊，這是方便讀者瞭解映射的座標對應關係，相當於必須將 A 像素點映射到 A1，將 B 像素點映射到 B1。

程式實例 ch10_17.py：影像縮小的實例，由於設定目的影像外圍使用 (0, 0) 座標的值，剛好這是紅色，所以目的影像外圍是紅色。

```
 1  # ch10_17.py
 2  import cv2
 3  import numpy as np
 4
 5  src = cv2.imread("tunnel.jpg")
 6  rows, cols = src.shape[:2]
 7  mapx = np.zeros(src.shape[:2], np.float32)
 8  mapy = np.zeros(src.shape[:2], np.float32)
 9  for r in range(rows):                                  # 建立mapx和mapy
10      for c in range(cols):
11          if 0.25*rows < r < 0.75*rows and 0.25*cols < c < 0.75*cols:
12              mapx.itemset((r,c),2*(c - cols*0.25) )  # 計算對應的 x
13              mapy.itemset((r,c),2*(r - rows*0.25) )  # 計算對應的 y
14          else:
15              mapx.itemset((r, c),0)                     # 取x座標為 0
16              mapy.itemset((r, c),0)                     # 取y座標為 0
17  dst = cv2.remap(src, mapx, mapy, cv2.INTER_LINEAR)  # 執行映射
18
19  cv2.imshow("src",src)
20  cv2.imshow("dst",dst)
21
22  cv2.waitKey(0)
23  cv2.destroyAllWindows()
```

執行結果

10-6-6 影像垂直壓縮

如果影像要垂直壓縮，最重要就是將 mapy 的 y 座標放大一倍做映射即可。

程式實例 ch10_18.py：將影像垂直壓縮一半。

```
1   # ch10_18.py
2   import cv2
3   import numpy as np
4
5   src = cv2.imread("tunnel.jpg")
6   rows, cols = src.shape[:2]
7   mapx = np.zeros(src.shape[:2], np.float32)
8   mapy = np.zeros(src.shape[:2], np.float32)
9   for r in range(rows):                                   # 建立mapx和mapy
10      for c in range(cols):
11          mapx[r,c] = c
12          mapy[r,c] = 2*r
13  dst = cv2.remap(src, mapx, mapy, cv2.INTER_LINEAR)  # 執行映射
14
15  cv2.imshow("src",src)
16  cv2.imshow("dst",dst)
17
18  cv2.waitKey(0)
19  cv2.destroyAllWindows()
```

執行結果

10-7 重映射創意應用 - 波浪效果

10-7-1 波浪效果

波浪效果是透過對影像的像素位置進行周期性偏移實現的，具體為：

- 水平波浪
  - 像素的 x 位置保持不變，「新的 y 位置」根據正弦函數進行變化：

$$y' = y + A \cdot \sin(2\pi \cdot x/\lambda)$$

  - 其中：
    - A：波幅，控制波浪的高度。
    - λ：波長，控制波浪的頻率。
- 垂直波浪：
  - 像素的 y 位置保持不變，「新的 x 位置」根據正弦函數進行變化：

$$x' = x + A \cdot \sin(2\pi \cdot y/\lambda)$$

- 結合水平和垂直波浪：同時對 x 和 y 位置進行周期性偏移，產生更加複雜的波浪效果。

程式實例 ch10_19.py：使用 seaside.png，設計水平波浪效果，其中波幅是 20，波長是 80。

```
1   # ch10_19.py
2   import cv2
3   import numpy as np
4
5   # 讀取影像
6   image = cv2.imread("seaside.png")
7   # 取得影像尺寸
8   height, width = image.shape[:2]
9
10  # 建立網格座標
11  x = np.arange(width)
12  y = np.arange(height)
13  x, y = np.meshgrid(x, y)
14
15  # 設定波浪參數
16  amplitude = 20  # 波幅
17  wavelength = 80  # 波長
18
19  # 水平波浪效果
20  wave_x = x.astype(np.float32)
21  wave_y = (y + amplitude * np.sin(2 * np.pi * x / wavelength)).astype(np.float32)
22
23  # 重映射
24  wave_image = cv2.remap(image, wave_x, wave_y, interpolation=cv2.INTER_LINEAR,
25                         borderMode=cv2.BORDER_REFLECT)
26
27  # 顯示結果
28  cv2.imshow("Original Image", image)
29  cv2.imshow("Wave Effect", wave_image)
30  cv2.waitKey(0)
31  cv2.destroyAllWindows()
```

執行結果

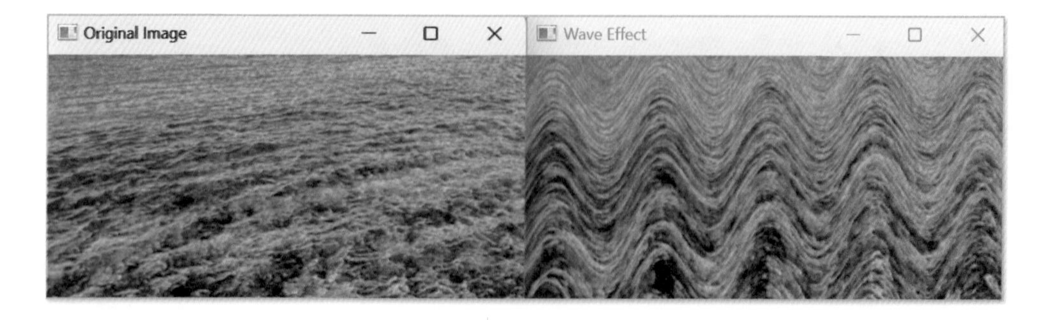

程式實例 ch10_20.py：使用 seaside.png，設計水平和垂直波浪效果，其中波幅是 10，波長是 80。

```
1   # ch10_20.py
2   import cv2
3   import numpy as np
4
5   # 讀取影像
6   image = cv2.imread("seaside.png")
7
8   # 取得影像尺寸
9   height, width = image.shape[:2]
10
11  # 建立網格座標
12  x = np.arange(width)
13  y = np.arange(height)
14  x, y = np.meshgrid(x, y)
15
16  # 設定波浪參數
17  amplitude = 10          # 波幅
18  wavelength = 80         # 波長
19
20  # 水平與垂直波浪效果
21  wave_x = (x + amplitude * np.sin(2 * np.pi * y / wavelength)).astype(np.float32)
22  wave_y = (y + amplitude * np.sin(2 * np.pi * x / wavelength)).astype(np.float32)
23
24  # 重映射
25  wave_image = cv2.remap(image, wave_x, wave_y, interpolation=cv2.INTER_LINEAR,
26                         borderMode=cv2.BORDER_REFLECT)
27
28  # 顯示結果
29  cv2.imshow("Original Image", image)
30  cv2.imshow("Combined Wave Effect", wave_image)
31  cv2.waitKey(0)
32  cv2.destroyAllWindows()
```

執行結果

10-7-2　設計波浪動畫

動態波浪可以透過時間變數 t 讓波浪效果隨時間改變，生成動畫。

程式實例 ch10_21.py：延續使用 ch10_20.py 的條件，設計波浪動畫。

```
1   # ch10_21.py
2   import cv2
3   import numpy as np
4
5   # 讀取影像
6   image = cv2.imread("seaside.png")
7
8   # 取得影像尺寸
9   height, width = image.shape[:2]
10  x = np.arange(width)
11  y = np.arange(height)
12  x, y = np.meshgrid(x, y)
13
14  amplitude = 10  # 波幅
15  wavelength = 80  # 波長
16
17  while True:
18      for t in range(0, 100):
19          # 時間變量影響波浪效果
20          wave_x = (x + amplitude * np.sin(2 * np.pi * (y / wavelength + t / 10))).astype(np.float32)
21          wave_y = (y + amplitude * np.sin(2 * np.pi * (x / wavelength + t / 10))).astype(np.float32)
22
23          # 重映射
24          wave_image = cv2.remap(image, wave_x, wave_y, interpolation=cv2.INTER_LINEAR,
25                                 borderMode=cv2.BORDER_REFLECT)
26
27          # 顯示動態波浪
28          cv2.imshow("Dynamic Wave Effect", wave_image)
29          if cv2.waitKey(50) & 0xFF == ord('q'):
30              break
31      else:
32          continue
33      break
34  cv2.destroyAllWindows()
```

執行結果　下列是波浪動畫。

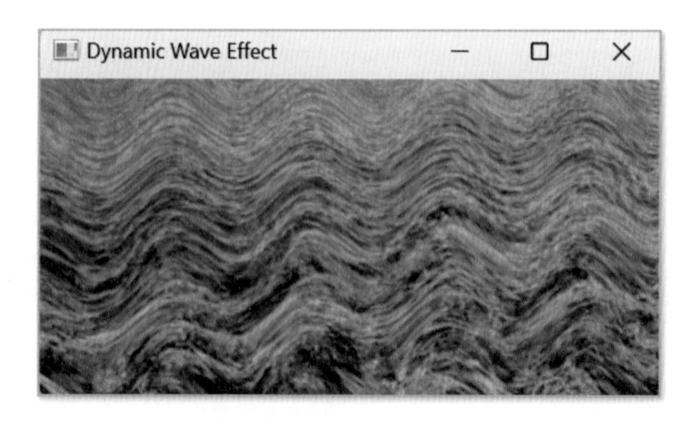

習題

1： 請參考 ch10_4.py 但是改為往上方移動 100 像素，往左邊移動 50 像素。

2： 請使用 remap( ) 函數執行影像水平和垂直翻轉。

3： 請使用 remap( ) 函數執行 hung_square.jpg 影像逆時鐘轉 90 度。

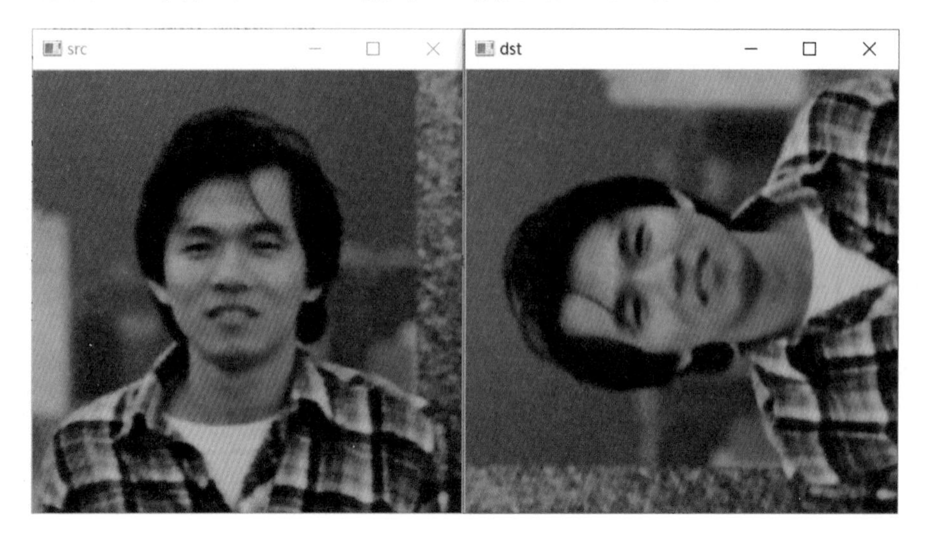

4： 參考 ch10_19.py，但是設計垂直波浪效果。

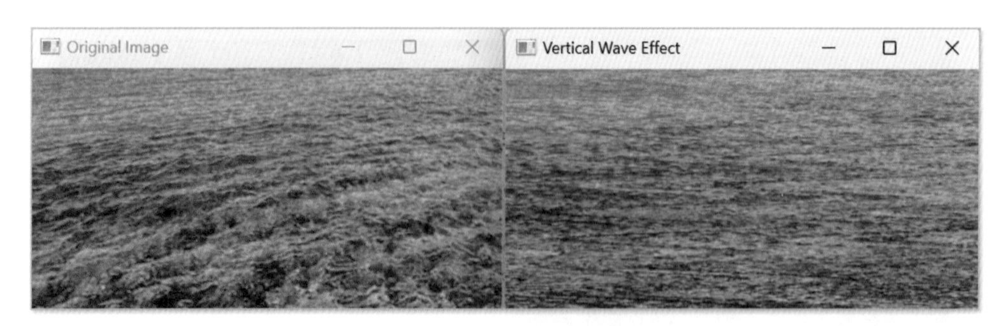

5：請參考 ch10_21.py，設計 seaside_wave.gif，讀者可以播放此 GIF 動畫。

```
==================== RESTART: D:/OpenCV_Python/ex/ex10_5.py ====================
GIF 動畫已成功保存為: seaside_wave.gif
```

第十一章

影像降噪與平滑技術

平滑影像處理 (Smoothing Images) 是計算機視覺中最基本的操作之一。影像中常常會因為拍攝環境或感測器特性產生一些雜訊（噪音），透過平滑處理可以有效地降低這些雜訊甚至大幅消除。然而，平滑處理也可能導致影像變得模糊，因此這項技術也被稱為 Blurring Images。此外，影像處理專家有時會將影像平滑處理稱為「影像濾波（Images Filtering）」。雖然這些中英文名詞有所不同，但它們都描述了相同的概念，未來讀者在閱讀相關技術文章時，可以放心地理解它們是一致的。

❑ 平滑影像的兩大效果

進行平滑影像處理時，會產生以下兩種主要效果：

- 降低噪音：減少或消除影像中的隨機干擾，使畫面更乾淨。
- 產生模糊：平滑影像的同時，細節可能會隨之減少，導致影像略顯模糊。

❑ 平滑影像處理的 OpenCV 函數分類

本書將介紹如何利用 OpenCV 中的相關函數進行平滑影像處理，這些函數主要分為兩類：線性濾波器和非線性濾波器。本章內容將涵蓋基本原理以及完整實例。

- 線性濾波器：線性濾波器是透過簡單的數學平均或加權平均，來平滑影像，本章將介紹下列方法。
  - **均值濾波器** (blur( )): 對影像像素區域進行均值計算。
  - **方框濾波器** (boxBlur( )): 與均值濾波相似，但支持可調參數的加權處理。
  - **高斯濾波器** (GaussianBlur( )): 使用高斯分佈進行加權，效果更自然。
- 非線性濾波器：非線性濾波器則是針對影像的某些特性進行更複雜的處理，本章將介紹下列方法。
  - **中值濾波器** (medianBlur( )): 使用像素區域的中位數進行平滑，對雜訊有強大的去除效果。
  - **雙邊濾波器** (bilateralFilter( )): 同時考慮空間與像素值的相似性，能在保留邊緣的情況下降低噪音。

本章將深入講解這些濾波器的使用原理和應用技巧，並透過實例說明它們在不同場景中的效果與優劣勢比較。

11-1 影像平滑處理的基本概念

11-1-1　濾波核

以某一個像素為中心，這個像素與周圍的像素可以組成 n 列 m 行的 n x m 的矩陣，當 n 等於 m 時，則可以稱是 n x n 的矩陣，這樣的矩陣我們做濾波核，例如：下列分別是 3 x 3 與 5 x 5 的濾波核。

123	141	129	143	151	130	139
140	147	152	151	149	140	133
177	150	148	151	153	148	150
150	151	149	20	147	147	122
148	149	150	152	155	151	160
149	152	151	147	149	150	155
121	160	159	138	120	152	133

3 x 3濾波核

123	141	129	143	151	130	139
140	147	152	151	149	140	133
177	150	148	151	153	148	150
150	151	149	20	147	147	122
148	149	150	152	155	151	160
149	152	151	147	149	150	155
121	160	159	138	120	152	133

5 x 5濾波核

11-1-2　影像噪音

仔細觀察影像，有時可以在影像中發現一個像素，這個像素與周遭的像素差異非常大，我們稱此像素就是影像噪音，也可以稱是影像雜訊。若是以下圖為例：

148	151	153
149	20	147
150	152	155

我們發現中心像素值是 20，此像素的顏色會比較深，周遭的像素值介於 147 和 155 之間，周遭像素顏色比較淺，我們可以判斷這個中心點的像素就是影像噪音。在實務上，我們看不到影像值，所看到的可能是下列濾波核。

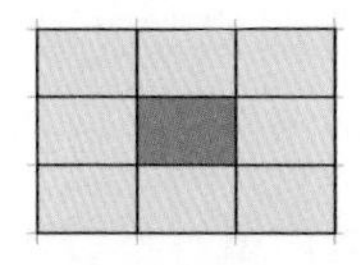

11-1-3 刪除噪音

當發現影像有噪音，我們想將此噪音刪除，稱刪除噪音。在計算機科學中也稱平滑處理或是降噪處理，最後可以得到下列結果。

11-2 均值濾波器

均值濾波器的英文是 Mean filter，這是一種降低影像噪聲的方法，直覺地說就是去除影像的雜質。均值濾波器常用於初步的降噪處理，減少隨機干擾，使得後續的特徵提取更加精準。其特色主要體現在以下幾個方面：

- 簡單易於實現
  - 均值濾波器是最基礎的影像濾波方法之一，原理非常簡單：將濾波核內的像素值取平均，並將結果賦值給核心像素。
  - 實現成本低，適合快速降噪的初步處理。
- 適用於高斯分佈噪音：對於高斯分佈的隨機噪音（如感測器的熱噪聲或環境噪聲），均值濾波器能有效平滑影像，減少隨機干擾。
- 影像整體模糊化：由於將濾波核內的所有像素平等對待，均值濾波器會模糊影像的細節與邊緣。因此，它更適合那些對邊緣精確度要求不高的任務。
- 線性處理方法：均值濾波器屬於線性濾波，計算效率高，適合大規模影像處理，尤其是在需要快速處理的場景中。

常見的應用場景如下：

- 初步降噪：快速去除高頻隨機噪音，為後續處理創造條件。
- 背景平滑：在物件檢測前平滑背景，讓目標物體更加突出。
- 圖像縮放前的降噪：在對影像進行縮放處理時，用於平滑輸入影像。

11-2-1 理論基礎

均值濾波器又稱低通濾波器，基本上是將每一個像素當作濾波核的核心，然後計算所有像素值的平均，最後讓濾波核的核心等於此平均值。例如：以 3 x 3 的濾波核為例，數據如下：

148	151	153
149	20	147
150	152	155

我們可以計算上述所有值的平均，公式如下：

$$\frac{148+151+153+149+20+147+150+152+153}{3\times 3}=136.1$$

經過上述計算，我們可以將濾波核的核心改為 136，如下所示：

148	151	153
149	136	147
150	152	155

如果是 5 x 5 的濾波核觀念一樣，將 25 個像素值加總再取平均值即可，下列筆者將直接列出結果。

147	152	151	149	140
150	148	151	153	148
151	149	20	147	147
149	150	152	155	151
152	151	147	149	150

均值濾波器 →

147	152	151	149	140
150	148	151	153	148
151	149	144	147	147
149	150	152	155	151
152	151	147	149	150

11-2-2 像素位於邊界的考量

當像素位於邊界，這種情況稱邊界的考量，執行影像降噪常採用的方法有 2 種。

❑ 方法 1

如果像素位於第 0 列 (row) 第 0 行 (column)，此像素左邊和上方皆沒有像素，所以無法使用 11-2-1 節的方法刪除影像噪音，示意圖如下：

147	152	151	149	140
150	148	151	153	148
151	149	20	147	147
149	150	152	155	151
152	151	147	149	150

如果我們現在使用 3 x 3 的濾波核，很明顯無法處理邊界的像素，這時可以取 0 ~ 2 列與行的交界處所包含的點，如下所示：

147	152	151	149	140
150	148	151	153	148
151	149	20	147	147
149	150	152	155	151
152	151	147	149	150

所以最後所得到的結果 (筆者捨去小數) 如下：

$$\frac{147+152+151+150+148+151+151+149+20}{3\times 3}=144$$

下列是最後的影像結果。

144	152	151	149	140
150	148	151	153	148
151	149	20	147	147
149	150	152	155	151
152	151	147	149	150

❑ 方法 2

對於邊界點的處理另一種方法是擴展影像周圍的像素，例如：可以擴展如下：

	147	152	151	149	140	
	150	148	151	153	148	
	151	149	20	147	147	
	149	150	152	155	151	
	152	151	147	149	150	

上述可以在擴展的周圍填上像素值，例如：可以填上擴充點的值，這樣就可以執行計算。

147	147	152				
147	147	152	151	149	140	
150	150	148	151	153	148	
	151	149	20	147	147	
	149	150	152	155	151	
	152	151	147	149	150	

11-2-3 濾波核與卷積

對於 5 x 5 的均值濾波器而言，由於每個像素的權重相同所以我們可以使用下列方式表達計算像素的結果值。

147	152	151	149	140
150	148	151	153	148
151	149	20	147	147
149	150	152	155	151
152	151	147	149	150

x

1/25	1/25	1/25	1/25	1/25
1/25	1/25	1/25	1/25	1/25
1/25	1/25	1/25	1/25	1/25
1/25	1/25	1/25	1/25	1/25
1/25	1/25	1/25	1/25	1/25

=

147	152	151	149	140
150	148	151	153	148
151	149	144	147	147
149	150	152	155	151
152	151	147	149	150

我們也可以使用 5 x 5 的矩陣表達上述權重陣列：

1/25	1/25	1/25	1/25	1/25
1/25	1/25	1/25	1/25	1/25
1/25	1/25	1/25	1/25	1/25
1/25	1/25	1/25	1/25	1/25
1/25	1/25	1/25	1/25	1/25

$$\longrightarrow \quad K = \frac{1}{25}\begin{bmatrix} 1 & 1 & 1 & 1 & 1 \\ 1 & 1 & 1 & 1 & 1 \\ 1 & 1 & 1 & 1 & 1 \\ 1 & 1 & 1 & 1 & 1 \\ 1 & 1 & 1 & 1 & 1 \end{bmatrix}$$

上述右邊公式目前用$\frac{1}{25}$表示，一般通式是用 M(列數) x N(行數) 表示，所以又可以使用下列通式表示。

$$K = \frac{1}{M \times N}\begin{bmatrix} 1 & \cdots & 1 \\ \vdots & \ddots & \vdots \\ 1 & \cdots & 1 \end{bmatrix}$$

上述右邊的矩陣又稱濾波核，也時候也稱卷積核 (Convolution kernel)，在影像處理中 M 和 N 的值常設為相等的，不過我們需了解，M 和 N 的值越大，最後可能造成影像結果更模糊。假設一個原始影像是 A，此影像與濾波核相乘，如下所示：

$$A \times \frac{1}{M \times N} \begin{bmatrix} 1 & \cdots & 1 \\ \vdots & \ddots & \vdots \\ 1 & \cdots & 1 \end{bmatrix}$$

上述影像與濾波核相乘的動作稱卷積計算，或是簡稱卷積 (Convolution)。

11-2-4　均值濾波器函數

OpenCV 的均值濾波器函數是 blur( )，此函數語法如下：

```
dst = cv2.blur(src, ksize, anchor, borderType)
```

上述函數各參數意義如下：

- dst：回傳結果的影像或稱目標影像。
- src：來源影像或稱原始影像。
- ksize：濾波核大小，格式是 (高度，寬度)。由於要計算核心的像素值，所以建議使用奇數，例如：3 x 3、5 x 5 … 等。如同前一小節說明的，濾波核越大，所獲得的結果影像也越大。
- anchor：可選參數，濾波核的錨點，預設值是 (-1,-1)，表示錨點是在濾波核的中心，建議使用預設值即可。
- borderType：可選參數，邊界的樣式，建議使用預設值即可。

程式實例 ch11_1.py：均值濾波器函數 blur( ) 的應用，在 ch11 資料夾有 hung.jpg 影像，這個影像含有許多黑點的雜訊，這個程式會讀取此影像，然後分別使用 (3x3)、(5x5) 和 (7x7) 規格的濾波核大小，代入 blur( ) 函數執行降噪處理。

```
1  # ch11_1.py
2  import cv2
3
4  src = cv2.imread("hung.jpg")
5  dst1 = cv2.blur(src, (3, 3))          # 使用 3x3 濾波核
6  dst2 = cv2.blur(src, (5, 5))          # 使用 5x5 濾波核
7  dst3 = cv2.blur(src, (7, 7))          # 使用 7x7 濾波核
8  cv2.imshow("src",src)
9  cv2.imshow("dst 3 x 3",dst1)
10 cv2.imshow("dst 5 x 5",dst2)
11 cv2.imshow("dst 7 x 7",dst3)
12
13 cv2.waitKey(0)
14 cv2.destroyAllWindows()
```

執行結果

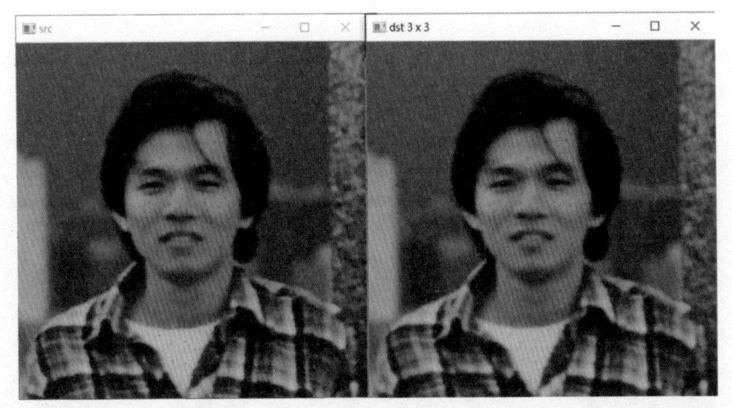

原始影像　　　　3 x 3 濾波核

從上述執行結果可以看到，臉部的雜訊變比較弱了，讀者可能好奇為何沒有完全去除，這是因為原始影像的雜質顆粒比較大，所以使用 3 x 3 濾波核，得到讓雜訊變弱的效果。下列是使用 5 x 5 濾波核與 7 x 7 濾波核去除影像雜質的結果，我們得到濾波核越大降躁效果更好，但是整體影像也變得比較模糊。

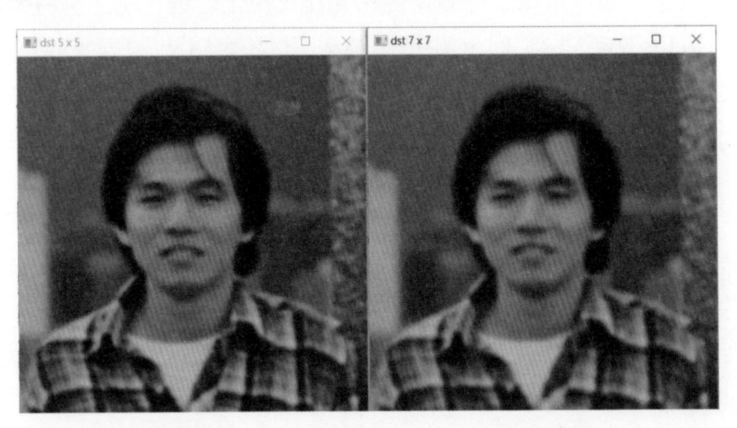

5 x 5濾波核　　　　7 x 7 濾波核

程式實例 ch11_2.py：使用 29 x 29 濾波核同時觀察執行結果，所得到的結果可以看到一個模糊的影像。

```
1  # ch11_2.py
2  import cv2
3
4  src = cv2.imread("hung.jpg")
5  dst1 = cv2.blur(src, (29, 29))         # 使用 29x29 濾波核
6  cv2.imshow("src",src)
7  cv2.imshow("dst 29 x 29",dst1)
8
9  cv2.waitKey(0)
10 cv2.destroyAllWindows()
```

執行結果

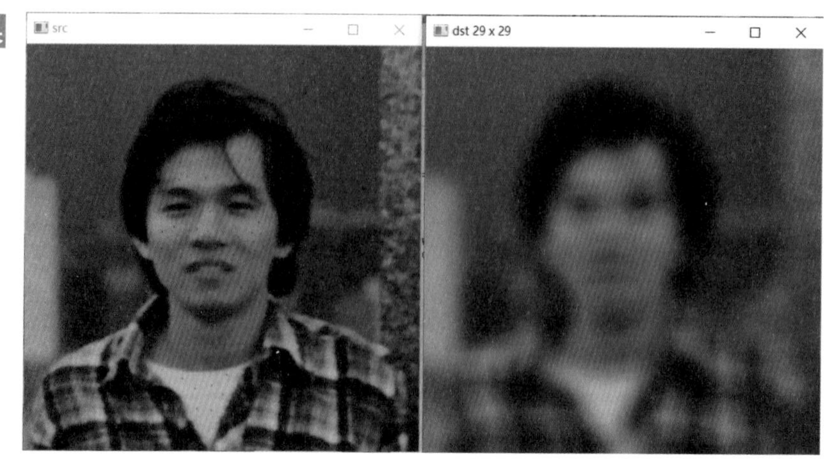

11-3 方框濾波器

方框濾波器方法可以選擇是否對均值結果作正規化處理，例如：將數據縮放到統一的範圍（例如 [0, 1] 或 -1 到 1）。由這個選擇可以決定濾波核核心的值是採用濾波核像素值加總的平均值，或是採用加總。

方框濾波器的特色如下：

- 與均值濾波器類似的降噪效果
  - 方框濾波器的核心原理與均值濾波器相似，透過計算濾波核內所有像素的平均值來平滑影像，適合降噪處理。
  - 它可以選擇是否進行正規化處理（normalize），進一步增加靈活性。
- 可調性更高
  - 方框濾波器允許使用者靈活設定濾波核的大小與形狀，支持矩形核（如 2x3 或 3x5），這在非正方形區域的濾波需求中特別有用。
  - 使用正規化參數（normalize=True 或 normalize=False）可以控制濾波核的計算方式，是均值濾波器所不具備的功能。
- 對影像細節的影響較大：由於方框濾波器無法根據像素間的距離或值的差異進行權重分配，所有像素的權重均相同，因此它在去噪的同時，可能會造成更多的模糊效果，特別是在邊緣處。

● 適合均勻分佈的影像：方框濾波器對於均勻分佈的噪聲有較好的降噪效果，但對尖銳的噪聲（如椒鹽噪聲）的效果不如中值濾波器。

常見的應用場景如下：

● 快速平滑：在低精度要求的降噪處理中，用於快速減少隨機干擾。

● 背景降噪：在影像處理中用於去除背景中的細節，使得目標更突出。

● 特定區域的處理：當需要濾波核覆蓋特定的矩形區域時，方框濾波器的靈活性是均值濾波器的更好替代。

11-3-1 理論基礎

若是以 3 x 3 的濾波核為例，如果是採用濾波核像素值的加總平均，則卷積的計算方式，與整個影像處理觀念如下：

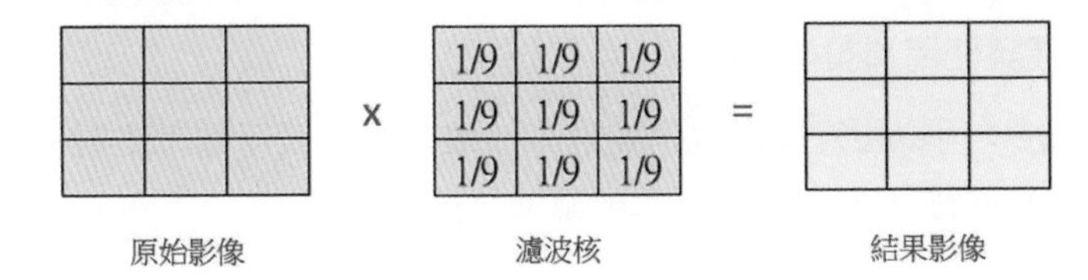

這時候所得到的結果與 11-2 節的均值濾波核相同，所使用的濾波核公式如下：

$$K = \frac{1}{3 \times 3}\begin{bmatrix} 1 & 1 & 1 \\ 1 & 1 & 1 \\ 1 & 1 & 1 \end{bmatrix}$$

若是以 3 x 3 的濾波核為例，如果是採用濾波核像素值的加總，則濾波核的內容，與整個影像處理觀念如下：

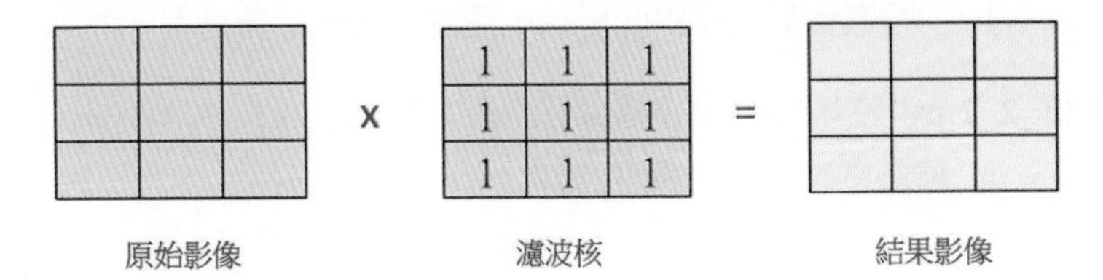

這時候所使用的濾波核內容如下：

$$K = \begin{bmatrix} 1 & 1 & 1 \\ 1 & 1 & 1 \\ 1 & 1 & 1 \end{bmatrix}$$

11-3-2　方框濾波器函數

OpenCV 的方框濾波器函數是 boxFilter( )，此函數語法如下：

dst = cv2.boxFilter(src, ddepth, ksize, anchor, normalize, borderType)

上述函數各參數意義如下：

- dst：回傳結果的影像或稱目標影像。
- src：來源影像或稱原始影像。
- ddepth：輸出影像深度，設定 -1 代表與原始影像深度相同。
- ksize：濾波核大小，格式是 (高度，寬度)。由於要計算核心的像素值，所以建議使用奇數，例如：3 x 3、5 x 5 … 等。
- anchor：可選參數，濾波核的錨點，預設值是 (-1,-1)，表示錨點是在濾波核的中心，建議使用預設值即可。
- normalize：可以設定是正規化處理，如果設為 1 表示進行正規化處理，預設是 1，假設濾波核是 3 x 3，這時候的濾波核公式如下：

$$K = \frac{1}{3 \times 3}\begin{bmatrix} 1 & 1 & 1 \\ 1 & 1 & 1 \\ 1 & 1 & 1 \end{bmatrix}$$

  如果設為 0 表示不進行正規化處理，假設濾波核是 3 x 3，這時濾波核公式是：

$$K = \begin{bmatrix} 1 & 1 & 1 \\ 1 & 1 & 1 \\ 1 & 1 & 1 \end{bmatrix}$$

- borderType：可選參數，邊界的樣式，建議使用預設值即可。

程式實例 ch11_2_1.py：使用方框濾波器處理影像，同時用 2x3、3x3 與 5x5 建立濾波核，設定 normaliz = 0，最後觀察執行結果。

```
1  # ch11_2_1.py
2  import cv2
3
4  src = cv2.imread("hung.jpg")
5  dst1 = cv2.boxFilter(src,-1,(2,2),normalize=0)  # ksize是 2x2 的濾波核
6  dst2 = cv2.boxFilter(src,-1,(3,3),normalize=0)  # ksize是 3x3 的濾波核
7  dst3 = cv2.boxFilter(src,-1,(5,5),normalize=0)  # ksize是 5x5 的濾波核
8  cv2.imshow("src",src)
9  cv2.imshow("dst 2 x 2",dst1)
```

```
10 cv2.imshow("dst 3 x 3",dst2)
11 cv2.imshow("dst 5 x 5",dst3)
12
13 cv2.waitKey(0)
14 cv2.destroyAllWindows()
```

執行結果

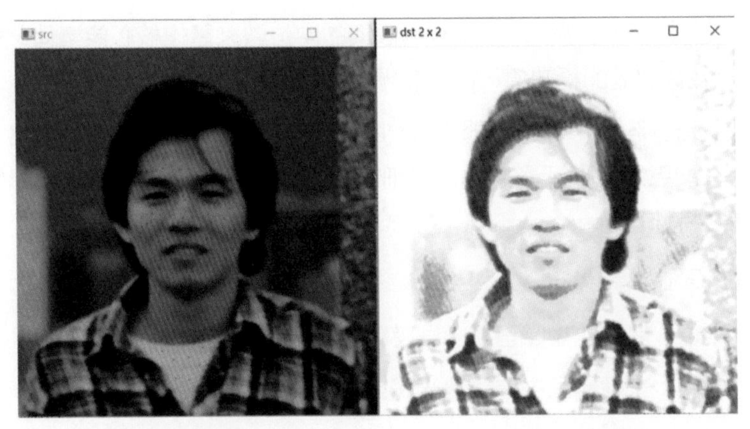

原始影像　　2 x 2 的濾波核

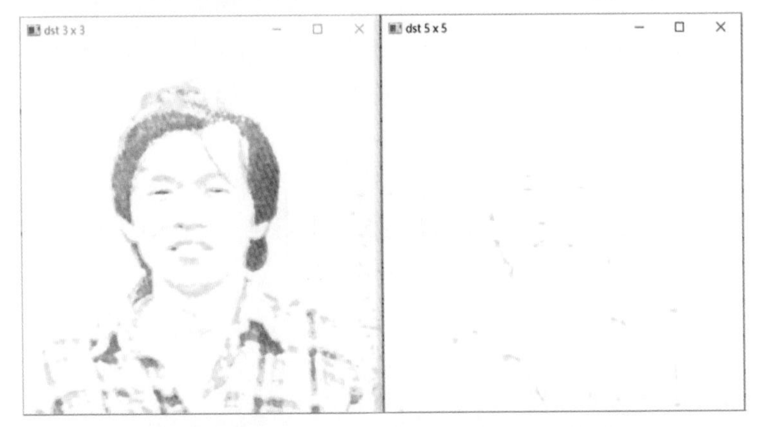

3 x 3 的濾波核　　5 x 5 的濾波核

如果影像的濾波核相加結果超過 255，結果影像就會是白色，所以使用 5 x 5 的濾波核加總後，幾乎得到全白色的影像。

11-4 中值濾波器

中值濾波器的英文是 Median filter，這也是降低影像噪音非常好的方法。其特色主要在以下幾個方面：

- 對椒鹽噪聲的強大去除能力
  - 椒鹽噪聲是影像中常見的一種噪音，表現為隨機的白色或黑色像素點（看起來像鹽粒或胡椒粒）。
  - 中值濾波器透過計算濾波核內像素的中位數來替代核心像素值，能有效地去除這類突變的極端值，而不會過度模糊影像。
- 邊緣保留性強：中值濾波器不像均值濾波器那樣依賴平均值，因此它在去噪的同時，能更好地保留影像的邊緣細節，對於需要保留形狀特徵的影像（如物件邊緣）特別有用。

常應用在下列場景：

- 醫學影像：清除小型噪音點，同時保留器官或組織邊界。
- 監控影像：去除畫面中的隨機光斑或數碼噪聲。

11-4-1 理論基礎

中值濾波器與均值濾波器觀念類似，不過這個方法不是計算平均值，而是將要處理的影像像素值排序，然後取中間值當作濾波核的核心值。例如：以 3 x 3 的濾波核為例，數據如下：

148	151	153
149	20	147
150	152	155

將上述像素值排序可以得到下列結果。

20, 147, 148, 149, 150, 151, 152, 153, 155

最後可以得到濾波核的核心值是 150，如下所示：

148	151	153
149	150	147
150	152	155

11-4-2 中值濾波器函數

OpenCV 的中值濾波器函數是 medianBlur( )，此函數語法如下：

dst = cv2.medianBlur(src, ksize)

上述函數各參數意義如下：

- dst：回傳結果的影像或稱目標影像。
- src：來源影像或稱原始影像。
- ksize：濾波核的邊長，例如：3、5。由於要計算中間的像素值，這個函數會自動利用此邊長建立方形的濾波核。

程式實例 ch11_3.py：使用簡單的陣列了解中值濾波器的操作。

```
1 # ch11_3.py
2 import cv2
3 import numpy as np
4
5 src = np.ones((3,3), np.float32) * 150
6 src[1,1] = 20
7 print(f"src = \n {src}")
8 dst = cv2.medianBlur(src, 3)
9 print(f"dst = \n {dst}")
```

執行結果

```
================== RESTART: D:/OpenCV_Python/ch11/ch11_3.py ==================
src =
 [[150. 150. 150.]
 [150.  20. 150.]
 [150. 150. 150.]]
dst =
 [[150. 150. 150.]
 [150. 150. 150.]
 [150. 150. 150.]]
```

從上述可以看到噪音 20 已經配改為 150 了。

程式實例 ch11_4.py：中值濾波器函數 medianBlur( ) 的應用，在 ch11 資料夾有 hung.jpg 影像，這個影像含有許多黑點的雜訊，這個程式會讀取此影像，然後分別使用邊長是 3、5 和 7 規格的濾波核大小，代入 medianBlur( ) 函數執行降噪處理。

```
1 # ch11_4.py
2 import cv2
3
4 src = cv2.imread("hung.jpg")
5 dst1 = cv2.medianBlur(src, 3)          # 使用邊長是 3 的濾波核
6 dst2 = cv2.medianBlur(src, 5)          # 使用邊長是 5 的濾波核
7 dst3 = cv2.medianBlur(src, 7)          # 使用邊長是 7 的濾波核
8 cv2.imshow("src",src)
```

```
 9  cv2.imshow("dst 3 x 3",dst1)
10  cv2.imshow("dst 5 x 5",dst2)
11  cv2.imshow("dst 7 x 7",dst3)
12
13  cv2.waitKey(0)
14  cv2.destroyAllWindows()
```

執行結果

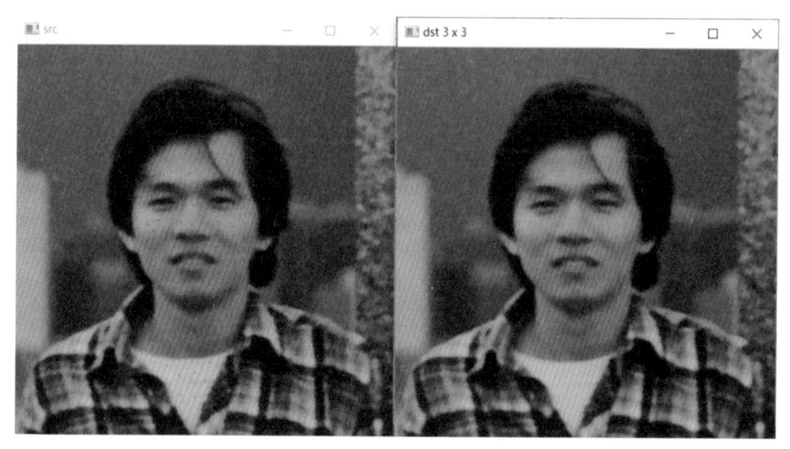

原始影像　　3 x 3 濾波核

邊長是 5 的濾波核　　邊長是 7 的濾波核

若是將上述執行結果與 ch11_1.py 的執行結果相比較，降躁處理的效果更好，這是因為在排序後噪音像素值位於中間值的機率不大，在邊長是 3 的濾波核中就已經去除了大部分的噪音了。不過使用中值濾波器時，因為要進行排序處理，所以會需要有比較大量的計算。

11-5 高斯濾波器

高斯濾波器的英文是 Gaussian filter，也可以稱高斯模糊 (Gaussian blur) 或是高斯平滑 (Gaussian smoothing)，這是建立平滑影像或稱降低噪音比較常用的方法，這種方法處理後可以保留比較多影像的訊息。其特色如下：

- 用高斯分佈的平滑濾波
  - 高斯濾波器透過高斯分佈函數對濾波核中的像素賦予不同的權重，核心像素附近的權重更高，距離越遠的像素權重越低。
  - 這種加權方式使得濾波效果更加自然，能有效保留影像的整體結構。
- 平滑效果均勻且自然
  - 與均值濾波器相比，高斯濾波器能更均勻地平滑噪聲，減少不自然的模糊現象，特別適合用於需要高品質影像處理的場景。
  - 高斯濾波器在降低高頻噪聲的同時，對邊緣細節的影響較小。
- 可控的平滑強度
  - 透過調整標準差（sigmaX 和 sigmaY）或濾波核大小（ksize），用戶可以靈活控制平滑的範圍和強度。
  - 更大的標準差和平滑核將導致更強的降噪效果，但同時可能引起更多的模糊。
- 適合處理高斯分佈噪聲：高斯濾波器特別適合用於處理高斯分佈的噪聲，如感測器的隨機干擾或環境光線波動造成的影像噪聲。

常見的應用場景如下：

- 影像預處理：在邊緣檢測，例如：Canny 邊緣檢測之前（未來在第 13 章會說明），用於平滑影像並減少噪聲干擾。
- 降噪處理：適合處理含有高斯噪聲的影像，為後續的影像分割和特徵提取創造更好的條件。
- 影像美化：用於降低影像中的雜訊，使其更平滑自然。

11-5-1　理論基礎

在均值濾波器中濾波核內每個像素的權重是一樣的，高斯濾波器最重要的觀念是越靠近濾波核核心的像素權重越大，距離越遠的像素權重越小，具體的高斯濾波器函數是依照下列二元高斯函數公式而來：

$$f(x,y) = \frac{1}{2\pi\sigma^2} e^{\left(-\frac{x^2+y^2}{2\sigma^2}\right)}$$

註 筆者所著機器學習彩色圖解 + 基礎微積分 +Python 實作，這本書的第 13 章和第 14 章有對高斯分佈函數觀念進行推導，有興趣的讀者可以參考。

下列是以 5 x 5 的濾波核為例的解說，顏色越深權重越大。

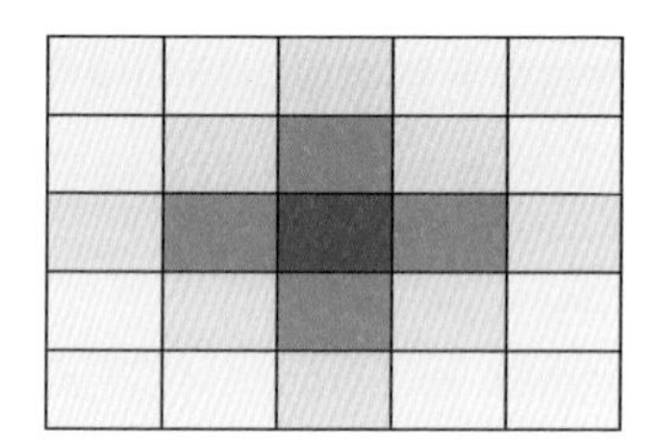

高斯濾波器的濾波核不再是全部是 1，也就是權重值不再全部相同，下列將以最簡單的 3 x 3 濾波核工作原理作解說，下圖是濾波核 (x,y) 座標對應矩陣，其中核心座標是 (0, 0)。

(-1, 1)	(0, 1)	(1, 1)
(-1, 0)	(0, 0)	(1, 0)
(-1, -1)	(0, -1)	(1, -1)

將座標 x, y 值套上二元高斯函數的觀念得到下列高斯濾波核：

$$\frac{1}{2\pi\sigma^2}\begin{bmatrix} exp\left(-\frac{1}{\sigma^2}\right) & exp\left(-\frac{1}{2\sigma^2}\right) & exp\left(-\frac{1}{\sigma^2}\right) \\ exp\left(-\frac{1}{2\sigma^2}\right) & 1 & exp\left(-\frac{1}{2\sigma^2}\right) \\ exp\left(-\frac{1}{\sigma^2}\right) & exp\left(-\frac{1}{2\sigma^2}\right) & exp\left(-\frac{1}{\sigma^2}\right) \end{bmatrix}$$

假設標準差σ是 0.85，上述可以得到下列權重的矩陣。註：不同的標準差，將獲得不同的權重矩陣。

$$\begin{bmatrix} 0.05519 & 0.11026 & 0.05519 \\ 0.11026 & 0.22028 & 0.11026 \\ 0.05519 & 0.11026 & 0.05519 \end{bmatrix}$$

將左上角數值正規化，可以得到下列結果。

$$\begin{bmatrix} 1.0 & 1.99 & 1.0 \\ 1.99 & 3.99 & 1.99 \\ 1.0 & 1.99 & 1.0 \end{bmatrix}$$

取近似值可以得到下列結果。

$$\begin{bmatrix} 1 & 2 & 1 \\ 2 & 4 & 2 \\ 1 & 2 & 1 \end{bmatrix}$$

所以可以得到下列高斯濾波核最基本的權重值。

1	2	1
2	4	2
1	2	1

0.05	0.1	0.05
0.1	0.2	0.1
0.05	0.1	0.05

在進行高斯濾波器的計算時，我們使用上述右邊方式，將原始影像與濾波核執行卷積計算可以進行下列運算。

148	151	153
149	20	147
150	152	155

x

0.05	0.1	0.05
0.1	0.2	0.1
0.05	0.1	0.05

=

最後將計算結果設定給濾波核核心，下列是計算過程。

148x0.05 + 151x0.1 + 153x0.05 +

149x0.1 + 20x0.2 + 147x0.1 +

150x0.05 + 152x0.1 + 155x0.05

= 7.4 + 15.1 + 7.65 + 14.9 + 4 + 14.7 + 7.5 + 15.2 + 7.75

= 94.2

所以最後所得到的濾波核核心值是 94.2，取整數後，可以得到原先濾波核核心值由 20 改為 94，下列是執行結果。

148	151	153
149	20	147
150	152	155

x

0.05	0.1	0.05
0.1	0.2	0.1
0.05	0.1	0.05

=

148	151	153
149	94	147
150	152	155

此外，讀者必須了解在實際應用中，高斯濾波器的濾波核可以有不同的高度和寬度，每一種的濾波核大小也會有不同的權重比例。

註 上述將影像矩陣與濾波核相乘的運算稱卷積運算。

11-5-2　高斯濾波器函數

OpenCV 提供了高斯濾波器函數 GaussianBlur( )，此函數語法如下：

```
dst = cv2.GaussianBlur(src, ksize, sigmaX, sigmaY, borderType)
```

上述函數各參數意義如下：

- dst：回傳結果的影像或稱目標影像。
- src：來源影像或稱原始影像。
- ksize：濾波核的大小，可以設定不同的大小，格式是 (height, width)，寬或高必須是奇數，例如：(3, 3)、(3, 5) 或 (5, 5)。
- sigmaX：卷積核在水平方向的標準差，不同的標準差會有不同的權重，對於初學者建議此處寫 0。
- sigmaY：卷積核在垂直方向的標準差，不同的標準差會有不同的權重，對於初學者建議此處寫 0。
- borderType：可選參數，邊界樣式，建議使用預設值即可。

程式實例 ch11_5.py：高斯濾波器函數 GaussianBlur( ) 的應用，在 ch11 資料夾有 hung.jpg 影像，這個影像含有許多黑點的雜訊，這個程式會讀取此影像，然後分別使用邊長是 3x3、5x5 和 29x29 規格的濾波核大小，代入 GaussianBlur( ) 函數執行降噪處理。

```
1  # ch11_5.py
2  import cv2
3
4  src = cv2.imread("hung.jpg")
5  dst1 = cv2.GaussianBlur(src,(3,3),0,0)       # 使用 3 x 3 的濾波核
6  dst2 = cv2.GaussianBlur(src,(5,5),0,0)       # 使用 5 x 5 的濾波核
7  dst3 = cv2.GaussianBlur(src,(29,29),0,0)     # 使用 29 x 29 的濾波核
8  cv2.imshow("src",src)
9  cv2.imshow("dst 3 x 3",dst1)
10 cv2.imshow("dst 5 x 5",dst2)
11 cv2.imshow("dst 15 x 15",dst3)
12
13 cv2.waitKey(0)
14 cv2.destroyAllWindows()
```

執行結果

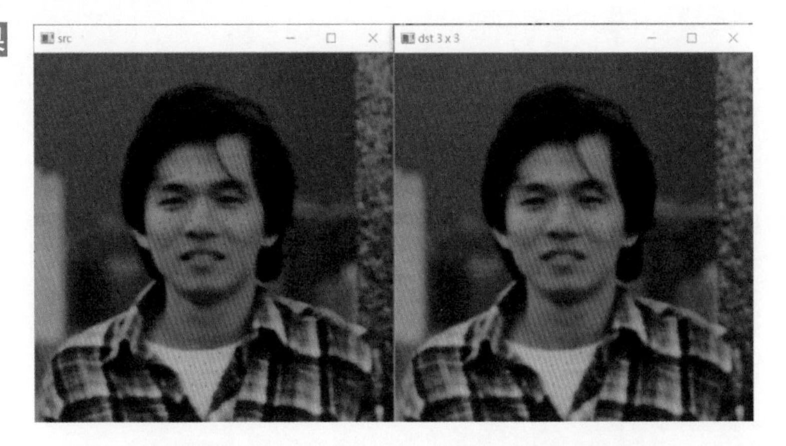

原始影像　　3 x 3 的濾波核

5 x 5 的濾波核　　29 x 29 的濾波核

11-6 雙邊濾波器

前面幾節講解了均值濾波器、方框濾波器、中值濾波器與高斯濾波器，皆可以達到降低噪音的效果，不過會讓影像的邊界變得模糊，這一節所要介紹的雙邊濾波器 (Bilateral filter) 可以在進行降低噪音時同時保護影像的邊緣細節。其特色如下：

- 同時考慮空間距離與像素相似性
  - 雙邊濾波器與其他濾波器最大的不同是其同時考慮兩個權重：空間距離（幾何距離）與像素值相似性。
  - 距離越近的像素權重越大，顏色值越接近的像素權重越大，因此能在降噪的同時有效保留邊緣細節。
- 保留邊緣的卓越能力
  - 與均值、高斯等濾波器相比，雙邊濾波器在去除影像雜訊的同時，對於邊緣輪廓的保留效果極佳，避免了過度平滑導致的邊緣模糊問題。
  - 特別適合需要處理細節豐富的影像，例如物件邊界的強化或特徵提取前的影像處理。
- 可調的平滑與邊緣保留平衡
  - 透過調整參數 sigmaColor（顏色相似性標準差）和 sigmaSpace（空間距離標準差），用戶可以靈活調整平滑範圍與邊緣保留程度。
  - 顏色標準差越大，濾波對像素值的差異越不敏感；空間標準差越大，濾波影響範圍越廣。
- 計算複雜度較高：雙邊濾波器的計算需要同時考慮空間和顏色的權重，因此相較於其他濾波器，計算資源需求更高，處理速度較慢。

常見的應用場景如下：

- 影像美化：在影像美化或修復中，雙邊濾波器能有效消除噪聲並保留細膩的紋理。
- 特徵保留降噪：在物件檢測和特徵提取前，用於平滑影像而不模糊邊緣，提升後續處理效果。
- 醫學影像處理：在需要高精度的邊緣保留任務（如腫瘤邊界檢測）中，雙邊濾波器非常適合。

11-6-1 理論基礎

這裡筆者先用一個實例解說邊緣訊息，有一個影像 border.jpg 內容如下：

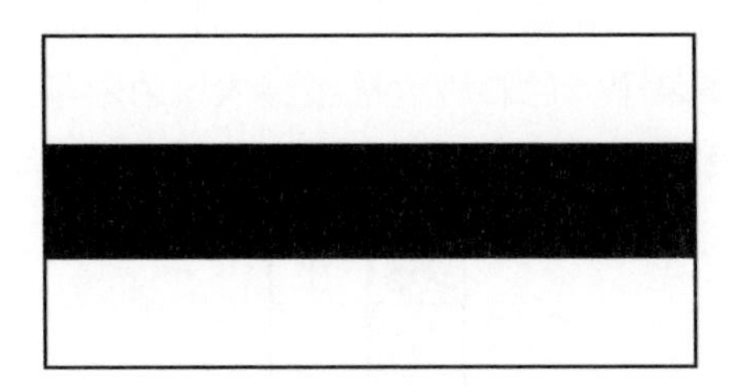

程式實例 ch11_6.py：使用均值濾波器與高斯濾波器處理黑白影像，同時觀察邊緣訊息。

```
1  # ch11_6.py
2  import cv2
3
4  src = cv2.imread("border.jpg")
5  dst1 = cv2.blur(src, (3, 3))               # 均值濾波器 - 3x3 濾波核
6  dst2 = cv2.blur(src, (7, 7))               # 均值濾波器 - 7x7 濾波核
7
8  dst3 = cv2.GaussianBlur(src,(3,3),0,0)  # 高斯濾波器 - 3x3 的濾波核
9  dst4 = cv2.GaussianBlur(src,(7,7),0,0)  # 高斯濾波器 - 7x7 的濾波核
10
11 cv2.imshow("dst 3 x 3",dst1)
12 cv2.imshow("dst 7 x 7",dst2)
13 cv2.imshow("Gauss dst 3 x 3",dst3)
14 cv2.imshow("Gauss dst 7 x 7",dst4)
15
16 cv2.waitKey(0)
17 cv2.destroyAllWindows()
```

執行結果

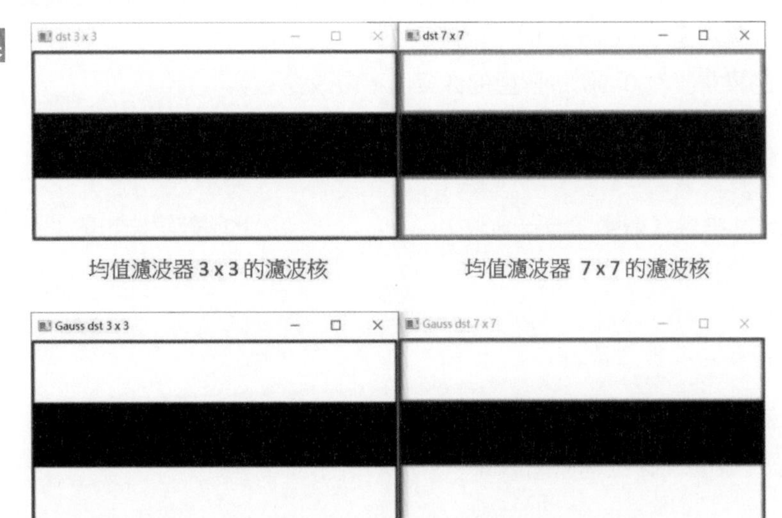

均值濾波器 3 x 3 的濾波核　　均值濾波器 7 x 7 的濾波核

高斯濾波器 3 x 3 的濾波核　　高斯濾波器 7 x 7 的濾波核

如果讀者仔細看上述執行結果，特別是 7 x 7 的濾波核，可以看到黑色邊緣有模糊的效果產生。如果相同影像使用雙邊濾波器上述邊緣影像就可以很好的保留下來。

雙邊濾波器在計算某一個像素的新值時，會同時考慮距離與色彩訊息，距離越近權重越大，距離越遠權重越小。色彩越近權重越大，色彩越遠權重越小。甚至如果差異太大，權重也可能直接設為 0。假設有一個影像的邊緣訊息如下：

255	0
255	0
255	0

下方左圖是使用均值濾波器時所得到的影像訊息，下方右圖是使用雙邊濾波器可以得到的可能結果。

128	128
128	128
128	128

均值濾波器

255	0
255	0
255	0

雙邊濾波器

對於雙邊濾波器而言，白色的像素值是 255，而右邊的像素值是 0，彼此差異太大，因此雙邊濾波器會將右邊像素值的權重設為 0，所以白色的像素值不會改變。對於黑色的像素值而言值是 0，而左邊的像素值是 255，彼此差異太大，因此雙邊濾波器會將左邊像素值的權重設為 0，所以黑色的像素值不會改變。

11-6-2　雙邊濾波器函數

OpenCV 提供了雙邊濾波器函數 bilateralFilter( )，此函數語法如下：

```
dst = cv2.bilateralFilter(src, d, sigmaColor, sigmaSpace, borderType)
```

上述函數各參數意義如下：

- dst：回傳結果的影像或稱目標影像。
- src：來源影像或稱原始影像。

- d：濾波器的直徑（鄰域像素大小）。如果設為負值，OpenCV 會根據 sigmaSpace 自動計算適當的直徑。
- sigmaColor：顏色空間的標準差。該值越大，濾波器會考慮更大的顏色範圍，相似像素的影響範圍越大。
- sigmaSpace：座標空間的標準差。該值越大，濾波器會考慮更遠的像素，進一步擴大平滑範圍。
- borderType：可選參數，邊界樣式，建議使用預設值即可。

程式實例 ch11_7.py：相同的影像，使用均值濾波器、高斯濾波器和雙邊濾波器處理，最後比較結果。

```
1  # ch11_7.py
2  import cv2
3
4  src = cv2.imread("hung.jpg")
5  dst1 = cv2.blur(src,(15,15))                          # 均值濾波器
6  dst2 = cv2.GaussianBlur(src,(15,15),0,0)              # 高斯濾波器
7  dst2 = cv2.bilateralFilter(src,15,100,100)            # 雙邊濾波器
8
9  cv2.imshow("src",src)
10 cv2.imshow("blur",dst1)
11 cv2.imshow("GauusianBlur",dst1)
12 cv2.imshow("bilateralFilter",dst2)
13
14 cv2.waitKey(0)
15 cv2.destroyAllWindows()
```

執行結果

原始影像　　　　均值濾波器

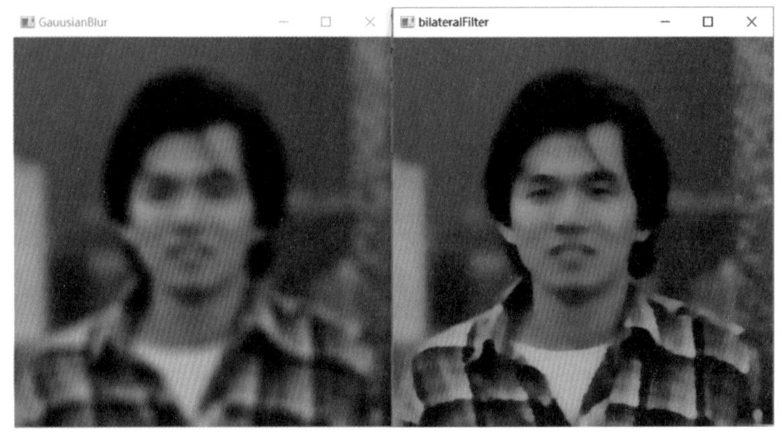

高斯濾波器　　　　　　　　　雙邊濾波器

從上述執行結果可以看到，雙邊濾波器可以降低噪音，同時影像邊緣有比較清晰的結果。

11-7 2D 濾波核

本章筆者介紹了多個建立平滑影像的濾波器，每個濾波器皆使用了濾波核執行降低噪音的效果，雖然這些濾波核有一定的便利性與靈活性，但是假設我們想要指定下列特別數值的濾波核：

$$K = \frac{1}{169}\begin{bmatrix} 3 & 3 & 3 & 3 & 3 \\ 3 & 12 & 12 & 12 & 3 \\ 3 & 12 & 25 & 12 & 3 \\ 3 & 12 & 12 & 12 & 3 \\ 3 & 3 & 3 & 3 & 3 \end{bmatrix}$$

先前所介紹的濾波器皆無法完成，不過 OpenCV 提供了 filter2D( ) 函數可以讓我們自行定義濾波核，然後使用我們設定的濾波核執行降低影像噪音的工作。2D 濾波核特色如下：

- 靈活的濾波核設計
  - 2D 濾波核允許用戶自定義濾波器的形狀與內容，可以設計專門針對特定任務的濾波器。
  - 不同於預定義的濾波器（如均值濾波器或高斯濾波器），用戶可以完全掌控濾波核內的每個元素值，實現高度客制化的濾波效果。

- 適用於特殊的影像處理需求
  - 2D 濾波核可以用於實現一些特定的影像處理效果，如邊緣檢測、銳化或加強某些方向的特徵。
  - 例如，設計方向性濾波核可以強化水平方向或垂直方向的細節，適合特定結構的影像分析。
- 核大小與計算效率的權衡
  - 濾波核的大小（如 3x3 或 5x5）直接影響濾波效果與計算效率。核越大，濾波效果越平滑，但計算量也越大。
  - 需要根據具體應用需求，選擇合適的濾波核大小來平衡效果與速度。
- 對邊界的處理更靈活
  - 透過 OpenCV 的 filter2D 函數，用戶可以自定義邊界樣式（如填充零或複製邊緣），解決濾波核超出影像邊界時的處理問題。
  - 這種靈活性特別適合處理需要特定邊界效果的影像。

常見的應用場景如下：

- 邊緣檢測：自定義濾波核（如 Sobel 核或 Laplacian 核）可用於強化影像的邊緣。
- 影像銳化：設計濾波核用於增強影像細節或突出某些區域的對比度。
- 模板匹配：透過特定的濾波核，實現對影像中特定模式的檢測和加強。

這個函數的語法如下：

```
dst = cv2.filter2D(src, ddepth, kernel, anchor, delta, borderType)
```

上述函數各參數意義如下：

- dst：回傳結果的影像或稱目標影像。
- src：來源影像或稱原始影像。
- ddepth：目的影像的深度，如果設定 -1，表示與來源影像相同。
- kernel：濾波核，這是單通道的矩陣。如果想要處理彩色，可以將彩色影像分解，然後使用不同的濾波核。
- anchor：濾波核的錨點，預設值是 (-1,-1)，表示錨點是在濾波核的中心，建議使用預設值即可。

- delta：這是偏置值，用於調整已經過濾的像素值，預設是 0。
- borderType：邊界樣式，建議使用預設值即可。

程式實例 ch11_8.py：使用自定義的濾波核，進行濾波處理，自定義的濾波核內容如下：

$$K = \frac{1}{121}\begin{bmatrix} 1 & 1 & 1 & 1 & 1 & 1 & 1 & 1 & 1 & 1 & 1 \\ 1 & 1 & 1 & 1 & 1 & 1 & 1 & 1 & 1 & 1 & 1 \\ 1 & 1 & 1 & 1 & 1 & 1 & 1 & 1 & 1 & 1 & 1 \\ 1 & 1 & 1 & 1 & 1 & 1 & 1 & 1 & 1 & 1 & 1 \\ 1 & 1 & 1 & 1 & 1 & 1 & 1 & 1 & 1 & 1 & 1 \\ 1 & 1 & 1 & 1 & 1 & 1 & 1 & 1 & 1 & 1 & 1 \\ 1 & 1 & 1 & 1 & 1 & 1 & 1 & 1 & 1 & 1 & 1 \\ 1 & 1 & 1 & 1 & 1 & 1 & 1 & 1 & 1 & 1 & 1 \\ 1 & 1 & 1 & 1 & 1 & 1 & 1 & 1 & 1 & 1 & 1 \\ 1 & 1 & 1 & 1 & 1 & 1 & 1 & 1 & 1 & 1 & 1 \\ 1 & 1 & 1 & 1 & 1 & 1 & 1 & 1 & 1 & 1 & 1 \end{bmatrix}$$

```
1  # ch11_8.py
2  import cv2
3  import numpy as np
4
5  src = cv2.imread("hung.jpg")
6  kernel = np.ones((11,11),np.float32) / 121   # 自訂卷積核
7  dst = cv2.filter2D(src,-1,kernel)            # 自定義濾波器
8  cv2.imshow("src",src)
9  cv2.imshow("dst",dst)
10
11 cv2.waitKey(0)
12 cv2.destroyAllWindows()
```

執行結果

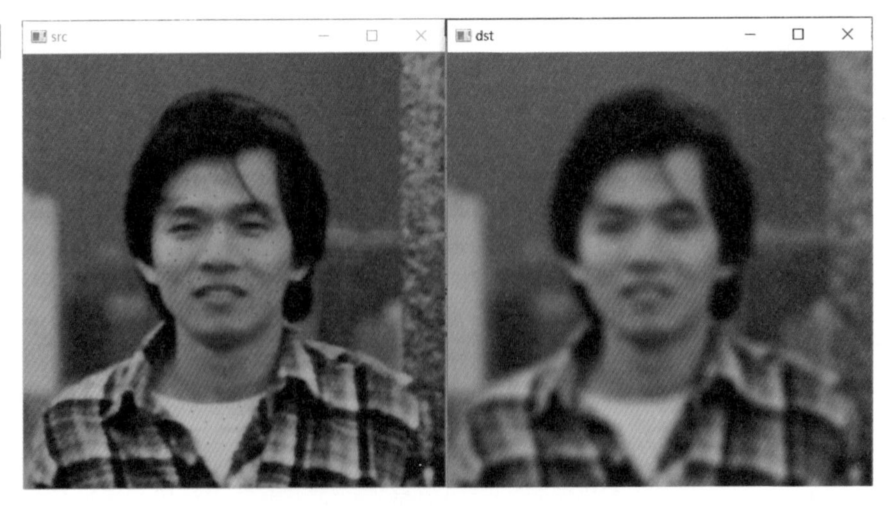

上述只是一個最簡單的自定義濾波核，當讀者了解設定方式後，可以自行更複雜的濾波核，這樣更可以體會自定義濾波核的意義。

11-8 創意應用 - 圖像油畫效果模擬

影像降噪與平滑技術不僅僅應用於基礎的影像處理，它還能啟發許多創意性的應用場景。本節將介紹影像油畫效果模擬的有趣應用。基本觀念是：透過結合高斯濾波器和平滑濾波，模擬油畫的柔和過渡和筆觸效果。

這一節的觀念可以應用在藝術影像創作、數位影像特效。

程式實例 ch11_9.py：風景圖像油畫效果模擬，本實例使用 lake.jpg。

1. 使用高斯濾波器進行初步的平滑處理，柔化影像邊緣。
2. 應用雙邊濾波器進一步保留局部細節，模擬筆觸。
3. 透過調整濾波核大小和權重，可以控制效果的強弱。

```
1   # ch11_9/py
2   import cv2
3   import numpy as np
4
5   # 讀取輸入影像
6   image = cv2.imread('lake.jpg')
7
8   # 高斯濾波器進行平滑處理
9   gaussian_blurred = cv2.GaussianBlur(image, (7, 7), sigmaX=10, sigmaY=10)
10
11  # 使用雙邊濾波器保留局部細節
12  oil_paint_effect = cv2.bilateralFilter(gaussian_blurred, d=15,
13                                         sigmaColor=75, sigmaSpace=75)
14
15  # 顯示結果
16  cv2.imshow("Original Image", image)
17  cv2.imshow("Oil Paint Effect", oil_paint_effect)
18
19  # 儲存結果
20  cv2.imwrite("oil_paint_effect.jpg", oil_paint_effect)
21
22  # 按任意鍵退出
23  cv2.waitKey(0)
24  cv2.destroyAllWindows()
```

執行結果 下方左圖是原始圖像，右圖是模擬風景圖油畫效果。

習題

1： 請擴充 ch11_3.py 觀察中值濾波器的操作，建立 5 x 5 的矩陣，從左上到右下對角線值是 20，其他值是 150，請使用 ksize = 3 和 ksize = 5，然後列出所建立的矩陣，以及執行結果。

```
==================== RESTART: D:/OpenCV_Python/ex/ex11_1.py ====================
src =
 [[ 20. 150. 150. 150. 150.]
 [150.  20. 150. 150. 150.]
 [150. 150.  20. 150. 150.]
 [150. 150. 150.  20. 150.]
 [150. 150. 150. 150.  20.]]
ksize = 3, dst =
 [[ 20. 150. 150. 150. 150.]
 [150. 150. 150. 150. 150.]
 [150. 150. 150. 150. 150.]
 [150. 150. 150. 150. 150.]
 [150. 150. 150. 150.  20.]]
ksize = 5, dst =
 [[150. 150. 150. 150. 150.]
 [150. 150. 150. 150. 150.]
 [150. 150. 150. 150. 150.]
 [150. 150. 150. 150. 150.]
 [150. 150. 150. 150. 150.]]
```

2： 使用中值濾波器和高斯濾波器，和相同大小的 3 x 3 濾波核，對 antar.jpg 執行降噪處理，最後列出原始影像、中值濾波器與高斯濾波器處理結果影像。

3： 重新設計 ch11_6.py，但是將高斯濾波器改為雙邊濾波器，同時比較 3x3 和 7x7 濾波核，均值濾波器與雙邊濾波器的執行結果。

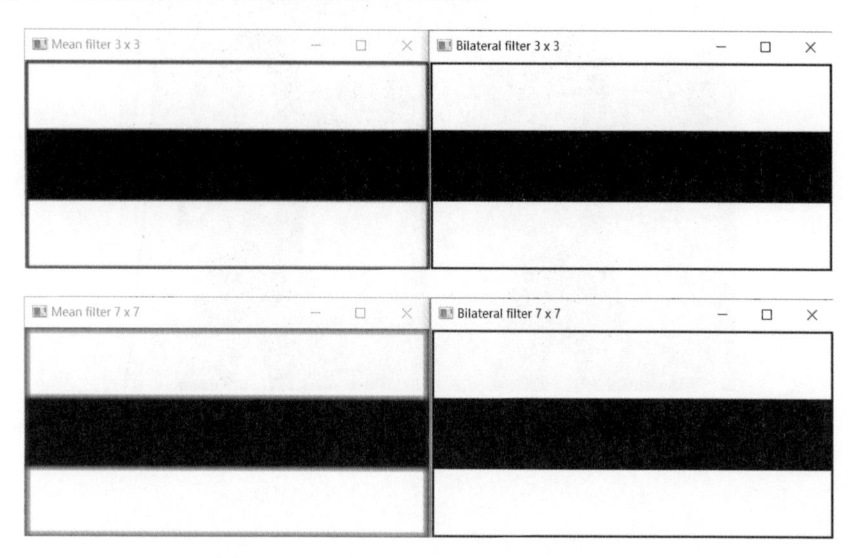

4： 使用 unistar.jpg 影像重新設計 ch11_7.jpg，但是將濾波直徑改為 9，同時列出執行結果。

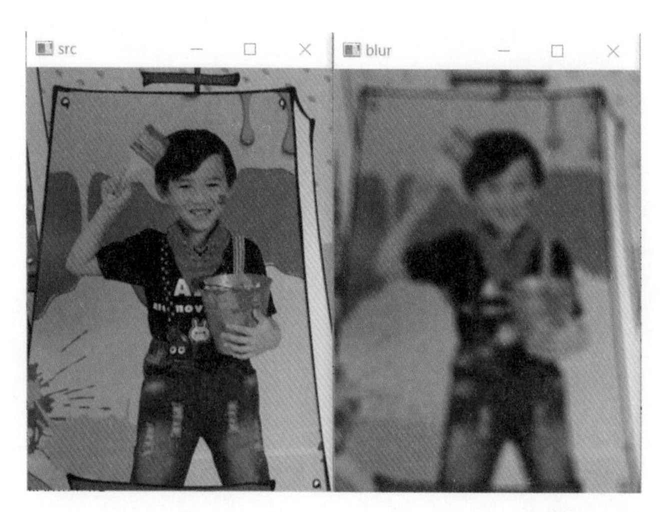

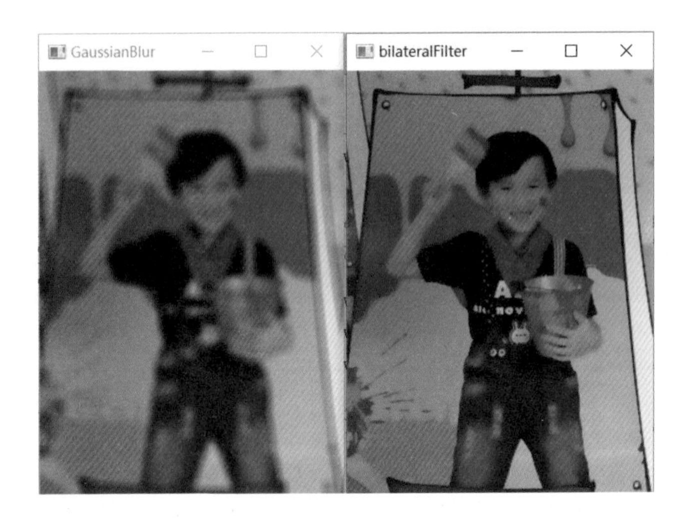
GaussianBlur
bilateralFilter

第十二章
數學形態學

數學形態學的英文是 Mathematical morphology，簡稱形態學，在電腦視覺領域有時也稱影像形態學。這是一門建立在格論 (lattice) 和拓撲學 (topology) 基礎之上的影像分析學科。其主要目的是透過處理影像的形狀結構，提取有用的特徵，解決影像分割、噪音去除、形狀分析等問題。實務上數學形態學目標通常是處理影像的形狀和邊界，而非色彩資訊，雖然書中實例有彩色圖像，但彩色處理主要用於展示形態學操作對色彩區域的影響，而數學形態學的核心目標是分析形狀和邊界。

在這門學科中，基本的理論運算有腐蝕 (Erosion)、膨脹 (Dilation)、開運算 (Opening)、閉運算 (Closing)、形態學梯度 (morphological gradient)、禮帽運算 (tophat)、黑帽運算 (blackhat) 等。這些運算透過使用結構元素（structuring element）與影像進行交互操作，可以改變影像的形態特徵。

在上述基本理論運算中，腐蝕 (Erosion) 和膨脹 (Dilation) 是最基礎的運算。

- 腐蝕：通常用於操作縮小前景物體，刪除影像中的噪點。
- 膨脹：用於操作擴展前景物體，填補細小的空隙。

這兩種操作為後續的進階運算，例如：開運算（Opening）、閉運算（Closing）... 等，提供了理論基礎。

- 開運算：適用於去除小型噪音。
- 閉運算：連接分離的區域。
- 形態學梯度（morphological gradient）：可強化影像的邊緣，生成形狀的外部輪廓。
- 禮帽運算（tophat）：提取影像中的亮點細節
- 黑帽運算（blackhat）：提取影像中的暗點細節。

本章還將深入介紹 OpenCV 對上述運算的支援，幫助讀者掌握如何使用這些功能進行高效的影像處理與分析。讀者將學到如何靈活應用這些操作，解決從影像分割到邊緣檢測等各類實際問題。

12-1 腐蝕 (Erosion)

腐蝕是一種基礎的數學形態學操作，其主要目的是縮小影像中的前景區域（通常是白色區域），達到移除雜點、細化邊緣或分割連接區域的效果。該操作透過結構元素（內核，kernel）逐像素遍歷影像，並根據內核的配置決定是否將像素值設置為背景（通常為黑色）。

腐蝕的核心特點包括：

- 噪點去除：有效移除孤立的小型雜點，使影像更加乾淨。
- 邊緣細化：消除毛邊，使物體形狀更為平滑和規整。
- 區域分割：幫助將過於接近的前景區域分離開來。
- 結構保留：在特定應用中，腐蝕可以強調區域的核心結構，突出重要特徵。

在 AI 視覺中常見的應用場景有：

- 目標分割與物件檢測：腐蝕操作可應用於目標分割的預處理階段，幫助分離緊密相連的物體，讓後續的物件檢測（如 YOLO 或 Mask R-CNN）更加準確。
- 影像降噪：在處理醫學影像（如 X 光或 MRI）時，腐蝕可移除隨機噪聲點，提升影像質量，便於疾病診斷。
- 邊緣細化：在智慧監控中，腐蝕可以對行人或車輛的輪廓進行細化處理，增強影像清晰度，有助於行為識別或交通流量分析。
- 特徵提取：腐蝕可與其他形態學操作結合，用於特徵提取（如二維碼、指紋或文字識別中的細節處理）。

12-1-1 理論基礎

腐蝕操作一般常用在二進制的影像，例如：下方左圖是原始影像，下方右圖是經過腐蝕之後的結果。

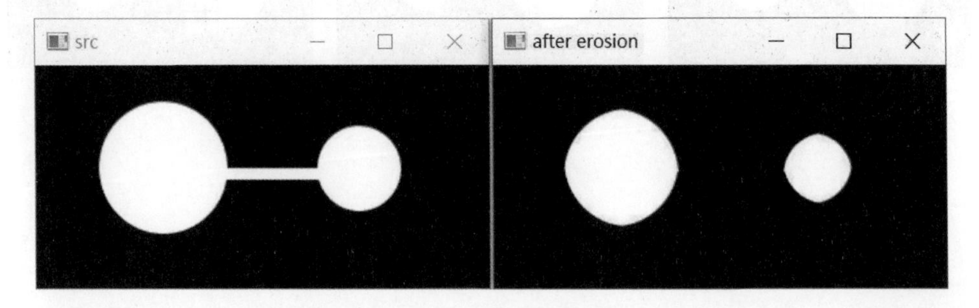

腐蝕操作的原理是，假設原始影像前景顏色是白色 (像素值是 1)，背景顏色是黑色 (像素值是 0)，我們需要建立一個內核 (kernel) 或是簡稱核，內核的中心像素稱核心，如下所示：

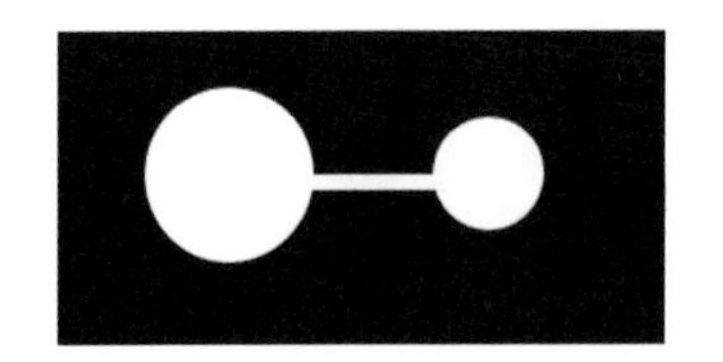

原始影像

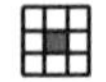

內核(kernel)

腐蝕操作是讓內核遍歷影像所有的像素點，然後由內核的核心決定目前影像像素點的像素值，這時會發生 2 種情況。

❑ 情況 1：

如果內核完全在原始影像中，則內核的核心目前所在的像素點是設定為前景顏色，也就是白色，可以參考下圖。

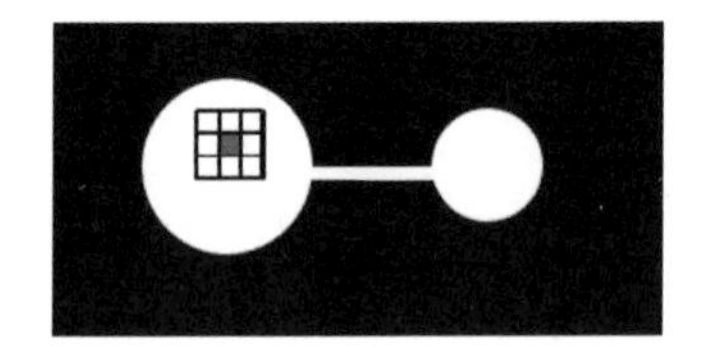

❑ 情況 2：

如果內核完全不在原始影像中，或是部分在原始影像中，則將目前內核的核心所在的像素點設定為背景色，也就是黑色，可以參考下圖。

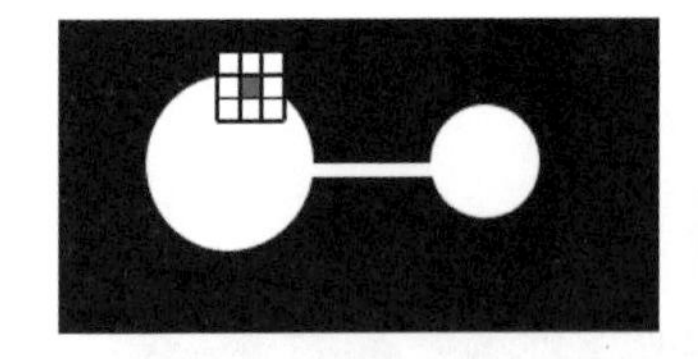

內核部分在原始影像中

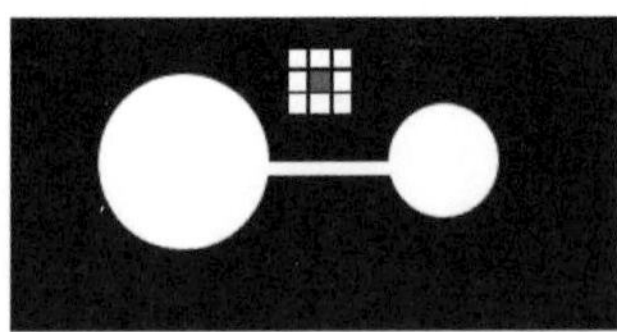

內核完全不在原始影像中

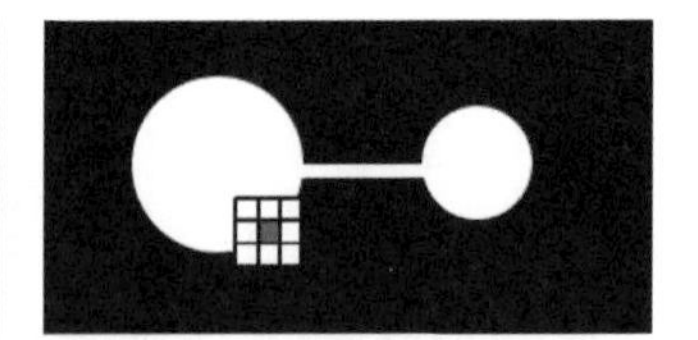

內核部分在原始影像中

12-1-2　腐蝕函數

OpenCV 將前一小節所述的腐蝕功能封裝成 erode( ) 函數，此函數語法如下：

```
dst = cv2.erode(src, kernel, anchor, iterations, boderType, borderValue)
```

上述函數各參數意義如下：

- dst：回傳結果影像。
- src：來源影像或稱原始影像。
- kernel：代表腐蝕操作所定義的內核，可以自行定義，也可以使用函數 getStructuringElement( ) 產生，細節可參考 12-9 節。
- anchor：可選參數，設定內核錨點的位置，也就是設定核心的位置，預設是 (-1,-1)，表示使用中心點當錨點。
- iterations：可選參數，腐蝕操作的迭代次數，預設是 1。
- borderType：可選參數，邊界樣式，建議使用預設值即可。
- borderValue：可選參數，邊界值，建議使用預設值即可。

程式實例 ch12_1.py：使用陣列當作原始影像，設定 3 x 3 的內核，了解腐蝕操作。

```
1  # ch12_1.py
2  import cv2
3  import numpy as np
4
5  src = np.zeros((7,7),np.uint8)
6  src[1:6,1:6] = 1                        # 建立前景影像
7  kernel = np.ones((3,3),np.uint8)        # 建立內核
8  dst = cv2.erode(src, kernel)            # 腐蝕操作
9  print(f"src = \n {src}")
10 print(f"kernel = \n {kernel}")
11 print(f"Erosion = \n {dst}")
```

執行結果

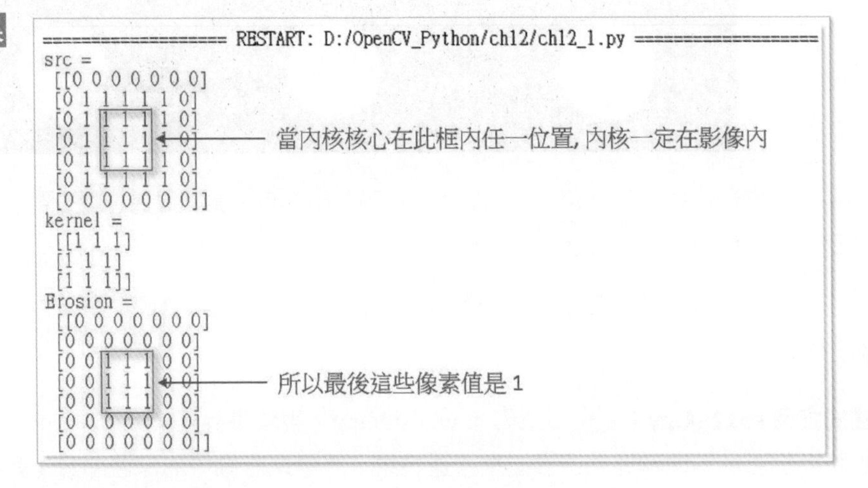

程式實例 ch12_2.py：使用 5 x 5 和 11 x 11 當作內核，然後針對 bw.jpg 執行腐蝕操作，最後列出執行結果。

```
1  # ch12_2.py
2  import cv2
3  import numpy as np
4
5  src = cv2.imread("bw.jpg")
6  kernel = np.ones((5, 5),np.uint8)       # 建立5x5內核
7  dst1 = cv2.erode(src, kernel)           # 腐蝕操作
8  kerne2 = np.ones((11, 11),np.uint8)     # 建立11x11內核
9  dst2 = cv2.erode(src, kerne2)           # 腐蝕操作
10
11 cv2.imshow("src",src)
12 cv2.imshow("after erosion 5 x 5",dst1)
13 cv2.imshow("after erosion 11 x 11",dst2)
14 cv2.waitKey(0)
15 cv2.destroyAllWindows()
```

執行結果

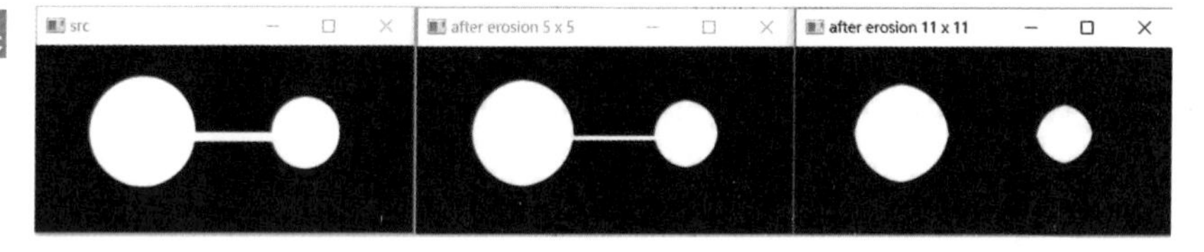

程式實例 ch12_3.py：使用腐蝕去除毛邊與影像雜質的實例，這個程式是使用 ch12_2.py，但是載入 bw_noise.jpg 影像的結果。

```
5  src = cv2.imread("bw_noise.jpg")
```

執行結果

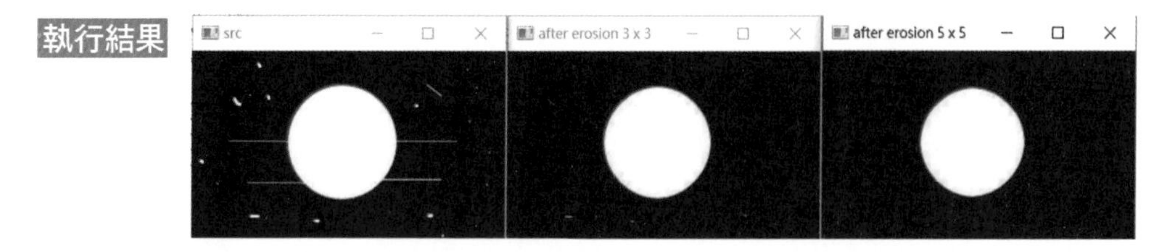

上述當使用 3 x 3 內核時可以消除大部分噪音，可以參考上方中間的圖。使用 5 x 5 則刪除了所有噪音，可以參考上方右圖。

如果將此腐蝕功能應用在彩色影像，可以看到深色調部分會增加，白色或是更亮部分會減少。

程式實例 ch12_4.py：利用彩色影像 whilster.jpg，重新設計程式 ch12_2.py，將腐蝕操作應用於彩色影像處理。透過觀察處理結果，將發現影像中的深色部分（如樹木和陰影區域）範圍有所擴大，而白色部分（如雪地）則逐漸減少。

本實例還詳細解釋腐蝕操作在彩色影像上的影響，特別是如何影響不同色調的區域，以及內核大小對影像細節的具體影響。

```
5   src = cv2.imread("whilster.jpg")
```

執行結果 下列是原始影像。

下列左邊是 3 x 3 內核與右邊是 5 x 5 內核，腐蝕操作的結果。

以下是對上述腐蝕結果的說明：

❑ 影像特性對腐蝕結果的影響

- 原始影像 (whilster.jpg)：原始影像中包含豐富的細節，例如樹木、雪地和遠山，細節部分的像素對腐蝕操作特別敏感。

❑ 使用內核 3 x 3 的結果（after erosion 3 x 3）

- 觀察
  - ■ 細節稍有削減，但整體結構仍然保持明顯。
  - ■ 小型噪點和非常細微的細節被移除，但邊界的清晰度和整體輪廓未受到大幅影響。
- 解釋
  - ■ 小內核（3 x 3）對腐蝕的影響較小，只對非常細微的結構和雜點有明顯作用。
  - ■ 前景區域（如樹木）邊緣稍微縮小，但整體結構仍清晰。
  - ■ 適用於保留更多細節的場合，例如降噪而不過度削減邊緣。

❑ 使用內核 5 x 5 的結果（after erosion 5 x 5）

- 觀察
  - ■ 細節顯著削減，影像整體看起來更加模糊。
  - ■ 前景中的樹木結構邊緣明顯縮小，雪地與樹林的邊界變得模糊。
- 解釋
  - ■ 大內核（5 x 5）的影響範圍更廣，對細節和邊界的削減更加明顯。
  - ■ 更大的內核會在腐蝕過程中去除更多的細節和較小的前景區域，導致影像整體結構的弱化。
  - ■ 適用於需要大幅去除細節和雜點的場合，但不適合保留精細邊界的場景。

❑ 腐蝕內核大小對結果的總結

- 小內核（3 x 3）
  - ■ 優點：細節削減少，適合對影像進行溫和的處理。
  - ■ 缺點：對於大範圍的細節和雜點處理效果有限。
- 大內核（5 x 5）
  - ■ 優點：去除噪點和細小結構更徹底。
  - ■ 缺點：過度削減細節，可能損失重要的邊界訊息。

❑ 腐蝕操作的應用建議

- 3 x 3 內核：適合處理需要保留細節的影像，例如去除小型噪點或清理背景。
- 5 x 5 內核：適合處理需要強力去除細節的影像，例如分離大區域或處理具有大量噪點的影像。

總體而言，上述程式說明了腐蝕內核大小對影像處理結果的影響。未來應用選擇內核大小需要根據影像處理的目標進行權衡，「細節保留 vs. 噪點去除」。

12-2 膨脹 (Dilation)

膨脹是一種數學形態學的基本操作，其作用與腐蝕相反，主要用於擴展影像中的前景區域（通常是白色區域），就好像反覆的在牆壁漆水泥，讓整個牆壁變厚。在反覆擴張的動作中，有時可以讓兩個分開的影像連接。該操作透過結構元素（內核，kernel）逐像素遍歷影像，將內核覆蓋的範圍內存在前景像素的位置設置為前景，從而達到擴展區域的效果。

膨脹操作具有以下特點與應用：

- 填補細小間隙：能填補影像中前景區域的小孔洞，修復不連續的區域。
- 增強前景：擴大前景區域，讓目標物體在影像中更為顯著。
- 連接分離區域：將原本分離的前景物體連接起來，形成完整結構。
- 邊界增厚：增強物體輪廓的可視性，使形狀更加清晰，便於後續處理。

在 AI 視覺中的應用場景

- 影像修復：用於增強目標物體的連續性，例如在人臉識別或指紋識別中，填補斷裂或缺失的細節。
- 物件檢測與分割：在醫學影像分析中，膨脹操作可將模糊的器官邊緣連接成完整形狀，便於後續的分割與標註。
- 背景消除：在智慧監控中，用膨脹操作增強運動物體的可見性，協助實現目標分割或背景建模。
- 形狀分析：膨脹操作可擴大目標區域，幫助識別特定形狀的特徵，例如在 OCR（光學文字識別）中突出字體輪廓。

12-2-1　理論基礎

膨脹操作一般常用在二進制的影像，例如：下方左圖是原始影像，下方右圖是經過膨脹之後的結果。

膨脹操作的原理是，假設原始影像前景顏色是白色 (像素值是 1)，背景顏色是黑色 (像素值是 0)，我們需要建立一個內核 (kernel) 或是簡稱核，內核的中心像素稱核心，如下所示：

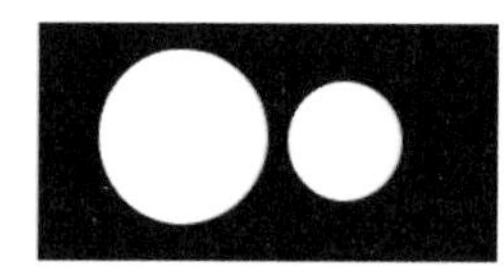

原始影像　　　　內核(kernel)

膨脹操作是讓內核遍歷影像所有的像素點，然後由內核的核心決定目前影像像素點的像素值，這時會發生 2 種情況。

❑ 情況 1：

如果內核全部或部分在原始影像中，則內核的核心目前所在的像素點是設定為前景顏色，也就是白色，可以參考下圖。

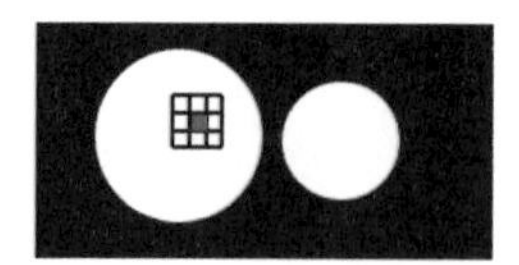 

❑ 情況 2：

如果內核完全不在原始影像中，則將目前內核的核心所在的像素點設定為背景色，也就是黑色，可以參考下圖。

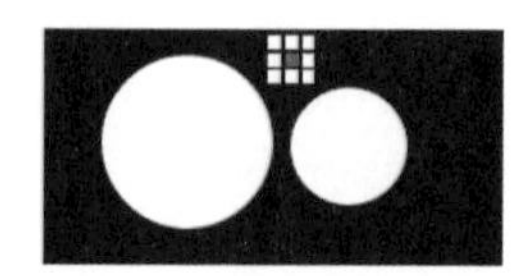

12-2-2 膨脹函數 dilate( )

OpenCV 將前一小節所述的膨脹功能封裝成 dilate( ) 函數，此函數語法如下：

```
dst = cv2.dilate(src, kernel, anchor, iterations, boderType, borderValue)
```

上述函數各參數意義如下：

- dst：回傳結果影像。
- src：來源影像或稱原始影像。
- kernel：代表膨脹操作所定義的內核，可以自行定義，也可以使用函數 getStructuringElement( ) 產生。
- anchor：可選參數，設定內核錨點的位置，也就是設定核心的位置，預設是 (-1,-1)，表示使用中心點當錨點。
- iterations：可選參數，膨脹操作的迭代次數，預設是 1。
- borderType：可選參數，邊界樣式，建議使用預設值即可。
- borderValue：可選參數，邊界值，建議使用預設值即可。

程式實例 ch12_5.py：使用陣列當作原始影像，設定 3 x 3 的內核，了解膨脹操作。

```
1  # ch12_5.py
2  import cv2
3  import numpy as np
4
5  src = np.zeros((7,7),np.uint8)
6  src[2:5,2:5] = 1                        # 建立前景影像
7  kernel = np.ones((3,3),np.uint8)        # 建立內核
8  dst = cv2.dilate(src, kernel)           # 膨脹操作
9  print(f"src = \n {src}")
10 print(f"kernel = \n {kernel}")
11 print(f"Dilation = \n {dst}")
```

執行結果

```
================== RESTART: D:/OpenCV_Python/ch12/ch12_5.py ==================
src =
 [[0 0 0 0 0 0 0]
 [0 0 0 0 0 0 0]
 [0 0 1 1 1 0 0]
 [0 0 1 1 1 0 0]
 [0 0 1 1 1 0 0]
 [0 0 0 0 0 0 0]
 [0 0 0 0 0 0 0]]
kernel =
 [[1 1 1]
 [1 1 1]
 [1 1 1]]
Dilation =
 [[0 0 0 0 0 0 0]
 [0 1 1 1 1 1 0]
 [0 1 1 1 1 1 0]
 [0 1 1 1 1 1 0]
 [0 1 1 1 1 1 0]
 [0 1 1 1 1 1 0]
 [0 0 0 0 0 0 0]]
```

程式實例 ch12_6.py：使用 5 x 5 和 11 x 11 當作內核，然後針對 bw_dilate.jpg 執行膨脹操作，最後列出執行結果。

```
1  # ch12_6.py
2  import cv2
3  import numpy as np
4  
5  src = cv2.imread("bw_dilate.jpg")
6  kernel = np.ones((5, 5),np.uint8)        # 建立5x5內核
7  dst1 = cv2.dilate(src, kernel)           # 膨脹操作
8  kerne2 = np.ones((11, 11),np.uint8)      # 建立11x11內核
9  dst2 = cv2.dilate(src, kerne2)           # 膨脹操作
10 
11 cv2.imshow("src",src)
12 cv2.imshow("after dilation 5 x 5",dst1)
13 cv2.imshow("after dilation 11 x 11",dst2)
14 cv2.waitKey(0)
15 cv2.destroyAllWindows()
```

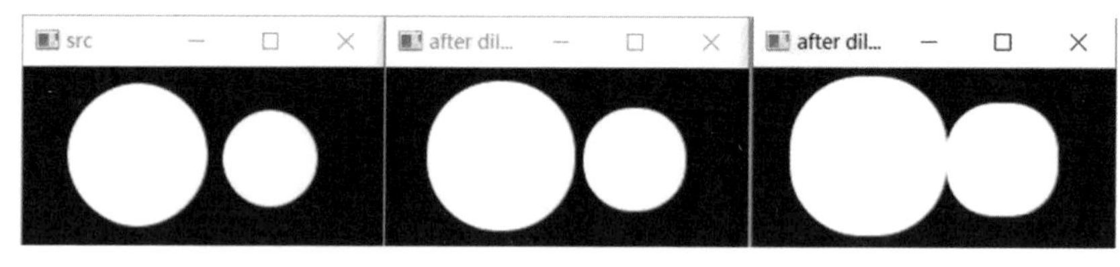

原始影像　　核心是5 x 5　　核心是11 x 11

程式實例 ch12_7.py：設定核心是 3 x 3 和 5 x 5，對 A.jpg 執行膨脹操作，同時列出結果。

```
1  # ch12_7.py
2  import cv2
3  import numpy as np
4  
5  src = cv2.imread("a.jpg")
6  kernel = np.ones((3, 3),np.uint8)        # 建立3x3內核
7  dst1 = cv2.dilate(src, kernel)           # 膨脹操作
8  kerne2 = np.ones((5, 5),np.uint8)        # 建立5x5內核
9  dst2 = cv2.dilate(src, kerne2)           # 膨脹操作
10 
11 cv2.imshow("src",src)
12 cv2.imshow("after dilation 3 x 3",dst1)
13 cv2.imshow("after dilation 5 x 5",dst2)
14 cv2.waitKey(0)
15 cv2.destroyAllWindows()
```

執行結果

原始影像　　核心是3 x 3　　核心是5 x 5

如果使用彩色影像執行膨脹操作，白色部分會增加，暗黑色部分會減少，影像會有模糊效果。

程式實例 ch12_8.py：利用膨脹操作對 ch12_4.py 的腐蝕程序進行重新設計，將膨脹功能應用於彩色影像處理。觀察膨脹操作的結果，讀者將發現高亮區域（如雪地）逐漸擴展，而深色區域（如樹林）面積隨之減少。

本實例還探討內核大小（如 3 x 3 與 5 x 5）對膨脹結果的影響，幫助讀者理解膨脹操作在影像結構中的應用特性，並對比膨脹與腐蝕的效果差異。

```
1  # ch12_8.py
2  import cv2
3  import numpy as np
4
5  src = cv2.imread("whilster.jpg")
6  kernel = np.ones((3,3),np.uint8)          # 建立3x3內核
7  dst1 = cv2.dilate(src, kernel)            # 膨脹操作
8  kerne2 = np.ones((5,5),np.uint8)          # 建立5x5內核
9  dst2 = cv2.dilate(src, kerne2)            # 膨脹操作
10
11 cv2.imshow("src",src)
12 cv2.imshow("after dilation 3 x 3",dst1)
13 cv2.imshow("after dilation 5 x 5",dst2)
14 cv2.waitKey(0)
15 cv2.destroyAllWindows()
```

執行結果 下列是原始影像。

下列左邊是 3 x 3 內核與右邊是 5 x 5 內核，膨脹操作的結果。

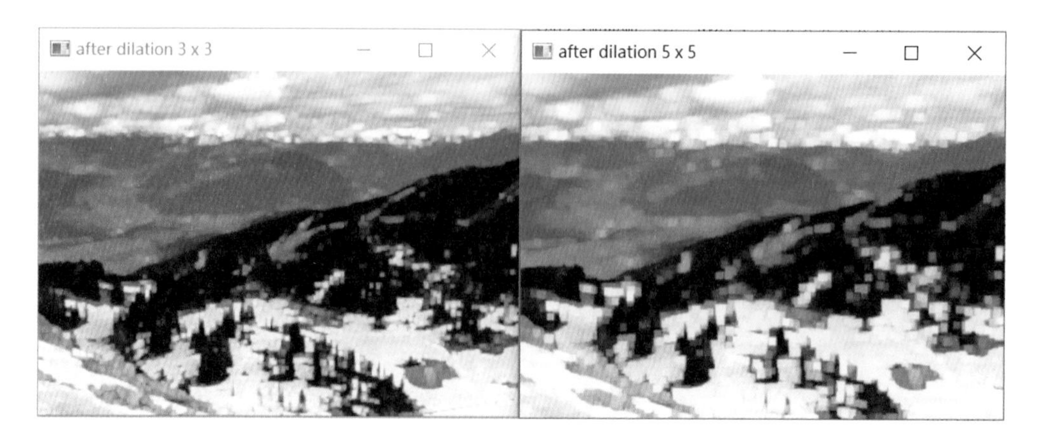

以下是觀察和分析的結果：

❑ 原始影像特性

- 原始影像（whilster.jpg）包含高亮區域（如雪地）和深色區域（如樹林），兩者的對比非常鮮明。
- 這種對比在膨脹操作中會導致高亮區域逐漸擴展，佔據鄰近的深色區域。

❑ 使用內核 3 x 3 的結果（after dilation 3x3）

- 觀察
  - 高亮區域（雪地）略微擴展，邊界稍有模糊化。
  - 深色區域（樹林）稍微縮小，但結構仍然清晰可辨。
- 解釋
  - 小內核（3 x 3）導致膨脹範圍較小，高亮區域僅略微侵蝕了深色區域。
  - 適合處理需要細微調整的場景，例如輕微邊界擴展或局部修補。

❑ 使用內核 5 x 5 的結果（after dilation 5 x 5）

- 觀察
  - 高亮區域（雪地）大幅擴展，侵蝕了更多的深色區域。
  - 深色區域（樹林）明顯縮小，甚至部分區域完全消失。
- 解釋
  - 大內核（5 x 5）對膨脹的影響範圍更廣，高亮區域在交界處擴展更明顯，導致深色區域被壓縮或消失。

■ 適用於需要強調高亮區域的連續性或清理深色背景的場景。

❑ 總結

膨脹操作的影響主要表現為：

- 高亮區域擴展：隨內核大小增加，擴展範圍加大。
- 深色區域縮小：高亮區域逐步侵蝕深色區域，導致其面積減少。

12-3 OpenCV 應用在數學形態學的通用函數

腐蝕 (Erosion) 和膨脹 (Dilation) 是最基礎運算，然後就可以用這兩個運算為基礎，執行開運算 (Opening)、閉運算 (Closing)、形態學梯度 (morphological gradient)、禮帽運算 (tophat)、黑帽運算 (blackhat) 等。OpenCV 對這些擴充的運算提供了通用函數 morphologyEx( )，此函數語法如下：

```
dst = cv2.morphologyEx(src,op,kernel,anchor,iteration,boderType,boderValue)
```

上述函數各參數意義如下：

- dst：回傳結果影像。
- src：來源影像或稱原始影像。
- op：操作方式，可以有下列選項。

具名常數	說明	說明
MORPH_ERODE	腐蝕	腐蝕操作（相當於 cv2.erode）
MORPH_DILATE	膨脹	膨脹操作（相當於 cv2.dilate）
MORPH_OPEN	開運算	dilate(erode( ))，相當於（先腐蝕再膨脹）
MORPH_CLOSE	閉運算	erode(dilate( ))，相當於（先膨脹再腐蝕）
MORPH_GRADIENT	形態學梯度	dilate( ) – erode( )，相當於（膨脹減去腐蝕）
MORPH_TOPHAT	頂帽運算	src – open( )，相當於（原影像減去開運算的結果）
MORPH_BLACKHAT	黑帽運算	close( ) – src，相當於（閉運算的結果減去原影像）

- kernel：代表膨脹操作所定義的內核，可以自行定義，也可以使用函數 getStructuringElement( ) 產生。

- anchor：可選參數，設定內核錨點的位置，也就是設定核心的位置，預設是 (-1,-1)，表示使用中心點當錨點。
- iterations：可選參數，指定形態操作的迭代次數，預設是 1。
- borderType：可選參數，邊界樣式，建議使用預設值即可。
- borderValue：可選參數，邊界值，建議使用預設值即可。

12-4 開運算 (Opening)

開運算（Opening）是一種基本的數學形態學操作，由腐蝕（Erosion）和膨脹（Dilation）依次組合而成。它的原理是先對影像進行腐蝕，移除孤立的噪點和細小結構；接著進行膨脹操作，恢復被腐蝕削減的主要結構部分。開運算可以有效地平滑物體邊界，同時清理影像中的小型噪音。其特點如下：

- 噪點去除：開運算有效清除背景中的小型雜點，提升影像整體簡潔性。
- 邊界平滑化：開運算對物體的邊界進行平滑處理，但可能導致邊界略微縮減。
- 細節簡化：開運算會削弱影像中的細小結構，使影像更加簡化，或是說是模糊。
- 不直接突出目標物體：開運算的主要作用是清理雜點，而非強調或分離目標物體。若需要突出目標物體，應結合其他形態學操作（如梯度或閉運算）。

12-4-1 開運算於 AI 視覺場景的應用

在 AI 視覺中，開運算是一種極為重要的預處理技術，廣泛應用於以下場景：

❑ 噪點去除與背景清理

開運算在影像預處理中非常適合清理背景雜點，例如移除小型孤立像素或細小結構，使影像看起來更加簡潔。應用場景：

- 醫學影像分析：在 X 光或 MRI 影像中，開運算可以清除不必要的噪點，提高主要病灶區域的可見性。
- 工業檢測：清理產品表面影像中的小型噪點，幫助突出瑕疵或缺陷。

❑ 邊界平滑與細節簡化

開運算可以平滑物體的邊界，減少鋸齒或毛刺，但同時可能削減目標的細節，尤其是在使用大內核時。應用場景：

- 文字識別（OCR）：移除文字周圍的雜點，平滑字形邊界，有助於提高識別的準確性。
- 地圖分析：清理衛星影像中不必要的細節，使目標地形的輪廓更為平滑。

❑ 區域分離的限制

開運算並不直接用於「提取或分離目標物體」，因為它可能導致邊界縮減和目標模糊。如果目標是提取物體，應結合其他形態學操作（如閉運算或梯度操作）。應用場景：

- 目標檢測：可以用於清理背景區域的噪點，為目標提取創造更乾淨的背景，但並非直接完成分離操作。

❑ 影像分割的輔助預處理

開運算可以透過移除影像中的小型噪點和干擾區域，平滑主要結構的邊界，為後續的影像分割創造更加乾淨的數據基礎。開運算並非直接完成影像分割，而是透過清理背景和簡化結構來提升分割效果。適用場景：

- 衛星影像：清理雜點後進行土地區域的分割。
- 人體分析：去除背景小干擾後提取輪廓。

12-4-2 開運算的程式應用

適度的使用開運算可以完成更多工作，例如：有一個二元樹，經過開運算後可以得到下列右邊的結果，這時使用檢驗輪廓，即可以獲得二元樹的節點數量。

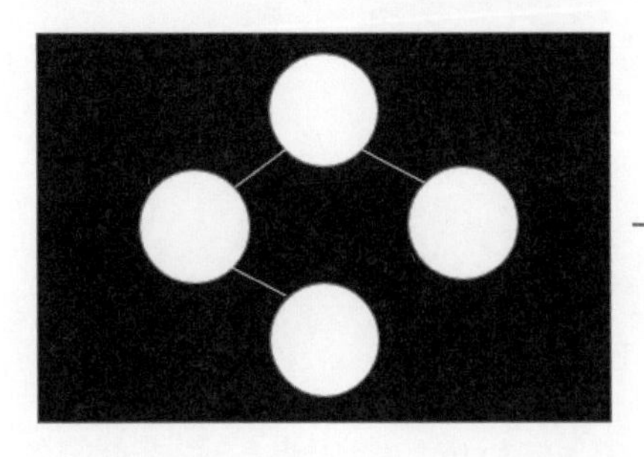

開運算

程式實例 ch12_9.py：建立 3 x 3 內核，使用開運算對二元樹操作。

```
1  # ch12_9.py
2  import cv2
3  import numpy as np
4
5  src = cv2.imread("btree.jpg")
6  kernel = np.ones((3,3),np.uint8)                     # 建立3x3內核
7  dst = cv2.morphologyEx(src,cv2.MORPH_OPEN,kernel)    # 開運算
8
9  cv2.imshow("src",src)
10 cv2.imshow("after Opening 3 x 3",dst)
11
12 cv2.waitKey(0)
13 cv2.destroyAllWindows()
```

執行結果

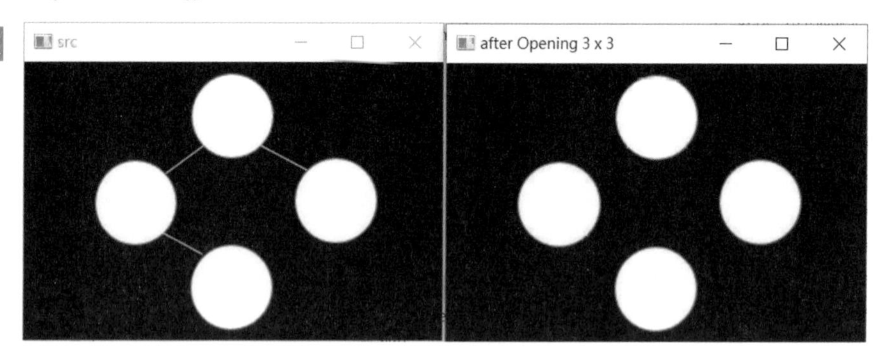

程式實例 ch12_10.py：利用 9x9 的內核對彩色影像進行開運算（Opening）操作，探索其對影像結構與細節的影響。從這個程式讀者將觀察到：

- 小型結構和雜點的有效清除。
- 深色與高亮區域邊界的平滑化。
- 整體影像的細節簡化（或是說模糊）與平滑效果。

```
1  # ch12_10.py
2  import cv2
3  import numpy as np
4
5  src = cv2.imread("night.jpg")
6  kernel = np.ones((9,9),np.uint8)                     # 建立9x9內核
7  dst = cv2.morphologyEx(src,cv2.MORPH_OPEN,kernel)    # 開運算
8
9  cv2.imshow("src",src)
10 cv2.imshow("after Opening 9 x 9",dst)
11
12 cv2.waitKey(0)
13 cv2.destroyAllWindows()
```

執行結果　下列左邊是原始影像，右邊是開運算的結果。

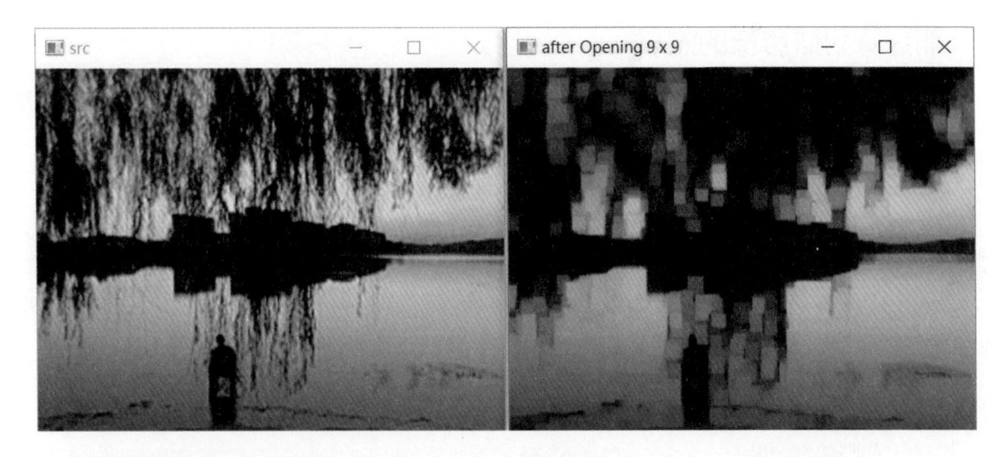

從上述我們可以直覺看到開運算對影像會有模糊的效果，下列是完整的描述。

❑ 原始影像（night.jpg）特性

原始影像包含高對比區域：

- 深色部分：如樹葉、樹幹和人影，由相對低亮度的像素組成。
- 高亮部分：如背景的天空和水面反射，亮度較高且紋理相對均勻。
- 影像的細節豐富，邊界清晰，特別是在樹葉與天空的交界處。

❑ 開運算結果（after Opening 9 x 9）觀察

- 深色區域
  - 樹葉的細節顯著減少，小型枝葉結構被清除，深色區域變得更加簡化。
  - 人影的輪廓略微縮減，邊界變得模糊。
- 高亮區域：天空的亮度保持均勻，邊界因雜點移除而變得更加平滑。
- 整體效果：細小雜點和紋理干擾被有效清除，影像的細節顯著簡化，整體更加平滑。

❑ 開運算的作用

- 腐蝕階段：使用 9 x 9 內核移除小型結構（如枝葉和雜點），深色區域的邊界被縮小。
- 膨脹階段：恢復被腐蝕削減的主要結構，但已移除的小細節無法還原，高亮區域的邊界過渡更加平滑。

❑ 開運算對該影像的意義

- 噪點去除：有效清除背景中的小型雜點（如小葉片或紋理干擾），使影像更加簡化和乾淨。
- 邊界平滑：平滑深色與高亮區域的過渡邊界，適合簡化影像結構。

程式實例 ch12_11.py：本節開始我們知道所謂的開運算 (Opening) 就是將影像先做腐蝕 (erosion) 操作，然後再做膨脹 (dilation) 操作，這個實例是先使用 erode( ) 函數，再使用 dilate( ) 函數重新設計 ch12_10.py，讀者可以了解影像的變化過程。

```
1  # ch12_11.py
2  import cv2
3  import numpy as np
4
5  src = cv2.imread("night.jpg")
6  kernel = np.ones((9,9),np.uint8)                    # 建立9x9內核
7  mid = cv2.erode(src, kernel)                        # erosion
8  dst = cv2.dilate(mid, kernel)                       # dilation
9
10 cv2.imshow("src",src)
11 cv2.imshow("after erosion 9 x 9",mid)
12 cv2.imshow("after dilation 9 x 9",dst)
13
14 cv2.waitKey(0)
15 cv2.destroyAllWindows()
```

執行結果

從上述可以看到影像先腐蝕，對於上述影像淺色部分是前景顏色，整個淺色區域變小。然後再膨脹雖然淺色區塊變大，但是影像也簡化與變模糊了。

程式實例 ch12_11_1.py：重新設計 ch12_11.py 用灰階方式處理影像，讀者可以自行觀察執行結果。

```
1   # ch12_11_1.py
2   import cv2
3   import numpy as np
4
5   # 讀取影像並轉為灰階
6   src = cv2.imread("night.jpg")
7   gray = cv2.cvtColor(src, cv2.COLOR_BGR2GRAY)     # 轉換為灰階影像
8   kernel = np.ones((9, 9), np.uint8)
9
10  mid = cv2.erode(gray, kernel)                    # erosion
11  dst = cv2.dilate(mid, kernel)                    # dilation
12
13  cv2.imshow("Original Grayscale Image", gray)
14  cv2.imshow("After Erosion (9x9)", mid)
15  cv2.imshow("After Dilation (9x9)", dst)
16
17  cv2.waitKey(0)
18  cv2.destroyAllWindows()
```

執行結果

12-5 閉運算 (Closing)

閉運算（Closing）是數學形態學中一種基本的影像處理操作，由膨脹（Dilation）和腐蝕（Erosion）的結合組成。具體而言，閉運算的操作順序是先對影像進行膨脹，再進行腐蝕。這一操作的主要特點是填補空隙和平滑邊界，特別適合處理影像中的斷裂部分或小型空洞。閉運算的特點如下：

- 填補小型空隙：閉運算能夠填補前景區域（白色區域）中較小的孔洞或細小間隙，使目標區域更加完整。
- 連接分離的區域：將相互靠近但分離的前景物體連接起來，形成一個連續的結構。

- 平滑邊界：平滑物體的邊界，去除內凹的區域，使邊界更加規整。
- 保持目標結構完整：與開運算不同，閉運算更注重保持前景物體的完整性，避免細節的過度削減。

閉運算是一種強調目標結構完整性的影像處理操作，適合處理小型孔洞和內部斷裂的場景。它在 AI 視覺 中的應用涵蓋從醫學影像分析到物體檢測等多個領域，是修復目標區域和增強影像連續性的核心技術之一。

12-5-1　閉運算與開運算功能差異

- 開運算
  - 主要用於移除背景噪點或小型結構。
  - 適合於細節簡化和噪點清理。
- 閉運算
  - 主要用於填補前景中的空洞和連接分離的結構。
  - 適合於目標結構的修復和邊界平滑。

12-5-2　閉運算在 AI 視覺中的應用場景

❑ 填補內部空洞

閉運算可以消除目標物體內部的小型空隙，讓目標更加完整。下列是應用案例：

- 醫學影像：修復血管影像中的小型間隙，使血管結構更加清晰。
- 工業檢測：填補產品表面缺陷中的小孔，便於進一步檢測。

❑ 連接分離區域

閉運算能連接相互靠近但斷裂的前景區域，讓目標形成完整結構。下列是應用案例：

- 車輛檢測：在夜間影像中連接車輛尾燈分散的光點，形成完整的車輛輪廓。
- 細胞影像分析：將分散的小細胞結構連接起來，便於整體分析。

❑ 平滑邊界

透過閉運算修復物體邊界內凹的部分，使其更加平滑，便於後續的形狀分析或檢測。下列是應用案例：

- 形狀分析：在產品邊界檢測中，去除內凹細節，讓邊界更加平滑。
- 手寫文字識別（OCR）：修復手寫字母中缺失的筆劃，便於識別。

❑ 修復細微斷裂

對於目標物體內部的細微斷裂部分，閉運算能將其修復，增強結構的連續性。下列是應用案例：

- 道路監控：修復車輛影像中由陰影造成的斷裂，增強車輛輪廓的連續性。
- 衛星影像：將地圖上河流的斷裂部分連接起來，形成完整的水力結構。

12-5-3 閉運算的程式應用

閉運算使用也可以完成更多工作，例如：可以將兩個接近的前景圖案連接。

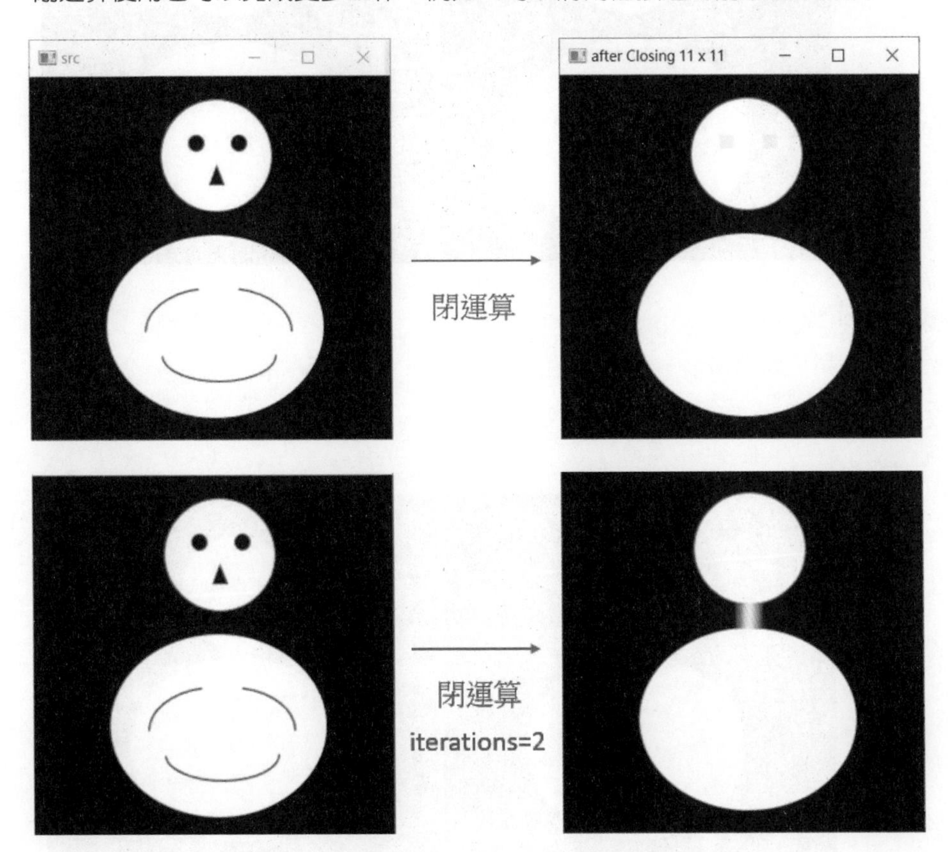

程式實例 ch12_12.py：建立 11 x 11 內核，對影像 snowman.jpg 使用閉運算。

```
1  # ch12_12.py
2  import cv2
3  import numpy as np
4
5  src = cv2.imread("snowman.jpg")
6  kernel = np.ones((11,11),np.uint8)                    # 建立11x11內核
7  dst = cv2.morphologyEx(src,cv2.MORPH_CLOSE,kernel)  # 閉運算
8
9  cv2.imshow("src",src)
10 cv2.imshow("after Closing 11 x 11",dst)
11
12 cv2.waitKey(0)
13 cv2.destroyAllWindows()
```

執行結果

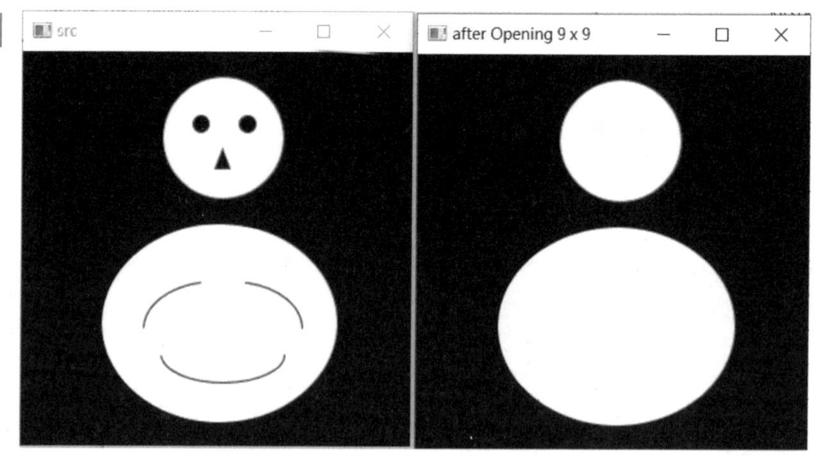

程式實例 ch12_13.py：將 snowman1.jpg 影像與 snowman.jpg 大致一樣，差異是頭與身體靠近一點，然後執行閉運算。

```
5  src = cv2.imread("snowman1.jpg")
```

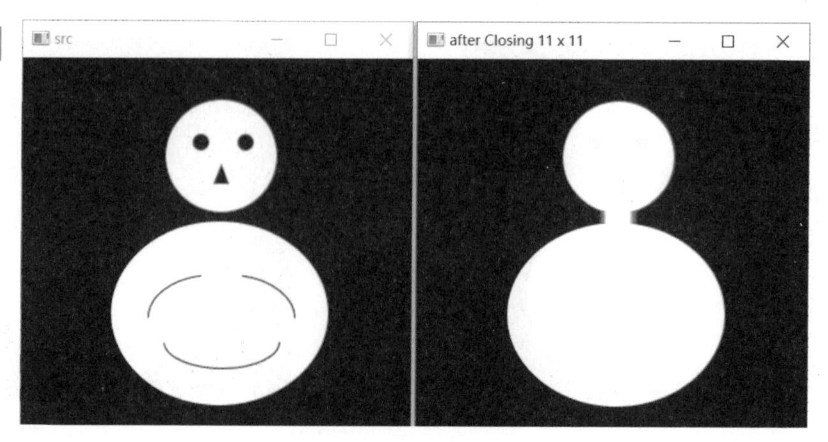

程式實例 ch12_14.py：本節開始我們知道所謂的閉運算 (Closing) 就是將影像先做膨脹 (dilation) 操作，然後再做腐蝕 (erosion) 操作，讀者可以了解彩色影像的變化過程。

```
1    # ch12_14.py
2    import cv2
3    import numpy as np
4
5    src = cv2.imread("city.jpg")
6    kernel = np.ones((3,3),np.uint8)                    # 建立3x3內核
7    dst = cv2.morphologyEx(src,cv2.MORPH_CLOSE,kernel)  # 閉運算
8
9    cv2.imshow("src",src)
10   cv2.imshow("after Closing 3 x 3",dst)
11
12   cv2.waitKey(0)
13   cv2.destroyAllWindows()
```

執行結果

以下是對原圖（city.jpg）和執行 3x3 核閉運算後的結果圖的詳細分析：

❑ 原圖特性

- 場景描述：
  - ■ 圖像由夜間燈光下的建築物、氣球和深色的天空組成。
  - ■ 建築物的燈光具有高亮特性，而天空和氣球則主要為深色區域。
  - ■ 邊界較為分明，特別是建築物尖塔和氣球的輪廓清晰，細節豐富。
- 潛在問題：建築物的燈光區域可能存在細小的空隙或雜點，邊界部分可能有不平滑的細節。

❑ 閉運算結果的觀察

- 高亮區域（建築物）
  - 建築物的亮度區域變得更加連續和平滑，細小的燈光空隙被填補。
  - 原本尖銳的燈光邊界略微平滑化，細節稍有減少。
- 深色區域（天空與氣球）
  - 天空的深色區域顯得更加均勻，可能移除了部分小型高亮噪點或細節。
  - 氣球的輪廓變得稍微模糊，細節略有減少，但整體形狀依然保持清晰。
- 邊界與過渡
  - 建築物與天空的邊界由於閉運算的作用變得稍微柔和，不再那麼尖銳。
  - 細小的內凹部分被填補，使邊界更加規整。

❑ 閉運算的具體作用與解釋

- 膨脹階段的作用，在膨脹操作中：
  - 高亮區域（建築物的燈光部分）向周圍擴展，填補了內部的小孔洞或細小的裂隙。
  - 深色區域中的高亮細節可能被周圍深色區域覆蓋，導致細節減少。
- 腐蝕階段的作用，在隨後的腐蝕操作中：
  - 修正膨脹操作的過度擴展，恢復高亮區域的邊界形狀，但已經填補的小孔洞保持完整。
  - 高亮與深色區域的交界處變得更加柔和，內凹部分被修復，邊界更為平滑。

❑ 整體效果

- 平滑邊界：尖銳的建築物邊界被平滑化，特別是燈光尖塔的邊緣部分。
- 結構修復：建築物內部的小型燈光裂隙或孔洞被填補，使高亮區域更加連續。
- 細節簡化：部分細小的高亮或深色細節被認為是噪點，因而被移除。

❑ 評估閉運算的影響

- 優點
  - 結構完整性增強：填補了建築物內部的空隙，使燈光更加連續和飽滿。

- 背景清理：移除了深色區域中的高亮噪點，使天空更加均勻。
- 邊界平滑：目標的邊界更加規整，適合進行形狀分析或目標分割。

● 缺點

- 細節損失：高亮與深色區域的細節在過程中有所減少，影像可能顯得不夠鋒利。
- 邊界模糊：建築物與天空的交界處變得柔和，可能導致對細節要求高的應用出現問題。

12-6 形態學梯度 (Morphological gradient)

形態學梯度（Morphological Gradient）是數學形態學中一種強調影像邊緣特徵的重要技術，原理是將膨脹的影像減去腐蝕的影像，最後可以得到影像的邊緣。這種方法結合了膨脹和腐蝕的優勢，不僅能突顯目標邊緣，還能清理內部細節，使得影像的邊界更加清晰。

膨脹影像

原始影像

膨脹影像 - 腐蝕影像

腐蝕影像

12-6-1 形態學梯度的作用與影響

❑ 形態學梯度運行階段

- 膨脹階段
  - ■ 作用
    - ◆ 膨脹操作擴展了目標物體的邊界，使影像中所有目標區域向外擴張。
    - ◆ 此操作可以覆蓋鄰近的小型細節和內部的間隙，為後續的邊緣提取奠定基礎。
  - ■ 影響：邊界向外擴展，增強了影像的外部輪廓，凸顯出目標的整體形狀。
- 腐蝕階段
  - ■ 作用
    - ◆ 腐蝕操作縮小了目標物體的邊界，刪除了邊界附近的細節，減少內部的干擾。
    - ◆ 此操作有效提取了影像的內部輪廓。
  - ■ 影響：邊界向內收縮，減弱了影像的內部紋理細節。
- 剪法計算（差分）
  - ■ 作用
    - ◆ 透過將膨脹影像減去腐蝕影像，可以保留物體的邊界，去除內部區域。
    - ◆ 得到的結果只保留目標物體的輪廓，去除了大部分內部結構。
  - ■ 影響
    - ◆ 突顯影像的邊緣特徵，使邊界更加清晰和明顯。
    - ◆ 適合用於進一步的邊緣檢測或形狀分析。

❑ 整體效果

- 邊緣提取：形態學梯度專注於提取目標物體的邊緣，無論是內部還是外部的輪廓都能被清晰地顯示。
- 內部結構弱化：去除了目標物體的內部區域，專注於輪廓特徵。
- 邊界細化：透過消除內外的細節干擾，使邊界更加規整和平滑。

12-6-2 形態學梯度在 AI 視覺中的場景應用

❑ 邊緣檢測

- 應用描述：形態學梯度能高效提取目標物體的邊緣，適合需要明確邊界的場景。
- 應用案例
  - 醫學影像：提取腫瘤或組織的邊緣，幫助進一步分析。
  - 交通監控：識別車輛或行人的外部輪廓，用於目標檢測。

❑ 形狀分析

- 應用描述：透過突出邊界細節，形態學梯度有助於分析物體的形狀特徵。
- 應用案例
  - 工業檢測：分析產品邊緣的規整性，檢測形狀缺陷。
  - 圖像分類：強調物體邊界特徵，提升分類準確性。

❑ 前景分割輔助

- 應用描述：透過邊緣提取，幫助分離前景物體與背景區域。
- 應用案例
  - 衛星影像：分割地形特徵，如河流或山脈邊界。
  - 物體檢測：分離物體輪廓，便於進一步的分割處理。

12-6-3 閉運算的程式應用

程式實例 ch12_15.py：先處理 k.jpg 影像的膨脹與腐蝕。

```
 1  # ch12_15.py
 2  import cv2
 3  import numpy as np
 4
 5  src = cv2.imread("k.jpg")
 6  kernel = np.ones((5,5),np.uint8)                # 建立5x5內核
 7  dst1 = cv2.dilate(src, kernel)                  # dilation
 8  dst2 = cv2.erode(src, kernel)                   # erosion
 9  cv2.imshow("src",src)
10  cv2.imshow("after dilation 5 x 5",dst1)
11  cv2.imshow("after erosion 5 x 5",dst2)
12
13  cv2.waitKey(0)
14  cv2.destroyAllWindows()
```

執行結果

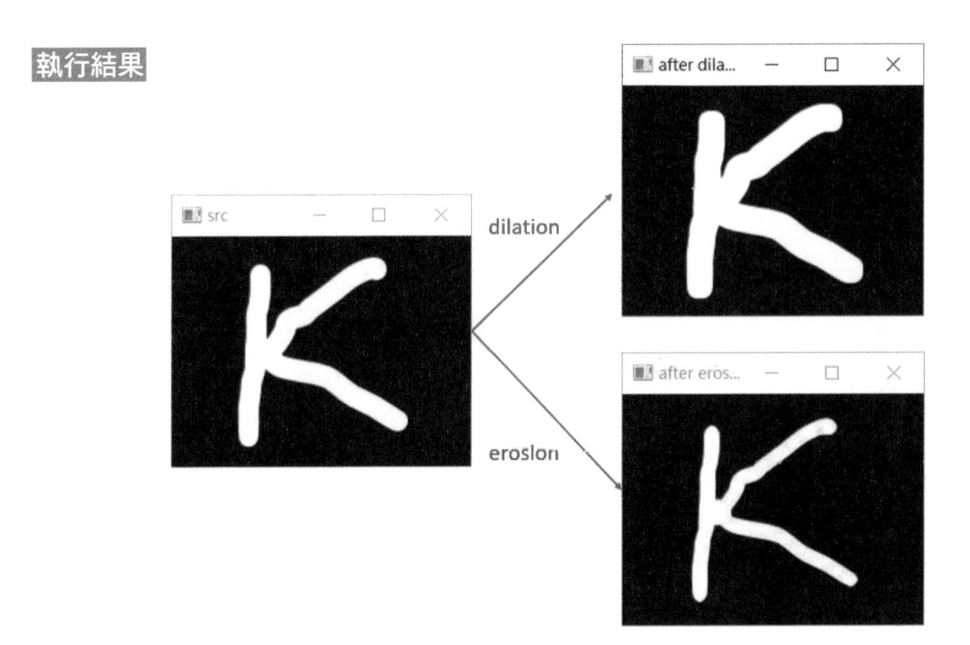

程式實例 ch12_16.py：使用形態學梯度獲得 k.jpg 影像邊緣的設計。

```
1  # ch12_16.py
2  import cv2
3  import numpy as np
4
5  src = cv2.imread("k.jpg")
6  kernel = np.ones((5,5),np.uint8)                          # 建立5x5內核
7  dst = cv2.morphologyEx(src,cv2.MORPH_GRADIENT,kernel)    # gradient
8
9  cv2.imshow("src",src)
10 cv2.imshow("after morpological gradient",dst)
11
12 cv2.waitKey(0)
13 cv2.destroyAllWindows()
```

執行結果

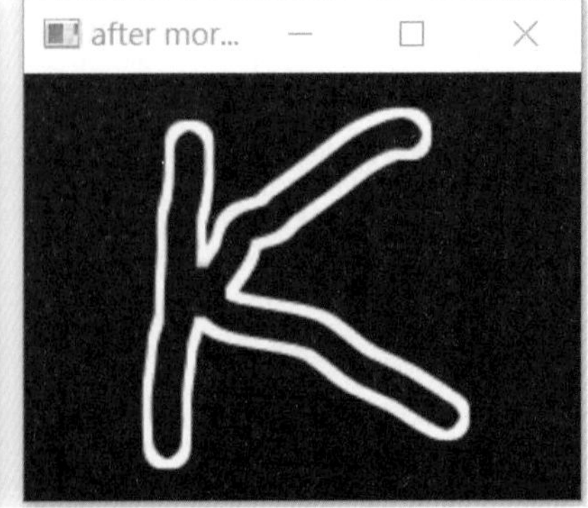

程式實例 ch12_17.py：重新設計 ch12_16.py，但是將內核改為 3 x 3，將影像改為 hole.jpg。

```
5  src = cv2.imread("hole.jpg")
6  kernel = np.ones((3,3),np.uint8)                    # 建立3x3內核
```

執行結果

以下是對原圖（hole.jpg）和形態學梯度處理後的結果圖的詳細分析：

❑ 原圖特性

- 場景描述
  - 夜晚城市場景，包括亮燈的建築物、背景深色的天空和光線反射的道路。
  - 高亮區域主要集中在建築物的燈光，以及道路上的光線。
  - 邊界分明且細節豐富，特別是在建築物外牆、燈光輪廓和屋頂結構上。
- 影像特徵
  - 具有明顯的高對比度區域（如燈光與背景交界處）。
  - 細節層次豐富，適合進行邊緣提取操作。

❑ 形態學梯度結果觀察

- 邊界的強化
  - 觀察
    - 形態學梯度操作突出了建築物的外輪廓，燈光區域的邊界變得更加清晰。

- 每個建築物的外牆、屋頂和燈光裝飾的輪廓以亮線顯示，形成強烈的對比。

- 解釋：形態學梯度透過將膨脹影像減去腐蝕影像，提取了高亮區域和深色區域交界處的邊界。

- 細節簡化
  - 觀察
    - 大量的內部細節被移除，僅保留目標物體（如建築物）的外部邊緣和結構。
    - 道路和背景區域的細小細節基本消失。
  - 解釋：腐蝕操作消除了內部的細節和小型結構，而膨脹操作保留了外部的邊界訊息，最終只提取了輪廓部分。

- 對比效果
  - 觀察
    - 影像呈現明暗對比效果，輪廓線條清晰，背景則變得更加暗淡。
    - 高亮區域的邊緣以亮線形式突顯出來。
  - 解釋：背景的深色區域在梯度操作中被視為無效訊息，因此未出現在結果中，而邊界訊息因亮度差異被明確提取。

形態學梯度的作用與影響

- 邊界提取
  - 作用：提取高亮區域與深色背景的交界處，使物體的輪廓更明顯。
  - 影響：強化了建築物、燈光裝飾的輪廓細節，突顯目標物體的結構。
- 背景清理
  - 作用：去除了影像中深色背景部分，僅保留有邊界訊息的區域。
  - 影響：影像變得更加簡化，適合進一步的形狀分析或特徵提取。
- 細節的削弱
  - 作用：內部的小型結構和紋理細節在腐蝕操作中被消除。
  - 影響：對於需要內部細節的應用場景，形態學梯度可能不適合。

❑ 整體效果總結

- 突顯邊界：建築物、燈光裝飾和道路的邊界變得更加明顯，適合用於目標輪廓提取。
- 背景簡化：深色的天空和道路背景基本被移除，使影像更加專注於邊界訊息。
- 對比增強：高亮與深色的對比被強化，便於後續的目標檢測或分割操作。

12-7 禮帽運算 (tophat)

禮帽運算 (Tophat) 是數學形態學中一種用開運算（Opening）為基礎的操作技術。它通過將原始影像減去開運算處理後的影像，從而提取出原始影像中較為明亮的細節區域或是說可能是噪音訊息，特別是那些比背景亮但未完全連接的部分。這一運算常用於強調影像中的亮點細節，或提取背景中的小型結構和紋理資訊。

12-7-1 禮帽運算的特色與影響

❑ 作用與影響

- 開運算的影響
  - 作用：開運算移除了影像中的小型亮點和孤立細節，僅保留背景的平滑結構。
  - 影響：消除了明亮區域中的小型噪點和不規則亮點，使背景部分變得更加平滑和簡化。
- 禮帽運算的減法（差分）計算
  - 作用
    - 原始影像減去開運算後的影像，強調了原始影像中被開運算移除的亮點細節。
    - 禮帽運算的結果集中在影像中亮度較高、尺寸較小的結構部分。
  - 影響：高亮細節得到了突顯，背景部分則被削弱，從而更專注於原影像中的亮點資訊。

❑ 整體效果

- 強調亮點細節：禮帽運算突出了原始影像中比背景亮的小型結構和紋理，如孤立的亮點或邊緣細節。
- 背景抑制：禮帽運算抑制了背景的影響，特別是平坦且大範圍的背景區域。
- 噪點提取：對於某些應用場景，禮帽運算可用於提取影像中的噪點資訊，用於後續的分析或去除。

❑ 禮帽運算的局限性

- 內核大小的影響：使用過大的內核可能導致部分重要的亮點細節被視為背景而丟失，從而減少運算的精確性。
- 僅適用於高亮細節：禮帽運算專注於提取高亮區域，對於暗色背景中的細節不敏感，可能需要其他技術進行補充。

12-7-2　禮帽運算在 AI 視覺中的場景應用

❑ 亮點提取

- 應用描述：禮帽運算可以提取影像中比背景更亮的小型結構，特別適合需要強調亮點的場景。
- 應用案例
  - 天文影像：提取星空中的小型亮點（如星星），抑制背景的亮度干擾。
  - 醫學影像：強調病理影像中的亮點特徵，例如血管內部的高亮結構。

❑ 邊緣強化

- 應用描述：禮帽運算通過提取邊緣的亮點資訊，使物體輪廓更加突出。
- 應用案例
  - 工業檢測：檢測物體表面的瑕疵或裂紋（通常以亮點形式呈現）。
  - 文字檢測：在場景文本中提取亮度高的筆畫，輔助文字識別（OCR）。

❑ 噪點分析

- 應用描述：禮帽運算可以提取原影像中的噪點或亮點結構，便於進一步分析或去除。
- 應用案例

- 監控影像：提取夜間監控中的高亮干擾點，例如燈光反射或光暈。
- 表面檢測：提取金屬或玻璃表面的亮點瑕疵。

12-7-3 禮帽運算的程式應用

程式實例 ch12_18.py：使用禮帽運算獲得噪音訊息的應用。

```
1  # ch12_18.py
2  import cv2
3  import numpy as np
4
5  src = cv2.imread("btree.jpg")
6  kernel = np.ones((3,3),np.uint8)                      # 建立3x3內核
7  dst = cv2.morphologyEx(src,cv2.MORPH_TOPHAT,kernel) # tophat
8
9  cv2.imshow("src",src)
10 cv2.imshow("after tophat",dst)
11
12 cv2.waitKey(0)
13 cv2.destroyAllWindows()
```

執行結果

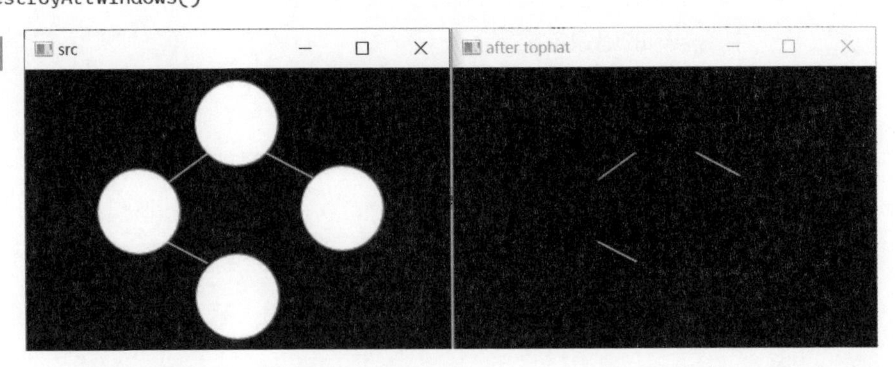

12-8 黑帽運算 (blackhat)

黑帽運算 (Blackhat) 是數學形態學中的一種操作技術，透過將原始影像減去閉運算處理後的影像，從而提取出影像中比背景更暗的區域和細節資訊。這一操作特別適合用於強調影像中暗色部分的細微結構，或分析背景與物體之間的對比差異。

12-8-1 黑帽運算的特色與影響

❑ 作用與影響

- 閉運算的影響
  - ■ 作用：閉運算能平滑影像的亮區，填補前景中的空隙，並加強背景的亮度連續性。
  - ■ 影響：去除了影像中的小型暗色細節和陰影區域，形成更均勻的背景結構。
- 黑帽運算的差分計算
  - ■ 作用
    - ◆ 原始影像減去閉運算影像，將閉運算移除的暗色細節與結構突顯出來。
    - ◆ 結果集中在影像中比背景更暗的細節區域，特別是陰影、內凹邊緣和小型結構。
  - ■ 影響：突出了暗色區域的紋理和細節，形成對比強烈的效果，便於分析影像中不規則的暗邊或陰影。

❑ 整體效果

- 強調暗色細節：黑帽運算能有效突顯影像中的陰影區域和暗色邊緣，特別是那些比背景更暗的細微結構。
- 背景抑制：減少了高亮背景的影響，讓暗色部分更加突出。
- 結構細化：提取原始影像中不規則的內部結構，幫助分析物體的暗色紋理和特徵。

❑ 黑帽運算的局限性

- 內核大小的影響：如果內核過大，暗色區域可能被過度平滑，導致部分細節喪失。
- 僅適用於暗色細節：黑帽運算主要突顯暗色部分，對於高亮細節的提取效果較弱。

12-8-2　黑帽運算在 AI 視覺中的場景應用

❑ 暗色細節分析

- 應用描述：黑帽運算能有效提取影像中暗色區域的細微結構，用於分析物體的陰影或深色紋理。
- 應用案例
  - ■ 醫學影像：提取病變區域的暗色細節，例如 X 光影像中的陰影特徵。
  - ■ 建築檢測：分析牆面或結構中的裂縫和陰影區域，便於檢測缺陷。

❑ 邊界分析

- 應用描述：黑帽運算突出目標物體中內凹或陰影部分的邊界，便於檢測細節。
- 應用案例
  - ■ 工業檢測：分析金屬或玻璃表面上的暗色劃痕或內部缺陷。
  - ■ 交通監控：提取夜間道路中的陰影和暗色區域，輔助目標檢測。

❑ 對比增強

- 應用描述：黑帽運算可以用於增強影像中亮區與暗區的對比，使目標更加明顯。
- 應用案例
  - ■ 衛星影像：突出地形中低亮度區域的特徵，例如山谷或河流陰影。
  - ■ 手寫字分析：增強筆劃的暗色區域，便於文字識別。

12-8-3 黑帽運算的程式應用

程式實例 ch12_19.py：使用黑帽運算獲得內部細節的應用。

```
1  # ch12_19.py
2  import cv2
3  import numpy as np
4
5  src = cv2.imread("snowman.jpg")
6  kernel = np.ones((11,11),np.uint8)                    # 建立11x11內核
7  dst = cv2.morphologyEx(src,cv2.MORPH_BLACKHAT,kernel)  # blackhat
8
9  cv2.imshow("src",src)
10 cv2.imshow("after blackhat",dst)
11
12 cv2.waitKey(0)
13 cv2.destroyAllWindows()
```

執行結果

程式實例 ch12_20.py：使用 roman.jpg 影像檔案重新設計 ch12_19.py。

```
5    src = cv2.imread("roman.jpg")
6    kernel = np.ones((11,11),np.uint8)                    # 建立11x11內核
```

執行結果

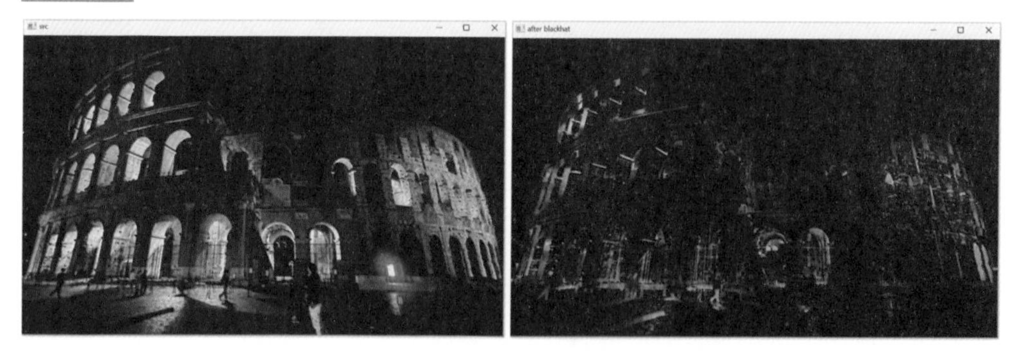

以下是對原始影像（roman.jpg）和經過黑帽運算處理後的影像詳細分析：

❑ 原始影像特性

- 場景描述
    - ■ 圖像是一幅夜間拍攝的羅馬鬥獸場，背景為深色的夜空，前景是被燈光照亮的建築物。
    - ■ 高亮部分集中在建築物的弧形結構、拱門以及燈光照射的牆面。
    - ■ 深色部分為建築物的陰影區域以及背景的夜空。

- 影像特徵
  - 高對比：燈光照亮的區域和陰影區域形成強烈的對比。
  - 結構分明：建築物的弧形結構、拱門輪廓以及牆面的紋理細節清晰。

❑ 黑帽運算結果觀察

- 高亮區域的影響
  - 觀察：
    - 燈光照亮的建築物表面在結果影像中被暗化，形成明顯的結構線條，邊界變得更為突出。
    - 高亮區域內部細節消失，僅保留了輪廓和局部的結構變化。
  - 解釋：黑帽運算提取了「背景中比結構元素亮的小型細節」，因此燈光區域的邊緣部分更加明顯，而內部的高亮區域變得暗淡。
- 深色區域的影響
  - 觀察
    - 深色的陰影區域和背景夜空幾乎沒有改變，仍然保持暗色。
    - 黑帽運算對深色區域的影響較小，主要集中在高亮區域附近的細節。
  - 解釋：黑帽運算強調的是亮點細節，因此對於原本已是深色的區域影響很小。
- 邊界和紋理的強化
  - 觀察
    - 建築物的拱門和牆面紋理形成了明顯的線條，特別是在高亮區域與深色背景的交界處。
    - 紋理細節被加強，邊界清晰度顯著提升。
  - 解釋：黑帽運算通過提取亮點的細節，突出了結構變化，使得邊界和紋理更加明顯。

❑ 黑帽運算的作用與影響

- 突顯高亮區域的邊界
  - 作用：黑帽運算提取了高亮區域內部的小型細節，並對亮點的邊界進行了強化。
  - 影響：建築物燈光區域的輪廓更清晰，邊緣細節更加突出。

- 簡化內部高亮細節
  - ■ 作用：黑帽運算會削弱高亮區域內部的細節，只保留主要結構的亮點變化。
  - ■ 影響：燈光照射的牆面細節減少，內部區域變得更加簡化。
- 背景區域的保持
  - ■ 作用：深色背景區域幾乎不受黑帽運算影響，保持原始的暗色特性。
  - ■ 影響：影像的焦點集中在高亮區域，而深色背景區域被忽略。

❑ 整體效果總結

- 邊界突顯：建築物的拱門、弧形結構以及燈光區域的邊界變得更為明顯。
- 內部細節削弱：高亮區域內部的細節被簡化，只保留結構的主要輪廓。
- 對比增強：高亮與深色區域的對比被進一步放大，影像變得更加聚焦於亮點結構。

12-9 核函數

前面各小節筆者使用 Numpy 模組的 ones( ) 建立核函數，其實在 12-1-2 節筆者有說過可以使用 OpenCV 所提供的 getStructuringElement( ) 建立內核 (kernel)，這個函數的語法如下：

```
kernel = cv2.getStructuringElement(shape, ksize, anchor)
```

上述各參數意義如下：

- kernel：回傳內核。
- shape：內核的外型，可以有下列選項。

具名常數	說明
MORPH_RECT	所有元素值皆是 1
MORPH_ELLIPSE	橢圓形結構是 1
MORPH_CROSS	十字形元素位置是 1

- ksize：內核的大小。
- anchor：可選參數，設定內核錨點的位置，也就是設定核心的位置，預設是

(-1,-1)，表示使用中心點當錨點。

程式實例 ch12_21.py：認識 getStructuringElement( ) 建立內核 (kernel) 的基本應用。

```
1  # ch12_21.py
2  import cv2
3  import numpy as np
4
5  kernel = cv2.getStructuringElement(cv2.MORPH_RECT,(5,5))
6  print(f"MORPH_RECT \n {kernel}")
7  kernel = cv2.getStructuringElement(cv2.MORPH_ELLIPSE,(5,5))
8  print(f"MORPH_ELLIPSE \n {kernel}")
9  kernel = cv2.getStructuringElement(cv2.MORPH_CROSS,(5,5))
10 print(f"MORPH_CROSS \n {kernel}")
```

執行結果

```
==================== RESTART: D:/OpenCV_Python/ch12/ch12_21.py ====================
MORPH_RECT
 [[1 1 1 1 1]
 [1 1 1 1 1]
 [1 1 1 1 1]
 [1 1 1 1 1]
 [1 1 1 1 1]]
MORPH_ELLIPSE
 [[0 0 1 0 0]
 [1 1 1 1 1]
 [1 1 1 1 1]
 [1 1 1 1 1]
 [0 0 1 0 0]]
MORPH_CROSS
 [[0 0 1 0 0]
 [0 0 1 0 0]
 [1 1 1 1 1]
 [0 0 1 0 0]
 [0 0 1 0 0]]
```

程式實例 ch12_22.py：使用 getStructuringElement( ) 分別建立 MORPH_RECT、MORPH_ELLIPSE 和 MORPH_CROSS 不同外形內核 (kernel) 的應用。

```
1  # ch12_22.py
2  import cv2
3  import numpy as np
4
5  src = cv2.imread("bw_circle.jpg")
6  kernel = cv2.getStructuringElement(cv2.MORPH_RECT,(39,39))
7  dst1 = cv2.dilate(src, kernel)
8  kernel = cv2.getStructuringElement(cv2.MORPH_ELLIPSE,(39,39))
9  dst2 = cv2.dilate(src, kernel)
10 kernel = cv2.getStructuringElement(cv2.MORPH_CROSS,(39,39))
11 dst3 = cv2.dilate(src, kernel)
12
13 cv2.imshow("src",src)
14 cv2.imshow("MORPH_RECT",dst1)
15 cv2.imshow("MORPH_ELLIPSE",dst2)
16 cv2.imshow("MORPH_CROSS",dst3)
17
18 cv2.waitKey(0)
19 cv2.destroyAllWindows()
```

執行結果

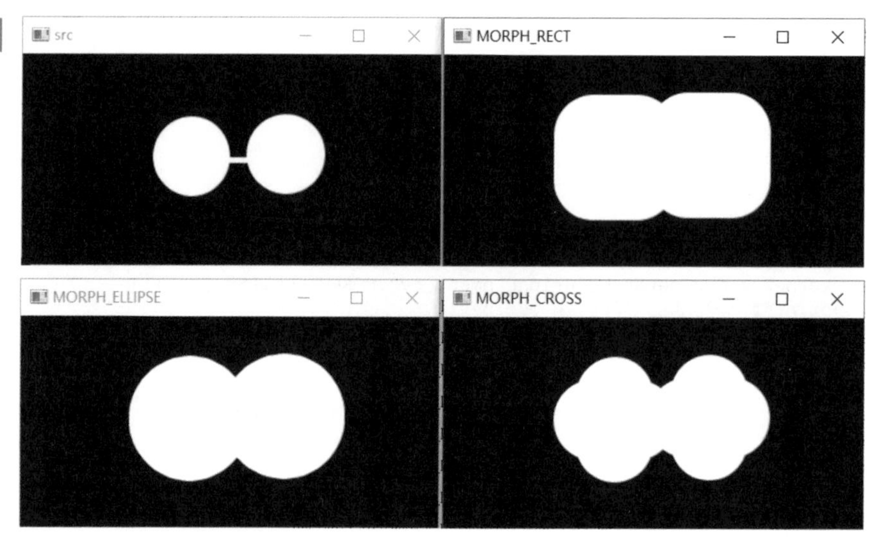

習題

1： 使用 snowman.jpg，列出 snowman.jpg 的影像邊緣。

2： 請建立 3 x 3 內核，建立 j 影像的邊緣。

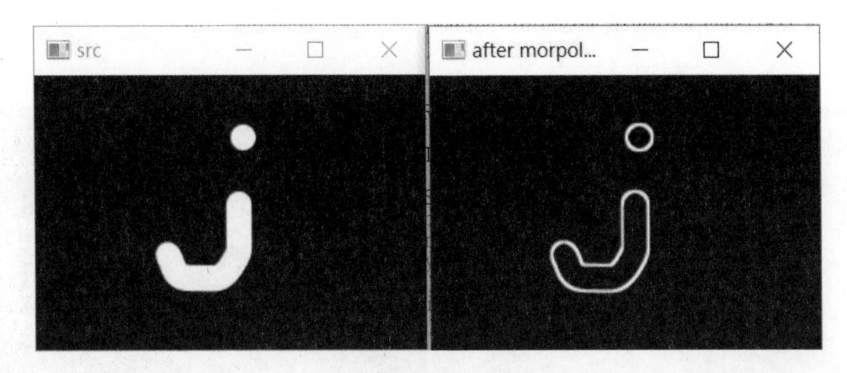

3： 使用 getStructuringElement( ) 函數自定義的內核，參考 ch12_17.py 建立下列 temple.jpg 的邊緣影像。

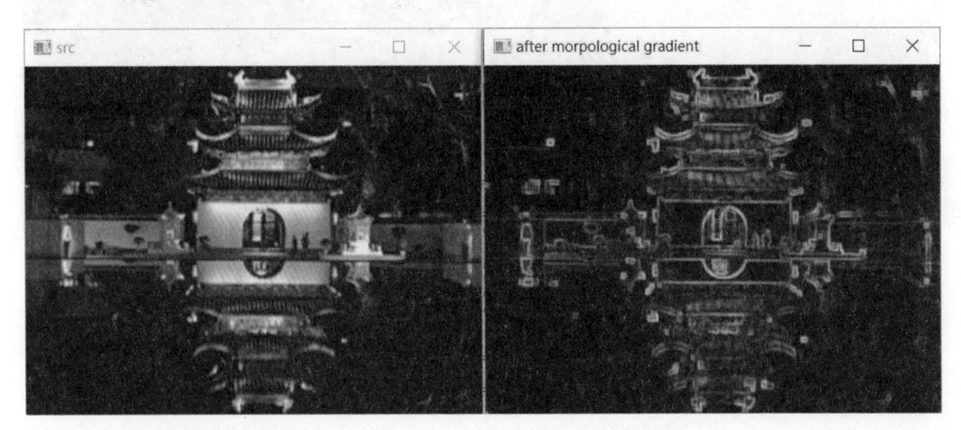

4： 使用 getStructuringElement( ) 函數自定義 21 x 21 的內核，參考 ch12_20.py 建立下列 calculus.jpg 的黑帽運算。

第十三章

影像梯度與邊緣偵測

影像梯度與邊緣偵測是影像處理中的基礎技術，用於提取影像中物體的輪廓和結構特徵。本章透過數學梯度的基礎理論引入，結合 OpenCV 提供的多種邊緣檢測方法，幫助讀者掌握從基礎原理到實際應用的完整知識體系。

影像梯度的核心概念是透過計算影像強度在不同方向上的變化，揭示邊界特徵。這些技術被廣泛應用於影像分割、目標檢測和特徵提取等任務。OpenCV 提供了多種經典邊緣檢測方法，包括 Sobel、Scharr、Laplacian 和 Canny 運算子，各自適合不同的應用場景。

本章將從數學原理出發，結合豐富的實例和應用場景，幫助讀者深入理解影像梯度的應用價值，並學會選擇合適的邊緣檢測方法解決實際問題。

13-1 影像梯度的基礎觀念

13-1-1 直覺方法認識影像邊界

有一幅水平線條影像邊界圖，如下：

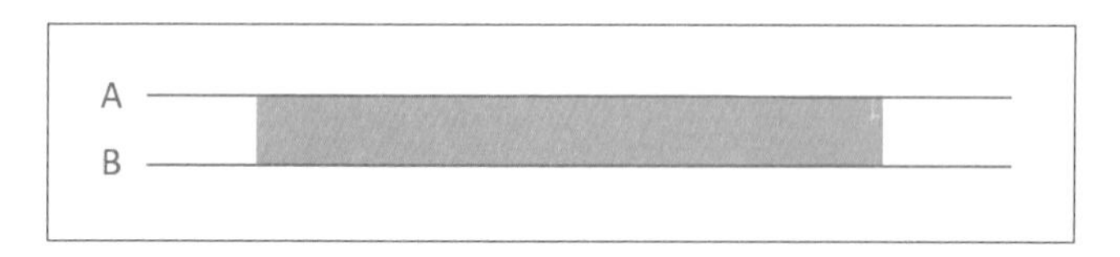

上述影像對於 A 與 B 線條而言，因為此線條上方與下方的像素值差異不是 0，所以可以知道 A 與 B 線條是邊界線條。如果還有其他像素，假設上方像素與下方像素值相同，可以知道這不是邊界像素。

有一幅垂直線條影像邊界圖，如下：

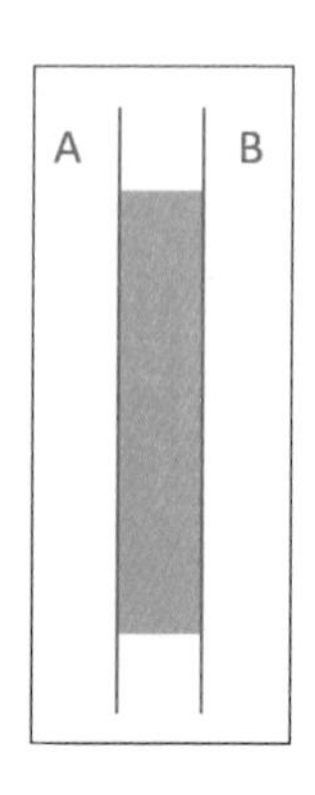

上述影像對於 A 與 B 線條而言，因為此線條左方與右方的像素值差異不是 0，所以可以知道 A 與 B 線條是邊界線條。如果還有其他像素，假設左方像素與右方像素值相同，可以知道這不是邊界像素。

13-1-2 認識影像梯度

影像梯度 (Image gradient) 是指影像強度與顏色方向的變化性，當影像的像素值變化較大時影像梯度的值也比較大，這可能就是影像邊緣的位置。當影像梯度的像素值變化較小時影像梯度的值也比較小，瞭解上述觀念，我們就可以使用影像梯度計算影像的邊緣訊息。

如果將影像稱影像函數，則影像函數就是一個雙變數函數，兩個變數分別是 x 軸和 y 軸。一幅影像的梯度，其實就是此影像函數的偏微分，這個偏微分為一個二維向量，分別代表 x 軸 (橫軸) 和 y 軸 (縱軸)。

$$\nabla f = \begin{bmatrix} g_x \\ g_y \end{bmatrix} = \begin{bmatrix} \frac{\partial f}{\partial x} \\ \frac{\partial f}{\partial y} \end{bmatrix}$$

$\frac{\partial f}{\partial x}$ 是對 x 的導數，也就是 x 軸的梯度。

$\frac{\partial f}{\partial y}$ 是對 y 的導數，也就是 y 軸的梯度。

因為影像每個像素點是離散的數據，所以需要假設這個離散的函數是從連續函數抽樣的數據。有了這個假設，我們就可以使用一些方法計算影像函數的導數，常用的方法是使用影像和一個濾波器的卷積核，例如：使用 Sobel 運算子、Scharr 運算子、Laplacian 運算子 … 等當作卷積核，執行卷積計算。

13-1-3 機器視覺

在機器視覺的應用中，影像梯度可以抽取影像的資訊，最後產生一幅梯度影像，而此梯度影像的像素值就是該位置一特定方向變化計算出來的，在應用上通常會計算 x 軸和 y 軸的梯度影像，最後再予以融合。

 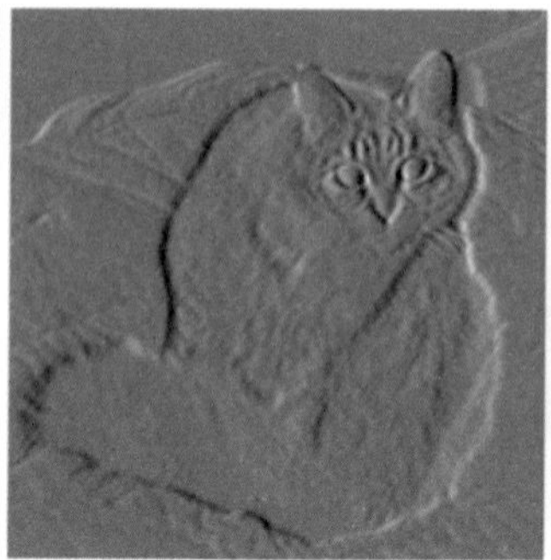 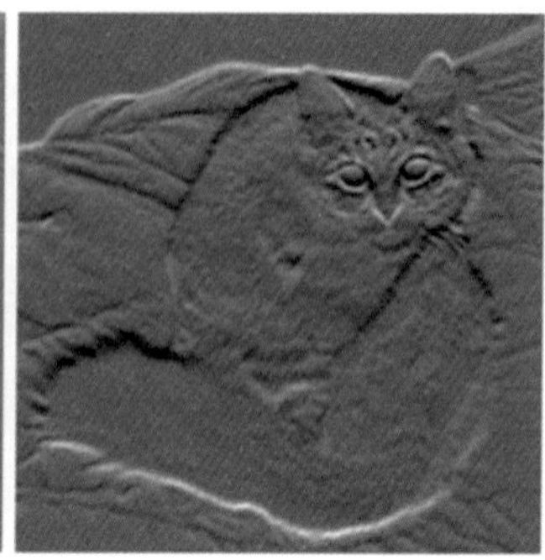

本圖片取材自下列網頁

https://zh.wikipedia.org/wiki/%E5%BD%B1%E5%83%8F%E6%A2%AF%E5%BA%A6#/media/File:Intensity_image_with_gradient_images.png

上述左邊是一幅原始影像。中間是 x 軸的梯度影像，代表影像像素值在水平方向的強度變化。右邊是 y 軸的梯度影像，代表影像像素值在垂直方向的強度變化。

另外對於兩個或更多的影像配對，如果只是用特定像素點的像素值做比較，可能會因為相機不同、拍攝亮度不同，造成影像配對的特徵 (feature) 失敗。但是使用影像梯度當作特徵時，因為影像梯度對於相機參數、拍攝亮度的變化比較不敏感，所以更加適合用此當作影像配對的依據。

13-2 OpenCV 函數 Sobel( )

Sobel 運算子是影像處理中的經典工具，用於計算影像梯度並提取邊緣特徵。本節將介紹 OpenCV 提供的 Sobel( ) 函數可以實現此一操作，幫助讀者掌握如何計算影像中水平方向和垂直方向的梯度，並生成清晰的邊緣影像。

本節重點在於展示如何透過參數設置（如內核大小和運算方向）調整邊緣檢測效果，並結合程式實例分析不同參數對結果的影響。透過學習，讀者將能靈活運用 Sobel 運算子處理多種影像場景，為後續深入研究影像分割和特徵提取奠定基礎。

13-2-1 Sobel 運算子

Sobel 運算子 (operator) 最早是 1968 年美國史丹福大學計算機科學家 Irwin Sobel 和 Gary Feldman 在人工智慧實驗室所提出的觀念，這是結合高斯平滑加微分運算所推導出來當作卷積的運算子，可以用來計算影像函數梯度的近似值。OpenCV 提供的

Sobel( ) 函數能夠靈活地調整運算方向和內核大小，實現精確的梯度計算。

這個 Sobel 運算子包含 2 組 3 x 3 的矩陣，也可稱內核，這個內核與原始影像卷積，分別可以用於計算 x 軸方向與 y 軸方向的影像梯度的近似值。

$$\begin{bmatrix} -1 & 0 & 1 \\ -2 & 0 & 2 \\ -1 & 0 & 1 \end{bmatrix} \qquad \begin{bmatrix} -1 & -2 & -1 \\ 0 & 0 & 0 \\ 1 & 2 & 1 \end{bmatrix}$$

用於 x 軸算子　　　　用於 y 軸算子

13-2-2　使用 Sobel 運算子計算 x 軸方向影像梯度

Sobel 運算子是一種經典的邊緣檢測方法，專注於計算影像梯度。在 x 軸方向上，Sobel 運算子可以有效提取水平方向的像素變化，強調垂直結構的邊界。

假設原始影像是 A，G_x 代表 x 軸影像邊緣檢測的圖像 (或稱 x 軸的影像梯度)，則公式如下：

$$G_x = \begin{bmatrix} -1 & 0 & 1 \\ -2 & 0 & 2 \\ -1 & 0 & 1 \end{bmatrix} \times A$$

在上述公式中，考慮處理原始影像 3 x 3 的像素，則可以將上述公式改寫成下列公式。

$$G_x = \begin{bmatrix} -1 & 0 & 1 \\ -2 & 0 & 2 \\ -1 & 0 & 1 \end{bmatrix} \times \begin{bmatrix} p1 & p2 & p3 \\ p4 & p5 & p6 \\ p7 & p8 & p9 \end{bmatrix}$$

假設現在要計算 $p5$ 的梯度，因為 $p4$ 和 $p6$ 像素距離 $p5$ 像素比較近，所以可以使用權重 2，其他點的差異使用權重 1，現在可以推導得到下列公式。

$$p5_x = (p3 - p1) + 2 \times (p6 - p4) + (p9 - p7)$$

上述公式的應用場景有：

- 文字檢測：強調文字的垂直筆劃，用於識別豎線字形。
- 建築分析：提取建築物的垂直邊界，用於結構檢測。
- 影像分割：輔助分割影像中具有垂直結構的物體，如道路邊界或樹幹輪廓。

13-2-3　使用 Sobel 運算子計算 y 軸方向影像梯度

Sobel 運算子不僅可用於計算 x 軸方向的梯度，還能計算 y 軸方向的梯度，用於檢測影像中水平方向的邊界特徵。本節將介紹 Sobel 運算子如何應用於 y 軸方向的梯度計算，並展示其在提取水平邊緣中的作用。

假設原始影像是 A，G_y 代表 y 軸影像邊緣檢測的圖像 (或稱 y 軸的影像梯度)，則公式如下：

$$G_y = \begin{bmatrix} -1 & -2 & -1 \\ 0 & 0 & 0 \\ 1 & 2 & 1 \end{bmatrix} \times A$$

在上述公式中假設原始影像是由 3 x 3 像素所組成，則可以將上述公式改寫成下列公式。

$$G_y = \begin{bmatrix} -1 & -2 & -1 \\ 0 & 0 & 0 \\ 1 & 2 & 1 \end{bmatrix} \times \begin{bmatrix} p1 & p2 & p3 \\ p4 & p5 & p6 \\ p7 & p8 & p9 \end{bmatrix}$$

假設現在要計算 $p5$ 的梯度，因為 $p2$ 和 $p8$ 像素距離 $p5$ 像素比較近，所以可以使用權重 2，其他點的差異使用權重 1，現在可以推導得到下列公式。

$$p5_y = (p7 - p1) + 2 \times (p8 - p2) + (p9 - p3)$$

上述公式的應用場景有：

- 道路檢測：提取水平車道線，用於自動駕駛。
- 建築結構分析：檢測建築物的水平邊緣，強調樓層分界。
- 影像分割：輔助分割影像中具有水平紋理的目標，如地平線或海岸線。

13-2-4　Sobel( ) 函數

OpenCV 的 Sobel( ) 函數公式如下：

```
dst = cv2.Sobel(src, ddepth, dx, dy, ksize, scale, delta, borderType)
```

上述函數各參數意義如下：

- dst：回傳結果影像或稱目標影像。
- src：來源影像或稱原始影像。

- ddepth：影像深度，如果是 -1 代表與原始影像相同。結果影像深度必須大於或等於原始影像深度。整個影像深度關係，除了可用 -1 外，也可以參考下表目標影像使用比較大的深度。

來源影像深度	目標影像深度
cv2.CV_8U	cv2.CV_16S、cv2.CV_32F、cv2.CV_64F
cv2.CV_16U	cv2.CV_32F
cv2.CV_16S	cv2.CV_64F
cv2.CV_32F	cv2.CV_32F、cv2.CV_64F
cv2.CV_64F	cv2.CV_64F

- dx：x 軸的求導階數，一般是 0、1、2，若是 0 表示這個方向沒有求導階數。
- dy：y 軸的求導階數，一般是 0、1、2，若是 0 表示這個方向沒有求導階數。
- ksize：可選參數，Sobel 運算子的大小，必須是 1、3、5、… 等。
- scale：可選參數，預設是 1，計算導數的縮放係數。
- delta：可選參數，預設是 0，表示加到 dst 的值。
- borderType：可選參數，邊界值，建議使用預設值即可。

13-2-5 考量 ddepth 與取絕對值函數 convertScaleAbs( )

在計算影像梯度值時，可能獲得負數結果，假設來源影像的資料是 cv2.CV_8U(8 位元無號整數)，如果我們將 ddepth 設為 -1，結果影像也是 cv2.CV_8U 格式，所以如果影像梯度值是負數時，將造成資料錯誤。所以建議目標影像深度必須設定比較大的深度，例如：cv2.CV_16S、cv2.CV_32F、cv2.CV_64F，再取絕對值，最後映射為 cv2.CV8U 資料類型。

OpenCV 的取絕對值函數語法如下：

```
dst = cv2.convertScaleAbs(src, alpha, beta)
```

- dst：回傳結果影像或稱目標影像。
- src：來源影像或稱原始影像。
- alpha：可選參數，這是調節回傳結果係數，預設值是 1。
- beta：可選參數，這是調節亮度的係數，預設值是 0。

程式實例 ch13_1.py：使用 convertScaleAbs( ) 函數將一個含負數的矩陣，全部轉為正值。

```
1    # ch13_1.py
2    import cv2
3    import numpy as np
4
5    np.random.seed(42)
6    src = np.random.randint(-256,256,size=[3,5],dtype=np.int16)
7    print(f"src = \n {src}")
8    dst = cv2.convertScaleAbs(src)
9    print(f"dst = \n {dst}")
```

執行結果

```
=================== RESTART: D:\OpenCV_Python\ch13\ch13_1.py ===================
src =
 [[-154  225  179  234   92]
 [  98   14  -11 -150   99]
 [-185  153  -68   65 -236]]
dst =
 [[154 225 179 234  92]
 [ 98  14  11 150  99]
 [185 153  68  65 236]]
```

13-2-6　x 軸方向的影像梯度

在 Sobel( ) 函數中的參數 dx，代表 x 軸的求導階數，一般是 0、1、2，若是 0 表示這個方向沒有求導階數。如果是計算 1 階導數請設定 dx = 1，在計算 x 軸方向的影像梯度時請設定 dy = 0。所以可以得到下列計算 x 軸方向的影像梯度。

```
dst = cv2.Sobel(src, ddepth, 1, 0)            # 設定 1 階導數，x 軸的影像梯度
```

程式實例 ch13_2.py：設定 ddepth = -1，繪製 x 軸方向的影像梯度。

```
1   # ch13_2.py
2   import cv2
3
4   src = cv2.imread("map.jpg")
5   dst = cv2.Sobel(src, -1, 1, 0)        # 計算 x 軸影像梯度
6   cv2.imshow("Src", src)
7   cv2.imshow("Dst", dst)
8
9   cv2.waitKey(0)
10  cv2.destroyAllWindows()
```

執行結果

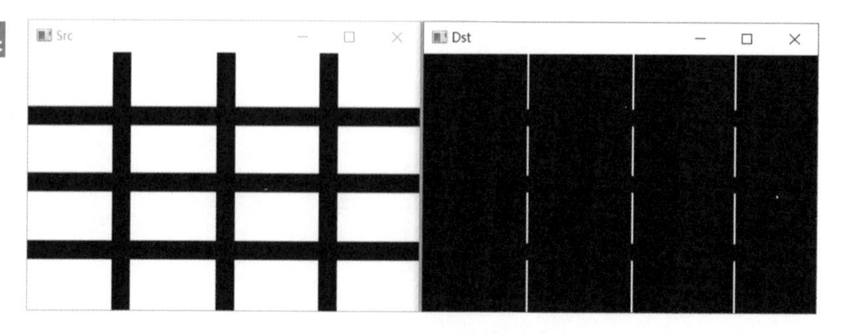

讀者可能覺得奇怪，原始影像垂直粗線應該顯示左右兩邊，但是為何影像梯度只有 3 條垂直線，這是因為我們在程式第 5 列設定 ddepth = -1，粗線的左邊是負值，造成資料遺失。

程式實例 ch13_3.py：使用 convertScaleAbs( ) 函數將負值的梯度改為正值，重新設計 ch13_2.py。

```
1  # ch13_3.py
2  import cv2
3
4  src = cv2.imread("map.jpg")
5  dst = cv2.Sobel(src, cv2.CV_32F, 1, 0)  # 計算 x 軸影像梯度
6  dst = cv2.convertScaleAbs(dst)          # 將負值轉正值
7  cv2.imshow("Src", src)
8  cv2.imshow("Dst", dst)
9
10 cv2.waitKey(0)
11 cv2.destroyAllWindows()
```

執行結果

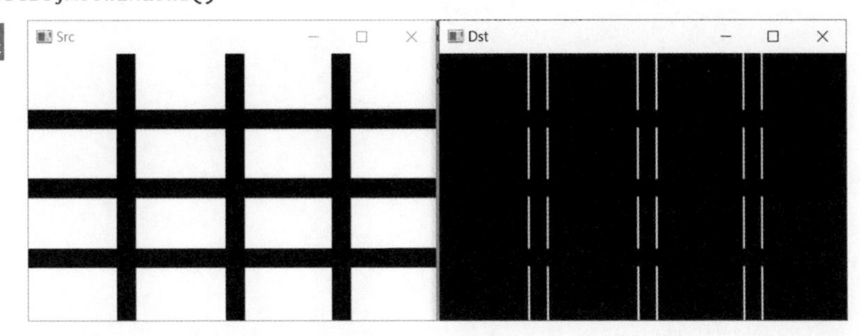

13-2-7 y 軸方向的影像梯度

在 Sobel( ) 函數中的參數 dy，代表 y 軸的求導階數，一般是 0、1、2，若是 0 表示這個方向沒有求導階數。如果是計算 1 階導數請設定 dy = 1，在計算 y 軸方向的影像梯度時請設定 dx = 0。所以可以得到下列計算 y 軸方向的影像梯度。

```
dst = cv2.Sobel(src, ddepth, 0, 1)                # 設定 1 階導數，y 軸的影像梯度
```

程式實例 ch13_4.py：設定 ddepth = -1，繪製 y 軸方向的影像梯度。

```
1  # ch13_4.py
2  import cv2
3
4  src = cv2.imread("map.jpg")
5  dst = cv2.Sobel(src, -1, 0, 1)       # 計算 y 軸影像梯度
6  cv2.imshow("Src", src)
7  cv2.imshow("Dst", dst)
8
9  cv2.waitKey(0)
10 cv2.destroyAllWindows()
```

執行結果

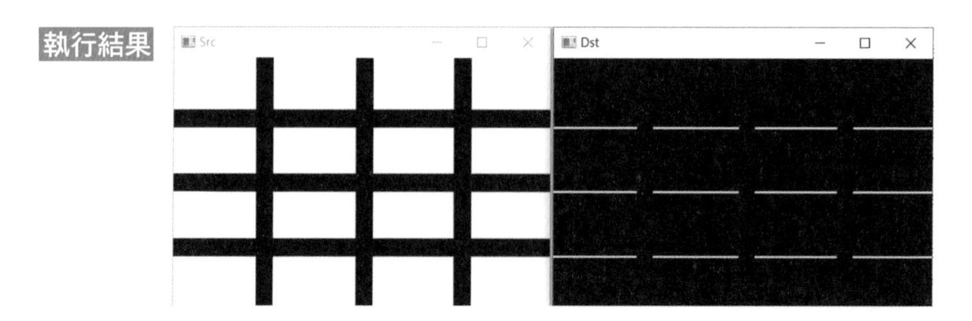

讀者可能覺得奇怪，原始影像水平粗線應該顯示上下兩邊，但是為何影像梯度只有 3 條水平線，這是因為我們在程式第 5 列設定 ddepth = -1，粗線的上邊是負值，造成資料遺失。

程式實例 ch13_5.py：使用 convertScaleAbs( ) 函數將負值的梯度改為正值，重新設計 ch13_4.py。

```
1  # ch13_5.py
2  import cv2
3
4  src = cv2.imread("map.jpg")
5  dst = cv2.Sobel(src, cv2.CV_32F, 0, 1)  # 計算 y 軸影像梯度
6  dst = cv2.convertScaleAbs(dst)          # 將負值轉正值
7  cv2.imshow("Src", src)
8  cv2.imshow("Dst", dst)
9
10 cv2.waitKey(0)
11 cv2.destroyAllWindows()
```

執行結果

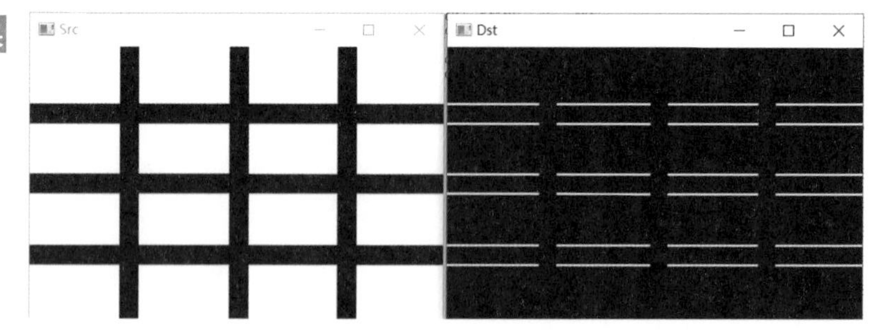

13-2-8　x 軸和 y 軸影像梯度的融合

如果我們想要將 x 軸和 y 軸影像梯度整合需要使用 8-3-2 節的 addWeighted( ) 函數。

程式實例 ch13_6.py：將 ch13_3.py 與 ch13_5.py 的影像融合。

```
1  # ch13_6.py
2  import cv2
3
4  src = cv2.imread("map.jpg")
5  dstx = cv2.Sobel(src, cv2.CV_32F, 1, 0)          # 計算 x 軸影像梯度
6  dsty = cv2.Sobel(src, cv2.CV_32F, 0, 1)          # 計算 y 軸影像梯度
7  dstx = cv2.convertScaleAbs(dstx)                 # 將負值轉正值
8  dsty = cv2.convertScaleAbs(dsty)                 # 將負值轉正值
9  dst =  cv2.addWeighted(dstx, 0.5,dsty, 0.5, 0)   # 影像融合
10 cv2.imshow("Src", src)
11 cv2.imshow("Dst", dst)
12
13 cv2.waitKey(0)
14 cv2.destroyAllWindows()
```

執行結果

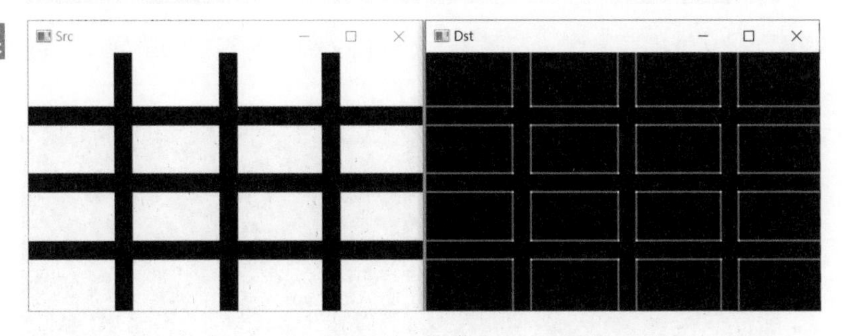

程式實例 ch13_7.py：將 Sobel( ) 函數應用到實際影像，繪製原始影像、x 軸影像梯度、y 軸影像梯度、融合 x 軸和 y 軸的影像梯度。

```
1  # ch13_7.py
2  import cv2
3
4  src = cv2.imread("lena.jpg")
5  dstx = cv2.Sobel(src, cv2.CV_32F, 1, 0)          # 計算 x 軸影像梯度
6  dsty = cv2.Sobel(src, cv2.CV_32F, 0, 1)          # 計算 y 軸影像梯度
7  dstx = cv2.convertScaleAbs(dstx)                 # 將負值轉正值
8  dsty = cv2.convertScaleAbs(dsty)                 # 將負值轉正值
9  dst =  cv2.addWeighted(dstx, 0.5,dsty, 0.5, 0)   # 影像融合
10 cv2.imshow("Src", src)
11 cv2.imshow("Dstx", dstx)
12 cv2.imshow("Dsty", dsty)
13 cv2.imshow("Dst", dst)
14
15 cv2.waitKey(0)
16 cv2.destroyAllWindows()
```

執行結果 下列分別是原始影像（左邊），與 x 軸梯度影像（右邊）。

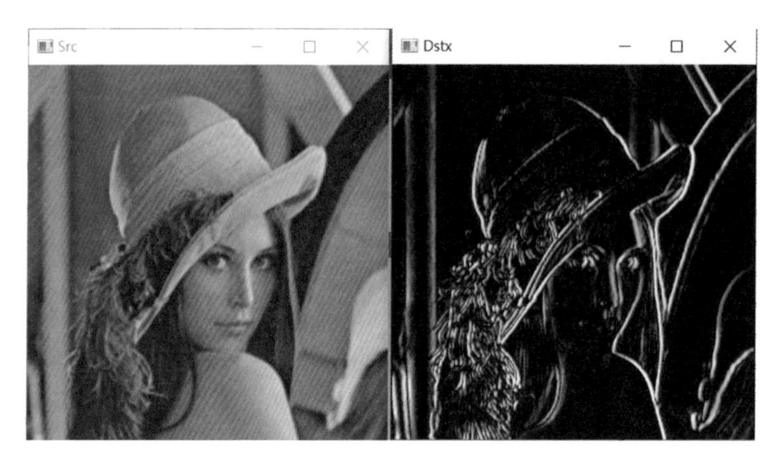

下列分別是 y 軸梯度影像（左邊），x 軸和 y 軸梯度融合的影像（右邊）。

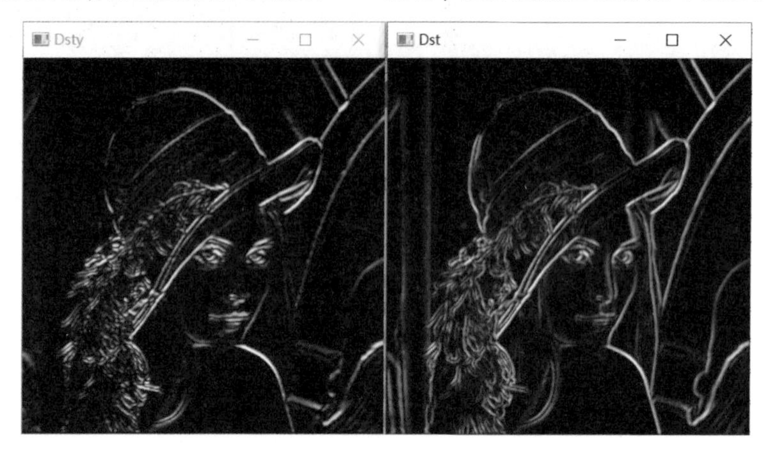

從上述可以看到 x 軸和 y 軸融合的影像，整個畫面相較於 x 軸或 y 軸梯度影像細緻許多，最明顯的部分是頭髮與鼻樑。

註　上述實例筆者所使用的影像 lena.jpg，是計算機最常用做影像處理的圖片之一，圖片的主角是瑞典的模特兒 Lena Forsen，因為此張圖片有細緻的陰影和紋理，所以是一幅很好的影像測試圖像。這幅影像最原始出處是花花公子雜誌，1973 年南加大電機工程系信號與影像研究所首先採用這幅影像，1999 年 IEEE Transactions on Image Processing 中，有 3 篇文章採用此幅影像，自此這幅影像被影像處理界廣泛接受，甚至 2015 年 Lena Forsen 也擔任 IEEE ICIP 晚宴的主賓客，在發表演講後，她主持了最佳論文頒獎典禮。

雖然 lena.jpg 原始版權屬於花花公子雜誌，但是在被計算機界廣泛使用後，也決定開放此圖片的使用。不過因為有物化女性的歧視言論出現，所以後來 IEEE 雜誌，不建議與採用使用此圖像當作論文題材的文章。

13-3 OpenCV 函數 Scharr( )

Sobel 運算子是一種有效的邊緣檢測方法，但在處理信號較弱的影像邊緣時，可能存在效果不足的問題。為了解決這一不足，Scharr 運算子應運而生。Scharr 運算子透過對內核進行優化，能夠更準確地檢測細微的邊緣特徵，並在梯度計算中提供更高的靈敏度。

本節將介紹 Scharr 運算子的設計原理、內核結構以及其在 OpenCV 中的應用方法。Scharr 運算子與 Sobel 運算子類似，但進一步強化了影像梯度的計算精度，特別是在處理細節和弱邊緣方面具有顯著優勢。需要注意的是，Scharr 運算子可能會放大影像的細節變化，導致邊界複雜性增加。

透過本節，讀者將學會如何使用 OpenCV 提供的 Scharr() 函數計算 x 軸和 y 軸方向的影像梯度，並將其與 Sobel 運算子的結果進行對比，從而掌握 Scharr 運算子的應用特點及其在影像分割、特徵提取等任務中的優勢。

13-3-1 Scharr 算子

前一節介紹的 Sobel 算子雖然可以獲得影像的邊緣，但是對於訊號比較弱的影像邊緣效果比較不好，因此後續有了 Scharr 算子的出現，這個算子可以說是將像素值之間的差異擴大，下列是 Scharr 算子，包含 2 組 3 x 3 的矩陣，也可稱內核，這個內核與原始影像卷積，分別可以用於計算 x 軸方向與 y 軸方向的影像梯度的近似值。

$$\begin{bmatrix} -3 & 0 & 3 \\ -10 & 0 & 10 \\ -3 & 0 & 3 \end{bmatrix} \qquad \begin{bmatrix} -3 & -10 & -3 \\ 0 & 0 & 0 \\ 3 & 10 & 3 \end{bmatrix}$$

用於 x 軸算子　　　　用於 y 軸算子

註 這個方法雖然可以強調更微弱的影像邊緣，但是過度強調細節，也可能讓整個影像邊緣顯得更複雜。

13-3-2 Scharr( ) 函數

OpenCV 提供了實作 Scharr 運算子的函數 Scharr( )，此函數公式如下：

```
dst = cv2.Scharr(src, ddepth, dx, dy, ksize, scale, delta, borderType)
```

上述函數各參數意義如下：

- dst：回傳結果影像或稱目標影像。
- src：來源影像或稱原始影像。
- ddepth：影像深度，如果是 -1 代表與原始影像相同。結果影像深度必須大於或等於原始影像深度。整個影像深度關係，除了可用 -1 外，也可以參考 Sobel( ) 函數的說明。
- dx：x 軸的求導階數，一般是 0、1、2，若是 0 表示這個方向沒有求導階數。
- dy：y 軸的求導階數，一般是 0、1、2，若是 0 表示這個方向沒有求導階數。
- ksize：可選參數，Sobel 算子的大小，必須是 1、3、5、… 等。
- scale：可選參數，預設是 1，計算導數的縮放係數。
- delta：可選參數，預設是 0，表示加到 dst 的值。
- borderType：可選參數，邊界值，建議使用預設值即可。

程式實例 ch13_8.py：使用灰階讀取 lena.jpg 影像，然後更改設計 ch13_7.py，最後將 Sobel( ) 和 Scharr( ) 函數所獲得的影像邊緣做比較。

```
1  # ch13_8.py
2  import cv2
3
4  # Sobel()函數
5  src = cv2.imread("lena.jpg",cv2.IMREAD_GRAYSCALE)   # 黑白讀取
6  dstx = cv2.Sobel(src, cv2.CV_32F, 1, 0)            # 計算 x 軸影像梯度
7  dsty = cv2.Sobel(src, cv2.CV_32F, 0, 1)            # 計算 y 軸影像梯度
8  dstx = cv2.convertScaleAbs(dstx)                   # 將負值轉正值
9  dsty = cv2.convertScaleAbs(dsty)                   # 將負值轉正值
10 dst_sobel =  cv2.addWeighted(dstx, 0.5,dsty, 0.5, 0)    # 影像融合
11 # Scharr()函數
12 dstx = cv2.Scharr(src, cv2.CV_32F, 1, 0)           # 計算 x 軸影像梯度
13 dsty = cv2.Scharr(src, cv2.CV_32F, 0, 1)           # 計算 y 軸影像梯度
14 dstx = cv2.convertScaleAbs(dstx)                   # 將負值轉正值
15 dsty = cv2.convertScaleAbs(dsty)                   # 將負值轉正值
16 dst_scharr =  cv2.addWeighted(dstx, 0.5,dsty, 0.5, 0)   # 影像融合
17
18 # 輸出影像梯度
19 cv2.imshow("Src", src)
20 cv2.imshow("Sobel", dst_sobel)
21 cv2.imshow("Scharr", dst_scharr)
22
23 cv2.waitKey(0)
24 cv2.destroyAllWindows()
```

執行結果　下列由左到右分別是原始影像、Sobel( ) 和 Scharr( ) 函數執行的結果。

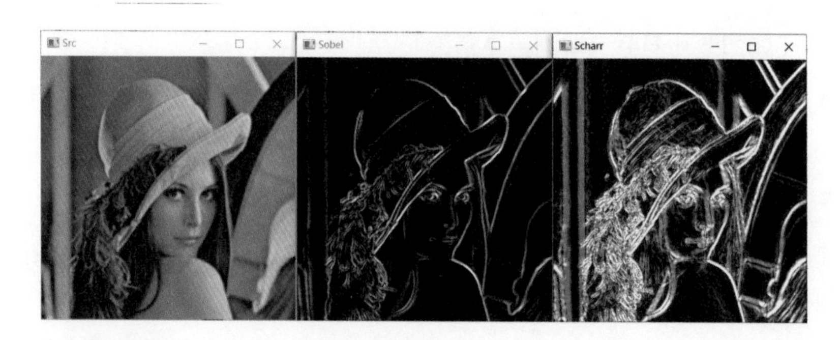

讀者可以發現帽子、髮型、臉部等重要部位，使用 Scharr( ) 函數的執行結果豐富許多。以下是對原始影像與經過 Sobel 和 Scharr 運算處理後結果的詳細分析。

❑ 原始影像特徵

- 原始影像是一幅經典的 Lena 圖像，細節豐富，包括頭髮、羽毛、帽子和背景結構等，具有高對比度和多層次細節。
- 包含平滑的區域（如膚色）、細節紋理（如頭髮和羽毛），以及明顯的邊緣區域（如帽子和輪廓邊界）。

❑ Sobel 運算結果

- 特徵
  - ■ Sobel 運算子強調了水平方向與垂直方向的邊界變化，主要突出影像中的邊緣。
  - ■ 圖像中的主要輪廓（如帽子的邊緣、臉部輪廓、羽毛結構）變得非常清晰，背景細節被淡化。
  - ■ 較小的紋理細節，如頭髮的紋路，部分被保留，但整體效果偏平滑。
- 原因：Sobel 運算子結合了一階微分和高斯平滑，因此能有效消除少量噪點，但對較小的細節有一定程度的模糊化。
- 適用場景：適合檢測影像中的大致輪廓和主體結構，如目標檢測中的快速特徵提取。

❑ Scharr 運算結果

- 特徵
  - ■ Scharr 運算子的結果比 Sobel 運算子更加敏感，特別是對弱邊緣和細小紋理

（如頭髮和羽毛）檢測更為精確。

- 不僅輪廓（如帽子的邊界）更加清晰，細節（如頭髮的紋理）也得到了更好的保留。
- 圖像的對比度更高，邊緣細節更明顯，紋理特徵被強化。

● 原因：Scharr 運算子是一種針對 Sobel 運算子的優化版本，使用了更高精度的內核（如 3x3），特別適合細節檢測。

● 適用場景：適合需要精確檢測弱邊緣或細節的任務，如醫學影像分析或工業檢測中的瑕疵檢測。

❑ 結果對比分析

特徵	Sobel 運算	Scharr 運算
邊界檢測	輪廓清晰，適合大範圍邊界檢測	輪廓更加清晰，對細小邊緣檢測更敏感
細節保留	紋理細節部分被模糊	紋理細節（如頭髮和羽毛）得到較好的保留
對噪點的影響	高斯平滑減少了少量噪點	對噪點較為敏感，但更強調邊緣和細節
計算精度	計算較為簡單，適合快速處理	更高精度，適合對細節和弱邊緣的分析
適用場景	快速特徵提取、大範圍目標檢測	細緻特徵提取、醫學影像或工業檢測

❑ 結論

● Sobel 運算子：適合用於快速提取影像的主要輪廓，適用於目標檢測和影像分割的預處理。

● Scharr 運算子：更適合用於需要保留細節和檢測弱邊緣的場景，例如精密檢測和高精度分析。

程式實例 ch13_8_1.py：更改 ch13_8.py，使用彩色讀取，讀者可以比較執行結果。

```
5  src = cv2.imread("lena.jpg")                    # 彩色讀取
```

程式實例 ch13_9.py：原始影像是 snow.jpg，請使用 Scharr( ) 函數建立此影像的 x 軸和 y 軸影像梯度，同時使用 Sobel( ) 函數和 Scharr( ) 函數建立此完整影像梯度，最後比較結果。

```
1  # ch13_9.py
2  import cv2
3
4  # Sobel()函數
5  src = cv2.imread("snow.jpg")                          # 彩色讀取
6  dstx = cv2.Sobel(src, cv2.CV_32F, 1, 0)               # 計算 x 軸影像梯度
7  dsty = cv2.Sobel(src, cv2.CV_32F, 0, 1)               # 計算 y 軸影像梯度
8  dstx = cv2.convertScaleAbs(dstx)                      # 將負值轉正值
9  dsty = cv2.convertScaleAbs(dsty)                      # 將負值轉正值
10 dst_sobel =  cv2.addWeighted(dstx, 0.5,dsty, 0.5, 0)   # 影像融合
11 # Scharr()函數
12 dstx = cv2.Scharr(src, cv2.CV_32F, 1, 0)              # 計算 x 軸影像梯度
13 dsty = cv2.Scharr(src, cv2.CV_32F, 0, 1)              # 計算 y 軸影像梯度
14 dstx = cv2.convertScaleAbs(dstx)                      # 將負值轉正值
15 dsty = cv2.convertScaleAbs(dsty)                      # 將負值轉正值
16 dst_scharr =  cv2.addWeighted(dstx, 0.5,dsty, 0.5, 0)  # 影像融合
17
18 # 輸出影像梯度
19 cv2.imshow("Src", src)
20 cv2.imshow("Scharr X", dstx)
21 cv2.imshow("Scharr Y", dsty)
22 cv2.imshow("Sobel", dst_sobel)
23 cv2.imshow("Scharr", dst_scharr)
24
25 cv2.waitKey(0)
26 cv2.destroyAllWindows()
```

執行結果 下列是 snow.jpg 影像。

下列是 Scharr( ) 函數建立的 x 軸和 y 軸影像梯度。

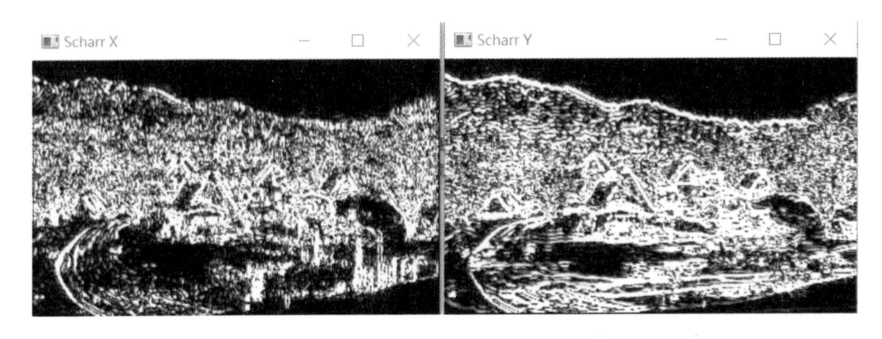

下列左邊是 Sobel( ) 函數建立的邊緣影像，右邊是 Scharr( ) 函數建立的邊緣影像。

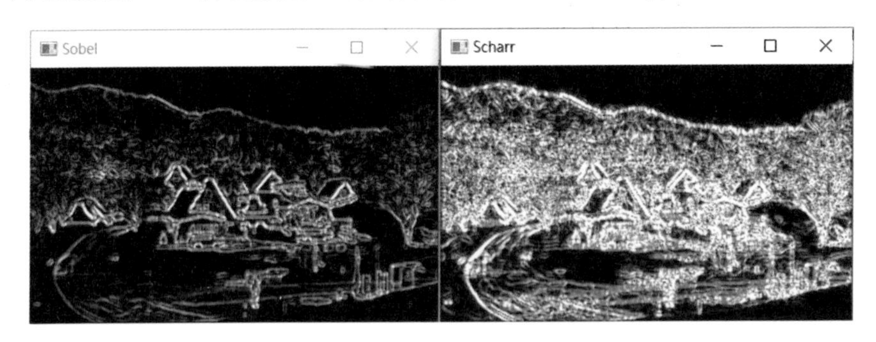

13-4 OpenCV 函數 Laplacian( )

拉普拉斯運算子（Laplacian Operator）是一種二階微分的邊緣檢測技術，主要用於加強影像中的邊界特徵，能夠有效提取影像的輪廓和細節，目前常被應用在醫學影像、工業檢測和目標檢測等場景中。它透過計算影像中像素強度的二階導數，定位強度變化最劇烈的區域。由於二階微分對噪音敏感，因此通常與平滑處理（如高斯濾波器）結合使用。

OpenCV 提供的 Laplacian( ) 函數是對拉普拉斯運算子的高效實作，能快速完成梯度計算並提取影像邊界。本章將介紹該函數的基本用法與參數設置，幫助讀者靈活應用於不同的影像處理任務。

這一節所述的拉普拉斯運算子 (Laplacian)，是法國著名的數學、物理科學家拉普拉斯 (Pierre-Simon Laplace，1749 年 3 月 23 日 ~ 1827 年 3 月 5 日) 發明，他和第 21 章所要介紹的傅立葉 (Fourier) 大約是同時期著名的法國科學家。

上述圖片取材自下列網址。

https://en-m-wikipedia-org.translate.goog/wiki/Pierre-Simon_Laplace?_x_tr_sl=en&_x_tr_tl=zh-TW&_x_tr_hl=zh-TW&_x_tr_pto=nui,sc

13-4-1 二階微分

影像邊緣的取得主要是要將影像的邊緣訊息凸顯，我們可以對影像微分完成此工作，假設 f 是影像函數，可以得到下列對此影像 x 軸像素值的一階微分。

$$\frac{\partial f}{\partial x} = f(x+1) - f(x)$$

從上述定義可以看到，如果影像像素值變化小的區域，所得到的微分結果數值也比較小。如果影像像素值變化比較大的區域，所得到的微分結果數值也比較大。如果現在對此影像執行第二次微分，可以得到下列公式。

$$\frac{\partial^2 f}{\partial x^2} = f(x+1) + f(x-1) - 2f(x)$$

上述第二次微分所獲得的是影像像素值的變化率，這個變化率對於影像像素值變化小的區域沒有影響，但是對於影像像素值變化大的區域可以獲得明顯的邊緣效果。因此如果使用一階微分雖可以獲得影像的邊緣，但所獲得的是比較粗造的結果，而二階微分可以比較細緻的結果。

13-4-2 Laplacian 運算子

Sobel 運算子和 Scharr 運算子算是一階微分 (或是稱一階導數)，Laplacian 運算子則是二階微分 (或是稱二階導數)，使用 Laplacian( ) 函數與先前函數比較最大特色是，Laplacian 運算子使用一個內核，假設影像是函數 f，下列是此運算子的定義。

$$\nabla^2 f = \frac{\partial^2 f}{\partial x^2} + \frac{\partial^2 f}{\partial y^2}$$

如果將 13-4-1 節所推導的微分代入，可以得到下列運算子。

$$\nabla^2 f(x,y) = f(x+1,y) + f(x-1,y) + f(x,y+1) - f(x,y-1) - 4f(x,y)$$

從上述公式，可以知道所對應的 Laplacian 內核如下：

$$\begin{bmatrix} 0 & 1 & 0 \\ 1 & -4 & 1 \\ 0 & 1 & 0 \end{bmatrix}$$

13-4-3　Laplacian( ) 函數

OpenCV 的 Laplacian( ) 函數公式如下：

dst = cv2.Laplacian(src, ddepth, ksize, scale, delta, borderType)

上述函數各參數意義如下：

- dst：回傳結果影像或稱目標影像。
- src：來源影像或稱原始影像。
- ddepth：影像深度，如果是 -1 代表與原始影像相同。結果影像深度必須大於或等於原始影像深度。整個影像深度關係，除了可用 -1 外，也可以參考 Sobel( ) 函數的說明。
- ksize：可選參數，二階微分 Laplacian 內核的大小，必須是 1、3、5、… 等。
- scale：可選參數，預設是 1，計算導數的縮放係數。
- delta：可選參數，預設是 0，表示加到 dst 的值。
- borderType：可選參數，邊界值，建議使用預設值即可。

程式實例 ch13_10.py：使用 Laplacian( ) 函數偵測影像邊緣的應用。

```
1  # ch13_10.py
2  import cv2
3
4  src = cv2.imread("laplacian.jpg")
5  dst_tmp = cv2.Laplacian(src, cv2.CV_32F)          # Laplacian邊緣影像
6  dst = cv2.convertScaleAbs(dst_tmp)                # 將負值轉正值
7  cv2.imshow("Src", src)
8  cv2.imshow("Dst", dst)
9
```

```
10  cv2.waitKey(0)
11  cv2.destroyAllWindows()
```

執行結果

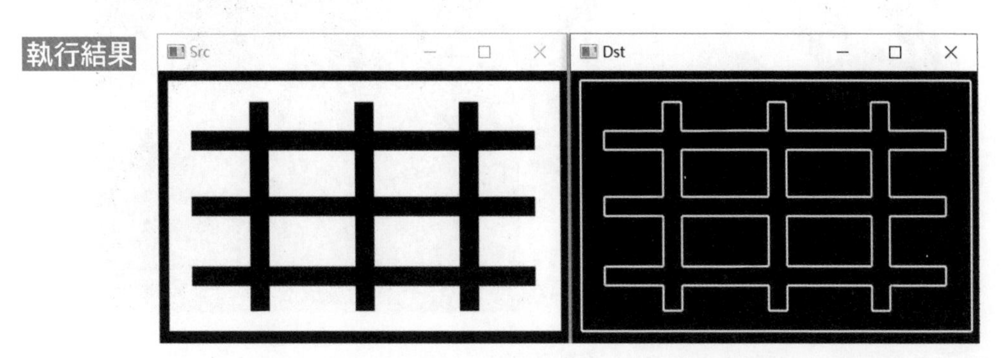

對於一般影像在使用 Laplacian( ) 函數前，OpenCV 手冊也建議可以使用 GaussianBlur( ) 函數降低噪音，此外，將 ksize 設為 3，也會有很好的效果。

程式實例 ch13_11.py：瑞士日內瓦建築物的邊緣偵測，這個程式會分別列出原始影像、Sobel( )、Scharr( ) 和 Laplacian( ) 函數的執行結果。

```
1  # ch13_11.py
2  import cv2
3
4  src = cv2.imread("geneva.jpg",cv2.IMREAD_GRAYSCALE)   # 黑白讀取
5  src = cv2.GaussianBlur(src,(3,3),0)                 # 降低噪音
6  # Sobel()函數
7  dstx = cv2.Sobel(src, cv2.CV_32F, 1, 0)             # 計算 x 軸影像梯度
8  dsty = cv2.Sobel(src, cv2.CV_32F, 0, 1)             # 計算 y 軸影像梯度
9  dstx = cv2.convertScaleAbs(dstx)                    # 將負值轉正值
10 dsty = cv2.convertScaleAbs(dsty)                    # 將負值轉正值
11 dst_sobel =  cv2.addWeighted(dstx, 0.5,dsty, 0.5, 0)    # 影像融合
12 # Scharr()函數
13 dstx = cv2.Scharr(src, cv2.CV_32F, 1, 0)            # 計算 x 軸影像梯度
14 dsty = cv2.Scharr(src, cv2.CV_32F, 0, 1)            # 計算 y 軸影像梯度
15 dstx = cv2.convertScaleAbs(dstx)                    # 將負值轉正值
16 dsty = cv2.convertScaleAbs(dsty)                    # 將負值轉正值
17 dst_scharr =  cv2.addWeighted(dstx, 0.5,dsty, 0.5, 0)   # 影像融合
18 # Laplacian()函數
19 dst_tmp = cv2.Laplacian(src, cv2.CV_32F,ksize=3)     # Laplacian邊緣影像
20 dst_lap = cv2.convertScaleAbs(dst_tmp)              # 將負值轉正值
21 # 輸出影像梯度
22 cv2.imshow("Src", src)
23 cv2.imshow("Sobel", dst_sobel)
24 cv2.imshow("Scharr", dst_scharr)
25 cv2.imshow("Laplacian", dst_lap)
26
27 cv2.waitKey(0)
28 cv2.destroyAllWindows()
```

執行結果　下列是原始影像和 Sobel( ) 函數的執行結果。

下列是 Scharr( ) 和 Laplacian( ) 函數的執行結果。

上述實例主要是影像邊緣檢測，還可以應用在下列場景：

- 邊界提取：用於手寫字識別、物體輪廓檢測。
- 圖像對比增強：提升低光影像的結構清晰度。
- 醫學影像分析：輔助診斷腫瘤和血管輪廓。
- 工業檢測：檢測表面缺陷，如裂紋和孔洞。
- 目標檢測前處理：提取物體特徵，提高模型準確率。

13-5 Canny 邊緣檢測

Canny 邊緣檢測是影像處理中的經典方法，以其高精度和抗噪性能而廣為人知。這個算法不僅能提取目標物體的邊界，還能有效濾除影像中的干擾，特別適用於對精細結構和邊界清晰度要求較高的場景。本節重點在於幫助讀者掌握 Canny 邊緣檢測的核心概念及其實際應用。

在影像處理中，Canny 邊緣檢測被視為一種「多階段處理框架」，其精妙之處在於它能在降噪的同時保持邊界的精確性。本章將介紹如何利用 OpenCV 的 Canny( ) 函數，靈活設置參數以應對不同的影像處理需求，並通過對比分析展示其與其他邊緣檢測方法的優劣。

13-5-1 認識 Canny 邊緣檢測

Canny 邊緣檢測是一種強大的邊緣檢測方法，由計算機科學家約翰坎尼（John F. Canny）於 1986 年提出。它被設計為一種多階段的邊緣檢測算法，目的是實現高精度、抗噪和穩定性的邊緣檢測效果。該方法的提出奠定了現代影像處理邊緣檢測技術的基礎，並廣泛應用於各種場景中。

Canny 方法主要有下列三個重要目標：

- 良好的檢測性能：能準確標出影像中的實際邊緣。
- 精確的定位：能準確標示邊緣的位置，確保邊界與實際邊緣相符。
- 避免重複標記：保證邊緣只被標記一次，並減少將噪聲誤認為邊緣的可能性，也就是不要把影像中沒有邊緣的地方誤認為是邊緣。

Canny 邊緣檢測的核心特性是將梯度訊息與多階段處理相結合。透過高斯濾波進行降噪處理後，再利用梯度計算獲取像素的邊緣方向與強度。最後我們用兩個方法來提取清楚的邊界線：

- 只挑最重要的邊界：這個方法會幫我們挑出最重要的邊界線，去掉不夠明顯的部分。
- 挑選清晰的線條：這個方法就像檢查員，幫我們檢查線條是否夠清楚，留下清晰的邊界線，刪掉模糊或多餘的線條。

13-5-2 Canny 演算法的步驟

在 Canny 演算法的步驟分別如下：

1. 降低噪音 (Noise Reduction)

Canny 認為，未經降噪處理的影像難以獲得良好的邊緣檢測結果。因此，他採用了高斯濾波器進行降噪處理。經過高斯平滑後，雖然影像相較於原始影像略顯模糊（blurred），但殘留的單一噪音被有效弱化，對後續處理幾乎不再構成影響。

在影像處理中，噪音經常會干擾梯度計算，導致邊界模糊或出現假邊緣。透過高斯濾波器的平滑作用，像素間的亮度變化變得更加自然，噪音干擾被顯著抑制，從而為後續的梯度計算和邊界提取奠定了穩定的基礎。

2. 找尋影像的亮度梯度 (Find Intensity Gradient of the Image)

影像中的邊緣可能會存在於不同方向，每個像素點使用 Sobel 內核處理取得 x 和 y 軸方向的一階導數，這樣就可以找到每個像素點的邊緣梯度和方向。

$$Edge\_Gradient(G) = \sqrt{G_x^2 + G_y^2}$$

$$Angle(\theta) = tan^{-1}\left(\frac{G_y}{G_x}\right)$$

在 Canny 邊緣檢測中，梯度方向用於確定像素邊界的方向。然而，實際梯度方向是連續的，可能會帶來複雜的計算。因此，我們將梯度方向近似分為三種固定方向：水平（0°）、垂直（90°）、以及兩個對角線方向（45° 和 135°）。這種簡化不僅提升了計算效率，同時幫助更準確地測量亮度變化的大小和方向，最終提取出清晰且精確的邊界還能有效保持檢測結果的準確性。

3. 非最大值則抑制 (Non-Maximum Suppression)

「非最大值則抑制 (Non-Maximum Suppression)」，這是專業術語，我們可以想成「檢查局部最大值 - 只挑最重要的邊界」，這也是前一小節的「只挑最重要的邊界」觀念。

獲得了每個像素點的梯度大小和方向後，下一步是將不構成邊緣的像素點拋棄，因此，檢查像素點是否在梯度方向的鄰域中是局部最大值，可以參考下列圖說明。

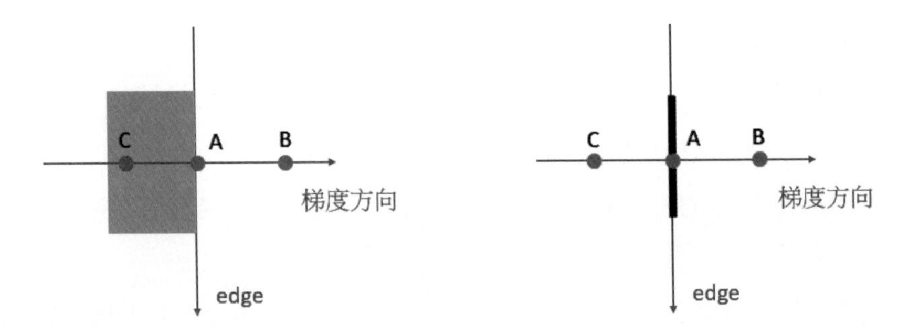

在上述圖片中，假設點 A 位於邊緣線上，其梯度方向為垂直（90°）。這意味著點 A 的梯度值需要與梯度方向上最近的兩個點進行比較：一個在梯度方向的正側（點 B），另一個在梯度方向的負側（點 C）。只有當點 A 的梯度值大於點 B 和點 C 的梯度值時，它才會被視為局部極大值並保留下來；否則，將其移除。

4. 滯後閾值 (Hysteresls Thresholding)

「滯後閾值 (Hysteresls Thresholding)」，這是專業術語，這也是前一小節的「挑選清晰的線條」觀念，避免噪音變成線條。

這個階段主要是決定哪些是真正的邊緣，Canny 演算法使用兩個閾值，分別是高閾值 (maxVal) 和低閾值 (minVal)：

- 高閾值：用於檢測強邊緣，直接確定為主要邊界。
- 低閾值：用於檢測弱邊緣，僅當弱邊緣與強邊緣相連時，才被視為有效邊緣。

例如，在一幅影像中，高閾值的作用就像挑選出顯眼的燈光輪廓，而低閾值則用於補充燈光輪廓旁邊微弱的反射邊界。這樣的處理可以確保邊界既完整又不會過多。簡單地說高閾值確定的邊緣用於主要輪廓，低閾值用於補充弱邊緣，最終形成完整的邊界。可以參考下圖。

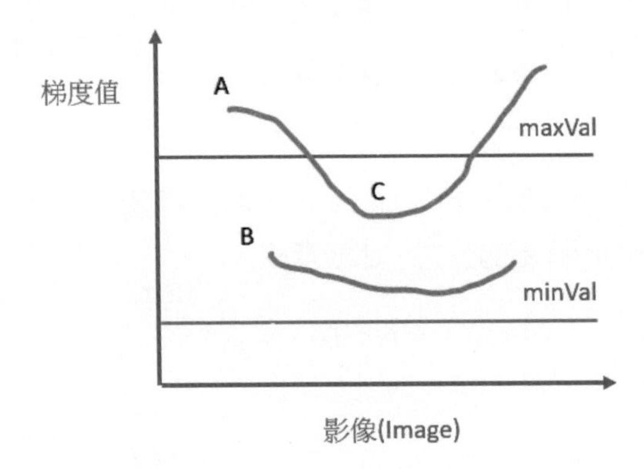

決定像素是否為邊緣的方式如下：

- 如果像素點梯度值大於 maxVal 一定是邊緣。
- 如果像素點梯度值小於 minVal 一定不是邊緣，可以拋棄。
- 像素點梯度值介於 maxVal 和 minVal 之間，如果他們連接到確定邊緣像素，則被認為是邊緣，否則拋棄。

在上圖中點 A 的梯度值高於 maxVal，所以確定是邊緣。點 B 的梯度值介於 maxVal 和 minVal 之間，可是他沒有連到確定邊緣，所以他不是邊緣。點 C 的梯度值介於 maxVal 和 minVal 之間，可是他有連到確定邊緣，所以點 C 是邊緣。

❑ 實例解說

假設我們對一幅城市夜景影像應用 Canny 邊緣檢測。首先，透過高斯濾波去除夜空中的雜點。接著計算梯度方向，突出建築物和燈光邊界。然後利用非最大值抑制精簡邊緣，去掉模糊或重複的線條。最後應用滯後閾值，完整提取建築物輪廓和燈光結構，生成清晰的邊界圖。

13-5-3　Canny( ) 函數

OpenCV 的 Canny( ) 函數公式如下：

```
dst = cv2.Laplacian(image, edges, threshold1, threshold2, apertureSize = 3,
      L2gradient = False)
```

上述函數各參數意義如下：

- dst：回傳結果影像或稱目標影像。
- image：來源影像或稱原始影像。
- threshold1：第 1 個滯後閾值，通常是指 minVal。
- threshold2：第 2 個滯後閾值，通常是指 maxVal。
- apertureSize：運算子的大小。
- L2gradient：可選參數，預設是 False。這是指定找尋梯度的公式，如果是 True，使用先前所介紹的公式，比較精確。

$$Edge\_Gradient(G) = \sqrt{G_x^2 + G_y^2}$$

如果是 False，使用下列公式。

$$Edge\_Gradient(G) = |G_x| + |G_y|$$

程式實例 ch13_12.py：使用 minVal = 50 和 maxVal 分別是 100, 200，偵測 lena.jpg 的影像邊緣。

```
1  # ch13_12.py
2  import cv2
3
4  src = cv2.imread("lena.jpg",cv2.IMREAD_GRAYSCALE)
5  dst1 = cv2.Canny(src, 50, 100)       # minVal=50, maxVal=100
6  dst2 = cv2.Canny(src, 50, 200)       # minVal=50, maxVal=200
7  cv2.imshow("Src", src)
8  cv2.imshow("Dst1", dst1)
9  cv2.imshow("Dst2", dst2)
10
11 cv2.waitKey(0)
12 cv2.destroyAllWindows()
```

執行結果

原始影像 minVal=50, maxVal=100 minVal=50, maxVal=200

程式實例 ch13_13.py：重新設計 ch13_11.py，增加使用 Canny 檢測方法，最後列出 4 種方法的結果並做比較。

```
1  # ch13_13.py
2  import cv2
3
4  src = cv2.imread("geneva.jpg",cv2.IMREAD_GRAYSCALE)   # 黑白讀取
5  src = cv2.GaussianBlur(src,(3,3),0)                  # 降低噪音
6  # Sobel()函數
7  dstx = cv2.Sobel(src, cv2.CV_32F, 1, 0)              # 計算 x 軸影像梯度
8  dsty = cv2.Sobel(src, cv2.CV_32F, 0, 1)              # 計算 y 軸影像梯度
9  dstx = cv2.convertScaleAbs(dstx)                     # 將負值轉正值
10 dsty = cv2.convertScaleAbs(dsty)                     # 將負值轉正值
11 dst_sobel =  cv2.addWeighted(dstx, 0.5,dsty, 0.5, 0)    # 影像融合
12 # Scharr()函數
13 dstx = cv2.Scharr(src, cv2.CV_32F, 1, 0)             # 計算 x 軸影像梯度
14 dsty = cv2.Scharr(src, cv2.CV_32F, 0, 1)             # 計算 y 軸影像梯度
15 dstx = cv2.convertScaleAbs(dstx)                     # 將負值轉正值
16 dsty = cv2.convertScaleAbs(dsty)                     # 將負值轉正值
17 dst_scharr =  cv2.addWeighted(dstx, 0.5,dsty, 0.5, 0)   # 影像融合
```

```
18  # Laplacian()函數
19  dst_tmp = cv2.Laplacian(src, cv2.CV_32F,ksize=3)    # Laplacian邊緣影像
20  dst_lap = cv2.convertScaleAbs(dst_tmp)             # 將負值轉正值
21  # Canny()函數
22  dst_canny = cv2.Canny(src, 50, 100)                # minVal=50, maxVal=100
23  # 輸出影像梯度
24  cv2.imshow("Canny", dst_canny)
25  cv2.imshow("Sobel", dst_sobel)
26  cv2.imshow("Scharr", dst_scharr)
27  cv2.imshow("Laplacian", dst_lap)
28
29  cv2.waitKey(0)
30  cv2.destroyAllWindows()
```

執行結果 下列左邊是 Canny( ) 和右邊是 Sobel( ) 函數的執行結果。

下列左邊是 Scharr( ) 和右邊是 Laplacian( ) 函數的執行結果。

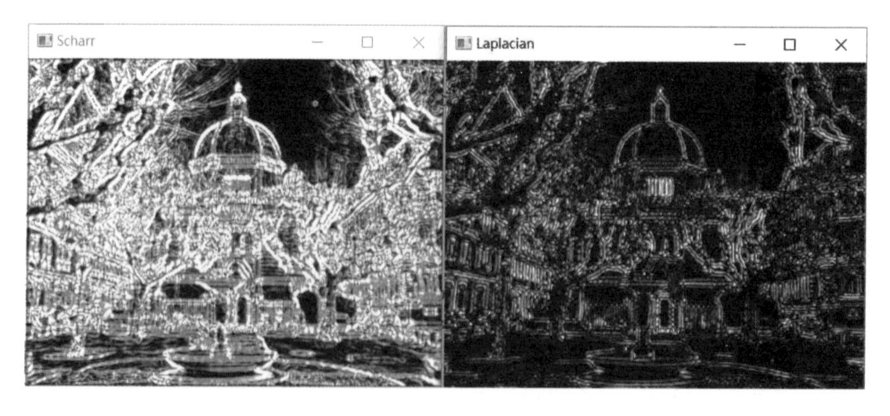

讀者可以自行比較本章所述 4 種邊緣偵測的方法。

13-6 灰階圖像在邊緣檢測中的優勢

在本章中，我們介紹了多種基於梯度計算的邊緣檢測方法，包括 Sobel、Scharr、Laplacian 和 Canny 等演算法。這些方法的核心是計算影像亮度的梯度變化，以提取邊界特徵。灰階圖像因其單通道特性，成為這些邊緣檢測方法的最佳選擇。

❑ 為什麼選擇灰階圖像？

- 計算簡化：灰階圖像僅有一個通道，像素值直接表示亮度。這大大降低了運算複雜度，使得梯度計算更高效。
- 專注於結構特徵：灰階圖像專注於影像的亮度變化，不受色彩干擾，能準確突出結構和邊界。
- 避免多通道影響：彩色圖像包含多個通道（R、G、B），各通道可能存在不同的梯度特徵，混合處理時容易引入噪聲，影響邊緣檢測的準確性。

❑ 特殊應用場景下的彩色處理

雖然灰階圖像適合大多數場景，但在某些特殊應用中，保留色彩訊息可能更為重要。例如：

- 在彩色紋理識別中，可能需要分析每個通道的細節特徵。
- 使用其他色彩空間（如 HSV 或 Lab），透過亮度通道（如 V 通道或 L 通道）進行處理，可以更精確地反映影像的邊界和細節。

總之灰階圖像因其簡單高效，成為 Sobel、Scharr、Laplacian 和 Canny 等邊緣檢測方法的標準選擇。然而，對於某些需要強調色彩特徵的任務，靈活選擇彩色圖像的處理方式能帶來額外的效果。本章的內容希望幫助讀者理解這些演算法的核心邏輯，並在實際應用中做出最適合的技術選擇。

習題

1： 請建立一個 300 x 300 的畫布，在此畫布內建立半徑是 120 的實心白色的圓，請輸出下列影像。

A：原始影像。

B：沒有做絕對值處理的 x 軸影像梯度。

C：有做絕對值處理的 x 軸影像梯度。

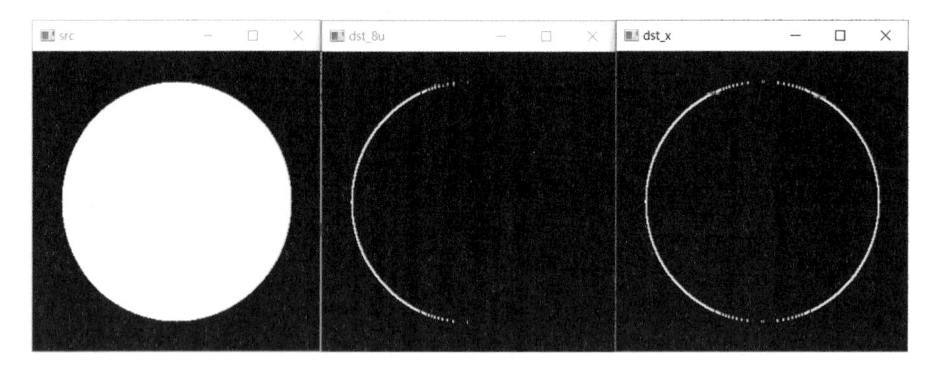

2： 請將前一個程式改為建立 y 軸的影像梯度。

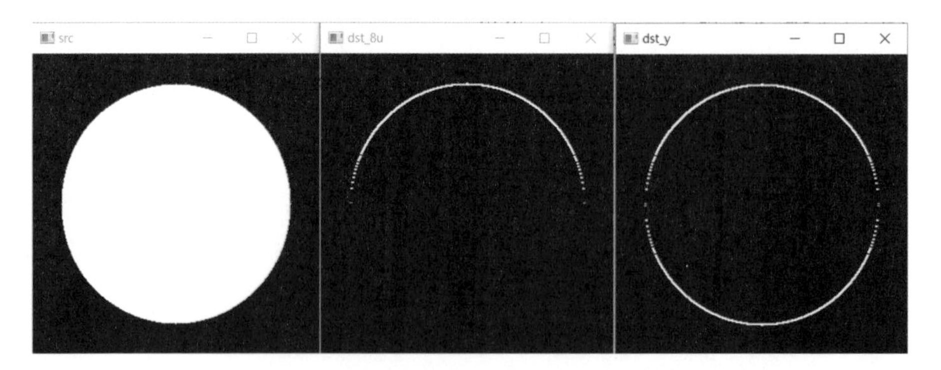

3： 請擴充前 2 個實例，建立完整的影像梯度，相當於列出此影像的邊緣。

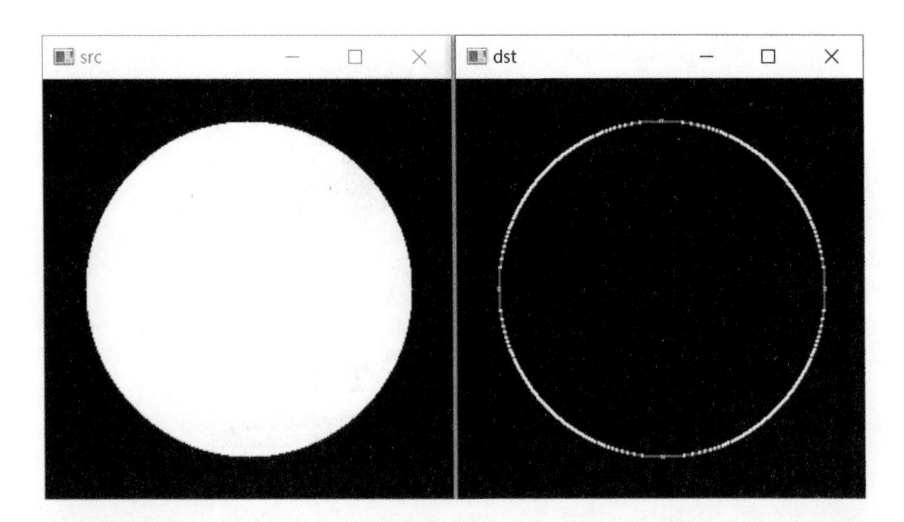

4： 有一個影像檔案 eagle.jpg，請使用 Sobel( ) 和 Scharr( ) 建立此影像的邊緣，同時列出比較結果，下列由左到右分別是原始影像 eagle.jpg，使用 Sobel( ) 和 Scharr( ) 函數的執行結果。

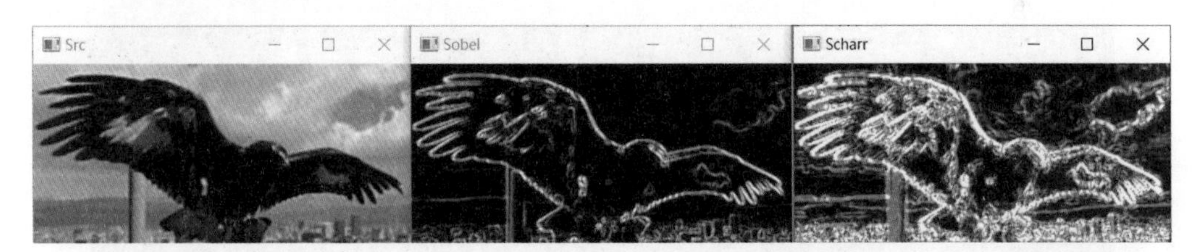

5： 在程式實例 ch13_11.py 的 Laplacian( ) 函數中，我們使用 ksize = 3，獲得很好的邊緣影像，請分別使用 ksize = 1, 3, 5，然後比較結果，下列是 ksize = 1, 3 的結果。

下列是 ksize = 5 的結果。

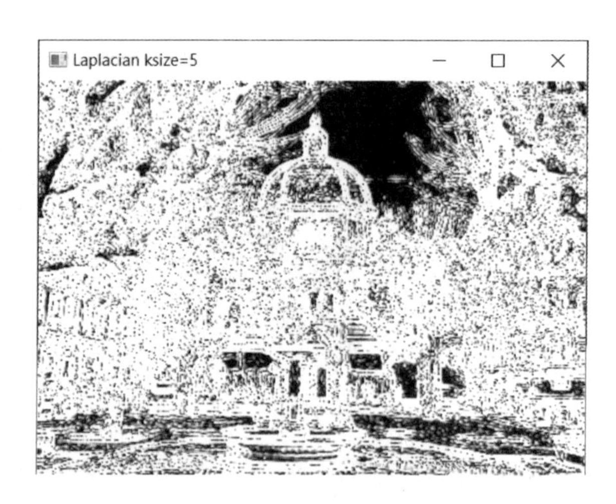

6： 有一幅澳門酒店的影像，請使用 Canny 邊緣檢測，minVal=50, maxVal=100，請使用 L2gradient 預設 False 和設定 L2gradient=True，繪製此酒店的邊緣影像，下列執行結果中，筆者使用紅色圈圈，標記差異處。

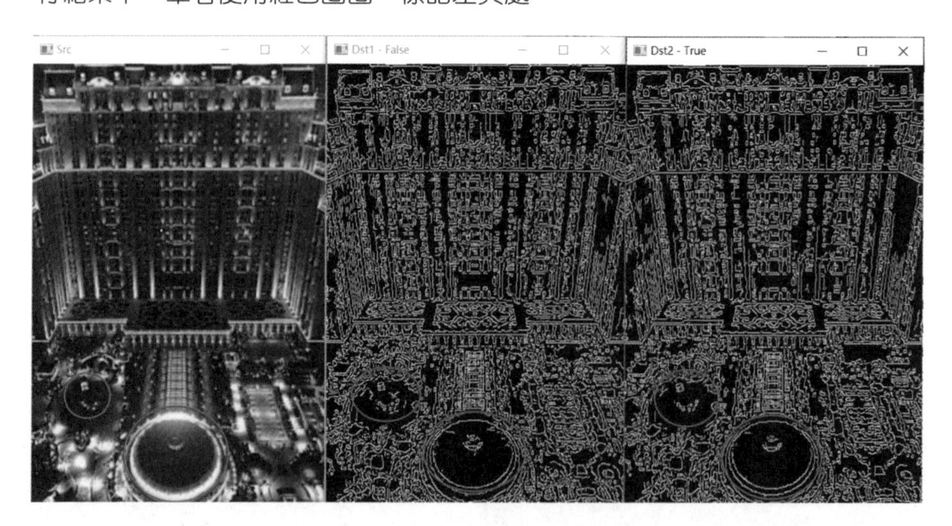

第十四章
影像金字塔

影像金字塔的英文是 Image Pyramid，主要是指一幅影像由不同解析度圖樣所組成的集合，這個觀念常被應用在影像壓縮和機器視覺。

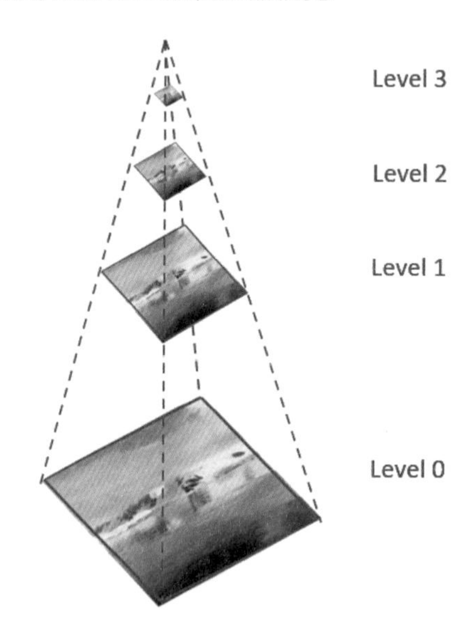

上圖就是一幅影像金字塔，最底層是原始影像，越往上影像越小、解析度越低，甚至最上層可能只是一個像素點。

14-1 影像金字塔的原理

影像金字塔其實就是同一幅影像，使用不斷向下採樣所產生的結果，每採樣一次影像尺寸會變小，解析度也變低，所獲得的新影像其實是近似值的影像。

14-1-1　認識層次 (level) 名詞

在影像金字塔中最底層我們稱為第 0 層 (level)，往上一層是第 1 層，再往上稱第 2，如此不斷的往上增加層次。所以我們也可以說，第 1 次向下採樣可以獲得第 1 層影像，第 2 次向下採樣可以獲得第 2 層影像，此觀念可以依此類推。

14-1-2　基礎理論

先前說過影像金字塔其實是同一幅影像，使用不斷向下採樣所產生的結果，最簡單的向下採樣方式是每增加一層就刪除偶數列 (row) 和偶數行 (column)，就可以得到我們想要的影像金字塔。例如：第 0 層是 m x n 的原始影像，第 1 層因為刪除了偶數列和偶數行，所以得到 (m / 2) x (n / 2) 大小的影像，這時影像為第 0 層的 1 / 4。第 2 層因為刪除了第 1 層的偶數列和偶數行，所以得到相較於第 0 層影像是 (m / 4) x (n / 4) 大小的影像，這時影像大小為第 0 層的 1 / 16，這個觀念可以依此類推，直到達到我們所要的條件才終止，細節可以參考下圖。

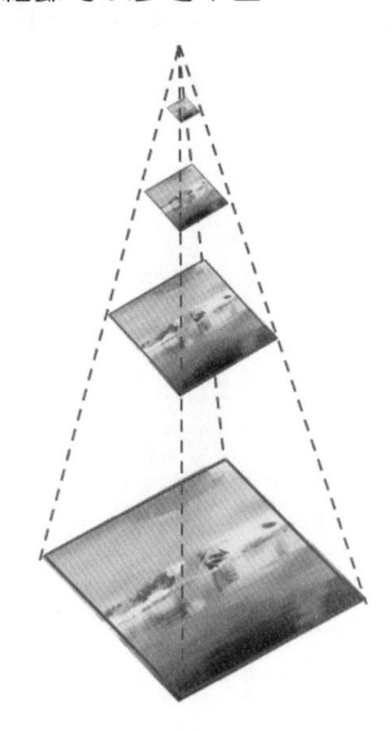

14-1-3 濾波器與採樣

在實際建立採樣過程，一般會先使用濾波器對原先影像做濾波處理，這時可以得到近似的影像，再刪除偶數列與偶數行，常見的濾波器有下列幾種。

- 鄰域平均濾波器：可以建立平均值金字塔。
- 高斯濾波器：可以建立高斯金字塔，這是最常使用的方式。

如果採用前一小節沒有濾波器的採樣可以建立子抽樣金字塔，不過採用這種方式很可能抽樣點的像素值不具有代表性，造成影像失真很嚴重。

在構建影像金字塔時，濾波器是關鍵步驟之一。濾波器的主要作用是對影像進行平滑處理，去除高頻細節（如噪聲或紋理），以防止向下採樣時出現混疊（aliasing）效應。同時，濾波器的選擇對影像金字塔的層次結構和細節保留有直接影響。

❑ 高斯濾波器的應用

高斯濾波器是影像金字塔中最常用的濾波器，其核心特性包括：

- 平滑效果優秀：高斯濾波器使用高斯函數分佈的權重進行平滑處理，對中心像素賦予較高權重，對周圍像素的權重逐漸減小，從而實現自然的模糊效果。
- 有效防止混疊：混疊是指向下採樣時，影像中的高頻部分錯誤地轉換為低頻訊號。高斯濾波器能有效移除高頻成分，減少混疊的影響。
- 計算效率高：高斯濾波器可以透過分離卷積實現快速計算（將 2D 濾波分解為兩次 1D 濾波）。

在影像金字塔中，高斯濾波器通常與向下採樣（pyrDown）結合，用於生成更小且平滑的影像層次。也就是說 14-2 節提到的 OpenCV 的 pyrDown( ) 函數，就是使用高斯濾波器原理。

❑ 其他濾波器的比較

- 方框濾波器（Box Filter）
  - ■ 特性：對內核的所有像素取均值，所有像素權重相等。
  - ■ 優勢：計算速度快，適合基本的模糊處理。
  - ■ 劣勢：平滑效果不如高斯濾波器，容易導致過於生硬的模糊效果，對細節的保留較差。
- 雙邊濾波器（Bilateral Filter）
  - ■ 特性：考慮像素間的空間距離和亮度差異，能平滑影像同時保留邊緣。
  - ■ 優勢：適合需要強調邊緣特徵的影像處理。
  - ■ 劣勢：計算成本高，不適合大範圍的金字塔構建。
- 中值濾波器（Median Filter）
  - ■ 特性：取窗口內所有像素的中值，能有效去除椒鹽噪聲。
  - ■ 優勢：對高噪聲影像效果良好。
  - ■ 劣勢：對細節的保留不如高斯濾波器，適用場景有限。

❑ 濾波器選擇對金字塔的影響

- 高斯濾波器的標準化選擇

- 高斯濾波器因其平滑效果與效率兼具，是影像金字塔構建的標準選擇，能生成層次分明、細節平滑的影像。

● 其他濾波器的場景應用

- 方框濾波器：適用於對速度要求高但對影像質量要求較低的場景。
- 雙邊濾波器：適用於需要保留邊緣細節的特殊應用，如目標檢測。
- 中值濾波器：適用於含有極端噪聲的影像處理。

● 濾波器與失真的關係

- 不同濾波器對影像細節的處理能力不同。例如，高斯濾波器會適當模糊細節，但保留主要結構；方框濾波器可能導致金字塔層次不自然；雙邊濾波器則能減少邊緣失真，但計算成本較高。

總之在影像金字塔的構建中，濾波器的選擇對影像層次的平滑與細節保留有著重要影響。高斯濾波器因其平滑效果和計算效率，成為標準選擇。

14-1-4 高斯濾波器與向下採樣

將影像用高斯濾波器先處理，其實就是將影像與高斯濾波核做卷積計算，下列是 5 x 5 高斯濾波核：

$$\frac{1}{256}\begin{bmatrix}1 & 4 & 6 & 4 & 1\\4 & 16 & 24 & 16 & 4\\6 & 24 & 36 & 24 & 6\\4 & 16 & 24 & 16 & 4\\1 & 4 & 6 & 4 & 1\end{bmatrix}$$

將影像與上述高斯濾波核做卷積計算後，可以得到影像近似值，接著可以執行向下採樣。假設原始影像是 512 x 512，下列是使用高斯濾波器經過 3 層採樣的流程說明。

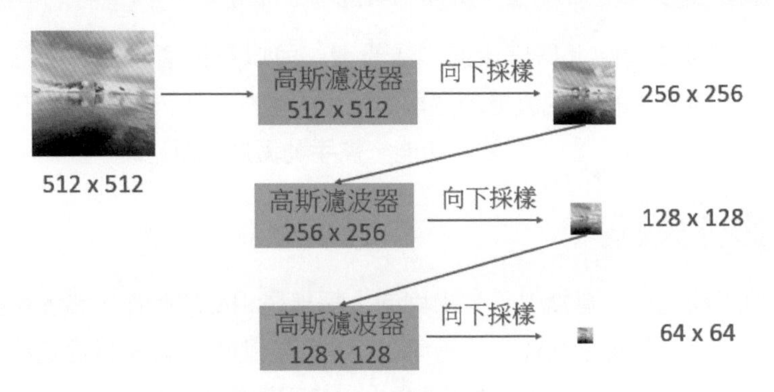

從上述可以看到每向下採樣一次，影像的長與寬均為原來的 1 / 2，如此就可以逐步建立影像金字塔。

14-1-5　向上採樣

向上採樣是一種將影像解析度提升的過程，每執行一次向上採樣，影像的寬度和高度將擴展為原先的 2 倍，總像素數為原先的 4 倍。

在最簡單的向上採樣方法中，每一列的下方增加一列，每一行的右側增加一行，新增的像素值初始設為 0。接著對新增的像素進行插值計算，這個過程稱為插值處理。例如：有一個影像矩陣如下方左圖，經過向上採樣後暫時可以得到下方右圖的影像矩陣結果。

$$\begin{bmatrix} 64 & 120 \\ 50 & 128 \end{bmatrix} \qquad \begin{bmatrix} 64 & 0 & 120 & 0 \\ 0 & 0 & 0 & 0 \\ 50 & 0 & 128 & 0 \\ 0 & 0 & 0 & 0 \end{bmatrix}$$

14-3 節會介紹 OpenCV 的 pyrUp( ) 函數，這是使用雙線性插值法生成新增像素值，能保證影像的平滑性。然而，插值過程無法恢復向下採樣時丟失的高頻細節，這可能導致影像看起來更模糊。此方法的原理與特性如下：

- 原理
  - 雙線性插值是用鄰近的 4 個像素（上下左右）進行加權平均計算。
  - 權重由像素間的距離決定，越接近的像素影響越大。
- 特性
  - 雙線性插值只考慮像素間的空間距離，目的是生成平滑連續的影像。
  - 插值的結果無法保留邊緣細節，可能導致模糊。

理論上，為了改善向上採樣後的影像質量，可以在插值後對影像應用高斯濾波器，這樣可以使補零後的像素值更加合理，減少視覺失真。然而，這並非 OpenCV 的 pyrUp( ) 函數的內建操作，如果需要此功能，需手動實現高斯濾波。

14-1-6　影像失真

閱讀了前兩節內容，雖然向下採樣與向上採樣是相反的動作，讀者可能會想一幅影像經過向下採樣，再向上採樣，是否可以回復到原影像，答案是否定的。因為向下採樣會造成部分資料遺失，所以無法使用向上採樣回復原先影像。

❑ 失真的形成原因

在影像金字塔的構建過程中，影像失真是一個常見現象，特別是在進行上下採樣時，影像的某些細節可能丟失或變形。這種失真的形成主要來自以下幾個方面：

- 向下採樣（pyrDown）的高頻訊息丟失：所謂的「高頻訊息丟失」是指的是影像中細小細節或快速變化的部分（如邊緣、紋理）在處理過程中被移除或削弱的現象。向下採樣時，影像的解析度降低，像素數量減少。由於高斯濾波會移除高頻細節，影像中細小的紋理、邊緣或細節可能被過濾掉，導致影像顯得模糊或缺乏細節。
- 向上採樣（pyrUp）的插值誤差：向上採樣時，需要對新增的像素進行插值操作（例如雙線性插值），以填補空間中的缺失值。插值的精度有限，特別是在複雜的邊緣區域，容易導致細節的失真或模糊。
- 濾波器選擇的影響：在上下採樣中，濾波器的選擇會直接影響影像的平滑程度。過強的濾波可能導致影像過於模糊，過弱的濾波則可能保留過多的高頻噪聲，影響金字塔層次的效果。
- 多次上下採樣的累積誤差：在影像金字塔中，經過多次向下和向上採樣後，誤差會逐漸累積，影像的細節和結構可能與原影像出現較大的差異。

❑ 緩解失真的方法

為了在構建影像金字塔時減少失真，可以採取以下策略：

- 使用適當的濾波器
  - ■ 高斯濾波器是上下採樣中的標準選擇，其平滑效果能有效減少混疊並保留主要結構。
  - ■ 在特定應用中，可以考慮使用雙邊濾波器（Bilateral Filter），以平滑影像的同時保留邊緣細節。
- 選擇適合的採樣比例
  - ■ 將影像的寬和高縮小至原來的 1/2 是構建影像金字塔的標準方法，這樣會導致影像的解析度（總像素數）降低至原來的 1/4。這種方法不僅能減少處理計算量，還能保持金字塔層次之間的比例一致和結構連續性，適用於多尺度特徵檢測等場景。

- 過度壓縮（如縮小到比 1/4 或更小）可能導致更多細節丟失。
- 採用更高精度的插值方法
  - 在向上採樣中，選擇高精度的插值方法（如雙三次插值）能減少細節的失真。
  - 針對邊緣區域，可以使用邊緣感知的插值算法，進一步提升重建效果。
- 適當調整濾波內核大小
  - 在高斯濾波時，選擇合適的內核大小至關重要。過小的內核可能無法有效去除高頻噪聲，過大的內核則可能過度平滑影像。
  - 通常內核大小應與採樣比例匹配，例如採樣比例為 1/2 時，使用 5 x 5 的高斯內核。
- 對多次採樣的影像進行補償
  - 在經過多次上下採樣後，可以透過對比原影像的高頻成分進行補償，恢復部分細節。
  - 使用拉普拉斯金字塔（14-5 節介紹），可以有效減少累積的模糊和細節損失。

14-2 OpenCV 的 pyrDown( ) 函數

OpenCV 已經將 14-1 節所述實作高斯金字塔的向下採樣原理封裝在 pyrDown( ) 函數了，這個函數的語法如下：

```
dst = pyrDown(src, dstsize, borderType)
```

上述函數各參數意義如下：

- dst：回傳結果影像或稱目標影像。
- src：來源影像或稱原始影像。
- dstsize：可選參數，目標影像的大小，影像預設大小是。

  ((src.cols+1)/2, (src.rows+1)/2)

- borderType：可選參數，邊界值，建議使用預設值 BORDER_DEFAULT 即可。

程式實例 ch14_1.py：使用 macau.jpg 影像，執行 3 次向下採樣，建立高斯金字塔，除了列印影像結果，同時也列印原始影像與每次向下採樣後的影像大小。

```
1  # ch14_1.py
2  import cv2
3
4  src = cv2.imread("macau.jpg")            # 讀取影像
5  dst1 = cv2.pyrDown(src)                  # 第 1 次向下採樣
6  dst2 = cv2.pyrDown(dst1)                 # 第 2 次向下採樣
7  dst3 = cv2.pyrDown(dst2)                 # 第 3 次向下採樣
8  print(f"src.shape = {src.shape}")
9  print(f"dst1.shape = {dst1.shape}")
10 print(f"dst2.shape = {dst2.shape}")
11 print(f"dst3.shape = {dst3.shape}")
12
13 cv2.imshow("src",src)
14 cv2.imshow("dst1",dst1)
15 cv2.imshow("dst2",dst2)
16 cv2.imshow("dst3",dst3)
17
18 cv2.waitKey(0)
19 cv2.destroyAllWindows()
```

執行結果 下列 Python Shell 視窗和高斯濾波金字塔影像結果。

```
=================== RESTART: D:/OpenCV_Python/ch14/ch14_1.py ===================
src.shape = (487, 339, 3)
dst1.shape = (244, 170, 3)
dst2.shape = (122, 85, 3)
dst3.shape = (61, 43, 3)
```

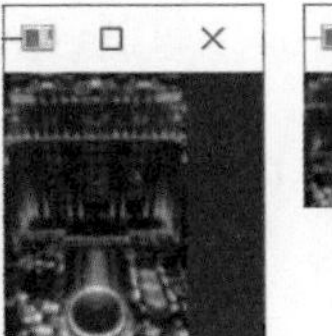

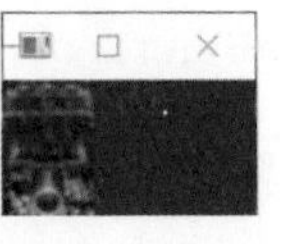

14-3 OpenCV 的 pyrUp( ) 函數

OpenCV 已經將向上採樣的過程封裝在 pyrUp( ) 函數中，該函數透過插值算法（如雙線性插值）來生成新增像素值，使影像的寬度和高度擴展為原來的兩倍。與 pyrDown( ) 不同，pyrUp( ) 並未使用高斯濾波器進行平滑處理，而是依賴插值方法實現影像的放大和平滑。

這個函數的語法如下：

```
dst = pyrUp(src, dstsize, borderType)
```

上述函數各參數意義如下：

- dst：回傳結果影像或稱目標影像。
- src：來源影像或稱原始影像。
- dstsize：可選參數，目標影像的大小，影像預設大小如下：

  (src.cols*2, src.rows*2)

- borderType：可選參數，邊界值，建議使用預設值 BORDER_DEFAULT 即可。

程式實例 ch14_2.py：向上採樣的應用。

```
1    # ch14_2.py
2    import cv2
3
4    src = cv2.imread("macau_small.jpg")        # 讀取影像
5    dst1 = cv2.pyrUp(src)                      # 第 1 次向上採樣
6    dst2 = cv2.pyrUp(dst1)                     # 第 2 次向上採樣
7    dst3 = cv2.pyrUp(dst2)                     # 第 3 次向上採樣
8
9    print(f"src.shape = {src.shape}")
10   print(f"dst1.shape = {dst1.shape}")
11   print(f"dst2.shape = {dst2.shape}")
12   print(f"dst3.shape = {dst3.shape}")
13   cv2.imshow("drc",src)
14   cv2.imshow("dst1",dst1)
15   cv2.imshow("dst2",dst2)
16   cv2.imshow("dst3",dst3)
17
18   cv2.waitKey(0)
19   cv2.destroyAllWindows()
```

執行結果　從下列執行結果可以看到影像大小是原先的 2 倍。

```
=================== RESTART: D:/OpenCV_Python/ch14/ch14_2.py ===================
src.shape = (61, 43, 3)
dst1.shape = (122, 86, 3)
dst2.shape = (244, 172, 3)
dst3.shape = (488, 344, 3)
```

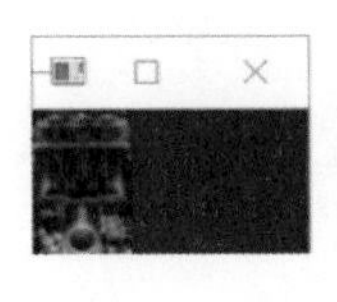
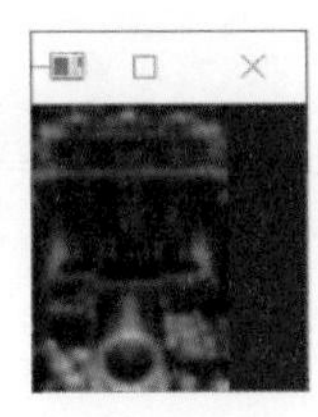
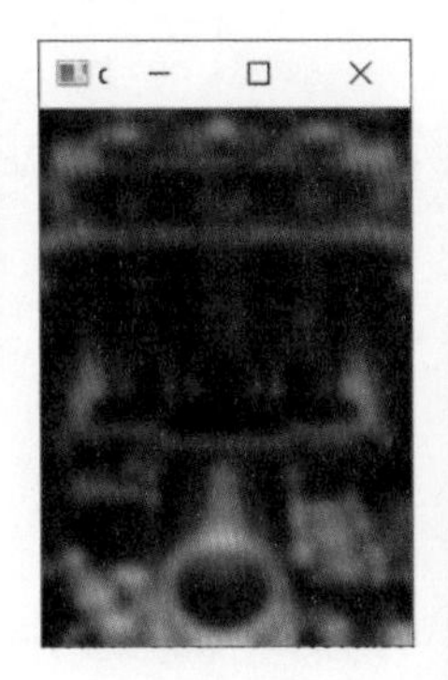
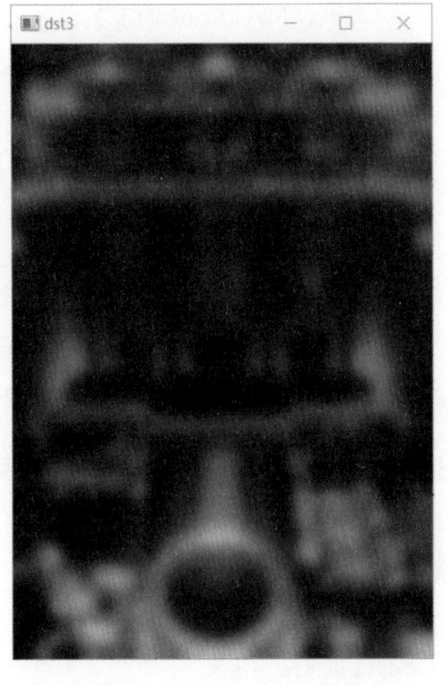

14-4 採樣逆運算的實驗

14-1-6 節筆者有說過向下採樣與向上採樣是逆運算，但是不會恢復原影像，會造成影像失真，這一節將用實例解說。

14-4-1 影像相加與相減

影像其實就是一個矩陣，每個元素內有 0 ~ 255 間的像素值，既然是數值就可以執行算數運算，下列我們先用簡單的數字做實驗。

程式實例 ch14_3.py：執行影像矩陣相加的應用。

```
1    # ch14_3.py
2    import cv2
3    import numpy as np
4
```

```
 5  np.random.seed(42)
 6  src1 = np.random.randint(256, size=(2,3),dtype = np.uint8)
 7  src2 = np.random.randint(256, size=(2,3),dtype = np.uint8)
 8  dst = src1 + src2
 9  print(f"src1 = \n{src1}")
10  print(f"src2 = \n{src2}")
11  print(f"dst = \n{dst}")
```

執行結果

```
================ RESTART: D:\OpenCV_Python\ch14\ch14_3.py ================
src1 =
[[102 220 225]
 [ 95 179  61]]
src2 =
[[ 92   3  98]
 [243  14 149]]
dst =
[[194 223  67]
 [ 82 193 210]]
```

上述我們得到了矩陣相加的結果，如果相加結果超過 255，可以自行調整值在 0 ~ 255 間，例如：225 + 98 = 323，取 256 的餘數重新調整後是 67。

程式實例 ch14_4.py：影像相加的應用，這個程式會執行 pengiun.jpg 影像相加與相減，我們可以觀察執行結果。

```
 1  # ch14_4.py
 2  import cv2
 3
 4  src = cv2.imread("pengiun.jpg")              # 讀取影像
 5  dst1 = src + src                             # 影像相加
 6  dst2 = src - src                             # 影像相減
 7  cv2.imshow("src",src)
 8  cv2.imshow("dst1 - add",dst1)
 9  cv2.imshow("dst2 - subtraction",dst2)
10
11  cv2.waitKey(0)
12  cv2.destroyAllWindows()
```

執行結果

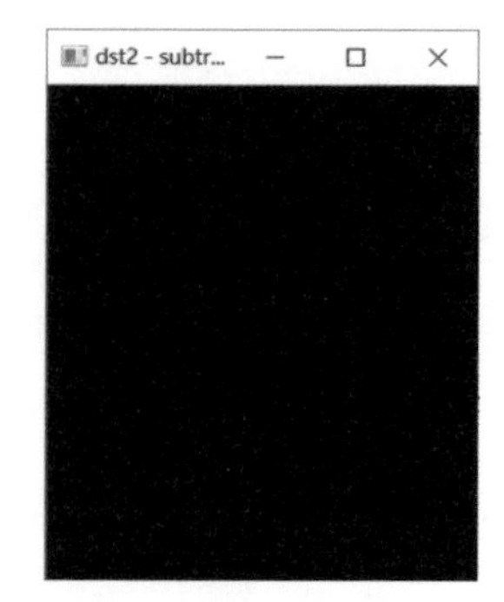

上述左邊是原影像，中間是相加結果，右邊是相減結果，因為元素自己相減，所獲得的影像矩陣所有元素皆是 0，所以得到黑色影像。

14-4-2 反向運算的結果觀察

程式實例 ch14_5.py：將影像先向下採樣再向上採樣，然後比較原始影像、復原的影像和相減結果的影像，相減結果就是兩個影像的差異。

```
1  # ch14_5.py
2  import cv2
3
4  src = cv2.imread("pengiun.jpg")          # 讀取影像
5  print(f"原始影像大小 = \n{src.shape}")
6  dst_down = cv2.pyrDown(src)              # 向下採樣
7  print(f"向下採樣大小 = \n{dst_down.shape}")
8  dst_up = cv2.pyrUp(dst_down)              # 向上採樣, 復原大小
9  print(f"向上採樣大小 = \n{dst_up.shape}")
10 dst = dst_up - src
11 print(f"結果影像大小 = \n{dst.shape}")
12
13 cv2.imshow("src",src)
14 cv2.imshow("dst1 - recovery",dst_up)
15 cv2.imshow("dst2 - dst",dst)
16
17 cv2.waitKey(0)
18 cv2.destroyAllWindows()
```

執行結果 下列可以得到經過向下採樣再向上採樣所得影像大小與原影像相同。

```
================== RESTART: D:/OpenCV_Python/ch14/ch14_5.py ==================
原始影像大小 =
(276, 256, 3)
向下採樣大小 =
(138, 128, 3)
向上採樣大小 =
(276, 256, 3)
結果影像大小 =
(276, 256, 3)
```

從上述中間影像的執行結果可以看到影像已經變模糊了，右側則是兩幅影像相減的結果。另外要留意，讀者如果要使用自己的圖片執行上述操作，必須要讓圖片大小的寬與高階是偶數，否則執行上述第 10 列會有圖片大小不一致的錯誤。

程式實例 ch14_6.py：重新設計 ch14_5.py，但是先將影像向上採樣再向下採樣，然後比較原始影像、復原的影像和相減結果的影像，相減結果就是兩個影像的差異。

```
1   # ch14_6.py
2   import cv2
3
4   src = cv2.imread("pengiun.jpg")             # 讀取影像
5   print(f"原始影像大小 = \n{src.shape}")
6   dst_up = cv2.pyrUp(src)                     # 向上採樣
7   print(f"向上採樣大小 = \n{dst_up.shape}")
8   dst_down = cv2.pyrDown(dst_up)              # 向下採樣, 復原大小
9   print(f"向下採樣大小 = \n{dst_down.shape}")
10  dst = dst_down - src
11  print(f"結果影像大小 = \n{dst.shape}")
12
13  cv2.imshow("src",src)
14  cv2.imshow("dst1 - recovery",dst_down)
15  cv2.imshow("dst2 - dst",dst)
16
17  cv2.waitKey(0)
18  cv2.destroyAllWindows()
```

執行結果

```
================== RESTART: D:/OpenCV_Python/ch14/ch14_6.py ==================
原始影像大小 =
(276, 256, 3)
向上採樣大小 =
(552, 512, 3)
向下採樣大小 =
(276, 256, 3)
結果影像大小 =
(276, 256, 3)
```

14-5 拉普拉斯金字塔 (Laplacian Pyramid, LP)

在前面的章節我們了解向下採樣時會因為部分影像細節遺失，所以在執行向上採樣時影像無法恢復原始影像。而這些遺失的影像細節就是建構了拉普拉斯金字塔。

假設 G 是影像金字塔，G_i代表第 i 層，G_{i+1}代表第 i+1 層，L 代表拉普拉斯金字塔，L_i代表拉普拉斯金字塔的第 i 層，則可以得到下列第 i 層的拉普拉斯金字塔。

$$L_i = G_i - pyrUP(G_{i+1})$$

從本節前面的內容，可以得到下列建構高斯金字塔的公式：

$$G_1 = cv2.pyrDown(G_0)$$
$$G_2 = cv2.pyrDown(G_1)$$
$$G_3 = cv2.pyrDown(G_2)$$

上述內容我們可以得到下列建構拉普拉斯金字塔的公式：

$$L_0 = G_0 - cv2.pyrUp(G_1)$$
$$L_1 = G_1 - cv2.pyrUp(G_2)$$
$$L_2 = G_2 - cv2.pyrUp(G_3)$$

所以向上採樣要恢復原始影像的公式如下：

$$G_0 = L_0 + cv2.pyrUp(G_1)$$
$$G_1 = L_1 + cv2.pyrUp(G_2)$$
$$G_2 = L_2 + cv2.pyrUp(G_3)$$

程式實例 ch14_7.py：建立 2 層的拉普拉斯金字塔。

```
 1  # ch14_7.py
 2  import cv2
 3
 4  src = cv2.imread("pengiun.jpg")             # 讀取影像
 5  G0 = src
 6  G1 = cv2.pyrDown(G0)                        # 第 1 次向下採樣
 7  G2 = cv2.pyrDown(G1)                        # 第 2 次向下採樣
 8
 9  L0 = G0 - cv2.pyrUp(G1)                     # 建立第 0 層拉普拉斯金字塔
10  L1 = G1 - cv2.pyrUp(G2)                     # 建立第 1 層拉普拉斯金字塔
11  print(f"L0.shape = \n{L0.shape}")           # 列印第 0 層拉普拉斯金字塔大小
12  print(f"L1.shape = \n{L1.shape}")           # 列印第 1 層拉普拉斯金字塔大小
13  cv2.imshow("Laplacian L0",L0)               # 顯示第 0 層拉普拉斯金字塔
14  cv2.imshow("Laplacian L1",L1)               # 顯示第 1 層拉普拉斯金字塔
15
16  cv2.waitKey(0)
17  cv2.destroyAllWindows()
```

執行結果

```
=================== RESTART: D:/OpenCV_Python/ch14/ch14_7.py ===================
L0.shape =
(276, 256, 3)
L1.shape =
(138, 128, 3)
```

註　使用上述程式需注意，因為每一次影像的長與寬皆會減半，如果減半之後的長與寬是奇數，就無法執行第 9 或 10 列的影像相減。

我們可以使用下圖繪製高斯金字塔與拉普拉斯金字塔，讓讀者了解完整的差異。

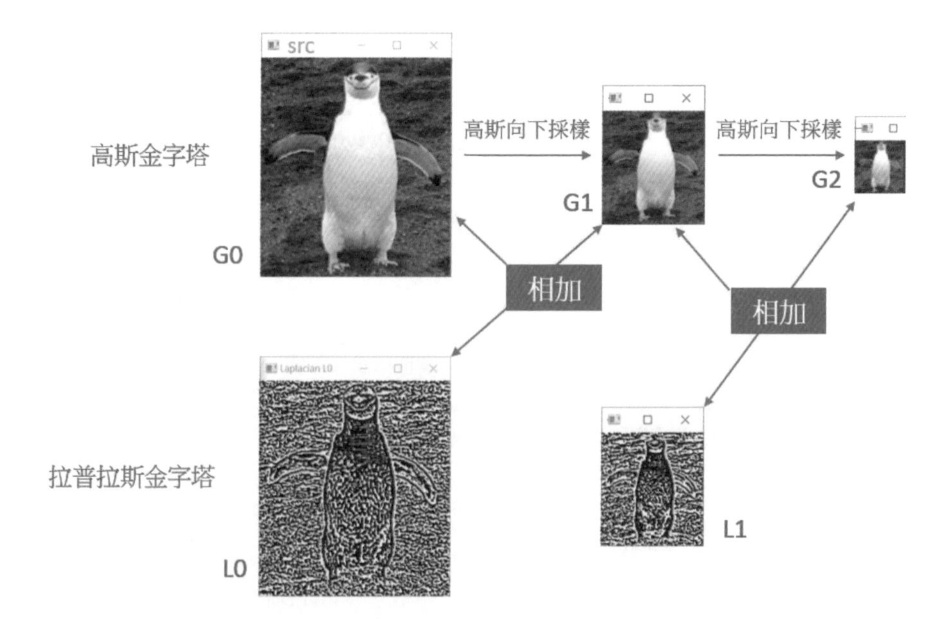

程式實例 ch14_8.py：使用拉普拉斯影像恢復原始影像的應用，列出原始影像與恢復結果的影像。

```
1  # ch14_8.py
2  import cv2
3
4  src = cv2.imread("pengiun.jpg")            # 讀取影像
5  G0 = src
6  G1 = cv2.pyrDown(G0)                       # 第 1 次向下採樣
7  L0 = src - cv2.pyrUp(G1)                   # 拉普拉斯影像
8  dst = L0 + cv2.pyrUp(G1)                   # 恢復結果影像
9
10 print(f"src.shape = \n{src.shape}")        # 列印原始影像大小
11 print(f"dst.shape = \n{dst.shape}")        # 列印恢復影像大小
12 cv2.imshow("Src",src)                      # 顯示原始影像
13 cv2.imshow("Dst",dst)                      # 顯示恢復影像
14
15 cv2.waitKey(0)
16 cv2.destroyAllWindows()
```

執行結果

```
================== RESTART: D:/OpenCV_Python/ch14/ch14_8.py ==================
src.shape =
(276, 256, 3)
dst.shape =
(276, 256, 3)
```

14-6 影像金字塔的應用與老照片修復實作

14-6-1 影像金字塔的應用

本章所述影像金字塔，可以有許多應用，在此筆者列出部分應用供讀者參考：

❑ 圖像壓縮與高效存儲

使用高斯金字塔對圖像進行多次向下採樣，生成低解析度的圖像。存儲時只保存最低解析度的影像和必要的細節數據（例如拉普拉斯金字塔中的差值），在需要時可以重建高解析度影像。應用場景：

- 雲端存儲：壓縮影像以減少存儲空間。
- 網路傳輸：在有限的頻寬內快速傳輸低解析度影像，然後在接收端重建。

❑ 多尺度目標檢測

在不同解析度的圖像金字塔層次中進行目標檢測（如人臉或車輛）。這種方法可以識別不同大小的目標，避免漏檢。應用場景：

- 自動駕駛：檢測不同距離的行人和車輛。
- 安全監控：同時識別近距離和遠距離的目標物。

❑ 圖像融合

使用拉普拉斯金字塔對多張影像進行融合，例如將一張清晰的背景和一張有對比度的前景影像合併，生成高質量的融合影像。應用場景：

- 醫學影像：結合不同模態的影像（如 CT 和 MRI）進行診斷。
- 攝影後期：結合多張曝光不同的照片，生成 HDR（高動態範圍）影像。

❑ 影像修復與細節強化

使用拉普拉斯金字塔的細節補償功能恢復影像細節。例如，將向下採樣過的影像進行向上採樣，同時疊加高頻細節部分以減少模糊。應用場景：

- 舊影像修復：修復老舊影像中的細節模糊部分。
- 數位繪圖：對插值放大的圖像進行細節增強。

❑ 多分辨率分析

使用影像金字塔分析圖像的多層次特徵，例如在低解析度下提取大範圍模式，在高解析度下提取細節紋理。應用場景：

- 紋理識別：在紋理分析中分離不同層次的特徵。
- 地圖分析：處理衛星影像，分辨不同的地形細節。

❑ 動畫與視頻處理

使用影像金字塔對視頻中的背景進行快速降噪，或者透過低解析度層次進行初步運算，加速視頻處理。應用場景：

- 即時視頻分析：降低處理負擔，用於物體跟蹤。
- 動畫製作：對動畫影格進行細節增強或模糊處理。

❑ 人工智慧模型加速

在多層金字塔中進行推理計算，先在低解析度層次提取粗略特徵，再在高解析度層次進行細緻的補充推理。應用場景：

- 深度學習：提升影像分類或檢測模型的運算效率。
- 無人機影像分析：分層處理高空攝影影像，減少計算成本。

❑ 特效生成與模擬

使用拉普拉斯金字塔模擬圖像中的高頻和低頻細節，生成模糊化或超清效果。應用場景：

- 電影製作：創建不同解析度效果的畫面。
- 遊戲設計：生成不同細節級別的場景和模型。

14-6-2 修復老舊照片原理解釋

老舊照片修復是技術與藝術的結合，從基礎的噪音去除到高級的結構重建，最終目的是還原影像的細節與真實性，同時提升視覺效果。這是一個多步驟的過程，結合了圖像處理、計算機視覺以及現代人工智慧技術，目的是改善影像品質、還原細節，並儘量保留照片的真實性。以下是修復老舊照片的核心原理與方法：

1. 噪音去除

老舊照片通常會受到時間、保存環境和數位化過程的影響，可能包含刮痕、灰塵、斑點和顆粒噪音。可以採用的技術方法如下：

- 濾波器處理
  - 高斯濾波：平滑影像，減少高頻噪音。
  - 中值濾波：特別適用於去除斑點和小範圍的噪音。
  - 雙邊濾波：在保留邊緣細節的同時，平滑顏色區域。
- 卷積處理：使用卷積核進行噪音的局部平滑處理。

2. 細節增強

老舊照片通常因解析度低或模糊而導致細節損失，如人物輪廓、紋理、邊緣等。可以採用的技術方法如下：

- 拉普拉斯金字塔：透過提取影像的高頻細節，進行細節的疊加與強化。
- 梯度增強：利用 Sobel 或 Scharr 算子檢測並強化邊緣。
- 銳化處理：增強對比度，提高影像的清晰度。

3. 色彩還原

老舊照片可能會出現色彩褪色、偏色或黑白影像缺乏層次感。可以採用的技術方法如下：

- 直方圖均衡化：調整影像的對比度，使暗部和亮部細節更加分明。
- 顏色校正：使用色彩平衡技術還原真實色調。
- 人工智慧上色：深度學習模型（如 DeOldify）用大規模數據訓練，智能生成逼真的顏色。

4. 邊緣修復與結構重建

照片中可能存在損壞的區域，如裂痕、缺失部分或邊緣模糊。可以採用的技術方法如下：

- 影像插值：使用雙線性插值或雙三次插值填補缺損區域。

- 影像修補（Inpainting）：OpenCV 或深度學習方法根據周圍像素自動填補損壞區域。
- 生成對抗網絡（GAN）：使用 GAN 模型進行影像的結構重建，還原缺損的細節。

5. 超解析度重建

老舊照片解析度通常較低，放大後會出現馬賽克或失真現象。可以採用的技術方法如下：

- 插值放大：傳統插值方法（如雙三次插值）放大影像，但效果有限。
- 超分辨率（Super Resolution）：使用深度學習模型（如 ESRGAN）提升影像解析度，生成高品質細節。

6. 人物特徵增強

老舊照片中的人物往往是修復的重點，特別是面部特徵。可以採用的技術方法如下：

- 面部檢測與對齊：檢測面部區域，針對眼睛、嘴巴、鼻子等特徵進行增強處理。
- AI 面部修復：使用 GAN 或專用模型（如 GFPGAN）自動修復並細化面部細節。

7. 整體風格保留

老舊照片的獨特風格（如膠片質感）通常具有歷史價值，需要在修復過程中保留。可以採用的技術方法如下：

- 邊緣平滑與噪音保留：保留影像的整體紋理與噪點，避免過度平滑。
- 對比度與飽和度調整：適當調整影像的亮度與飽和度，保持其真實性。

修復老照片的實際應用場景

- 歷史影像修復：修復博物館或檔案館的珍貴影像資料，保留歷史記憶。
- 家庭老照片修復：修復個人或家庭的舊照片，恢復美好回憶。
- 影像藝術創作：將老舊照片轉換為高清數位影像，用於藝術創作或展覽。
- 電影與媒體復刻：修復舊電影的畫面，使其符合現代播放標準。

隨著人工智慧和影像處理技術的進步，修復老舊照片的精度與效率將進一步提高！下一節筆者將用本章所學的原理，實作老照片的修復。

14-6-3　實作老照片修復

用影像金字塔技術，結合高斯金字塔和拉普拉斯金字塔進行影像處理，以達到細節增強和模糊減少的效果。以下是採用的原理和具體步驟：

1. 高斯金字塔原理

高斯金字塔是一種影像金字塔，用於多層次地表示影像。每層影像是透過高斯濾波器平滑後向下採樣得到的，具有分辨率遞減的特性。此原理作用如下：

- 降低影像的解析度和細節。
- 用於生成多層次的影像表示，便於進行進一步的細節提取。

步驟：

1. 原始影像作為第一層。
2. 逐層使用 cv2.pyrDown( ) 函數進行高斯平滑和向下採樣。

2. 拉普拉斯金字塔原理

拉普拉斯金字塔是透過高斯金字塔的相鄰層之間的差值生成，表示影像的高頻細節部分。此原理作用如下：

1. 用於提取和保留影像的細節與邊緣特徵。
2. 支持影像的細節增強和還原。

步驟：

1. 將高斯金字塔的每層向上採樣至與上一層相同的大小，使用 cv2.pyrUp( )。
2. 計算差值（原層 - 上採樣層）得到拉普拉斯金字塔的高頻分量，使用 cv2.subtract( )。

3. 拉普拉斯金字塔的細節增強

高頻分量包含影像的細節和邊緣訊息，適當放大高頻分量可以增強影像細節。此原理的步驟如下：

1. 將每層拉普拉斯金字塔的值放大（例如乘以 1.5），以增強細節。
2. 保證高頻細節的清晰度和邊緣對比度。

4. 影像重建

從最小層的高斯金字塔開始，逐層向上還原，將增強的高頻細節逐步疊加回去，重建出一張包含更多細節的影像。此原理的步驟如下：

1. 從最小層開始，逐層使用 cv2.pyrUp( ) 將影像放大。
2. 疊加對應的拉普拉斯金字塔層，使用 cv2.add( ) 恢復高頻細節。
3. 重複直到還原至原始影像大小。

5. 原始影像與重建影像的混合

原始影像可能含有更多的顏色和亮度訊息，混合原始影像與重建影像可以提高整體視覺效果。此原理的步驟如下：

1. 使用 cv2.addWeighted( ) 函數，按照一定的權重（例如 0.6 與 0.4）混合原始影像和重建影像。
2. 這樣既保留了原始影像的真實性，又增強了重建影像的細節。

程式實例 ch14_9.py：老照片 jk.jpg 修復。

```
1   # ch14_9.py
2   import cv2
3   import numpy as np
4   import matplotlib.pyplot as plt
5
6   plt.rcParams["font.family"] = ["Microsoft JhengHei"]
7   # 載入影像
8   image_path = 'hung.jpg'                            # 檔名為 hung.jpg
9   image = cv2.imread(image_path)
10  image = cv2.cvtColor(image, cv2.COLOR_BGR2RGB)   # 將影像轉換為 RGB 格式
11
12  # 建立高斯金字塔, 用於生成不同解析度的影像層次, 第一層為原始影像
13  gaussian_pyramid = [image]
14  for i in range(3):                                 # 下採樣三次, 生成三層
15      image = cv2.pyrDown(image)                     # 每次將影像尺寸縮小一半
16      gaussian_pyramid.append(image)                 # 儲存高斯金字塔
17
18  # 建立拉普拉斯金字塔, 用於提取影像的高頻細節
19  laplacian_pyramid = []
20  for i in range(2, -1, -1):                         # 從小層到大層生成
21      size = (gaussian_pyramid[i].shape[1], gaussian_pyramid[i].shape[0])
22      # 向上採樣恢復尺寸
23      expanded = cv2.pyrUp(gaussian_pyramid[i + 1], dstsize=size)
24      # 轉換為浮點數, 避免數據溢出
```

```
25        expanded = expanded.astype(np.float32)
26        # 計算高頻細節
27        laplacian = cv2.subtract(gaussian_pyramid[i].astype(np.float32), expanded)
28        laplacian_pyramid.append(laplacian)
29
30    # 強化拉普拉斯層次，放大高頻細節，增強影像細節效果
31    laplacian_pyramid_enhanced = [lap * 1.5 for lap in laplacian_pyramid]
32
33    # 重建影像，從最小層開始逐層重建影像
34    reconstructed_image = gaussian_pyramid[-1].astype(np.float32)
35    for laplacian in laplacian_pyramid_enhanced:
36        size = (laplacian.shape[1], laplacian.shape[0])
37        # 向上採樣
38        reconstructed_image = cv2.pyrUp(reconstructed_image,
39                                        dstsize=size).astype(np.float32)
40        # 疊加高頻細節
41        reconstructed_image = cv2.add(reconstructed_image, laplacian)
42
43    # 將重建影像轉換回 uint8 格式以便顯示
44    reconstructed_image = np.clip(reconstructed_image, 0, 255).astype(np.uint8)
45
46    # 將重建影像與原始影像混合，以恢復更多細節
47    alpha = 0.6                                          # 原始影像的權重
48    beta = 0.4                                           # 重建影像的權重
49    final_image = cv2.addWeighted(gaussian_pyramid[0], alpha,
50                                  reconstructed_image, beta, 0)
51
52    # 顯示結果
53    plt.figure(figsize=(10, 10))
54
55    # 原始影像
56    plt.subplot(1, 3, 1)
57    plt.imshow(gaussian_pyramid[0])
58    plt.title("原始影像")
59    plt.axis("off")
60
61    # 向下採樣後的影像
62    plt.subplot(1, 3, 2)
63    plt.imshow(gaussian_pyramid[-1])
64    plt.title("向下採樣影像")
65    plt.axis("off")
66
67    # 重建並增強細節的影像
68    plt.subplot(1, 3, 3)
69    plt.imshow(final_image)
70    plt.title("重建並增強影像")
71    plt.axis("off")
72
73    plt.tight_layout()
74    plt.show()
```

執行結果

程式第 31 列的 1.5 是放大高頻細節的倍數，讀者也可以調整此值，體會調整倍數的差異。程式實例 ch14_9_1.py 是將此值調整為 2.0 的結果，讀者可以比較。

習題

1： 請擴充設計 ch14_7.py，到第 3 次向下採樣，同時建立第 2 層的拉普拉斯金字塔影像，結果獲得下列錯誤的結果。

```
==================== RESTART: D:\OpenCV_Python\ex\ex14_1.py ====================
Traceback (most recent call last):
  File "D:\OpenCV_Python\ex\ex14_1.py", line 11, in <module>
    L2 = G2 - cv2.pyrUp(G3)                    # 建立第 2 層拉普拉斯金字塔
ValueError: operands could not be broadcast together with shapes (69,64,3) (70,6
4,3)
```

2： 請重新設計前一個程式，只更改讀取的影像檔案 old_building.jpg，列出下列拉普拉斯金字塔的結果。

3： 請讀者更改 ch14_9.py，第 31 列的放大倍數為 3，同時用自己的老照片測試，以體會修復結果。

第十五章

輪廓的檢測與匹配

前面章筆者敘述了邊緣偵測，但是獲得的邊緣線有時候不是連續的，這一節所敘述的圖形檢測則是分析影像中可能的形狀 (或稱輪廓)，然後對這些形狀進行繪製，同時定位形狀。當我們可以找出影像內的圖形或形狀後，這些形狀也稱輪廓，同時也找出輪廓的特徵，例如：質心、面積、周長、邊界框，未來則可以應用到影像識別。

其實要執行這些工作，所牽涉的數學是複雜的，不過 OpenCV 已經將複雜的數學封裝，我們可以使用 OpenCV 所提供的函數輕鬆完成這些工作。

15-1 影像內圖形的輪廓

輪廓是指影像內圖形或是一些外形的邊緣線條，有的圖形或是外形簡單，可以比較容易繪製與辨識，有些則比較複雜。此外在使用 findContours( ) 函數找尋影像內部圖形輪廓時，因為需要將影像處理成黑與白的二值影像，所以也可以說這是在黑影像中找尋白色物體，這一節筆者將詳細解說找尋圖形內輪廓與繪製輪廓的方法。

15-1-1 找尋圖形輪廓 findContours( )

影像內的圖形是由一系列的點所組成，這些點則可以連接成特定的圖形，OpenCV 提供了 findContours( ) 函數可以讓我們找出影像內圖形的輪廓，同時回傳輪廓的相關訊息，這個函數的語法如下：

```
contours, hierarchy = cv2.findContours(image, mode, method)
```

上述函數的回傳值意義如下：

- contours：在影像中所找到的所有輪廓，資料類型是陣列 (numpy.ndarry)，陣列內的元素則是輪廓內的像素點座標集合。
- hierarchy：輪廓間的層次關係。

至於 findContours( ) 函數內的參數意義如下：

- image：必須是 8 位元的的單通道影像，如果原始影像是彩色必須轉為灰階影像，同時將此灰階影像採用閾值處理，讓影像變成二值影像。
- mode：這是輪廓檢測模式，可以參考下表。

具名常數	值	說明
RETR_EXTERNAL	0	只檢測外部輪廓
RETR_LIST	1	檢測所有輪廓，但是不建立層次關係
RETR_CCOMP	2	檢測所有輪廓，同時建立兩個層級關係，如果內部還有輪廓則此輪廓與最外層的輪廓同級
RETR_TREE	3	檢測所有輪廓，同時建立一個樹狀層級關係

- method：這是檢測輪廓的方法，可以參考下表。

具名常數	值	說明
CHAIN_APPROX_NONE	1	儲存所有輪廓點
CHAIN_APPROX_SIMPLE	2	只有保存輪廓頂點的座標
CHAIN_APPROX_TC89L1	3	使用 Teh-Chin chain 近似的演算法
CHAIN_APPROX_TC89KCOS	4	使用 Teh-Chin chain 近似的演算法

15-1-2 繪製圖形的輪廓

上一小節我們找到了影像內的圖形輪廓後，OpenCV 提供了 drawContours( ) 函數可以在影像內繪製圖形的輪廓，此函數的語法如下：

```
image = cv2.drawContours(src_image, contours, contourIdx, color, thickness,
        lineType, hierarchy, maxLevel, offset)
```

上述函數的回傳值意義如下：

- image：目標影像，也就是回傳的結果影像。

至於 findContours( ) 函數內的參數意義如下：

- src_image：這是 drawContours( ) 內的第一個參數，必須是 8 位元的的單通道影像，如果原始影像是彩色必須轉為灰階影像，同時將此灰階影像採用閾值處理，讓影像變成二值影像。此外這個 src_image 在函數執行前是原始影像，在執行 drawContours( ) 函數後，內容也將被同步更新，其內容也將和等號左邊的 image 相同，細節讀者可以參考 ch15_1_1.py。
- contours：這是使用 findCountours( ) 函數所獲得的串列 (list)，也可以想成需要繪製的輪廓。
- contourIdx：列出需要繪製輪廓的索引，如果是 -1，表示繪製所有輪廓。

- color：使用 BGR 格式，設定輪廓的顏色。
- thickness：可選參數，繪製輪廓線條的粗細，如果是 -1，表示繪製實心。
- lineType：可選參數，繪製線條的類型，可以參考 7-2 節。
- hierarchy：可選參數，這是 findCountours( ) 輸出的層次關係。
- maxLevel：可選參數，這是指繪製輪廓層次的深度，如果是 0 表示繪製第 0 層，如果是其他正整數，例如：是 n，表示繪製 0 至 n 層級。
- offset：可選參數，這是偏移參數，可以設定所繪製輪廓的偏移量。

15-2 繪製影像內圖形輪廓的系列實例

15-2-1 找尋與繪製影像內圖形輪廓的基本應用

15-1-1 節我們知道須使用 findCountours( ) 函數找尋圖形輪廓，其中第 1 個參數 image 必須是二值影像，為了完成這個要求，我們可以對原始影像執行下列工作：

1： 使用 cv2.cvtColor( ) 函數，將影像轉成灰階，讀者可以參考下列程式第 7 列。

2： 使用 threshold( ) 函數將灰階影像二值化，如果沒有特別考量，可以將中間值 127 當作閾值，讀者可以參考下列程式第 9 列。

程式實例 ch15_1.py：在影像 easy.jpg 內，輪廓檢測模式使用 RETR_EXTERNAL，找尋圖形輪廓的應用，最後使用綠色繪製此輪廓。

```
1   # ch15_1.py
2   import cv2
3
4   src = cv2.imread("easy.jpg")
5   cv2.imshow("src",src)                                    # 顯示原始影像
6
7   src_gray = cv2.cvtColor(src,cv2.COLOR_BGR2GRAY)          # 影像轉成灰階
8   # 二值化處理影像
9   _, dst_binary = cv2.threshold(src_gray,127,255,cv2.THRESH_BINARY)
10  # 找尋影像內的輪廓
11  contours, hierarchy = cv2.findContours(dst_binary,
12                                         cv2.RETR_EXTERNAL,
13                                         cv2.CHAIN_APPROX_SIMPLE)
14  dst = cv2.drawContours(src,contours,-1,(0,255,0),5) # 繪製圖形輪廓
15  cv2.imshow("result",dst)                                 # 顯示結果影像
16
17  cv2.waitKey(0)
18  cv2.destroyAllWindows()
```

執行結果

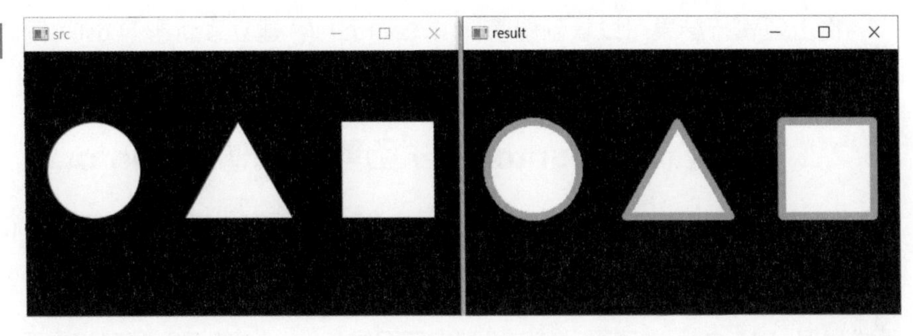

程式實例 ch15_2.py：擴充設計 ch15_1.py，再輸出原始影像一次，觀察是否影響原始影像，讀者可以參考第 16 列。

```
1    # ch15_2.py
2    import cv2
3
4    src = cv2.imread("easy.jpg")
5    cv2.imshow("src",src)                                    # 顯示原始影像
6
7    src_gray = cv2.cvtColor(src,cv2.COLOR_BGR2GRAY)          # 影像轉成灰階
8    # 二值化處理影像
9    _, dst_binary = cv2.threshold(src_gray,127,255,cv2.THRESH_BINARY)
10   # 找尋影像內的輪廓
11   contours, hierarchy = cv2.findContours(dst_binary,
12                                          cv2.RETR_EXTERNAL,
13                                          cv2.CHAIN_APPROX_SIMPLE)
14   dst = cv2.drawContours(src,contours,-1,(0,255,0),5)    # 繪製圖形輪廓
15   cv2.imshow("result",dst)                                 # 顯示結果影像
16   cv2.imshow("src1",src)                                   # 再輸出一次原始影像
17
18   cv2.waitKey(0)
19   cv2.destroyAllWindows()
```

執行結果

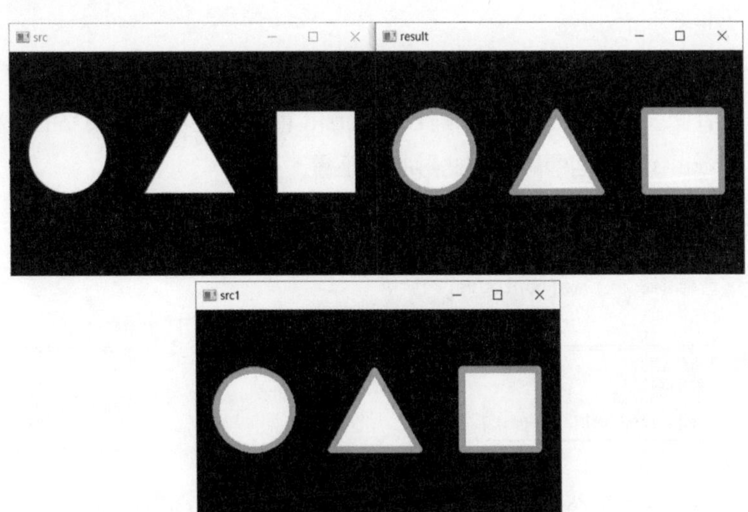

從上述執行結果可以看到儘管 drawContours( ) 建立了新影像 dst，同時也更新了原始影像 src 的內容。

15-2-2 認識 findCountours( ) 函數的回傳值 contours

從 15-1-1 節可以知道，在影像中所找到的所有輪廓，資料類型是串列 (list)，串列內的元素則是輪廓內的像素點座標集合。

程式實例 ch15_3.py：使用 easy.jpg 列出所回傳 contours 的資料類型和長度。

```
1   # ch15_3.py
2   import cv2
3
4   src = cv2.imread("easy.jpg")
5   src_gray = cv2.cvtColor(src,cv2.COLOR_BGR2GRAY)      # 影像轉成灰階
6   # 二值化處理影像
7   _, dst_binary = cv2.threshold(src_gray,127,255,cv2.THRESH_BINARY)
8   # 找尋影像內的輪廓
9   contours, hierarchy = cv2.findContours(dst_binary,
10                                         cv2.RETR_EXTERNAL,
11                                         cv2.CHAIN_APPROX_SIMPLE)
12  print(f"資料類型 : {type(contours)}")
13  print(f"輪廓數量 : {len(contours)}")
14  print(f"輪廓點   : \n{contours[1]}")
```

執行結果

```
================== RESTART: D:\OpenCV_Python\ch15\ch15_3.py ==================
資料類型 : <class 'tuple'>
輪廓數量 : 3
輪廓點   :
[[[300  65]]

 [[300 152]]

 [[387 152]]

 [[387  65]]]
```

經過筆者測試，如果是矩形，則 contours[i] 會回傳矩形 4 個頂點的座標。如果是其他外形，counts[i] 會回傳組合成此形狀的座標。

實例 ch15_3_1.py：輸出「countours[0]」的內容。

```
14  print(f"輪廓點   : \n{contours[0]}")
```

執行結果

```
================= RESTART: D:/OpenCV_Python/ch15/ch15_3_1.py =================
資料類型 : <class 'tuple'>
輪廓數量 : 3
Squeezed text (292 lines).
```

按一下「Sqeezed text」，可以得到展開該外形座標集內容。

程式實例 ch15_3_2.py：輸出「countours[2]」的內容。

```
14    print(f"輪廓點    : \n{contours[2]}")
```

執行結果

```
================= RESTART: D:/OpenCV_Python/ch15/ch15_3_2.py =================
資料類型 : <class 'tuple'>
輪廓數量 : 3
Squeezed text (268 lines).
```

如果要了解座標集的內容，可以按一下「Sqeezed text」。檢測方法選項對 contours 的影響

- cv2.CHAIN_APPROX_SIMPLE：這是常用的選項，用於壓縮輪矩形的廓點。只保留拐點信息，例如矩形的 4 個頂點，其他中間點被省略。
- cv2.CHAIN_APPROX_NONE：不進行壓縮，保留所有輪廓點。

程式實例 ch15_3_3.py：使用 cv2.CHAIN_APPROX_NONE 檢測方法，重新設計 ch15_3.py。

```
 9   contours, hierarchy = cv2.findContours(dst_binary,
10                                          cv2.RETR_EXTERNAL,
11                                          cv2.CHAIN_APPROX_NONE)
```

執行結果

```
================= RESTART: D:/OpenCV_Python/ch15/ch15_3_3.py =================
資料類型 : <class 'tuple'>
輪廓數量 : 3
Squeezed text (696 lines).
```

15-2-3 輪廓索引 contoursIdx

繪製輪廓實例使用的函數是 drawsContours( )，這個函數的第 3 個參數 contoursIdx 是輪廓的索引，在 ch15_1.py 的第 14 列，筆者使用 -1，這表示是繪製所有輪廓。這一節將分別繪製影像內的圖形輪廓。

程式實例 ch15_4.py：重新設計 ch15_1.py，但是分別繪製影像內的圖形輪廓。

```
1   # ch15_4.py
2   import cv2
3   import numpy as np
4
5   src = cv2.imread("easy.jpg")
6   cv2.imshow("src",src)                              # 顯示原始影像
7
8   src_gray = cv2.cvtColor(src,cv2.COLOR_BGR2GRAY)    # 影像轉成灰階
9   # 二值化處理影像
```

```
10    _, dst_binary = cv2.threshold(src_gray,127,255,cv2.THRESH_BINARY)
11    # 找尋影像內的輪廓
12    contours, hierarchy = cv2.findContours(dst_binary,
13                                           cv2.RETR_EXTERNAL,
14                                           cv2.CHAIN_APPROX_SIMPLE)
15    n = len(contours)                                          # 回傳輪廓數
16    imgList = []                                               # 建立輪廓串列
17    for i in range(n):                                         # 依次繪製輪廓
18        img = np.zeros(src.shape, np.uint8)                    # 建立輪廓影像
19        imgList.append(img)                                    # 將預設黑底影像加入串列
20        # 繪製輪廓影像
21        imgList[i] = cv2.drawContours(imgList[i],contours,i,(255,255,255),5)
22        cv2.imshow("contours" + str(i),imgList[i])             # 顯示輪廓影像
23
24    cv2 waitKey(0)
25    cv2.destroyAllWindows()
```

執行結果

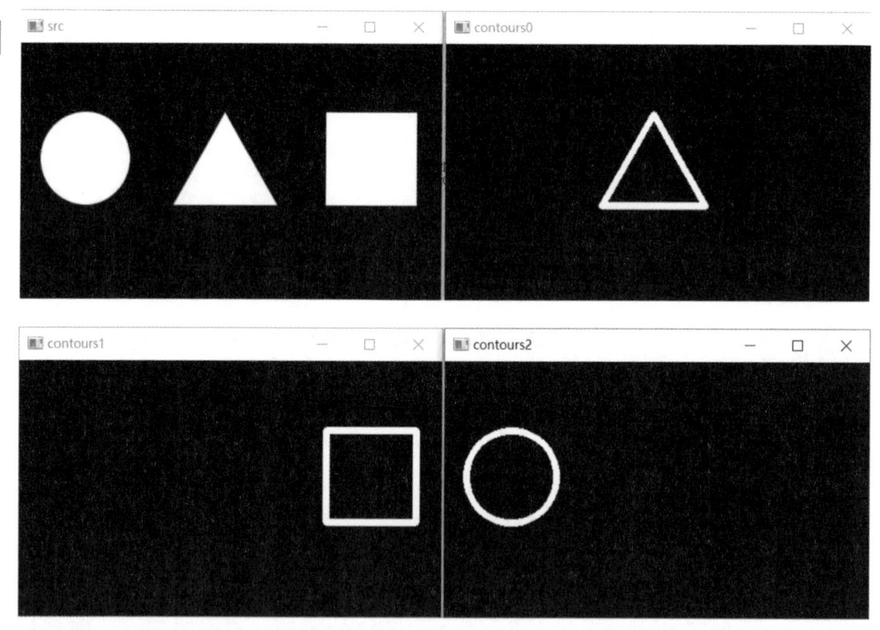

從上述我們可以得到輪廓索引編號是從 0 開始計數，同時並不是從左到右偵測的結果。

15-2-4　輪廓的外形與特徵提取

❑ 輪廓的周長

OpenCV 有提供的一個函數 cv2.arcLength( )，可用於計算輪廓的周長（或封閉曲線的總長度）。它是一個非常有用的工具，常用於形狀分析和輪廓特徵提取。其語法如下：

```
cv2.arcLength(curve, closed)
```

- curve
  - 輸入的輪廓（通常是由 cv2.findContours() 返回的輪廓串列中的一個）。
  - curve 是一個二維點的陣列，每個點表示輪廓中的一個頂點。
- closed：布林值，指定輪廓是否封閉：
  - True：計算封閉曲線的周長。
  - False：計算開放曲線的總長度。
- 回傳值：回傳曲線的長度（即周長），為浮點型數值

❑ 多邊形近似

OpenCV 中的 cv2.approxPolyDP( ) 函數，用於多邊形近似。它根據所提供的輪廓點和精度參數，將輪廓簡化為更少的頂點，同時保持其形狀特徵。其語法如下：

```
cv2.approxPolyDP(curve, epsilon, closed)
```

- curve：輸入的輪廓，一般是由 cv2.findContours() 返回的輪廓之一。
- epsilon：
  - 近似精度，指定原始輪廓與近似輪廓之間的最大距離。
  - 數值越大，近似後的頂點數量越少，輪廓越簡化。
  - 通常使用 epsilon = 0.01 * cv2.arcLength(curve, True)。
- closed：布林值，指定近似的輪廓是否封閉：
  - True：生成封閉輪廓。
  - False：生成開放輪廓。
- 回傳值：回傳一個簡化後的輪廓（頂點的點集），這是一個 Numpy 陣列。

從 cv2.approxPolyDP( ) 函數回傳的輪廓搭配頂點數量，可以用來區分圖像內的幾何形狀：

- 3 個點：三角形。
- 4 個點：矩形或正方形。
- 5 個點或更多：多邊形或圓形。

註 近似多邊形 approxPolyDP( ) 函數所使用的是道格拉斯 – 普克演算法 (Douglas-Peucker algorithm)，也稱迭代端點擬合演算法 (Iterative end-point fit algorithm)，這是一種將線段組成的曲線，降採樣點數的類似曲線方法。

實例 ch15_5.py：區分 easy.jpg 圖像內輪廓外形，這裡假設頂點數量大於或等於 8 是圓形。

```
1   # ch15_5.py
2   import cv2
3   import numpy as np
4
5   # 讀取影像並轉為灰階
6   src = cv2.imread("easy.jpg")
7   src_gray = cv2.cvtColor(src, cv2.COLOR_BGR2GRAY)
8
9   # 二值化處理影像
10  ret, dst_binary = cv2.threshold(src_gray, 127, 255, cv2.THRESH_BINARY)
11
12  # 找尋影像內的輪廓
13  contours, hierarchy = cv2.findContours(dst_binary, cv2.RETR_EXTERNAL,
14                                         cv2.CHAIN_APPROX_SIMPLE)
15
16  # 初始化統計數據
17  triangle_count = 0                          # 三角形計數器
18  rectangle_count = 0                         # 矩形計數器
19  circle_count = 0                            # 圓形計數器
20
21  # 輪廓處理
22  for i, contour in enumerate(contours):
23      # 輪廓近似
24      epsilon = 0.02 * cv2.arcLength(contour, True)   # 根據輪廓周長調整
25      approx = cv2.approxPolyDP(contour, epsilon, True)
26
27      # 輪廓點數量
28      num_points = len(approx)
29      # 判斷類型
30      if num_points == 3:                     # 三角形
31          triangle_count += 1
32          print(f"輪廓 {i} : 三角形, 輪廓點數量 = {num_points}")
33      elif num_points == 4:                   # 矩形
34          print(f"輪廓 {i} : 矩形,   輪廓點數量 = {num_points}")
35          rectangle_count += 1
36      elif num_points >= 8 :                   # 圓形 (近似為圓)
37          circle_count += 1
38          print(f"輪廓 {i} : 圓形,   輪廓點數量 = {num_points}")
39      else:
40          print(f"輪廓 {i} : 其他形狀, 輪廓點數量 = {num_points}")
41
42  # 統計結果
43  print(f"三角形的輪廓總數量 : {triangle_count}")
44  print(f"矩形的輪廓總數量   : {rectangle_count}")
45  print(f"圓形的輪廓總數量   : {circle_count}")
```

執行結果

```
=================== RESTART: D:/OpenCV_Python/ch15/ch15_5.py ===================
輪廓 0 : 三角形, 輪廓點數量 = 3
輪廓 1 : 矩形,   輪廓點數量 = 4
輪廓 2 : 圓形,   輪廓點數量 = 8
三角形的輪廓總數量 : 1
矩形的輪廓總數量   : 1
圓形的輪廓總數量   : 1
```

15-2-5 輪廓內有輪廓

假設有一個影像 easy1.jpg 內容如下，輪廓內有輪廓：

如果使用 ch15_1.py 將只能找到外部輪廓，讀者可以參考下列 ch15_6.py。

程式實例 ch15_6.py：使用 easy1.jpg 影像，重新設計 ch15_1.py。

```
4   src = cv2.imread("easy1.jpg")
```

執行結果

從上述執行結果可以看到其實每個圖形內仍有圖形未被檢測出來，這是因為我們在呼叫 findContours( ) 函數時，所使用的檢測方法是 RETR_EXTERNAL，這個檢測方法只檢測外部輪廓，如果要檢測所有輪廓可以使用 RETR_LIST 參數。

程式實例 ch15_7.py：重新設計 ch15_6.py，使用 RETR_LIST 檢測所有輪廓。

```
1   # ch15_7.py
2   import cv2
3
4   src = cv2.imread("easy1.jpg")
5   cv2.imshow("src",src)                          # 顯示原始影像
```

```
6
7    src_gray = cv2.cvtColor(src,cv2.COLOR_BGR2GRAY)      # 影像轉成灰階
8    # 二值化處理影像
9    _, dst_binary = cv2.threshold(src_gray,127,255,cv2.THRESH_BINARY)
10   # 找尋影像內的輪廓
11   contours, hierarchy = cv2.findContours(dst_binary,
12                                          cv2.RETR_LIST,
13                                          cv2.CHAIN_APPROX_SIMPLE)
14   dst = cv2.drawContours(src,contours,-1,(0,255,0),5) # 繪製圖形輪廓
15   cv2.imshow("result",dst)                             # 顯示結果影像
16
17   cv2.waitKey(0)
18   cv2.destroyAllWindows()
```

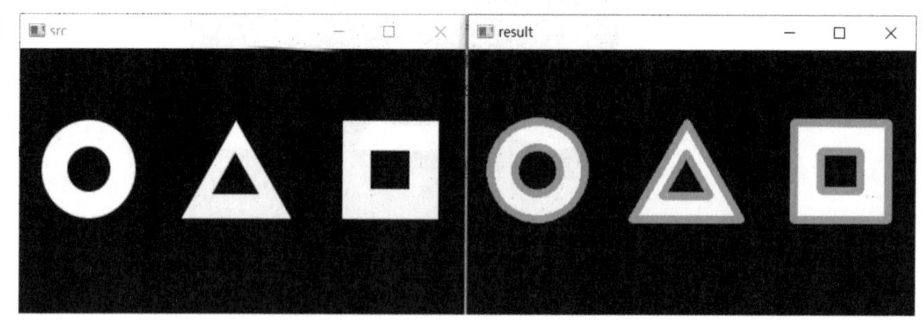

從上述執行結果可以看到輪廓內的輪廓也已經檢測出來了。

15-2-6　繪製一般影像的圖形輪廓

程式實例 ch15_8.py：繪製一般影像的輪廓，這個程式顯示原始影像、二元影像和繪製輪廓。

```
1    # ch15_8.py
2    import cv2
3
4    src = cv2.imread("lake.jpg")
5    cv2.imshow("src",src)                               # 顯示原始影像
6
7    src_gray = cv2.cvtColor(src,cv2.COLOR_BGR2GRAY)      # 影像轉成灰階
8    # 二值化處理影像
9    _, dst_binary = cv2.threshold(src_gray,150,255,cv2.THRESH_BINARY)
10   cv2.imshow("binary",dst_binary)                      # 顯示二值化影像
11   # 找尋影像內的輪廓
12   contours, hierarchy = cv2.findContours(dst_binary,
13                                          cv2.RETR_LIST,
14                                          cv2.CHAIN_APPROX_SIMPLE)
15   dst = cv2.drawContours(src,contours,-1,(0,255,0),2) # 繪製圖形輪廓
16   cv2.imshow("result",dst)                             # 顯示結果影像
17
18   cv2.waitKey(0)
19   cv2.destroyAllWindows()
```

執行結果

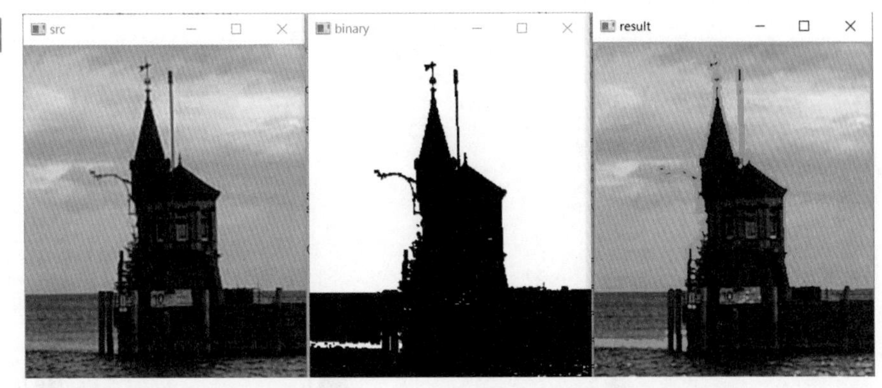

上述實例如果是使用白色繪製實心輪廓，則可以類似清除天空背景。

程式實例 ch15_9.py：重新設計 ch15_8.py，清除天空背景，也可以視為將圖案取出。

```
15  dst = cv2.drawContours(src,contours,-1,(255,255,255),-1) # 繪製圖形輪廓
```

執行結果

程式實例 ch15_10.py：重新設計 ch15_9.py，天空背景保留，但是將燈塔以黑色顯示。

```
1   # ch15_10.py
2   import cv2
3   import numpy as np
4
5   src = cv2.imread("lake.jpg")
6   cv2.imshow("src",src)                                # 顯示原始影像
7
8   src_gray = cv2.cvtColor(src,cv2.COLOR_BGR2GRAY)      # 影像轉成灰階
9   # 二值化處理影像
10  _, dst_binary = cv2.threshold(src_gray,150,255,cv2.THRESH_BINARY)
11  cv2.imshow("binary",dst_binary)                      # 顯示二值化影像
12  # 找尋影像內的輪廓
13  contours, hierarchy = cv2.findContours(dst_binary,
14                                         cv2.RETR_LIST,
```

```
15                          cv2.CHAIN_APPROX_SIMPLE)
16     mask = np.zeros(src.shape, np.uint8)
17     dst = cv2.drawContours(mask,contours,-1,(255,255,255),-1) # 繪製圖形輪廓
18     dst_result = cv2.bitwise_and(src,mask)
19     cv2.imshow("dst result",dst_result)                    # 顯示結果影像
20
21     cv2.waitKey(0)
22     cv2.destroyAllWindows()
```

執行結果

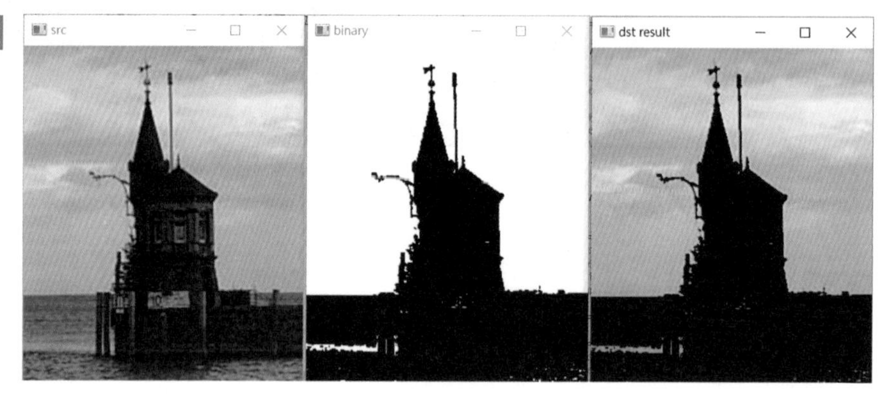

15-2-7　輪廓動畫

前面實例可以知道，在不同時間分別顯示輪廓，這樣就可以生成動畫。有一個影像 squares.jpg 如下：

程式實例 ch15_10_1.py：設計一個程式，從影像中檢測輪廓並生成一個逐步展示輪廓的動畫。最終的動畫會儲存在 square_ani.gif 檔案內。

```
1    # ch15_10_1.py
2    import cv2
3    import numpy as np
4    import matplotlib.pyplot as plt
5    import matplotlib.animation as animation
```

```
6
7   # 讀取影像並轉為灰階
8   image_path = "squares.jpg"
9   image = cv2.imread(image_path)
10  gray = cv2.cvtColor(image, cv2.COLOR_BGR2GRAY)
11  # 二值化處理
12  _, binary = cv2.threshold(gray, 127, 255, cv2.THRESH_BINARY)
13  # 檢測輪廓與層次結構
14  contours, hierarchy = cv2.findContours(binary, cv2.RETR_LIST,
15                                         cv2.CHAIN_APPROX_SIMPLE)
16
17  # 設置動畫參數
18  fig, ax = plt.subplots()
19  ax.set_xlim(0, image.shape[1])
20  ax.set_ylim(image.shape[0], 0)        # 顛倒 y 軸, 與影像座標一致
21  frames = []
22
23  # 繪製輪廓的展開過程
24  for level in range(len(contours)):
25      overlay = np.zeros_like(image, dtype=np.uint8)  # 創建一個透明圖層
26      cv2.drawContours(overlay, contours, level, (255, 255, 255),
27                       thickness=cv2.FILLED)          # 繪製當前層的輪廓
28      frames.append(overlay)                          # 生成動畫幀
29
30  # 創建動畫
31  def update(frame_index):
32      ax.clear()
33      ax.imshow(cv2.cvtColor(frames[frame_index], cv2.COLOR_BGR2RGB))
34      ax.axis('off')
35
36  ani = animation.FuncAnimation(fig, update, frames=len(frames), interval=500)
37  ani.save("square_ani.gif", writer="pillow")         # 保存動畫
38  plt.show()
```

執行結果 下列是動畫過程圖像。

上述程式流程如下：

1. 讀取影像與前處理
   - 使用 OpenCV 讀取一張影像。
   - 將影像轉換為灰階模式，方便進行後續的輪廓檢測。
   - 對影像進行二值化處理，將其轉換為純黑白格式，便於檢測邊界。
2. 檢測影像輪廓
   - 使用 OpenCV 的 cv2.findContours( ) 函數，提取影像中所有輪廓。
   - 選擇合適的檢索模式（如 cv2.RETR_LIST）和近似方法（如 cv2.CHAIN_APPROX_SIMPLE）。
3. 生成動畫幀
   - 遍歷每一層輪廓，將輪廓繪製到透明的圖層上，並存為動畫的一幀。
   - 使用 OpenCV 的 cv2.drawContours( ) 函數來繪製輪廓。
4. 製作動畫
   - 使用 Matplotlib 的動畫功能，逐幀顯示輪廓圖像。
   - 定義一個 update 函數來更新動畫的內容。
5. 儲存與展示動畫
   - 使用 Matplotlib 將動畫保存為 GIF 格式檔案。
   - 最後顯示動畫，檢查效果。

15-3 輪廓層級 Hierarchy

輪廓層級可以視為邊緣檢測技術的一次進化。除了單純地檢測影像的輪廓，還能揭示輪廓之間的層次關係和拓撲結構。這意味著，我們不僅獲得了影像中的邊界資訊，還能進一步理解其內部的層次結構，使邊緣檢測變得更加智慧和全面。

本節的主要目的是介紹輪廓層級的概念及其應用。輪廓層級提供了影像中輪廓之間的層次關係，包括父輪廓、子輪廓以及同級輪廓的互動。這些結構化資訊不僅能提高影像處理的精確度，還為影像創意設計和 AI 視覺應用帶來了更多可能性，例如智慧分割、圖像重構以及生成式設計等。

15-3-1 輪廓層級的基本觀念

在 15-1-1 節筆者介紹了下列函數。

```
contours, hierarchy = cv2.findContours(image, mode, method)
```

上述回傳的 contours 是輪廓串列，筆者已有許多實例解說。這一小節將解說回傳的多維陣列資料型態 hierarchy，我們可以翻譯為層級。在瞭解層級之前，首先讀者要了解下列名詞與輪廓間的關係，假設有一個影像與內部圖形輪廓編號如下，下列輪廓編號是方便解說，實質上所產生的輪廓編號會有所不同：

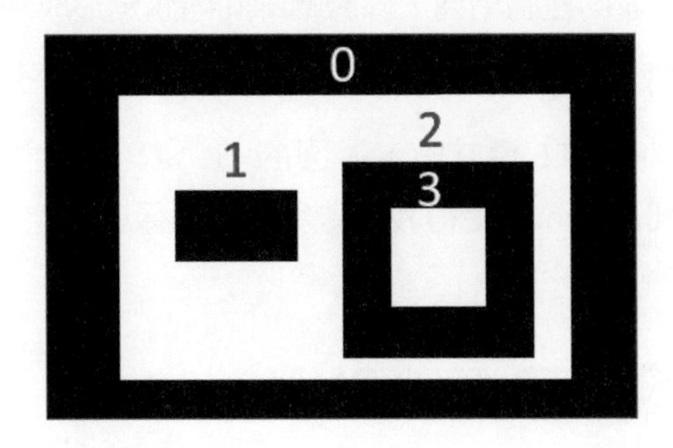

- 父輪廓：如果一個輪廓內部有一個輪廓，則稱外部的輪廓為父輪廓，例如：輪廓 0 是輪廓 1 和輪廓 2 的父輪廓。
- 子輪廓：如果一個輪廓內部有一個輪廓，則稱內部的輪廓為子輪廓，例如：輪廓 1 和輪廓 2 是輪廓 0 的子輪廓。
- 同級輪廓：如果 2 個輪廓有相同的父輪廓，則這 2 個輪廓稱同級輪廓，例如：輪廓 1 和輪廓 2 是有相同的父輪廓 0，所以是同級輪廓。

註 有關輪廓 0、2、3 之間的關係會依檢測模式不同，而有不同的定義。

所以輪廓間，就可以由上述定義建立了層級關係，findContours( ) 函數所回傳的 hierarchy，就是定義這個層級關係，這個層級關係所回傳的是一個多維陣列，每個輪廓皆對應一個陣列元素，此多維陣列內有 4 個元素，所代表的意義如下：

```
[Next  Previous  First_Child  Parent]
```

上述所代表的意義如下：

- Next：下一個同級輪廓的索引編號，如果沒有下一個輪廓則回傳 -1。

- Prevous：前一個同級輪廓的索引編號，如果沒有前一個輪廓則回傳 -1。
- First_Child：第一個子輪廓的索引編號，如果沒有第一個輪廓則回傳 -1。
- Parent：父輪廓的索引編號，如果沒有父輪廓則回傳 -1。

但是我們也需要留意，使用 findContours( ) 函數時，不同的檢測模式 (mode) 會影響層次結構的生成方式，因此影響 hierarchy 回傳結果。

- RETR_EXTERNAL：僅返回最外層的輪廓，忽略內部嵌套的子輪廓。
- RETR_LIST：返回所有輪廓，但不構建層次結構。
- RETR_CCOMP：返回雙層結構，外層輪廓和內層洞形成兩層。
- RETR_TREE：構建完整的層次結構，記錄每個輪廓的父子和同級關係。

例如：當使用 RETR_TREE 模式時，返回的 hierarchy 包含了每個輪廓的 Next、Previous、First_Child 和 Parent，使得我們能夠訪問影像的完整拓撲結構，下列各節將分別說明上述檢測模式。

15-3-2　檢測模式 RETR_EXTERNAL

當檢測模式採用 RETR_EXTERNAL 時，只檢測所有外部輪廓。

程式實例 ch15_11.py：使用 easy2.jpg 檔案，檢測模式採用 RETR_EXTERNAL，列印 hierarchy。

```
1   # ch15_11.py
2   import cv2
3
4   src = cv2.imread("easy2.jpg")
5   cv2.imshow("src",src)                                  # 顯示原始影像
6
7   src_gray = cv2.cvtColor(src,cv2.COLOR_BGR2GRAY)        # 影像轉成灰階
8   # 二值化處理影像
9   _, dst_binary = cv2.threshold(src_gray,127,255,cv2.THRESH_BINARY)
10  # 找尋影像內的輪廓
11  contours, hierarchy = cv2.findContours(dst_binary,
12                                         cv2.RETR_EXTERNAL,
13                                         cv2.CHAIN_APPROX_SIMPLE)
14  dst = cv2.drawContours(src,contours,-1,(0,255,0),5) # 繪製圖形輪廓
15  cv2.imshow("result",dst)                               # 顯示結果影像
16  print(f"hierarchy 資料類型 : {type(hierarchy)}")
17  print(f"列印層級 \n {hierarchy}")
18
19  cv2.waitKey(0)
20  cv2.destroyAllWindows()
```

執行結果

```
==================== RESTART: D:/OpenCV_Python/ch15/ch15_11.py ====================
hierarchy 資料類型 : <class 'numpy.ndarray'>
列印層級
 [[[ 1 -1 -1 -1]
  [-1  0 -1 -1]]]
```

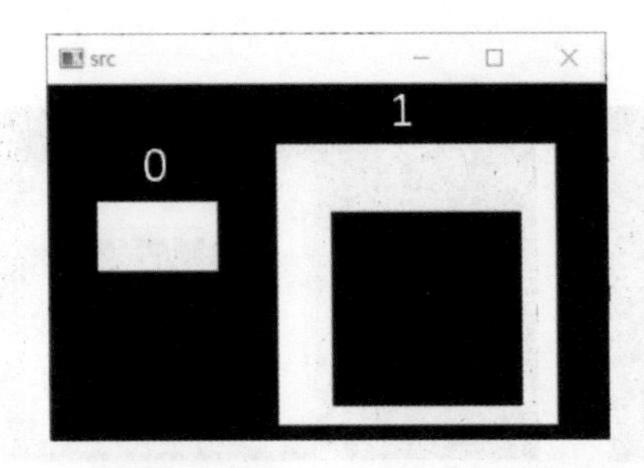

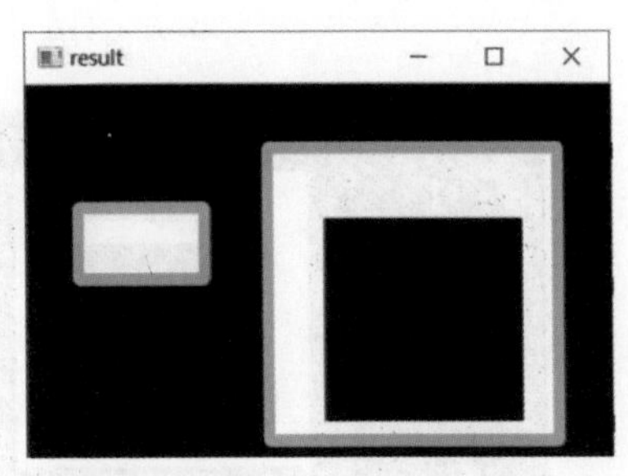

原始影像是沒有編號的，為了方便解說回傳的 hierarchy，上述左邊的原始影像筆者特別標註程式所產生的輪廓編號，讀者可以參考 ch15_3.py 自行探索輪廓編號的編排方式，hierarchy 所回傳的陣列資料意義如下：

- [1 -1 -1 -1]：這是第 0 個輪廓。
  - 1 代表下一個同級輪廓的索引編號是 1。
  - -1 代表前一個同級輪廓不存在。
  - -1 代表第一個子輪廓不存在。
  - -1 代表父輪廓不存在。
- [-1 0 -1 -1]：這是第 1 個輪廓。
  - -1 代表下一個同級輪廓不存在。
  - 0 代表前一個同級輪廓的索引編號是 0。
  - -1 代表第一個子輪廓不存在。
  - 1 代表父輪廓不存在。

15-3-3 檢測模式 RETR_LIST

當檢測模式採用 RETR_LIST 時，檢測所有輪廓，但是不建立層次關係。

程式實例 ch15_12.py： 使用 easy2.jpg 檔案重新設計 ch15_11.py，檢測模式採用 RETR_LIST，列印 hierarchy。

```
11  contours, hierarchy = cv2.findContours(dst_binary,
12                                          cv2.RETR_LIST,
13                                          cv2.CHAIN_APPROX_SIMPLE)
```

執行結果

```
==================== RESTART: D:/OpenCV_Python/ch15/ch15_12.py ====================
hierarchy 資料類型 : <class 'numpy.ndarray'>
列印層級
 [[[ 1 -1 -1 -1]
  [ 2  0 -1 -1]
  [-1  1 -1 -1]]]
```

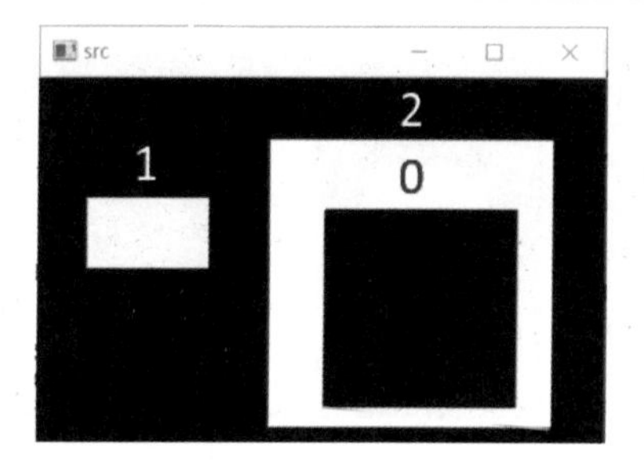

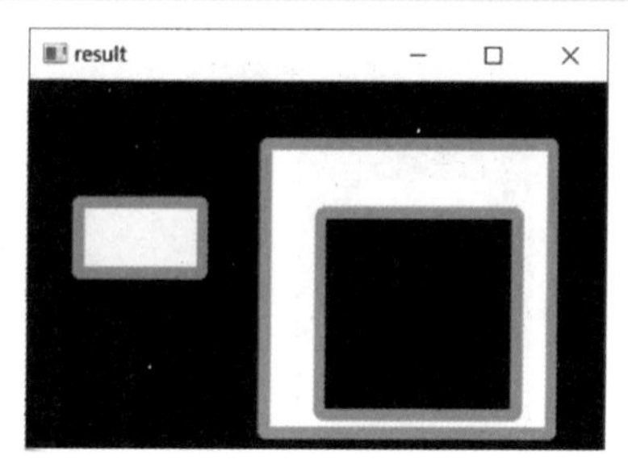

原始影像是沒有編號的，為了方便解說回傳的 hierarchy，上述左邊的原始影像筆者特別標註程式所產生的輪廓編號，讀者可以參考 ch15_3.py 自行探索輪廓編號的編排方式，hierarchy 所回傳的陣列資料意義如下：

- [1 -1 -1 -1]：這是第 0 個輪廓。
  - 1 代表下一個同級輪廓的索引編號是 1。
  - -1 代表前一個同級輪廓不存在。
  - -1 代表第一個子輪廓不存在。
  - n-1 代表父輪廓不存在。
- [2 0 -1 -1]：這是第 1 個輪廓。
  - 2 代表下一個同級輪廓的索引編號是 0。
  - 0 代表前一個同級輪廓的索引編號是 0。
  - -1 代表第一個子輪廓不存在。
  - -1 代表父輪廓不存在。
- [-1 1 -1 -1]：這是第 2 個輪廓。
  - -1 代表下一個同級輪廓不存在。
  - 1 代表前一個同級輪廓的索引編號是 1。
  - 1 代表第一個子輪廓不存在。
  - -1 代表父輪廓不存在。

15-3-4　檢測模式 RETR_CCOMP

當檢測模式採用 RETR_CCOMP 時，會檢測所有輪廓，同時建立兩個層級關係，下列將以實例解說。

程式實例 ch15_13.py：使用 easy3.jpg 檔案，檢測模式採用 RETR_CCOMP，列印輪廓與層次關係。

```
1   # ch15_13.py
2   import cv2
3
4   src = cv2.imread("easy3.jpg")
5   cv2.imshow("src",src)                                   # 顯示原始影像
6
7   src_gray = cv2.cvtColor(src,cv2.COLOR_BGR2GRAY)         # 影像轉成灰階
8   # 二值化處理影像
9   _, dst_binary = cv2.threshold(src_gray,127,255,cv2.THRESH_BINARY)
10  # 找尋影像內的輪廓
11  contours, hierarchy = cv2.findContours(dst_binary,
12                                         cv2.RETR_CCOMP,
13                                         cv2.CHAIN_APPROX_SIMPLE)
14  dst = cv2.drawContours(src,contours,-1,(0,255,0),3) # 繪製圖形輪廓
15  cv2.imshow("result",dst)                                # 顯示結果影像
16  print(f"hierarchy 資料類型 : {type(hierarchy)}")
17  print(f"列印層級 \n {hierarchy}")
18
19  cv2.waitKey(0)
20  cv2.destroyAllWindows()
```

執行結果

```
================== RESTART: D:\OpenCV_Python\ch15\ch15_13.py ==================
hierarchy 資料類型 : <class 'numpy.ndarray'>
列印層級
 [[[ 1 -1 -1 -1]
  [-1  0  2 -1]
  [ 3 -1 -1  1]
  [-1  2 -1  1]]]
```

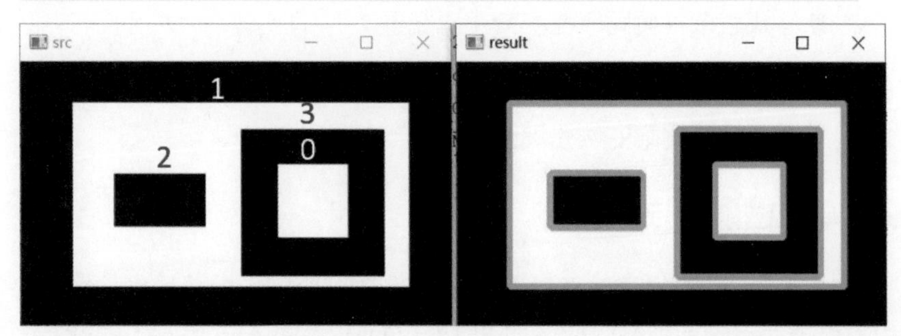

原始影像是沒有編號的，為了方便解說回傳的 hierarchy，上述左邊的原始影像筆者特別標註程式所產生的輪廓編號，讀者可以參考 ch15_3.py 自行探索輪廓編號的編排方式，hierarchy 所回傳的陣列資料意義如下：

- [1 -1 -1 -1]：這是第 0 個輪廓。
  - 1 代表下一個同級輪廓的索引編號是 1，因為這是內部增加的輪廓，此輪廓與最外部的輪廓同級。
  - -1 代表前一個同級輪廓不存在。
  - -1 代表第一個子輪廓不存在。
  - -1 代表父輪廓不存在，因為在兩個層級觀念中，這相當於與最外圍輪廓同級。
- [-1 0 2 -1]：這是第 1 個輪廓。
  - -1 代表下一個同級輪廓不存在。
  - 0 代表前一個同級輪廓的索引編號是 0。
  - 2 代表第一個子輪廓的索引編號是 2。
  - -1 代表父輪廓不存在。
- [3 -1 -1 1]：這是第 2 個輪廓。
  - 3 代表下一個同級輪廓的索引編號是 3。
  - -1 代表前一個同級輪廓不存在。
  - -1 代表第一個子輪廓不存在。
  - 1 代表父輪廓的索引編號是 1。
- [-1 2 -1 1]：這是第 3 個輪廓。
  - -1 代表下一個同級輪廓不存在。
  - 2 代表前一個同級輪廓索引編號是 2。
  - -1 代表第一個子輪廓不存在，因為只有 2 層。
  - 1 代表父輪廓的索引編號是 1。

15-3-5　檢測模式 RETR_TREE

當檢測模式採用 RETR_TREE 時，會檢測所有輪廓，同時建立樹狀層級關係，下列將以實例解說。須留意輪廓編號與 RETR_CCOMP 檢測模式不同，同時最內層的定義也不同。

程式實例 ch15_14.py：修訂程式實例 ch15_13.py 第 12 列，檢測模式採用 RETR_TREE，列印輪廓與樹狀層次關係。

```
11 contours, hierarchy = cv2.findContours(dst_binary,
12                         cv2.RETR_TREE,
13                         cv2.CHAIN_APPROX_SIMPLE)
```

執行結果

```
================== RESTART: D:\OpenCV_Python\ch15\ch15_14.py ==================
列印層級
 [[[-1 -1  1 -1]
  [ 2 -1 -1  0]
  [-1  1  3  0]
  [-1 -1 -1  2]]]
```

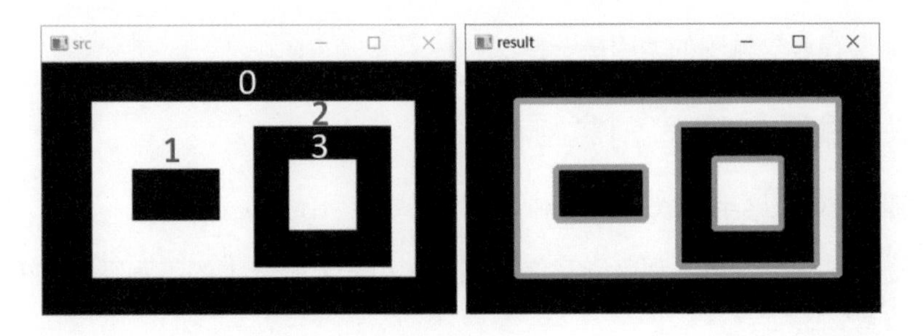

原始影像是沒有編號的，為了方便解說回傳的 hierarchy，上述左邊的原始影像筆者特別標註程式所產生的輪廓編號，讀者可以參考 ch15_3.py 自行探索輪廓編號的編排方式，hierarchy 所回傳的陣列資料意義如下：

- [-1 -1 1 -1]：這是第 0 個輪廓。
  - -1 代表下一個同級輪廓不存在。
  - -1 代表前一個同級輪廓不存在。
  - 1 代表第一個子輪廓的索引編號是 1。
  - -1 代表父輪廓不存在。
- [2 -1 -1 0]：這是第 1 個輪廓。
  - 2 代表下一個同級輪廓的索引編號是 2。
  - -1 代表前一個同級輪廓不存在。
  - -1 代表第一個子輪廓不存在。
  - 0 代表父輪廓的索引編號是 0。
- [-1 1 3 0]：這是第 2 個輪廓。
  - -1 代表下一個同級輪廓不存在。

- 1 代表前一個同級輪廓的索引編號是 1。
- 3 代表第一個子輪廓的索引編號是 3。
- 0 代表父輪廓的索引編號是 0。

- [-1 -1 -1 2]：這是第 3 個輪廓。
  - -1 代表下一個同級輪廓不存在。
  - -1 代表前一個同級輪廓不存在。
  - 1 代表第一個子輪廓不存在。
  - 2 代表父輪廓的索引編號是 2。

15-3-6　輪廓層級的創意場景

輪廓層級可以應用在以下場景：

- 物體檢測與分割：利用父子層次關係，可分離影像中的不同區域，例如背景和嵌套物體。
- 創意影像處理：根據層次結構對不同層的輪廓應用不同的效果，例如為父輪廓添加模糊，為子輪廓添加顏色強調。
- 生成式設計：使用層次結構生成具有結構化特徵的影像，例如多層嵌套的創意圖形或模式。

程式實例 ch15_14_1.py：創意濾鏡設計。讀取一張影像，檢測其中的輪廓，並根據輪廓的父子層次關係，對父輪廓（最外層）和子輪廓（內層）分別應用不同的濾鏡效果。最終生成一張具有創意濾鏡效果的影像。

```
1   # ch15_14_1.py
2   import cv2
3   import numpy as np
4
5   # 讀取影像
6   image_path = "shapes.jpg"
7   image = cv2.imread(image_path)
8   gray = cv2.cvtColor(image, cv2.COLOR_BGR2GRAY)       # 將影像轉換為灰階
9   # 應用二值化處理
10  _, binary = cv2.threshold(gray, 127, 255, cv2.THRESH_BINARY)
11  # 檢測輪廓與層次結構
12  contours, hierarchy = cv2.findContours(binary, cv2.RETR_TREE,
13                                          cv2.CHAIN_APPROX_SIMPLE)
14  # 確保 hierarchy 不為 None
15  if hierarchy is None:
```

```
16          print("No contours found.")
17          exit()
18
19      # 創建空白圖層作為濾鏡應用的遮罩
20      background_mask = np.zeros_like(image, dtype=np.uint8)
21      foreground_mask = np.zeros_like(image, dtype=np.uint8)
22
23      # 遍歷輪廓，根據層次應用不同濾鏡
24      for i in range(len(contours)):
25          if hierarchy[0][i][3] == -1:     # 最外層輪廓，父輪廓
26              # 父層應用模糊濾鏡
27              cv2.drawContours(background_mask, contours, i, (255, 255, 255),
28                               thickness=cv2.FILLED)
29          else:
30              # 子層應用色彩增強
31              cv2.drawContours(foreground_mask, contours, i, (255, 255, 255),
32                               thickness=cv2.FILLED)
33
34      # 父層濾鏡，模糊處理
35      blurred_image = cv2.GaussianBlur(image, (21, 21), 0)
36
37      # 子層濾鏡，色彩增強
38      enhanced_image = cv2.convertScaleAbs(image, alpha=1.5, beta=30)
39
40      # 將濾鏡效果應用到對應區域，背景模糊
41      background_result = cv2.bitwise_and(blurred_image, blurred_image,
42                                          mask=cv2.cvtColor(background_mask,
43                                                            cv2.COLOR_BGR2GRAY))
44
45      # 前景色彩增強
46      foreground_result = cv2.bitwise_and(enhanced_image, enhanced_image,
47                                          mask=cv2.cvtColor(foreground_mask,
48                                                            cv2.COLOR_BGR2GRAY))
49
50      # 原始影像的其餘部分
51      remaining_mask = cv2.bitwise_not(cv2.add(cv2.cvtColor(background_mask, cv2.COLOR_BGR2GRAY),
52                                               cv2.cvtColor(foreground_mask, cv2.COLOR_BGR2GRAY)))
53      remaining_image = cv2.bitwise_and(image, image, mask=remaining_mask)
54
55      # 最終結果，將背景、前景和其他部分合併
56      final_result = cv2.add(background_result, foreground_result)
57      final_result = cv2.add(final_result, remaining_image)
58
59      # 顯示與保存結果
60      cv2.imshow("Original Image", image)
61      cv2.imshow("Creative Filter Effect", final_result)
62
63      cv2.waitKey(0)
64      cv2.destroyAllWindows()
```

執行結果

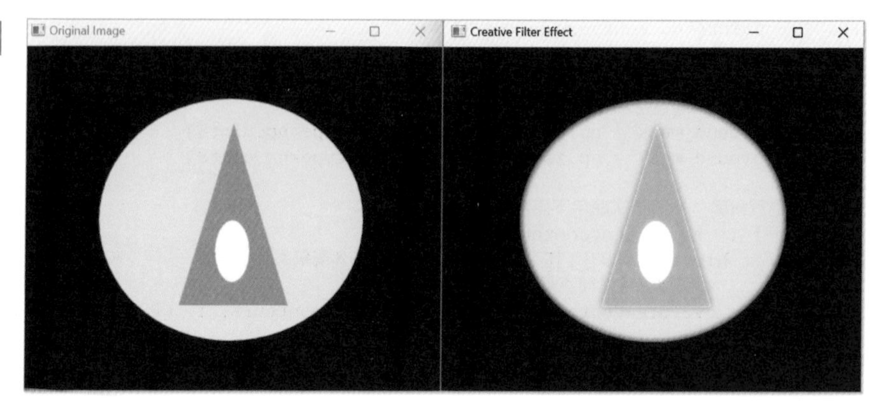

上述程式的執行步驟如下：

1. 影像讀取與處理
   - 讀取 shapes.jpg 的影像。
   - 將影像轉換為灰階模式，方便後續處理。
   - 二值化處理將灰階影像轉換為純黑白格式，以便檢測輪廓。
2. 輪廓檢測
   - 用 OpenCV 的 cv2.findContours( ) 函數檢測影像中的輪廓。
   - 提取輪廓的層次結構（hierarchy），用於區分父層和子層輪廓。
   - 父層輪廓：最外層，沒有父輪廓（hierarchy[0][i][3] ==-1）。
   - 子層輪廓：嵌套在父層輪廓內。
3. 濾鏡應用
   - 建立兩個空白遮罩，分別用於存放父層與子層的區域。
   - 對父層應用模糊濾鏡：使用高斯模糊（cv2.GaussianBlur）處理背景區域，模糊父層輪廓內的內容。
   - 對子層應用色彩增強濾鏡：增加影像亮度與對比度（cv2.convertScaleAbs）處理子層輪廓內的內容。
4. 影像區域合成
   - 分別計算父層和子層濾鏡處理後的結果。
   - 將模糊區域、增強區域和其他未處理區域合併，生成最終結果影像。

5. 結果展示

■ 使用 OpenCV 顯示原始影像與應用濾鏡效果後的最終影像。

本節介紹了輪廓層級的基本概念、技術細節和應用實例，並展示了其在影像創意與 AI 視覺中的廣泛應用可能性。輪廓層級不僅能幫助我們更精細地分析影像結構，還能為智慧設計與生成式圖像處理提供新的技術支撐。

15-4 輪廓的特徵 – 影像矩 (Image moments)

輪廓的特徵是指質心、面積、周長、邊界框 … 等，這些觀念常被使用在模式識別、影像識別，這一節將分成數小節解說。

15-4-1 矩特徵 moments( ) 函數

英文 Image moments 可以翻譯為影像矩，其實影像矩就是指輪廓的特徵，有時候也簡稱矩特徵，兩個輪廓是否相同最簡單的方式就是比較影像矩，OpenCV 提供了 moments( ) 函數可以回傳影像矩訊息，此函數的語法如下：

```
m = cv2.moments(array, binaryImage)
```

上述參數意義如下：

- m：這是回傳影像矩，也簡稱矩特徵。
- array：要計算矩特徵的輪廓點集合，也可以是灰階影像或是二值影像。
- binaryImage：可選參數，當此值是 True 時，array 內所有非 0 數值將被設為 1。

上述所回傳的內容是字典 (dict) 類型的影像矩，這個影像矩包含下列資料：

- 空間矩
  - ■ 零階矩：m00
  - ■ 一階矩：m10, m01
  - ■ 二階矩：m20, m11, m02
  - ■ 三階矩：m30, m21, m12, m03

- 中心矩
  - 二階中心矩：mu20, mu11, mu02
  - 三階中心矩：mu30, mu21, mu12, mu03
- 正規化中心矩
  - 二階 Hu 矩：nu20, nu11, nu02
  - 三階 Hu 矩：nu30, nu21, nu12, nu03

坦白說上述所回傳的影像矩除了空間矩中的零階矩 m00 外，其實大都牽涉複雜的數學，所謂的零階矩 m00 其實所指的就是一個輪廓的面積。因此要判斷兩個輪廓是否面積相同，只要使用 m00 就可以得到。

一個輪廓的位置發生變化時，中心矩是具有平移不變性，因此若是要比較 2 個輪廓是否相同，可以使用中心矩的觀念。

中心矩對於位置發生變化時，具有平移不變性。但是如果相同形狀、大小不同的輪廓其中心矩的內容是有差異的，這時可以使用正規化中心矩，將在 15-5 節做更詳細的解說，這個屬性具有平移不變性與歸一化不變性。

15-4-2　基礎影像矩推導 – 輪廓質心

簡單的說影像矩就是一組統計參數，這個參數紀錄像素所在位置與強度分佈，在數學上可以假設強度是$I(x, y)$的灰階影像(i, j)影像矩M_{ij}計算公式如下：

$$M_{ij} = \sum_{x}\sum_{y} x^i\, y^i\, I(x, y)$$

上述 x, y是指列 (row) 和行 (column) 的索引，$I(x, y)$是指(x, y)的強度，瞭解上述觀念我們就可以計算簡單的影像的屬性。

❑ 面積計算

對於一個二元值影像，零階矩陣就是計算面積，使用前面的公式我們可以得到下列M_{00}零階矩的公式。

$$M_{00} = \sum_{x}\sum_{y} I(x, y)$$

❑ 質心計算

所謂的質心就是所有像素點的平均值，所以從影像矩可以得到下列質心公式。

$$(\bar{x}, \bar{y}) = \left(\frac{M_{10}}{M_{00}}, \frac{M_{01}}{M_{00}}\right)$$

在上述公式中數學符號意義如下：

- $\bar{x}$：質心的 x 座標。
- $\bar{y}$：質心的 y 座標。
- M_{00}：所有非 0 像素的總數。
- M_{10}：所有非 0(x 座標) 的總和。
- M_{01}：所有非 0(y 座標) 的總和。

假設有一個 4 x 4 的二元值影像，假設內容與座標如下：

x \ y	1	2	3	4
1	0	0	0	0
2	1	1	1	1
3	1	1	1	1
4	0	0	0	0

下列是計算面積與質心的過程：

- M_{00}：計算公式與過程如下：

$$M_{00} = \sum_{x}\sum_{y} I(x, y)$$

對於 x = 1：

$$I(1,1) + I(1,2) + I(1,3) + I(1,4) = 0 + 0 + 0 + 0 = 0$$

對於 x = 2：

$$I(2,1) + I(2,2) + I(2,3) + I(2,4) = 1 + 1 + 1 + 1 = 4$$

對於 x = 3：

$$I(3,1) + I(3,2) + I(3,3) + I(3,4) = 1 + 1 + 1 + 1 = 4$$

對於 x = 4：

$$I(4,1) + I(4,2) + I(4,3) + I(4,4) = 0 + 0 + 0 + 0 = 0$$

- M_{10}：計算公式與過程如下：

$$M_{10} = \sum_x \sum_y x\, I(x,y)$$

$$= 2*1 + 2*1 + 2*1 + 2*1 + 3*1 + 3*1 + 3*1 + 3*1 = 20$$

- M_{01}：計算公式與過程如下：

$$M_{01} = \sum_x \sum_y y\, I(x,y)$$

$$= 1*1 + 2*1 + 3*1 + 4*1 + 1*1 + 2*1 + 3*1 + 4*1 = 20$$

所以最後得到輪廓質心如下：

$$(\bar{x},\bar{y}) = \left(\frac{M_{10}}{M_{00}},\frac{M_{01}}{M_{00}}\right) = \left(\frac{20}{8},\frac{20}{8}\right) = (2.5,2.5)$$

15-4-3 影像矩實例

程式實例 ch15_15.py：擴充 ch15_4.py 列印輪廓面積與每個輪廓的影像矩。

```
1    # ch15_15.py
2    import cv2
3    import numpy as np
4
5    src = cv2.imread("easy.jpg")
6    cv2.imshow("src",src)                                      # 顯示原始影像
7
8    src_gray = cv2.cvtColor(src,cv2.COLOR_BGR2GRAY)           # 影像轉成灰階
9    # 二值化處理影像
10   _, dst_binary = cv2.threshold(src_gray,127,255,cv2.THRESH_BINARY)
11   # 找尋影像內的輪廓
12   contours, hierarchy = cv2.findContours(dst_binary,
13                                          cv2.RETR_EXTERNAL,
14                                          cv2.CHAIN_APPROX_SIMPLE)
15   n = len(contours)                                          # 回傳輪廓數
```

```
16  imgList = []                                              # 建立輪廓串列
17  for i in range(n):                                        # 依次繪製輪廓
18      img = np.zeros(src.shape, np.uint8)                   # 建立輪廓影像
19      imgList.append(img)                                   # 將預設黑底影像加入串列
20      # 繪製輪廓影像
21      imgList[i] = cv2.drawContours(imgList[i],contours,i,(255,255,255),5)
22      cv2.imshow("contours" + str(i),imgList[i])            # 顯示輪廓影像
23
24  for i in range(n):                                        # 列印輪廓面積
25      area = cv2.moments(contours[i])
26      print(f"輪廓面積 str(i) = {area['m00']}")
27
28  for i in range(n):                                        # 列印影像矩
29      M = cv2.moments(contours[i])
30      print(f"列印影像矩 {str(i)} \n {M}")
31
32  cv2.waitKey(0)
33  cv2.destroyAllWindows()
```

執行結果

```
==================== RESTART: D:/OpenCV_Python/ch15/ch15_15.py ====================
輪廓面積 str(i) = 4344.0
輪廓面積 str(i) = 7569.0
輪廓面積 str(i) = 5964.0
列印影像矩 0
 {'m00': 4344.0, 'm10': 875551.0, 'm01': 534872.3333333333, 'm20': 178291996.0,
'm11': 107806662.83333333, 'm02': 67667946.66666666, 'm30': 36669616857.5, 'm21'
: 21974314231.166668, 'm12': 13638973452.333334, 'm03': 8756666917.5, 'mu20': 18
21104.2870626152, 'mu11': 952.3539748340845, 'mu02': 1809656.3891702518, 'mu30':
 32430.916221618652, 'mu21': 21016905.17049837, 'mu12': -12999.67679822445, 'mu0
3': -20861350.522485733, 'nu20': 0.09650619295080995, 'nu11': 5.04683104123893e-
05, 'nu02': 0.09589953189865046, 'nu30': 2.6075622006486343e-05, 'nu21': 0.01689
8346973212075, 'nu12': -1.0452207272856162e-05, 'nu03': -0.016773275446548 71}
列印影像矩 1
 {'m00': 7569.0, 'm10': 2599951.5, 'm01': 821236.5, 'm20': 897857487.0, 'm11': 2
82094737.75, 'm02': 93878307.0, 'm30': 311693885601.75, 'm21': 97417537339.5, 'm
12': 32247198454.5, 'm03': 11221786154.25, 'mu20': 4774146.75, 'mu11': 0.0, 'mu0
2': 4774146.75, 'mu30': 0.0, 'mu21': 0.0, 'mu12': 0.0, 'mu03': 0.0, 'nu20': 0.08
333333333333334, 'nu11': 0.0, 'nu02': 0.08333333333333334, 'nu30': 0.0, 'nu21':
0.0, 'nu12': 0.0, 'nu03': 0.0}
列印影像矩 2
 {'m00': 5964.0, 'm10': 384986.5, 'm01': 647295.0, 'm20': 27681568.833333332, 'm
11': 41781606.5, 'm02': 73084880.0, 'm30': 2152224582.25, 'm21': 3004127667.9166
665, 'm12': 4717267592.083333, 'm03': 8546756317.5, 'mu20': 2830025.3755449355,
 'mu11': -2403.6471327990294, 'mu02': 2831557.225855127, 'mu30': -34543.863102436
066, 'mu21': 54838.510442614555, 'mu12': 34121.8321007l921, 'mu03': -55062.21492
099762, 'nu20': 0.0795637162890414l, 'nu11': -6.75764606867403e-05, 'nu02': 0.07
960678293590986, 'nu30': -1.257554503774503le-05, 'nu21': 1.99637242606290 2e-05,
 'nu12': 1.2421906463689873e-05, 'nu03': -2.004516291544042e-05}
```

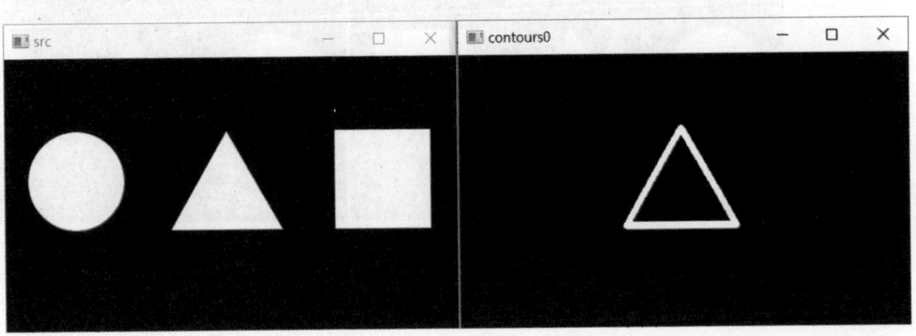

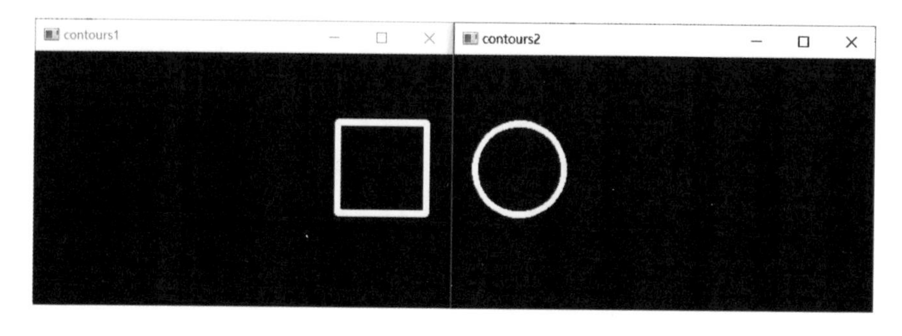

程式實例 ch15_16.py：重新設計 ch15_1.py，為每個輪廓繪製中心點。

```
1   # ch15_16.py
2   import cv2
3
4   src = cv2.imread("easy.jpg")
5   cv2.imshow("src",src)                                    # 顯示原始影像
6
7   src_gray = cv2.cvtColor(src,cv2.COLOR_BGR2GRAY)          # 影像轉成灰階
8   # 二值化處理影像
9   _, dst_binary = cv2.threshold(src_gray,127,255,cv2.THRESH_BINARY)
10  # 找尋影像內的輪廓
11  contours, hierarchy = cv2.findContours(dst_binary,
12                                        cv2.RETR_EXTERNAL,
13                                        cv2.CHAIN_APPROX_SIMPLE)
14  dst = cv2.drawContours(src,contours,-1,(0,255,0),5)  # 繪製圖形輪廓
15
16  for c in contours:                                       # 繪製中心點迴圈
17      M = cv2.moments(c)                                   # 影像矩
18      Cx = int(M["m10"] / M["m00"])                        # 質心 x 座標
19      Cy = int(M["m01"] / M["m00"])                        # 質心 y 座標
20      cv2.circle(dst,(Cx,Cy),5,(255,0,0),-1)               # 繪製中心點
21  cv2.imshow("result",dst)                                 # 顯示結果影像
22
23  cv2.waitKey(0)
24  cv2.destroyAllWindows()
```

執行結果

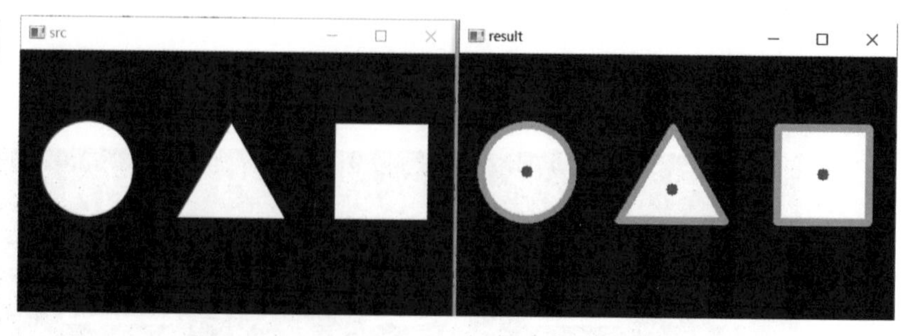

15-4-4 計算輪廓面積

影像矩可以計算輪廓的面積，語法如下：

```
area = cv2.contourArea(contour, oriented)
```

上述參數意義如下：

- area：回傳的面積。
- contour：輪廓。
- oriented：可選參數，這是布林值，預設是 False 可以回傳面積的絕對值。如果是 True，會依逆時針或順時針返回值含正或負號。

程式實例 ch15_17.py：使用 contourArea( ) 函數計算輪廓面積。

```
1    # ch15_17.py
2    import cv2
3    
4    src = cv2.imread("easy.jpg")
5    cv2.imshow("src",src)                                # 顯示原始影像
6    
7    src_gray = cv2.cvtColor(src,cv2.COLOR_BGR2GRAY)      # 影像轉成灰階
8    # 二值化處理影像
9    _, dst_binary = cv2.threshold(src_gray,127,255,cv2.THRESH_BINARY)
10   # 找尋影像內的輪廓
11   contours, hierarchy = cv2.findContours(dst_binary,
12                                          cv2.RETR_EXTERNAL,
13                                          cv2.CHAIN_APPROX_SIMPLE)
14   n = len(contours)
15   for i in range(n):                                   # 繪製中心點迴圈
16       M = cv2.moments(contours[i])                     # 影像矩
17       area = cv2.contourArea(contours[i])              # 計算輪廓面積
18       print(f"輪廓 {i} 面積 = {area}")
19   
20   cv2.waitKey(0)
21   cv2.destroyAllWindows()
```

執行結果 輪廓編號是筆者另外加上去的。

```
================= RESTART: D:/OpenCV_Python/ch15/ch15_17.py =================
輪廓 0 面積 = 4344.0
輪廓 1 面積 = 7569.0
輪廓 2 面積 = 5964.0
```

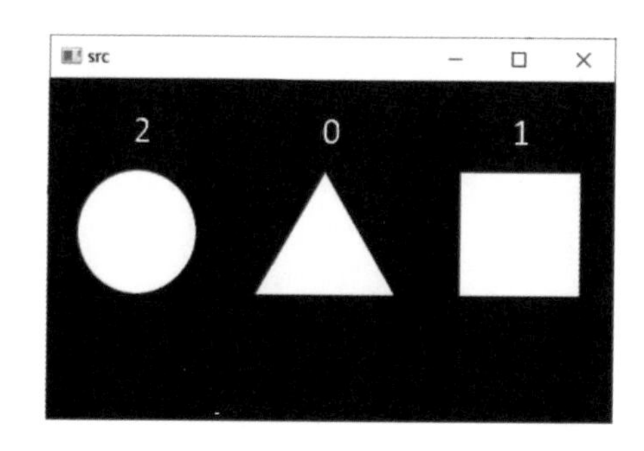

15-4-5 計算輪廓周長

影像矩可以計算輪廓的周長，語法如下：

```
area = cv2.arcLength(contour, closed)
```

上述參數意義如下：

- area：回傳的面積。
- contour：輪廓。
- closed：這是布林值，如果是 True 表示輪廓是封閉的。

程式實例 ch15_18.py：使用 arcLength( ) 函數計算輪廓周長。

```
1   # ch15_18.py
2   import cv2
3
4   src = cv2.imread("easy.jpg")
5   cv2.imshow("src",src)                                    # 顯示原始影像
6
7   src_gray = cv2.cvtColor(src,cv2.COLOR_BGR2GRAY)          # 影像轉成灰階
8   # 二值化處理影像
9   _, dst_binary = cv2.threshold(src_gray,127,255,cv2.THRESH_BINARY)
10  # 找尋影像內的輪廓
11  contours, hierarchy = cv2.findContours(dst_binary,
12                                         cv2.RETR_EXTERNAL,
13                                         cv2.CHAIN_APPROX_SIMPLE)
14  n = len(contours)
15  for i in range(n):                                       # 繪製中心點迴圈
16      M = cv2.moments(contours[i])                         # 影像矩
17      area = cv2.arcLength(contours[i],True)               # 計算輪廓周長
18      print(f"輪廓 {i} 周長 = {area}")
19
20  cv2.waitKey(0)
21  cv2.destroyAllWindows()
```

執行結果 輪廓編號是筆者另外加上去的。

```
================== RESTART: D:/OpenCV_Python/ch15/ch15_18.py ==================
輪廓 0 周長 = 315.4213538169861
輪廓 1 周長 = 348.0
輪廓 2 周長 = 289.42135322093964
```

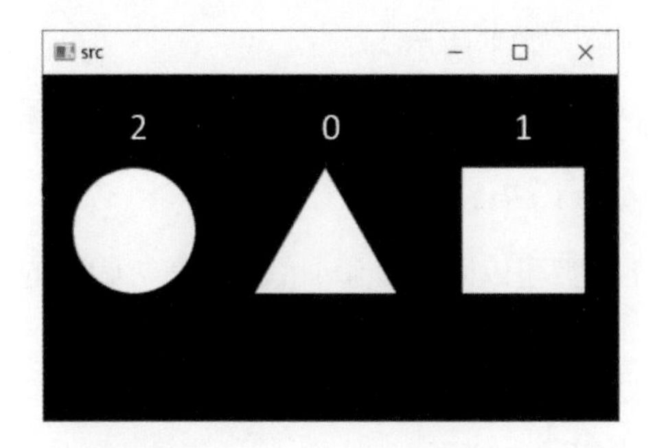

15-5 輪廓外形的匹配 – Hu 矩

在 15-4-1 節筆者有介紹中心矩，中心矩對於輪廓平移是不變的，這是非常好的。但是對於輪廓外形的匹配這是不夠的。在外形匹配的識別中我們常會使用 Hu 矩，Hu 矩其實是正規化中心矩的線性組合，如果我們想要計算影像在平移、縮放與旋轉時保持不變的矩，這時我們就需要使用 Hu 矩，Hu 矩由於具有平移、縮放與旋轉時保持不變的特性，所以可以讓我們對輪廓的外形匹配作識別。

15-5-1 OpenCV 計算 Hu 矩的函數

使用 OpenCV 計算 Hu 矩可以使用 HuMoments( ) 函數，這個函數語法如下：

```
hu = cv2.HuMoments(m)
```

上述參數意義如下：

- hu：這是 Hu 矩的回傳結果。
- m：這是 moments( ) 函數回傳的影像矩。

在 15-4-1 節，筆者有說明執行 moments( ) 函數時可以得到下列正規化中心矩，如下所示：

- 二階 Hu 矩：nu20, nu11, nu02
- 三階 Hu 矩：nu30, nu21, nu12, nu03

本節開始筆者有說明，Hu 矩其實是正規化中心矩的線性組合，因為 HuMoments( ) 函數回傳的結果其實就是上述矩組合運算的結果。為了簡潔表示筆者使用η代替 nu，可以得到下列正規化中心矩，如下所示：

- 二階 Hu 矩：η_{20} , η_{11} , η_{02}
- 三階 Hu 矩：η_{30} , η_{21} , η_{12} , η_{03}

執行 HuMoments( ) 函數可以回傳 7 個 Hu 矩，這 7 個矩的內容如下：

$$h_0 = \eta_{20} + \eta_{02}$$

$$h_1 = (\eta_{20} - \eta_{02})^2 + 4\eta_{11}^2$$

$$h_2 = (\eta_{30} - 3\eta_{12})^2 + (3\eta_{21} - \eta_{03})^2$$

$$h_3 = (\eta_{30} + \eta_{12})^2 + (\eta_{21} + \eta_{03})^2$$

$$h_4 = (\eta_{30} - 3\eta_{12})(\eta_{30} + \eta_{12})[(\eta_{30} + \eta_{12})^2 - 3(\eta_{21} + \eta_{03})^2] + (3\eta_{21} - \eta_{03})[3(\eta_{30} + \eta_{12})^2 - (\eta_{21} + \eta_{03})^2]$$

$$h_5 = (\eta_{20} - \eta_{02})[(\eta_{30} + \eta_{12})^2 - (\eta_{21} + \eta_{03})^2 + 4\eta_{11}(\eta_{30} + \eta_{12})(\eta_{21} + \eta_{03})]$$

$$h_6 = (3\eta_{21} - \eta_{03})(\eta_{30} + \eta_{12})[(\eta_{30} + \eta_{12})^2 - 3(\eta_{21} + \eta_{03})^2] + (\eta_{30} - 3\eta_{12})(\eta_{21} + \eta_{03})[3(\eta_{30} + \eta_{12})^2 - (\eta_{21} + \eta_{03})^2]$$

15-5-2　第 0 個 Hu 矩的公式驗證

第 0 個 Hu 矩的公式如下：

$$h_0 = \eta_{20} + \eta_{02}$$

所以可以得到等號左邊減去等號右邊，結果是 0，如下所示：

$$h_0 - (\eta_{20} + \eta_{02}) = 0$$

程式實例 ch15_19.py：使用 heart.jpg，驗證上述公式。

```
# ch15_19.py
import cv2

src = cv2.imread("heart.jpg")
cv2.imshow("src",src)                                    # 顯示原始影像

src_gray = cv2.cvtColor(src,cv2.COLOR_BGR2GRAY)          # 影像轉成灰階
M = cv2.moments(src_gray)                                # 影像矩
nu20 = M['nu20']
print(f"標準化中心矩 nu20 = {nu20}")
nu02 = M['nu02']
print(f"標準化中心矩 nu02 = {nu02}")

Hu = cv2.HuMoments(M)                                    # Hu矩
print(f"Hu \n {Hu}")                                     # 列印Hu矩

result = Hu[0][0] - (nu20 + nu02)                        # 驗證Hu矩 0, h0
print(f"驗證結果 h0 - nu20 - nu02 = {result}")
```

執行結果

```
==================== RESTART: D:\OpenCV_Python\ch15\ch15_19.py ====================
標準化中心矩 nu20 = 0.00047926293904721737
標準化中心矩 nu02 = 0.00023866024885601934
Hu
 [[ 7.17923188e-04]
 [ 5.78896885e-08]
 [ 6.81194047e-11]
 [ 2.42937256e-12]
 [-3.12515353e-23]
 [-5.84507960e-16]
 [ 1.53613252e-25]]
驗證結果 h0 - nu20 - nu02 = 0.0
```

上述第 15 列是輸出 Hu 矩，從輸出結果可以看到這是二維矩陣，所以第 17 列使用 Hu[0][0] 取出h_0的結果。

程式實例 ch15_20.py：有一幅影像 3heart.jpg，請列出內部 3 個輪廓的 Hu 矩。在這 3 個輪廓中，使用 findContours( ) 函數所找的順序可以參考執行結果圖。

```
1    #ch15_20.py
2    import cv2
3
4    src = cv2.imread("3heart.jpg")
5    cv2.imshow("src", src)
6    src_gray = cv2.cvtColor(src,cv2.COLOR_BGR2GRAY)      # 影像轉成灰階
7
8    # 二值化處理影像
9    _, dst_binary = cv2.threshold(src_gray,127,255,cv2.THRESH_BINARY)
10   # 找尋影像內的輪廓
11   contours, hierarchy = cv2.findContours(dst_binary,
12                                          cv2.RETR_LIST,
13                                          cv2.CHAIN_APPROX_SIMPLE)
14
15   M0 = cv2.moments(contours[0])                            # 計算編號 0 影像矩
16   M1 = cv2.moments(contours[1])                            # 計算編號 1 影像矩
17   M2 = cv2.moments(contours[2])                            # 計算編號 2 影像矩
18   Hu0 = cv2.HuMoments(M0)                                  # 計算編號 0 Hu矩
19   Hu1 = cv2.HuMoments(M1)                                  # 計算編號 1 Hu矩
20   Hu2 = cv2.HuMoments(M2)                                  # 計算編號 2 Hu矩
21   # 列印Hu矩
22   print(f"h0 = {Hu0[0]}\t\t {Hu1[0]}\t\t {Hu2[0]}")
23   print(f"h1 = {Hu0[1]}\t\t {Hu1[1]}\t\t {Hu2[1]}")
24   print(f"h2 = {Hu0[2]}\t\t {Hu1[2]}\t\t {Hu2[2]}")
25   print(f"h3 = {Hu0[3]}\t\t {Hu1[3]}\t {Hu2[3]}")
26   print(f"h4 = {Hu0[4]}\t\t {Hu1[4]}\t {Hu2[4]}")
27   print(f"h5 = {Hu0[5]}\t\t {Hu1[5]}\t {Hu2[5]}")
28   print(f"h6 = {Hu0[6]}\t\t {Hu1[6]}\t {Hu2[6]}")
29
30   cv2.waitKey(0)
31   cv2.destroyAllWindows()
```

執行結果

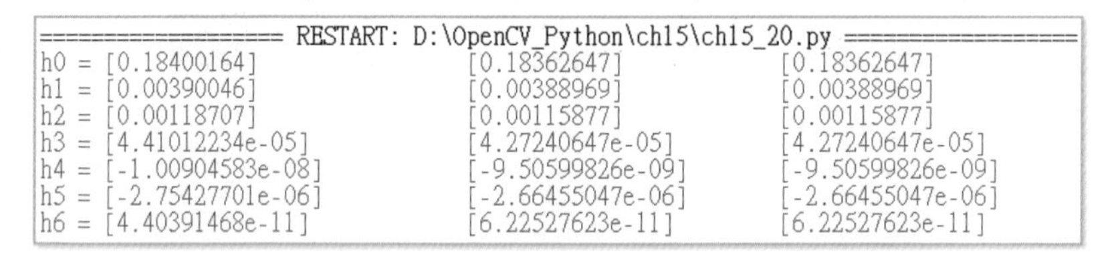

```
================== RESTART: D:\OpenCV_Python\ch15\ch15_20.py ==================
h0 = [0.18400164]          [0.18362647]          [0.18362647]
h1 = [0.00390046]          [0.00388969]          [0.00388969]
h2 = [0.00118707]          [0.00115877]          [0.00115877]
h3 = [4.41012234e-05]      [4.27240647e-05]      [4.27240647e-05]
h4 = [-1.00904583e-08]     [-9.50599826e-09]     [-9.50599826e-09]
h5 = [-2.75427701e-06]     [-2.66455047e-06]     [-2.66455047e-06]
h6 = [4.40391468e-11]      [6.22527623e-11]      [6.22527623e-11]
```

上述輪廓 1 與 2 是複製的結果，所以 Hu 矩一模一樣。輪廓 0 則是縮小版，其實也可以發現 Hu 矩和輪廓 1 非常接近，所以符合縮小 Hu 矩保持不變的特質。

程式實例 ch15_21.py：有一幅影像 3shapes.jpg，請列出內部 3 個輪廓的 Hu 矩。在這 3 個輪廓中，使用 findContours( ) 函數所找的順序可以參考執行結果圖。

```
1   #ch15_21.py
2   import cv2
3
4   src = cv2.imread("3shapes.jpg")
5   cv2.imshow("src", src)
6   src_gray = cv2.cvtColor(src,cv2.COLOR_BGR2GRAY)      # 影像轉成灰階
7
8   # 二值化處理影像
9   _, dst_binary = cv2.threshold(src_gray,127,255,cv2.THRESH_BINARY)
10  # 找尋影像內的輪廓
11  contours, hierarchy = cv2.findContours(dst_binary,
12                                         cv2.RETR_LIST,
13                                         cv2.CHAIN_APPROX_SIMPLE)
14
15  M0 = cv2.moments(contours[0])                         # 計算編號 0 影像矩
16  M1 = cv2.moments(contours[1])                         # 計算編號 1 影像矩
17  M2 = cv2.moments(contours[2])                         # 計算編號 2 影像矩
18  Hu0 = cv2.HuMoments(M0)                               # 計算編號 0 Hu矩
19  Hu1 = cv2.HuMoments(M1)                               # 計算編號 1 Hu矩
20  Hu2 = cv2.HuMoments(M2)                               # 計算編號 2 Hu矩
21  # 列印Hu矩
22  print(f"h0 = {Hu0[0]}\t\t {Hu1[0]}\t\t {Hu2[0]}")
23  print(f"h1 = {Hu0[1]}\t\t {Hu1[1]}\t {Hu2[1]}")
24  print(f"h2 = {Hu0[2]}\t\t {Hu1[2]}\t {Hu2[2]}")
25  print(f"h3 = {Hu0[3]}\t\t {Hu1[3]}\t {Hu2[3]}")
26  print(f"h4 = {Hu0[4]}\t\t {Hu1[4]}\t {Hu2[4]}")
27  print(f"h5 = {Hu0[5]}\t\t {Hu1[5]}\t {Hu2[5]}")
28  print(f"h6 = {Hu0[6]}\t\t {Hu1[6]}\t {Hu2[6]}")
29
30  cv2.waitKey(0)
31  cv2.destroyAllWindows()
```

執行結果

```
=================== RESTART: D:/OpenCV_Python/ch15/ch15_21.py ===================
h0 = [0.18362125]             [0.15949742]             [0.18383141]
h1 = [0.00388853]             [6.2205636e-05]          [0.00388999]
h2 = [0.00115914]             [1.09030421e-09]         [0.00117116]
h3 = [4.25428614e-05]         [8.53260565e-13]         [4.34904474e-05]
h4 = [-9.44727464e-09]        [1.09940012e-23]         [-9.81486955e-09]
h5 = [-2.6528849e-06]         [1.82308256e-16]         [-2.7123853e-06]
h6 = [2.90666076e-11]         [2.35891942e-23]         [8.19693167e-11]
```

影像檔案的輪廓 2 是輪廓 0 旋轉的結果，從上述執行結果可以看到 Hu 矩也非常接近，所以符合旋轉 Hu 矩保持不變的特質。輪廓 1 則是不同外形，所以 Hu 矩內容差異非常明顯。

15-5-3　輪廓匹配

雖然上一小節筆者計算不同輪廓的 Hu 矩，然後輸出在同一列我們可以用目視方式了解 Hu 矩的差異。OpenCV 則提供了 matchShapes( ) 函數，我們可以使用它做輪廓的比較，這個函數的語法如下：

```
retval = cv2.matchShapes(contour1, contour2, method, parameter)
```

上述參數意義如下：

- retval：這是比較的結果，值越小代表結果越相近，如果是 0 代表完全相同。
- contour1：這是輪廓或是灰階影像。
- contour2：這是輪廓或是灰階影像。
- method：比較的方法，假設 A 是物件 1，B 是物件 2，下列是符號定義：

$$m_i^A = sign(h_i^A) * logh_i^A$$

$$m_i^B = sign(h_i^B) * logh_i^B$$

上述h_i^A是 A 物件的 Hu 矩，h_i^B是 B 物件的 Hu 矩，method 方法觀念如下：

具名常數	值	公式
CONTOURS_MATCHI1	1	$I_1(A,B) = \sum_{i=1...7} \left\| \frac{1}{m_i^A} - \frac{1}{m_i^B} \right\|$
CONTOURS_MATCHI2	2	$I_2(A,B) = \sum_{i=1...7} \left\| m_i^A - m_i^B \right\|$
CONTOURS_MATCHI3	3	$I_3(A,B) = \max_{i=1...7} \frac{\left\| m_i^A - m_i^B \right\|}{\left\| m_i^A \right\|}$

- parameter：目前尚未支援，可以填上 0。

程式實例 ch15_22.py：使用 myheart.jpg 列出各影像的比較結果。

```
1   # ch15_22.py
2   import cv2
3
4   src = cv2.imread("myheart.jpg")
5   cv2.imshow("src",src)
6   src_gray = cv2.cvtColor(src,cv2.COLOR_BGR2GRAY)          # 影像轉成灰階
7   # 二值化處理影像
8   _, dst_binary = cv2.threshold(src_gray,127,255,cv2.THRESH_BINARY)
9   # 找尋影像內的輪廓
10  contours, hierarchy = cv2.findContours(dst_binary,
11                                         cv2.RETR_LIST,
12                                         cv2.CHAIN_APPROX_SIMPLE)
13
14  match0 = cv2.matchShapes(contours[0], contours[0],1,0)  # 輪廓0和0比較
15  print(f"輪廓0和0比較 = {match0}")
16  match1 = cv2.matchShapes(contours[0], contours[1],1,0)  # 輪廓0和1比較
17  print(f"輪廓0和1比較 = {match1}")
18  match2 = cv2.matchShapes(contours[0], contours[2],1,0)  # 輪廓0和2比較
19  print(f"輪廓0和2比較 = {match2}")
20
21  cv2.waitKey(0)
22  cv2.destroyAllWindows()
```

執行結果

```
=================== RESTART: D:/OpenCV_Python/ch15/ch15_22.py ==================
輪廓0和0比較 = 0.0
輪廓0和1比較 = 0.00046299603915214704
輪廓0和2比較 = 0.29307592277155203
```

從上述可以得到輪廓 0 和自己比較所得到結果是 0，表示完全相同。輪廓 0 和輪廓 1 比較，輪廓 1 只是旋轉 180 度，所以結果值也非常接近 0。輪廓 0 和輪廓 2 則是有顯著的差異。

15-6 再談輪廓外形匹配

除了可以使用前面所述的 Hu 矩進行外形匹配，也可以使用形狀場景距離當作兩個輪廓的匹配。相同輪廓的距離是 0，距離值越大輪廓相差則更大。

15-6-1 建立形狀場景距離

建立形狀場景距離基本原理是每個輪廓上的點皆會有上下點的特徵描述，由此可以了解整個輪廓的分佈。上述描述其實牽涉高深的數學，不過 OpenCV 已經將此封裝在 createShapeContextDistanceExtractor( ) 函數內，讀者只要懂得引用即可，這個函數的語法如下：

sd = cv2.createShapeContextDistanceExtractor( )

使用上述函數可以回傳計算場景的運算子 sd，有了這個 sd 運算子可以呼叫 computeDistance( ) 計算距離，這個函數用法如下：

retval = sd.computeDistance(contour1, contour2)

註　要使用這個函數必須要安裝 pip install opencv-contrib-python

程式實例 ch15_23.py：使用形狀場景距離重新設計 ch15_22.py。

```
1     # ch15_23.py
2     import cv2
3     
4     # 讀取與建立影像 1
5     src1 = cv2.imread("mycloud1.jpg")
6     cv2.imshow("mycloud1",src1)
7     src1_gray = cv2.cvtColor(src1,cv2.COLOR_BGR2GRAY)          # 影像轉成灰階
8     # 二值化處理影像
9     _, dst_binary = cv2.threshold(src1_gray,127,255,cv2.THRESH_BINARY)
10    # 找尋影像內的輪廓
11    contours, hierarchy = cv2.findContours(dst_binary,
12                                           cv2.RETR_LIST,
13                                           cv2.CHAIN_APPROX_SIMPLE)
14    cnt1 = contours[0]
15    # 讀取與建立影像 2
16    src2 = cv2.imread("mycloud2.jpg")
17    cv2.imshow("mycloud2",src2)
18    src2_gray = cv2.cvtColor(src2,cv2.COLOR_BGR2GRAY)          # 影像轉成灰階
19    _, dst_binary = cv2.threshold(src2_gray,127,255,cv2.THRESH_BINARY)
20    contours, hierarchy = cv2.findContours(dst_binary,
21                                           cv2.RETR_LIST,
22                                           cv2.CHAIN_APPROX_SIMPLE)
23    cnt2 = contours[0]
24    # 讀取與建立影像 3
```

```
25    src3 = cv2.imread("explode1.jpg")
26    cv2.imshow("explode",src3)
27    src3_gray = cv2.cvtColor(src3,cv2.COLOR_BGR2GRAY)       # 影像轉成灰階
28    _, dst_binary = cv2.threshold(src3_gray,127,255,cv2.THRESH_BINARY)
29    contours, hierarchy = cv2.findContours(dst_binary,
30                                           cv2.RETR_LIST,
31                                           cv2.CHAIN_APPROX_SIMPLE)
32    cnt3 = contours[0]
33    sd = cv2.createShapeContextDistanceExtractor()          # 建立形狀場景運算子
34    match0 = sd.computeDistance(cnt1, cnt1)                 # 影像1和1比較
35    print(f"影像1和1比較 = {match0}")
36    match1 = sd.computeDistance(cnt1, cnt2)                 # 影像1和2比較
37    print(f"影像1和2比較 = {match1}")
38    match2 =sd.computeDistance(cnt1, cnt3)                  # 影像1和3比較
39    print(f"影像1和3比較 = {match2}")
40    cv2.waitKey(0)
41    cv2.destroyAllWindows()
```

執行結果

```
================= RESTART: D:\OpenCV_Python\ch15\ch15_23.py =================
影像1和1比較 = 0.0
影像1和2比較 = 0.22617380321025848
影像1和3比較 = 0.8256418704986572
```

影像 1　　影像 2　　影像 3

15-6-2 Hausdorff 距離

在計算機圖形學理論 Hausdorff 距離也是測量影像輪廓差異的方法，基本定義如下：

$$h(A,B) = \max_{a \in A}\left\{\min_{b \in B}\{d(a,b)\}\right\}$$

上述主要是說 a 和 b 分別屬於 A 和 B 集合內的點，d(a, b) 是這些點的歐幾里德距離，然後在這些距離中選擇最遠的作為 A 和 B 之間的距離，這就是 Hausdorff 距離。有關此定義更完整的理論解說，讀者可以參考下列加拿大 Mcgill 大學網址。

http://cgm.cs.mcgill.ca/~godfried/teaching/cg-projects/98/normand/main.html

Hausdorff 距離主要可以測量影像輪廓差異，這個方法目前也被整合到 OpenCV 內，可以使用 createHausdorffDistanceExtractor( ) 呼叫，語法如下：

hd = cv2.createHausdorffDistanceExtractor( )

上述所回傳的就是 Hausdorff 距離運算子物件，然後可以使用下列上一節所述的 computeDistance( ) 函數計算兩個輪廓的差異。

retval = hd.computeDistance(contour1, contour2)

程式實例 ch15_24.py：使用 Hausdorff 距離觀念重新設計 ch15_23.py。

```
33  hd = cv2.createHausdorffDistanceExtractor()              # 建立Hausdorff
34  match0 = hd.computeDistance(cnt1, cnt1)                  # 影像1和1比較
35  print(f"影像1和1比較 = {match0}")
36  match1 = hd.computeDistance(cnt1, cnt2)                  # 影像1和2比較
37  print(f"影像1和2比較 = {match1}")
38  match2 =hd.computeDistance(cnt1, cnt3)                   # 影像1和3比較
39  print(f"影像1和3比較 = {match2}")
```

執行結果　下列執行結果省略列印原始影像。

```
================= RESTART: D:/OpenCV_Python/ch15/ch15_24.py =================
影像1和1比較 = 0.0
影像0和1比較 = 12.206555366516113
影像0和2比較 = 8.5440034866333
```

其實若是將上述執行結果和 ch15_23.py 的執行結果做比較，可以發現會有不同，讀者未來可以自行參考。

習題

1：請參考 ch15_3.py，使用 hw15_1.jpg 影像檔案，輸出輪廓順序時改為輸出黃色實心輪廓，要輸出所有輪廓，同時中心標記藍色點。

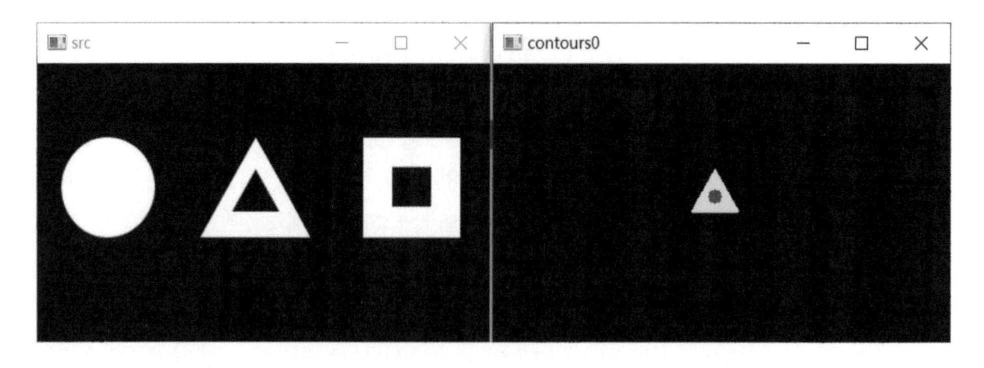

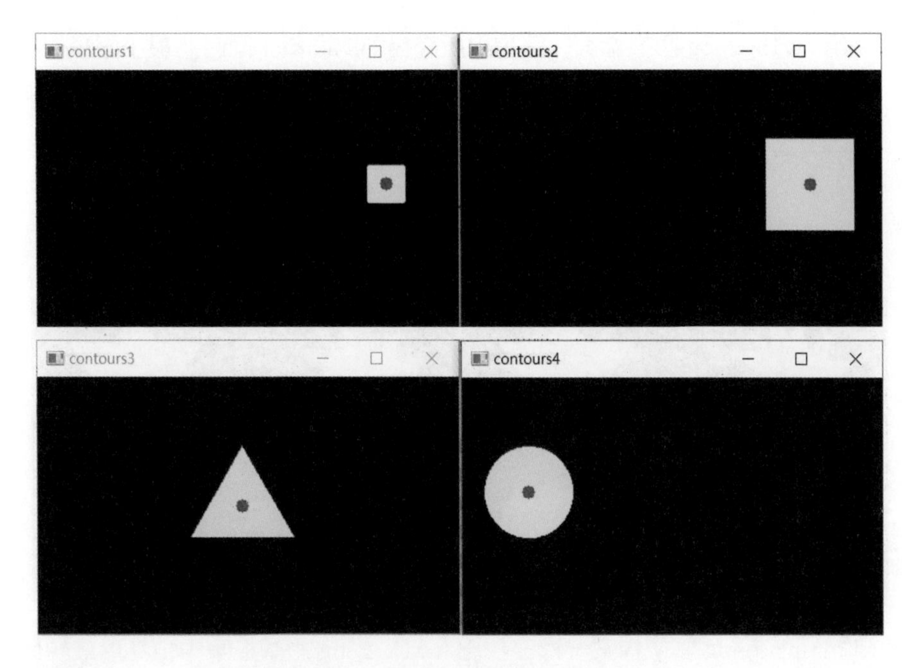

2： 請使用 hw15_2.jpg 影像檔案，請將輪廓顏色改為紅色。

3： 請使用 hw15_2.jpg 影像檔案，請將顏色反轉。

4：請使用 hw15_2.jpg 影像檔案，請列出所有輪廓的面積，同時將最小面積使用綠色外形標記。

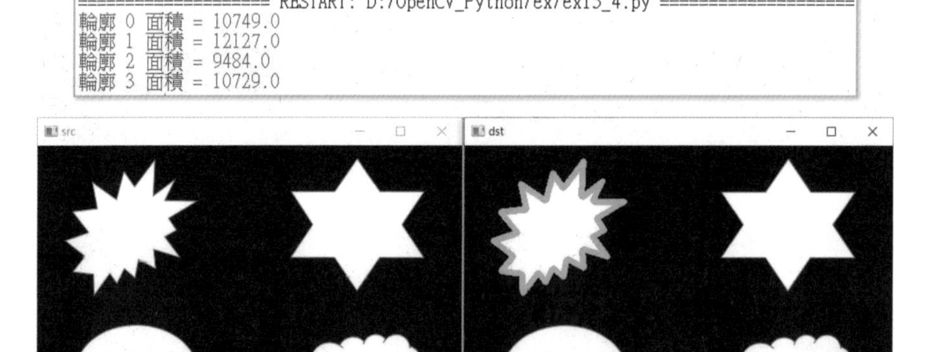

5：使用 template.jpg 影像檔案，然後找出 hw15_2.jpg 影像檔案中，外形最類似的輪廓，然後將此輪廓用綠色實心填滿，下方中央小圖是 template.jpg。

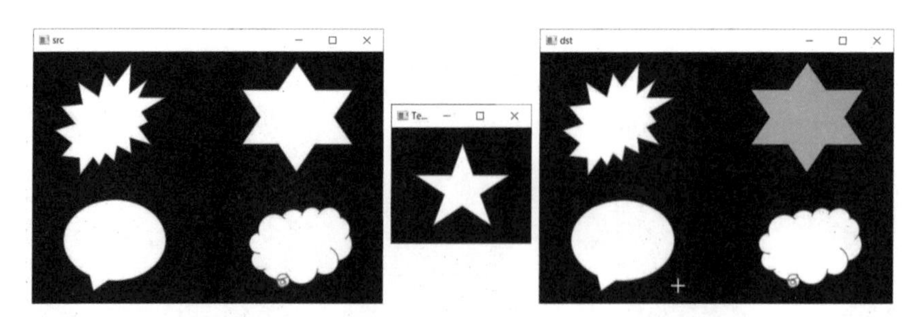

6：有一個 myhand.jpg 影像，請建立這個影像的輪廓。

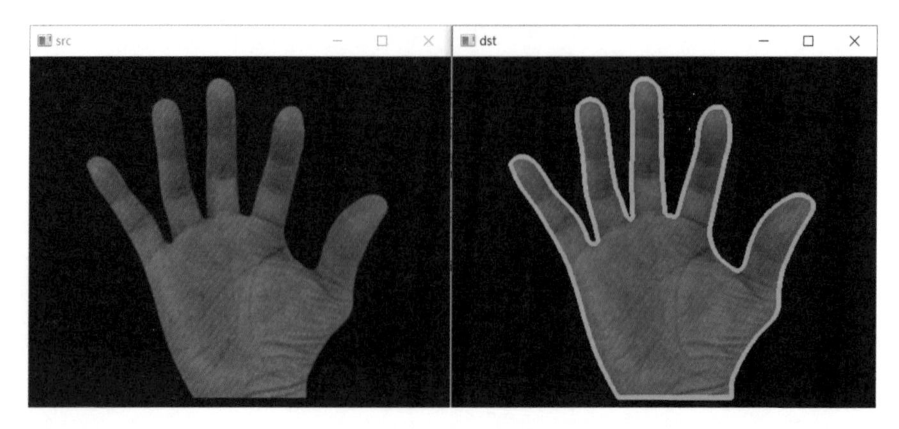

7： 請參考 15_10_1.py 和使用 circles.jpg，建立一個倒數計時器。

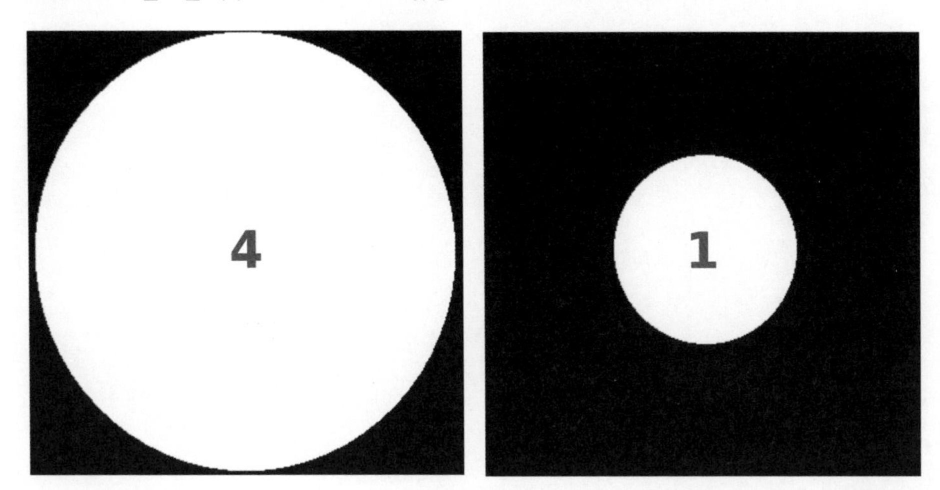

第十六章

輪廓擬合與凸包的相關應用

16-1 輪廓的擬合

16-2 凸包

16-3 輪廓的幾何測試

16-4 創意應用

這一章的內容可以想成是影像內輪廓知識的延伸。

16-1 輪廓的擬合

所謂的輪廓擬合是指將凹凸不平整的輪廓使用幾何圖形或多邊形框起來，這一節將介紹這方面的相關函數與實例。

16-1-1 矩形包圍

OpenCV 有提供 boundingRect( ) 函數可以將影像內的輪廓使用矩形框包起來，這個函數語法如下：

retval = cv2.boundingRect(array)

上述參數意義如下：

- retval：這是函數回傳值，資料類型是元組 (tuple)，格式是 (x, y, w, h) 分別代表矩形左上角的 x 軸座標和 y 軸座標 (x, y)，w 是 width 代表矩形的寬度，h 是 height 代表矩形的高度。
- array：灰階影像或是輪廓。

程式實例 ch16_1.py：開啟 explode1.jpg，列出包圍輪廓的矩形框座標、寬度和高度。

```
1    # ch16_1.py
2    import cv2
3
4    src = cv2.imread("explode1.jpg")
5    cv2.imshow("src",src)
6    src_gray = cv2.cvtColor(src,cv2.COLOR_BGR2GRAY)          # 影像轉成灰階
7    # 二值化處理影像
8    _, dst_binary = cv2.threshold(src_gray,127,255,cv2.THRESH_BINARY)
9    # 找尋影像內的輪廓
10   contours, _ = cv2.findContours(dst_binary,
11                                  cv2.RETR_LIST,
12                                  cv2.CHAIN_APPROX_SIMPLE)
13
14   # 輸出矩形格式使用元組(tuple)
15   rect = cv2.boundingRect(contours[0])
16   print(f"元組 rect = {rect}")
17   # 輸出矩形格式，列出所有細項
18   x, y, w, h = cv2.boundingRect(contours[0])
19   print(f"左上角 x = {x}, 左上角 y = {y}")
20   print(f"矩形寬度     = {w}")
21   print(f"矩形高度     = {h}")
22
23   cv2.waitKey(0)
24   cv2.destroyAllWindows()
```

執行結果

```
==================== RESTART: D:/OpenCV_Python/ch16/ch16_1.py ====================
元組 rect = (66, 39, 178, 100)
左上角 x = 66, 左上角 y = 39
矩形寬度     = 178
矩形高度     = 100
```

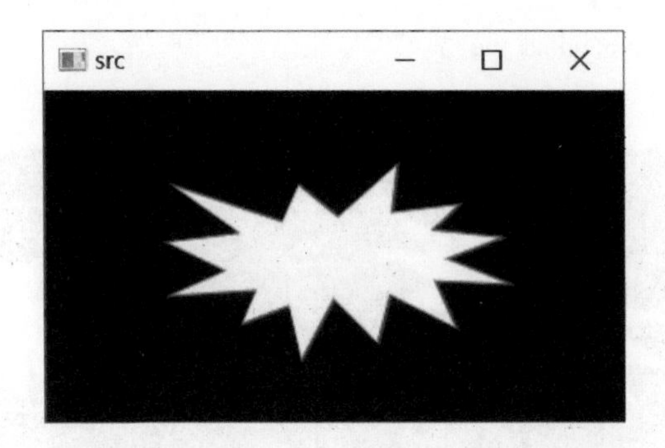

程式實例 ch16_2.py：重新設計 ch16_1.py，改為使用 boundingRect( ) 回傳的資料建立最小矩形框。

```
1   # ch16_2.py
2   import cv2
3
4   src = cv2.imread("explode1.jpg")
5   cv2.imshow("src",src)
6   src_gray = cv2.cvtColor(src,cv2.COLOR_BGR2GRAY)      # 影像轉成灰階
7   # 二值化處理影像
8   _, dst_binary = cv2.threshold(src_gray,127,255,cv2.THRESH_BINARY)
9   # 找尋影像內的輪廓
10  contours, _ = cv2.findContours(dst_binary,
11                                 cv2.RETR_LIST,
12                                 cv2.CHAIN_APPROX_SIMPLE)
13
14  x, y, w, h = cv2.boundingRect(contours[0])           # 建構矩形
15  dst = cv2.rectangle(src,(x, y),(x+w, y+h),(0,255,255),2)
16  cv2.imshow("dst",dst)
17
18  cv2.waitKey(0)
19  cv2.destroyAllWindows()
```

執行結果

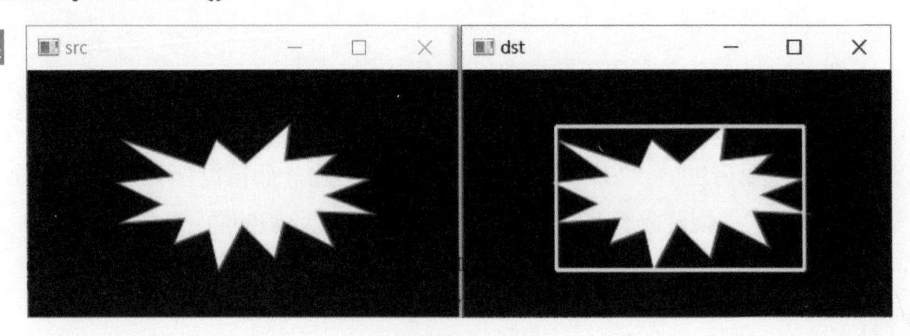

上述我們成功的將爆炸圖案 explode1.jpg 內的輪廓使用矩形包圍起來了，但是上述不是使用最小的矩形包圍。

程式實例 ch16_3.py：使用 explode2.jpg 檔案重新設計 ch16_2.py，並觀察執行結果。

```
4   src = cv2.imread("explode2.jpg")
```

執行結果

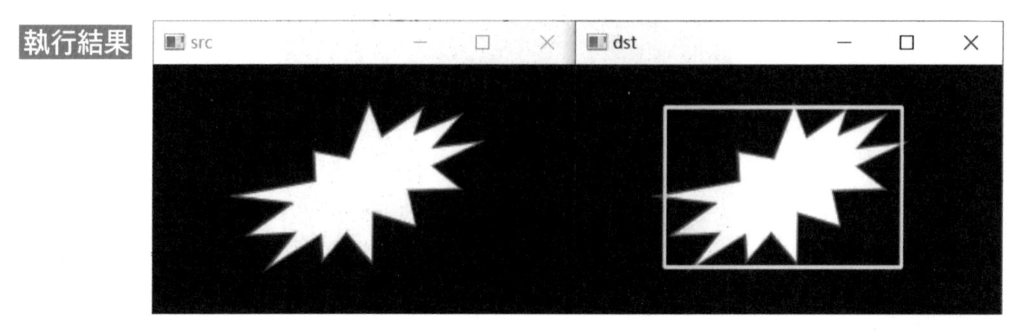

從上圖可以看到上述矩形框比 ch16_2.py 所用的矩形框面積大許多，下一節將介紹使用最小的矩形框將爆炸輪廓框起來。

16-1-2　最小包圍矩形

OpenCV 有提供 minAreaRect( ) 函數可以將影像內的輪廓使用最小矩形框包起來，這個函數語法如下：

```
retval = cv2.minAreaRect(points)
```

上述參數意義如下：

- retval：函數回傳值，資料類型是元組 (tuple)，格式是 ((x, y), (w, h),angle) 分別代表矩形中心的 x 軸座標和 y 軸座標 (x, y)，w 是 width 代表矩形的寬度，h 是 height 代表矩形的高度，angle 代表旋轉角度，如果是正值代表順時針，如果是負值代表逆時針。
- points：灰階影像或是輪廓。

我們有了上述回傳矩形中心點座標、寬與高、以及旋轉角度，仍然無法繪製此矩形，此時需要借助 boxPoints( ) 函數，獲得矩形的 4 個頂點座標，boxPoints( ) 有這個功能所以一般又稱此函數為旋轉矩形輔助函數。此函數的語法如下：

```
points = cv2.boxPoints(box)
```

上述參數 box 是 minAreaRect( ) 函數的回傳元組，points 則是矩形的頂點座標。

程式實例 ch16_4.py：開啟 explode2.jpg，使用最小矩形框列出包圍輪廓的矩形框座標、寬度和高度。同時也將此矩形包圍起來。

```
1  # ch16_4.py
2  import cv2
3  import numpy as np
4
5  src = cv2.imread("explode2.jpg")
6  cv2.imshow("src",src)
7  src_gray = cv2.cvtColor(src,cv2.COLOR_BGR2GRAY)          # 影像轉成灰階
8  # 二值化處理影像
9  _, dst_binary = cv2.threshold(src_gray,127,255,cv2.THRESH_BINARY)
10 # 找尋影像內的輪廓
11 contours, _ = cv2.findContours(dst_binary,
12                                cv2.RETR_LIST,
13                                cv2.CHAIN_APPROX_SIMPLE)
14
15 box = cv2.minAreaRect(contours[0])                        # 建構最小矩形
16 print(f"轉換前的矩形頂角 = \n {box}")
17 points = cv2.boxPoints(box)                               # 獲取頂點座標
18 points = np.int32(points)                                 # 轉為整數
19 # 調整頂點格式
20 print(f"轉換後的矩形頂角 = \n {points}")
21 dst = cv2.drawContours(src,[points],0,(0,255,0),2)       # 繪製輪廓
22 cv2.imshow("dst",dst)
23
24 cv2.waitKey(0)
25 cv2.destroyAllWindows()
```

執行結果

```
================== RESTART: D:/OpenCV_Python/ch16/ch16_4.py ==================
轉換前的矩形頂角 =
 ((154.83755493164062, 88.25508880615234), (91.39300537109375, 174.2678070068359
4), 56.449337005615234)
轉換後的矩形頂角 =
 [[ 56  98]
 [202   2]
 [252  78]
 [107 174]]
```

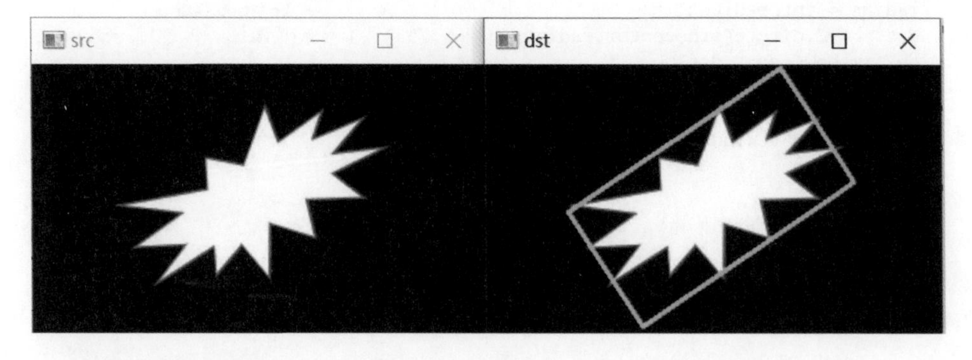

上述程式第 18 列的 np.int32( ) 函數可以將 points 的座標由實數轉為整數。

16-1-3　最小包圍圓形

OpenCV 有提供 minEnclosingCircle( ) 函數可以將影像內的輪廓使用最小圓形包起來，這個函數語法如下：

center, radius = cv2.minEnclosingCircle(points)

上述參數意義如下：

- retval：函數回傳值，資料類型是元組 (tuple)，center 代表圓中心的 x 軸座標和 y 軸座標 (x, y)，radius 代表圓的半徑。
- points：灰階影像或是輪廓。

程式實例 ch16_5.py：開啟 explode3.jpg 使用 minEnclosingCircle( )，將爆炸輪廓用最小圓包圍起來。

```
1   # ch16_5.py
2   import cv2
3   import numpy as np
4
5   src = cv2.imread("explode3.jpg")
6   cv2.imshow("src",src)
7   src_gray = cv2.cvtColor(src,cv2.COLOR_BGR2GRAY)      # 影像轉成灰階
8   # 二值化處理影像
9   _, dst_binary = cv2.threshold(src_gray,127,255,cv2.THRESH_BINARY)
10  # 找尋影像內的輪廓
11  contours, _ = cv2.findContours(dst_binary,
12                                 cv2.RETR_LIST,
13                                 cv2.CHAIN_APPROX_SIMPLE)
14  # 取得圓中心座標和圓半徑
15  (x, y), radius = cv2.minEnclosingCircle(contours[0])
16  center = (int(x), int(y))                             # 圓中心座標取整數
17  radius = int(radius)                                  # 圓半徑取整數
18  dst = cv2.circle(src,center,radius,(0,255,255),2)     # 繪圓
19  cv2.imshow("dst",dst)
20
21  cv2.waitKey(0)
22  cv2.destroyAllWindows()
```

執行結果

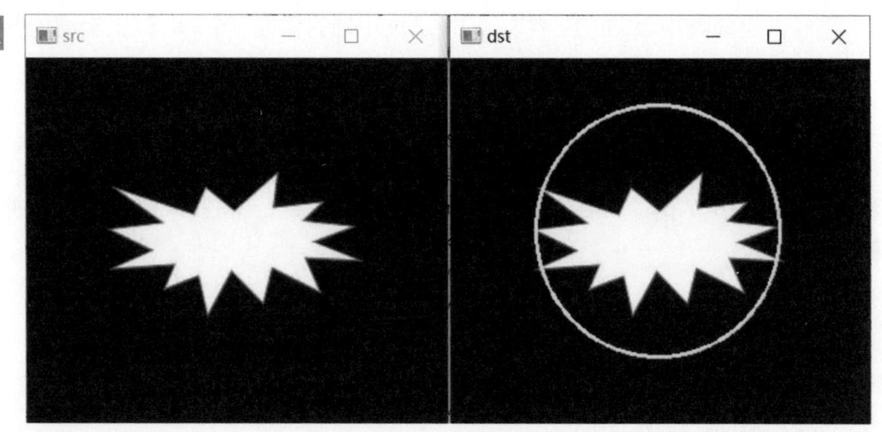

有時候輪廓太靠近邊界，所繪製的圓可能是不完整的圓，可以參考下列實例。

程式實例 ch16_6.py：使用 explode1.jpg 重新設計 ch16_5.py，讀者可以觀察執行結果。

```
5  src = cv2.imread("explode1.jpg")
```

執行結果

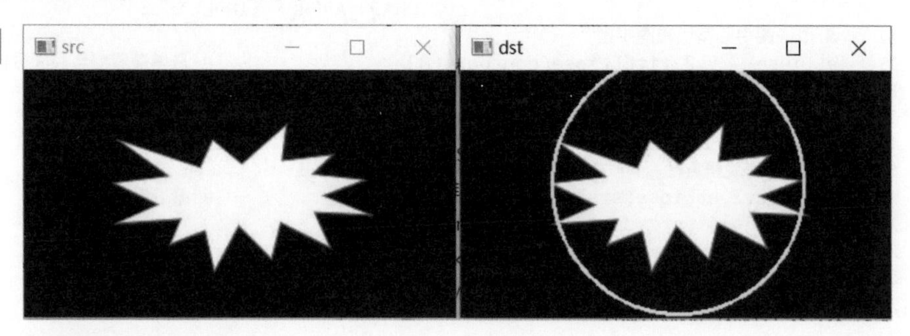

16-1-4 最優擬合橢圓

OpenCV 有提供 fitEllipse( ) 函數可以將影像內的輪廓使用最優化的橢圓形包起來，這個函數語法如下：

```
retval = cv2.fitEllipse(points)
```

上述參數意義如下：

- retval：函數回傳值，這是 RotatedRect 資料類型是元組，這個資料是橢圓的外接矩形，內容如下：

  ((x, y), (a, b), angle)

(x, y) 是橢圓中心點的座標，(a, b) 是長短軸的直徑，angle 代表旋轉角度。

- points：灰階影像或是輪廓。

上述回傳的 retval 資料代入 7-6 節的 ellipse( ) 函數，就可以繪製最優擬合橢圓。

程式實例 ch16_7.py：開啟 cloud.jpg 使用 fitEllipse( )，將雲朵輪廓用最優擬合橢圓包圍起來。

```
1    # ch16_7.py
2    import cv2
3    import numpy as np
4
5    src = cv2.imread("cloud.jpg")
6    cv2.imshow("src",src)
7    src_gray = cv2.cvtColor(src,cv2.COLOR_BGR2GRAY)      # 影像轉成灰階
8    # 二值化處理影像
9    _, dst_binary = cv2.threshold(src_gray,127,255,cv2.THRESH_BINARY)
10   # 找尋影像內的輪廓
11   contours, _ = cv2.findContours(dst_binary,
12                                  cv2.RETR_LIST,
13                                  cv2.CHAIN_APPROX_SIMPLE)
14   # 取得圓中心座標和圓半徑
15   ellipse = cv2.fitEllipse(contours[0])                # 取得最優擬合橢圓數據
16   print(f"資料類型   = {type(ellipse)}")
17   print(f"橢圓中心   = {ellipse[0]}")
18   print(f"長短軸直徑 = {ellipse[1]}")
19   print(f"旋轉角度   = {ellipse[2]}")
20   dst = cv2.ellipse(src,ellipse,(0,255,0),2)           # 繪橢圓
21   cv2.imshow("dst",dst)
22
23   cv2.waitKey(0)
24   cv2.destroyAllWindows()
```

執行結果

```
=================== RESTART: D:/OpenCV_Python/ch16/ch16_7.py ===================
資料類型   = <class 'tuple'>
橢圓中心   = (142.57275390625, 87.38111114501953)
長短軸直徑 = (82.66155242919922, 206.0122528076172)
旋轉角度   = 71.17364501953125
```

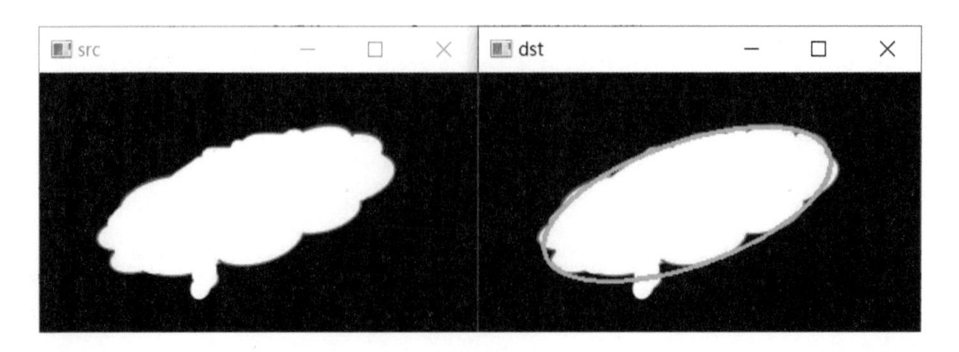

16-1-5 最小包圍三角形

OpenCV 有提供 minEnclosingTriangle( ) 函數可以將影像內的輪廓使用最小三角形包起來，這個函數語法如下：

area, triangle = cv2.minEnclosingTriangle(points)

上述參數意義如下：

- area：函數回傳值，最小包圍的三角形面積。
- triangle：函數回傳值，最小包圍三角形的 3 個頂點座標，回傳的資料類型是陣列 (numpy.ndarray)。回傳值是實數，可以使用 np.int32( ) 將實數轉成整數，然後才可以使用 line( ) 函數將三角形的頂點連接形成實際的三角形。
- points：灰階影像或是輪廓。

程式實例 ch16_8.py：開啟 heart.jpg 使用 minEnclosingTriangle( )，將心型輪廓用最小三角形包圍起來。

```
1   # ch16_8.py
2   import cv2
3   import numpy as np
4
5   src = cv2.imread("heart.jpg")
6   cv2.imshow("src",src)
7   src_gray = cv2.cvtColor(src,cv2.COLOR_BGR2GRAY)      # 影像轉成灰階
8   # 二值化處理影像
9   _, dst_binary = cv2.threshold(src_gray,127,255,cv2.THRESH_BINARY)
10  # 找尋影像內的輪廓
11  contours, _ = cv2.findContours(dst_binary,
12                                 cv2.RETR_LIST,
13                                 cv2.CHAIN_APPROX_SIMPLE)
14  # 取得三角形面積與頂點座標
15  area, triangle = cv2.minEnclosingTriangle(contours[0])
16  print(f"三角形面積    = {area}")
17  print(f"三角形頂點座標資料類型 = {type(triangle)}")
18  print(f"三角頂點座標 = \n{triangle}")
19  triangle = np.int32(triangle)                        # 轉整數
20  dst = cv2.line(src,tuple(triangle[0][0]),tuple(triangle[1][0]),(0,255,0),2)
21  dst = cv2.line(src,tuple(triangle[1][0]),tuple(triangle[2][0]),(0,255,0),2)
22  dst = cv2.line(src,tuple(triangle[0][0]),tuple(triangle[2][0]),(0,255,0),2)
23  cv2.imshow("dst",dst)
24
25  cv2.waitKey(0)
26  cv2.destroyAllWindows()
```

執行結果

```
=================== RESTART: D:/OpenCV_Python/ch16/ch16_8.py ===================
三角形面積    = 15638.060546875
三角形頂點座標資料類型 = <class 'numpy.ndarray'>
三角頂點座標 =
[[[361.3784   115.48649 ]]

 [[ 63.809917  35.371902]]

 [[176.73334  170.88    ]]]
```

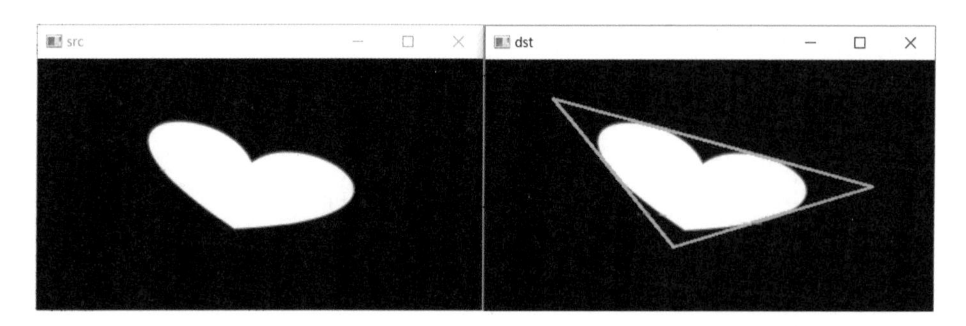

上述程式第 20 ~ 22 列為了方便讀者容易理解，筆者直接用 line( ) 函數將三角形的頂點連接，更好的方式是用迴圈方式將三角形連接，這將是讀者的習題第 2 題。

16-1-6　近似多邊形

前面筆者介紹了最小包圍矩形、最小包圍圓和最小包圍三角形將輪廓包起來，OpenCV 有提供 approxPolyDP( ) 函數可以將影像內的輪廓使用最小包圍多邊形將輪廓包起來，15-2-4 節已經說明過這個函數，這一節將直接使用此函數。

程式實例 ch16_9.py：開啟 multiple.jpg 使用 approxPolyDP( )，分別設定 epsilon 為 3 和 15，將多個影像輪廓用近似多邊形包圍起來。

```
1   # ch16_9.py
2   import cv2
3   import numpy as np
4
5   src = cv2.imread("multiple.jpg")
6   cv2.imshow("src",src)
7   src_gray = cv2.cvtColor(src,cv2.COLOR_BGR2GRAY)      # 影像轉成灰階
8   # 二值化處理影像
9   _, dst_binary = cv2.threshold(src_gray,127,255,cv2.THRESH_BINARY)
10  # 找尋影像內的輪廓
11  contours, _ = cv2.findContours(dst_binary,
12                                 cv2.RETR_LIST,
13                                 cv2.CHAIN_APPROX_SIMPLE)
14  # 近似多邊形包圍
15  n = len(contours)                                     # 輪廓數量
16  src1 = src.copy()                                     # 複製src影像
```

```
17    src2 = src.copy()                                         # 複製src影像
18    for i in range(n):
19        approx = cv2.approxPolyDP(contours[i], 3, True)         # epsilon=3
20        dst1 = cv2.polylines(src1,[approx],True,(0,255,0),2)    # dst1
21        approx = cv2.approxPolyDP(contours[i], 15, True)        # epsilon=15
22        dst2 = cv2.polylines(src2,[approx],True,(0,255,0),2)    # dst2
23    cv2.imshow("dst1 - epsilon = 3",dst1)
24    cv2.imshow("dst2 - epsilon = 15",dst2)
25
26    cv2.waitKey(0)
27    cv2.destroyAllWindows()
```

執行結果 下列分別是原始影像，epsilon=3 和 15 的近似多邊形。

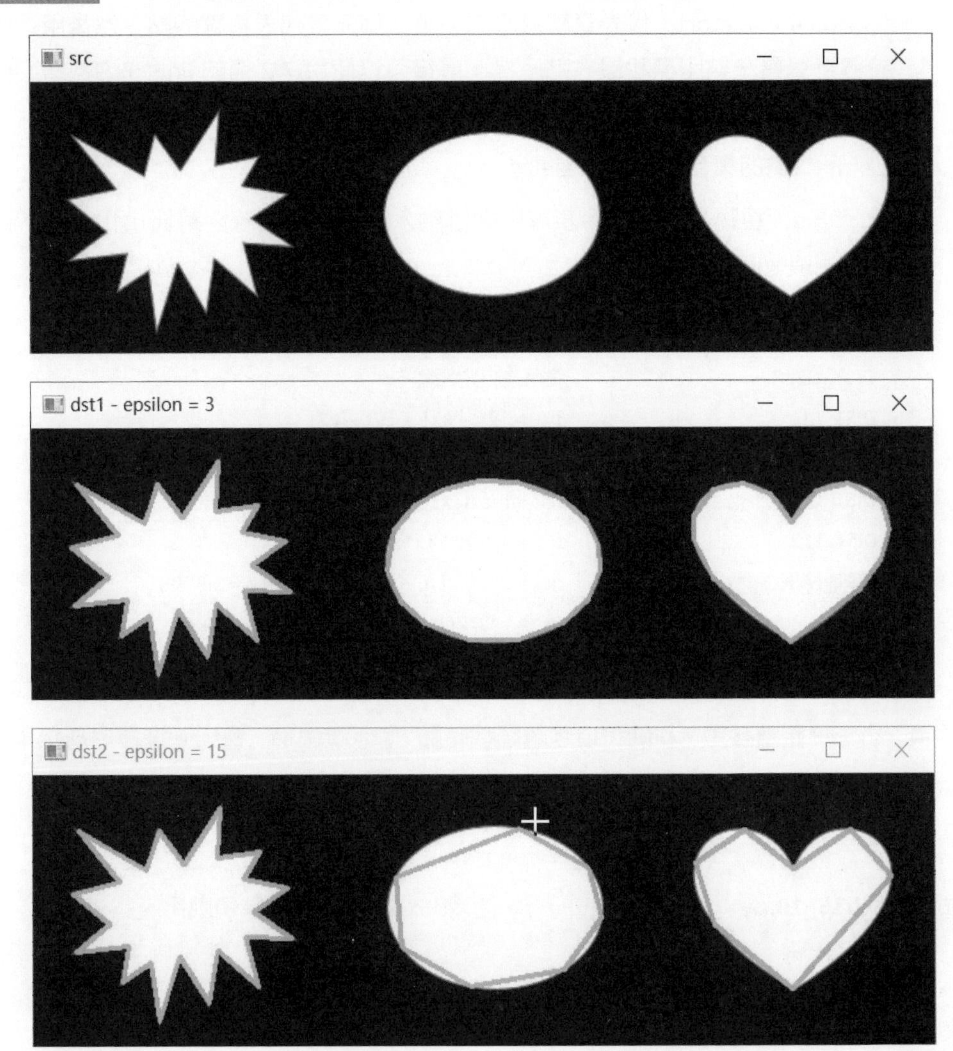

16-1-7 最優擬合直線

OpenCV 有提供 fitLine( ) 函數可以將影像內的輪廓使用直線擬合，這個函數語法如下：

line = cv2.fitLine(points, distType, distType, param, reps, aeps)

上述參數意義如下：

- line：函數回傳值，直線參數，前 2 個元素是共線 (collinear) 的正規化向量 (normailize vector)，代表直線的方向。後 2 個元素代表直線的點，然後用這個參數計算最左點座標和最右點座標，最後可以使用 7-2 節的 line( ) 函數繪製此擬合直線。
- points：點的集合或是外形輪廓。
- distType：距離類型，擬合直線時要讓輸入點到擬合直線距離最小化，有下列幾種選項。

具名參數	說明
DIST_USER	使用者自定距離
DIST_L1	dist = |x1 – x2| + |y1 – y2|
DIST_L2	歐式距離，與最小平方法相同
DIST_C	dist = max(|x1 – x2| + |y1 – y2|)
DIST_L12	dist = s(sqrt(1+x*x/2) – 1))
DIST_FAIR	dist = c^2(|x|/c – log(1+|x|/c)), c = 1.3998
DIST_WELSCH	dist = c^2/2(1 – exp(-(x/c)^2)), c = 2.9846
DIST_HUBER	dist = |x| < c ? x^2/2 : c(|x|-c/2), c = 1.345

- param：距離參數，和前一項距離類型有關，當設為 0 時，會自動選擇最佳結果。
- reps：一般將此設為 0.01，這是擬合直線所需要的徑向精度。
- aeps：一般將此設為 0.01，這是擬合直線所需要的徑向角度。

程式實例 ch16_10.py：開啟 unregular.jpg 使用 fitLine( )，將影像輪廓用直線表達。

```
1    # ch16_10.py
2    import cv2
3    import numpy as np
4
```

```
5   src = cv2.imread("unregular.jpg")
6   cv2.imshow("src",src)
7   src_gray = cv2.cvtColor(src,cv2.COLOR_BGR2GRAY)      # 影像轉成灰階
8   # 二值化處理影像
9   _, dst_binary = cv2.threshold(src_gray,127,255,cv2.THRESH_BINARY)
10  # 找尋影像內的輪廓
11  contours, _ = cv2.findContours(dst_binary,
12                                 cv2.RETR_LIST,
13                                 cv2.CHAIN_APPROX_SIMPLE)
14  # 擬合一條線
15  rows, cols = src.shape[:2]                              # 輪廓大小
16  vx,vy,x,y = cv2.fitLine(contours[0],cv2.DIST_L2,0,0.01,0.01)
17
18  # 從陣列中提取數值, 避免警告
19  vx = vx.item()
20  vy = vy.item()
21  x = x.item()
22  y = y.item()
23
24  print(f"共線正規化向量 = {vx}, {vy}")
25  print(f"直線經過的點    = {x}, {y}")
26  lefty = int((-x * vy / vx) + y)                        # 左邊點的 y 座標
27  righty = int(((cols - x) * vy / vx) + y)               # 右邊點的 y 座標
28  dst = cv2.line(src,(0,lefty),(cols-1,righty),(0,255,0),2)    # 左到右繪線
29  cv2.imshow("dst",dst)
30
31  cv2.waitKey(0)
32  cv2.destroyAllWindows()
```

執行結果

```
==================== RESTART: D:\OpenCV_Python\ch16\ch16_10.py ====================
共線正規化向量 = 0.9303163886070251, -0.36675795912742615
直線經過的點    = 165.3821563720703, 96.8993148803711
```

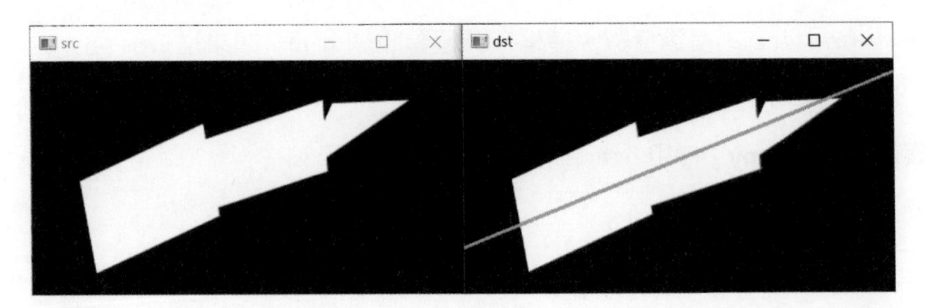

16-2 凸包

所謂的凸包 (convexhull) 是指包含輪廓最外層的凸集合，也可以說是凸多邊形。其實它類似 16-1-6 節的近似多邊形，不過凸包是輪廓的最外層，下列是凸包與近似多邊形的差異圖說。

凸包

近似多邊形

近似多邊形

從上述 3 個圖的正上方我們可以看到，凸包不會有線條在輪廓內，近似多邊形則會往內。另外近似多邊形會有線條在輪廓內，凸包則不會有。

16-2-1　獲得凸包

OpenCV 有提供 convexHull( ) 函數可以獲得輪廓的凸包，這個函數語法如下：

hull = cv2.convexHull(points, clockwise, returnPoints)

上述參數意義如下：

- hull：函數回傳值，凸包的頂點座標，未來可以使用 line( ) 函數將這些點連接就可以產生凸包。
- points：點的集合或是外形輪廓。
- clockwise：可選參數，這是布林值，預設是 True，如果是 True 表示凸包點是順時鐘排列，如果是 False 表示凸包點是逆時鐘排列。
- returnPoints：可選參數，這是布林值預設是 True，如果是 True 可以回傳凸包點的 (x, y) 座標，如果是 False 可以回傳輪廓凸包點的索引。

程式實例 ch16_11.py：使用 heart1.jpg 建立凸包的應用。

```
1    # ch16_11.py
2    import cv2
3
4    src = cv2.imread("heart1.jpg")
5    cv2.imshow("src",src)
6    src_gray = cv2.cvtColor(src,cv2.COLOR_BGR2GRAY)      # 影像轉成灰階
7    # 二值化處理影像
8    _, dst_binary = cv2.threshold(src_gray,127,255,cv2.THRESH_BINARY)
9    # 找尋影像內的輪廓
10   contours, _ = cv2.findContours(dst_binary,
11                                  cv2.RETR_LIST,
12                                  cv2.CHAIN_APPROX_SIMPLE)
13   # 凸包
14   hull = cv2.convexHull(contours[0])                   # 獲得凸包頂點座標
15   dst = cv2.polylines(src, [hull], True, (0,255,0),2) # 將凸包連線
16   cv2.imshow("dst",dst)
```

```
17
18    cv2.waitKey(0)
19    cv2.destroyAllWindows()
```

執行結果

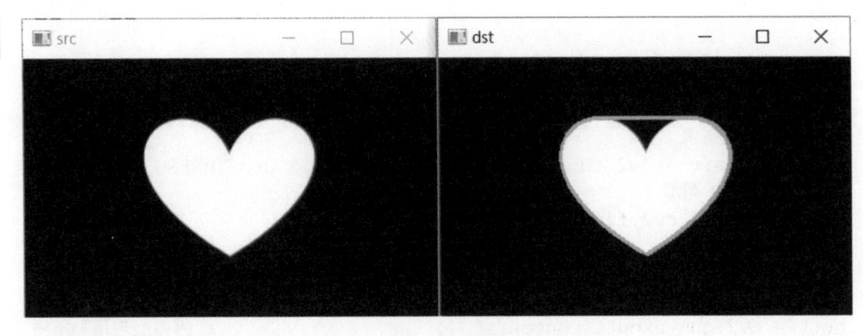

程式實例 ch16_12.py：使用 hand1.jpg，將凸包應用在手勢。

```
1     # ch16_12.py
2     import cv2
3
4     src = cv2.imread("hand1.jpg")
5     cv2.imshow("src",src)
6     src_gray = cv2.cvtColor(src,cv2.COLOR_BGR2GRAY)      # 影像轉成灰階
7     # 二值化處理影像
8     _, dst_binary = cv2.threshold(src_gray,127,255,cv2.THRESH_BINARY)
9     # 找尋影像內的輪廓
10    contours, _ = cv2.findContours(dst_binary,
11                                   cv2.RETR_LIST,
12                                   cv2.CHAIN_APPROX_SIMPLE)
13    # 凸包
14    hull = cv2.convexHull(contours[0])                      # 獲得凸包頂點座標
15    dst = cv2.polylines(src, [hull], True, (0,255,0),2)  # 將凸包連線
16    cv2.imshow("dst",dst)
17
18    cv2.waitKey(0)
19    cv2.destroyAllWindows()
```

執行結果

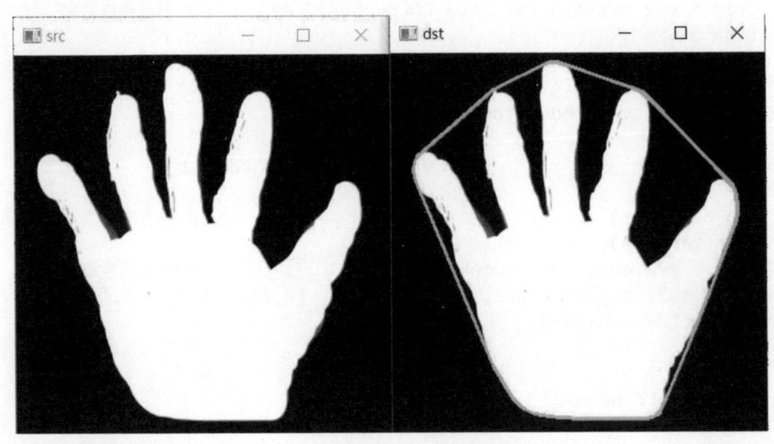

有了凸包後其實也可以使用 15-4-4 節的 contourArea( ) 計算凸包面積。

程式實例 ch16_12_1.py：擴充 ch16_12.py 增加計算凸包面積。

```
1   # ch16_12_1.py
2   import cv2
3
4   src = cv2.imread("hand1.jpg")
5   cv2.imshow("src",src)
6   src_gray = cv2.cvtColor(src,cv2.COLOR_BGR2GRAY)     # 影像轉成灰階
7   # 二值化處理影像
8   _, dst_binary = cv2.threshold(src_gray,127,255,cv2.THRESH_BINARY)
9   # 找尋影像內的輪廓
10  contours, _ = cv2.findContours(dst_binary,
11                                 cv2.RETR_LIST,
12                                 cv2.CHAIN_APPROX_SIMPLE)
13  # 凸包
14  hull = cv2.convexHull(contours[0])                  # 獲得凸包頂點座標
15  dst = cv2.polylines(src, [hull], True, (0,255,0),2) # 將凸包連線
16  cv2.imshow("dst",dst)
17  convex_area = cv2.contourArea(hull)                 # 凸包面積
18  print(f"凸包面積 = {convex_area}")
19
20  cv2.waitKey(0)
21  cv2.destroyAllWindows()
```

執行結果 這個實例省略列印原始與凸包影像。

```
================= RESTART: D:/OpenCV_Python/ch16/ch16_12_1.py =================
凸包面積 = 53848.0
```

程式實例 ch16_13.py：使用 hand2.jpg，手勢有多個凸包的應用。

```
1   # ch16_13.py
2   import cv2
3
4   src = cv2.imread("hand2.jpg")
5   cv2.imshow("src",src)
6   src_gray = cv2.cvtColor(src,cv2.COLOR_BGR2GRAY)     # 影像轉成灰階
7   # 二值化處理影像
8   _, dst_binary = cv2.threshold(src_gray,127,255,cv2.THRESH_BINARY)
9   # 找尋影像內的輪廓
10  contours, _ = cv2.findContours(dst_binary,
11                                 cv2.RETR_LIST,
12                                 cv2.CHAIN_APPROX_SIMPLE)
13  # 凸包
14  n = len(contours)                                   # 輪廓數量
15  for i in range(n):
16      hull = cv2.convexHull(contours[i])              # 獲得凸包頂點座標
17      dst = cv2.polylines(src, [hull], True, (0,255,0),2) # 將凸包連線
18  cv2.imshow("dst",dst)
19
20  cv2.waitKey(0)
21  cv2.destroyAllWindows()
```

執行結果

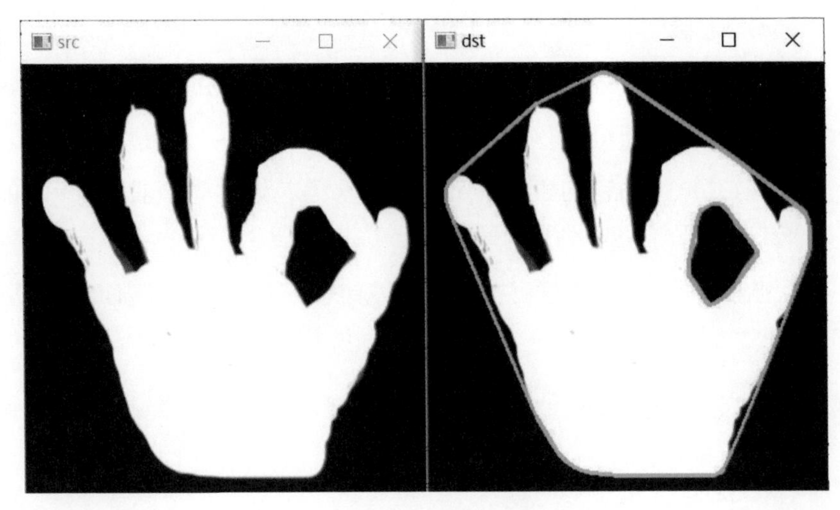

16-2-2 凸缺陷

所謂的凸缺陷 (convexity defects) 是指凸包與輪廓之間的區域，可以參考下圖：

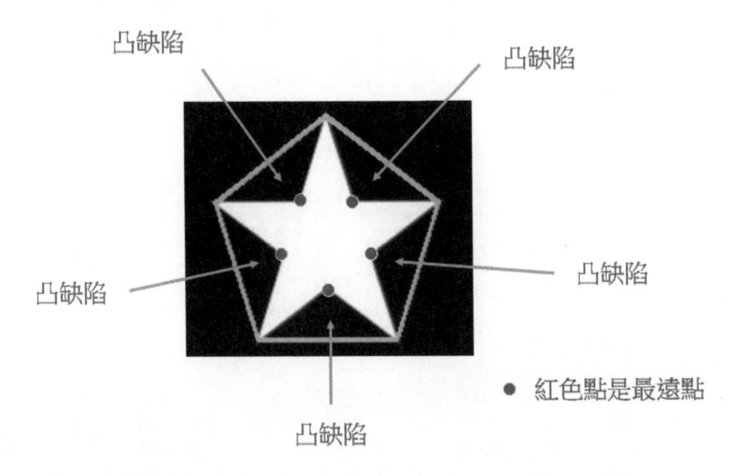

每個凸缺陷有 4 個特徵點：起始點 (startPoint)、結束點 (endPoint)、距離凸包最遠點 (farPoint)、最遠點到凸包的距離 (depth)。

OpenCV 有提供 convexityDefects( ) 函數可以獲得上述凸缺陷的特徵點，這個函數語法如下：

```
convexityDefects = cv2. convexityDefects(contour, convexhull)
```

上述參數意義如下：

- convexityDefects：函數回傳值，這是陣列，元素就是凸缺陷的特徵點。
- contour：輪廓。
- convexhull：凸包的索引，所以在取得凸包過程必須設定 returnPoints 等於 False，可以參考下列實例第 15 列。

從上述我們也可以知道要獲得凸缺陷必須先獲得影像內的外形輪廓，然後是凸包點的索引。

程式實例 ch16_14.py：使用 star.jpg 建立凸包和凸包缺陷的最遠點，用紅色圓標記最遠點。

```
1   # ch16_14.py
2   import cv2
3
4   src = cv2.imread("star.jpg")
5   cv2.imshow("src",src)
6   src_gray = cv2.cvtColor(src,cv2.COLOR_BGR2GRAY)      # 影像轉成灰階
7   # 二值化處理影像
8   _, dst_binary = cv2.threshold(src_gray,127,255,cv2.THRESH_BINARY)
9   # 找尋影像內的輪廓
10  contours, _ = cv2.findContours(dst_binary,
11                                 cv2.RETR_LIST,
12                                 cv2.CHAIN_APPROX_SIMPLE)
13  # 凸包 -> 凸包缺陷
14  contour = contours[0]                                 # 輪廓
15  hull = cv2.convexHull(contour,returnPoints = False)   # 獲得凸包
16  defects = cv2.convexityDefects(contour,hull)          # 獲得凸包缺陷
17  n = defects.shape[0]                                  # 缺陷數量
18  print(f"缺陷數量 = {n}")
19  for i in range(n):
20  # s是startPoint, e是endPoint, f是farPoint, d是depth
21      s, e, f, d = defects[i,0]
22      start = tuple(contour[s][0])                      # 取得startPoint座標
23      end = tuple(contour[e][0])                        # 取得endPoint座標
24      far = tuple(contour[f][0])                        # 取得farPoint座標
25      dst = cv2.line(src,start,end,[0,255,0],2)         # 凸包連線
26      dst = cv2.circle(src,far,3,[0,0,255],-1)          # 繪製farPoint
27  cv2.imshow("dst",dst)
28
29  cv2.waitKey(0)
30  cv2.destroyAllWindows()
```

執行結果

```
================= RESTART: D:\OpenCV_Python\ch16\ch16_14.py =================
缺陷數量 = 5
```

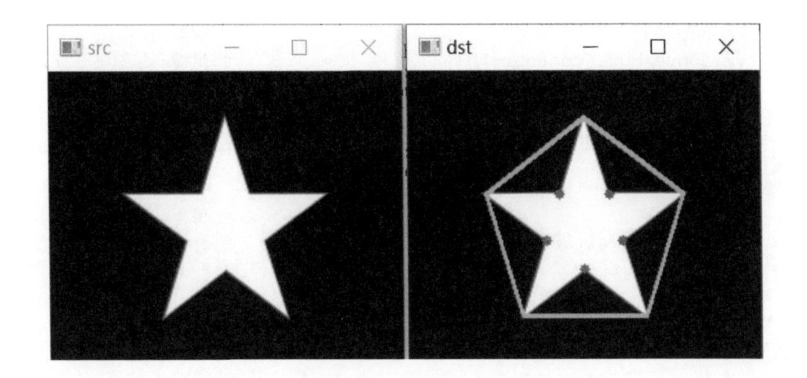

16-3 輪廓的幾何測試

16-3-1　測試輪廓包圍線是否凸形

前面兩節筆者介紹了輪廓的擬合與凸包，這一節將講解測試輪廓包圍線是否凸形。OpenCV 提供了 isContourConvex( ) 函數，這個函數可以測試輪廓是否凸形，這個函數的語法如下：

retval = cv2.isContourConvex(contour)

上述函數各參數意義如下：

- retval：函數回傳值，如果是 True 表示輪廓包圍線是凸的，如果是 False 表示輪廓包圍線不是凸的。
- contour：輪廓。

程式實例 ch16_15.py：使用 heart1.jpg，測試凸包與近似多邊形是否凸形。

```
1    # ch16_15.py
2    import cv2
3
4    src = cv2.imread("heart1.jpg")
5    cv2.imshow("src",src)
6    src_gray = cv2.cvtColor(src,cv2.COLOR_BGR2GRAY)      # 影像轉成灰階
7    # 二值化處理影像
8    _, dst_binary = cv2.threshold(src_gray,127,255,cv2.THRESH_BINARY)
9    # 找尋影像內的輪廓
10   contours, _ = cv2.findContours(dst_binary,
11                                  cv2.RETR_LIST,
12                                  cv2.CHAIN_APPROX_SIMPLE)
13   # 凸包
```

```
14    src1 = src.copy()                                        # 複製src影像
15    hull = cv2.convexHull(contours[0])                       # 獲得凸包頂點座標
16    dst1 = cv2.polylines(src1, [hull], True, (0,255,0),2) # 將凸包連線
17    cv2.imshow("dst1",dst1)
18    isConvex = cv2.isContourConvex(hull)                     # 是否凸形
19    print(f"凸包是凸形          = {isConvex}")
20    # 近似多邊形包圍
21    src2 = src.copy()                                        # 複製src影像
22    approx = cv2.approxPolyDP(contours[0], 10, True)      # epsilon=10
23    dst2 = cv2.polylines(src2,[approx],True,(0,255,0),2)  # 近似多邊形連線
24    cv2.imshow("dst2 - epsilon = 10",dst2)
25    isConvex = cv2.isContourConvex(approx)                   # 是否凸形
26    print(f"近似多邊形是凸形 = {isConvex}")
27
28    cv2.waitKey(0)
29    cv2.destroyAllWindows()
```

執行結果

```
================= RESTART: D:\OpenCV_Python\ch16\ch16_15.py =================
凸包是凸形        = True
近似多邊形是凸形 = False
```

16-3-2　計算任意座標點與輪廓包圍線的最短距離

OpenCV 提供了 pointPolygonTest( ) 函數，這個函數可以測試影像上任一點至輪廓包圍線的距離，這個函數的語法如下：

retval = cv2.pointPolygonTest(contour,pt,measureDist)

上述函數各參數意義如下：

- retval：函數回傳值，計算任意點與輪廓包圍線的距離，計算方式會依 measureDist 布林值而定。
- contour：輪廓。
- pt：影像內任意點座標。
- measureDist：這是布林值，可以參考下列說明。
    - 如果 measureDist 是 True，retval 會回傳實際距離，如果座標點在輪廓包圍

線外會回傳負值距離，如果座標點在輪廓包圍線上會回傳 0，如果座標點在輪廓包圍線內會回傳正值距離。

■ 如果 measureDist 是 False，retval 會回傳 -1、0 或 1，如果座標點在輪廓包圍線外會回傳 -1，如果座標點在輪廓包圍線上會回傳 0，如果座標點在輪廓包圍線內會回傳 1。

程式實例 ch16_16.py：測試 3 個點，一個是凸包內的點、一個是凸包線上的點、另一個是凸包外的點。這個實例 measureDist 請設為 True，然後計算座標點到凸包線的距離。這個實例要抓到座標點在凸包線上，需要參考第 16 列的 Print(hull)，才比較容易。

```
1   # ch16_16.py
2   import cv2
3   src = cv2.imread("heart1.jpg")
4   cv2.imshow("src",src)
5   src_gray = cv2.cvtColor(src,cv2.COLOR_BGR2GRAY)      # 影像轉成灰階
6   # 二值化處理影像
7   _, dst_binary = cv2.threshold(src_gray,127,255,cv2.THRESH_BINARY)
8   # 找尋影像內的輪廓
9   contours, _ = cv2.findContours(dst_binary,
10                                 cv2.RETR_LIST,
11                                 cv2.CHAIN_APPROX_SIMPLE)
12  # 凸包
13  hull = cv2.convexHull(contours[0])                    # 獲得凸包頂點座標
14  dst = cv2.polylines(src, [hull], True, (0,255,0),2)  # 將凸包連線
15  # print(hull)    可以用這個指令了解凸包座標點
16  # 點在凸包線上
17  pointa = (231,85)                                     # 點在凸包線上
18  dist_a = cv2.pointPolygonTest(hull,pointa, True)      # 檢測距離
19  font = cv2.FONT_HERSHEY_SIMPLEX
20  pos_a = (236,95)                                      # 文字輸出位置
21  dst = cv2.circle(src,pointa,3,[0,0,255],-1)           # 用圓標記點 A
22  cv2.putText(dst,'A',pos_a,font,1,(0,255,255),2)       # 輸出文字 A
23  print(f"dist_a = {dist_a}")
24  # 點在凸包內
25  pointb = (150,100)                                    # 點在凸包線上
26  dist_b = cv2.pointPolygonTest(hull,pointb, True)      # 檢測距離
27  font = cv2.FONT_HERSHEY_SIMPLEX
28  pos_b = (160,110)                                     # 文字輸出位置
29  dst = cv2.circle(src,pointb,3,[0,0,255],-1)           # 用圓標記點 B
30  cv2.putText(dst,'B',pos_b,font,1,(255,0,0),2)         # 輸出文字 B
31  print(f"dist_b = {dist_b}")
32  # 點在凸包外
33  pointc = (80,85)                                      # 點在凸包線上
34  dist_c = cv2.pointPolygonTest(hull,pointc, True)      # 檢測距離
35  font = cv2.FONT_HERSHEY_SIMPLEX
36  pos_c = (50,95)                                       # 文字輸出位置
37  dst = cv2.circle(src,pointc,3,[0,0,255],-1)           # 用圓標記點 C
38  cv2.putText(dst,'C',pos_c,font,1,(0,255,255),2)       # 輸出文字 C
39  print(f"dist_c = {dist_c}")
40  cv2.imshow("dst",dst)
41  cv2.waitKey(0)
42  cv2.destroyAllWindows()
```

執行結果

```
==================== RESTART: D:/OpenCV_Python/ch16/ch16_16.py ==================
dist_a = -0.0
dist_b = 35.65165808180456
dist_c = -16.829141392239833
```

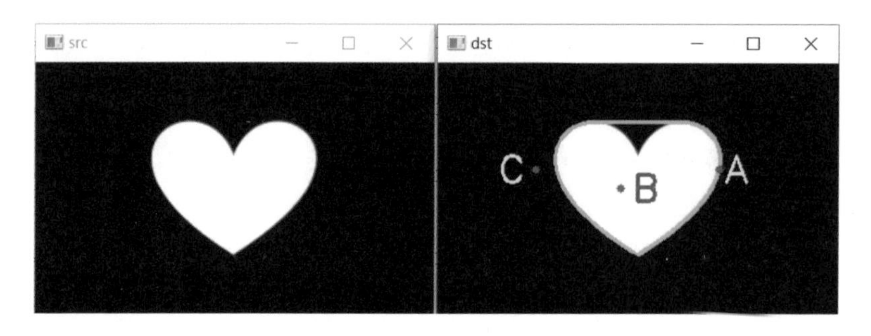

程式實例 ch16_17.py：將 measureDist 設為 False，重新設計 ch16_16.py。

```
16    # 點在凸包線上
17    pointa = (231,85)                                       # 點在凸包線上
18    dist_a = cv2.pointPolygonTest(hull,pointa, False)       # 檢測距離
19    font = cv2.FONT_HERSHEY_SIMPLEX
20    pos_a = (236,95)                                        # 文字輸出位置
21    dst = cv2.circle(src,pointa,3,[0,0,255],-1)             # 用圓標記點 A
22    cv2.putText(dst,'A',pos_a,font,1,(0,255,255),2)         # 輸出文字 A
23    print(f"dist_a = {dist_a}")
24    # 點在凸包內
25    pointb = (150,100)                                      # 點在凸包線上
26    dist_b = cv2.pointPolygonTest(hull,pointb, False)       # 檢測距離
27    font = cv2.FONT_HERSHEY_SIMPLEX
28    pos_b = (160,110)                                       # 文字輸出位置
29    dst = cv2.circle(src,pointb,3,[0,0,255],-1)             # 用圓標記點 B
30    cv2.putText(dst,'B',pos_b,font,1,(255,0,0),2)           # 輸出文字 B
31    print(f"dist_b = {dist_b}")
32    # 點在凸包外
33    pointc = (80,85)                                        # 點在凸包線上
34    dist_c = cv2.pointPolygonTest(hull,pointc, False)       # 檢測距離
35    font = cv2.FONT_HERSHEY_SIMPLEX
```

執行結果　影像畫面與 ch16_16.py 相同。

```
==================== RESTART: D:/OpenCV_Python/ch16/ch16_17.py ==================
dist_a = 0.0
dist_b = 1.0
dist_c = -1.0
```

16-4 創意應用

這一章主要介紹了影像處理中的輪廓擬合與凸包相關技術，包括使用多種幾何圖形（矩形、圓形、橢圓形、多邊形等）包圍輪廓，以及相關的幾何測試。以下是可以從這些技術延伸出的創意應用：

- 形狀分類與識別
  - 交通標誌分類：利用最小包圍矩形、多邊形近似或凸包，分類交通標誌（例如圓形標誌或三角形標誌）。
  - 醫學影像分析：檢測細胞或腫瘤形狀，將其用最優橢圓或凸包進行分類和面積計算。
- 手勢識別與交互
  - 手勢控制：結合凸包與凸缺陷分析手勢，例如透過計算凸缺陷數量識別手勢形狀。
  - 應用：手勢控制電腦、遊戲操作或機器人。
- 藝術與設計
  - 生成藝術：使用輪廓擬合和凸包技術生成抽象圖形或藝術作品。
  - 字體設計：用文字輪廓生成創意字體或變形字體。

程式實例 ch16_18.py：建立創意字體。

```
1   # ch16_18.py
2   import cv2
3   import numpy as np
4   import random
5
6   def generate_creative_font(text):
7       # 創建空白畫布
8       canvas_size = (300, 900, 3)                # 高度, 寬度, 通道數
9       canvas = np.zeros(canvas_size, dtype=np.uint8)
10      canvas.fill(255)                           # 白色背景
11
12      # 繪製文字到畫布
13      font=cv2.FONT_HERSHEY_SIMPLEX
14      text_position = (30, 200)                  # 文字起始位置 (x, y)
15      font_scale = 5
16      thickness = 10
17      text_color = (0, 0, 0)
18
```

```
19        cv2.putText(canvas, text, text_position, font, font_scale,
20                    text_color, thickness, lineType=cv2.LINE_AA)
21
22        # 轉換為灰階並進行二值化處理
23        gray = cv2.cvtColor(canvas, cv2.COLOR_BGR2GRAY)
24        _, binary = cv2.threshold(gray, 127, 255, cv2.THRESH_BINARY_INV)
25
26        # 檢測文字輪廓
27        contours, _ = cv2.findContours(binary,
28                                       cv2.RETR_EXTERNAL,
29                                       cv2.CHAIN_APPROX_SIMPLE)
30
31        # 創建一個新畫布用於創意字體
32        creative_canvas = np.zeros_like(canvas)
33        creative_canvas.fill(255)
34
35        # 生成變形字體
36        for contour in contours:
37            # 隨機變形每個輪廓的頂點
38            epsilon = 0.01 * cv2.arcLength(contour, True)
39            approx = cv2.approxPolyDP(contour, epsilon, True)
40
41            # 隨機平移頂點位置
42            for point in approx:
43                point[0][0] += random.randint(-10, 10)
44                point[0][1] += random.randint(-10, 10)
45
46            # 繪製創意輪廓
47            cv2.drawContours(creative_canvas, [approx], -1,
48                             random_color(), thickness=-1)  # 填充輪廓
49
50        # 顯示結果
51        cv2.imshow("Original Font", canvas)
52        cv2.imshow("Creative Font", creative_canvas)
53        cv2.waitKey(0)
54        cv2.destroyAllWindows()
55
56    def random_color():
57        """隨機生成顏色"""
58        return (random.randint(0, 255), random.randint(0, 255),
59                random.randint(0, 255))
60
61    input_text = "OpenAI API"                      # 定義要生成的文字
62    generate_creative_font(input_text)
```

執行結果

習題

1： 更改 ch16_2.py，不使用 rectangle( ) 函數建立最小矩形框，改為讀者自行使用 Numpy 模組建立影像圖，然後繪製最小矩形框。

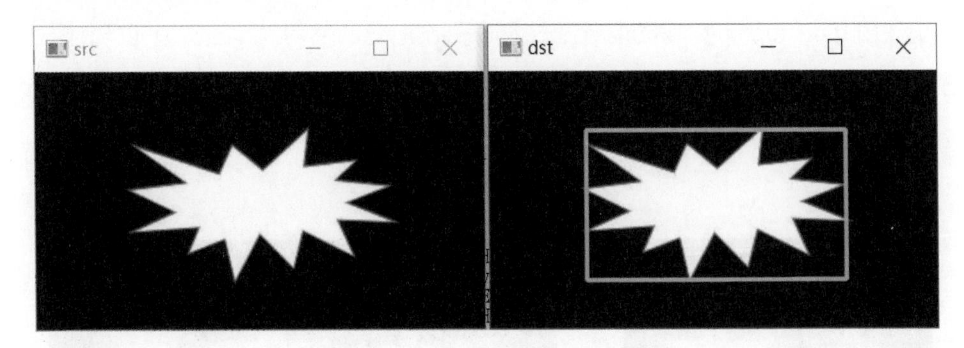

2： 請使用 explode4.jpg，和參考 ch16_8.py 繪製最小三角形包圍，但是這個程式必須使用 for 迴圈將三角形用紅色線條連接。

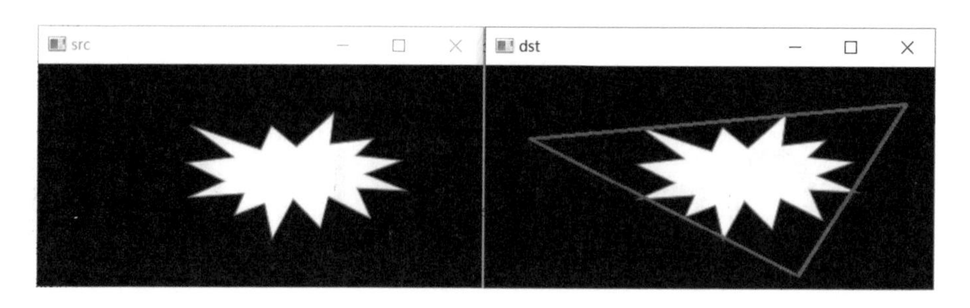

3： 請使用 hand3.jpg，請繪製凸包，同時列出所有的輪廓的缺陷數量和凸缺陷。

```
==================== RESTART: D:/OpenCV_Python/ex/ex16_3.py ====================
缺陷數量 = 13
缺陷數量 = 30
```

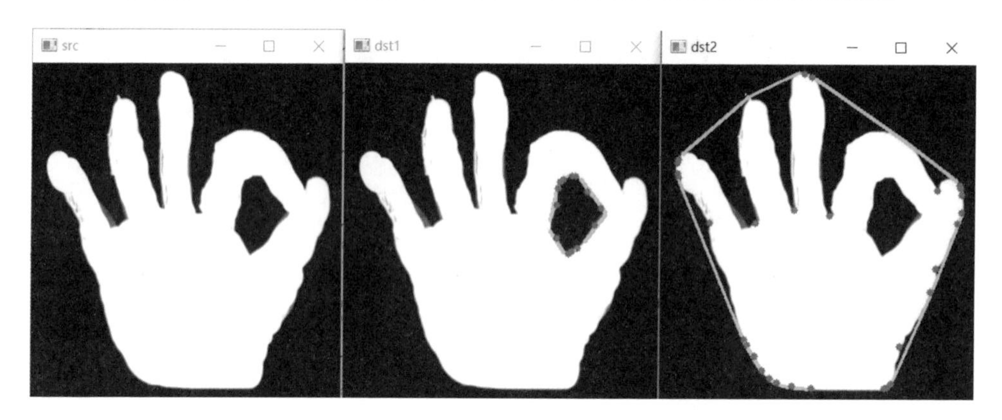

4： 請使用 mutistars.jpg，請繪製凸包，同時列出所有的輪廓的缺陷數量和凸缺陷。

```
==================== RESTART: D:/OpenCV_Python/ex/ex16_4.py ====================
缺陷數量 = 4
缺陷數量 = 5
缺陷數量 = 7
```

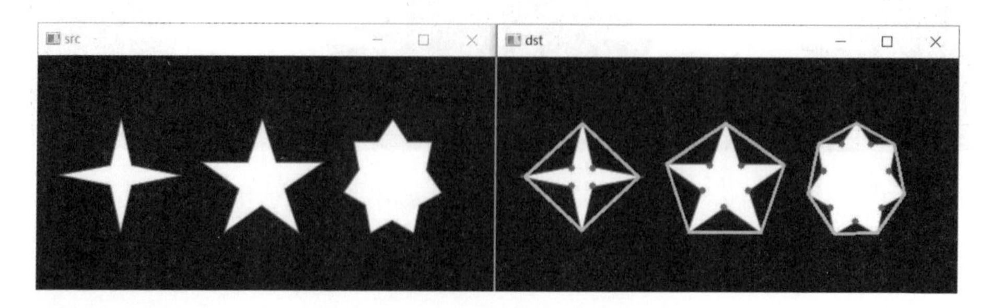

5： 請擴充程式實例 ch16_18.py，增加可以儲存創意字型的結果到 myfont.jpg。

第十七章

輪廓的特徵

影像輪廓分析是影像處理中的核心技術之一，廣泛應用於物體識別、形狀分析以及圖像理解等領域。本章系統地介紹了與輪廓相關的多種特徵，包括基本的寬高比與極點，進階的面積比例分析（如 Extent 和 Solidity），以及像素統計與方向性資訊。我們還將探討如何透過數學形態學與動態設計，為輪廓特徵的應用賦予更多創意與靈活性。本章不僅提供理論基礎，還結合實際程式範例，幫助讀者掌握輪廓特徵的計算與應用，啟發其在醫學影像、工業檢測與數據視覺化等領域的創新思考。希望本章能成為讀者深入理解與實踐影像輪廓分析的有力指引。

17-1 寬高比 (Aspect Ratio)

在 16-1-1 節有說明使用 boundingRect( ) 函數可以將影像內的輪廓使用矩形框包起來，同時回傳值的元組格式是 (x,y,w,h)，將 w(width) 除以 h(height) 就可以得到輪廓的寬高比特徵。

寬高比 = w(width) / h(height)

程式實例 ch17_1.py：重新設計 ch16_2.py，列出輪廓的寬高比。

```
1   # ch17_1.py
2   import cv2
3
4   src = cv2.imread("explode1.jpg")
5   cv2.imshow("src",src)
6   src_gray = cv2.cvtColor(src,cv2.COLOR_BGR2GRAY)       # 影像轉成灰階
7   # 二值化處理影像
8   _, dst_binary = cv2.threshold(src_gray,127,255,cv2.THRESH_BINARY)
9   # 找尋影像內的輪廓
10  contours, _ = cv2.findContours(dst_binary,
11                                 cv2.RETR_LIST,
12                                 cv2.CHAIN_APPROX_SIMPLE)
13
14  x, y, w, h = cv2.boundingRect(contours[0])           # 建構矩形
15  dst = cv2.rectangle(src,(x, y),(x+w, y+h),(0,255,255),2)
16  cv2.imshow("dst",dst)
17  aspectratio = w / h                                   # 計算寬高比
18  print(f"寬高比 = {aspectratio}")
19
20  cv2.waitKey(0)
21  cv2.destroyAllWindows()
```

執行結果

```
=================== RESTART: D:/OpenCV_Python/ch17/ch17_1.py ===================
寬高比 = 1.78
```

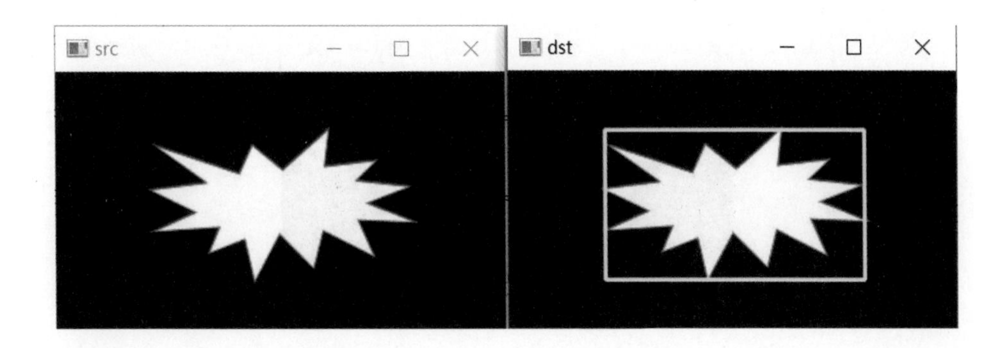

17-2 輪廓的極點

17-2-1 認識輪廓點座標

所謂輪廓的級點是指最上方點、最下方點、最左邊點和最右邊點。在 15-1-1 節當我們使用 findContours( ) 函數後，所回傳的 contours 其實就是輪廓點座標圖的陣列。

程式實例 ch17_2.py：認識輪廓點座標的資料格式。

```
1    # ch17_2.py
2    import cv2
3
4    src = cv2.imread("explode1.jpg")
5    cv2.imshow("src",src)
6    src_gray = cv2.cvtColor(src,cv2.COLOR_BGR2GRAY)      # 影像轉成灰階
7    # 二值化處理影像
8    _, dst_binary = cv2.threshold(src_gray,127,255,cv2.THRESH_BINARY)
9    # 找尋影像內的輪廓
10   contours, _ = cv2.findContours(dst_binary,
11                                  cv2.RETR_LIST,
12                                  cv2.CHAIN_APPROX_SIMPLE)
13   cnt = contours[0]                                    # 建立輪廓變數
14   print(f"資料格式 = {type(cnt)}")
15   print(f"資料維度 = {cnt.ndim}")
16   print(f"資料長度 = {len(cnt)}")
17   for i in range(len(cnt)):                            # 列印座標點
18       print(cnt[i])
19
20   cv2.waitKey(0)
21   cv2.destroyAllWindows()
```

執行結果

```
==================== RESTART: D:\OpenCV_Python\ch17\ch17_2.py ====================
資料格式 = <class 'numpy.ndarray'>
資料維度 = 3
資料長度 = 383
[[186  39]]
[[181  44]]
[[180  44]]
•••
```

從上述我們得到陣列資料維度是 3 維，輪廓點有 383 個，使用陣列方式存在。

17-2-2　Numpy 模組的 argmax( ) 和 argmin( ) 函數

Numpy 模組的 argmax( ) 函數可以回傳陣列的最大值索引，argmin( ) 函數可以回傳陣列的最小值索引。

程式實例 ch17_3.py：從簡單的陣列認識 argmax( ) 和 argmin( ) 函數的用法。

```
1  # ch17_3.py
2  import numpy as np
3
4  data = np.array([3, 9, 8, 5, 2])
5  print(f"data = {data}")
6  max_i = np.argmax(data)
7  print(f"最大值索引 = {max_i}")
8  print(f"最大值      = {data[max_i]}")
9  min_i = np.argmin(data)
10 print(f"最小值索引 = {min_i}")
11 print(f"最小值      = {data[min_i]}")
```

執行結果

```
=================== RESTART: D:/OpenCV_Python/ch17/ch17_3.py ===================
data = [3 9 8 5 2]
最大值索引 = 1
最大值      = 9
最小值索引 = 4
最小值      = 2
```

上述是傳統程式語言呼叫 argmax( ) 和 argmin( ) 的方式，我們也可以使用物件導向方式呼叫引用此函數。

程式實例 ch17_4.py：使用物件導向方式呼叫 argmax( ) 和 argmin( ) 函數，重新設計 ch17_3.py。

```
1  # ch17_4.py
2  import numpy as np
3
```

```
4  data = np.array([3, 9, 8, 5, 2])
5  print(f"data = {data}")
6  max_i = data.argmax()
7  print(f"最大值索引 = {max_i}")
8  print(f"最大值      = {data[max_i]}")
9  min_i = data.argmin()
10 print(f"最小值索引 = {min_i}")
11 print(f"最小值      = {data[min_i]}")
```

執行結果 與 ch17_3.py 相同。

現在我們可以將觀念擴充到二維陣列，讀者可以參考如何取出極大值，同時轉成元組資料。

程式實例 ch17_5.py：將 argmax( ) 函數應用在二維陣列的實例。

```
1  # ch17_5.py
2  import numpy as np
3
4  data = np.array([[3, 9],
5                   [8, 2],
6                   [5, 3]]
7                  )
8  print(f"data = {data}")
9  max_i = data[:,0].argmax()
10 print(f"最大值索引 = {max_i}")
11 print(f"最大值      = {data[max_i][0]}")
12 print(f"對應值      = {data[max_i][1]}")
13 max_val = tuple(data[data[:,0].argmax()])
14 print(f"最大值配對 = {max_val}")
```

執行結果

```
================== RESTART: D:\OpenCV_Python\ch17\ch17_5.py ==================
data = [[3 9]
 [8 2]
 [5 3]]
最大值索引 = 1
最大值      = 8
對應值      = 2
最大值配對 = (8, 2)
```

從 17-2-1 節可以知道輪廓點座標是三維陣列，所以我們可以擴充 ch17_5.py 為三維陣列資料。

程式實例 ch17_6.py：使用 ch17_2.py 的前 3 筆陣列資料，將本節觀念擴充到三維陣列。

```
1  # ch17_6.py
2  import numpy as np
3
4  data = np.array([[[186, 39]],
5                   [[181, 44]],
6                   [[180, 44]]]
7                  )
8  print(f"原始資料data = \n{data}")
```

```
 9  n = len(data)
10  print("取3維內的陣列資料")
11  for i in range(n):                                  # 列印 3 個座標點
12      print(data[i])
13  print(f"資料維度    = {data.ndim}")                  # 維度
14  max_i = data[:,:,0].argmax()                        # x 最大值索引索引
15  print(f"x 最大值索引 = {max_i}")                      # 列印 x 最大值索引
16  right = tuple(data[data[:,:,0].argmax()][0])        # 最大值元組
17  print(f"最大值元組 = {right}")                        # 列印最大值元組
18  min_i = data[:,:,0].argmin()                        # x 最小值索引索引
19  print(f"x 最小值索引 = {min_i}")                      # 列印 x 最小值索引
20  left = tuple(data[data[:,:,0].argmin()][0])         # 最小值元組
21  print(f"最小值元組 = {left}")                         # 列印最小值元組
```

執行結果

```
=================== RESTART: D:/OpenCV_Python/ch17/ch17_6.py ===================
原始資料data =
[[[186  39]]

 [[181  44]]

 [[180  44]]]
取3維內的陣列資料
[[186  39]]
[[181  44]]
[[180  44]]
資料維度    = 3
x 最大值索引 = 0
最大值元組 = (186, 39)
x 最小值索引 = 2
最小值元組 = (180, 44)
```

從上述實例讀者影可以了解 argmax( ) 和 argmin( ) 函數在三維陣列中找出極大值與極小值了。

17-2-3　找出輪廓極點座標

延續前一小節的實例，我們可以使用下列索引找出輪廓的極大值與極小值，假設輪廓定義是 cnt，下列是索引定義：

- 輪廓 x 極大值相當於輪廓最右點的座標：cnt[cnt[:,:,0].argmax( )][0]
- 輪廓 x 極小值相當於輪廓最左點的座標：cnt[cnt[:,:,0].argmin( )][0]
- 輪廓 y 極大值相當於輪廓最下點的座標：cnt[cnt[:,:,1].argmax( )][0]
- 輪廓 y 極小值相當於輪廓最上點的座標：cnt[cnt[:,:,1].argmin( )][0]

程式實例 ch17_7.py：使用黃色點標出輪廓最上點和最下點，使用綠色點標出輪廓最左點和最右點。

```python
# ch17_7.py
import cv2

src = cv2.imread("explode1.jpg")
cv2.imshow("src",src)
src_gray = cv2.cvtColor(src,cv2.COLOR_BGR2GRAY)      # 影像轉成灰階
# 二值化處理影像
_, dst_binary = cv2.threshold(src_gray,127,255,cv2.THRESH_BINARY)
# 找尋影像內的輪廓
contours, _ = cv2.findContours(dst_binary,
                               cv2.RETR_LIST,
                               cv2.CHAIN_APPROX_SIMPLE)
cnt = contours[0]                                    # 建立輪廓變數
left = tuple(cnt[cnt[:,:,0].argmin()][0])            # left
right = tuple(cnt[cnt[:,:,0].argmax()][0])           # right
top = tuple(cnt[cnt[:,:,1].argmin()][0])             # top
bottom = tuple(cnt[cnt[:,:,1].argmax()][0])          # bottom
print(f"最左點 = {left}")
print(f"最右點 = {right}")
print(f"最上點 = {top}")
print(f"最下點 = {bottom}")
dst = cv2.circle(src,left,5,[0,255,0],-1)
dst = cv2.circle(src,right,5,[0,255,0],-1)
dst = cv2.circle(src,top,5,[0,255,255],-1)
dst = cv2.circle(src,bottom,5,[0,255,255],-1)
cv2.imshow("dst",dst)

cv2.waitKey(0)
cv2.destroyAllWindows()
```

執行結果

```
=================== RESTART: D:\OpenCV_Python\ch17\ch17_7.py ===================
最左點 = (66, 79)
最右點 = (243, 99)
最上點 = (186, 39)
最下點 = (136, 138)
```

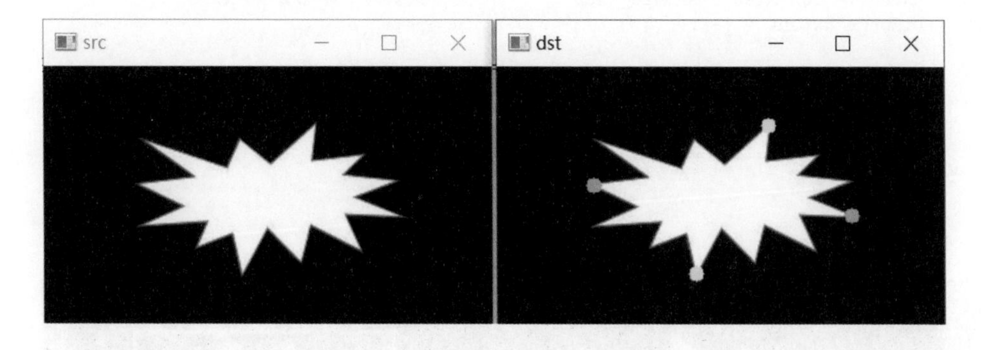

17-3 Extent

在輪廓的特徵中所謂的 Extent 是指輪廓面積與包圍輪廓的矩形面積比，觀念如下：

Extent = 輪廓面積 / 矩形面積

輪廓面積可以參考 15-4-4 節的 contourArea( ) 函數，矩形面積可以參考 16-1-1 節的 boundingRect( ) 函數所回傳的 w 和 h。

程式實例 ch17_8.py：Extent 的實作，計算 explode1.jpg 影像內輪廓面積與外接矩形的比值。

```
1   # ch17_8.py
2   import cv2
3
4   src = cv2.imread("explode1.jpg")
5   cv2.imshow("src",src)
6   src_gray = cv2.cvtColor(src,cv2.COLOR_BGR2GRAY)      # 影像轉成灰階
7   # 二值化處理影像
8   _, dst_binary = cv2.threshold(src_gray,127,255,cv2.THRESH_BINARY)
9   # 找尋影像內的輪廓
10  contours, _ = cv2.findContours(dst_binary,
11                                 cv2.RETR_LIST,
12                                 cv2.CHAIN_APPROX_SIMPLE)
13  dst = cv2.drawContours(src,contours,-1,(0,255,0),3) # 繪製輪廓
14  con_area = cv2.contourArea(contours[0])             # 輪廓面積
15  x, y, w, h = cv2.boundingRect(contours[0])          # 建構矩形
16  dst = cv2.rectangle(src,(x, y),(x+w, y+h),(0,255,255),2)
17  cv2.imshow("dst",dst)
18  square_area = w * h                                 # 計算矩形面積
19  extent = con_area / square_area                     # 計算Extent
20  print(f"Extent = {extent}")
21
22  cv2.waitKey(0)
23  cv2.destroyAllWindows()
```

執行結果

```
================= RESTART: D:\OpenCV_Python\ch17\ch17_8.py =================
Extent = 0.4125561797752809
```

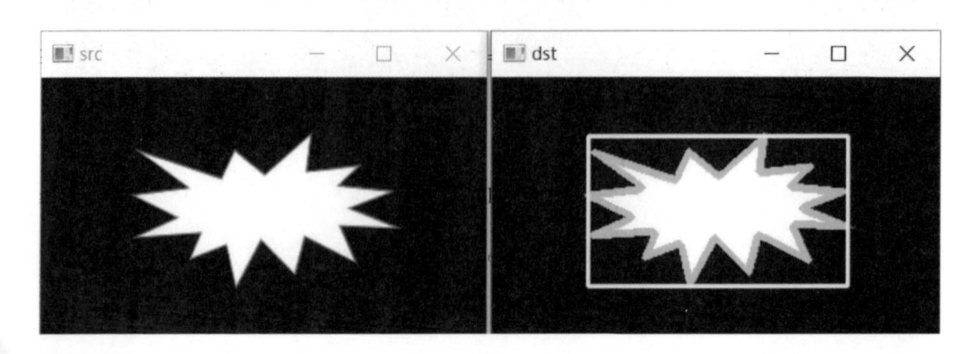

17-4 Solidity

在輪廓的特徵中所謂的 Solidity 是指輪廓面積與包圍輪廓的凸包面積比，觀念如下：

Solidity= 輪廓面積 / 凸包面積

輪廓面積可以參考 15-4-4 節的 contourArea( ) 函數，凸包面積可以參考 16-2-1 節的程式實例 ch16_12_1.py。

程式實例 ch17_9.py：Solidity 的實作，計算 explode1.jpg 影像內輪廓面積與外接矩形的比值。

```
1   # ch17_9.py
2   import cv2
3
4   src = cv2.imread("explode1.jpg")
5   cv2.imshow("src",src)
6   src_gray = cv2.cvtColor(src,cv2.COLOR_BGR2GRAY)     # 影像轉成灰階
7   # 二值化處理影像
8   _, dst_binary = cv2.threshold(src_gray,127,255,cv2.THRESH_BINARY)
9   # 找尋影像內的輪廓
10  contours, _ = cv2.findContours(dst_binary,
11                                 cv2.RETR_LIST,
12                                 cv2.CHAIN_APPROX_SIMPLE)
13  dst = cv2.drawContours(src,contours,-1,(0,255,0),3) # 繪製輪廓
14  con_area = cv2.contourArea(contours[0])             # 輪廓面積
15  # 凸包
16  hull = cv2.convexHull(contours[0])                  # 獲得凸包頂點座標
17  dst = cv2.polylines(src, [hull], True, (0,255,255),2) # 將凸包連線
18  cv2.imshow("dst",dst)
19  convex_area = cv2.contourArea(hull)                 # 凸包面積
20  solidity = con_area / convex_area                   # 計算solidity
21  print(f"Solidity = {solidity}")
22
23  cv2.waitKey(0)
24  cv2.destroyAllWindows()
```

執行結果

```
================== RESTART: D:/OpenCV_Python/ch17/ch17_9.py ==================
Solidity = 0.5604014041514042
```

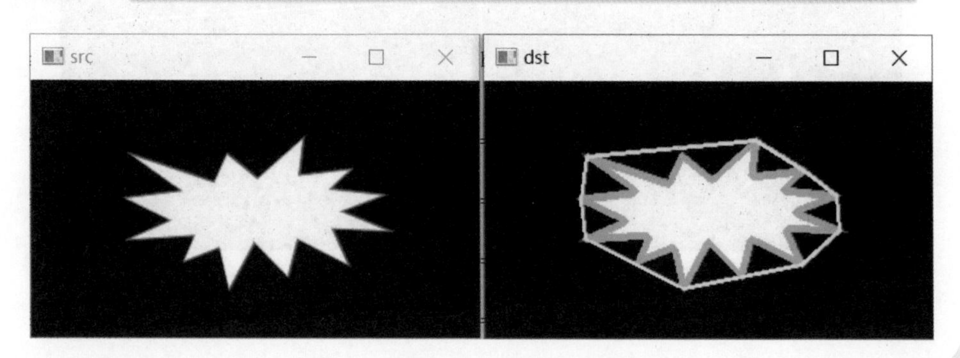

17-5 等效直徑 (Equivalent Diameter)

所謂的等效直徑 (Equivalent Diameter) 是指與輪廓面積相等圓形的直徑，公式如下：

$$equivalent\_diameter = \sqrt{\frac{4 * contour\_area}{\pi}}$$

程式實例 ch17_10.py：繪製與輪廓面積相等的圓，同時列出等效直徑。

```
1    # ch17_10.py
2    import cv2
3    import numpy as np
4
5    src = cv2.imread("star1.jpg")
6    cv2.imshow("src",src)
7    src_gray = cv2.cvtColor(src,cv2.COLOR_BGR2GRAY)      # 影像轉成灰階
8    # 二值化處理影像
9    _, dst_binary = cv2.threshold(src_gray,127,255,cv2.THRESH_BINARY)
10   # 找尋影像內的輪廓
11   contours, _ = cv2.findContours(dst_binary,
12                                  cv2.RETR_LIST,
13                                  cv2.CHAIN_APPROX_SIMPLE)
14   dst = cv2.drawContours(src,contours,-1,(0,255,0),3) # 繪製輪廓
15   con_area = cv2.contourArea(contours[0])             # 輪廓面積
16   ed = np.sqrt(4 * con_area / np.pi)                  # 計算等效面積
17   print(f"等效面積 = {ed}")
18   dst = cv2.circle(src,(260,110),int(ed/2),(0,255,0),3)   # 繪製圓
19   cv2.imshow("dst",dst)
20
21   cv2.waitKey(0)
22   cv2.destroyAllWindows()
```

執行結果

```
=================== RESTART: D:/OpenCV_Python/ch17/ch17_10.py ==================
等效面積 = 70.62067187961067
```

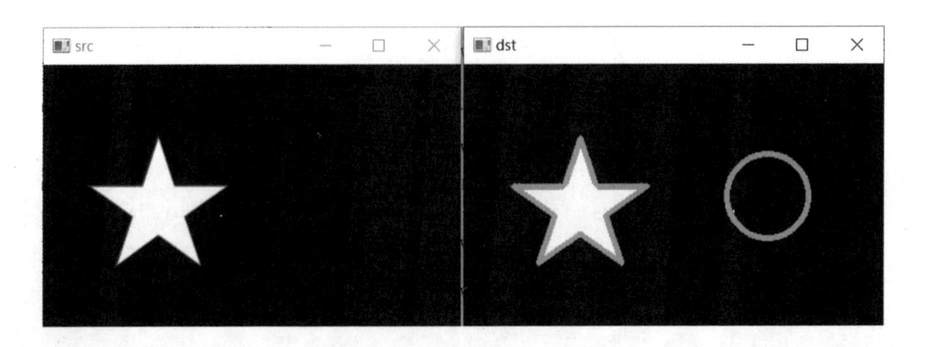

17-6 遮罩和非 0 像素點的座標訊息

經過了前面的應用解說相信讀者已經完全可以了解獲得影像內輪廓的方法，同時也可以了解影像輪廓像素點的座標。在使用 drawContours( ) 函數時我們可以繪製影像輪廓。如果將 thickness 設為 -1，可以獲得實心的輪廓，其實這個實心的輪廓也可以當作影像處理時的遮罩，這一節將說明獲得遮罩內部像素點的座標訊息。

17-6-1 使用 Numpy 的陣列模擬獲得非 0 像素點座標訊息

這一節將使用矩陣模擬影像說起，對於一個二值影像而言所謂的影像其實就是指像素點非 0 的像素，Numpy 模組有 nonzero( ) 函數可以回傳非 0 像素點的座標。

程式實例 ch17_11.py：產生 3 x 5 的矩陣，然後列出非 0 的元素座標。

```
1    # ch17_11.py
2    import cv2
3    import numpy as np
4
5    height = 3                                            # 矩陣高度
6    width = 5                                             # 矩陣寬度
7    np.random.seed(42)
8    img = np.random.randint(2,size=(height,width))  # 建立0, 1矩陣
9    print(f"矩陣內容 = \n{img}")
10   nonzero_img = np.nonzero(img)                        # 獲得非0元素座標
11   print(f"非0元素的座標 \n{nonzero_img}")
```

執行結果

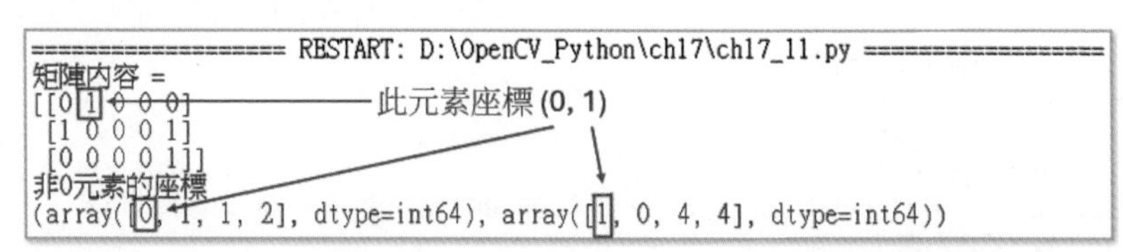

從上述我們可以看到回傳內含兩個陣列的元組，將這兩個陣列組織起來就是非 0 元素的座標，座標格式是 (row, column)。Numpy 模組有提供 transpose( ) 函數，這是轉置函數，這個函數可以將上述回傳內含座標的元組，組織成元素格式 (row, column)，也可以想成座標格式。

程式實例 ch17_12.py：增加轉置函數 transpose( )，擴充設計 ch17_11.py。

```
1    # ch17_12.py
2    import numpy as np
3
4    height = 3                                            # 矩陣高度
```

```
5    width = 5                                              # 矩陣寬度
6    np.random.seed(42)
7    img = np.random.randint(2,size=(height,width))  # 建立0, 1矩陣
8    print(f"矩陣內容 = \n{img}")
9    nonzero_img = np.nonzero(img)                          # 獲得非0元素座標
10   loc_img = np.transpose(nonzero_img)                    # 執行矩陣轉置
11   print(f"非0元素的座標 \n{loc_img}")
```

執行結果

```
=================== RESTART: D:\OpenCV_Python\ch17\ch17_12.py ==================
矩陣內容 =
[[0 1 0 0 0]
 [1 0 0 0 1]
 [0 0 0 0 1]]
非0元素的座標
[[0 1]
 [1 0]
 [1 4]
 [2 4]]
```

17-6-2 獲得空心與實心非 0 像素點座標訊息

使用 drawContours( ) 函數時，如果 thickness 設定 -1，則是繪製實心輪廓，相當於 contours 是整個實心輪廓的陣列內容，下列用一個實例解說，讀者可以看到實心輪廓的像素點比空心輪廓的像素點要大許多。

程式實例 ch17_13.py：這個程式會繪製空心與實心輪廓，同時列出空心與實心輪廓像素點的座標。

```
1    # ch17_13.py
2    import cv2
3    import numpy as np
4
5    src = cv2.imread("simple.jpg")
6    cv2.imshow("src",src)
7    src_gray = cv2.cvtColor(src,cv2.COLOR_BGR2GRAY)      # 影像轉成灰階
8    # 二值化處理影像
9    _, dst_binary = cv2.threshold(src_gray,127,255,cv2.THRESH_BINARY)
10   # 找尋影像內的輪廓
11   contours, _ = cv2.findContours(dst_binary,
12                                  cv2.RETR_LIST,
13                                  cv2.CHAIN_APPROX_SIMPLE)
14   cnt = contours[0]                                     # 取得輪廓數據
15   mask1 = np.zeros(src_gray.shape,np.uint8)             # 建立畫布
16   dst1 = cv2.drawContours(mask1,[cnt],0,255,1)          # 繪製空心輪廓
17   points1 = np.transpose(np.nonzero(dst1))
18   mask2 = np.zeros(src_gray.shape,np.uint8)             # 建立畫布
19   dst2 = cv2.drawContours(mask2,[cnt],0,255,-1)         # 繪製實心輪廓
20   points2 = np.transpose(np.nonzero(dst2))
21   print(f"空心像素點長度 = {len(points1)},   實心像素點長度 = {len(points2)}")
22   print("空心像素點")
23   print(points1)
```

```
24    print("實心像素點")
25    print(points2)
26    cv2.imshow("dst1",dst1)
27    cv2.imshow("dst2",dst2)
28
29    cv2.waitKey(0)
30    cv2.destroyAllWindows()
```

執行結果

```
==================== RESTART: D:\OpenCV_Python\ch17\ch17_13.py ====================
空心像素點長度 = 282      實心像素點長度 = 4835
空心像素點
Squeezed text (282 lines).
實心像素點
[[ 41 154]
 [ 41 155]
 [ 42 154]
 ...
 [129 205]
 [129 206]
 [129 207]]
```

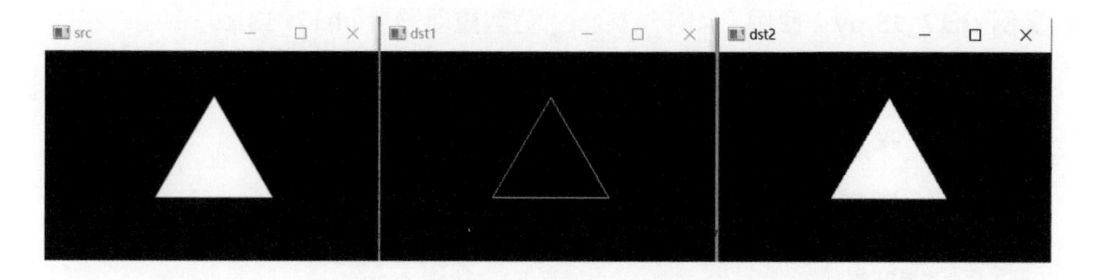

17-6-3 使用 OpenCV 函數獲得非 0 像素點座標訊息

OpenCV 模組有提供 findNonZero( ) 函數可以獲得非 0 像素點的座標訊息，這個函數的語法如下：

```
idx = cv2.findNonZero(src)
```

上述參數說明如下：

- idx：回傳像素點的座標訊息，格式是 (column, row)。
- src：原始影像。

程式實例 ch17_14.py：從簡單的矩陣模擬影像，使用 findNoneZero( ) 獲得非 0 像素點的座標訊息。註：座標格式是 (行， 列)，相當於 (column, row)。

```
1    # ch17_14.py
2    import cv2
3    import numpy as np
```

```
4
5   height = 3                                          # 矩陣高度
6   width = 5                                           # 矩陣寬度
7   np.random.seed(42)
8   img = np.random.randint(2,size=(height,width))      # 建立0, 1矩陣
9   print(f"矩陣內容 = \n{img}")
10  loc_img = cv2.findNonZero(img)                      # 獲得非0元素座標
11  print(f"非0元素的座標 \n{loc_img}")
```

執行結果

```
================== RESTART: D:\OpenCV_Python\ch17\ch17_14.py ==================
矩陣內容 =
[[0 1 0 0 0]
 [1 0 0 0 1]
 [0 0 0 0 1]]
非0元素的座標
[[[1 0]]

 [[0 1]]      (column, row)

 [[4 1]]

 [[4 2]]]
```

程式實例 ch17_15.py：使用 findNonZero( ) 函數重新設計 ch17_13.py。

```
1   # ch17_15.py
2   import cv2
3   import numpy as np
4
5   src = cv2.imread("simple.jpg")
6   cv2.imshow("src",src)
7   src_gray = cv2.cvtColor(src,cv2.COLOR_BGR2GRAY)        # 影像轉成灰階
8   # 二值化處理影像
9   _, dst_binary = cv2.threshold(src_gray,127,255,cv2.THRESH_BINARY)
10  # 找尋影像內的輪廓
11  contours, _ = cv2.findContours(dst_binary,
12                                 cv2.RETR_LIST,
13                                 cv2.CHAIN_APPROX_SIMPLE)
14  cnt = contours[0]                                      # 取得輪廓數據
15  mask1 = np.zeros(src_gray.shape,np.uint8)              # 建立畫布
16  dst1 = cv2.drawContours(mask1,[cnt],0,255,1)           # 繪製空心輪廓
17  points1 = cv2.findNonZero(dst1)
18  mask2 = np.zeros(src_gray.shape,np.uint8)              # 建立畫布
19  dst2 = cv2.drawContours(mask2,[cnt],0,255,-1)          # 繪製實心輪廓
20  points2 = cv2.findNonZero(dst2)
21  print(f"空心像素點長度 = {len(points1)},   實心像素點長度 = {len(points2)}")
22  print("空心像素點")
23  print(points1)
24  print("實心像素點")
25  print(points2)
26  cv2.imshow("dst1",dst1)
27  cv2.imshow("dst2",dst2)
28
29  cv2.waitKey(0)
30  cv2.destroyAllWindows()
```

執行結果

```
==================== RESTART: D:\OpenCV_Python\ch17\ch17_15.py ====================
空心像素點長度 = 282,   實心像素點長度 = 4835
空心像素點
Squeezed text (563 lines).
實心像素點
[[[154  41]]

 [[155  41]]

 [[154  42]]

 ...

 [[205 129]]

 [[206 129]]

 [[207 129]]]
```

← 相較於ch17_13.py, 這邊的座標點是(coloum, row)

從上述執行結果可以看到空心像素點長度與實心像素點長度與 ch17_13.py 相同。

17-7 找尋影像物件最小值與最大值與他們的座標

輪廓特徵中，有一個很重要的觀念是找尋輪廓內影像的最小值、最大值，與他們的座標，看似複雜的需求，但是 OpenCV 提供 minMaxLoc( ) 函數可以很方便處理這類問題，語法如下：

```
minVal, maxVal, minLoc, maxLoc = cv2.minMaxLoc(img, mask=mask)
```

上述參數說明如下：

- minVal：最小值。
- maxVal：最大值。
- minLoc：最小值座標 (column, row)。
- maxLoc：最大值座標 (column, row)。
- img：單通道的影像
- mask：可選參數，遮罩，可以找尋此遮罩的最大值、最小值，與他們的座標。

17-7-1 從陣列找最大值與最小值和他們的座標

其實我們可以將矩陣想成縮小版的影像，從簡單說起讀者比較容易理解。

程式實例 ch17_16.py：使用 0 ~ 255 多隨機數建立一個 3 x 5 的矩陣，然後列出這個矩陣內最大值元素、最小值元素，以及他們的座標。

```
1   # ch17_16.py
2   import cv2
3   import numpy as np
4
5   height = 3                                            # 矩陣高度
6   width = 5                                             # 矩陣寬度
7   np.random.seed(42)
8   img = np.random.randint(256,size=(height,width))      # 建立矩陣
9   print(f"矩陣內容 = \n{img}")
10  minVal, maxVal, minLoc, maxLoc = cv2.minMaxLoc(img)
11  print(f"最小值 = {minVal},  位置 = {minLoc}")          # 最小值與其位置
12  print(f"最大值 = {maxVal},  位置 = {maxLoc}")          # 最大值與其位置
```

執行結果

```
==================== RESTART: D:\OpenCV_Python\ch17\ch17_16.py ====================
矩陣內容 =
[[102 179  92  14 106]
 [ 71 188  20 102 121]
 [210 214  74 202  87]]
最小值 = 14.0,  位置 = (3, 0)
最大值 = 214.0,  位置 = (1, 2)
```

17-7-2　影像實作與醫學應用說明

有一個影像 hand1.jpg，這是手掌的影像，手掌上有一個黑點，另有一個白點，如下所示：

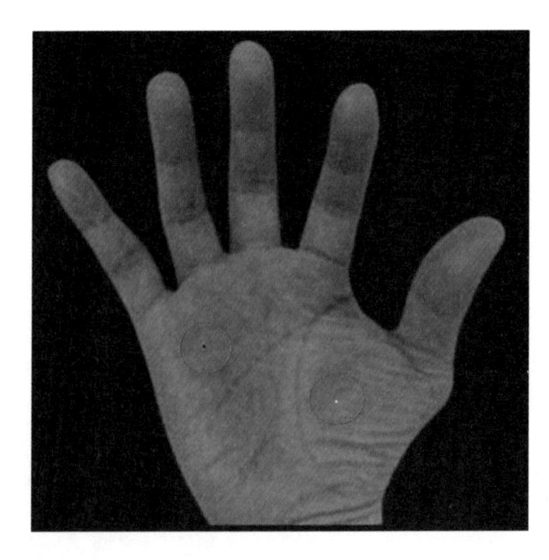

程式實例 ch17_17.py：使用 hand.jpg，圈選手部影像最大像素值與最小像素值，同時列出此值，最後用紅色圓圈住最大像素值，綠色圓圈住最小像素值，這個程式須使用 2 個遮罩，同步列印這兩個遮罩。

```
1   # ch17_17.py
2   import cv2
3   import numpy as np
4
5   src = cv2.imread('hand.jpg')
6   cv2.imshow("src",src)
7   src_gray = cv2.cvtColor(src,cv2.COLOR_BGR2GRAY)
8   _, binary = cv2.threshold(src_gray,50,255,cv2.THRESH_BINARY)
9   contours, _ = cv2.findContours(binary,
10                                 cv2.RETR_EXTERNAL,
11                                 cv2.CHAIN_APPROX_SIMPLE)
12  cnt = contours[0]
13  mask = np.zeros(src_gray.shape,np.uint8)     # 建立遮罩
14  mask = cv2.drawContours(mask,[cnt],-1,(255,255,255),-1)
15  cv2.imshow("mask",mask)
16  # 在src_gray影像的mask遮罩區域找尋最大像素與最小像素值
17  minVal, maxVal, minLoc, maxLoc = cv2.minMaxLoc(src_gray,mask=mask)
18  print(f"最小像素值 = {minVal}")
19  print(f"最小像素值座標 = {minLoc}")
20  print(f"最大像素值 = {maxVal}")
21  print(f"最大像素值座標 = {maxLoc}")
22  cv2.circle(src,minLoc,20,[0,255,0],3)        # 最小像素值用綠色圓
23  cv2.circle(src,maxLoc,20,[0,0,255],3)        # 最大像素值用紅色圓
24  # 建立遮罩未來可以顯示此感興趣的遮罩區域
25  mask1 = np.zeros(src.shape,np.uint8)         # 建立遮罩
26  mask1 = cv2.drawContours(mask1,[cnt],-1,(255,255,255),-1)
27  cv2.imshow("mask1",mask1)
28  dst = cv2.bitwise_and(src,mask1)             # 顯示感興趣區域
29  cv2.imshow("dst",dst)
30
31  cv2.waitKey()
32  cv2.destroyAllWindows()
```

執行結果

```
================= RESTART: D:/OpenCV_Python/ch17/ch17_17.py =================
最小像素值 = 15.0
最小像素值座標 = (178, 242)
最大像素值 = 250.0
最大像素值座標 = (275, 283)
```

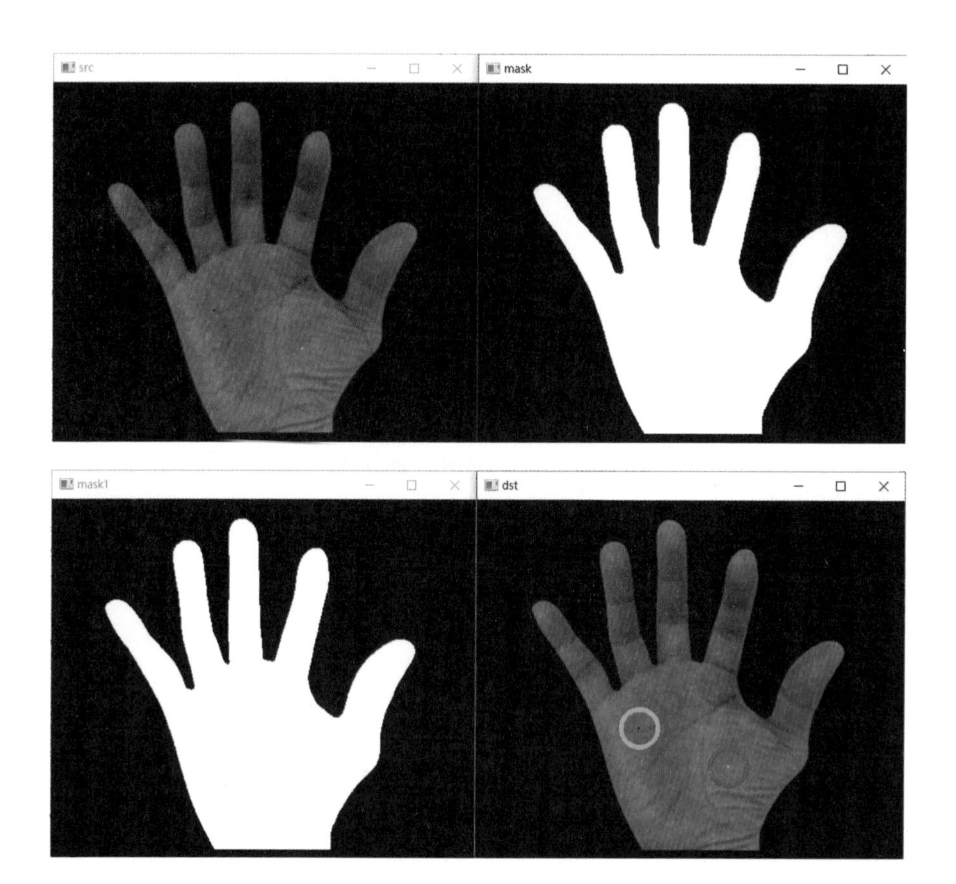

這個實例是使用斑點做說明，在醫學 X 光影片檢查人體內部器官時，有異常發生的部位通常像素點會以極值出現，可以將此觀念應用在醫學領域。

17-8 計算影像的像素的均值與標準差

17-8-1 計算影像的像素均值

OpenCV 有提供 mean( ) 函數可以計算影像像素點的均值，語法如下：

```
meanVal = cv2.mean(img, mask = mask)
```

上述參數說明如下：

- meanVal：回傳影像各通道 (BGR channle) 的均值和 Alpha 透明度。
- img：輪廓或影像。
- mask：可選參數，可以計算遮罩影像的均值。

17-8-2 影像的像素均值簡單實例

程式實例 ch17_18.py：計算一幅影像 forest.png 的像素均值。

```
1  # ch17_18.py
2  import cv2
3
4  src = cv2.imread('forest.png')
5  cv2.imshow("src",src)
6  channels = cv2.mean(src)                    # 計算均值
7  print(channels)
8
9  cv2.waitKey(0)
10 cv2.destroyAllWindows()
```

執行結果 下列可以得到 BGR 通道均值與 Alpha 通道的結果。

```
================= RESTART: D:/OpenCV_Python/ch17/ch17_18.py =================
(115.71672000948317, 146.2766417733523, 193.18572190611664, 0.0)
```

17-8-3 使用遮罩觀念計算像素均值

程式實例 ch17_19.py：使用 hand.jpg 重新設計 ch17_18.py，觀察執行結果，本程式只是修改所讀取的影像。

```
4  src = cv2.imread('hand.jpg')
```

執行結果

```
================== RESTART: D:\OpenCV_Python\ch17\ch17_19.py ==================
(30.416906450749465, 31.98867438436831, 36.23228943611706, 0.0)
```

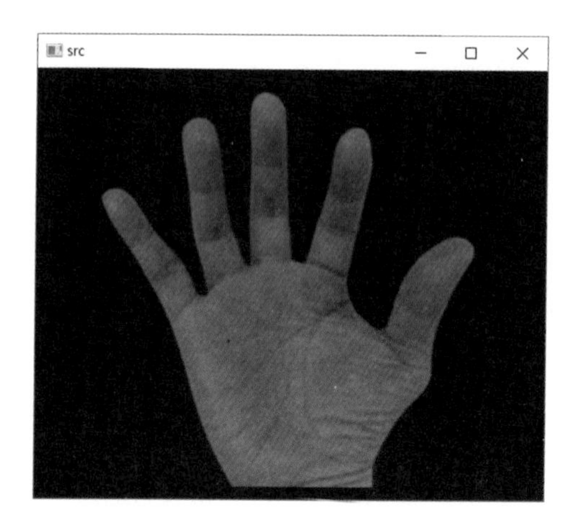

讀者可能會奇怪為何麼 BGR 均值只有約 30 ~ 36，這是因為上述背景是黑色，造成均值降低。如果我們想要計算手部的顏色均值，可以使用遮罩觀念。

程式實例 ch17_20.py：重新設計 ch17_19.py，計算手部的顏色均值。

```
1    # ch17_20.py
2    import cv2
3    import numpy as np
4
5    src = cv2.imread('hand.jpg')
6    cv2.imshow("src",src)
7    src_gray = cv2.cvtColor(src,cv2.COLOR_BGR2GRAY)
8    _, binary = cv2.threshold(src_gray,50,255,cv2.THRESH_BINARY)
9    contours, _ = cv2.findContours(binary,
10                                  cv2.RETR_EXTERNAL,
11                                  cv2.CHAIN_APPROX_SIMPLE)
12   cnt = contours[0]
13   # 在src_gray影像的mask遮罩區域計算均值
14   mask = np.zeros(src_gray.shape,np.uint8)    # 建立遮罩
15   mask = cv2.drawContours(mask,[cnt],-1,(255,255,255),-1)
16   channels = cv2.mean(src, mask = mask)       # 計算遮罩的均值
17   print(channels)
18
19   cv2.waitKey(0)
20   cv2.destroyAllWindows()
```

執行結果 本實例省略列印 hand.jpg，此影像可以參考 ch17_19.py。

```
=================== RESTART: D:/OpenCV_Python/ch17/ch17_20.py ===================
(94.03740757612924, 99.0534218733574, 112.47610120194835, 0.0)
```

上述的 channels 平均值才是手部的像素均值。

17-8-4 計算影像的像素標準差

OpenCV 有提供 meanStdDev( ) 函數可以計算影像像素點的均值和標準差，語法如下：

mean, std = cv2.meanStdDev(img, mask = mask)

上述參數說明如下：

- mean：回傳影像各通道 (BGR channle) 的均值。
- std：回傳影像各通道 (BGR channle) 的標準差。
- img：輪廓或影像。
- mask：可選參數，可以計算遮罩影像的均值和標準差。

程式實例 ch17_21.py：計算 forest.png 影像的像素標準差。

```
1  # ch17_21.py
2  import cv2
3  
4  src = cv2.imread('forest.png')
5  cv2.imshow("src",src)
6  mean, std = cv2.meanStdDev(src)           # 計算標準差
7  print(f"均值   = \n{mean}")
8  print(f"標準差 = \n{std}")
9  
10 cv2.waitKey(0)
11 cv2.destroyAllWindows()
```

執行結果 所計算的 forest.png 影像可以參考 ch19_18.py。

```
================== RESTART: D:/OpenCV_Python/ch17/ch17_21.py ==================
均值   =
[[115.71672001]
 [146.27664177]
 [193.18572191]]
標準差 =
[[77.58289784]
 [67.7995626 ]
 [53.17259724]]
```

17-9 方向

在輪廓特徵中，有一個是方向。

在 16-1-4 節筆者有介紹 fitEllipse( ) 函數，這個函數可以將影像內的輪廓使用最優化的橢圓形包起來，同時在執行時會回傳 retval 元組資料，這個元組包含 3 個元素，如下：

- (x, y)：橢圓中心點座標。
- (a, b)：是長短軸的直徑。
- angle 代表旋轉角度。

這一節所述的方向就是指這個訊息，相關實例可以參考 ch16_7.py。

17-10 輪廓動態創意設計

本節旨在展示影像輪廓的動態創意應用，透過動畫技術將靜態的輪廓特徵轉化為視覺化效果。我們將探討圓形輪廓的膨脹與收縮、不規則外形的動態外框變化，以及動畫標記像素值的設計。這些範例不僅展示了數學形態學與影像處理工具的結合，也啟發讀者如何將動態元素融入到實際場景中，例如醫學影像、工業檢測與數據視覺化。本節希望激發讀者的創意，進一步探索輪廓的動態表現可能性。

17-10-1　圓形輪廓動畫

程式實例 ch17_22.py：設計輪廓為圓形的縮放動畫。

```
1    # ch17_22.py
2    import cv2
3    import numpy as np
4    import matplotlib.pyplot as plt
5
6    # 建立一個空白畫布
7    canvas_size = (200, 200)
8    canvas = np.zeros((canvas_size[0], canvas_size[1], 3), dtype=np.uint8)
9
10   # 定義初始輪廓, 圓形
11   center = (canvas_size[1] // 2, canvas_size[0] // 2)
12   radius = 50
13   color = (255, 255, 255)              # 白色
14   thickness = 2
15
16   # 建立動畫
17   num_frames = 100
18   for i in range(num_frames):
19       # 清空畫布
20       canvas.fill(0)
```

```
21
22        # 動態調整半徑，實現膨脹與收縮效果
23        current_radius = radius + int(30 * np.sin(2 * np.pi * i / num_frames))
24
25        # 繪製動態輪廓
26        cv2.circle(canvas, center, current_radius, color, thickness)
27
28        # 顯示動畫畫面
29        cv2.imshow('Contour Animation', canvas)
30        if cv2.waitKey(30) & 0xFF == 27:            # 按下 ESC 退出
31            break
32
33    cv2.destroyAllWindows()
```

執行結果 下列圖是動畫期間的畫面。

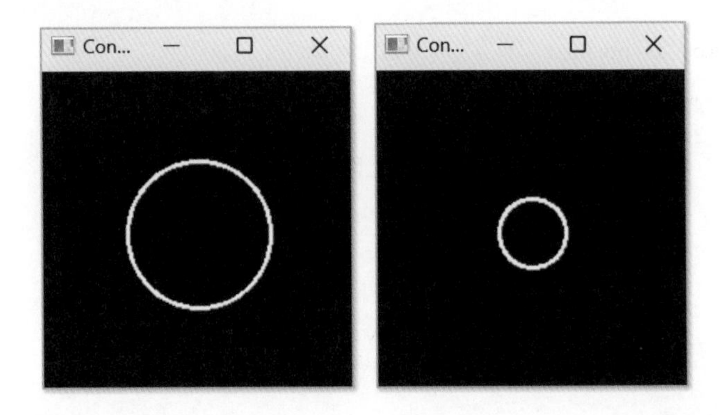

上述程式運算方式如下：

❑ 畫布設定

- 使用 numpy 建立一個黑色畫布。
- 畫布大小為 200 x 200 像素，可根據需求調整。

❑ 圓形輪廓

- 初始圓心為畫布中心，初始半徑為 50。
- 使用 cv2.circle( ) 繪製白色圓形作為輪廓。

❑ 動畫效果

- 動態調整圓形的半徑，使其隨時間膨脹和收縮，使用正弦函數實現自然變化。
- 30 * np.sin(...) 控制膨脹的幅度，num_frames 決定動畫平滑程度。

❑ 顯示動畫

- 使用 cv2.imshow( ) 顯示動畫效果。
- 每一幀之間加入延遲 cv2.waitKey(30)，模擬動畫播放速度。

❑ 退出機制

- 按下 ESC 退出動畫。

17-10-2　不規則外形的外框收縮

程式實例 ch17_24.py：設計不規則外形 cloud.jpg 的外框收縮，按 Esc 可以結束程式。

```
1   # ch17_23.py
2   import cv2
3   import numpy as np
4
5   # 讀取圖片並轉換為灰階
6   image = cv2.imread("cloud.jpg")
7   gray = cv2.cvtColor(image, cv2.COLOR_BGR2GRAY)
8
9   # 二值化處理
10  _, binary = cv2.threshold(gray, 127, 255, cv2.THRESH_BINARY)
11
12  # 尋找輪廓
13  contours, _ = cv2.findContours(binary, cv2.RETR_EXTERNAL,
14                                 cv2.CHAIN_APPROX_SIMPLE)
15
16  # 檢查是否有輪廓
17  if len(contours) == 0:
18      print("未找到輪廓, 請使用包含明顯物件的圖片")
19      exit()
20
21  # 建立膨脹動畫的核心結構
22  kernel_size = 5                  # 核的基礎大小
23  max_dilation = 20                # 最大膨脹次數
24  min_dilation = 1                 # 最小膨脹次數
25
26  # 動畫參數
27  num_frames = 50
28  frame_index = 0
29
30  while True:
31      # 計算當前膨脹大小
32      dilation_size = min_dilation + int((max_dilation - min_dilation) * \
33                      (0.5 + 0.5 * np.sin(2 * np.pi * frame_index / num_frames)))
34      frame_index = (frame_index + 1) % num_frames
35
36      # 建立動態核
37      kernel = cv2.getStructuringElement(cv2.MORPH_ELLIPSE,
38                                         (dilation_size, dilation_size))
```

```
39
40        # 對原始二值化影像進行膨脹
41        dilated = cv2.dilate(binary, kernel, iterations=1)
42
43        # 在原圖上繪製膨脹後的輪廓
44        canvas = image.copy()
45        contours, _ = cv2.findContours(dilated, cv2.RETR_EXTERNAL,
46                                        cv2.CHAIN_APPROX_SIMPLE)
47        cv2.drawContours(canvas, contours, -1, (0, 255, 0), 2)  # 用綠色繪製輪廓
48
49        # 顯示動畫畫面
50        cv2.imshow('Contour Animation', canvas)
51
52        # 等待鍵盤輸入
53        key = cv2.waitKey(30)        # 每幀等待 30 毫秒
54        if key == 27:                # 按下 ESC 退出
55            break
56
57    cv2.destroyAllWindows()
```

執行結果 下列圖是動畫期間的畫面。

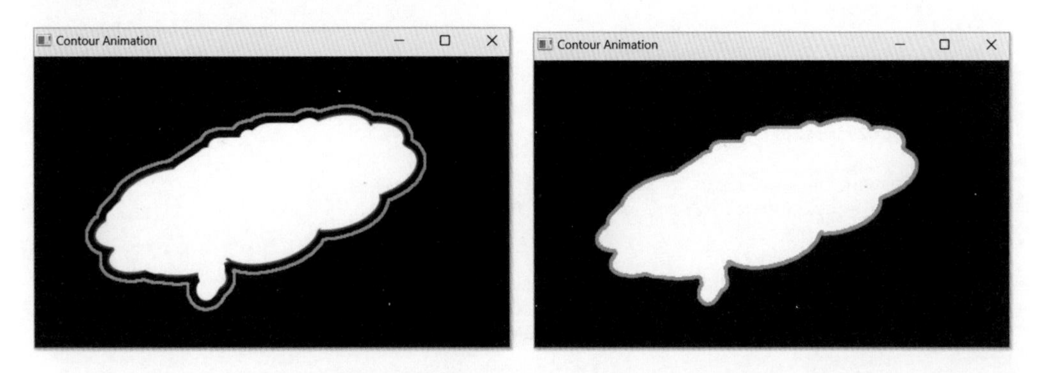

這個程式用了數學形態學的膨脹（dilation）技術，針對圖片中的圖像外形進行膨脹，下列是程式解說。

❑ 輪廓膨脹

- 使用 cv2.dilate 函數對二值化的輪廓進行膨脹。
- 動態調整膨脹的核大小（kernel size），從而控制外形的膨脹程度。

❑ 核的設計

- 使用 cv2.getStructuringElement 函數生成一個橢圓形核。
- 核的大小隨著動畫 數變化，實現膨脹與收縮的效果。

❑ 動畫參數

- max_dilation 和 min_dilation 控制膨脹的最大和最小範圍。
- 使用正弦函數產生平滑的變化。

❑ 繪製膨脹後的輪廓

- 每一幀的膨脹結果都會在原圖上繪製。
- 使用綠色顯示膨脹後的輪廓。

執行程式後，圖片中物件的輪廓會隨著動畫進行膨脹與收縮，產生類似呼吸或脈動的效果。

17-10-3　動畫標記像素點

程式實例 ch17_24.py：擴充設計 ch17_17.py，動畫標記最大像素點與最小像素點。

```
1   # ch17_24.py
2   import cv2
3   import numpy as np
4
5   # 讀取影像並轉換為灰階
6   src = cv2.imread('hand.jpg')
7
8   cv2.imshow("Source Image", src)
9   src_gray = cv2.cvtColor(src, cv2.COLOR_BGR2GRAY)
10
11  # 二值化處理
12  _, binary = cv2.threshold(src_gray, 50, 255, cv2.THRESH_BINARY)
13  contours, _ = cv2.findContours(binary, cv2.RETR_EXTERNAL,
14                                 cv2.CHAIN_APPROX_SIMPLE)
15
16  # 檢查是否找到輪廓
17  if not contours:
18      print("No contours found.")
19      exit()
20
21  # 提取最大輪廓
22  cnt = max(contours, key=cv2.contourArea)
23  mask = np.zeros(src_gray.shape, np.uint8)
24  mask = cv2.drawContours(mask, [cnt], -1, (255, 255, 255), -1)
25
26  # 在遮罩區域內找最小與最大像素值
27  minVal, maxVal, minLoc, maxLoc = cv2.minMaxLoc(src_gray, mask=mask)
28  print(f"最小像素值 = {minVal}, 座標 = {minLoc}")
29  print(f"最大像素值 = {maxVal}, 座標 = {maxLoc}")
30
31  # 儲存最大和最小像素點的原始顏色
32  min_pixel_color = src[minLoc[1], minLoc[0]].tolist()        # (B, G, R)
33  max_pixel_color = src[maxLoc[1], maxLoc[0]].tolist()        # (B, G, R)
34
```

```
35  # 動畫參數
36  num_frames = 100                    # 動畫總幀數
37  frame_index = 0
38  min_radius = 5                      # 初始圓半徑
39  max_radius = 50                     # 最大圓半徑
40  pixel_radius = 2                    # 原始像素點的顯示大小
41
42  while True:
43      # 計算當前半徑
44      radius = int(min_radius + (max_radius - min_radius) * \
45                   (0.5 + 0.5 * np.sin(2 * np.pi * frame_index / num_frames)))
46      frame_index = (frame_index + 1) % num_frames
47
48      # 創建畫布以顯示動畫
49      canvas = src.copy()
50
51      # 繪製以最小像素點為中心的放大與縮小圓形
52      cv2.circle(canvas, minLoc, radius, [0, 255, 0], -1)     # 綠色填充
53
54      # 繪製以最大像素點為中心的放大與縮小圓形
55      cv2.circle(canvas, maxLoc, radius, [0, 0, 255], -1)     # 紅色填充
56
57     # 恢復最小像素點原始顏色和大小
58      cv2.circle(canvas, minLoc, pixel_radius, min_pixel_color, -1)
59      # 恢復最大像素點原始顏色和大小
60      cv2.circle(canvas, maxLoc, pixel_radius, max_pixel_color, -1)
61
62      # 顯示動畫
63      cv2.imshow('Animation', canvas)
64
65      # 等待按鍵輸入
66      key = cv2.waitKey(30)                                # 每幀等待 30 毫秒
67      if key == 27:                                        # 按下 ESC 鍵退出
68          break
69
70  cv2.destroyAllWindows()
```

執行結果 這個程式省略輸出最大像素值與最小像素值。

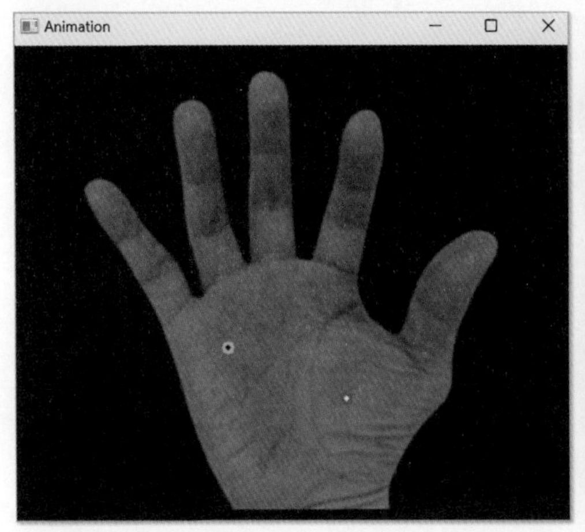

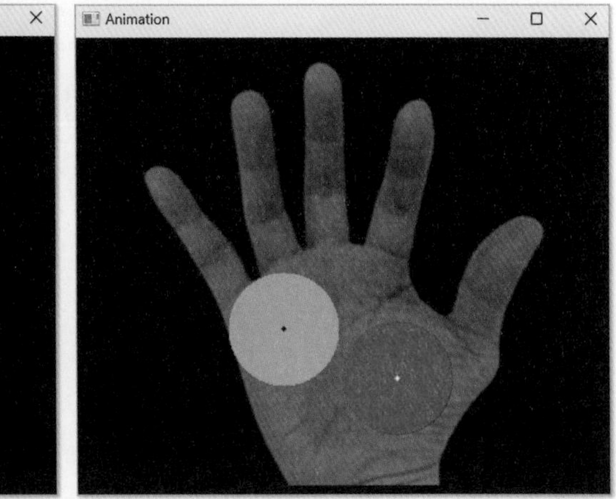

標記像素值並進行動畫處理的應用範圍廣泛，特別是在圖像處理、數據分析和視覺化領域。以下是一些可能的應用場景：

- 醫學影像分析：動畫可以吸引注意力，使關鍵區域更加突出。
  - 在 X 光、CT 或 MRI 圖像中標記異常區域的極值（例如腫瘤的最亮或最暗點），並透過動畫強調。
  - 動態顯示病變區域的像素值變化，幫助醫生進行診斷。
- 品質檢測與工業應用：使檢測結果更直觀，便於操作員快速判斷。
  - 在工業檢測中，標記產品圖像上的最亮點和最暗點，顯示瑕疵或表面特性（例如金屬表面的反光點或裂紋的深色點）。
  - 動態顯示不符合標準的區域。
- 環境監測：提供直觀的數據可視化，支持環境決策。
  - 在衛星圖像中標記最高溫和最低溫區域，監測天氣變化或環境異常。
  - 標記水資源分佈的極值（例如最濃縮或最稀釋的污染區域）。
- 數位影像藝術：結合視覺特效，增強創意表現力。
  - 將標記像素值與動畫結合，創建動態的數位藝術作品。
  - 使用圖像極值點進行動態色彩變化或特效展示。
- 機器學習與深度學習的數據可視化
  - 在圖像分類或目標檢測中，透過動畫標記像素的極值，幫助解釋模型的行為。
  - 動態顯示特徵圖的最大激活點，分析模型學到的關鍵區域。
- 監控與安全
  - 在監控視頻中標記最亮點（如車燈）或最暗點（如陰影中的移動物體），並透過動畫提醒操作員。
  - 追蹤物體的極值點以進行「行為分析」。

習題

1： 列出 hand.jpg 的手形的最左、最右、最上、最下點，同時最上與最下點用黃色，最左與最右點用黑色。註：需使用不同的閾值，同時檢測最外圍輪廓。

```
==================== RESTART: D:/OpenCV_Python/ex/ex17_1.py ====================
最左點 = (60, 114)
最右點 = (401, 164)
最上點 = (206, 21)
最下點 = (182, 372)
```

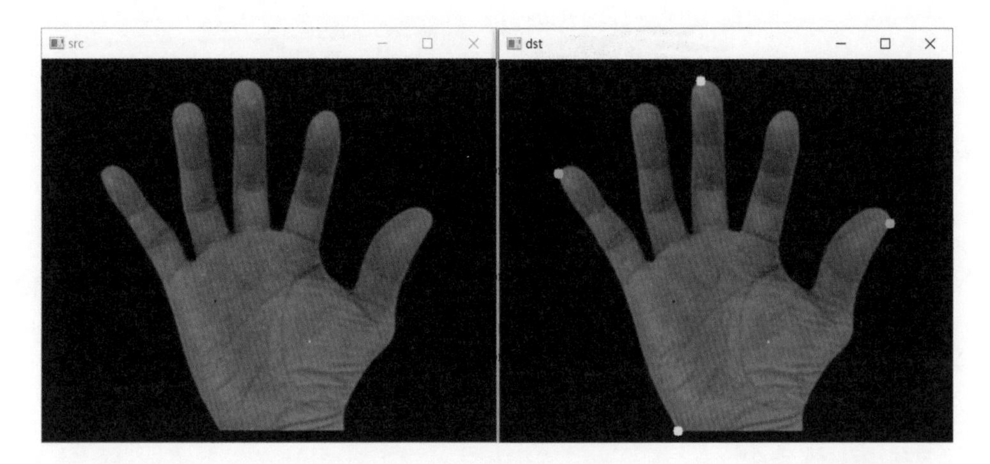

2： 計算 cloud.jpg 的寬高比和 Solidity，同時用紅色繪製凸包，用黃色繪製矩形框。

```
==================== RESTART: D:/OpenCV_Python/ex/ex17_2.py ====================
寬高比    = 0.553000404776361
Solidity = 0.9116653459565417
```

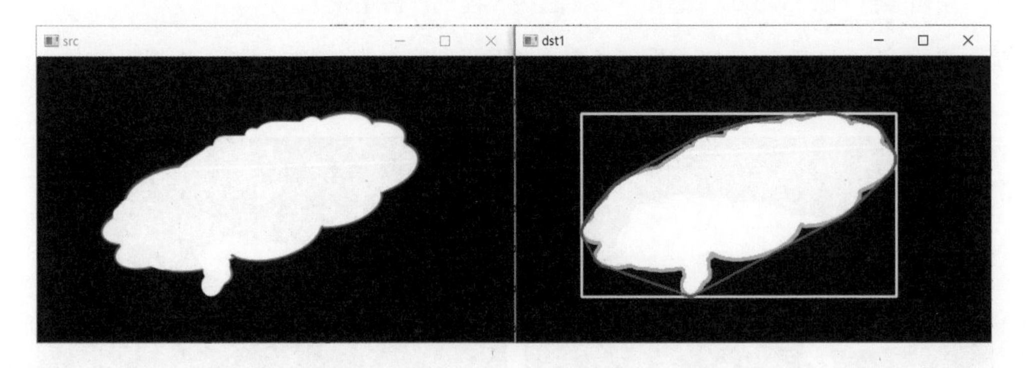

3： 計算 eagle.jpg 影像點像素值的均值和標準差。

```
==================== RESTART: D:/OpenCV_Python/ex/ex17_3.py ====================
均值   =
[[128.4420397 ]
 [124.98758446]
 [121.26858108]]
標準差 =
[[77.74507497]
 [75.45591533]
 [71.65635805]]
```

4： 使用 minn.jpg 影像，繪製綠色的影像輪廓，將此影像輪廓當作遮罩，計算此遮罩區影像點像素的均值和標準差。

```
==================== RESTART: D:/OpenCV_Python/ex/ex17_4.py ====================
遮罩像素值均值   =
[[ 98.36293341]
 [128.00936984]
 [137.50727848]]
遮罩像素值標準差 =
[[55.57886707]
 [60.92981344]
 [62.16573621]]
```

5： 重新設計 ch17_22.py，當按下 Esc 鍵後，程式才會結束。

6： 重新設計 ch17_23.py，此程式會讓圖像縮小到原先的一半，再做放大到原先大小。

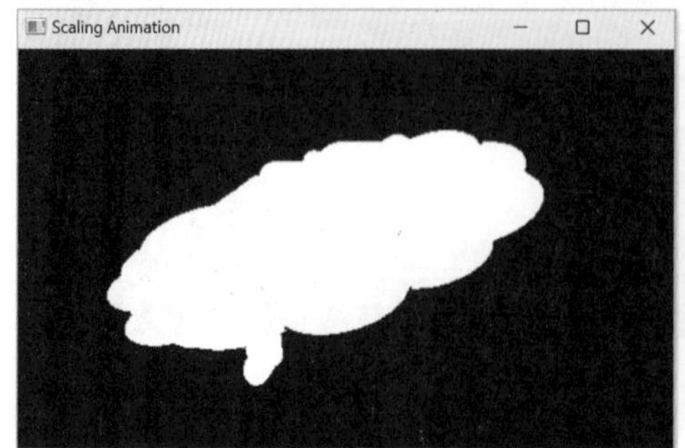

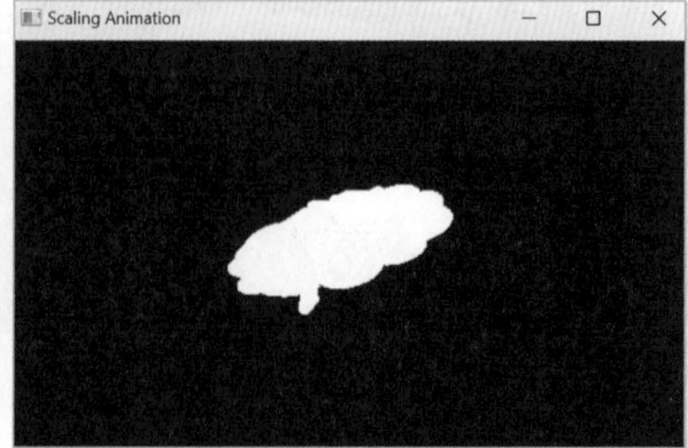

7： 請重新設計上一個習題，增加 3 像素的綠色邊緣，同時用 MP4 檔案儲存。

```
===================== RESTART: D:/OpenCV_Python/ex/ex17_7.py =====================
MP4 影片已成功儲存 : cloud_animation.mp4
```

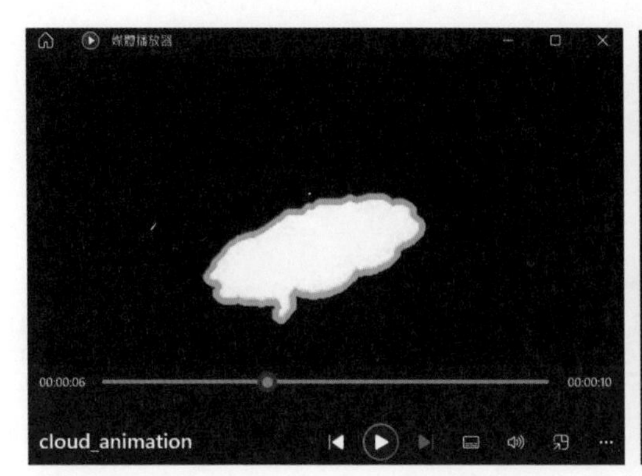

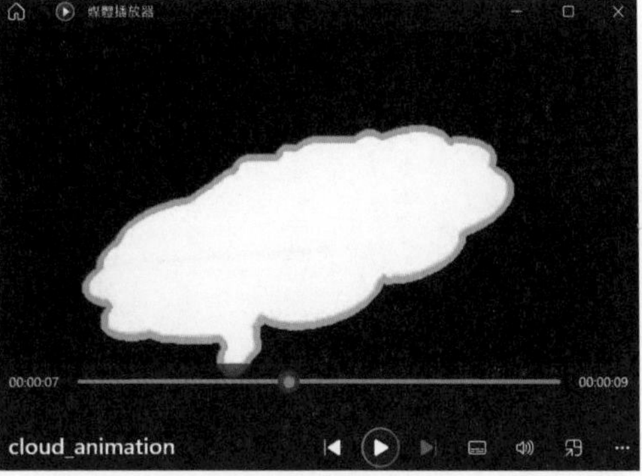

8： 請擴充 ch17_24.py，增加將動態影片輸出為 output_ex17_8.mp4。

```
=================== RESTART: D:/OpenCV_Python/ch17/ex17_8.py ===================
最小像素值 = 15.0, 座標 = (178, 242)
最大像素值 = 250.0, 座標 = (275, 283)
影片已儲存為 output_ex17_8.mp4
```

第十八章
自動駕駛車道檢測

霍夫變換 (Hough Transform) 最初是 1962 年由霍夫提出專利申請，專利名稱是辨識複雜圖案的方法 (Method and Means for Recognizing Complex Patterns) 在該方法中主要觀念是任何一條直線可以用斜率 (slope) 和截距 (intercept) 表示，同時使用斜率和截距將一條直線參數化。

現在廣泛使用的霍夫變換則是 1972 年由 Richard Duda 和 Peter Hart 發明，經典的霍夫變換是偵測影像中的直線，之後的霍夫變換不僅能辨識直線，也可以辨識其他簡單的形狀，例如：圓形和橢圓形。

1981 年 Dana H. Ballard 發表了 Generalizing the Hough transform to detect arbitrary shapes，自此電腦視覺領域開始流行應用霍夫變換，目前最流行的自動駕駛車道檢測，也是使用霍夫變換原理。

18-1 霍夫變換的基礎原理解說

雖然 OpenCV 已經將霍夫變換理論隱藏，直接提供函數可以方便供我們辨識影像內的直線，即使不懂原理也可以直接使用，筆者覺得如果可以了解理論，所設計的程式將更具說服力，所以本章筆者仍將從基礎原理說起。

18-1-1 認識笛卡兒座標與霍夫座標

笛卡兒座標系統其實就是我們熟知的直角座標系統，如下所示：

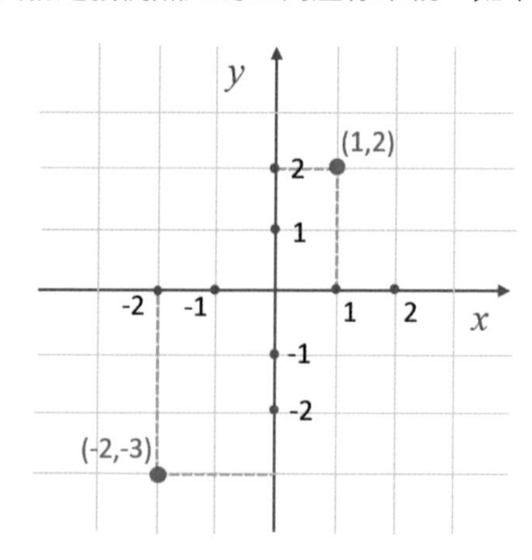

在直角座標系統中一條直線，可以用下列方程式表示：

$$y = m_0x + b_0$$

在上述方程式中代表m_0斜率，b_0代表截距。在霍夫座標系統，橫座標是斜率m，縱座標是截距b，如下，其實我們也將霍夫座標系統稱霍夫空間。

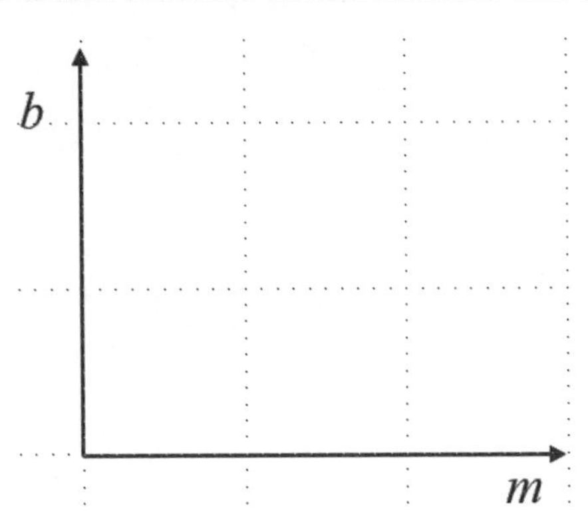

18-1-2 映射

霍夫變換的基礎原理其實就是映射。

❑ 笛卡兒座標的直線映射到霍夫空間

在笛卡兒座標系統，有一條直線$y = m_0x + b_0$，映射到霍夫空間，可以映射成一個點(m_0, b_0)。

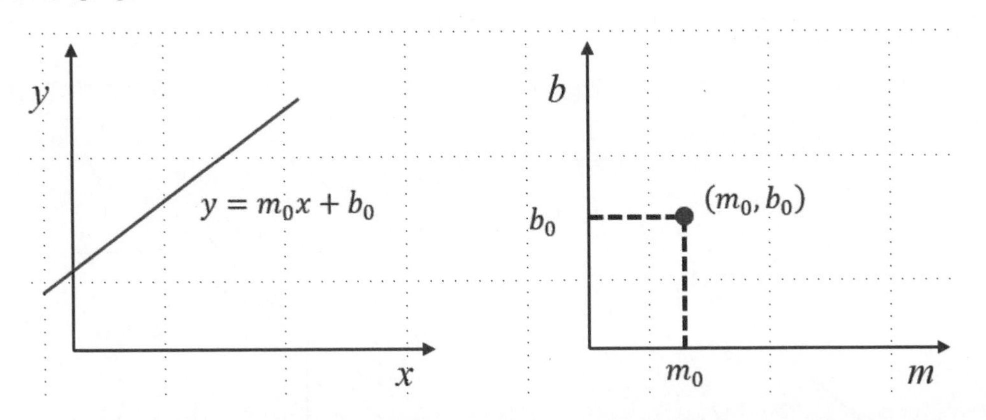

上述觀念我們也可以解釋為，霍夫空間上的一個點映射到笛卡兒座標系統就是一條直線。

❑ 笛卡兒空間的點映射到霍夫空間

假設笛卡兒座標上有一個點(x_0, y_0)，則可用$y_0 = mx_0 + b$代表通過這一點的直線，現在可以將公式推導，得到下列結果。

$$b = -x_0 m + y_0$$

所以將笛卡兒座標點(x_0, y_0)，映射到霍夫空間是一條斜率是$-x_0$，截距是y_0的直線。

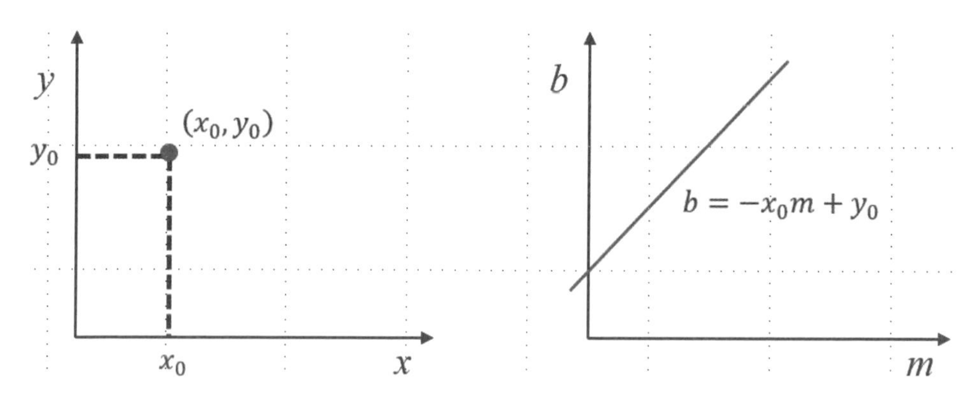

上述觀念我們也可以解釋為，霍夫空間上的一條線映射到笛卡兒座標系統就是一個點。

❑ 笛卡兒空間的兩個點映射到霍夫空間

現在擴充到笛卡兒空間有 2 個點，分別是(x_0, y_0)和(x_1, y_1)映射到霍夫空間的實例。

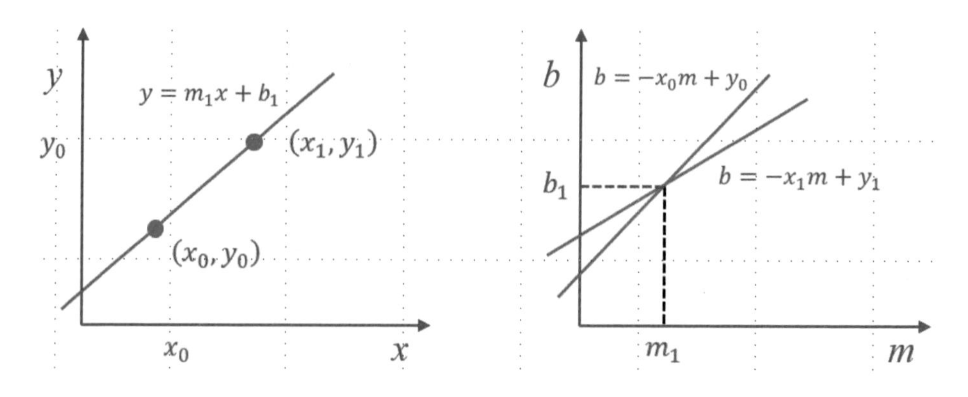

從上述我們可以得到結論，笛卡兒空間上存在 2 個點，可以映射到霍夫空間成兩條交叉的直線，分別如下：

$$b = -x_0 m + y_0$$

$$b = -x_1 m + y_1$$

笛卡兒空間兩個點 (x_0, y_0) 和 (x_1, y_1) 可以連成一條直線，假設這條直線是 $y = m_1 x + b_1$，這條線的斜率與截距分別是 m_1 和 b_1，也可以推導得到這條直線所映射的點是 (m_1, b_1)。

我們可以將上述觀念擴充到笛卡兒空間到 3 個點，這 3 個點映射到霍夫空間是 3 條直線，如果這 3 個點可以連成一條直線 $y = m_1 x + b_1$，在霍夫空間中會有 3 條線在 (m_1, b_1) 點交叉。現在整個觀念已經很清楚了，我們可以擴充到笛卡兒空間有 N 個點，假設這 N 個點可以連成一條線，則會有 N 條線經過點 (m_1, b_1)。我們也可以認知，假設霍夫空間中有一個點是許多直線的交叉所組成，則在笛卡兒座標中映射的直線是由許多點所組成。假設我們在笛卡兒座標只有選擇 2 個點，如果一個點是錯誤的，將會造成產生一個錯誤的線條，為了避免此現像，在笛卡兒系統中建議多找幾個點建立直線，這可以建立更可靠的直線結果。也可以說在霍夫空間，所找尋的點，應該是儘可能有比較多直線交會的點。

18-1-3 認識極座標的基本定義

極坐標 (Polar coordinate system) 是一個二維的座標系統，在這個座標系統，每一個點的位置使用夾角和相對原點的距離表示：

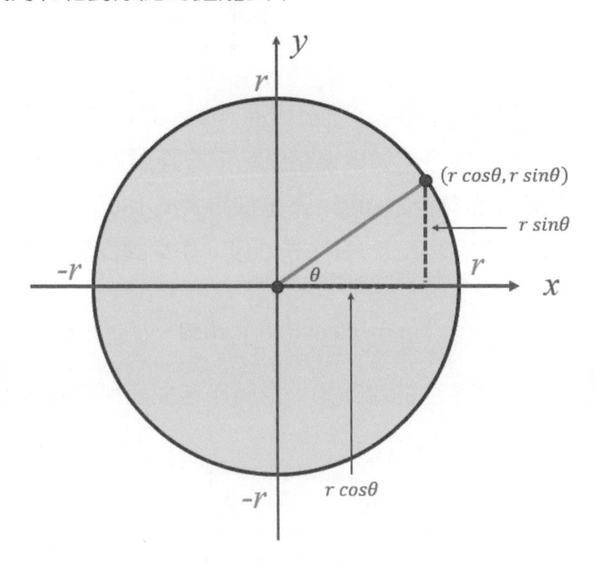

18-1-4　霍夫變換與極座標

在笛卡兒座標系統中，直線方程式$y = m_0x + b_0$，最大問題是我們無法表示一條垂直線，因為會造成斜率值是無限大，如下所示：

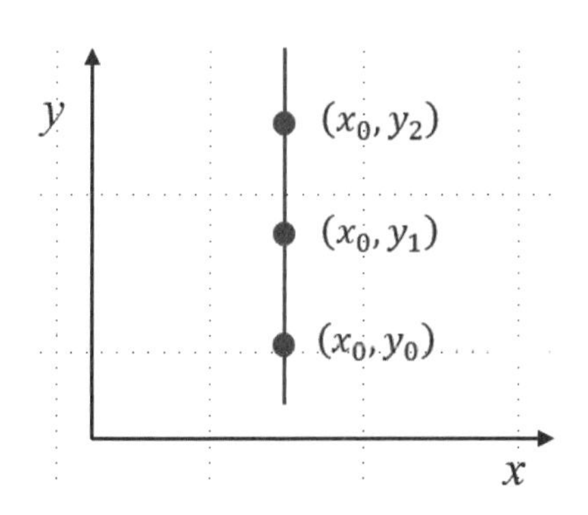

因此 Richard Duda 和 Peter Hart 發明使用極座標方式表示直線的參數，如下方左圖所示，下方右圖則是霍夫空間，相當於極座標上的線映射到霍夫空間也是一個點(ρ,θ)。

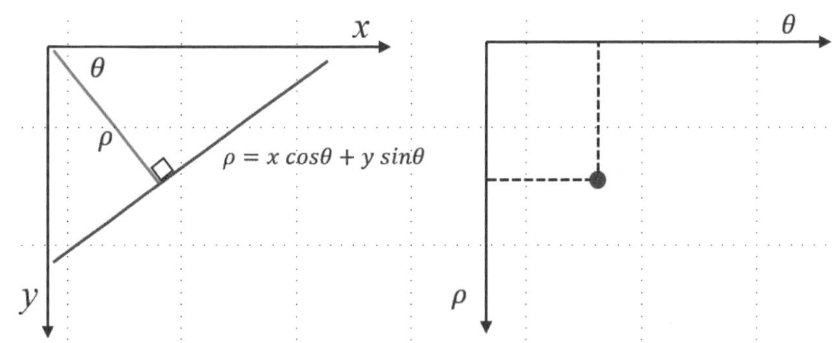

在上圖中ρ代表距原點的距離，ρ符號可稱 rho。θ代表極座標內與紅色線條的垂直線，此垂直線與水平軸的角度。如果現在原點下方通過，將會有正的ρ (rho) 和小於 180 度的角度。如果線條在原點上方通過，不是採用大於 180 度，而是採用小於 180 度，同時用負值表示。如果線條是垂直線，則θ是 0 度。如果線條是水平線，則θ是 90 度。極座標的線條公式如下：。

$$\rho = x\,cos\theta + y\,sin\theta$$

上述在公式霍夫空間是產生曲線效果，這時笛卡兒座標與霍夫座標的映射關係如下：

- 極座標的一個點映射到霍夫座標是一條線。
- 極座標的一條線映射掉霍夫座標是一個點。

即使是使用極座標取代原先的笛卡兒座標，觀念沒有變，在霍夫空間中如果有多條曲線在某一個點相交，則這個點映射回極座標就是一條直線。因此霍夫變換判斷影像內含直線的標準就是，儘可能選擇多條曲線相交的點。下列是笛卡爾座標內直線上的 3 個點與霍夫空間可能曲線圖示意圖。

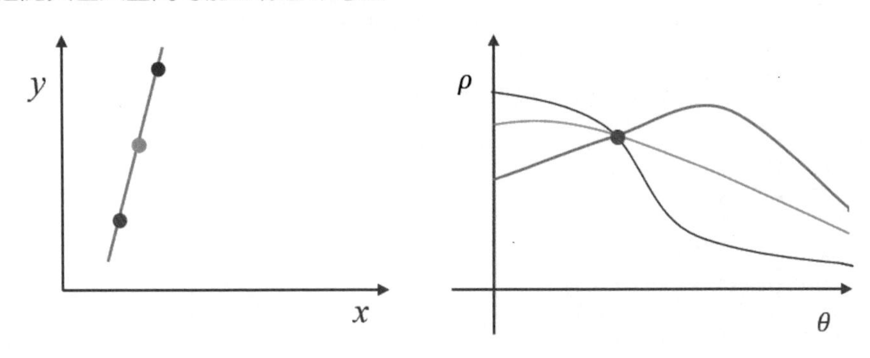

18-2 HoughLines( ) 函數

OpenCV 提供了兩種用於檢測直線的霍夫變換函數，這一節先說明基本版的 HoughLines( )，這個函數的語法如下：

```
lines = cv2.HoughLines(image, rho, theta, threshold)
```

上述參數意義如下：

- lines：函數回傳值，直線參數，格式是(ρ, θ)，元素類型是 Numpy 陣列。
- image：要辨識的影像，這是二值的影像，相當於要辨識的影像請先二值化處理。建議可以參考 13-5 節，先將影像使用 Canny 邊緣偵測。
- rho：累積器單元的距離解析度（以像素為單位）。可設定霍夫空間中距離的解析度，距離用ρ表示。常將此值設為 1，表示檢測所有可能的半徑長度。
- theta：累積器單元的角度解析度（以弧度為單位）。用途是設定霍夫空間中角度的解析度。檢測角度用θ，常將此值設為$\pi/180$，表示檢測所有可能的角度。
- threshold：累積票數的閾值。用途是只有累積器中票數超過此閾值的直線才會被返回這是閾值，如果此值越小，所檢測的直線就會越多。

程式實例 ch18_1.py：使用 calendar.jpg 當作影像，然後 HoughLines( ) 函數檢測此影像內的直線，在檢測時先將原始影像轉成灰階，然後使用 Canny 執行邊緣檢測，最後再使用 HoughLines( ) 檢測。

```
1  # ch18_1.py
2  import cv2
3  import numpy as np
4
5  src = cv2.imread('calendar.jpg', cv2.IMREAD_COLOR)
6  cv2.imshow("src", src)
7  src_gray = cv2.cvtColor(src, cv2.COLOR_BGR2GRAY)     # 轉成灰階
8  edges = cv2.Canny(src_gray, 100, 200)                # 使用Canny邊緣檢測
9  cv2.imshow("Canny", edges)                           # 顯示Canny邊緣線條
10 lines = cv2.HoughLines(edges, 1, np.pi/180, 200)     # 檢測直線
11 # 繪製直線
12 for line in lines:
13     rho, theta = line[0]                             # lines回傳
14     a = np.cos(theta)                                # cos(theta)
15     b = np.sin(theta)                                # sin(theta)
16     x0 = rho * a
17     y0 = rho * b
18     x1 = int(x0 + 1000*(-b))                         # 建立 x1
19     y1 = int(y0 + 1000*(a))                          # 建立 y1
20     x2 = int(x0 - 1000*(-b))                         # 建立 x2
21     y2 = int(y0 - 1000*(a))                          # 建立 y2
22     cv2.line(src,(x1,y1),(x2,y2),(0,255,0),2)        # 繪製綠色線條
23 cv2.imshow("dst", src)
24
25 cv2.waitKey(0)
26 cv2.destroyAllWindows()
```

執行結果

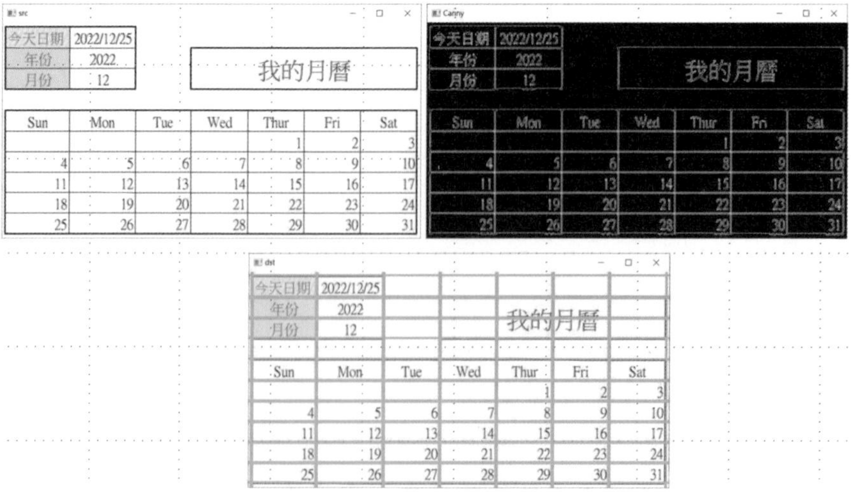

讀者須留意，上述是一個簡單的影像，可以獲得不錯結果，對於一個複雜的圖，可能需要不斷的調整 HoughLines( ) 函數的 threshold 參數。在無人車自動駕駛的發展

前期，常看到有些無人駕駛車在倉庫走道移動，在地面上可以看到綠色地板上有貼白色膠帶，其實這些白色膠帶就是道路識別的標記。

程式實例 ch18_2.py：使用 lane.jpg 影像，設計倉庫道路識別。

```
5  src = cv2.imread('lane.jpg', cv2.IMREAD_COLOR)
```

執行結果

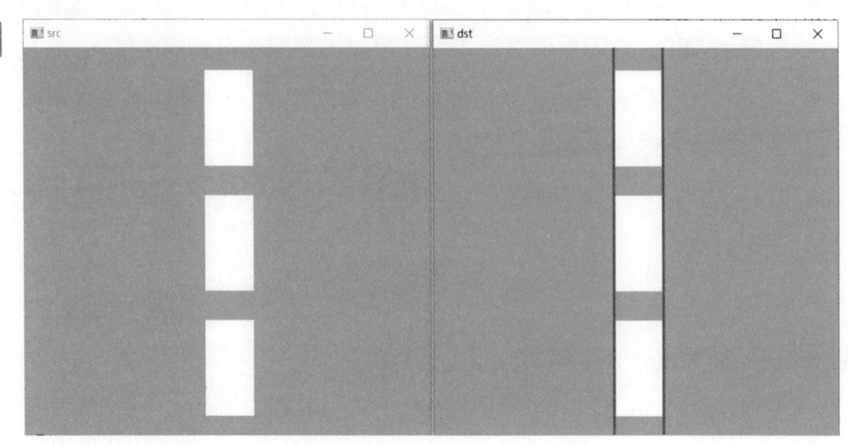

18-3 HoughLinesP( ) 函數

OpenCV 提供了兩種用於檢測直線的霍夫變換函數，這一節說明進階版的 HoughLinesP( )，這個函數基本是 18-2 節 HoughLines( ) 的改良，主要是增加了 minLineLength 和 maxLineGap 參數，細節可以參考下列解說，此函數所採用的方法稱機率霍夫變換法。這個函數的語法如下：

lines = cv2.HoughLinesP(image,rho,theta,threshold,minLineLength,maxLineGap)

上述參數意義如下：

- lines：回傳的直線線條陣列，每個元素代表一條檢測的直線，例如：

  [[[x1 y1 x2 y2]]

  [[x3 y3 x4 y4]]

  ...

  [[...]]]

  其中 (x1,y1) 和 (x2,y2) 是直線的起點和終點。

- image：要辨識的影像，這是二值的影像，相當於要辨識的影像請先二值化處理。建議可以參考 13-5 節，先將影像使用 Canny 邊緣偵測。
- rho：以像素為單位的距離是ρ，可以稱為距離解析度。常將此值設為 1，表示解析度是 1 像素，這時可以檢測所有可能的長度。
- theta：檢測角度θ，這是累積器單元的角度解析度，以弧度為單位。常將此值設為$\pi/180$，表示解析度是 1 度，可以檢測所有可能的角度。
- threshold：這是閾值，累積器中的票數門檻值。只有累積器中票數大於該值的線段才會被返回。如果此值越小，所檢測的直線就會越多。
- minLineLength：檢測線段的最小長度，以像素為單位。短於該長度的線段將被忽略。
- maxLineGap：允許將斷開的線段連接成一條直線的最大間隙。

程式實例 ch18_3.py：無人駕駛汽車的道路檢測。

```
1  # ch18_3.py
2  import cv2
3  import numpy as np
4
5  src = cv2.imread('roadtest.jpg', cv2.IMREAD_COLOR)
6  cv2.imshow("src", src)
7  src_gray = cv2.cvtColor(src, cv2.COLOR_BGR2GRAY)     # 轉成灰階
8  edges = cv2.Canny(src_gray, 50, 200)                 # 使用Canny邊緣檢測
9  cv2.imshow("Canny", edges)                           # 顯示Canny邊緣線條
10 lines = cv2.HoughLinesP(edges,1,np.pi/180,50,minLineLength=10,maxLineGap=100)
11 # 繪製檢測到的直線
12 for line in lines:
13     x1, y1, x2, y2 = line[0]
14     cv2.line(src, (x1, y1), (x2, y2), (255, 0, 0), 3)
15 cv2.imshow("dst", src)
16
17 cv2.waitKey(0)
18 cv2.destroyAllWindows()
```

執行結果

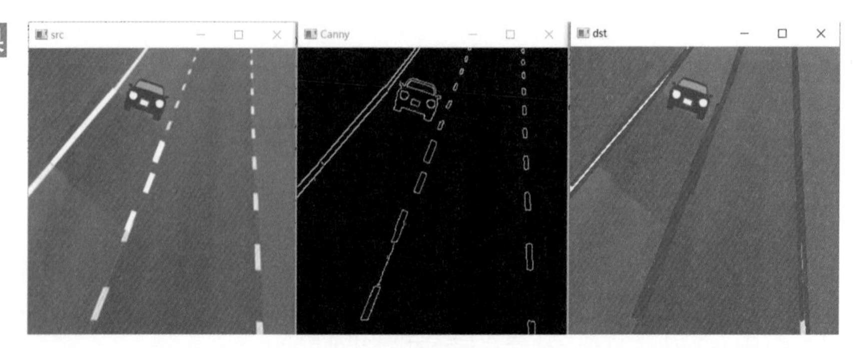

上述是檢測所有的車道，當無人車在駕駛時，更重要的是檢測目前車子所在車道，這時可以使用閾值處理，將目前所在車道或是要專注的車道處理成 ROI 區域，這個 ROI 區塊用遮罩處理。

註 實際應用不同影像時，必須適度調整 HoughLinesP( ) 的參數。

18-4 霍夫圓環變換檢測

霍夫變換除了可以檢測直線，也可以用於檢測其他形狀的物體，這一節將講解檢測圓形物體的函數 HoughCircles( )。在霍夫圓環檢測中，其實就是要檢測圓形的中心點的 (x, y) 座標，和圓環的半徑 (r)。這個函數的語法如下：

```
circles = cv2.HoughCircles(image, method, dp, minDist,
          circles, param1, param2, minRadius, maxRadius)
```

上述參數意義如下：

- circles：函數回傳值，圓中心點和半徑所組成的 numpy.ndarray 陣列，陣列元素內容是圓的參數，包含（x 座標，y 座標，半徑），資料格式是：
  [[[x1 y1 r1]]
  [[x2 y2 r2]]
  [[…]]]。
- image：要辨識的影像，這是二值的影像，相當於要辨識的影像請先二值化處理。
- method：目前這個參數可以使用 HOUGH_GRADIENT，這個方法首先會對影像執行 Canny 邊緣檢測，然後對於非 0 的像素點，使用 Sobel 演算法計算區域梯度 (gradient)，由梯度方向得到實際圓切線的法線 (垂直於切線)，三條法線就可以得到圓中心。同時對圓中心進行累加，就可以得到圓環。
- dp：累加器分辨率，累加器允許比輸入影像解析度低的的累加器。例如：如果 dp=1，累加器與輸入影像有相同的解析度。如果 dp=2，累加器有輸入影像一半大的寬度和高度。
- minDist：這是兩個不同圓之間最小的距離，如果此值太小多個鄰接的圓會被檢測為一個圓，如果此值太大部分圓會無法檢測出來。

- param1：這是 method 方法參數相對應的參數，所傳遞的是高閾值，這個高閾值是傳遞給 Canny 方法做邊緣檢測，這個參數的預設值是 100，一般低閾值是高閾值的一半。
- param2：這是 method 方法參數相對應的參數，所傳遞的是低閾值，這個低閾值是傳遞給 Canny 方法做邊緣檢測，這個參數的預設值是 100。
- minRadius：表示圓半徑的最小值，小於此半徑的圓將被捨去，預設值是 0。
- maxRadius：表示圓半徑的最大值，大於此半徑的圓將被捨去，預設值是 0。

在使用這個函數時，為了降低影像噪音，建議可以先用 meidanBlur( ) 去除影像雜質。

程式實例 ch18_4.py：有一個影像內含多個圓圈，這個程式會將半徑大於 70 的圓圈起來。半徑小於 70 或其他外形的物件則不理會。

```
1  # ch18_4.py
2  import cv2
3  import numpy as np
4
5  src = cv2.imread('shapes.jpg')
6  cv2.imshow("src", src)
7  image = cv2.medianBlur(src,5)                              # 過濾雜訊
8  src_gray = cv2.cvtColor(image, cv2.COLOR_BGR2GRAY)        # 轉成灰階
9  circles = cv2.HoughCircles(src_gray,cv2.HOUGH_GRADIENT,1,100,param1=50,
10                            param2=30,minRadius=70,maxRadius=200)
11 circles = np.uint(np.around(circles))                      # 轉成整數
12 # 繪製檢測到的直線
13 for c in circles[0]:
14     x, y, r = c
15     cv2.circle(src,(x, y), r, (0,255,0),3)                 # 綠色繪圓外圈
16     cv2.circle(src,(x, y), 2, (0,0,255),2)                 # 紅色繪圓中心
17 cv2.imshow("dst", src)
18
19 cv2.waitKey(0)
20 cv2.destroyAllWindows()
```

18-5 高速公路車道檢測

18-3 節已經有實例介紹道路檢測，但是所使用的圖片是簡化的，這一章將用真實的圖片做說明，本節所使用的圖片是 ch18 資料夾的 highway.jpg，可以參考程式實例 ch18_5.py。

18-5-1 高速公路車道檢測

對圖像進行車道檢測，的程式設計步驟如下：

1. 讀取圖像並進行預處理，目的：
   - 讀取輸入的圖像文件並將其轉換為灰階，減少圖像的維度，降低運算複雜度。
   - 使用高斯模糊平滑圖像，去除噪聲和細小的干擾，避免對非車道邊緣進行錯誤檢測。
2. Canny 邊緣檢測，目的：
   - 檢測圖像中的邊緣，透過梯度變化識別出車道線的潛在特徵。
   - 將圖像中的車道線以明顯的邊界形式表現出來，為後續的直線檢測提供基礎。
3. 定義 ROI (感興趣區域)，目的：
   - 只保留道路所在的區域，排除不必要的背景邊緣，例如樹木、建築或其他無關的物體。
   - 將邊緣圖像限定在一個梯形範圍內，模擬車輛駕駛時可視的道路區域。
4. 霍夫變換 (Hough Transform)，目的：
   - 從邊緣圖像中檢測出直線，確定車道線的位置。
   - 透過累積器票數篩選出有效的線段，並返回這些線段的端點座標。
5. 繪製檢測到的車道線，目的：
   - 將檢測到的車道線繪製在原始圖像上，便於直觀地觀察檢測效果。
   - 區分車道，並用不同的顏色標註，增強可視化效果。

每一步驟的目的都是為了逐步縮小目標範圍，增強車道線的特徵，使得最終的檢測結果更加準確且直觀。這樣的流程可以有效應對大多數道路場景中的車道檢測需求。

程式實例 ch18_5.py：使用 ch18 資料夾的 highway.jpg，執行車道檢測。

```
1   # ch18_5.py
2   import cv2
3   import numpy as np
4
5   # 讀取圖像
6   image = cv2.imread('highway.jpg')              # 從指定路徑讀取圖像
7
8   # 轉換為灰階,
```

```
9   gray = cv2.cvtColor(image, cv2.COLOR_BGR2GRAY)
10
11  # 高斯模糊，減少邊緣檢測中的噪聲干擾
12  blurred = cv2.GaussianBlur(gray, (5, 5), 0)
13
14  # Canny 圖像邊緣檢測，50 和 150 是低閾值和高閾值，決定哪些邊緣被檢測到
15  edges = cv2.Canny(blurred, 50, 150)
16
17  # 定義感興趣區域 (ROI)
18  height, width = edges.shape                    # 獲取edges圖像的高度和寬度
19  mask = np.zeros_like(edges)                    # 建立與edges圖像大小相同的全黑遮罩
20  polygon = np.array([[                          # 定義多邊形作為感興趣區域 ROI
21      (int(width * 0.2), height),                # 左下角點
22      (int(width * 0.8), height),                # 右下角點
23      (int(width * 0.7), int(height * 0.5)),     # 右上角點
24      (int(width * 0.3), int(height * 0.5))      # 左上角點
25  ]], dtype=np.int32)
26
27  # 將多邊形區域填充為白色，其他區域保持為黑色
28  cv2.fillPoly(mask, polygon, 255)
29
30  # 將遮罩與邊緣圖像進行按位與操作，保留感興趣區域內的邊緣
31  roi = cv2.bitwise_and(edges, mask)
32
33  # 霍夫直線檢測
34  lines = cv2.HoughLinesP(
35      roi,
36      rho=1,                                     # 累積器單元的距離解析度(像素)
37      theta=np.pi/180,                           # 累積器單元的角度解析度(弧度)
38      threshold = 50,                            # 霍夫變換的累積閾值
39      minLineLength = 80,                        # 檢測的最小線段長度(像素)
40      maxLineGap = 50                            # 允許連接的最大間隙(像素)
41  )
42  if lines is None:
43      print("未檢測到任何直線")                   # 如果未檢測到任何直線
44  else:
45      print(f"檢測到的直線數量 : {len(lines)}")  # 輸出檢測到的直線數量
46
47  # 繪製檢測到的直線
48  output = np.copy(image)                        # 複製原始圖像，用於繪製直線
49  if lines is not None:
50      for line in lines:
51          x1, y1, x2, y2 = line[0]               # 取得每條直線的兩個端點座標
52          # 繪製藍色直線，線寬為 5
53          cv2.line(output, (x1, y1), (x2, y2), (255, 0, 0), 5)
54
55  # 顯示結果
56  cv2.imshow('Original Image', image)            # 顯示原始圖像
57  cv2.imshow('Canny Edges', edges)               # 顯示邊緣檢測結果
58  cv2.imshow('Region of Interest', roi)          # 顯示應用了 ROI 的邊緣圖像
59  cv2.imshow('Detected Lanes', output)           # 顯示檢測到車道線後的最終結果
60
61  cv2.waitKey(0)
62  cv2.destroyAllWindows()
```

執行結果

```
==================== RESTART: D:/OpenCV_Python/ch18/ch18_5.py ====================
檢測到的直線數量 : 6
```

下方左圖是原始圖像，右圖是 Canny 邊緣檢測的結果。

下方左圖是感興趣區域 ROI，右圖是用藍色繪製檢測結果。

讀者需了解，上述程式雖然成功檢測了車道，但是這個實例無法滿足所有圖像，我們仍需依據圖像的特性微調 Canny 閾值、霍夫參數。例如：如果道路圖太小，可能需要降低 minLineLength 值。

同時由於霍夫檢測可能回傳多條線段，此例是檢測到 6 條線，由於回傳端點座標不同，因此讀者可以看到車道由多條線組成，下一節將優化此部分。

18-5-2 優化版的車道檢測 - 均值左右車道線

這一節是改良版的車道檢測，重點是當使用霍夫檢測到直線後，不是直接使用，而是採用左右車道方式、以均值和線性方程優化車道線。

程式實例 ch18_6.py：優化版的車道檢測，上一個程式實例第 47 ~ 53 列擴充如下：

```
47  # 繪製檢測到的直線
48  output = np.copy(image)                        # 複製原始圖像作為輸出圖像
49  if lines is not None:
50      left_lines, right_lines = [], []           # 分別存儲左車道和右車道的線段
51      for line in lines:
52          x1, y1, x2, y2 = line[0]               # 提取線段的起點和終點座標
53          # 計算線段的斜率
54          slope = (y2 - y1) / (x2 - x1) if x2 != x1 else np.inf
55          if slope < -0.5:                       # 左車道線 (斜率為負)
56              left_lines.append(line)
57          elif slope > 0.5:                      # 右車道線 (斜率為正)
58              right_lines.append(line)
59
60      def average_line(lines):
61          """ 計算線段集合的平均線 """
62          if len(lines) == 0:                    # 如果線段集合為空，返回 None
63              return None
64
65          x_coords, y_coords = [], []
66          for line in lines:
67              x1, y1, x2, y2 = line[0]
68              x_coords += [x1, x2]
69              y_coords += [y1, y2]
70
71          poly = np.polyfit(y_coords, x_coords, 1)    # 使用多項式擬合計算線性方程
72          y1 = height                                 # 底部的 y 座標
73          y2 = int(height * 0.5)                      # 頂部的 y 座標
74          x1 = int(np.polyval(poly, y1))              # 根據擬合方程計算 x 座標
75          x2 = int(np.polyval(poly, y2))
76          return [x1, y1, x2, y2]                     # 返回平均線的兩個端點
77
78      left_line = average_line(left_lines)            # 計算左車道的平均線
79      right_line = average_line(right_lines)          # 計算右車道的平均線
80
81      # 在輸出圖像上繪製檢測到的車道線，繪製藍色直線，線寬為 5
82      if left_line:
83          cv2.line(output, (left_line[0], left_line[1]),
84                   (left_line[2], left_line[3]), (255, 0, 0), 5)
85      if right_line:
86          cv2.line(output, (right_line[0], right_line[1]),
87                   (right_line[2], right_line[3]), (255, 0, 0), 5)
```

執行結果 下列只輸出最後結果。

從上述我們得到一個很完美的車道檢測線。這個程式與前一個程式差異如下：

❑ 左右車道線的區分與平均線計算

此功能可以提高了車道檢測的準確性和穩定性，避免了單條線段誤檢對結果的影響。

- 新增左右車道線的區分：可參考第 55 ~ 58 列。
  - 根據斜率將檢測到的線段區分為左車道線（斜率為負）和右車道線（斜率為正）。
  - 原始程式直接繪製所有檢測到的直線，而不區分車道線的位置和方向。
- 新增左右車道線的平均線計算：可參考第 60 ~ 79 列。
  - 使用 np.polyfit() 擬合多條線段，計算每側車道線的平均直線，得到更穩定和連續的車道線。
  - 原先程式僅繪製霍夫變換返回的原始線段，可能出現不連續的線段。

❑ 車道線的繪製

繪製的結果更加連續且精確，同時可以處理曲線和部分遮擋的車道場景。增強點：

- 繪製左右車道線的平均結果：可參考第 82 ~ 87 列。
  - 如果檢測到左車道線或右車道線，則在圖像上繪製平滑的藍色直線。
  - 原始程式直接繪製所有檢測到的直線，未進行整合或平均化處理。

❑ 函數化處理

程式結構更加清晰，便於進一步擴展功能（例如處理曲線車道或其他車道特徵）。

- 新增 average_line( ) 函數：可參考第 60 ~ 76 列。
    - 將計算平均線的邏輯封裝為獨立函數，便於重用和維護。

❑ 更清晰的數據處理邏輯

篩除了水平或噪聲線段的干擾，更加準確地檢測到車道線增強點：

- 使用斜率篩選去除非車道線段：可參考第 54 ~ 58 列。
    - 原始程式直接繪製所有檢測到的直線，此程式新增了基於斜率的篩選條件（斜率小於-0.5 或大於 0.5），排除非車道相關的線段。

❑ 結果的可視化與比較

差異：

- 原始程式直接繪製所有檢測到的線段，容易導致檢測結果中出現多餘的直線。
- 此優化版程式僅繪製左、右車道的平均線段，結果更簡潔直觀。

特性	原始程式 (ch18_5.py)	增強版程式 (ch18_6.py)
左右車道區分	無	根據斜率區分左右車道
線段平均化	無	使用 average_line( ) 計算平均線
抗噪能力	較弱，繪製所有檢測到的線段	基於斜率篩選，排除非車道線
車道線繪製	繪製所有霍夫變換檢測到的直線	僅繪製左右車道的平均線
函數化結構	無	將重複邏輯封裝為函數

❑ 適用場景

- 原始程式：適合簡單場景，直線車道且無干擾。
- 優化版程式：適合更複雜場景，有曲線車道或部分遮擋，且需要穩定的結果。

習題

1： 使用 lane2.jpg，擴充 ch18_2.py，建立倉庫道路影像。

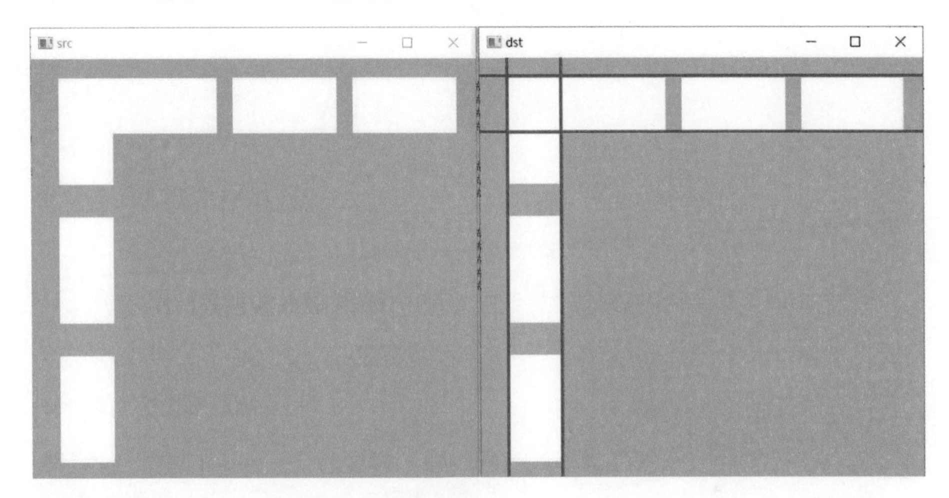

2： 請重新設計 ch18_4.py，將所有圓圈起來。

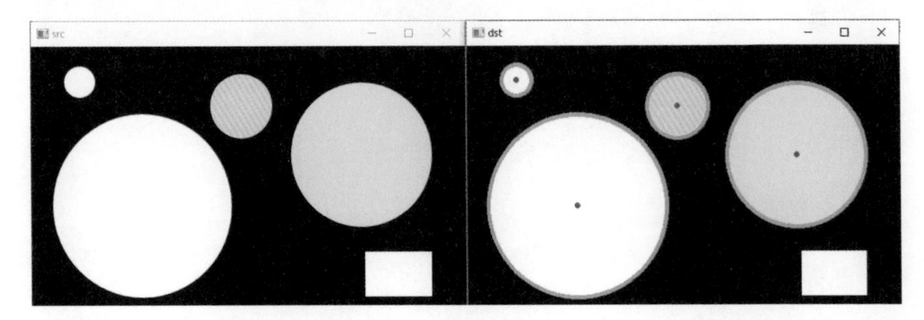

第十九章
直方圖均衡化
增強影像對比度

直方圖均衡化是影像處理中非常重要的一環，主要是將一幅影像的色彩強度均衡化，也可以說是將原始影像從比較集中某一區域，平均分佈擴展到全部區域，這樣可以增強對比度，讓影像細節更細緻與明顯，整個功能效果如下：

1：整體影像不會太暗或是太亮。

2：也可以達到影像的去霧處理。

本章將從直方圖基本觀念說起，再講解直方圖均衡化原理，最後用實例實作。

19-1 認識直方圖

19-1-1 認識直方圖

在計算機視覺領域，所謂的直方圖是一個色彩灰階值的統計次數，例如：有一個 3 x 3 的影像如下：

1	5	1
3	4	5
2	3	5

如果我們要計算每一個像素值出現的次數，可以得到下列結果。

像素值	1	2	3	4	5
出現次數	2	1	2	1	3

現在使用 Python + matplotlib 模組，設計直方圖，這時像素值可用 x 軸表示，出現次數可用 y 軸表示。

程式實例 ch19_1.py：使用折線圖 plot( ) 函數，繪製上述像素值出現的次數。

```
1  # ch19_1.py
2  import matplotlib.pyplot as plt
3
4  seq = [1, 2, 3, 4, 5]                # 像素值
5  times = [2, 1, 2, 1, 3]              # 出現次數
6  plt.plot(seq, times, "-o")           # 繪含標記的圖
7  plt.axis([0, 6, 0, 4])               # 建立軸大小
8  plt.xlabel("Pixel Value")            # 像素值
9  plt.ylabel("Times")                  # 出現次數
10 plt.show()
```

執行結果 可以參考下方左圖。

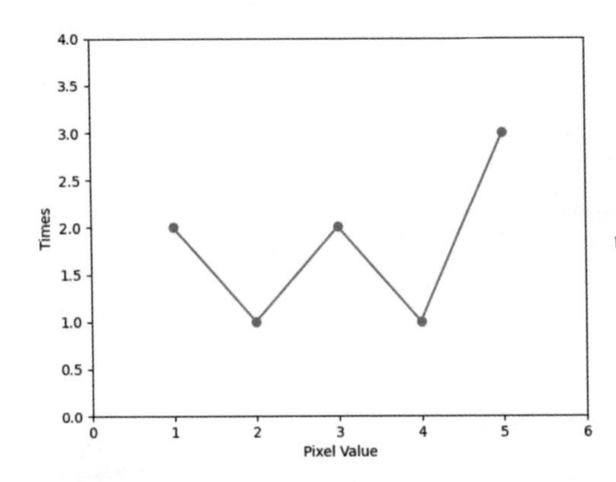

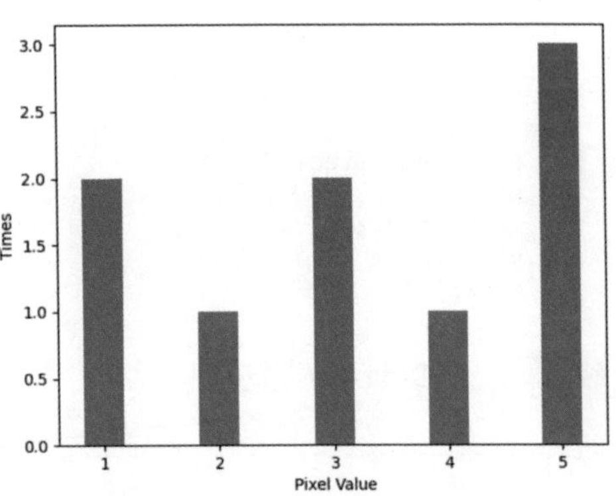

程式實例 ch19_2.py：使用 bar( ) 函數重新設計前一個程式，產生長條圖。

```
1  # ch19_2.py
2  import matplotlib.pyplot as plt
3  import numpy as np
4
5  times = [2, 1, 2, 1, 3]          # 出現次數
6  N = len(times)                   # 計算長度
7  x = np.arange(N)                 # 長條圖x軸座標
8  width = 0.35                     # 長條圖寬度
9  plt.bar(x, times, width)         # 繪製長條圖
10
11 plt.xlabel("Pixel Value")        # 像素值
12 plt.ylabel("Times")              # 出現次數
13 plt.xticks(x, ('1', '2', '3', '4', '5'))
14 plt.show()
```

執行結果 可以參考上方右圖。

上述 ch19_1.py 和 ch19_2.py 雖然分別稱折線圖和長條圖，但是在機器視覺中，我們可以統稱為直方圖。

19-1-2 正規化直方圖

所謂的正規化直方圖是指，x 軸仍是像素值，y 軸則是特定像素出現的頻率。

若是繼續使用 19-1-1 節的實例，整個頻率表如下：

像素值	1	2	3	4	5
出現次數	2/9	1/9	2/9	1/9	3/9

上述頻率加總結果是 1，這就是所謂正規化直方圖。

程式實例 ch19_3.py：使用正規化觀念重新設計 ch19_1.py。

```
1  # ch19_3.py
2  import matplotlib.pyplot as plt
3
4  seq = [1, 2, 3, 4, 5]                          # 像素值
5  freq = [2/9, 1/9, 2/9, 1/9, 3/9]               # 出現頻率
6  plt.plot(seq, freq, "-o")                      # 繪含標記的圖
7  plt.axis([0, 6, 0, 0.5])                       # 建立軸大小
8  plt.xlabel("Pixel Value")                      # 像素值
9  plt.ylabel("Frequency")                        # 出現頻率
10 plt.show()
```

執行結果 可以參考下方左圖。

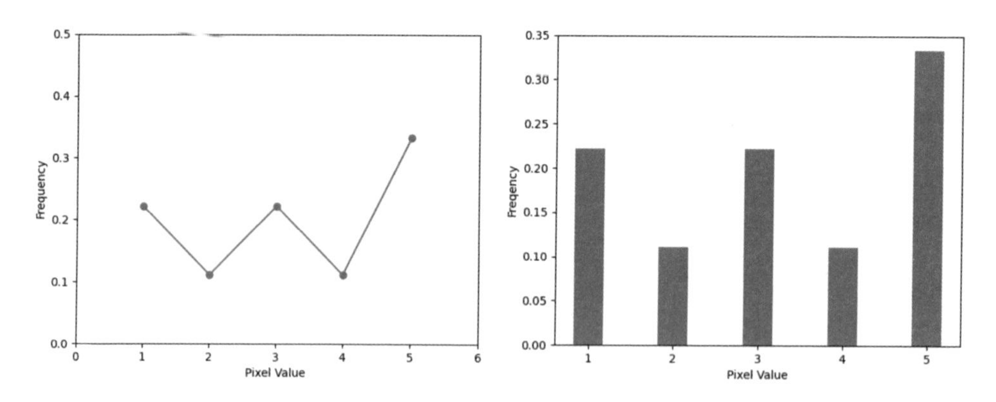

程式實例 ch19_4.py：使用正規化觀念重新設計 ch19_2.py。

```
1  # ch19_4.py
2  import matplotlib.pyplot as plt
3  import numpy as np
4
5  freq = [2/9, 1/9, 2/9, 1/9, 3/9]               # 出現頻率
6  N = len(freq)                                  # 計算長度
7  x = np.arange(N)                               # 長條圖x軸座標
8  width = 0.35                                   # 長條圖寬度
9  plt.bar(x, freq, width)                        # 繪製長條圖
10
11 plt.xlabel("Pixel Value")                      # 像素值
12 plt.ylabel("Freqency")                         # 出現頻率
13 plt.xticks(x, ('1', '2', '3', '4', '5'))
14 plt.show()
```

執行結果 可以參考上方右圖。

19-2 繪製直方圖

19-2-1 使用 matplotlib 繪製直方圖

19-1 節所述的資料量比較少，所以筆者分別使用了 plot( ) 和 bar( ) 函數繪製圖表。碰上整個影像，則建議使用 hist( ) 函數，這是本章要介紹主題直方圖的函數。

程式實例 ch19_5.py：繪製 snow.jpg 影像檔案的直方圖。

```
1  # ch19_5.py
2  import cv2
3  import matplotlib.pyplot as plt
4
5  src = cv2.imread("snow.jpg",cv2.IMREAD_GRAYSCALE)
6  cv2.imshow("Src", src)
7  plt.hist(src.ravel(),256)        # 降維再繪製直方圖
8  plt.show()
9
10 cv2.waitKey(0)
11 cv2.destroyAllWindows()
```

執行結果

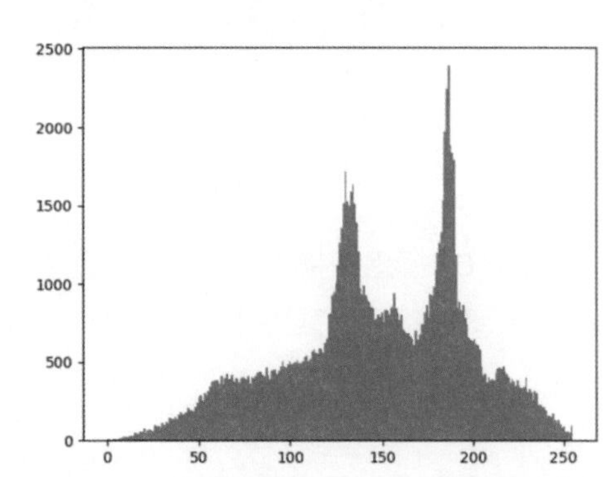

請參考第 7 列的 hist( ) 函數的第 2 個參數是 256，這個參數是將整體 x 軸的像素區分成 256 個區塊，從上述右邊的執行結果我們可以看到所有像素出現的次數。另外：上述第 7 列 ravel( ) 函數可以將影像從二維矩陣降至一維陣列，所以就可以使用 hist( ) 繪製整個直方圖。上述 x 軸是每個像素當作一個單位，如果我們像要將 0 ~ 255 之間的像素切割成區間範圍，例如：切割成 20 個區間，這相當於設定 bins = 20，則可以使用下列方式設計。

程式實例 ch19_6.py：重新設計 ch19_5.py，設定 20 個區間。

```
1  # ch19_6.py
2  import cv2
3  import matplotlib.pyplot as plt
4
5  src = cv2.imread("snow.jpg",cv2.IMREAD_GRAYSCALE)
6  cv2.imshow("Src", src)
7  plt.hist(src.ravel(),20)          # 降維再繪製直方圖
8  plt.show()
9
10 cv2.waitKey(0)
11 cv2.destroyAllWindows()
```

執行結果

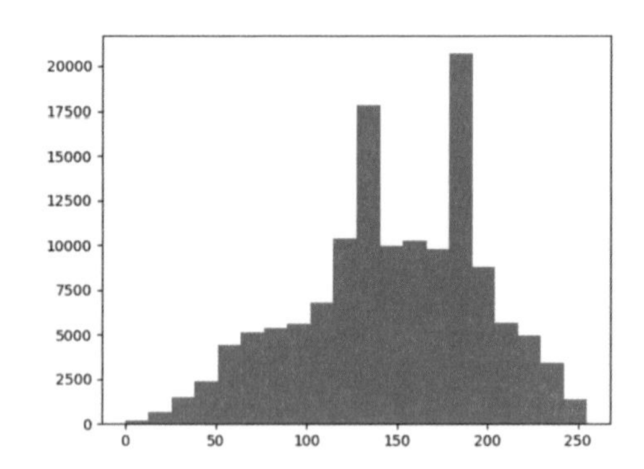

19-2-2 使用 OpenCV 取得直方圖數據

OpenCV 模組有提供 calcHist( ) 函數可以統計直方圖所需要的數據，我們可以使用這個函數獲得每個像素點出現的次數，這個函數的語法如下：

hist = cv2.calcHist(src, channels, mask, histSize, ranges, accumulate)

上述函數各參數意義如下：

- hist：回傳各像素值統計結果，這是 Numpy 的陣列資料結構。
- src：來源影像或稱原始影像。
- channels：影像通道，如果是灰階影像此部分是 [0]。如果是彩色可以設定 [0]、[1]、[2] 分別代表 B、G、R。
- mask：設 None 表示統計整幅影像，如果有此參數代表只計算遮罩部分。
- histSize：這個其實就是 hist( ) 函數的 bins 數量，可以設定影像像素區塊，如果設 [256] 表示所有像素。

- ranges：這是指像素值的範圍，一般設定是 [0,256]。
- accumulate：選項參數，預設是 False。如果是多幅影像，可以將此設為 True，這時可以累加像素值。

程式實例 ch19_7.py：取得直方圖 snow.jpg 影像的直方圖數據。

```
1  # ch19_7.py
2  import cv2
3
4  src = cv2.imread("snow.jpg",cv2.IMREAD_GRAYSCALE)
5  cv2.imshow("Src", src)
6  hist = cv2.calcHist([src],[0],None,[256],[0,256])   # 直方圖統計資料
7  print(f"資料類型 = {type(hist)}")
8  print(f"資料外觀 = {hist.shape}")
9  print(f"資料大小 = {hist.size}")
10 print(f"資料內容 \n{hist}")
```

執行結果 本實例筆者省略輸出 snow.jpg，讀者可以參考 ch19_6.jpg。

```
=================== RESTART: D:\OpenCV_Python\ch19\ch19_7.py ===================
資料類型 = <class 'numpy.ndarray'>
資料外觀 = (256, 1)
資料大小 = 256
資料內容
[[   5.]
 [   5.]
 [   3.]
 [   7.]
 [  11.]
 [   9.]
 [   9.]
 [  17.]
 [  18.]
 [  25.]
```

上述資料大小是 256，相當於是 0 ~ 255 間所有的像素，至於陣列內容則是每個像素點出現的次數。

程式實例 ch19_8.py：使用 plot( ) 繪製 snow.jpg 影像的像素直方圖。

```
1  # ch19_8.py
2  import cv2
3  import matplotlib.pyplot as plt
4
5  src = cv2.imread("snow.jpg",cv2.IMREAD_GRAYSCALE)
6  cv2.imshow("Src", src)
7  hist = cv2.calcHist([src],[0],None,[256],[0,258])   # 直方圖統計資料
8  plt.plot(hist)                                       # 用plot()繪直方圖
9  plt.show()
```

執行結果

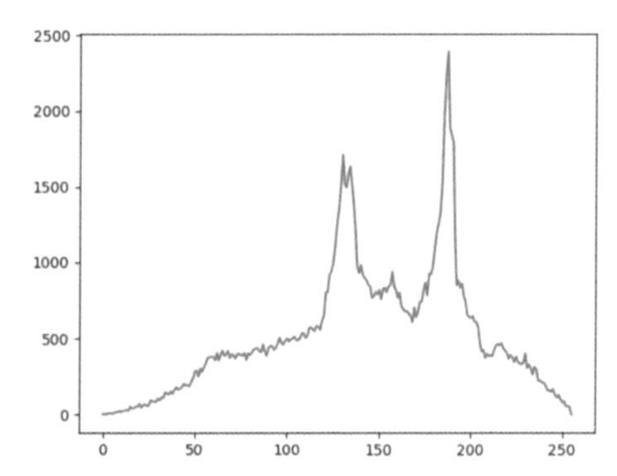

19-2-3　繪製彩色影像的直方圖

我們也可以將前一小節的觀念擴充到顯示 B、G、R 通道像素值的直方圖。

程式實例 ch19_9.py：繪製 macau.jpg 影像的 B、G、R 通道的直方圖。

```
1  # ch19_9.py
2  import cv2
3  import matplotlib.pyplot as plt
4
5  src = cv2.imread("macau.jpg",cv2.IMREAD_COLOR)
6  cv2.imshow("Src", src)
7  b = cv2.calcHist([src],[0],None,[256],[0,256])  # B 通道統計資料
8  g = cv2.calcHist([src],[1],None,[256],[0,256])  # G 通道統計資料
9  r = cv2.calcHist([src],[2],None,[256],[0,256])  # R 通道統計資料
10 plt.plot(b, color="blue", label="B channel")    # 用plot()繪 B 通道
11 plt.plot(g, color="green", label="G channel")   # 用plot()繪 G 通道
12 plt.plot(r, color="red", label="R channel")     # 用plot()繪 R 通道
13 plt.legend(loc="best")
14 plt.show()
```

執行結果

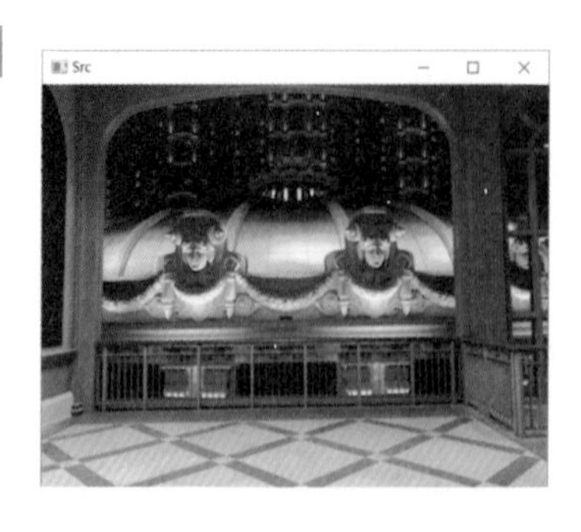

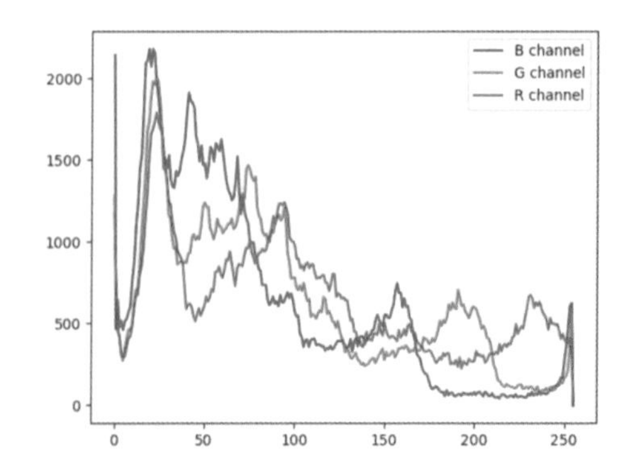

19-2-4 繪製遮罩的直方圖

對整個影像而言，有時候我們只想分析特定區塊的像素，這時可以使用遮罩觀念，然後將此遮罩應用在 calcHist( ) 函數。

程式實例 ch19_10.py：建立遮罩的方法，先建立一個影像區塊，然後在此影像區塊建立遮罩。

```
1  # ch19_10.py
2  import cv2
3  import numpy as np
4
5  src = np.zeros([200,400],np.uint8)          # 建立影像
6  src[50:150,100:300] = 255                   # 在影像內建立遮罩
7  cv2.imshow("Src", src)
8
9  cv2.waitKey(0)
10 cv2.destroyAllWindows()
```

程式實例 ch19_11.py：擴充 ch19_10.py，在 macau.jpg 影像內建立遮罩，然後觀察執行結果。

```
1  # ch19_11.py
2  import cv2
3  import numpy as np
4
5  src = cv2.imread("macau.jpg",cv2.IMREAD_GRAYSCALE)
6  cv2.imshow("Src", src)
7  mask = np.zeros(src.shape[:2],np.uint8)          # 建立影像遮罩影像
8  mask[20:200,50:400] = 255                        # 在遮罩影像內建立遮罩
9  masked = cv2.bitwise_and(src, src, mask=mask)    # And運算
10 cv2.imshow("After Mask", masked)
11
12 cv2.waitKey(0)
13 cv2.destroyAllWindows()
```

執行結果 下方右圖是 macau.jpg 影像的遮罩區。

程式實例 ch19_12.py：為整個影像和遮罩區的影像建立像素值的直方圖。

```
1  # ch19_12.py
2  import cv2
3  import numpy as np
4  import matplotlib.pyplot as plt
5
6  src = cv2.imread("macau.jpg",cv2.IMREAD_GRAYSCALE)
7  cv2.imshow("Src", src)
8  mask = np.zeros(src.shape[:2],np.uint8)                # 建立影像遮罩影像
9  mask[20:200,50:400] = 255                              # 在遮罩影像內建立遮罩
10 hist = cv2.calcHist([src],[0],None,[256],[0,256])      # 灰階統計資料
11 hist_mask = cv2.calcHist([src],[0],mask,[256],[0,256]) # 遮罩統計資料
12 plt.plot(hist, color="blue", label="Src Image")        # 用plot()繪影像直方圖
13 plt.plot(hist_mask, color="red", label="Mask")         # 用plot()繪遮罩直方圖
14 plt.legend(loc="best")
15 plt.show()
16
17 cv2.waitKey(0)
18 cv2.destroyAllWindows()
```

執行結果

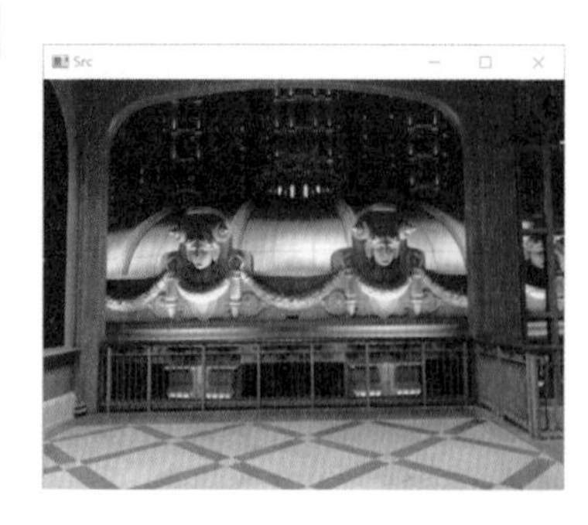

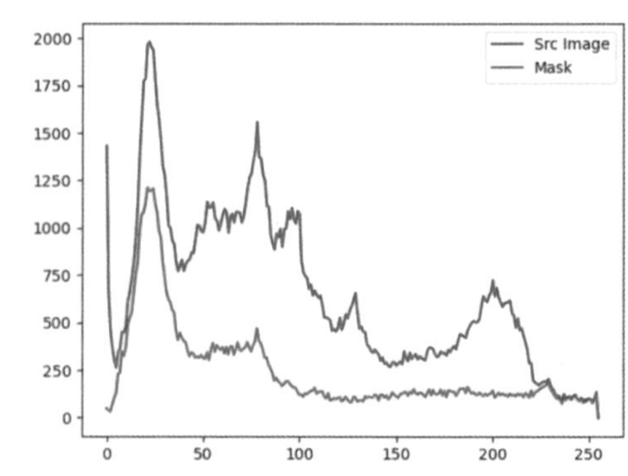

程式實例 ch19_13.py：將 ch19_11.py 和 ch19_12.py 整合到一張圖表，這個程式主要是使用 subplot( ) 函數，讀者可以參考第 14 和 15 列的說明。

```
1  # ch19_13.py
2  import cv2
3  import numpy as np
4  import matplotlib.pyplot as plt
5
6  src = cv2.imread("macau.jpg",cv2.IMREAD_GRAYSCALE)
7  # 建立遮罩
8  mask = np.zeros(src.shape[:2],np.uint8)                    # 建立影像遮罩影像
9  mask[20:200,50:400] = 255                                  # 在遮罩影像內建立遮罩
10 aftermask = cv2.bitwise_and(src,src,mask=mask)
11
12 hist = cv2.calcHist([src],[0],None,[256],[0,256])         # 灰階統計資料
13 hist_mask = cv2.calcHist([src],[0],mask,[256],[0,256])    # 遮罩統計資料
14 # subplot()第一個 2 是代表垂直有 2 張圖, 第二個 2 是代表左右有 2 張圖
15 # subplot()第三個參數是代表子圖編號
16 plt.subplot(221)                                           # 建立子圖 1
17 plt.imshow(src, 'gray')                                    # 灰階顯示第1張圖
18 plt.subplot(222)                                           # 建立子圖 2
19 plt.imshow(mask,'gray')                                    # 灰階顯示第2張圖
20 plt.subplot(223)                                           # 建立子圖 3
21 plt.imshow(aftermask, 'gray')                              # 灰階顯示第3張圖
22 plt.subplot(224)                                           # 建立子圖 4
23 plt.plot(hist, color="blue", label="Src Image")
24 plt.plot(hist_mask, color="red", label="Mask")
25 plt.legend(loc="best")
26 plt.show()
```

執行結果

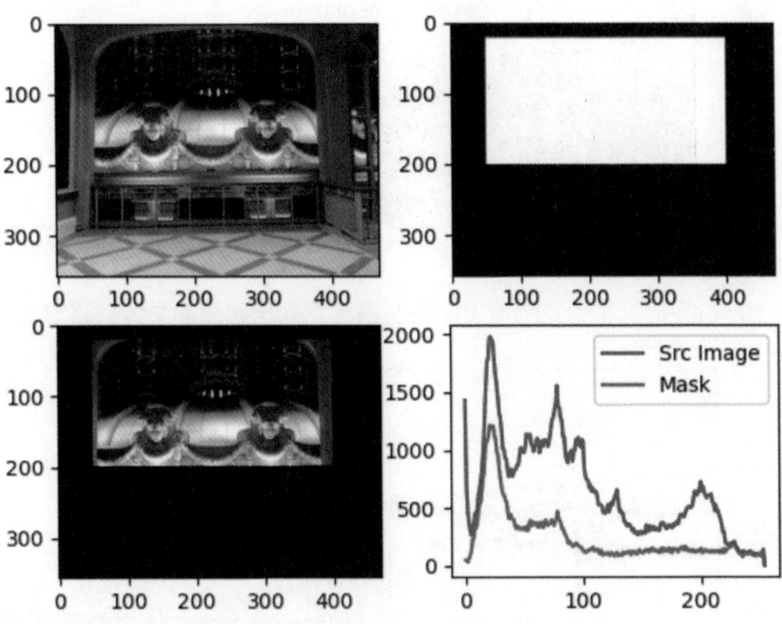

19-3 直方圖均衡化

如果影像灰階值集中在一個窄的區域，容易造成影像細節不清楚。所謂的直方圖均衡化就是對影像灰階值拉寬，重新分配灰階值散佈在所有像素空間，就可以增強影像細節。

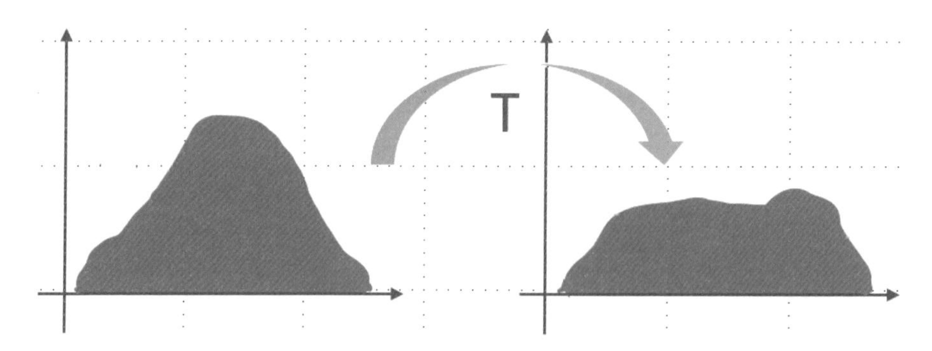

通常過暗或過亮的圖往往是灰階值過度集中某一區域的結果，下列是過暗的影像與直方圖結果。

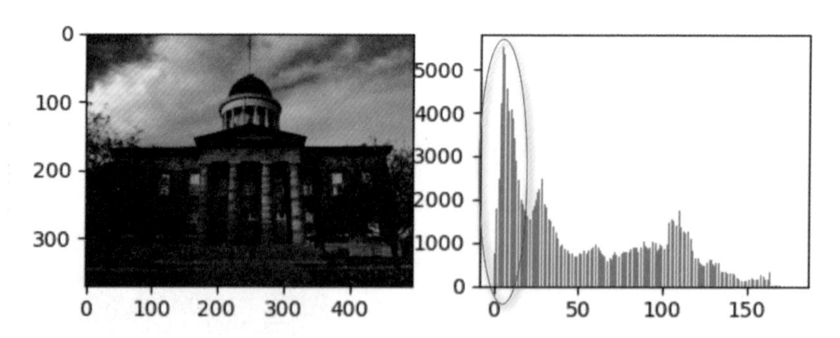

從上方右圖可以看到灰階值集中在左邊，下列是過亮的影像與直方圖結果。

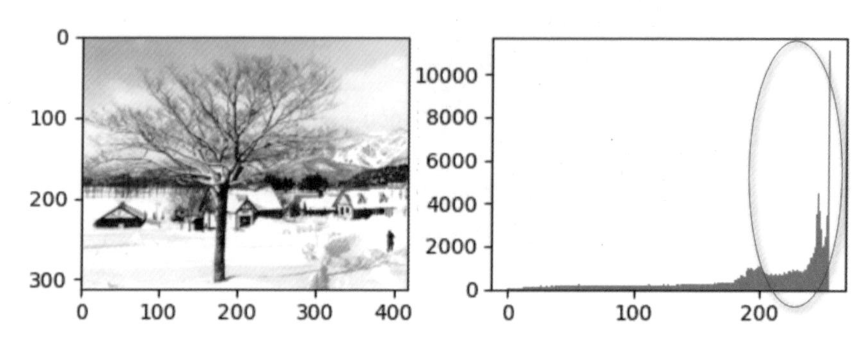

從上方右圖可以看到灰階值集中在右邊。

19-3-1 直方圖均衡化演算法

直方圖均衡化有 2 個步驟：

1： 計算累積的直方圖數據。

2： 將累積的直方圖執行區間轉換。

下列將以一個 5 x 5 的影像為例作解說，假設影像的灰階值是 [0, 7]，這個影像內容如下：

0	0	2	1	0
1	1	1	2	1
3	5	0	0	4
0	7	7	3	5
2	6	4	6	3

上述灰階值統計數據如下：

灰階值級	0	1	2	3	4	5	6	7
像素個數	6	5	3	3	2	2	2	2

將上述表格正規化，可以得到下列結果。

灰階值級	0	1	2	3	4	5	6	7
像素個數	6	5	3	3	2	2	2	2
出現機率	6/25	5/25	3/25	3/25	2/25	2/25	2/25	2/25

使用小數點列出機率，結果如下：

灰階值級	0	1	2	3	4	5	6	7
像素個數	6	5	3	3	2	2	2	2
出現機率	0.24	0.2	0.12	0.12	0.08	0.08	0.08	0.08

計算累計機率，結果如下：

灰階值級	0	1	2	3	4	5	6	7
像素個數	6	5	3	3	2	2	2	2
出現機率	0.24	0.2	0.12	0.12	0.08	0.08	0.08	0.08
累計機率	0.24	0.44	0.56	0.68	0.76	0.84	0.92	1.00

接著有兩種均衡化的方法，如下：

- 在原有範圍執行均衡化。
- 在更廣泛的範圍執行均衡化。

下列將分別解說。

❑ 在原有範圍執行均衡化

計算方式是用最大灰階值級，此例是 7，乘以累積機率可以得到最新的灰階值級，可以使用四捨五入，最後可以得到下列結果。

灰階值級	0	1	2	3	4	5	6	7
像素個數	6	5	3	3	2	2	2	2
出現機率	0.24	0.2	0.12	0.12	0.08	0.08	0.08	0.08
累計機率	0.24	0.44	0.56	0.68	0.76	0.84	0.92	1.00
新灰值級	2	3	4	5	5	6	6	7

上述新灰值級就是均衡化的結果，重新整理我們可以得到下列結果。

灰階值級	0	1	2	3	4	5	6	7
像素個數	0	0	6	5	3	5	4	2

下列是直方圖的比較圖，下方左圖是原始影像，下方右圖是均衡化結果。

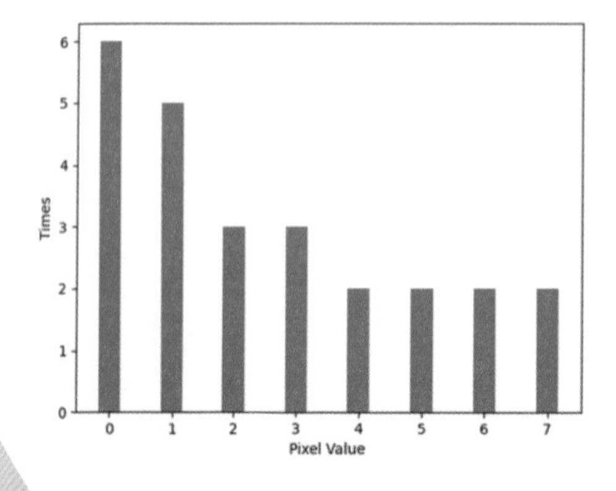

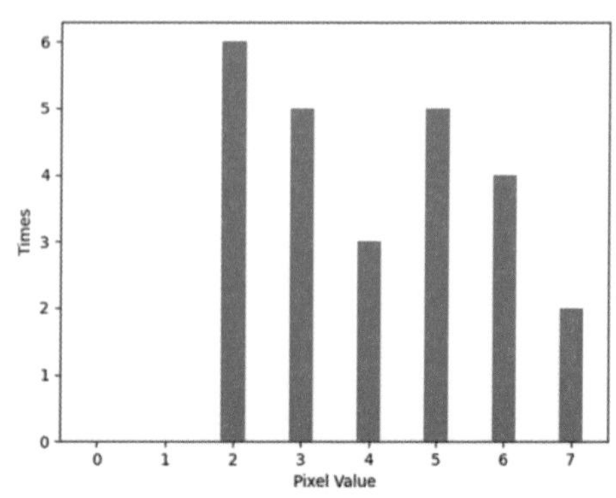

❑ 在更廣泛的範圍執行均衡化

使用更廣泛的灰階值級乘以累計機率，即可以獲得更廣泛的灰度值級，例如，將上述灰度值擴展到 [0, 255]，可以用 255 乘以累計機率，這時可以得到下列結果。

灰階值級	0	1	2	3	4	5	6	7
像素個數	6	5	3	3	2	2	2	2
出現機率	0.24	0.2	0.12	0.12	0.08	0.08	0.08	0.08
累計機率	0.24	0.44	0.56	0.68	0.76	0.84	0.92	1.00
新灰值級	61	112	143	173	194	214	234	255

下列是原先的直方圖。

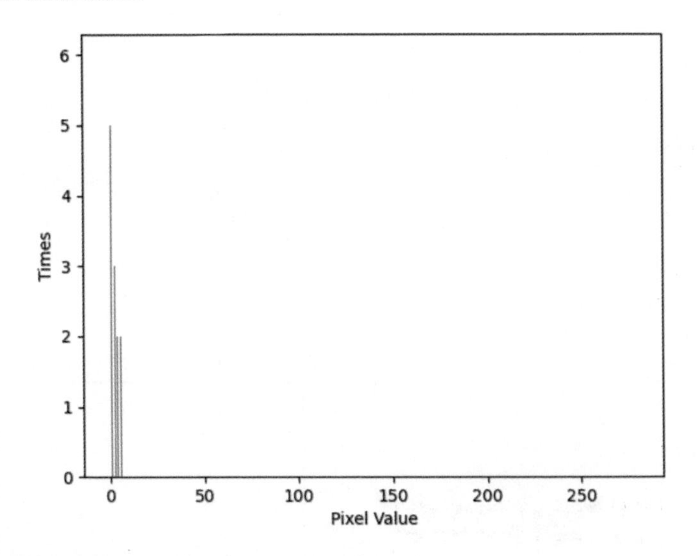

下列是更廣泛執行均衡化的結果。

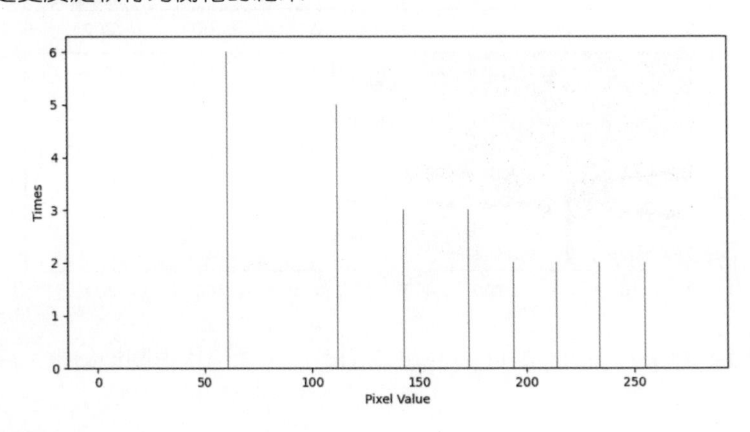

19-3-2 直方圖均衡化 equalizeHist( )

上一小節筆者講解了直方圖均衡化的原理，其實 OpenCV 已經將均衡化方法封裝在 equalizeHist( ) 函數內了。這個函數採用的方法是將原有像素值映射到 0 ~ 255 區間，我們可以直接調用，這個函數的語法如下：

dst = cv2.equalizeHist(src)

上述 src 是 8 位元的單通道影像，dst 是直方圖均衡化的結果。

程式實例 ch19_14.py：snow1.py 是過度曝光太亮的影像，使用直方圖均衡化，同時列出執行結果。

```
1  # ch19_14.py
2  import cv2
3  import matplotlib.pyplot as plt
4
5  src = cv2.imread("snow1.jpg",cv2.IMREAD_GRAYSCALE)
6  plt.subplot(221)                            # 建立子圖 1
7  plt.imshow(src, 'gray')                     # 灰階顯示第1張圖
8  plt.subplot(222)                            # 建立子圖 2
9  plt.hist(src.ravel(),256)                   # 降維再繪製直方圖
10 plt.subplot(223)                            # 建立子圖 3
11 dst = cv2.equalizeHist(src)                 # 均衡化處理
12 plt.imshow(dst, 'gray')                     # 顯示執行均衡化的結果影像
13 plt.subplot(224)                            # 建立子圖 4
14 plt.hist(dst.ravel(),256)                   # 降維再繪製直方圖
15 plt.show()
```

執行結果

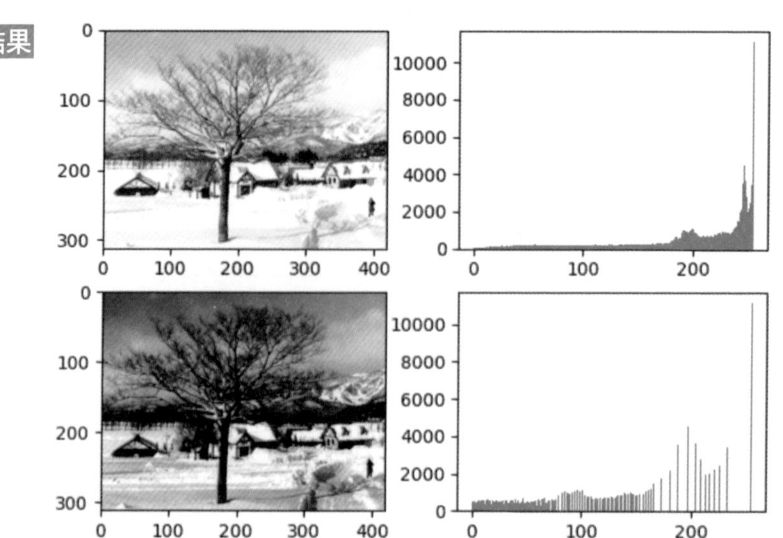

程式實例 ch19_15.py：springfield.py 是過暗的影像，使用直方圖均衡化，同時列出執

行結果，這一實例只是將所讀取的 snow1.jpg 改成 springfield.jpg 檔案。

```
5  src = cv2.imread("springfield.jpg",cv2.IMREAD_GRAYSCALE)
```

執行結果

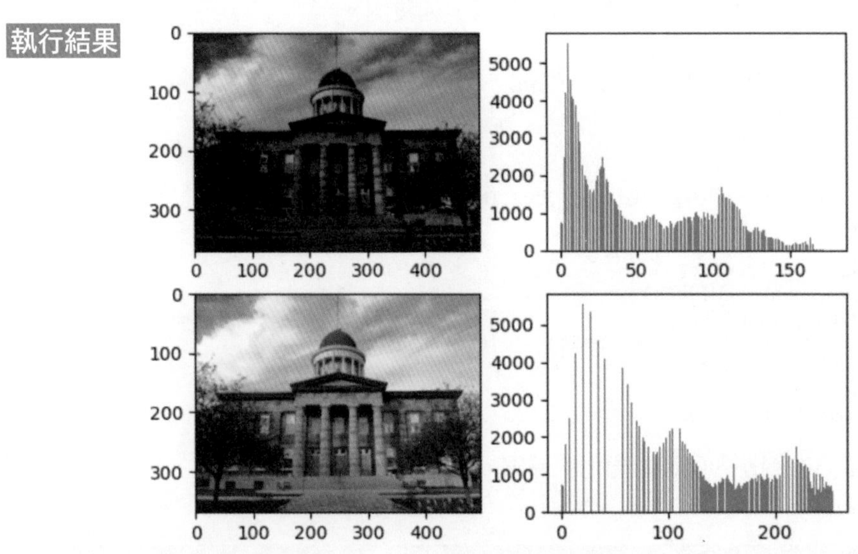

如果一張影像因為霧氣太重，造成部分內容被霧遮住影像不是太清楚，也可以使用直方圖均衡化達到去霧的效果。註：如果霧遮住影像，無法看到霧後面的影像，則無法顯示霧後的影像。

程式實例 ch19_16.py：去除霧的實例。

```
5  src = cv2.imread("highway1.png",cv2.IMREAD_GRAYSCALE)
```

執行結果

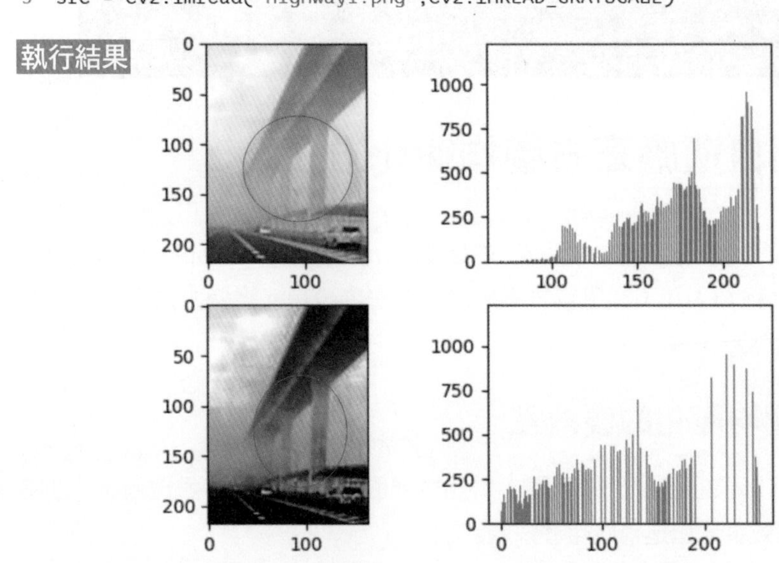

從上述執行結果可以看到所圈選的區域原先霧已經散去不少。

19-3-3　直方圖均衡化應用在彩色影像

直方圖也可以應用在彩色影像，可以參考下列實例。

程式實例 ch19_17.py：使用 springfield.jpg，執行彩色影像的直方圖均衡化。

```
1  # ch19_17.py
2  import cv2
3
4  src = cv2.imread("springfield.jpg",cv2.IMREAD_COLOR)
5  cv2.imshow("Src", src)
6  (b, g, r) = cv2.split(src)                 # 拆開彩色影像通道
7  blue = cv2.equalizeHist(b)                 # 均衡化 B 通道
8  green = cv2.equalizeHist(g)                # 均衡化 G 通道
9  red = cv2.equalizeHist(r)                  # 均衡化 R 通道
10 dst = cv2.merge((blue, green, red))        # 合併通道
11 cv2.imshow("Dst", dst)
12 cv2.waitKey(0)
13 cv2.destroyAllWindows()
```

執行結果 下方右圖是彩色圖均衡化的結果。

19-4 限制自適應直方圖均衡化方法

限制自適應直方圖均衡化方法英文是 Contrast Limited Adaptive Histogram Equalization，英文簡稱 CLAHE，這是直方圖均衡化方法的改良。這個方法有時候也簡稱自適應直方圖均衡化。

19-4-1　直方圖均衡化的優缺點

直方圖透過擴展影像的強度分佈範圍，增加影像的對比度，可以處理過亮 / 過暗的影像或是達到去霧效果，但是也產生了一些缺點：

1： 因為是全局處理，背景雜訊對比度也會增加。

2： 有用訊號對比度降低，例如：特別暗或是特別亮的有用訊號對比度會降低。

OpenCV 模組為了解決這類問題又提出了限制自適應直方圖均衡化方法 (Contrast Limited Adaptive Histogram Equalization, 簡稱 CLAHE)。

19-4-2 直方圖均衡化的缺點實例

這一節將從簡單的實例說起，有一幅影像 office.jpg，我們覺得背景有一點暗，想要讓背景影像變亮，可以得到下列結果。

程式實例 ch19_18.py：使用直方圖均衡化處理 office.jpg。

```
1  # ch19_18.py
2  import cv2
3
4  src = cv2.imread("office.jpg",cv2.IMREAD_GRAYSCALE)
5  cv2.imshow("Src",src)
6  equ = cv2.equalizeHist(src)                # 直方圖均衡化
7  cv2.imshow("euualizeHist",equ)
8
9  cv2.waitKey(0)
10 cv2.destroyAllWindows()
```

執行結果

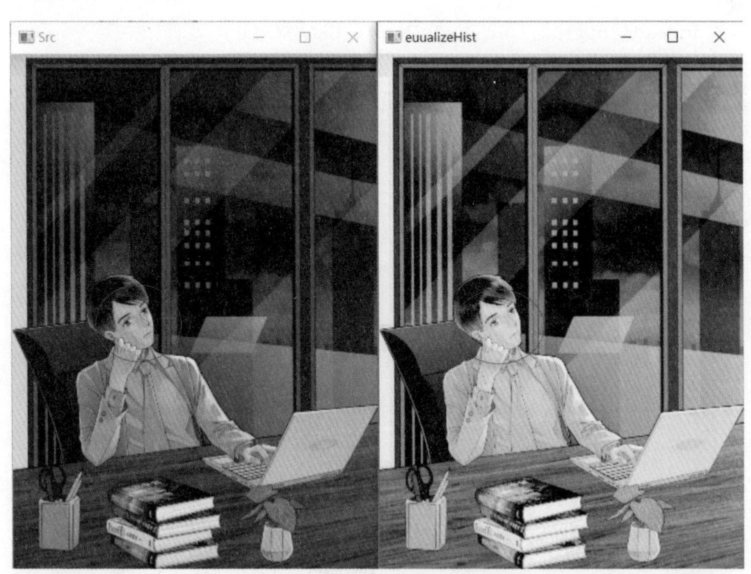

從上述右邊圖直方圖均衡化處理結果，因為是全局影像的處理，可以看到背景變亮了，缺點是所圈起來的臉部也變亮了，同時臉部細節也消失了。

19-4-3 自適應直方圖函數 createCLAHE( ) 和 apply( ) 函數

自適應直方圖函數 createCLAHE( ) 可以改良 ch19_18.py 的缺點，此函數語法如下：

```
clahe = cv2.createCLAHE(clipLimit, tileGridSize)
```

上述各參數意義如下：

- clahe：可產生自適應直方圖物件。
- clipLimit：可選參數，每次對比度大小，建議是使用 2。
- tileGridSize：可選參數，每次處理區塊的大小，建議是 (8, 8)。

上述可以回傳自適應直方圖 clahe 物件，然後使用此物件與灰階影像關聯即可，可以參考下列函數。

```
dst = clahe.apply(src_gray)                    # src_gray 是灰階影像物件
```

程式實例 ch19_19.py：使用自適應直方圖函數，重新設計 ch19_18.py。

```
1  # ch19_19.py
2  import cv2
3  import matplotlib.pyplot as plt
4
5  src = cv2.imread("office.jpg",cv2.IMREAD_GRAYSCALE)
6  cv2.imshow("Src",src)
7  # 自適應直方圖均衡化
8  clahe = cv2.createCLAHE(clipLimit=2.0, tileGridSize=(8,8))
9  dst = clahe.apply(src)            # 灰度影像與clahe物件關聯
10 cv2.imshow("CLAHE",dst)
11
12 cv2.waitKey(0)
13 cv2.destroyAllWindows()
```

執行結果

從上述右邊圖的執行結果可以看到影像背景變亮了，同時臉部細節也保留下來了。

19-5 區域化直方圖增強技術

在影像處理的廣泛應用中，我們經常面臨如何增強特定區域細節而不影響整體圖像保持原本很自然的樣貌。全局直方圖均衡化雖然能有效提升對比度，但它在處理含有複雜結構或多樣區域的影像時，往往會導致細節的丟失或不必要的過度增強。

為了解決這一問題，區域化的直方圖均衡化應運而生。這種方法結合了遮罩技術，讓我們能夠針對影像中的感興趣區域（ROI）進行精確的對比度增強，同時保留其他區域的原始特性。這不僅提高了影像的視覺品質，也讓重要的細節得以突出，廣泛應用於目標檢測、醫學影像分析、工業檢測以及數位影像後製等領域。

程式實例 ch19_20.py：使用圓形遮罩，為 springfield.jpg 圖像的特定區域進行均衡化處理，產生聚光燈效果的影像增強技術實例。

```
1   # ch19_20.py
2   import cv2
3   import numpy as np
4
5   # 讀取影像
6   img = cv2.imread('springfield.jpg', cv2.IMREAD_GRAYSCALE)
7
8   # 定義加權遮罩
9   rows, cols = img.shape
10  mask = np.zeros((rows, cols), dtype=np.uint8)
11  cv2.circle(mask, (cols // 2, rows // 2), min(rows, cols) // 3, 255, -1)
12
13  # 創建一個與原影像大小相同的均衡化影像
14  equalized_img = np.zeros_like(img)
15
16  # 將遮罩應用於影像，僅對遮罩內的區域進行均衡化
17  masked_region = cv2.bitwise_and(img, mask)
18  equalized_region = cv2.equalizeHist(masked_region)
19
20  # 合併均衡化區域和未處理區域
21  equalized_img = cv2.addWeighted(equalized_region, 1, equalized_img, 0, 0)
22
23  # 將非遮罩區域的原始像素值保持不變
24  background = cv2.bitwise_and(img, cv2.bitwise_not(mask))
25  final_img = cv2.add(background, equalized_img)
26
27  cv2.imshow("CLAHE",final_img)
```

執行結果

上述結果可以應用在下面領域。

- 目標檢測與強化
  - 交通監控：在監控影像中，針對車牌或交通標誌等特定區域進行對比度增強，以提高目標檢測的準確性。
  - 人臉識別：在影像中只針對人臉區域進行均衡化，強化人臉特徵以提高人臉識別系統的效率。
- 醫學影像分析
  - 病灶強化：在 X 光、CT 或 MRI 影像中，針對可能的病灶區域（如腫瘤或病變部位）進行對比度增強，以便醫生更清楚地觀察細節。
  - 組織分析：針對特定的組織區域進行強化處理，輔助醫學診斷。
- 監控與保全
  - 焦點區域增強：在影像監控中增強 ROI（感興趣區域）的細節（例如門口、窗戶），而保持背景區域的對比度不變，減少不必要的信息干擾。
  - 低光場景：針對夜間影像中光線不足的目標區域進行增強，提升監控畫面的有效性。
- 衛星影像處理
  - 地形細節強化：在衛星影像中，針對地形的重要區域（如城市建築、農田）進行對比度增強，便於進一步的圖像分析。

- 資源監測：強化自然資源（如河流、森林）區域的細節，有助於環境監測與評估。

● 數位影像後製

- 區域性強化：在數位影像中，增強特定區域（如人物的臉部）而不影響背景部分，使影像更具視覺吸引力。
- 場景強化：在風景攝影中增強某些焦點區域的對比度，突出特定的主體或場景。

習題

1： 使用 springfield.jpg 檔案，將影像使用自適應直方圖均衡化處理，同時列出灰階值的直方圖。

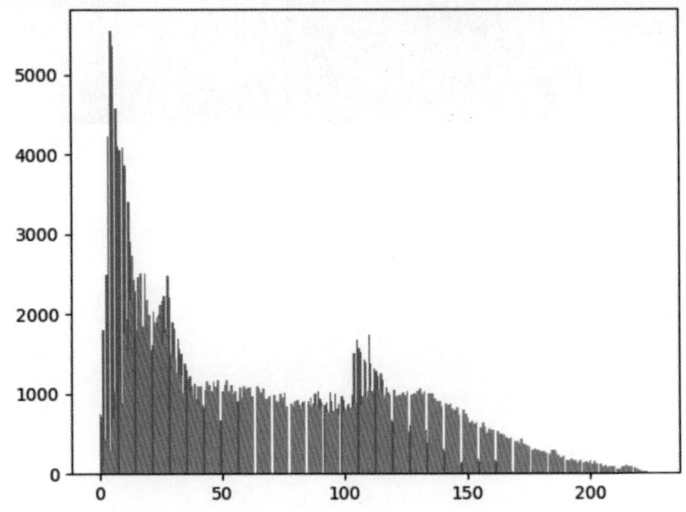

上述橘色部分灰階強度分佈是自適應直方圖的灰階強度結果。

2： 擴充設計 ch19_18.py 和 ch19_19.py，建立原始影像、直方圖均衡化影像和自適應直方圖均衡化影像，最後同時列出 3 種影像的直方圖。

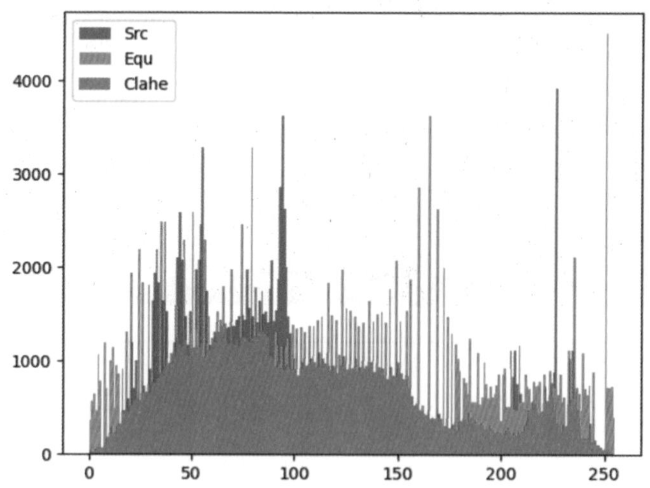

3： 請重新設計 ch19_20.py，獲得彩色結果。

第二十章
模板匹配
Template Matching

模板匹配（Template Matching）是一種經典且實用的影像處理技術，它透過在目標影像中尋找與給定模板影像相似的區域來實現目標檢測與定位。由於其演算法直觀、易於實現且應用場景廣泛，模板匹配在計算機視覺、影像分析及自動化系統中發揮了重要作用。

在本章中，我們將詳細探討模板匹配的基本原理、常用匹配方法以及各方法的適用場景和性能特點。同時，我們也將結合 OpenCV 的 cv2.matchTemplate( ) 函數進行實際，讓讀者能快速掌握模板匹配的實作技巧。

20-1 模板匹配的基礎觀念

假設原始影像是 A，模板影像是 B，在執行模板匹配時先決條件是 A 影像必須大於或等於 B 影像。所謂的模板匹配，是指將 B 影像在 A 影像中移動遍歷完成匹配的方法。

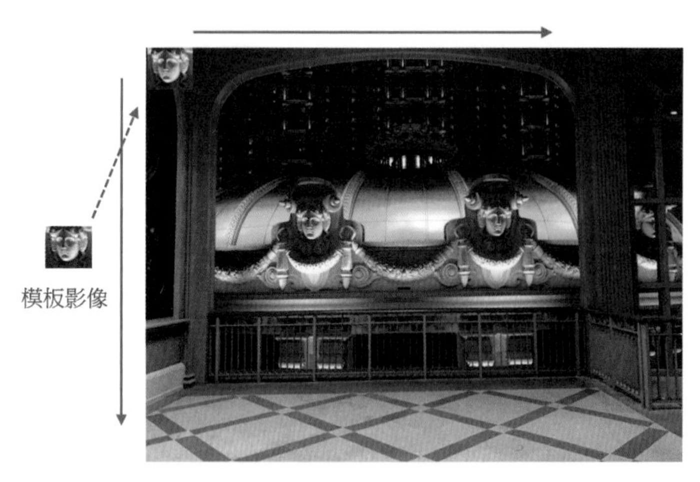

假設原始影像的寬和高分別用 W 和 H 代表，模板影像的寬和高分別用 w 和 h 代表，模板影像在往右移的匹配中必須比較 (W – w + 1) 次，筆者用下列簡單的圖形說明，讀者也可以用手工計算。

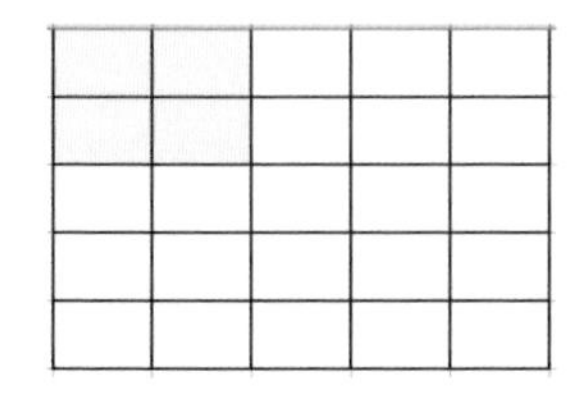

上述假設影像寬度是 5，模板寬度是 2，則模板在往右移動中需要比較次數計算方式如下：

5 – 2 + 1 = 4

讀者也可以用手工計算予以驗證。在往下移動過程必須比較 (H – h + 1)，所以也是必須比較 4 次。因此整個比較過程是要比較 (W – w + 1) * (H – h + 1) = 16 次。

20-2 模板匹配函數 matchTemplate( )

20-2-1 認識匹配函數 matchTemplate( )

OpenCV 提供了 matchTemplate( ) 函數可以讓我們在一個較大影像中找尋模板影像，這個函數的語法如下：

```
result = cv2.matchTemplate(image, temp1, method)
```

上述各參數意義如下：

- result：這是比較結果的陣列，細節可以參考 method 參數表。
- image：原始影像。
- temp1：模板影像。
- method：搜尋匹配程度的方法，有 6 個可能方法。

具名常數	值	說明
TM_SQDIFF	0	平方差匹配法，完全匹配時值是 0，值越小越相似。
TM_SQDIFF_NORMED	1	正規化平方差匹配，值越小越相似。
TM_CCORR	2	相關性匹配法，這是乘法操作，將模板影像與輸入影像相乘，數值越大匹配越好，如果是 0 表示匹配最差。
TM_CCORR_NORMED	3	正規化相關匹配法。
TM_CCOEFF	4	相關係數匹配法，採用相關匹配法對模板減去均值的結果和原始影像減去均值結果進行匹配，1 表示最好匹配，0 表示沒有相關，-1 表示最差匹配。
TM_CCOEFF_NORMED	5	正規化相關係數匹配法。

20-2-2 模板匹配結果

假設原始影像的寬和高分別用 W 和 H 代表，模板影像的寬和高分別用 w 和 h 代表，模板影像在往右移的匹配中必須比較 (W – w + 1) 次，筆者用下列簡單的圖形說明，讀者也可以用手工計算。

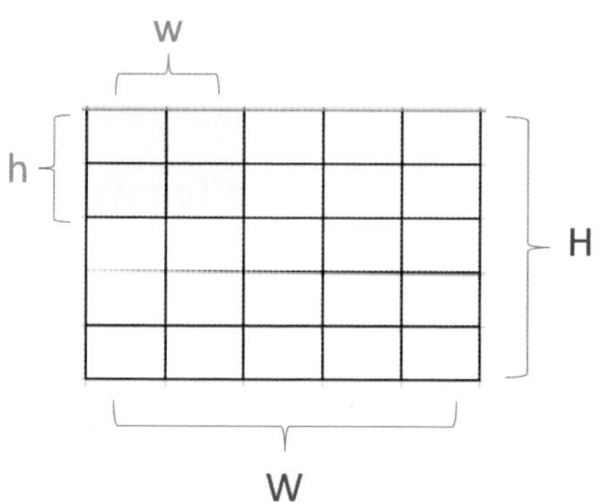

上述假設影像寬度是 5，模板寬度是 2，則模板在往右移動中需要比較次數計算方式如下：

$$W - w + 1 = 5 - 2 + 1 = 4$$

讀者也可以用手工計算做驗證，在往下移動過程必須比較 (H – h + 1)，所以也是必須比較 4 次，因此整個比較過程是要比較 4 * 4 = 16 次。函數 matchTemplate( ) 整個比較結果的回傳值一個寬與高分別是 (W – w + 1) 和 (H – h + 1) 的矩陣。

程式實例 ch20_1.py：使用 TM_SQDIFF 方法，了解 matchTemplate( ) 函數的回傳結果。

註 TM_SQDIFF 是平方差匹配法，完全匹配時值是 0，匹配越差值越大。

```
1  # ch20_1.py
2  import cv2
3
4  src = cv2.imread("macau_hotel.jpg", cv2.IMREAD_COLOR)
5  cv2.imshow("Src", src)                         # 顯示原始影像
6  H, W = src.shape[:2]
7  print(f"原始影像高 H = {H}, 寬 W = {W}")
8  temp1 = cv2.imread("head.jpg")
9  cv2.imshow("Temp1", temp1)                     # 顯示模板影像
10 h, w = temp1.shape[:2]
11 print(f"模板影像高 h = {h}, 寬 w = {w}")
12 result = cv2.matchTemplate(src, temp1, cv2.TM_SQDIFF)
13 print(f"result大小 = {result.shape}")
14 print(f"陣列內容 \n{result}")
15
16 cv2.waitKey(0)
17 cv2.destroyAllWindows()
```

執行結果 下列陣列內容就是每個匹配位置的比較結果值。

```
=================== RESTART: D:/OpenCV_Python/ch20/ch20_1.py ===================
原始影像高 H = 462, 寬 W = 621
模板影像高 h = 45, 寬 w = 51
result大小 = (418, 571)
陣列內容
[[66163930. 65459340. 64718224. ... 75543850. 76030250. 76639520.]
 [66554988. 65852700. 65130436. ... 75869100. 76365576. 76990230.]
 [66952830. 66236564. 65527016. ... 76223240. 76709670. 77303704.]
 ...
 [58041748. 57786708. 57599584. ... 38716692. 38943040. 39191200.]
 [58655428. 58372296. 58156676. ... 39019020. 39225540. 39565670.]
 [59176880. 58881696. 58654012. ... 39245116. 39419610. 39620940.]]
```

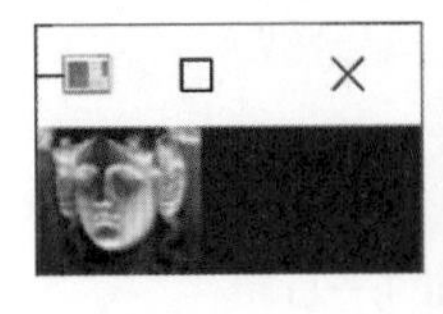

以下是對執行結果的詳細解釋：

❑ 原始影像大小

- 原始影像 (src) 的高度為 462 像素，寬度為 621 像素。
- 此影像是用來尋找模板 (temp1) 匹配位置的目標圖像。

❑ 模板影像大小

- 模板影像 (temp1) 的高度為 45 像素，寬度為 51 像素。
- 這是一小部分從原始影像中裁剪出的圖像，用來在 src 中匹配對應的區域。

❑ 匹配結果大小

- 匹配結果的大小為 (H- h + 1, W- w + 1)，即：
  - H – h + 1 = 462 – 45 + 1 = 418
  - W – w + 1 = 621 – 51 + 1 = 571
- 原因：
  - 模板匹配的過程是將模板在原始影像中滑動，每次計算模板與滑動視窗區域的相似性。
  - 結果陣列的每個位置存放的是模板與對應視窗區域的匹配分數。

❑ 匹配方法

- 匹配方法為 cv2.TM_SQDIFF，它計算模板與影像區域之間的平方差：

$$\text{score} = \sum \left((I(x,y) - T(x,y))^2 \right)$$

  - $I(x, y)$：目標影像的像素值。
  - $T(x, y)$：模板影像的像素值。
- 匹配分數解釋：分數越小，表示模板與對應區域越相似。

❑ 匹配結果陣列

- result 是匹配結果的矩陣，儲存了每個滑動視窗區域與模板影像的匹配分數。
- 每個值表示滑動原始影像視窗區域與模板影像的平方差總和。

20-2-3 TM_SQDIFF_NORMED 模板匹配結果

當使用 cv2.TM_SQDIFF_NORMED 進行模板匹配時，匹配結果 result 是一個矩陣，每個元素表示模板影像與原始影像某個區域的正規化平方差（Normalized Squared Difference），其值範圍為 [0, 1]

程式實例 ch20_1_1.py：使用 TM_SQDIFF_NORMED 匹配模式，重新設計 ch20_1.py。

```
12    result = cv2.matchTemplate(src, temp1, cv2.TM_SQDIFF_NORMED)
```

執行結果

```
================ RESTART: D:/OpenCV_Python/ch20/ch20_1_1.py ================
原始影像高 H = 462, 寬 W = 621
模板影像高 h = 45, 寬 w = 51
result大小 = (418, 571)
陣列內容
[[1.         1.         1.         ... 1.         1.         1.        ]
 [1.         1.         1.         ... 1.         1.         1.        ]
 [1.         1.         1.         ... 1.         1.         1.        ]
 ...
 [0.33855265 0.3375264  0.33691472 ... 0.2688717  0.27018562 0.27162212]
 [0.34009564 0.33895612 0.33822235 ... 0.26923805 0.2703033  0.27226743]
 [0.34106156 0.3399051  0.33915213 ... 0.2690672  0.26983654 0.2707637 ]]
```

上述 result 陣列說明如下：

- 使用 cv2.TM_SQDIFF_NORMED 匹配時，是計算模板與原始影像滑動視窗區域之間的正規化平方差：

$$\text{匹配分數} = \frac{\sum\left((I(x,y) - T(x,y))^2\right)}{\sum I(x,y)^2}$$

  - $I(x, y)$：目標影像的像素值。
  - $T(x, y)$：模板影像的像素值。
- 匹配分數特性
  - 分數值範圍在 [0,1]。
  - 值越接近 0，表示模板與滑動視窗區域的匹配程度越高（差異越小）。
  - 值越接近 1，表示模板與滑動視窗區域的匹配程度越低（差異越大）。
- 觀察數值分佈
  - 在矩陣的絕大多數區域，值為 1，表示這些區域與模板的匹配度很低。
  - 在矩陣的右下部分，值明顯低於 1，如 0.33855265, 0.2688717，表示模板與這些區域的匹配程度較高。

下一節筆者會介紹找到最佳匹配位置。

20-3 單模板匹配

所謂的單模板匹配是指模板影像數量有一個，這時可能會有一個、或二個或更多個與模板相類似的原始影像，如果我們只針對一個最相似當作結果，這個稱單目標匹配。如果要將所有相類似的做匹配，則稱多目標匹配，將在 20-4 節說明。

20-3-1 回顧 minMaxLoc( ) 函數

在 17-7 節筆者有介紹過 minMaxLoc( ) 函數，

minVal, maxVal, minLoc, maxLoc = cv2.minMaxLoc(src, mask=mask)

如果我們使用 matchTemplate( ) 函數參數使用 TM_SQDIFF 方法找尋匹配結果時，所用到的就是 minMaxLoc( ) 所回傳的 minVal 和 minLoc 的結果，這兩個參數分別是最小值與最小值座標。

20-3-2 單模板匹配的實例

程式實例 ch20_2.py：原始影像是 shapes.jpg，模板影像是 heart.jpg，找出最匹配的圖案，同時加上外框。註：這個實例使用 TM_SQDIFF_NORMED 正規化平方匹配法，所以回傳數值會小於 1.0，讀者可以體會不同匹配法的結果差異。

註 TM_SQDIFF_NORMED 是正規化平方差匹配法，完全匹配時值是 0，匹配越差值越接近 1。

```
1  # ch20_2.py
2  import cv2
3
4  src = cv2.imread("shapes.jpg", cv2.IMREAD_COLOR)
5  cv2.imshow("Src", src)                              # 顯示原始影像
6  temp1 = cv2.imread("heart.jpg", cv2.IMREAD_COLOR)
7  cv2.imshow("Temp1", temp1)                          # 顯示模板影像
8  height, width = temp1.shape[:2]                     # 獲得模板影像的高與寬
9  # 使用cv2.TM_SQDIFF_NORMED執行模板匹配
10 result = cv2.matchTemplate(src, temp1, cv2.TM_SQDIFF_NORMED)
11 minVal, maxVal, minLoc, maxLoc = cv2.minMaxLoc(result)
12 upperleft = minLoc                                          # 左上角座標
13 lowerright = (minLoc[0] + width, minLoc[1] + height)        # 右下角座標
14 dst = cv2.rectangle(src,upperleft,lowerright,(0,255,0),3)   # 繪置最相似外框
15 cv2.imshow("Dst", dst)
16 print(f"result大小 = {result.shape}")
17 print(f"陣列內容 \n{result}")
18
19 cv2.waitKey(0)
20 cv2.destroyAllWindows()
```

執行結果

```
================== RESTART: D:\OpenCV_Python\ch20\ch20_2.py ==================
result大小 = (206, 474)
陣列內容
[[0.6339986  0.63401806 0.6340383  ... 0.5972567  0.5953632  0.5933479 ]
 [0.6327533  0.63277286 0.6327973  ... 0.5894378  0.58759123 0.585662  ]
 [0.63142276 0.6314492  0.63147575 ... 0.581289   0.57951427 0.5776713 ]
 ...
 [0.68617016 0.6862077  0.68625015 ... 0.43820098 0.4382517  0.4382916 ]
 [0.6853466  0.6853575  0.6854015  ... 0.43891278 0.43894035 0.43894982]
 [0.6845917  0.6845848  0.6846453  ... 0.43967456 0.43968388 0.43967718]]
```

下列分別是模板影像與原始影像。

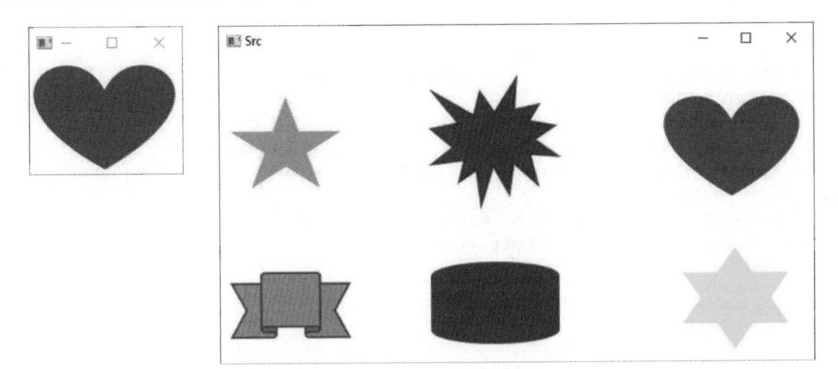

下列是執行結果，可以看到相似度最高的心型圖案已經被圈起來了。

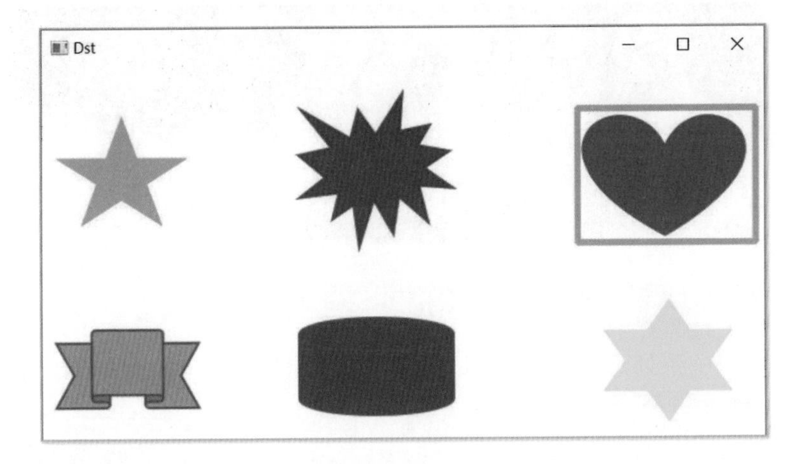

其實模板匹配也可以應用在人群中找尋某個人，相當於進行人臉匹配，達到簡單人臉辨識的效果。

程式實例 ch20_3.py：重新修訂程式 ch20_2.py，進行人臉辨識，下列分別是模板影像與原始影像。

```
1  # ch20_3.py
2  import cv2
3
4  src = cv2.imread("g5.jpg", cv2.IMREAD_COLOR)
5  temp1 = cv2.imread("face1.jpg", cv2.IMREAD_COLOR)
6  height, width = temp1.shape[:2]                        # 獲得模板影像的高與寬
7  # 使用cv2.TM_SQDIFF_NORMED執行模板匹配
8  result = cv2.matchTemplate(src, temp1, cv2.TM_SQDIFF_NORMED)
9  minVal, maxVal, minLoc, maxLoc = cv2.minMaxLoc(result)
10 upperleft = minLoc                                     # 左上角座標
11 lowerright = (minLoc[0] + width, minLoc[1] + height)   # 右下角座標
12 dst = cv2.rectangle(src,upperleft,lowerright,(0,255,0),3)  # 繪置最相似外框
13 cv2.imshow("Dst", dst)
14
15 cv2.waitKey(0)
16 cv2.destroyAllWindows()
```

執行結果

20-3-3　找出比較接近的影像

有時候會有一系列照片，讀者可以想成有多張原始影像，然後要找出哪一張影像與模板影像比較接近。

程式實例 ch20_4.py：此程式所使用的 2 張原始影像分別是 knight0.jpg、knight1.jpg，此程式所使用的模板影像是 knight.jpg，影像內容如下，最後輸出比較接近的影像。

knight.jpg

knight0.jpg

knight1.jpg

```
1  # ch20_4.py
2  import cv2
3
4  src = []                                                    # 建立原始影像陣列
5  src1 = cv2.imread("knight0.jpg", cv2.IMREAD_COLOR)
6  src.append(src1)                                            # 加入原始影像串列
7  src2 = cv2.imread("knight1.jpg", cv2.IMREAD_COLOR)
8  src.append(src2)                                            # 加入原始影像串列
9  temp1 = cv2.imread("knight.jpg", cv2.IMREAD_COLOR)
10 # 使用cv2.TM_SQDIFF_NORMED執行模板匹配
11 minValue = 1                                                # 設定預設的最小值
12 index = -1                                                  # 設定最小值的索引
13 # 採用歸一化平方匹配法
14 for i in range(len(src)):
15     result = cv2.matchTemplate(src[i], temp1, cv2.TM_SQDIFF_NORMED)
16     minVal, maxVal, minLoc, maxLoc = cv2.minMaxLoc(result)
17     if minValue > minVal:
18         minValue = minVal                                   # 紀錄目前的最小值
19         index = i                                           # 紀錄目前的索引
20 seq = "knight" + str(index) + ".jpg"
21 print(f"{seq} 比較類似")
22 cv2.imshow("Dst", src[index])
23
24 cv2.waitKey(0)
25 cv2.destroyAllWindows()
```

執行結果

```
=================== RESTART: D:\OpenCV_Python\ch20\ch20_4.py ===================
knight1.jpg 比較類似
```

20-3-4　多目標匹配的實例

OpenCV 所提供的模板匹配 matchTemplate( ) 函數，有許多方法可以使用，這一節筆者將使用正規化相關係數匹配法，方法參數是 TM_CCOEFF_NORMED，這一個方法的特色是完全相同的圖案回傳值是 1，匹配越差值越接近 -1。

本節的主題是原始影像有多個圖案與模板影像相同，然後我們必須找出所有相同的圖案。

程式實例 ch20_5.py：有時候一個原始影像有多張圖案與模板影像相同，這時也可以使用 matchTemplate( ) 函數找尋，在獲得 result 回傳值時，逐列 (row) 冉逐行 (col) 找出值大於 0.95 的，就是我們要的圖案。

```
1  # ch20_5.py
2  import cv2
3
4  src = cv2.imread("mutishapes.jpg", cv2.IMREAD_COLOR)
5  cv2.imshow("Src", src)                                   # 顯示原始影像
6  temp1 = cv2.imread("heart.jpg", cv2.IMREAD_COLOR)
7  cv2.imshow("Temp1", temp1)                               # 顯示模板影像
8  height, width = temp1.shape[:2]                          # 獲得模板影像的高與寬
9  # 使用cv2.TM_CCOEFF_NORMED執行模板匹配
10 result = cv2.matchTemplate(src, temp1, cv2.TM_CCOEFF_NORMED)
11 for row in range(len(result)):                           # 找尋row
12     for col in range(len(result[row])):                  # 找尋column
13         if result[row][col] > 0.95:                      # 值大於0.95就算找到了
14             dst = cv2.rectangle(src,(col,row),(col+width,row+height),(0,255,0),3)
15 cv2.imshow("Dst",dst)
16
17 cv2.waitKey(0)
18 cv2.destroyAllWindows()
```

執行結果　下列分別是模板影像與原始影像。

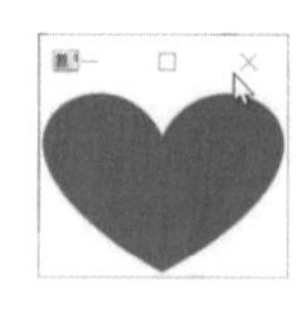

下列是執行結果，可以看到所有相似度最高的心型圖案已經被圈起來了。

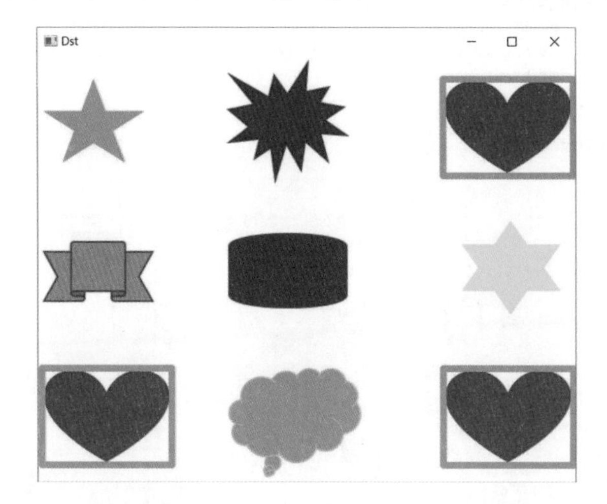

20-3-5 在地圖搜尋山脈

下列是百度地圖，其中下方左圖的山脈符號可以當作模板影像，下方右圖的地圖可以視作原始影像，這個程式可以將所有山脈圈起來。

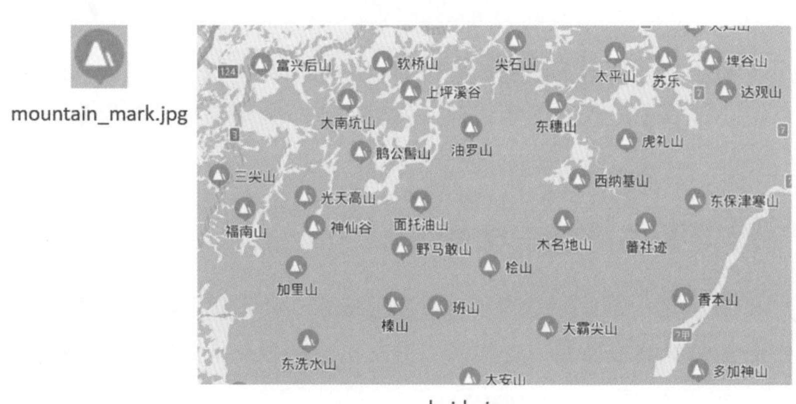

mountain_mark.jpg

baidu.jpg

程式實例 ch20_6.py：將山脈用紅色框起來。

```
1  # ch20_6.py
2  import cv2
3
4  src = cv2.imread("baidu.jpg", cv2.IMREAD_COLOR)
5  temp1 = cv2.imread("mountain_mark.jpg", cv2.IMREAD_COLOR)
6  h, w = temp1.shape[:2]                              # 獲得模板影像的高與寬
7  # 使用cv2.TM_CCOEFF_NORMED執行模板匹配
8  result = cv2.matchTemplate(src, temp1, cv2.TM_CCOEFF_NORMED)
```

```
 9  for row in range(len(result)):                          # 找尋row
10      for col in range(len(result[row])):                 # 找尋column
11          if result[row][col] > 0.95:                     # 值大於0.95就算找到了
12              dst = cv2.rectangle(src,(col,row),(col+w,row+h),(0,0,255),3)
13  cv2.imshow("Dst",dst)
14
15  cv2.waitKey(0)
16  cv2.destroyAllWindows()
```

執行結果

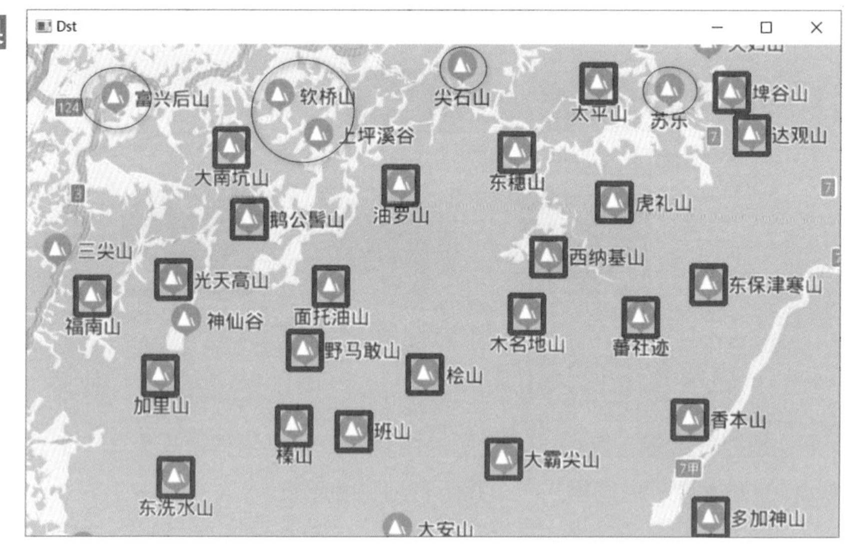

上述我們框出了大部分的山脈，但是部分山脈因為框內圈外底色非匹配影像的綠色，因此匹配結果值小於 0.95，所以無法被框出來，將所有的山脈框出來將是讀者的習題。

20-3-6 計算距離最近的機場

這一節的實例是計算從地圖中心點 (450,180)，約在青年公園，然後找出最近的機場，原始影像可以看到桃園中正機場與台北松山機場，下列是模板影像與原始地圖影像。

ariport_mark.jpg

airport.jpg

程式實例 ch20_7.py：計算與輸出到機場的距離，以及將比較近的距離繪製藍色線。

```
1  # ch20_7.py
2  import cv2
3  import math
4  
5  start_x = 450                                             # 目前位置 x
6  start_y = 180                                             # 目前位置 y
7  src = cv2.imread("airport.jpg", cv2.IMREAD_COLOR)
8  temp1 = cv2.imread("airport_mark.jpg", cv2.IMREAD_COLOR)
9  dst = cv2.circle(src,(start_x,start_y),10,(255,0,0),-1)
10 h, w = temp1.shape[:2]                                    # 獲得模板影像的高與寬
11 # 使用cv2.TM_CCOEFF_NORMED執行模板匹配
12 ul_x = []                                                 # 最佳匹配左上角串列 x
13 ul_y = []                                                 # 最佳匹配左上較串列 y
14 result = cv2.matchTemplate(src, temp1, cv2.TM_CCOEFF_NORMED)
15 for row in range(len(result)):                            # 找尋row
16     for col in range(len(result[row])):                   # 找尋column
17         if result[row][col] > 0.9:                        # 值大於0.9就算找到了
18             dst = cv2.rectangle(src,(col,row),(col+w,row+h),(255,0,0),2)
19             ul_x.append(col)                              # 加入最佳匹配串列 x
20             ul_y.append(row)                              # 加入最佳匹配串列 y
21 # 計算目前位置到台北機場的距離
22 sub_x = start_x - ul_x[0]                                 # 計算 x 座標差距
23 sub_y = start_y - ul_y[0]                                 # 計算 y 座標差距
24 start_taipei = math.hypot(sub_x,sub_y)                    # 計算距離
25 print(f"目前位置到台北機場的距離 = {start_taipei:8.2f}")
26 # 計算目前位置到桃園機場的距離
27 sub_x = start_x - ul_x[1]                                 # 計算 x 座標差距
28 sub_y = start_y - ul_y[1]                                 # 計算 y 座標差距
29 start_taoyuan = math.hypot(sub_x,sub_y)                   # 計算距離
30 print(f"目前位置到桃園機場的距離 = {start_taoyuan:8.2f}")
31 # 計算最短距離
32 if start_taipei > start_taoyuan:                          # 距離比較
33     cv2.line(src,(start_x,start_y),(ul_x[0],ul_y[0]),(255,0,0),2)
34 else:
35     cv2.line(src,(start_x,start_y),(ul_x[1],ul_y[1]),(255,0,0),2)
36 cv2.imshow("Dst",dst)
37 
38 cv2.waitKey(0)
39 cv2.destroyAllWindows()
```

執行結果

```
================== RESTART: D:/OpenCV_Python/ch20/ch20_7tmp.py ================
目前位置到台北機場的距離 =   467.39
目前位置到桃園機場的距離 =   403.73
```

上述第 17 列筆者匹配值使用大於 0.9 就算找到，因為機場圖示不是方正，4 個角有內縮顏色不一致。另外，上述程式的缺點是繪製起點到桃園機場時是使用桃園機場圖示的左上角，建立可以將線條繪製到桃園機場圖示的中央，這將是讀者的習題。

20-4 多模板匹配

所謂的多模板匹配就是原始影像有多個，但是模板影像也有多個，處理這類問題可以建立一個匹配函數，然後用 for 迴圈將所讀取的模板影像送入匹配函數，再將匹配成功的影像存入指定串列即可，本程式所使用的模板影像與原始影像內容如下：

程式實例 ch20_8.py：多模板匹配的應用，所有匹配成功的模板使用綠色框框起來。

```
1  # ch20_8.py
2  import cv2
3
4  def myMatch(image,tmp):
5      ''' 執行匹配 '''
6      h, w = tmp.shape[0:2]                              # 回傳height, width
7      result = cv2.matchTemplate(src, tmp, cv2.TM_CCOEFF_NORMED)
8      for row in range(len(result)):                     # 找尋row
9          for col in range(len(result[row])):            # 找尋column
10             if result[row][col] > 0.95:                # 值大於0.95就算找到了
11                 match.append([(col,row),(col+w,row+h)]) # 左上與右下點加入串列
12     return
13
14 src = cv2.imread("mutishapes1.jpg", cv2.IMREAD_COLOR)   # 讀取原始影像
15 temps = []
16 temp1 = cv2.imread("heart1.jpg", cv2.IMREAD_COLOR)      # 讀取匹配影像
17 temps.append(temp1)                                     # 加入匹配串列temps
18 temp2 = cv2.imread("star.jpg", cv2.IMREAD_COLOR)        # 讀取匹配影像
19 temps.append(temp2)                                     # 加入匹配串列temps
20 match = []                                              # 符合匹配的圖案
21 for t in temps:
22     myMatch(src,t)                                      # 調用 myMatch
23 for img in match:
```

```
24        dst = cv2.rectangle(src,(img[0]),(img[1]),(0,255,0),1)  # 繪外框
25  cv2.imshow("Dst",dst)
26
27  cv2.waitKey(0)
28  cv2.destroyAllWindows()
```

執行結果

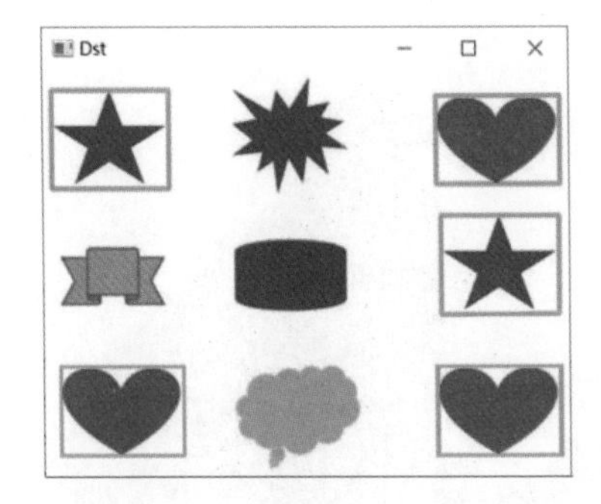

習題

1：重新設計 ch20_1.py：用綠色框住最相似的區域，同時列出最佳匹配位置。

```
==================== RESTART: D:\OpenCV_Python\ex\ex20_1.py ====================
原始影像高 H = 462, 寬 W = 621
模板影像高 h = 45, 寬 w = 51
result大小 = (418, 571)
最小值: 3595469.0, 最佳匹配位置: (169, 177)
```

2：擴充 ch20_4.py，增加框住比較類似的俠客。

3：修正設計 ch20_6.py，列出所有的山脈。

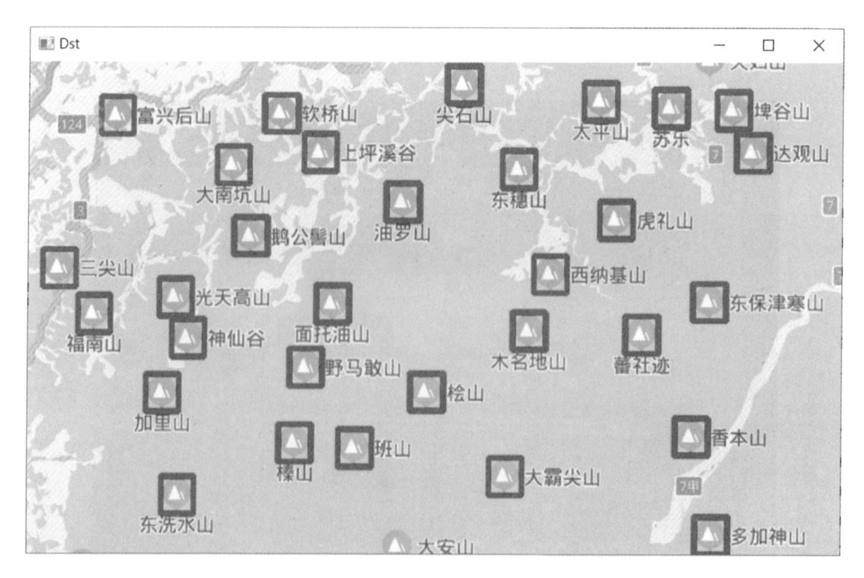

4： 有一個模板影像 university.jpg 與原始影像 map.jpg 如下，請將大學用紅色圈起來，同時列出此地圖區大學的數量。

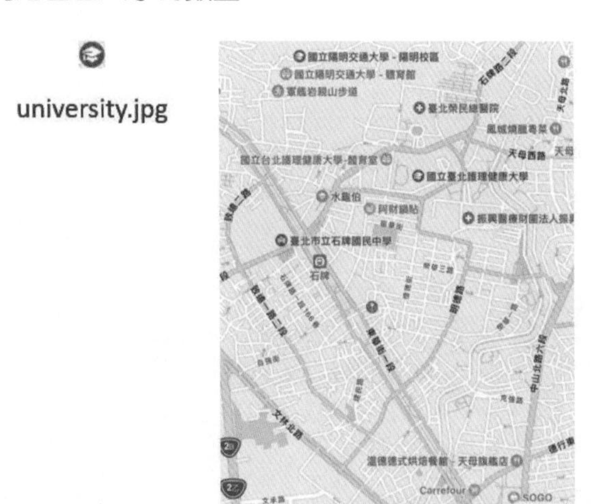

map.jpg

下列是執行結果。

```
==================== RESTART: D:\OpenCV_Python\ex\ex20_4.py ====================
這區域有 2 所大學
```

註 上述外框是筆者事後圈上去的，程式是用紅色方框框起來。

5： 擴充 ch20_7.py，繪製起點到機場位置時，將線條繪到機場圖示的中心點，此外，距離比較遠的機場繪製紅線。

```
==================== RESTART: D:\OpenCV_Python\ex\ex20_5.py ====================
目前位置到台北機場的距離 =   467.39
目前位置到桃園機場的距離 =   403.73
```

第二十一章

傅立葉 (Fourier) 變換

21-1　數據座標軸轉換的基礎知識

21-2　傅立葉基礎理論

21-3　使用 Numpy 執行傅立葉變換

21-4　訊號與濾波器

21-5　使用 OpenCV 完成傅立葉變換

21-6　低通濾波器的藝術創作

在影像處理中我們可以將影像區分為空間域和頻率域，至今所有影像處理皆是在空間域處理。

這一章筆者將簡單介紹傅立葉變換，這是一種將影像從空間域轉換到頻率域的方法，然後我們可以在頻率域內進行影像處理，最後再使用逆傅立葉運算將影像從頻率域轉換回空間域。

21-1 數據座標軸轉換的基礎知識

這一章將從簡單的數據著手，假設要調製台灣冬天最流行的燒仙草，在慢火調製過程需要下列步驟，筆者命名表 21-1：

時間	0	1	2	3	4	5	6	7	8	9	10	11
純水	1	1	1	1	1	1	1	1	1	1	1	1
黑糖	2	0	2	0	2	0	2	0	2	0	2	0
仙草	4	0	0	4	0	0	4	0	0	4	0	0
黑珍珠	3	0	0	0	3	0	0	0	3	0	0	0

上述表 21-1 數據觀念如下：

1： 每 1 分鐘放 1 杯水。

2： 每 2 分鐘放 2 份黑糖。

3： 每 3 分鐘放 4 份仙草。

4： 每 4 分鐘放 3 顆黑珍珠。

上述圖表是我們熟知的數據表達方式，淺顯易懂。但是在數據處理過程，我們可以從時域的角度處理表達訊息。

程式實例 ch21_1.py：使用時域角度表達上述燒仙草的調製過程，所以橫軸是時間，縱軸是調製的配料份數。

```
1  # ch21_1.py
2  import matplotlib.pyplot as plt
3  plt.rcParams["font.family"] = ["Microsoft JhengHei"] # 正黑體
4
```

```
 5  seq = [0,1,2,3,4,5,6,7,8,9,10,11]          # 時間值
 6  water = [1,1,1,1,1,1,1,1,1,1,1,1]          # 水
 7  sugar = [2,0,2,0,2,0,2,0,2,0,2,0]          # 糖
 8  grass = [4,0,0,4,0,0,4,0,0,4,0,0]          # 仙草
 9  pearl = [3,0,0,0,3,0,0,0,3,0,0,0]          # 黑珍珠
10  plt.plot(seq,water,"-o",label="水")        # 繪含標記的water折線圖
11  plt.plot(seq,sugar,"-x",label="糖")        # 繪含標記的sugar折線圖
12  plt.plot(seq,grass,"-s",label="仙草")      # 繪含標記的grass折線圖
13  plt.plot(seq,pearl,"-p",label="黑珍珠")    # 繪含標記的pearl折線圖
14  plt.legend(loc="best")
15  plt.axis([0, 12, 0, 5])                    # 建立軸大小
16  plt.xlabel("時間軸")                        # 時間軸
17  plt.ylabel("份數")                          # 份數
18  plt.show()
```

執行結果

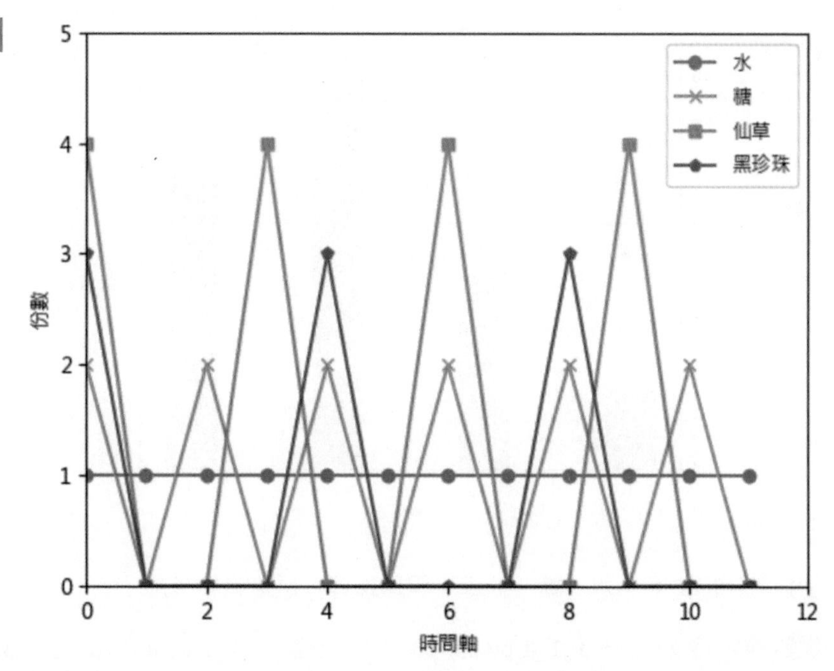

如果將上述題目的橫軸改為週期 (頻率的倒數)，縱軸仍是份數，我們可以使用直條圖表示。

程式實例 ch21_2.py：使用橫軸表達週期，縱軸表達份數，重新設計 ch21_1.py，這個執行結果是燒仙草的頻率域圖。

註 這個程式實例只是為了要繪製頻率域圖，並不是他們之間的轉換方式。

```
1  # ch21_2.py
2  import matplotlib.pyplot as plt
3  import numpy as np
4  plt.rcParams["font.family"] = ["Microsoft JhengHei"] # 正黑體
5
6  copies = [1,2,4,3]                        # 份數
7  N = len(copies)
8  x = np.arange(N)
9  width = 0.35
10 plt.bar(x,copies,width)                   # 直條圖
11 plt.xlabel("頻率")                        # 頻率
12 plt.ylabel("份數")                        # 份數
13 plt.xticks(x,('1','2','3','4'))
14 plt.grid(axis="y")
15 plt.show()
```

執行結果

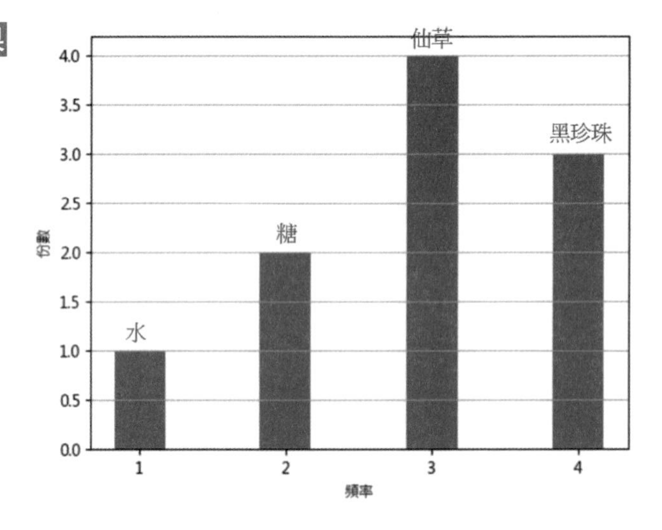

註 上述紅色的文字，水、糖、仙草、黑珍珠等，是筆者事後加上去的。

從數據表格 21-1、ch21_1.py 的時域圖與上述 ch21_2.py 的頻率圖，我們可以知道相同的資料可以有不同的表達方式，也就是他們之間是等價關係。

21-2 傅立葉基礎理論

21-2-1 認識傅立葉 (Fourier)

傅立葉全名是 Jean Baptiste Joseph Fourier，1768 年 3 月 21 日 ~ 1830 年 5 月 16 日，法國數學、物理學家。

1807 年傅立葉發表了固體的熱傳學 (On the Propagation of Hear in Solid Bodies)，開始有了傅立葉分析的觀念出現。1822 年傅立葉出版了熱的解析理論 (Theorie analytique de la chaleur)，在這本著作裡有了完整傅立葉理論的誕生。

21-2-2 認識弦波

在數學中所謂的正弦波是指 sin(x) 函數所產生的波形，餘弦波則是由 cos(x) 所產生的波形，如果我們稱弦波則是指 sin(x) 或 cos(x) 所產生的波形。由弦波組成的函數，我們稱弦函數。仔細觀察，弦波其實就是一個圓周運動在一條直線上的投影。

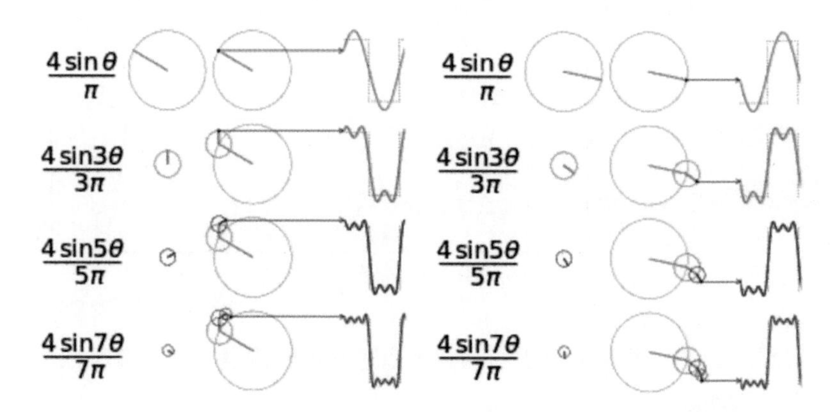

上述圖形取材自下列網址

https://en.wikipedia.org/wiki/File:Fourier_series_square_wave_circles_animation.gif

21-2-3　正弦函數的時域圖與頻率域圖

這一節筆者先建立一個正弦函數，然後繪製此函數的曲線。

程式實例 ch21_3.py：在 0 ~ 1 之間，繪製正弦函數「y = sin(25*x)」的時域圖，橫軸是時間，縱軸是振幅。

```
1  # ch21_3.py
2  import matplotlib.pyplot as plt
3  import numpy as np
4  plt.rcParams["font.family"] = ["Microsoft JhengHei"] # 正黑體
5  plt.rcParams["axes.unicode_minus"] = False           # 可以顯示負數
6
7  start = 0
8  end = 1
9  x = np.linspace(start, end, 500)          # x 軸區間
10 y = np.sin(2*np.pi*4*x)                   # 建立正弦曲線
11 plt.plot(x, y)
12 plt.xlabel("時間(秒)")                     # 時間
13 plt.ylabel("振幅")                         # 振幅
14 plt.title("正弦曲線",fontsize=16)           # 標題
15 plt.show()
```

執行結果

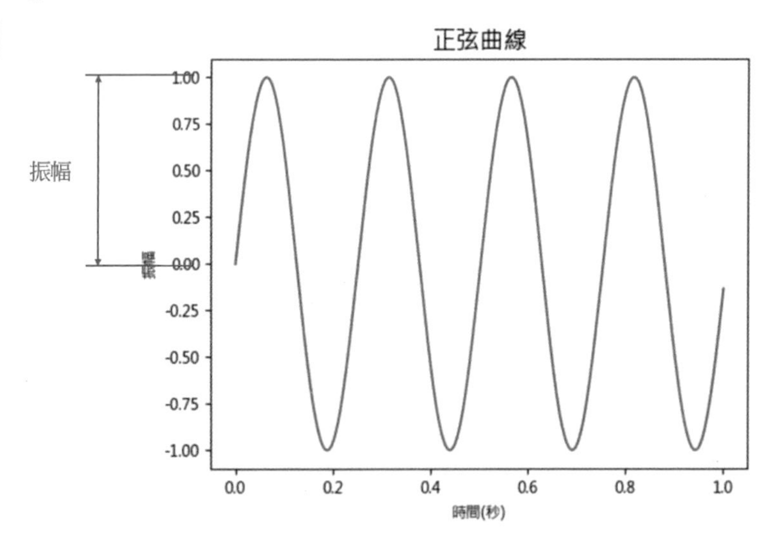

如果從頻率域的角度看上述正弦函數，這時的橫座標是頻率，縱座標是振幅，我們可以得到頻率域圖。

程式實例 ch21_4.py：建立相同正弦函數「y = sin(25*x)」，的頻率域圖。

註 這個程式實例只是為了要繪製頻率域圖，並不是他們之間的轉換方式。

```
1  # ch21_4.py
2  import matplotlib.pyplot as plt
3  import numpy as np
4  plt.rcParams["font.family"] = ["Microsoft JhengHei"] # 正黑體
5
6  amplitude = [0,0,0,1,0,0,0]
7  N = len(amplitude)
8  x = np.arange(N)
9  width = 0.3
10 plt.bar(x,amplitude,width)                    # 直條圖
11 plt.xlabel("頻率")                            # 頻率
12 plt.ylabel("振幅")                            # 振幅
13 plt.xticks(x,('1','2','3','4','5','6','7'))
14 plt.grid(axis="y")
15 plt.show()
```

執行結果

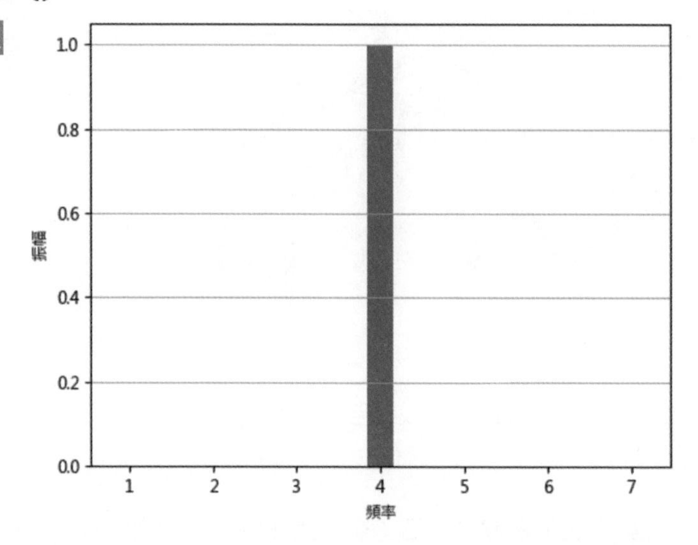

程式 ch21_3.py 是時域圖和上述 ch21_4.py 頻率域圖是相同的正弦函數的不同表達方式。筆者在 ch21_4.py 中使用已經知道的結果繪製了頻率域圖，這只是為了在頻率域中表達正弦波的結果，在真實的世界要貫穿時域與頻率域所使用的是傅立葉分析。

21-2-4 傅立葉變換理論基礎

「傅立葉定理」是指任何連續的週期性函數都可以分解成由不同頻率的正弦函數 (sin) 以及餘弦函數 (cos) 所組成。

上述論點誕生時，在當時產生了極大的爭議，其中當時著名數學家分成兩派，第 13 章所介紹的拉普拉斯 (Laplace) 認同傅立葉定理的觀點。不過另一位著名學者拉格朗日 (Lagrange，1736 年 1 月 25 日 ~ 1813 年 4 月 10 日) 則持反對意見，他的理由是正弦曲線無法組成一個含有菱角的訊號。

其實不論是傅立葉或是拉格朗日的立場皆是正確的。

- 因為有限的正弦曲線的確無法組合成有菱角的訊號。
- 但是無限的正弦曲線則可以組成有菱角的訊號。

下列圖片對於傅立葉整個理論，以及未來我們從時域必須進入頻率域，有一個非常好的詮釋。

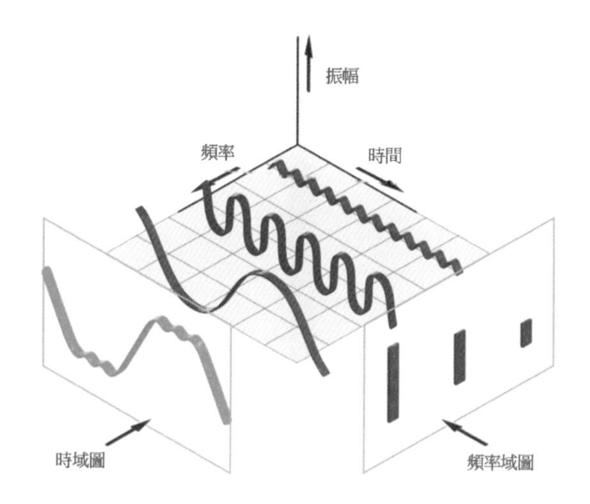

上述圖片取材自下列網址

https://www.ifm.com/de/en/shared/technologies/real-time-maintenance/technology/frequency-domain

上述藍色、紫色與紅色的曲線就是弦函數，這 3 條弦函數組合成綠色的弦函數，從時域圖可以看到最後組成的函數結果。

從時域圖我們看到了複雜弦函數的組成，但是若是從頻率域圖，我們所看到的其實就是幾條直線而已。

程式實例 ch21_5.py：將兩個正弦波相加，然後列出結果。

```
1  # ch21_5.py
2  import matplotlib.pyplot as plt
3  import numpy as np
4  plt.rcParams["font.family"] = ["Microsoft JhengHei"] # 正黑體
5  plt.rcParams["axes.unicode_minus"] = False           # 可以顯示負數
6
```

```
 7  start = 0;                                          # 起始時間
 8  end = 5;                                            # 結束時間
 9  # 兩個正弦波的訊號頻率
10  freq1 = 5;                                          # 頻率是 5 Hz
11  freq2 = 8;                                          # 頻率是 8 Hz
12  # 建立時間軸的Numpy陣列, 用500個點
13  time = np.linspace(start, end, 500);
14  # 建立2個正弦波
15  amplitude1 = np.sin(2*np.pi*freq1*time)
16  amplitude2 = np.sin(2*np.pi*freq2*time)
17  # 建立子圖
18  figure, axis = plt.subplots(3,1)
19  plt.subplots_adjust(hspace=1)
20  # 時間域的 sin 波 1
21  axis[0].set_title('頻率是 5 Hz的 sin 波')
22  axis[0].plot(time, amplitude1)
23  axis[0].set_xlabel('時間')
24  axis[0].set_ylabel('振幅')
25  # 時間域的 sin 波 2
26  axis[1].set_title('頻率是 8 Hz的 sin 波')
27  axis[1].plot(time, amplitude2)
28  axis[1].set_xlabel('時間')
29  axis[1].set_ylabel('振幅')
30  # 加總sin波
31  amplitude = amplitude1 + amplitude2
32  axis[2].set_title('2個不同頻率正弦波的結果')
33  axis[2].plot(time, amplitude)
34  axis[2].set_xlabel('時間')
35  axis[2].set_ylabel('振幅')
36  plt.show()
```

執行結果

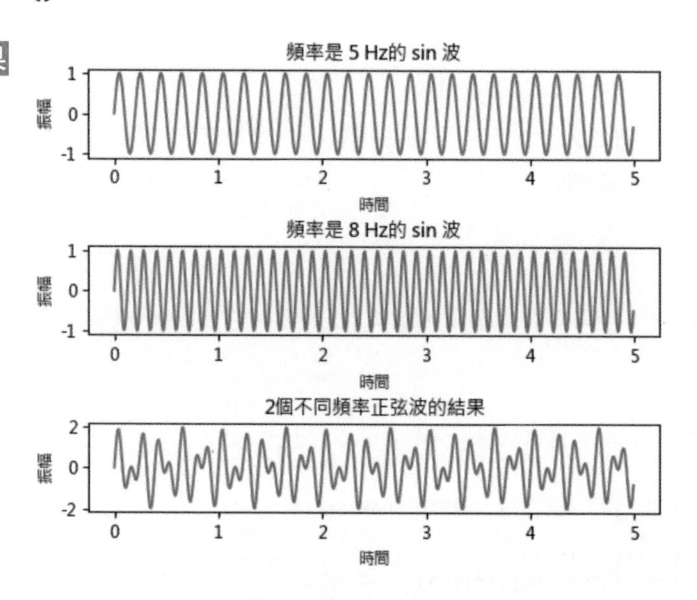

21-3 使用 Numpy 執行傅立葉變換

21-3-1 實作傅立葉變換

Numpy 模組所提供的傅立葉變換函數如下，下列函數主要是將影像從空間域轉成頻率域：

f = np.fft.fft2(src, s=None, axes=(-2, -1))

上述各參數意義如下：

- src 是輸入影像，或是陣列，這是灰階影像。
- s 是整數序列，輸出陣列的大小。如果省略則輸出大小與輸入大小一致。
- axes：整數軸，如果省略則使用最後 2 個軸。
- f：回傳值，這是含複數的陣列 (complex ndarray)。

影像經過上述傅立葉變換函數處理後，可以得到頻率域圖，但是 0 頻率分量的中心位置會出現在左上角，通常我們需要使用 Numpy 模組的 np.fft.fftshift( ) 函數將 0 頻率分量的中心位置移到中間。

fshift = np.fft.fftshift(f)

上述得到的是複數陣列，接下來要將此複數陣列轉為在 [0,255] 間的灰階值，我們又將此稱傅立葉頻譜，簡稱頻譜。

fimg = 20 * np.log(np.abs(fshift))

程式實例 ch21_6.py：使用傅立葉變換，繪製 jk.jpg 影像的頻率域圖，也稱頻譜圖。

```
1  # ch21_6.py
2  import cv2
3  import numpy as np
4  from matplotlib import pyplot as plt
5  plt.rcParams["font.family"] = ["Microsoft JhengHei"]
6
7  src = cv2.imread('jk.jpg',cv2.IMREAD_GRAYSCALE)
8  f = np.fft.fft2(src)                        # 轉成頻率域
9  fshift = np.fft.fftshift(f)                 # 0 頻率分量移至中心
10 spectrum = 20*np.log(np.abs(fshift))        # 轉成頻譜
11 plt.subplot(121)                            # 繪製左邊原圖
12 plt.imshow(src,cmap='gray')                 # 灰階顯示
13 plt.title('原始影像')
```

```
14  plt.axis('off')                                # 不顯示座標軸
15  plt.subplot(122)                               # 繪製右邊頻譜圖
16  plt.imshow(spectrum,cmap='gray')               # 灰階顯示
17  plt.title('頻譜圖')
18  plt.axis('off')                                # 不顯示座標軸
19  plt.show()
```

執行結果

在上述頻譜圖中，越靠近中心頻率越低，灰階值越高頻譜圖會越亮，代表該頻率的訊號振幅越大。

下列分別是 ch21_6_1.py 與 ch21_6_2.py 轉換不同影像的結果。

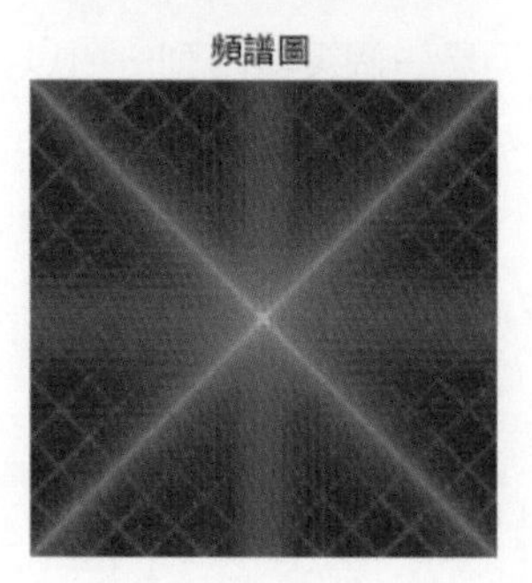

程式實例 ch21_6_3.py：重新設計 ch21_6.py，沒有將 0 頻率分量的中心位置移到中間的結果觀察。

```
7   src = cv2.imread('jk.jpg',cv2.IMREAD_GRAYSCALE)
8   f = np.fft.fft2(src)                         # 轉成頻率域
9   #fshift = np.fft.fftshift(f)                 # 0 頻率分量移至中心
10  spectrum = 20*np.log(np.abs(f))              # 轉成頻譜
```

執行結果

原始影像

頻譜圖

21-3-2　逆傳立葉變換

可以使用傳立葉邊換切換到頻率域，也可以使用逆傳立葉運算將頻譜圖切換回原始影像。Numpy 模組的 np.fft.ifftshift( ) 函數是 np.fft.shift( ) 的逆運算，可以將頻率 0 的中心位置移回左上角，語法如下：

```
ifshift = np.fft.ifftshift(fshift)
```

Numpy 模組的 np.fft.ifft2( ) 函數是 np.fft.fft2( ) 的逆運算，可以執行逆傳立葉運算，語法如下：

```
img_tmp = np.fft.ifft2(ifshift)
```

上述回傳值仍是一個複數陣列，所以須取絕對值，公式如下：

```
img_back = np.abs(img_tmp)
```

程式實例 ch21_7.py：執行傅立葉的逆變換。

```
1   # ch21_7.py
2   import cv2
3   import numpy as np
4   from matplotlib import pyplot as plt
5   plt.rcParams["font.family"] = ["Microsoft JhengHei"]
6
```

```
 7  src = cv2.imread('jk.jpg',cv2.IMREAD_GRAYSCALE)
 8  # 傅立葉變換
 9  f = np.fft.fft2(src)                       # 轉成頻率域
10  fshift = np.fft.fftshift(f)                # 0 頻率分量移至中心
11  # 逆傅立葉變換
12  ifshift = np.fft.ifftshift(fshift)         # 0 頻率頻率移回左上角
13  src_tmp = np.fft.ifft2(ifshift)            # 逆傅立葉
14  src_back = np.abs(src_tmp)                 # 取絕對值
15
16  plt.subplot(121)                           # 繪製左邊原圖
17  plt.imshow(src,cmap='gray')                # 灰階顯示
18  plt.title('原始影像')
19  plt.axis('off')                            # 不顯示座標軸
20  plt.subplot(122)                           # 繪製右邊逆運算圖
21  plt.imshow(src_back,cmap='gray')           # 灰階顯示
22  plt.title('逆變換影像')
23  plt.axis('off')                            # 不顯示座標軸
24  plt.show()
```

執行結果

原始影像

逆變換影像

21-4 訊號與濾波器

21-4-1 高頻訊號與低頻訊號

傅立葉變換是一種將影像從空間域轉換到頻率域的技術。在頻率域中，影像的訊號可以分為高頻訊號和低頻訊號，這兩種訊號分別代表影像中的不同訊息特性：

1. 高頻訊號

高頻訊號表示影像中像素值在短距離內迅速變化的部分，通常與影像的細節、邊緣或噪聲相關。振幅變化越快，頻率越高。其特性如下：

- 高頻訊號主要包含影像中的細節特徵。
- 通常會在物體邊緣、紋理較多的區域，以及高對比度的細微變化中出現。
- 也可能包含隨機噪聲或失真。

例如下列場景：

- 雪中景象：雪花與背景之間的高對比度邊緣。
- 草原上的動物：動物邊緣與背景的清晰界線。
- 文字影像：文字的筆劃邊緣。

2. 低頻訊號

低頻訊號表示影像中像素值在長距離內變化緩慢的部分，主要對應於影像中的大區域和整體光影變化。振幅變化越慢，頻率越低。其特性如下：

- 低頻訊號包含影像中的全局光影訊息。
- 通常對應影像中的平坦區域或大面積的漸變。
- 是影像的基本結構訊息，但缺乏細節。

例如下列場景：

- 雪中景象：雪地的整體光影分佈。
- 大海景象：大海的平坦表面與漸變的光線反射。
- 草原景象：草地的整體顏色分佈與大區域的亮度過渡。

總結，高頻訊號與低頻訊號的應用場景是：

- 高頻訊號
  - 用於邊緣檢測與紋理分析，適合特徵提取與目標檢測。
  - 高頻成分在圖像銳化中尤為重要，可以提升細節清晰度。
- 低頻訊號
  - 用於去噪與圖像平滑，適合去除隨機噪聲或背景模糊處理。
  - 常見於影像壓縮與背景柔化。

21-4-2 高通濾波器與低通濾波器

在頻率域中，我們也可以設計下列兩種濾波器。

高通濾波器：如果設計的濾波器只讓高頻訊號通過，則稱高通濾波器。在此情況下可以讓影像的細節增強。所謂的細節增強就是增強影像灰階度變化激烈的部分，因此可以利用高頻訊號獲得影像的邊緣和紋理訊息。

低通濾波器：如果設計的濾波器只讓低頻訊號通過，可稱低通濾波器。這時可以去除噪音，但是也會造成抑制影像的邊緣訊息，因此會產生影像模糊的結果。例如：我們在前面第 11 章有介紹均值濾波器 (空間域)，可以刪除噪音。

在 21-3-1 節我們使用 np.fft.fftshift( ) 函數將 0 頻率分量的中心位置移到中間，所以可以使用下列方式獲得 0 頻率分量的座標。

```
rows, cols = image.shape
row, col = rows // 2, cols // 2                    # 除法運算，只保留整數部分
```

假設我們要設計高通濾波器，可以設定中心點上下左右各 30 是 0，30 是 OpenCV 官方手冊建議值，設計方式如下：

```
fshift[row-30:row+30, col-30:col+30] = 0
```

程式實例 ch21_8.py：使用 snow.jpg 影像，和使用高通濾波器的觀念重新設計 ch21_7.py。

```
 1  # ch21_8.py
 2  import cv2
 3  import numpy as np
 4  from matplotlib import pyplot as plt
 5  plt.rcParams["font.family"] = ["Microsoft JhengHei"]
 6
 7  src = cv2.imread('snow.jpg',cv2.IMREAD_GRAYSCALE)
 8  # 傅立葉變換
 9  f = np.fft.fft2(src)                          # 轉成頻率域
10  fshift = np.fft.fftshift(f)                   # 0 頻率分量移至中心
11  # 高通濾波器
12  rows, cols = src.shape                        # 取得影像外形
13  row, col = rows // 2, cols // 2               # rows, cols的中心
14  fshift[row-30:row+30,col-30:col+30] = 0 # 設定區塊為低頻率分量是0
15  # 逆傅立葉變換
16  ifshift = np.fft.ifftshift(fshift)            # 0 頻率分量移回左上角
17  src_tmp = np.fft.ifft2(ifshift)               # 逆傅立葉
18  src_back = np.abs(src_tmp)                    # 取絕對值
19
20  plt.subplot(131)                              # 繪製左邊原圖
21  plt.imshow(src,cmap='gray')                   # 灰階顯示
22  plt.title('原始影像')
23  plt.axis('off')                               # 不顯示座標軸
24  plt.subplot(132)                              # 繪製中間圖
25  plt.imshow(src_back,cmap='gray')              # 灰階顯示
26  plt.title('高通濾波灰階影像')
27  plt.axis('off')                               # 不顯示座標軸
28  plt.subplot(133)                              # 繪製右邊圖
29  plt.title('高通濾波影像')
30  plt.imshow(src_back)                          # 顯示影像
31  plt.axis('off')                               # 不顯示座標軸
32  plt.show()
```

執行結果

原始影像

高通濾波灰階影像

高通濾波影像

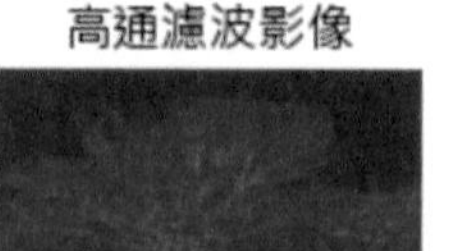

21-5 使用 OpenCV 完成傅立葉變換

21-5-1　使用 dft( ) 函數執行傅立葉變換

OpenCV 有提供 dft( ) 函數執行傅立葉變換，這個函數的語法如下：

```
dft = cv2.dft(src, flags)
```

上述各參數意義如下：

- src 是輸入影像，或是陣列，這是灰階影像。不過在使用前必須先轉換為 np.float32 格式，下列是實例。

  ```
  np.float32(src)
  ```

- flags：轉換標記，建議可以使用 DFT_COMPLEX_OUTPUT 即可，其他可以參考下表。

具名參數	值	說明
DFT_INVERSE	1	對一維或二維陣列做逆變換
DFT_SCALE	2	縮放標記，輸出會除以元素數目 N
DFT_ROWS	4	對輸入變數的每一列進行變換或逆變換
DFT_COMPLEX_OUTPUT	16	建議使用，輸出含有實數與虛數
DFT_REAL_OUTPUT	32	輸出是複數矩陣
DFT_COMPLEX_INPUT	64	輸入是複數矩陣

- dft：回傳值，這是含複數的陣列 (complex ndarray)，他的回傳值有 2 個通道，一個是實數部份，另一個是虛數部份。

由於上述回傳結果是頻譜訊息，和 21-3 節一樣，由於 0 頻率分量在左上角，所以須使用 np.fft.fftshift( ) 函數將 0 頻率分量移到中間位置，下列是實例。

dftshift = np.fft.fftshift(dft)

上述的輸出結果仍是複數，這時需要使用 OpenCV 的 magnitude( ) 函數計算振幅值，語法如下：

result = cv2.magnitude(x, y)

上述參數意義如下：

- x：這是浮點數的 x 座標值，相當於是實數部分，引用方式如下：

  dftshift[:, :, 0]

- y：這是浮點數的 y 座標值，相當於是虛數部分，引用方式如下：

  dftshift[:, :, 1]

最後輸出結果的振幅值，其實就是實數和虛數平方和，然後再開平方根如下：

$$mag(I) = \sqrt{x(I)^2 + y(I)^2}$$

由於要將振幅值映射到 [0,255] 的灰階空間，所以實際的處理方式如下：

dst = 20 * np.log(cv2.magnitude(dftshift[:, :, 0], dftshift[:, :, 1]))

程式實例 ch21_9.py：使用 OpenCV 的 dft( ) 函數重新設計 ch21_6.py。

```
1  # ch21_9.py
2  import cv2
3  import numpy as np
4  from matplotlib import pyplot as plt
5  plt.rcParams["font.family"] = ["Microsoft JhengHei"]
6
7  src = cv2.imread('jk.jpg',cv2.IMREAD_GRAYSCALE)
8  # 轉成頻率域
9  dft = cv2.dft(np.float32(src),flags=cv2.DFT_COMPLEX_OUTPUT)
10 dftshift = np.fft.fftshift(dft)           # 0 頻率分量移至中心
11 # 計算映射到[0,255]的振幅
12 spectrum = 20*np.log(cv2.magnitude(dftshift[:,:,0],dftshift[:,:,1]))
13 plt.subplot(121)                          # 繪製左邊原圖
14 plt.imshow(src,cmap='gray')               # 灰階顯示
15 plt.title('原始影像')
16 plt.axis('off')                           # 不顯示座標軸
17 plt.subplot(122)                          # 繪製右邊頻譜圖
18 plt.imshow(spectrum,cmap='gray')          # 灰階顯示
19 plt.title('頻譜圖')
20 plt.axis('off')                           # 不顯示座標軸
21 plt.show()
```

執行結果

21-5-2　使用 OpenCV 執行逆傅立葉運算

OpenCV 有提供逆傅立葉運算函數 idft( )，這個函數可以執行 dft( ) 的逆運算，語法如下：

dst = cv2.idft(src, flags)

上述 src 是原始影像，dst 是目標影像，flags 則可以參考轉換標記，建議可以使用預設 DFT_COMPLEX_OUTPUT。

程式實例 ch21_10.py：使用 shapes2.jpg 影像，繪製這個影像和頻譜圖，最後執行逆運算繪製此影像。

```
 1  # ch21_10.py
 2  import cv2
 3  import numpy as np
 4  from matplotlib import pyplot as plt
 5  plt.rcParams["font.family"] = ["Microsoft JhengHei"]
 6
 7  src = cv2.imread('shape2.jpg',cv2.IMREAD_GRAYSCALE)
 8  # 轉成頻率域
 9  dft = cv2.dft(np.float32(src),flags=cv2.DFT_COMPLEX_OUTPUT)
10  dftshift = np.fft.fftshift(dft)          # 0 頻率分量移至中心
11  # 計算映射到[0,255]的振幅
12  spectrum = 20*np.log(cv2.magnitude(dftshift[:,:,0],dftshift[:,:,1]))
13  # 執行逆傅立葉
14  idftshift = np.fft.ifftshift(dftshift)
15  tmp = cv2.idft(idftshift)
16  dst = cv2.magnitude(tmp[:, :, 0], tmp[:, :, 1])
17
18  plt.subplot(131)                         # 繪製左邊原圖
19  plt.imshow(src,cmap='gray')              # 灰階顯示
20  plt.title('原始影像shape2.jpg')
21  plt.axis('off')                          # 不顯示座標軸
22  plt.subplot(132)                         # 繪製中間頻譜圖
23  plt.imshow(spectrum,cmap='gray')         # 灰階顯示
24  plt.title('頻譜圖')
25  plt.axis('off')                          # 不顯示座標軸
```

```
26 plt.subplot(133)                          # 繪製右邊逆傅立葉圖
27 plt.imshow(dst,cmap='gray')               # 灰階顯示
28 plt.title('逆傅立葉影像')
29 plt.axis('off')                           # 不顯示座標軸
30 plt.show()
```

執行結果 原始影像shape2.jpg　　頻譜圖　　逆傅立葉影像

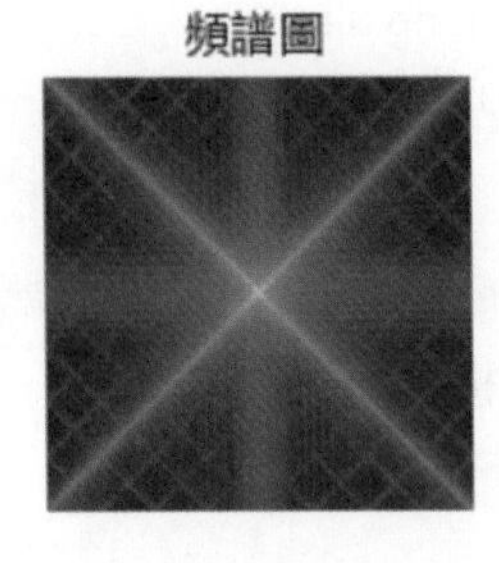

21-5-3 低通濾波器

21-3-4 節筆者講解了高通濾波器與低通濾波器的原理，其實該節觀念仍可以應用在這一節，不過這一節筆者將講解低通濾波器的實例。其實對於低通濾波器，相當於要建立下列濾波器：

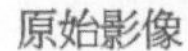

原始影像　　頻譜圖　　低通濾波器

建立低通濾波器觀念是，先建立一個與原始影像相同大小的影像，像素值先設為 0。然後建立遮罩區，將此遮罩區設為 1。用此含遮罩區的影像與頻譜影像執行計算，圖解說明如下：

*

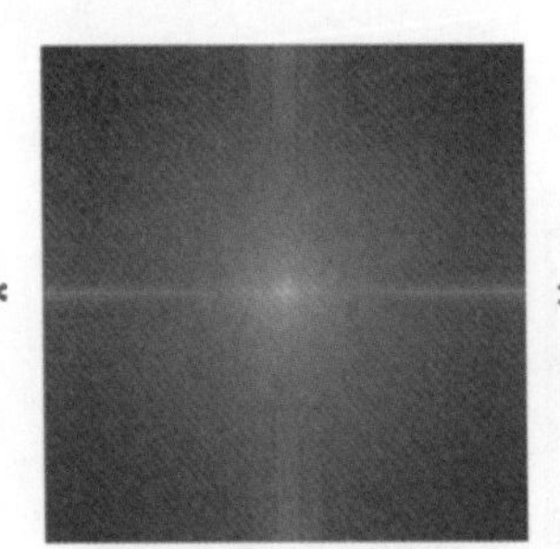

=

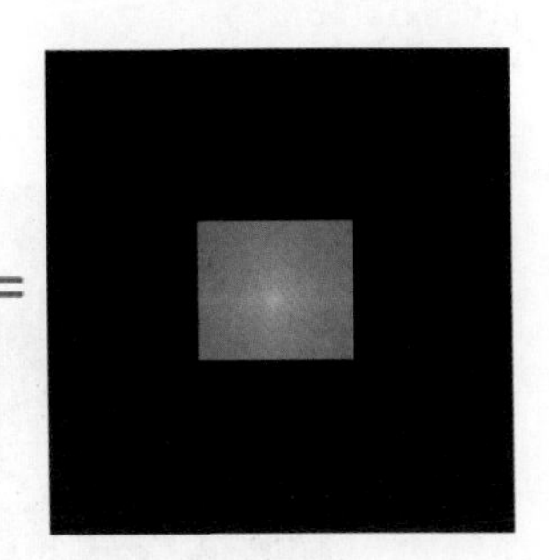

上述觀念可以使用下列指令完成。

```
rows, cols = image.shape
row, col = rows // 2, cols // 2                    # 除法運算，只保留整數部分
mask = np.zeros(rows, cols,2), np.uint8)
mask[row-30:row+30, col-30:col+30] = 1             # OpenCV 手冊實例建議取 30
result = dftshift * mask                           # 運算
```

程式實例 ch21_11.py：使用 OpenCV 建立低通濾波器的實例，這個實例可以看到影像的邊緣訊息變弱，所以造成影像模糊。

```
1  # ch21_11.py
2  import cv2
3  import numpy as np
4  from matplotlib import pyplot as plt
5  plt.rcParams["font.family"] = ["Microsoft JhengHei"]
6
7  src = cv2.imread('jk.jpg',cv2.IMREAD_GRAYSCALE)
8  # 傅立葉變換
9  dft = cv2.dft(np.float32(src),flags=cv2.DFT_COMPLEX_OUTPUT)
10 dftshift = np.fft.fftshift(dft)          # 0 頻率分量移至中心
11 # 低通濾波器
12 rows, cols = src.shape                   # 取得影像外形
13 row, col = rows // 2, cols // 2          # rows, cols的中心
14 mask = np.zeros((rows,cols,2),np.uint8)
15 mask[row-30:row+30,col-30:col+30] = 1    # 設定區塊為低頻率分量是1
16
17 fshift = dftshift * mask
18 ifshift = np.fft.ifftshift(fshift)       # 0 頻率分量移回左上角
19 src_tmp = cv2.idft(ifshift)              # 逆傅立葉
20 src_back = cv2.magnitude(src_tmp[:,:,0],src_tmp[:,:,1])
21
22 plt.subplot(131)                         # 繪製左邊原圖
23 plt.imshow(src,cmap='gray')              # 灰階顯示
24 plt.title('原始影像')
25 plt.axis('off')                          # 不顯示座標軸
26 plt.subplot(132)                         # 繪製中間圖
27 plt.imshow(src_back,cmap='gray')         # 灰階顯示
28 plt.title('低通濾波灰階影像')
29 plt.axis('off')                          # 不顯示座標軸
30 plt.subplot(133)                         # 繪製右邊圖
31 plt.imshow(src_back)                     # 顯示
32 plt.title('低通濾波影像')
33 plt.axis('off')                          # 不顯示座標軸
34 plt.show()
```

執行結果

21-6 低通濾波器的藝術創作

低通濾波器是一種經典的頻率域影像處理技術，其核心思維是保留低頻訊號（如大區域的光影變化），同時濾除高頻訊號（如邊緣和細節），以實現影像的平滑與模糊處理。這一技術廣泛應用於去噪、模糊化、背景柔化等場景。

當低通濾波應用於彩色影像時，不僅可以在灰階影像中實現平滑效果，還能在保留色彩豐富度的基礎上進行柔化處理，進一步提升影像的視覺吸引力。在影像編輯中，我們可以利用低通濾波器的特性，將不重要的背景模糊化，突出主體，從而實現具有夢幻風格的效果。

程式設計 ch21_12.py：低通濾波實現彩色夢幻背景效果。本程式的主題是利用低通濾波技術處理彩色影像，創建具有夢幻風格背景的效果。該技術結合了傅立葉變換和遮罩操作，實作影像的模糊化與區域選擇性處理，讓主體更加突出，背景呈現柔和的夢幻感。

```
1   # ch21_12.py
2   import cv2
3   import numpy as np
4   import matplotlib.pyplot as plt
5
6   plt.rcParams["font.family"] = ["Microsoft JhengHei"]
7   # 讀取彩色影像
8   img = cv2.imread('lena.jpg')
9   # 分解影像的 R、G、B 通道
10  b, g, r = cv2.split(img)
11
12  # 定義傅立葉變換與低通濾波處理的函數
13  def low_pass_filter(channel, radius):
14      # 轉換至頻率域
15      dft = cv2.dft(np.float32(channel), flags=cv2.DFT_COMPLEX_OUTPUT)
16      dft_shift = np.fft.fftshift(dft)
17      # 創建低通濾波器
18      rows, cols = channel.shape
19      crow, ccol = rows // 2, cols // 2
20      mask = np.zeros((rows, cols, 2), np.uint8)
21      mask[crow-radius:crow+radius, ccol-radius:ccol+radius] = 1
22      # 應用濾波器
23      fshift = dft_shift * mask
24      # 反向傅立葉變換
25      f_ishift = np.fft.ifftshift(fshift)
26      img_back = cv2.idft(f_ishift)
27      img_back = cv2.magnitude(img_back[:, :, 0], img_back[:, :, 1])
28      # 正規化到 [0, 255]
29      img_back = cv2.normalize(img_back, None, 0, 255, cv2.NORM_MINMAX)
30      return np.uint8(img_back)
31
32  # 分別對 R, G, B 通道進行低通濾波
```

```
33  radius = 50                                        # 低通濾波遮罩半徑
34  b_blur = low_pass_filter(b, radius)
35  g_blur = low_pass_filter(g, radius)
36  r_blur = low_pass_filter(r, radius)
37
38  # 合併處理後的 R, G, B 通道
39  img_blur = cv2.merge((b_blur, g_blur, r_blur))
40
41  # 創建夢幻背景效果, 清晰主體結合模糊背景
42  rows, cols, _ = img.shape
43  crow, ccol = rows // 2, cols // 2
44
45  # 創建圓形遮罩
46  mask_circle = np.zeros((rows, cols), np.uint8)
47  cv2.circle(mask_circle, (ccol, crow), 100, 255, -1)  # 半徑100的圓形遮罩
48  mask_circle = cv2.GaussianBlur(mask_circle, (51, 51), 0)  # 平滑遮罩邊緣
49
50  # 混合影像
51  foreground = cv2.bitwise_and(img, img, mask=mask_circle)    # 清晰主體
52  background = cv2.bitwise_and(img_blur, img_blur,
53                               mask=255-mask_circle)          # 模糊背景
54  final_img = cv2.add(foreground, background)
55
56  # 顯示結果
57  plt.figure(figsize=(15, 5))
58
59  # 原始影像
60  plt.subplot(1, 3, 1)
61  plt.title('原始影像')
62  plt.imshow(cv2.cvtColor(img, cv2.COLOR_BGR2RGB))
63  plt.axis('off')
64
65  # 模糊影像
66  plt.subplot(1, 3, 2)
67  plt.title('模糊影像')
68  plt.imshow(cv2.cvtColor(img_blur, cv2.COLOR_BGR2RGB))
69  plt.axis('off')
70
71  # 夢幻效果影像
72  plt.subplot(1, 3, 3)
73  plt.title('清晰前景與夢幻背景')
74  plt.imshow(cv2.cvtColor(final_img, cv2.COLOR_BGR2RGB))
75  plt.axis('off')
76  plt.show()
```

執行結果

原始影像

模糊影像

清晰前景與夢幻背景

程式說明如下：

❑ 彩色影像處理

- 分解通道：將影像的 R、G、B 通道分離，單獨對每個通道應用低通濾波處理。
- 濾波處理：使用傅立葉變換對每個通道的高頻訊號進行濾除，保留低頻訊號，實現模糊效果。

❑ 低通濾波器設計

- 遮罩設計
  - 使用圓形遮罩保留低頻訊號，濾除高頻訊號，實現背景模糊。
  - 半徑 r 控制模糊程度，值越大模糊越強。

❑ 混合背景與主體

- 遮罩應用
  - 創建圓形遮罩，保留主體區域的清晰度，模糊其他背景。
  - 使用高斯模糊平滑遮罩邊緣，實現自然過渡。
- 混合影像：使用 cv2.bitwise_and 和 cv2.add 將模糊背景與清晰主體結合，生成夢幻效果。

透過柔和模糊的背景，不僅能讓主體更加突出，還能營造出柔美、寧靜的氛圍，增強影像的藝術感染力。例如，模糊背景中的繁雜元素可以引導觀眾的視線集中於影像的核心主體。而透過高斯模糊和圓形漸變遮罩的結合，則能實現自然過渡的效果，使整體影像更具層次感和專業水準。

這類夢幻風格的背景常見下列應用：

- 人像照片：突出人物主體，模糊背景，製作專業級人像效果。
- 風景攝影：模糊遠景，突出近景主體，增強照片的層次感。
- 數位藝術：生成夢幻的光暈效果，用於藝術創作或特殊設計。

習題

1： 使用 lena.jpg 代入 ch21_8.py，體會不同影像的感覺。

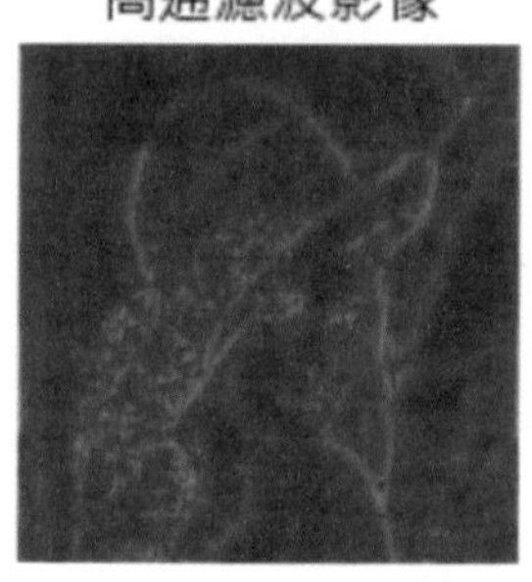

2： 使用 lena.jpg 影像和 Numpy 模組，設計低通濾波灰階影像和低通濾波影像。

3： 使用 lena.jpg 影像和 OpenCV 模組，設計高通濾波灰階影像和高通濾波影像。

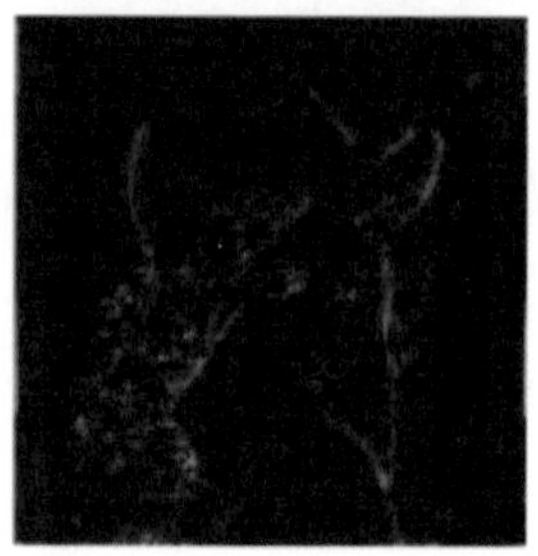

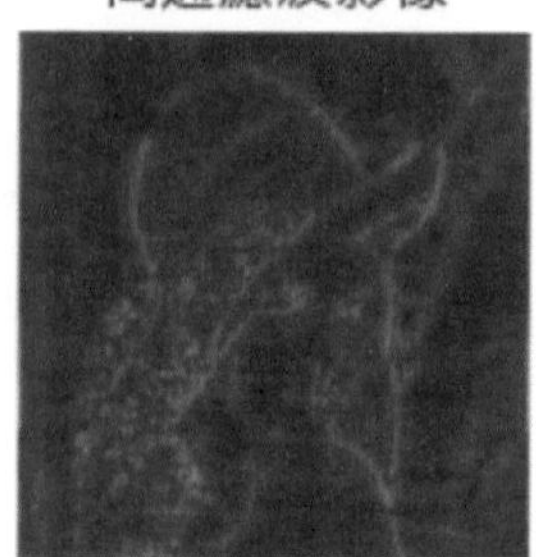

4： 請參考 ch21_12.py 的觀念，創作黑白效果的藝術作品。

第二十二章 影像分割使用分水嶺演算法

影像分割是計算機視覺和影像處理中的一項重要技術，旨在將影像分解為具有不同屬性或區域的多個部分。當前，我們已經學習了諸如閾值化、形態學操作、邊緣檢測與輪廓檢測等技術，這些方法對於處理單一物體的輪廓檢測效果顯著。然而，當影像中包含緊鄰或重疊的多個物體時，這些方法往往無法準確地將每個物體分割開來。例如，當多個硬幣相鄰或重疊時，傳統方法可能只檢測出一個單一的輪廓，而無法分辨出每個硬幣的獨立區域。

為了解決上述問題，本章將介紹分水嶺（Watershed）演算法，一種強大的影像分割方法。分水嶺演算法的核心思想是將影像視為一個地形，根據影像像素值的高低模擬「山谷灌水」的過程，最終建立「分水嶺線」，以分割不同的物體或區域。該方法尤其適合處理緊鄰或重疊物體的分割需求，並且能結合形態學操作和其他影像處理技術，進一步提高分割的準確性。

透過本章的學習，讀者將系統掌握分水嶺演算法的基礎理論與實現步驟，包括距離變換的計算、未知區域的標記、標記修訂以及最終的影像分割過程。

22-1 影像分割基礎

前面的章節筆者介紹了閾值、形態學、影像檢測、邊緣偵測、輪廓偵測等技術，我們可以很容易取得單一影像的輪廓。假設有兩個影像內容如下：

上述左邊是 5 個硬幣緊鄰在一起的圖片，上述右邊除了硬幣緊鄰，還有硬幣重疊的狀況，如果我們使用前面所學的知識想要取得上述影像，在輪廓取得過程會得到單一輪廓，而不是我們期待的多個硬幣個別的輪廓。

程式實例 ch22_1.py：使用 coin1.jpg 影像，獲得緊鄰硬幣的輪廓影像。

```
1  # ch22_1.py
2  import cv2
3  import numpy as np
4
5  src = cv2.imread('coin1.jpg',cv2.IMREAD_GRAYSCALE)
6  cv2.imshow("Src", src)
7  ret, dst = cv2.threshold(src,0,255,cv2.THRESH_BINARY_INV+cv2.THRESH_OTSU)
8  cv2.imshow("Dst", dst)
9
10 cv2.waitKey(0)
11 cv2.destroyAllWindows()
```

執行結果

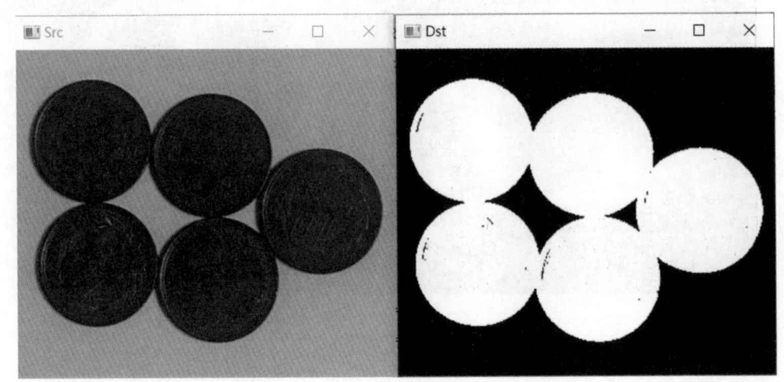

上述執行結果，驗證了緊鄰硬幣產生一個輪廓，這一章將介紹分割緊鄰硬幣的影像為獨立輪廓的方法，所使用的是 Image Segmentation with Watershed Algorithm，中文可以翻譯為分水嶺演算法執行影像分割。

22-2 分水嶺演算法與 OpenCV 官方推薦網頁

22-2-1 認識分水嶺演算法

分水嶺演算法的基礎觀念是將影像視為是地形表面，其中高強度像素值代表山峰或是丘陵，低強度像素值代表山谷。

當開始用不同顏色的水（標籤）填充每個孤立的山谷（局部最小值），隨著水位上升，來自不同山谷的不同顏色的水，明顯地會開始融合。為了避免不同顏色的水融合，我們可以在水匯集的位置建立障礙，然後繼續灌水和建立障礙，直到所有的山峰都在水下，最後我們建立的障礙就是分水嶺線，因此可以得到整個分割的結果。

22-2-2　OpenCV 官方推薦網頁

有關分水嶺演算法的動態影像細節，OpenCV 官網推薦了法國巴黎高等礦業科技大學的 CMM 實驗室網頁，本小節的影像內容主要是取材自該網頁，在該網頁我們可以看到第一幅影像內容如下：

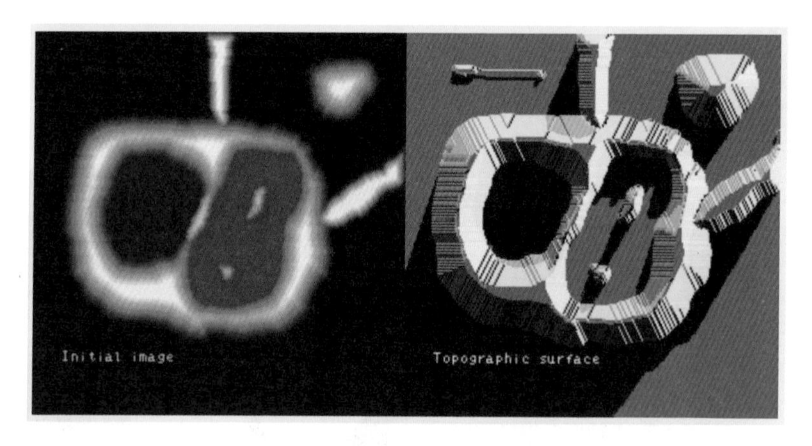

上述影像內容取材下列網頁

https://people.cmm.minesparis.psl.eu/users/beucher/wtshed.html

上方左圖是一幅影像，上方右圖是我們將影像視作地形表面。下列是第 2 幅影像，其中左邊是一個動態影像。

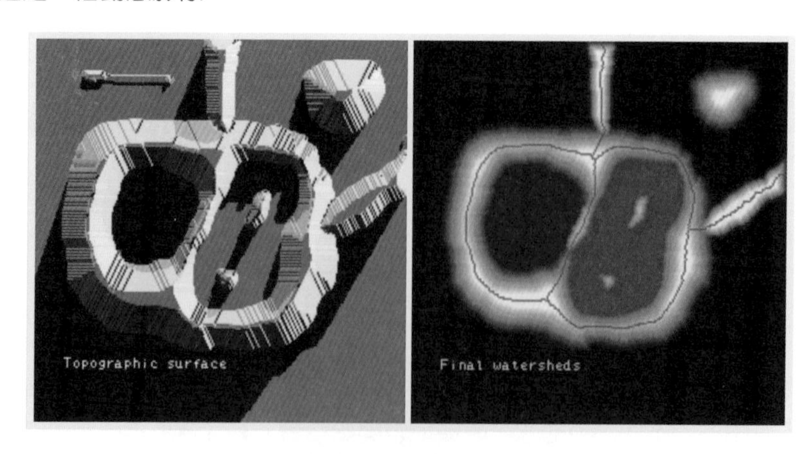

上述影像內容取材下列網頁

https://people.cmm.minesparis.psl.eu/users/beucher/wtshed.html

上方右圖是整個分水嶺完成後的結果，我們可以先忽略。上述左圖是動態影像，可以看到將水灌入山谷的過程，如下方左圖所示：

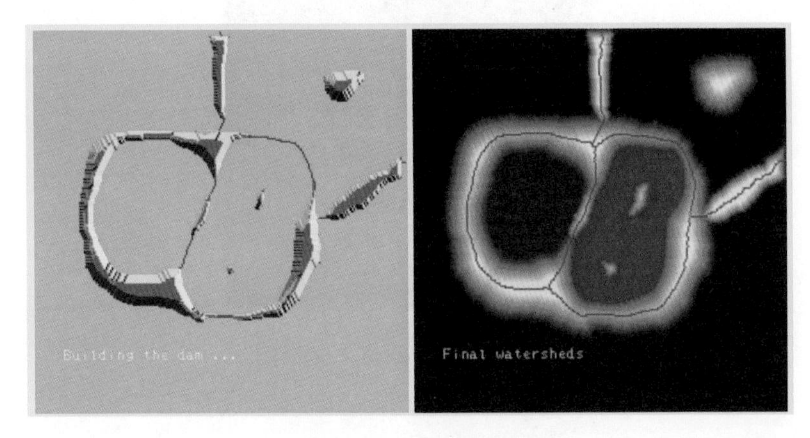

上述影像內容取材下列網頁

https://people.cmm.minesparis.psl.eu/users/beucher/wtshed.html

上述左圖是將水灌入的過程之一，將水灌注完成後可以得到下列結果。

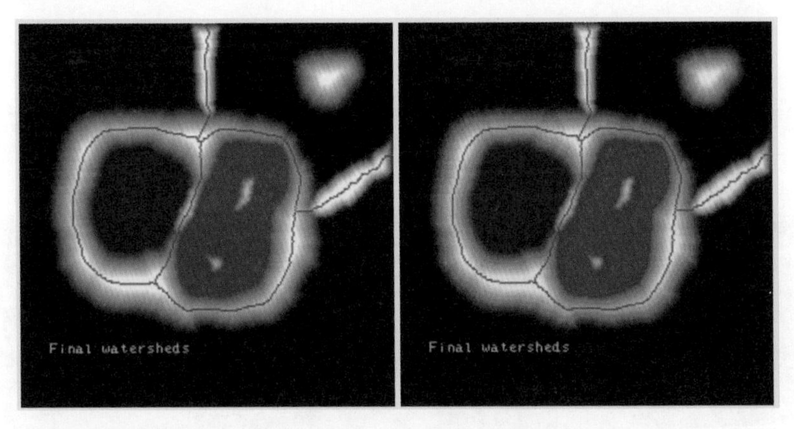

上述影像內容取材下列網頁

https://people.cmm.minesparis.psl.eu/users/beucher/wtshed.html

上述影像中的紅線就是分水嶺演算法所建立的障礙，這個障礙就是分水嶺線。在使用上述方法應用在均勻灰階影像時，理論上可以得到很好的結果，如下所示：

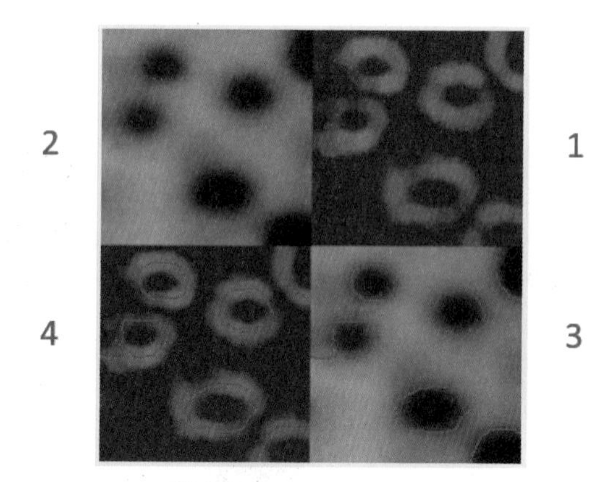

上述影像內容取材下列網頁

https://people.cmm.minesparis.psl.eu/users/beucher/wtshed.html

上述各影像編號意義如下：

1： 原始影像。

2： 梯度影像。

3： 梯度影像的分水嶺。

4： 最後的影像輪廓。

但是有時在執行時，因為梯度影像的噪音，或是局部不規則性，可能會產生過度分割，如下所示：

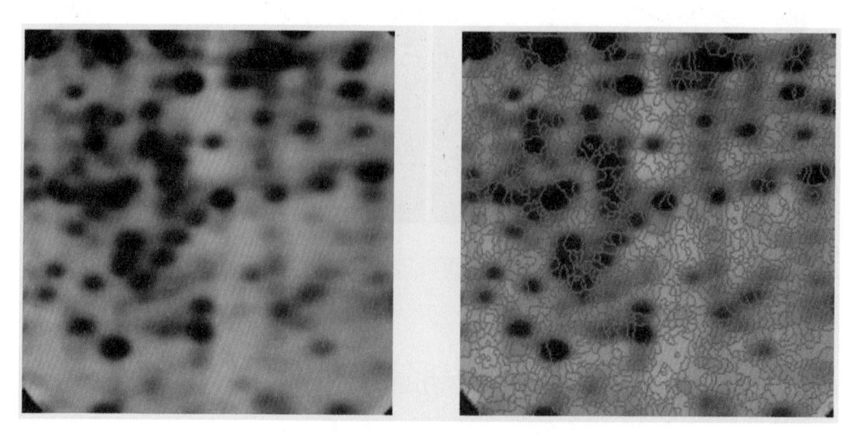

上述影像內容取材下列網頁

https://people.cmm.minesparis.psl.eu/users/beucher/wtshed.html

為了避免這個現況，可以標記部分淹沒的影像區域，這些被標記的區域就會被分割在同一區，可以參考下圖。

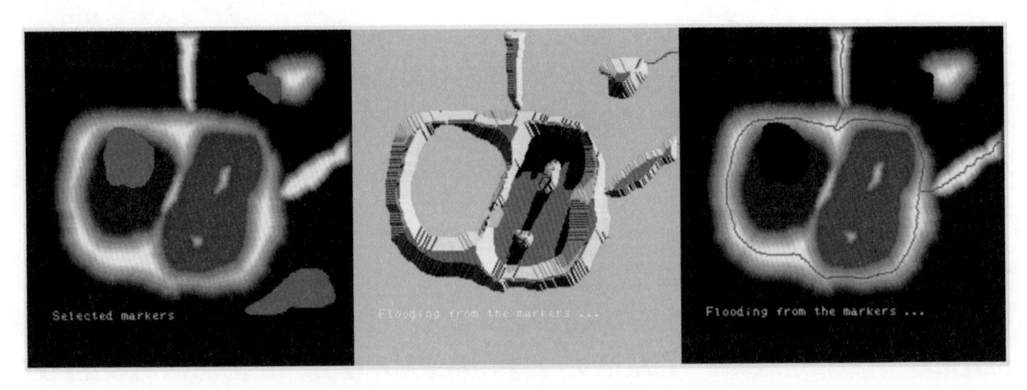

上述影像內容取材下列網頁
https://people.cmm.minesparis.psl.eu/users/beucher/wtshed.html

上述左邊圖的紅色區域是標記 (marker) 區域。上述中間圖是動態圖，可以看到原始影像、選擇標記、灌水過程到整個執行結果。上述右邊圖是分水嶺演算法的執行結果。

使用上述標記區域的分水嶺方法後，可以得到比較好的分水嶺結果。

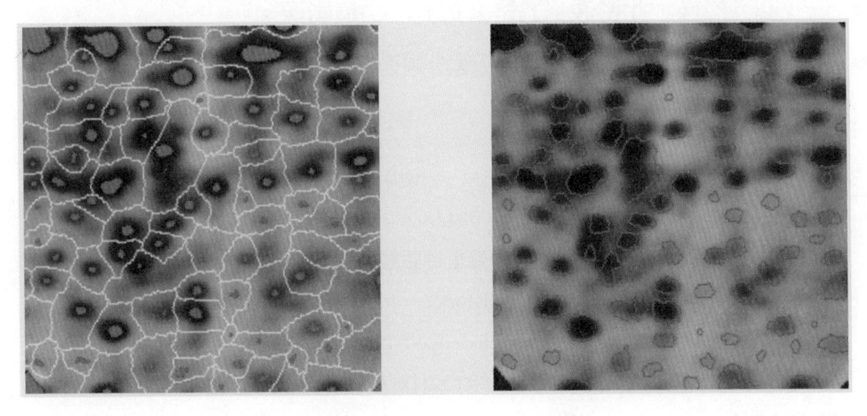

上述影像內容取材下列網頁
https://people.cmm.minesparis.psl.eu/users/beucher/wtshed.html

22-3 分水嶺演算法步驟 1 – 認識 distanceTransform( )

如果影像內的物件是獨立的，例如：假設所有硬幣是獨立，沒有相鄰，則我們可以使用 12-1 節所述的腐蝕 (Erosion) 操作獲得所有硬幣的輪廓。可是如果硬幣是緊鄰在一起或是部分重疊，例如：程式實例 ch22_1.py 的 coin1.jpg 或是 ch22_1_1.py 的 coin2.jpg，則無法使用腐蝕操作獲得所有硬幣的輪廓。

這時需使用本節要介紹的 distanceTransform( )，中文可以譯為距離變換函數，這個函數功能是計算二值影像的前景圖案內任一點 (非零像素值點) 到最近的背景圖案點 (零像素值點) 的距離。這個函數的輸出則是非零點與最近零點的距離訊息，如果輸出位置是 0，代表這是背景點，距離是 0。如果用影像顯示輸出，則越亮的點代表距離越遠。分水嶺演算法的第一步就是要取得影像的距離變換函數資訊。

函數 distanceTransform( ) 的語法如下：

```
dst = distanceTransform(src, distanceType, maskSize, dstType)
```

上述各參數意義如下：

- dst：目標影像，長寬和 src 相同，是 8 位元或 32 位元浮點數。
- src：輸入影像，此影像格式是 8 位元的二值影像。
- distanceType：計算距離的整數資料類型參數，可以參考下表：

具名參數	說明
DIST_USER	使用者自訂距離
DIST_L1	distance = |x1-x2| + |y1-y2|
DIST_L2	歐幾里德距離，註：簡稱歐式距離
DIST_C	distance = max(|x1-x2|,|y1-y2|)
DIST_L12	distance = 2(sqrt(1+x*x/2) – 1))
DIST_FAIR	distance = c^2(|x|/c-log(1+|x|/c)), c = 1.3998
DIST_WELSCH	distance = c^2/2(1-exp(-(x/c)^2)), c = 2.9846
DIST_HUBER	distance = |x|<c ? x^2/2:c(|x|-c/2), c = 1.345

- maskSize：遮罩的大小，可以參考下表。

具名參數	說明
DIST_MASK_3	mask = 3
DIST_MASK_5	mask = 5
DIST_MASK_PRECISE	目前尚未支援

註 如果 distanceType 是 DIST_L1 或 DIST_C 時此參數一定是 3。

- dstType：可選參數，預設是 CV_32F。

程式實例 ch22_2.py：獲得距離變換函數資訊，同時顯示此結果，和閾值的結果。

註 本程式實例所使用的 opencv_coin.jpg 取材自 OpenCV 官方網站。

```
1  # ch22_2.py
2  import cv2
3  import numpy as np
4  import matplotlib.pyplot as plt
5  plt.rcParams["font.family"] = ["Microsoft JhengHei"]
6
7  src = cv2.imread('opencv_coin.jpg',cv2.IMREAD_COLOR)
8  gray = cv2.cvtColor(src,cv2.COLOR_BGR2GRAY)
9  # 因為在matplotlib模組顯示，所以必須轉成 RGB 色彩
10 rgb_src = cv2.cvtColor(src,cv2.COLOR_BGR2RGB)
11 # 二值化
12 ret, thresh = cv2.threshold(gray,0,255,cv2.THRESH_BINARY_INV+cv2.THRESH_OTSU)
13 # 執行開運算 Opening
14 kernel = np.ones((3,3),np.uint8)
15 opening = cv2.morphologyEx(thresh,cv2.MORPH_OPEN,kernel,iterations=2)
16 # 獲得距離轉換函數結果
17 dst = cv2.distanceTransform(opening,cv2.DIST_L2,5)
18 # 讀者也可以更改下列 0.7 為其他值，會影響前景大小
19 ret, sure_fg = cv2.threshold(dst,0.7*dst.max(),255,0)  # 前景圖案
20 plt.subplot(131)
21 plt.title("原始影像")
22 plt.imshow(rgb_src)
23 plt.axis('off')
24 plt.subplot(132)
25 plt.title("距離變換影像")
26 plt.imshow(dst)
27 plt.axis('off')
28 plt.subplot(133)
29 plt.title("閾值化影像")
30 plt.imshow(sure_fg)
31 plt.axis('off')
32 plt.show()
```

執行結果

原始影像　　距離變換影像　　閾值化影像

上述閾值化影像圖是第 19 列設定 0.7*dst.max( ) 的結果，這個 0.7 是參考 OpenCV 官方網站的建議，如果將此值更改為 0.5，可以獲得較大的前景圖案區塊，可以參考 ch22_2_1.py 的設定，下列是執行結果。

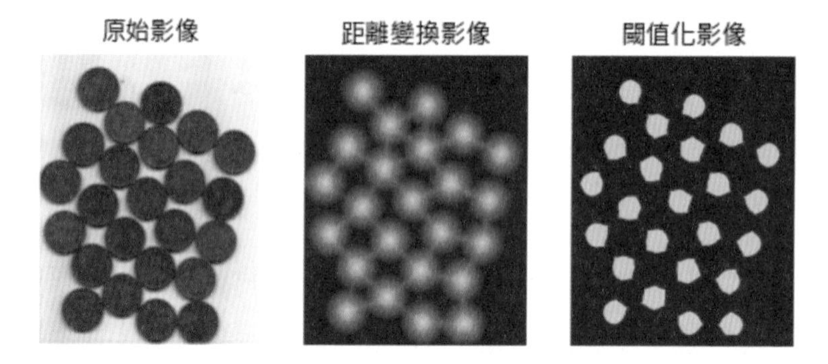

同樣的 ch22_2.py 程式，如果影像品質不佳，或是雜訊太多，會得到比較差的結果，下列是 ch22_2_2.py 程式，但是使用 coin1.jpg 的執行結果。

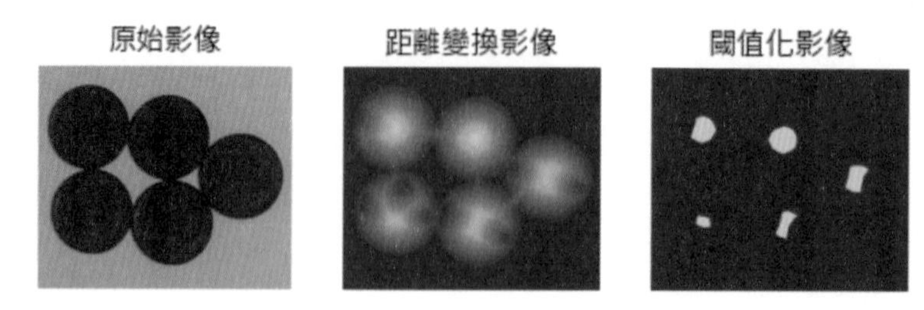

22-4 分水嶺演算法步驟 2 – 找出未知區域

一張影像若是確定了前景區域，在程式 ch22_2.py 第 19 列的 sure_fg 就是確定的前景。下一步是要找出確定的背景區域，我們可以使用形態學的膨脹 (Dilate) 觀念讓前景放大，這時前景以外的區域就是背景，而且所獲得的背景一定小於實際背景，這個背景就是確定背景，假設我們用 sure_bg 表示。可以用下列 Python 程式碼表達。

```
sure_bg = cv2.dilate(opening, kernel, iterations=2)
```

最後我們找尋的未知區域方法如下：

```
sure_fg = np.uint8(sure_fg)
unknown = cv2.(sure_bg, sure_fg)
```

程式實例 ch22_3.py：擴充前一個程式，繪製未知區域，可以參考執行結果的最右圖。

```
 1  # ch22_3.py
 2  import cv2
 3  import numpy as np
 4  import matplotlib.pyplot as plt
 5  plt.rcParams["font.family"] = ["Microsoft JhengHei"]
 6
 7  src = cv2.imread('opencv_coin.jpg',cv2.IMREAD_COLOR)
 8  gray = cv2.cvtColor(src,cv2.COLOR_BGR2GRAY)
 9  # 因為在matplotlib模組顯示, 所以必須轉成 RGB 色彩
10  rgb_src = cv2.cvtColor(src,cv2.COLOR_BGR2RGB)
11  # 二值化
12  ret, thresh = cv2.threshold(gray,0,255,cv2.THRESH_BINARY_INV+cv2.THRESH_OTSU)
13  # 執行開運算 Opening
14  kernel = np.ones((3,3),np.uint8)
15  opening = cv2.morphologyEx(thresh,cv2.MORPH_OPEN,kernel,iterations=2)
16  # 執行膨脹操作
17  sure_bg = cv2.dilate(opening,kernel,iterations=3)
18  # 獲得距離轉換函數結果
19  dst = cv2.distanceTransform(opening,cv2.DIST_L2,5)
20  # 讀者也可以更改下列 0.7 為其他值, 會影響前景大小
21  ret, sure_fg = cv2.threshold(dst,0.7*dst.max(),255,0)  # 前景圖案
22  # 計算未知區域
23  sure_fg = np.uint8(sure_fg)
24  unknown = cv2.subtract(sure_bg,sure_fg)
25  plt.subplot(141)
26  plt.title("原始影像")
27  plt.imshow(rgb_src)
28  plt.axis('off')
29  plt.subplot(142)
30  plt.title("距離變換影像")
31  plt.imshow(dst)
32  plt.axis('off')
33  plt.subplot(143)
34  plt.title("閾值化影像")
```

```
35 plt.imshow(sure_fg)
36 plt.axis('off')
37 plt.subplot(144)
38 plt.title("未知區域")
39 plt.imshow(unknown)
40 plt.axis('off')
41 plt.show()
```

執行結果

原始影像 距離變換影像 閾值化影像 未知區域

讀者須留意上方最右圖的黃色區是未知區域，黃色區內的小圓圈圈是確定前景。

22-5 分水嶺演算法步驟 3 – 建立標記

現在我們知道硬幣區、背景區和整個影像，下一步是建立標記，這時需要使用 connectedComponents( ) 函數。這個函數會用 0 標記背景，其他物件則從 1, 2, …開始標記。不同的數字，代表不同的連通區域。此函數語法如下：

ret, labels = cv2.connectedComponents(image)

上述各參數意義如下：

- ret：函數回傳的標記數量。
- labels：影像上每一個像素的標記，不同數字代表不同的連通區域。
- image：輸入影像，這是 8 位元需要標記的影像，

程式實例 ch22_4.py：擴充設計 ch22_3.py，繪製標記區域。

```
1 # ch22_4.py
2 import cv2
3 import numpy as np
4 import matplotlib.pyplot as plt
5 plt.rcParams["font.family"] = ["Microsoft JhengHei"]
6
7 src = cv2.imread('opencv_coin.jpg',cv2.IMREAD_COLOR)
8 gray = cv2.cvtColor(src,cv2.COLOR_BGR2GRAY)
9 # 因為在matplotlib模組顯示，所以必須轉成 RGB 色彩
```

```
10 rgb_src = cv2.cvtColor(src,cv2.COLOR_BGR2RGB)
11 # 二值化
12 ret, thresh = cv2.threshold(gray,0,255,cv2.THRESH_BINARY_INV+cv2.THRESH_OTSU)
13 # 執行開運算 Opening
14 kernel = np.ones((3,3),np.uint8)
15 opening = cv2.morphologyEx(thresh,cv2.MORPH_OPEN,kernel,iterations=2)
16 # 執行膨脹操作
17 sure_bg = cv2.dilate(opening,kernel,iterations=3)
18 # 獲得距離轉換函數結果
19 dst = cv2.distanceTransform(opening,cv2.DIST_L2,5)
20 # 讀者也可以更改下列 0.7 為其他值, 會影響前景大小
21 ret, sure_fg = cv2.threshold(dst,0.7*dst.max(),255,0)  # 前景圖案
22 # 計算未知區域
23 sure_fg = np.uint8(sure_fg)
24 unknown = cv2.subtract(sure_bg,sure_fg)
25 # 標記
26 ret, markers = cv2.connectedComponents(sure_fg)
27 plt.subplot(131)
28 plt.title("原始影像")
29 plt.imshow(rgb_src)
30 plt.axis('off')
31 plt.subplot(132)
32 plt.title("未知區域")
33 plt.imshow(unknown)
34 plt.axis('off')
35 plt.subplot(133)
36 plt.title("標記區")
37 plt.imshow(markers)
38 plt.axis('off')
39 plt.show()
```

影像分割是計算機視覺和影像處理中的一項重要技術，旨在將影像分解為具有不同屬性或區域的多個部分。當前，我們已經學習了諸如閾值化、形態學操作、邊緣檢測與輪廓檢測等技術，這些方法對於處理單一物體的輪廓檢測效果顯著。然而，當影像中包含緊鄰或重疊的多個物體時，這些方法往往無法準確地將每個物體分割開來。例如，當多個硬幣相鄰或重疊時，傳統方法可能只檢測出一個單一的輪廓，而無法分辨出每個硬幣的獨立區域。

為了解決上述問題，本章將介紹分水嶺（Watershed）演算法，一種強大的影像分割方法。分水嶺演算法的核心思想是將影像視為一個地形，根據影像像素值的高低模擬「山谷灌水」的過程，最終建立「分水嶺線」，以分割不同的物體或區域。該方法尤其適合處理緊鄰或重疊物體的分割需求，並且能結合形態學操作和其他影像處理技術，進一步提高分割的準確性。

透過本章的學習，讀者將系統掌握分水嶺演算法的基礎理論與實現步驟，包括距離變換的計算、未知區域的標記、標記修訂以及最終的影像分割過程。

執行結果

原始影像　未知區域　標記區

在此筆者先整理一下使用 connectedComponents( ) 函數所獲得標記，如下：

0：代表背景。

1, 2, …：代表不同的前景區域。

在分水嶺演算法中，對於背景 0 是代表未知區域，1 代表背景，使用 2, 3, …代表不同的前景區域，所以我們還需調整，將所有的 markers 加 1，程式碼如下：

```
markers = markers + 1
```

將未知區域設為 0，程式碼如下：

```
markers[unknown==255] = 0
```

程式實例 ch22_5.py：擴充設計 ch22_4.py，增加修正標記，同時列出執行結果，這個程式也將輸出色彩改為 "jet"，方便可以看清楚標記區與標記修訂區的差異。

```
1  # ch22_5.py
2  import cv2
3  import numpy as np
4  import matplotlib.pyplot as plt
5  plt.rcParams["font.family"] = ["Microsoft JhengHei"]
6
7  src = cv2.imread('opencv_coin.jpg',cv2.IMREAD_COLOR)
8  gray = cv2.cvtColor(src,cv2.COLOR_BGR2GRAY)
9  # 因為在matplotlib模組顯示, 所以必須轉成 RGB 色彩
10 rgb_src = cv2.cvtColor(src,cv2.COLOR_BGR2RGB)
11 # 二值化
12 ret, thresh = cv2.threshold(gray,0,255,cv2.THRESH_BINARY_INV+cv2.THRESH_OTSU)
13 # 執行開運算 Opening
14 kernel = np.ones((3,3),np.uint8)
15 opening = cv2.morphologyEx(thresh,cv2.MORPH_OPEN,kernel,iterations=2)
16 # 執行膨脹操作
17 sure_bg = cv2.dilate(opening,kernel,iterations=3)
18 # 獲得距離轉換函數結果
19 dst = cv2.distanceTransform(opening,cv2.DIST_L2,5)
20 # 讀者也可以更改下列 0.7 為其他值, 會影響前景大小
```

```
21 ret, sure_fg = cv2.threshold(dst,0.7*dst.max(),255,0)  # 前景圖案
22 # 計算未知區域
23 sure_fg = np.uint8(sure_fg)
24 unknown = cv2.subtract(sure_bg,sure_fg)
25 # 標記
26 ret, markers = cv2.connectedComponents(sure_fg)
27 # 先複製再標記修訂
28 sure_fg_copy = sure_fg.copy()
29 ret, markers_new = cv2.connectedComponents(sure_fg_copy)
30 markers_new += 1                                         # 標記修訂
31 markers_new[unknown==255] = 0
32 plt.subplot(131)
33 plt.title("未知區域")
34 plt.imshow(unknown)
35 plt.axis('off')
36 plt.subplot(132)
37 plt.title("標記區")
38 plt.imshow(markers, cmap="jet")
39 plt.axis('off')
40 plt.subplot(133)
41 plt.title("標記修訂區")
42 plt.imshow(markers_new, cmap="jet")
43 plt.axis('off')
44 plt.show()
```

執行結果

未知區域

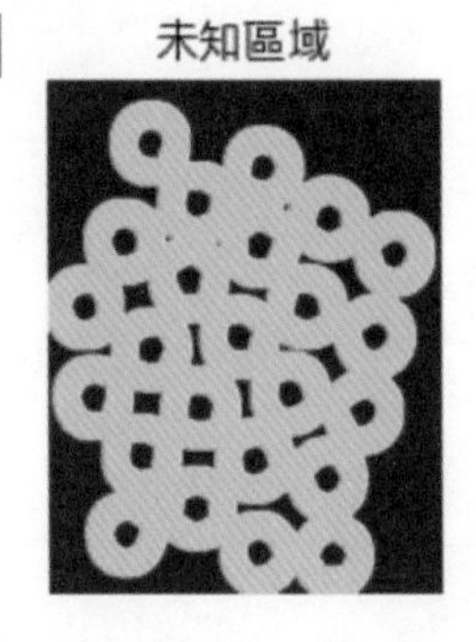

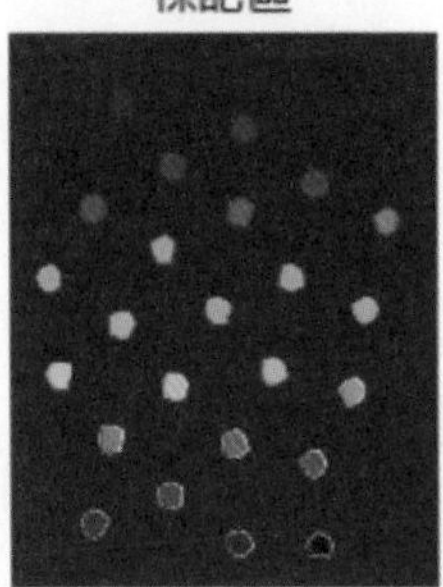

標記修訂區

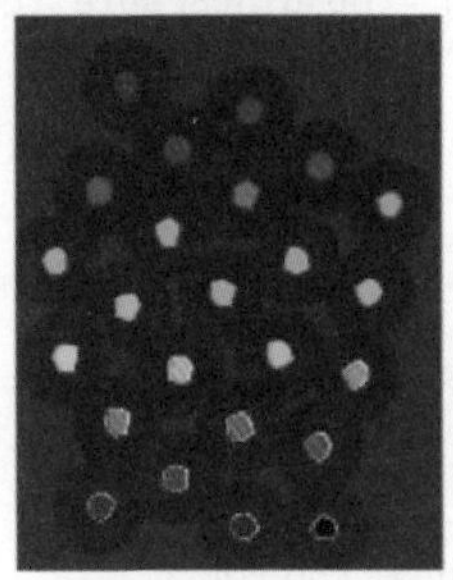

儘管本書使用彩色印製，讀者可能還是看不出來標記區與標記修訂區的差異，如果細看執行結果螢幕，讀者可以看到黑色區包圍前景區，黑色區就是未知的黃色區塊，可以參考上方左圖。

22-6 完成分水嶺演算法

完成先前的準備工作後，最後一步就是使用 OpenCV 的 watershed( ) 完成影像分割，函數語法如下：

```
markers = cv2.watershed(img, markers)
img[markers == -1] = [255,0,0]
```

上述 img 是原始讀取的彩色影像，markers 是標註的結果，邊界區域將被標記 -1。

程式實例 ch22_6.py：完成分水嶺分割影像。

```
1  # ch22_6.py
2  import cv2
3  import numpy as np
4  import matplotlib.pyplot as plt
5  plt.rcParams["font.family"] = ["Microsoft JhengHei"]
6
7  src = cv2.imread('opencv_coin.jpg',cv2.IMREAD_COLOR)
8  gray = cv2.cvtColor(src,cv2.COLOR_BGR2GRAY)
9  # 因為在matplotlib模組顯示，所以必須轉成 RGB 色彩
10 rgb_src = cv2.cvtColor(src,cv2.COLOR_BGR2RGB)
11 # 二值化
12 ret, thresh = cv2.threshold(gray,0,255,cv2.THRESH_BINARY_INV+cv2.THRESH_OTSU)
13 # 執行開運算 Opening
14 kernel = np.ones((3,3),np.uint8)
15 opening = cv2.morphologyEx(thresh,cv2.MORPH_OPEN,kernel,iterations=2)
16 # 執行膨脹操作
17 sure_bg = cv2.dilate(opening,kernel,iterations=3)
18 # 獲得距離轉換函數結果
19 dst = cv2.distanceTransform(opening,cv2.DIST_L2,5)
20 # 讀者也可以更改下列 0.7 為其他值，會影響前景大小
21 ret, sure_fg = cv2.threshold(dst,0.7*dst.max(),255,0)  # 前景圖案
22 # 計算未知區域
23 sure_fg = np.uint8(sure_fg)
24 unknown = cv2.subtract(sure_bg,sure_fg)
25 # 標記
26 ret, markers = cv2.connectedComponents(sure_fg)
27 markers = markers + 1
28 markers[unknown==255] = 0
29 # 正式執行分水嶺函數
30 dst = rgb_src.copy()
31 markers = cv2.watershed(dst,markers)
32 dst[markers == -1] = [255,0,0]                        # 使用紅色
33 plt.subplot(121)
34 plt.title("原始影像")
35 plt.imshow(rgb_src)
36 plt.axis('off')
37 plt.subplot(122)
38 plt.title("分割結果")
39 plt.imshow(dst)
40 plt.axis('off')
41 plt.show()
```

執行結果

原始影像

分割結果

22-7 分水嶺演算法專案 – 複雜圖像分割

棕色的硬幣前景與白色背景，由於容易辨識前景與背景，比較容易用分水嶺執行硬幣區隔。相同程式如果應用在一般圖像，效果不一定會好，這時使用分水嶺演算法，必須要做細微的調整。

程式實例 ch22_7.py：將分水嶺演算法應用在高速公路 highway.jpg。

```
1    # ch22_7.py
2    import numpy as np
3    import cv2
4
5    img = cv2.imread('highway.jpg')
6    cv2.imshow('Original Image', img)
7
8    # 1. 銳化影像, 使用銳化濾波器增強影像細節, 例如邊緣特徵
9    kernel = np.array([
10                       [2, 2, 2],
11                       [2, -16, 2],
12                       [2, 2, 2]
13                       ])
14   sharp = cv2.filter2D(img, -1, kernel)
15   cv2.imshow('Sharp Image', sharp)
16
17   # 2. 將影像轉為灰階, 以便進行後續處理
18   gray = cv2.cvtColor(sharp, cv2.COLOR_BGR2GRAY)
19   cv2.imshow('Gray Image', gray)
20
21   # 3. 使用 OTSU 方法進行自適應閾值化, 將影像轉為二值影像
22   _, binary = cv2.threshold(gray, 0, 255, cv2.THRESH_BINARY_INV + cv2.THRESH_OTSU)
23   cv2.imshow('Binary Image', binary)
24
25   # 4. 使用形態學開運算去除小的雜訊區域, 同時保持前景區域完整
26   opening = cv2.morphologyEx(binary, cv2.MORPH_OPEN, (3,3), iterations=3)
27   cv2.imshow('Opening - Noise Removal', opening)
28
29   # 5. 透過膨脹操作擴大背景區域, 便於區分背景與前景
30   sure_bg = cv2.dilate(opening, (3,3), iterations=3)
31   cv2.imshow('Sure Background', sure_bg)
32
33   # 6. 確定前景區域, 距離變換 + 閾值化, 使用距離變換確定前景的種子區域
34   dist_transform = cv2.distanceTransform(opening, cv2.DIST_L2, 3, 5)
35   _, sure_fg = cv2.threshold(dist_transform, 0.01 * dist_transform.max(),
36                              255, cv2.THRESH_BINARY)
37   sure_fg = np.uint8(sure_fg)                            # 確保數據類型為 uint8
38   cv2.imshow('Sure Foreground', sure_fg)
```

```
39
40     # 7. 獲取未知區域, 從背景區域中減去前景區域, 得到未知區域
41     unknown = cv2.subtract(sure_bg, sure_fg)
42     cv2.imshow('Unknown Region', unknown)
43
44     # 8. 標記區域, 對前景進行連通域標記, 背景標記為 1, 前景標記從 2 開始
45     _, markers = cv2.connectedComponents(sure_fg)   # 標記最大連通域
46     markers = markers + 1                           # 背景標記為1
47     markers[unknown == 255] = 0                     # 未知區域標記為0
48     # 顯示標記區域
49     mark = img.copy()
50     mark[markers == 1] = (255, 0, 0)                # 背景區域, 用藍色
51     mark[markers == 0] = (0, 255, 0)                # 未知區域, 用綠色
52     mark[markers > 1] = (0, 0, 255)                 # 前景區域, 用紅色
53     cv2.imshow('Markers Before Watershed', mark)
54
55     # 9. 使用分水嶺演算法進行分割, 邊界區域標記為 -1
56     markers = cv2.watershed(img, markers)
57     # 顯示分水嶺後的標記區域, 將分水嶺邊界 (-1) 以綠色顯示
58     mark[markers == -1] = (0, 255, 0)               # 邊界區域為綠色
59     cv2.imshow('Markers After Watershed', mark)
60
61     # 10. 將分水嶺邊界疊加到原始影像
62     dst = img.copy()
63     dst[markers == -1] = [0, 255, 0]                # 邊界上色為綠色
64     cv2.imshow('Final Result with Boundaries', dst)
65
66     cv2.waitKey(0)
67     cv2.destroyAllWindows()
```

執行結果 下列分別是原始影像 (Original Image) 與處理過的銳化影像 (Sharp Image)。

步驟 1 是銳化影像，本書 11-7 節有說明 filter2D( ) 函數，其中一個功能是用於進行影像的銳化處理，假設內核是一個 3 x 3 的卷積矩陣，如果定義內核如下：

```
[ 2  2  2]
[ 2 -16  2]
[ 2  2  2]
```

中心位置的值為 -16，相當於放大 -16 倍。周圍像素值為 2，相當於放大 2 倍。結果是中心像素與周圍像素的強烈差異，因此對邊緣和細節增強效果顯著，因此產生銳化內核的效果，從而突出邊緣。

步驟 2 是將影像轉為灰階，可以參考下方左圖 Gray Image。

步驟 3 是使用 OTSU 自適應閾值化，將影像轉為二值影像，可以參考下方右圖的 Binary Image。

步驟 4 是使用形態學開運算去除雜訊，同時保持前景完整。讀者需留意，在第 12 章的程式實例，筆者在呼叫 cv2.morphologyEx( ) 函數時，會先有指令：

```
kernel = np.ones((3, 3), np.uint8)
```

此時 cv2.morphologyEx( ) 的第 3 個參數用 kernel 代入，這是用 np.ones( ) 手動定義 3x3 的內核是全為 1 的矩形陣列。

```
opening = cv2.morphologyEx(binary, cv2.MORPH_OPEN, kernel, iterations=3)
```

這個程式筆者用下列方式定義：

```
opening = cv2.morphologyEx(binary, cv2.MORPH_OPEN, (3,3), iterations=3)
```

cv2.MORPH_OPEN 預設是使用 cv2.getStructuringElement( ) 生成的內核，這個內

核在特定實現中可能會加入一些抗噪或其他優化處理，影響最終效果，在比較複雜的圖像中，如果我們沒有特別的內核定義，請使用 (3, 3) 方式定義內核。結果可以參考下方左圖的 Opening – Noise Removal。

步驟 5 是使用膨脹操作，擴大背景區域，可以參考下方右圖的 Sure Background。

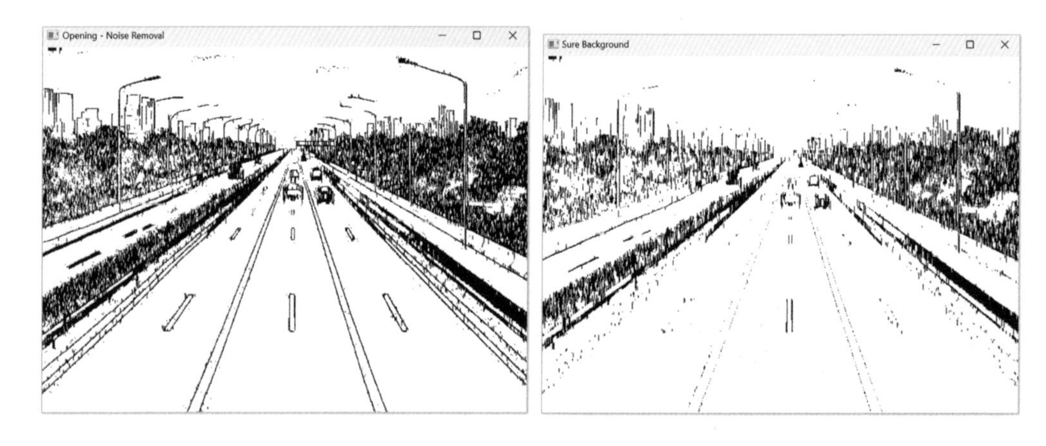

步驟 6 的「cv2.distanceTransform( )」的功能：

- 距離變換：將二值影像中每個前景像素（值為 255）轉換為該像素到最近背景像素（值為 0）的距離。
- 輸入影像：opening 是處理後的二值影像，通常是經過形態學操作（例如開運算）去噪後的影像。
- 參數解釋：
  - cv2.DIST_L2：距離計算方法，L2 表示歐幾里得距離，即平面直線距離。
  - 3：掃描範圍（mask size）。3 表示採用 3x3 的鄰域進行距離計算。
  - 5：自適應半徑（採用 OpenCV 的優化參數）。
- 輸出：返回一個浮點數矩陣，每個像素的值表示該像素到最近背景像素的距離。

指令「_, sure_fg = cv2.threshold(dist_transform, 0.01 * dist_transform.max(), 255, cv2.THRESH_BINARY)」，功能是：

- 閾值化操作，用於將距離變換的浮點數矩陣轉換為二值影像。閾值的作用是篩選出前景的中心種子區域。
- 參數解釋：

- dist_transform：距離變換的輸入矩陣。
- 0.01 * dist_transform.max( )：閾值為距離變換矩陣最大值的 1%，僅保留距離最大（靠近物體中心）的區域。
- 255：大於閾值的像素被設為 255（白色，前景）。
- cv2.THRESH_BINARY：二值化模式，大於閾值的像素設為 255，小於閾值的設為 0。

● 輸出：sure_fg 是一個二值影像，表示確定的前景種子區域。

執行結果可以參考下方左圖 Sure Foreground。

步驟 7 是獲取未知區域，主要是背景區域減去前景區域，這就是未知區域，可以參考下方右圖的 Unknown Region。

步驟 8 整體功能是，這段程式的主要功能是為分水嶺演算法準備標記矩陣，並將其可視化，具體步驟如下：

● 使用 cv2.connectedComponents( ) 為前景的種子區域分配標記值。此函數用於標記二值影像中的連通區域。

- 輸入：sure_fg 是確定的前景區域（通常通過距離變換生成的種子）。
- 輸出：
  - ◆ 第一個返回值「_」是區域數量，這裡不使用它。
  - ◆ 第二個返回值 markers 是一個與輸入影像大小相同的矩陣，其中每個像素的值對應其所在的連通區域的標記。

- 「markers = markers + 1」調整標記值，使背景標記為 1，前景標記從 2 開始，未知區域標記為 0。
- 將標記矩陣可視化，使用不同顏色分別表示背景、未知區域和前景，便於檢查標記是否準確。

可以參考下方左圖的 Markers Before Watershed。

步驟 9 是使用分水嶺演算法，同時標記邊界區域為綠色，結果可以參考下方右圖的 Markers After Watershed。

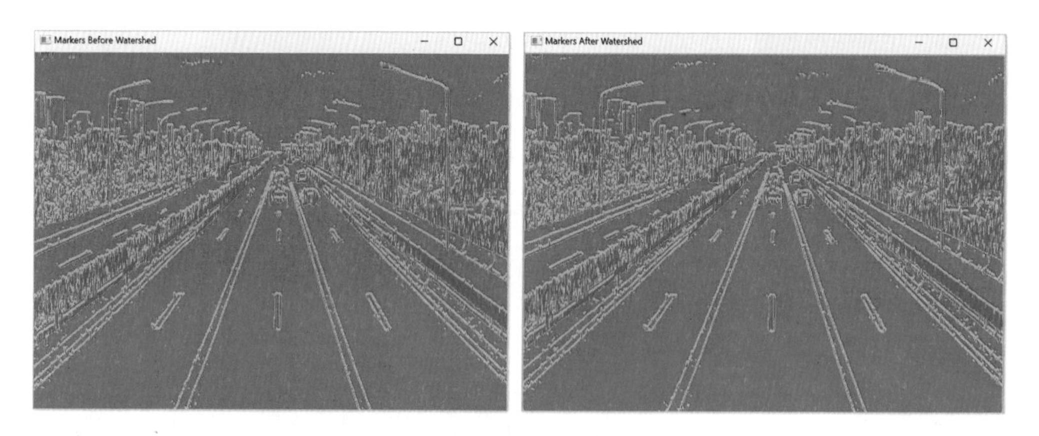

步驟 10 是將分水嶺邊界疊加到原影像。

習題

1： 請自行練習堆疊硬幣，然後試著用分水嶺演算法做分割，下列是筆者的執行結果。

原始影像

分割結果

2： 請使用 ch22_7.py，應用在 people.jpg，用於分隔前景與背景影像。

第二十三章
影像擷取

23-1 認識影像擷取的原理

影像擷取技術最早是 2004 年由微軟公司英國劍橋研究院的 C. Rother、V. Kolmogorov 和 A. Blake 等 3 個人發表，主題是 GrabCut: Interactive foreground extraction using iterated graph cuts，使用迭代切割技術交互式擷取影像前景。隨後這項技術也被應用在 Microsoft 的軟體內，例如：PowerPoint、小畫家。

基本觀念是，最初使用者在影像內繪製一塊矩形，所要擷取的前景必須在此矩形內，然後對此進行迭代分割，最後將前景影像擷取出來。

下列是此 GrabCut 演算法的步驟：

1： 在影像內定義一個包含要擷取影像的矩形。

2： 矩形區以外當作是確定背景。

3： 可以使用矩形區以外的資料區分矩形區以內的前景和背景資料。

4： 使用高斯混合模型 (Gaussians Mixture Model, GMM) 對前景和背景建模，GMM 方法會對使用者輸入的訊息建立像素點的分佈，同時對未定義的像素點標記為可能前景或是背景。圖形會根據像素分佈建構，另外建立兩個節點，Source node 和 Sink node，每個前景像素點會連接到 Source 節點，每個背景像素點會連接到 Sink 節點。

5： 影像中每一個像素點連接到 Source 節點或是 Sink 結點。像素點也會與周圍的像素點彼此間有連接，兩個像素點連接的權重由他們之間的相似度決定，如果像素顏色值越接近，權重值越大。

6： 節點完成連接後，如果節點之間的邊一個屬於前景，另一個屬於背景，則可依據權重對邊做切割，最後所有連接到 Source 節點就是前景，所有連接到 Sink 節點的就是背景，這樣就可以將像素點劃分為前景與背景。

7： 重複上述過程直到分類收斂，就可以完成影像擷取。

23-2 OpenCV 的 grabCut( ) 函數

OpenCV 提供了 grabCut( ) 函數可以擷取影像，語法如下：

```
mask, bgdModel, fgdModel = cv2.grabCut(img, mask, rect, bgdModel, fgdModel, iterCount, mode)
```

上述各參數意義如下：

- img：3 個顏色通道，8 位元的輸入影像。未來此影像含執行結果。
- mask：遮罩，遮罩元素可以是下列值：

具名參數	說明
GC_BGD	定義明顯的背景元素，也可以用 0 表示
GC_FGD	定義明顯的前景元素，也可以用 1 表示
GC_PR_BGD	定義可能的背景元素，也可以用 2 表示
GC_PR_FGD	定義可能的前景元素，也可以用 3 表示

- rect：使用 ROI 定義前景矩形物件，資料格式是 (x,y,w,h)。這個參數只有當 mode 參數設為 GC_INIT_WITH_RECT 才有意義。
- bgdModel：內部計算用的陣列，只需設定 (1,65) 大小的 np.float64 類型的陣列。
- fgdModel：內部計算用的陣列，只需設定 (1,65) 大小的 np.float64 類型的陣列。
- iterCount：運算法的迭代次數，迭代次數越多所需執行時間越長。
- mode：可選參數，表示操作模式。當設為 GC_INIT_WITH_RECT 時，表示使用矩形。當設為 GC_INIT_WITH_MASK 時，表示使用所提供的遮罩當作初始化，然後 ROI 以外的區域會被自動初始化為 GC_BGD。註：GC_INIT_WITH_RECT 和 GC_INIT_WITH_MASK 可以共用。

上述函數的回傳值內容如下：

- mask：執行 grabCut( ) 函數後的遮罩，其實呼叫 grabCut( ) 函數時所使用的 mask 內容也會同步更新，其實這個回傳的遮罩 mask 值也就是更新的 mask 值。更多細節讀者可以參考程式實例 ch23_1.py 的說明。
- bgdModel：建立背景的臨時建模。
- fgdModel：建立前景的臨時建模。

23-3 grabCut( ) 基礎實作

程式實例 ch23_1.py：影像擷取，原始影像是 hung.jpg，請建立元素是 0 的遮罩 mask，使用 grabCut( ) 執行影像擷取。這個實例第 11 列設定 ROI 如下：

```
rect = (10, 30, 380, 360)
```

不同的 ROI 設定會影響所擷取的內容，這將是讀者的習題。

```
1  # ch23_1.py
2  import cv2
3  import numpy as np
4  import matplotlib.pyplot as plt
5  plt.rcParams["font.family"] = ["Microsoft JhengHei"]
6
7  src = cv2.imread('hung.jpg')                      # 讀取影像
8  mask = np.zeros(src.shape[:2],np.uint8)           # 建立遮罩，大小和src相同
9  bgdModel = np.zeros((1,65),np.float64)            # 建立內部用暫時計算陣列
10 fgdModel = np.zeros((1,65),np.float64)            # 建立內部用暫時計算陣列
11 rect = (10,30,380,360)                            # 建立ROI區域
12 # 呼叫grabCut()進行分割，迭代 3 次，回傳mask1
13 # 其實mask1 = mask，因為mask也會同步更新
14 mask1, bgd, fgd = cv2.grabCut(src,mask,rect,bgdModel,fgdModel,3,
15                               cv2.GC_INIT_WITH_RECT)
16 # 將 0，2設為0 --- 1，3設為1
17 mask2 = np.where((mask1==0)|(mask1==2),0,1).astype('uint8')
18 dst = src * mask2[:,:,np.newaxis]                     # 計算輸出影像
19 src_rgb = cv2.cvtColor(src,cv2.COLOR_BGR2RGB)        # 將BGR轉RGB
20 dst_rgb = cv2.cvtColor(dst,cv2.COLOR_BGR2RGB)        # 將BGR轉RGB
21 plt.subplot(121)
22 plt.title("原始影像")
23 plt.imshow(src_rgb)
24 plt.axis('off')
25 plt.subplot(122)
26 plt.title("擷取影像")
27 plt.imshow(dst_rgb)
28 plt.axis('off')
29 plt.show()
```

執行結果

原始影像

擷取影像

上述第 14 和 17 列也可以使用下列方式簡化：

```
cv2.grabCut(src, mask, rect, bgdModel, fgdModel, 5, cv2.GC_INIT_WITH_RECT)
  …
mask = np.where((mask==0)|(mask==2), 0, 1)
```

讀者可能會對於第 17 列的 np.where( ) 函數陌生，這個函數的語法如下：

```
np.where(condition, x, y)
```

如果 condition 是 True，則回傳 x。如果 condition 是 False，則回傳 y。程式第 8 列我們先建立全部元素內容是 0 的 mask，當我們使用 grabCut( ) 後，會產生元素內容是 0, 1, 2, 3 的 mask，請回憶 23-2 節的解說：

用 0 表示明顯的背景元素

用 1 表示明顯的前景元素

用 2 表示可能的背景元素

用 3 表示可能的前景元素

所以我們使用 np.where( ) 對整個運算結果分類，這個指令如下：

```
mask2 = np.where((mask1==0)|(mask1==2), 0, 1)
```

上述相當於若是 0 或 2 的元素內容，結果是 0，也就是此像素點歸為背景。1 或 3 的內容結果是 1，也就是此像素點歸為前景。

程式第 18 列內容如下：

```
dst = src * mask2[ :, :, np.newaxis]
```

這是因為 src 是彩色讀取所以是三維陣列，mask2 是二維陣列，兩者無法相乘，但是 mask2 內使用 np.newaxis 是可以提升 mask2 為三維陣列，這樣就可以相乘了。

程式 ch23_1.py 我們並沒有獲得完整擷取的效果，為了改進我們將影像進行標註，要保留的部分標記為白色，要刪除的背景標記為黑色，可以參考下列 hung_mask.jpg。

程式實例 ch23_2.py：另外呼叫 grabCut( ) 函數時，使用簡化方式處理。

```
1  # ch23_2.py
2  import cv2
3  import numpy as np
4  import matplotlib.pyplot as plt
5  plt.rcParams["font.family"] = ["Microsoft JhengHei"]
6
7  src = cv2.imread('hung.jpg')                     # 讀取影像
8  mask = np.zeros(src.shape[:2],np.uint8)          # 建立遮罩, 大小和src相同
9  bgdModel = np.zeros((1,65),np.float64)           # 建立內部用暫時計算陣列
10 fgdModel = np.zeros((1,65),np.float64)           # 建立內部用暫時計算陣列
11 rect = (10,30,380,360)                           # 建立ROI區域
12 # 呼叫grabCut()進行分割
13 cv2.grabCut(src,mask,rect,bgdModel,fgdModel,3,cv2.GC_INIT_WITH_RECT)
14 maskpict = cv2.imread('hung_mask.jpg')           # 讀取影像
15 newmask = cv2.imread('hung_mask.jpg',cv2.IMREAD_GRAYSCALE)  # 灰階讀取
```

```
16  mask[newmask == 0] = 0                          # 白色內容則確定是前景
17  mask[newmask == 255] = 1                        # 黑色內容則確定是背景
18  cv2.grabCut(src,mask,None,bgdModel,fgdModel,3,cv2.GC_INIT_WITH_MASK)
19  mask = np.where((mask==0)|(mask==2),0,1).astype('uint8')
20  dst = src * mask[:,:,np.newaxis]                   # 計算輸出影像
21  src_rgb = cv2.cvtColor(src,cv2.COLOR_BGR2RGB)    # 將BGR轉RGB
22  maskpict_rgb = cv2.cvtColor(maskpict,cv2.COLOR_BGR2RGB)
23  dst_rgb = cv2.cvtColor(dst,cv2.COLOR_BGR2RGB)    # 將BGR轉RGB
24  plt.subplot(131)
25  plt.title("原始影像")
26  plt.imshow(src_rgb)
27  plt.axis('off')
28  plt.subplot(132)
29  plt.title("遮罩影像")
30  plt.imshow(maskpict_rgb)
31  plt.axis('off')
32  plt.subplot(133)
33  plt.title("擷取影像")
34  plt.imshow(dst_rgb)
35  plt.axis('off')
36  plt.show()
```

執行結果

原始影像

擷取影像

23-4 自定義遮罩實例

在說明這一節主題前，筆者將以 lena.jpg 影像為例建立影像擷取。

程式實例 ch23_3.py：重新設計 ch23_1.py，建立 lena.jpg 影像擷取。

```
1   # ch23_3.py
2   import cv2
3   import numpy as np
4   import matplotlib.pyplot as plt
5   plt.rcParams["font.family"] = ["Microsoft JhengHei"]
6
7   src = cv2.imread('lena.jpg')                     # 讀取影像
8   mask = np.zeros(src.shape[:2],np.uint8)          # 建立遮罩, 大小和src相同
9   bgdModel = np.zeros((1,65),np.float64)           # 建立內部用暫時計算陣列
10  fgdModel = np.zeros((1,65),np.float64)           # 建立內部用暫時計算陣列
11  rect = (30,30,280,280)                           # 建立ROI區域
12  # 呼叫grabCut()進行分割, 迭代 3 次, 回傳mask1
13  # 其實mask1 = mask, 因為mask也會同步更新
14  mask1, bgd, fgd = cv2.grabCut(src,mask,rect,bgdModel,fgdModel,3,
15                                cv2.GC_INIT_WITH_RECT)
16  # 將 0, 2設為0 --- 1, 3設為1
17  mask2 = np.where((mask1==0)|(mask1==2),0,1).astype('uint8')
18  dst = src * mask2[:,:,np.newaxis]                  # 計算輸出影像
19  src_rgb = cv2.cvtColor(src,cv2.COLOR_BGR2RGB)    # 將BGR轉RGB
20  dst_rgb = cv2.cvtColor(dst,cv2.COLOR_BGR2RGB)    # 將BGR轉RGB
21  plt.subplot(121)
22  plt.title("原始影像")
```

```
23 plt.imshow(src_rgb)
24 plt.axis('off')
25 plt.subplot(122)
26 plt.title("擷取影像")
27 plt.imshow(dst_rgb)
28 plt.axis('off')
29 plt.show()
```

執行結果

從上述我們可以得到所擷取的影像缺了身體、帽子上半部等。grabCut( ) 函數也允許我們自定義遮罩，方式是先定義影像可能區域為 3，可以參考下列程式碼：

```
mask[30:324,30:300] = 3                      # 定義可能前景區域
```

然後定義確定前景區域為 1，可以參考下列程式碼：

```
mask[90:200,90:200] = 1                      # 定義確定前景區域
```

將上述區域代入 grabCut( ) 函數，在代入過程就可以省略 ROI 的設定，同時 mode 參數需改為 GC_INIT_WITH_MASK。

程式實例 ch23_4.py：使用自定義遮罩重新設計 ch23_3.py。

```
1  # ch23_4.py
2  import cv2
3  import numpy as np
4  import matplotlib.pyplot as plt
5  plt.rcParams["font.family"] = ["Microsoft JhengHei"]
6
7  src = cv2.imread('lena.jpg')                # 讀取影像
8  bgdModel = np.zeros((1,65),np.float64)      # 建立內部用暫時計算陣列
9  fgdModel = np.zeros((1,65),np.float64)      # 建立內部用暫時計算陣列
10 rect = (30,30,280,280)                      # 建立ROI區域
11 mask = np.zeros(src.shape[:2],np.uint8)     # 建立遮罩, 大小和src相同
12 mask[30:324,30:300]=3
13 mask[90:200,90:200]=1
14 # 呼叫grabCut()進行分割, 迭代 3 次, 回傳mask1
15 # 其實mask1 = mask, 因為mask也會同步更新
16 mask1, bgd, fgd = cv2.grabCut(src,mask,None,bgdModel,fgdModel,3,
17                               cv2.GC_INIT_WITH_MASK)
18 # 將 0, 2設為0 --- 1, 3設為1
19 mask2 = np.where((mask1==0)|(mask1==2),0,1).astype('uint8')
20 dst = src * mask2[:,:,np.newaxis]                 # 計算輸出影像
21 src_rgb = cv2.cvtColor(src,cv2.COLOR_BGR2RGB)    # 將BGR轉RGB
22 dst_rgb = cv2.cvtColor(dst,cv2.COLOR_BGR2RGB)    # 將BGR轉RGB
23 plt.subplot(121)
```

```
24  plt.title("原始影像")
25  plt.imshow(src_rgb)
26  plt.axis('off')
27  plt.subplot(122)
28  plt.title("擷取影像")
29  plt.imshow(dst_rgb)
30  plt.axis('off')
31  plt.show()
```

執行結果

23-5 影像擷取創意應用

有關影像擷取的創意應用有許多，這一節將實作：

- 更換背景圖。
- 模糊背景凸顯主題。

23-5-1　更換影像背景

程式實例 ch23_5.py：擴充 ch23_4.py，截取影像後，使用 bk1.jpg 更換 lena.jpg 的背景圖。

```
1   # ch23_5.py
2   import cv2
3   import numpy as np
4   import matplotlib.pyplot as plt
5   plt.rcParams["font.family"] = ["Microsoft JhengHei"]
6
7   # 讀取影像和背景影像
8   src = cv2.imread('lena.jpg')                        # 讀取人物影像
9   background = cv2.imread('bk1.jpg')                  # 讀取背景影像
10
11  # 確保背景影像的大小與人物影像相同
12  background = cv2.resize(background, (src.shape[1], src.shape[0]))
13
14  # 建立內部用的 GrabCut 模型
```

```
15   bgdModel = np.zeros((1, 65), np.float64)
16   fgdModel = np.zeros((1, 65), np.float64)
17
18   # 建立 ROI 區域和遮罩
19   rect = (30, 30, 280, 280)                          # 定義 ROI 區域
20   mask = np.zeros(src.shape[:2], np.uint8)           # 建立遮罩, 大小與 src 相同
21   mask[30:324, 30:300] = 3                           # 不確定區域 (GC_PR_BGD)
22   mask[90:200, 90:200] = 1                           # 確定前景(GC_FGD)
23
24   # 執行 GrabCut
25   mask1, bgd, fgd = cv2.grabCut(
26       src, mask, None, bgdModel, fgdModel, 3, cv2.GC_INIT_WITH_MASK
27   )
28
29   # 將標記轉換為前景和背景的二值掩膜, # 前景為 1
30   mask2 = np.where((mask1 == 0) | (mask1 == 2), 0, 1).astype('uint8')
31
32   # 提取前景
33   foreground = src * mask2[:, :, np.newaxis]
34
35   # 替換背景
36   final_result = background * (1 - mask2[:, :, np.newaxis]) + foreground
37
38   # 轉換顏色以適應 Matplotlib 顯示
39   src_rgb = cv2.cvtColor(src, cv2.COLOR_BGR2RGB)                  # 原始影像轉 RGB
40   foreground_rgb = cv2.cvtColor(foreground, cv2.COLOR_BGR2RGB)    # 擷取影像轉 RGB
41   final_rgb = cv2.cvtColor(final_result, cv2.COLOR_BGR2RGB)       # 背景結果轉 RGB
42
43   # 顯示結果
44   plt.figure(figsize=(15, 5))
45   plt.subplot(131)
46   plt.title("原始影像")
47   plt.imshow(src_rgb)
48   plt.axis('off')
49
50   plt.subplot(132)
51   plt.title("擷取影像")
52   plt.imshow(foreground_rgb)
53   plt.axis('off')
54
55   plt.subplot(133)
56   plt.title("替換背景")
57   plt.imshow(final_rgb)
58   plt.axis('off')
59
60   plt.show()
```

執行結果

這個程式的 2 個關鍵是：

- 第 12 列，將背景圖轉成和原先 lena.jpg 影像圖大小一樣。
- 第 36 列替換背景圖。

23-5-2　模糊背景凸顯主題

程式實例 ch23_6.py：重新設計 ch23_4.py，截取影像後，使用高斯濾波器創建模糊背景。下列只列出建立模糊背景的程式碼，其他可以參考 ch23 資料夾的程式。

```
31    # 創建模糊背景, 替換背景
32    blurred_background = cv2.GaussianBlur(src, (51, 51), 0)  # 模糊背景
33    final_result = blurred_background * (1 - mask2[:, :, np.newaxis]) + foreground
```

執行結果

讀者可以看到右邊圖像的背景是模糊的。

習題

1： 請將 ch23_1.py 的 ROI 設定更改如下：

```
rect = (10,30,300,300)
```

請列出執行結果。

原始影像

擷取影像

2： 重新設計 ch23_2.py，將所擷取的圖案背景改為白色。

原始影像

遮罩影像

擷取影像

3： 重新設計前一節習題，將背景改成 lake.jpg。

原始影像

替換背景

第二十四章

影像修復
搶救蒙娜麗莎的微笑

實體照片長時間放置在家中，可能會出現污點、筆觸痕跡或其他損壞。傳統的手工修復通常僅能以白色覆蓋黑點等瑕疵，效果有限，且難以恢復原始的細節與質感。

本章將詳細講解如何使用 OpenCV + Python 進行數位影像修復。OpenCV 提供了強大的影像修復功能，其核心理念是利用相鄰像素的顏色和結構訊息來替代損壞區域的像素值，使修復後的影像看起來自然且與周圍內容一致。

透過學習本章內容，您將掌握如何運用 OpenCV 的影像修復技術，處理實體照片中的各種損壞問題，並將其轉換為清晰完整的數位影像。這不僅適用於舊照片的修復，也可廣泛應用於影像處理中的瑕疵補全和細節修復場景。

24-1 影像修復的演算法

OpenCV 提供的修復影像方法有 Navier-Strokes 與 Alexander 演算法，下列將分別說明。

24-1-1 Navier-Stroke 演算法

Navier-Strokes 演算法基於流體動力學理論，於 2001 年由 Bertalmio、Marcelo、Andrea L. Bertozzi 和 Guillermo Sapiro 在其論文《Navier-Stokes, Fluid Dynamics, and Image and Video Inpainting》中提出。這篇論文將流體力學應用於影像修復，採用了啟發式的數學模型，結合邊緣連續性和微分方程來實現修復。

❑ 基本原理

- 邊緣連續性
  - ■ 假設影像的邊緣是連續的，損壞區域的修復會沿著邊緣由已知區域向未知區域傳播。
  - ■ 在修復過程中，演算法會保持邊緣線上的像素點具有一致的像素強度。
- 向量場生成
  - ■ 修復區域的邊界會生成向量場，指導顏色的傳播方向。
  - ■ 這些向量場用流體動力學方法計算，模擬顏色的流動過程。
- 顏色填充與差異最小化
  - ■ 修復區域內的顏色填充遵循減少最小差異的原則，確保修復後的影像與周圍區域自然融合。

❑ 應用場景

- 舊照片修復：適用於修復因污漬或損壞導致的小範圍缺損區域，保持影像的結構和紋理一致性。
- 影像補全：用於填補影像中的小孔洞或雜訊損壞，例如刮痕或水漬。

❑ 技術特點

- 用數學模型為基礎，能夠生成自然且連續的修復效果。
- 修復過程精確且保留了影像的原始結構特徵，特別適合具有清晰邊緣的影像。

與其他方法的比較，Navier-Strokes 演算法更適合小範圍的修復區域，尤其是在邊緣連續性要求高的場景。

- 實作細節：在 OpenCV 中，可以使用 cv2.inpaint( ) 函數調用 Navier-Strokes 演算法，並用指定參數選擇此修復方法。
- 潛在局限：如果修復區域過大或損壞區域內的結構過於複雜，修復效果可能不夠精確，適合結合其他演算法進一步處理。

24-1-2 Alexander 演算法

Telea 演算法於 2004 年由 Alexandru Telea 在其論文《An Image Inpainting Technique Based on the Fast Marching Method》中提出，這是一種「快速行進法（Fast Marching Method, FMM）」的影像修復技術，專注於快速且自然地填補損壞區域。

❑ 基本原理

- 輪廓跟踪與區域填充
  - Telea 方法首先構建並維護損壞區域邊界的像素串列，從邊界開始，逐步向區域內部填充內容。
  - 修復過程從已知像素值的邊界逐步向未知區域傳播，確保填充內容與周圍像素自然融合。
- 加權平均計算：對於每個待修復像素點，Telea 方法透過加權平均計算其顏色值。周圍像素的權重由以下三個因素共同決定：
  - 與相鄰點的距離：距離越近，權重越大，確保修復過程平滑且細緻。

- 法線方向：越靠近邊界法線方向的像素，權重越大，確保修復內容與邊界方向一致。
- 邊界輪廓：越靠近邊界輪廓的像素權重越大，保留影像的結構與細節。

- 快速行進法（FMM）：
  - 修復順序由快速行進法決定，即從邊界開始，逐漸移動到內部的下一個像素，直到填充完整個損壞區域。
  - 每個像素一旦修復，立即用於計算下一步的填充值。
- 參數控制：修復過程中，inpaintRadius 參數控制周圍像素的參與範圍，該值應與修復區域的厚度接近，以達到最佳效果。

應用場景

- 舊照片修復：適用於修復損壞或有明顯裂紋的舊照片，保留影像的紋理和結構。
- 影像補全：在影像處理中填補細小孔洞或刮痕，常用於刪除影像中的小物件或修復壞點。
- 數位藝術創作：用於影像內容填充或創意設計，修復損壞的數位作品。

技術特點

- 快速高效：Telea 演算法利用快速行進法，有效減少了計算時間，適合大多數實時應用場景。
- 自然填充：用權重的修復方法確保了修復區域與周圍內容的融合，生成自然且逼真的結果。
- 靈活性：inpaintRadius 參數可調，適用於不同厚度的損壞區域，適應性更強。

24-1-3 Navier-Strokes 與 Alexander 演算法的比較

特性	Telea 演算法	Navier-Strokes 演算法
核心理論	快速行進法，逐步填充	流體動力學，模擬顏色流動
修復過程	基於加權平均計算，快速計算	沿邊緣傳播，基於微分方程
適用場景	小範圍修復，特別是點狀損壞	紋理修復，適合具有清晰邊緣的區域
運行速度	快速	相對較慢
結構保持	更適合紋理的平滑修復	更適合邊緣和結構的精確修復

24-2 影像修復的函數 inpaint( )

OpenCV 有關修復影像的方法，基本上是採用 24-1 節所述的方法，然後將方法封裝在 inpaint( ) 函數內，這個函數的語法如下：

dst = cv2.inpaint(src, mask, inpaintRadius, flags)

上述各參數意義如下：

- dst：修復結果影像。
- src：可以是 8 位元的單色通道或是 3 通道影像。
- mask：遮罩，表示要修復的區域。
- inpaintRadius：考慮要修復點的圓形半徑區域。
- flags：可以參考下表。

具名常數	值	說明
INPAINT_NS	0	使用 Navier-Stokes 演算法，可以參考 24-1-1 節
INPAINT_TELEA	1	使用 Alexandru Telea 演算法，可以參考 24-1-2 節

24-3 修復蒙娜麗莎的微笑

程式實例 ch24_1.py：使用 INPAINT_NS 方法修復蒙娜麗莎的微笑，同時列出執行結果。

```
1    # ch24_1.py
2    import cv2
3    import matplotlib.pyplot as plt
4    plt.rcParams["font.family"] = ["Microsoft JhengHei"]
5
6    lisa = cv2.imread('lisaE1.jpg')
7    _, mask = cv2.threshold(lisa, 250, 255, cv2.THRESH_BINARY)
8    # 遮罩處理, 適度增加要處理的表面
9    kernal = cv2.getStructuringElement(cv2.MORPH_RECT, (3, 3))
10   mask = cv2.dilate(mask, kernal)
11   dst = cv2.inpaint(lisa, mask[:, :, -1], 5, cv2.INPAINT_NS)
12   # 輸出執行結果
13   lisa_rgb = cv2.cvtColor(lisa,cv2.COLOR_BGR2RGB)    # 將BGR轉RGB
14   mask_rgb = cv2.cvtColor(mask,cv2.COLOR_BGR2RGB)    # 將BGR轉RGB
15   dst_rgb = cv2.cvtColor(dst,cv2.COLOR_BGR2RGB)      # 將BGR轉RGB
16   plt.subplot(131)
17   plt.title("原始影像")
18   plt.imshow(lisa_rgb)
19   plt.axis('off')
```

```
20    plt.subplot(132)
21    plt.title("遮罩影像")
22    plt.imshow(mask_rgb)
23    plt.axis('off')
24    plt.subplot(133)
25    plt.title("影像修復結果")
26    plt.imshow(dst_rgb)
27    plt.axis('off')
28    plt.show()
```

執行結果

原始影像

遮罩影像

影像修復結果

上述程式之所以能修復彩色圖像中的隨機線條，是因為遮罩（mask）處理的關鍵作用。以下是程式如何處理這些線條並修復圖像的詳細解釋：

- 二值化處理的原理：程式使用以下程式碼來進行二值化處理：

  _, mask = cv2.threshold(lisa, 250, 255, cv2.THRESH_BINARY)

  - OpenCV 的 cv2.threshold( ) 函數檢測圖像中的像素值，如果某個像素的值大於 250（非常亮的區域，例如紅色隨機線條），它會將該像素設為 255（白色）。
  - 對於多通道的彩色圖像，OpenCV 的 cv2.threshold( ) 會針對每個通道進行二值化，這樣可以有效地識別出彩色線條等亮度高的區域。

- 擴大遮罩區域：遮罩可能一開始只覆蓋線條本身，但為了確保修復效果，程式使用以下程式碼進行膨脹處理：

  kernal = cv2.getStructuringElement(cv2.MORPH_RECT, (3, 3))
  mask = cv2.dilate(mask, kernal)

  - 這一步使用了形態學操作（膨脹），擴大遮罩區域，使得遮罩能完全覆蓋隨機線條，避免修復過程中遺漏部分線條。

- 修復隨機線條：修復過程由以下程式碼完成：

  dst = cv2.inpaint(lisa, mask[:, :,-1], 5, cv2.INPAINT_NS)

  - mask[:, :,-1] 提取遮罩的最後一個通道，這是遮罩的核心部分，用於指示需要修復的區域。
  - cv2.inpaint( ) 函數使用遮罩，根據鄰近像素的資訊（Navier-Stokes 方法）來填補被遮罩的區域。參數 5，是指要修復的半徑區域。
  - 結果就是擦除紅色線條，並以圖像周圍的像素為基礎填充該區域，恢復原始的畫面。

- 修復彩色圖像的機制：在修復過程中，OpenCV 的 cv2.inpaint( ) 將原始圖像作為參考，對每個通道（R、G、B）獨立處理遮罩區域，這使得修復結果能保持彩色圖像的整體一致性。

如果圖像需要進一步調整修復的效果，可以做下列調整：

- 調整二值化閾值（如將 250 改為更低的值），以檢測更亮或更暗的區域。
- 調整膨脹大小（改變內核尺寸 (3, 3) 為更大或更小），控制遮罩區域的範圍。

程式實例 ch24_2.py：使用 INPAINT_TELEA 方法修復蒙娜麗莎的微笑，同時列出執行結果。

```
6    lisa = cv2.imread('lisaE2.jpg')
7    _, mask = cv2.threshold(lisa, 250, 255, cv2.THRESH_BINARY)
8    # 遮罩處理, 適度增加要處理的表面
9    kernal = cv2.getStructuringElement(cv2.MORPH_RECT, (3, 3))
10   mask = cv2.dilate(mask, kernal)
11   dst = cv2.inpaint(lisa, mask[:, :, -1], 5, cv2.INPAINT_TELEA)
```

執行結果

原始影像

遮罩影像

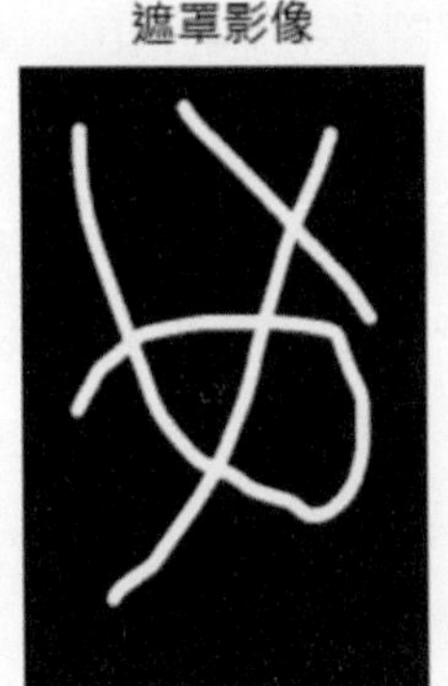

影像修復結果

註 上述 ch24_1.py 筆者是用像素值 255 的紅色 (Red) 色彩，ch24_2.py 是用像素值 255 的白色 (Red、Green、Blue) 色彩，所以可以很容易取得遮罩影像。第 7 列就是二值化處理取得遮罩影像的第一步，第 9 列和第 10 列則是適度增加遮罩寬度，最後達到影像修復的目的。

如果使用非接近 255 像素值的色彩污染影像，則會比較困難取得遮罩影像。

24-4 局部修復圖像

前一小節的實例比較簡單，只要像素值大於閾值 250，就將該像素值視為有問題的像素，然後改為 255。真實應用中，有些圖像的像素值可能大於 250，如果這樣歸類，可能造成正常影像被錯誤處理，可以參考下圖。

上述圖在處理時，由於破損圖像不是純白色，還會遇到閾值需測試，否則會誤抓破損區域。

程式實例 ch24_3.py：用全局的觀念修復上述圖，這是一張老舊的照片，受損區不是純白色，因此這個程式使用 225 當作閾值，當然讀者也可以用其他閾值測試。

```
1   # ch24_3.py
2   import cv2
3   import numpy as np
4
5   # 讀取受損圖像
6   img = cv2.imread('damaged_photo.jpg')
7
```

```
 8    # 將圖像轉換為灰階色彩
 9    gray = cv2.cvtColor(img, cv2.COLOR_BGR2GRAY)
10
11    # 應用中值濾波以減少噪聲
12    denoised = cv2.medianBlur(gray, 5)
13
14    # 檢測受損區域, 用自適應閾值分割檢測高亮區域 (可能的受損區域)
15    _, mask = cv2.threshold(denoised, 225, 255, cv2.THRESH_BINARY)
16
17    # 透過形態學操作膨脹, 擴展受損區域, 以確保完全覆蓋
18    kernel = cv2.getStructuringElement(cv2.MORPH_RECT, (5, 5))
19    mask = cv2.dilate(mask, kernel, iterations=2)
20
21    # 使用 inpaint 函數修復圖像
22    restored_img = cv2.inpaint(img, mask, inpaintRadius=5,
23                               flags=cv2.INPAINT_TELEA)
24
25    # 顯示原始圖像、遮罩和修復後的圖像
26    cv2.imshow('Original Image', img)
27    cv2.imshow('Detected Mask', mask)
28    cv2.imshow('Restored Image', restored_img)
29
30    cv2.waitKey(0)
31    cv2.destroyAllWindows()
```

執行結果 下列省略輸出遮罩 mask。

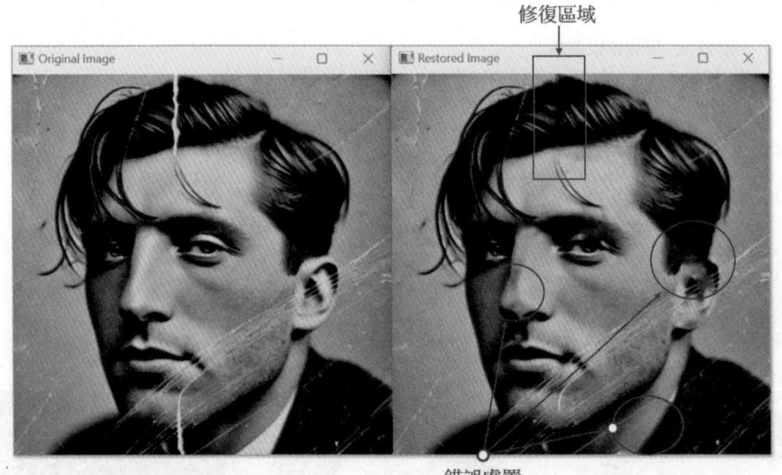

從上述看頭髮部分已經修復，但是鼻樑、耳朵和白色衣領應該是正常，可是因為亮度比較高，所以被錯誤修改了。碰上這類狀況，我們可以思考採用局部修復圖像策略。為了可以正確找出要修復的區域，可以將圖片載入小畫家。

程式實例 ch24_4.py：局部修復頭髮，並觀察執行結果。

```
1   # ch24_4.py
2   import cv2
3   import numpy as np
4
5   # 讀取受損圖像
6   img = cv2.imread('damaged_photo.jpg')
7   # 將圖像轉換為灰階色彩
8   gray = cv2.cvtColor(img, cv2.COLOR_BGR2GRAY)
9
10  # 創建與圖像大小相同的黑色遮罩
11  mask = np.zeros(img.shape[:2], dtype=np.uint8)
12
13  # 手動設定檢測區域, 矩形區域的座標
14  x1, y1, x2, y2 = 150, 1, 180, 90
15
16  # 取得矩形區域的灰階色彩
17  roi = gray[y1:y2, x1:x2]
18
19  # 在矩形區域內應用 threshold 函數
20  _, roi_mask = cv2.threshold(roi, 225, 255, cv2.THRESH_BINARY)
21
22  # 將處理後的遮罩放回到原遮罩的對應區域
23  mask[y1:y2, x1:x2] = roi_mask
24
25  # 透過形態學操作膨脹, 擴展受損區域, 以確保完全覆蓋
26  kernel = cv2.getStructuringElement(cv2.MORPH_RECT, (5, 5))
27  mask = cv2.dilate(mask, kernel, iterations=2)
28
29  # 使用 inpaint 函數修復圖像
30  restored_img = cv2.inpaint(img, mask, inpaintRadius=5,
31                             flags=cv2.INPAINT_TELEA)
32
33  # 顯示原始圖像、遮罩和修復後的圖像
34  cv2.imshow('Original Image', img)
35  cv2.imshow('Detected Mask', mask)
36  cv2.imshow('Restored Image', restored_img)
37  cv2.waitKey(0)
38  cv2.destroyAllWindows()
```

執行結果

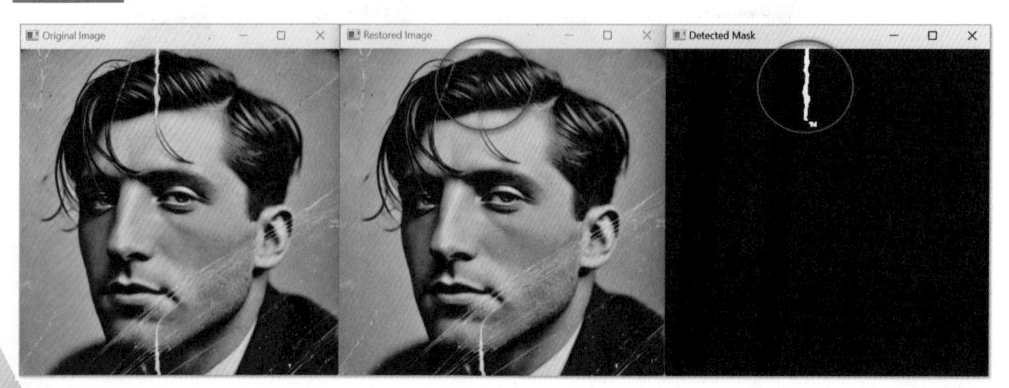

從上述遮罩，可以看到要修復的區域。從執行結果可以看到頭髮區域已經修復了。

習題

1： 分別使用 INPAINT_NS 和 INPAINT_TELEA 演算法修復 jkError.jpg 影像。

原始影像

2： 擴充設計 ch24_4.py，將修復結果儲存在 restored_image.jpg。

3： 使用前一題的 restored_image.jpg，修復臉部區域。

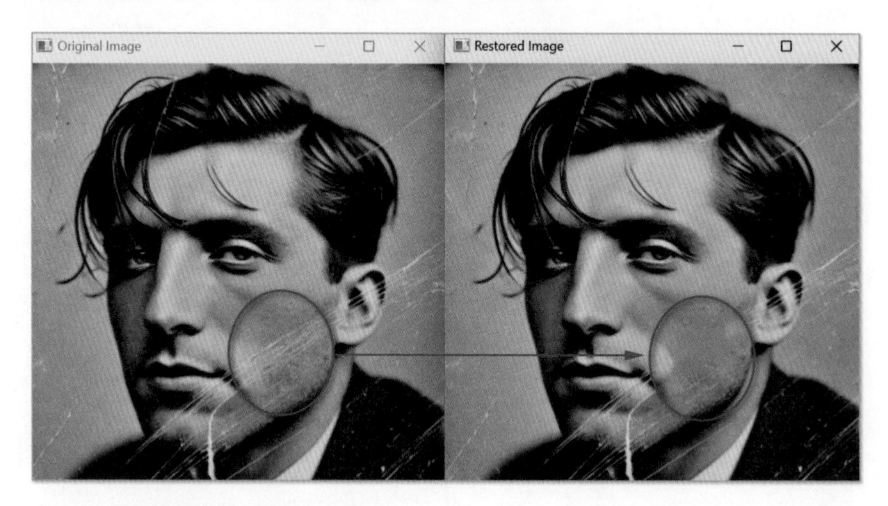

上述 ROI 區域讀者可以自己偵測。

第二十五章

辨識手寫數字

這一章將敘述 KNN 演算法，執行識別手寫數字。

25-1 認識 KNN 演算法

KNN 全名是 K-Nearest Neighbor，可以翻譯為 K 最近鄰演算法。

25-1-1　數據分類的基礎觀念

有一家公司的人力部門錄取了一位新進員工，同時為新進員工做了英文和社會的性向測驗，這位新進員工的得分，分別是英文 60 分、社會 55 分。

公司的編輯部門有人力需求，參考過去編輯部門員工的性向測驗，英文是 80 分，社會是 60 分。

行銷部門也有人力需求，參考過去行銷部門員工的性向測驗，英文是 40 分，社會是 80 分。

如果你是主管，應該將新進員工先轉給哪一個部門？

這類問題可以使用座標軸分析，我們可以將 x 軸定義為英文，y 軸定義為社會，整個座標說明如下：

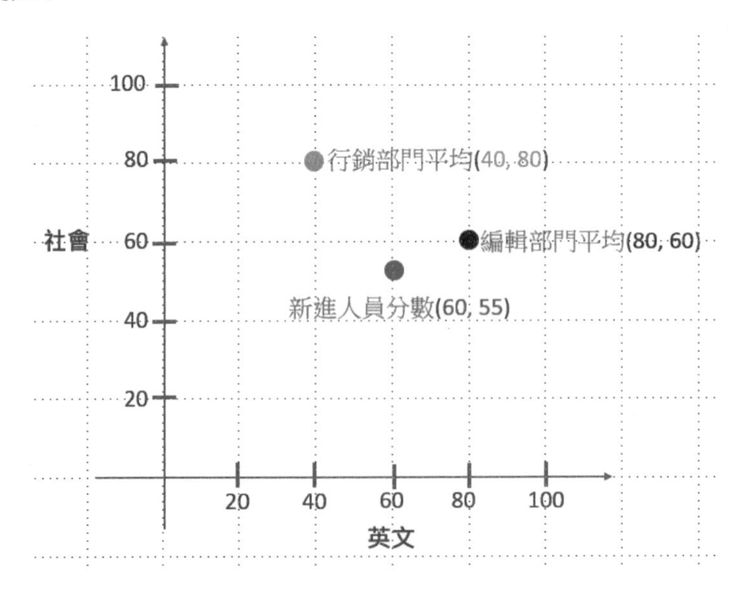

這時可以使用新進人員的分數點比較靠近哪一個部門平均分數點，然後將此新進人員安插至性向比較接近的部門。

❑ 計算新進人員分數和編輯部門平均分數的距離

可以使用畢氏定理執行新進人員分數與編輯部門平均分數的距離分析：

dist 編輯部門平均(80, 60)

新進人員分數(60, 55)

計算方式如下：

$$dist = \sqrt{(80-60)^2 + (60-55)^2} = \sqrt{425} = 20.6$$

❑ 計算新進人員分數和行銷部門平均分數的距離

可以使用畢氏定理執行新進人員分數與行銷部門平均分數的距離分析：

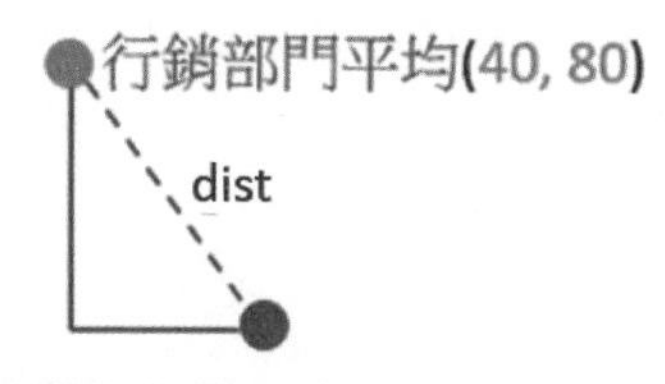

計算方式如下：

$$dist = \sqrt{(40-60)^2 + (80-55)^2} = \sqrt{1025} = 32.0$$

❑ 結論

因為新進人員的性向測驗分數與編輯部門比較接近，所以新進人員比較適合進入編輯部門。

25-1-2 手寫數字的特徵

上一小節我們使用了考試分數當作特徵值，相對容易，假設我們現在想要取得手寫數字的特徵，相對複雜一些，不過 OpenCV 已經有提供實際文件供我們使用，所以複雜的部分已經隱藏了。有一個數字使用 5 列 4 行表示，如下：

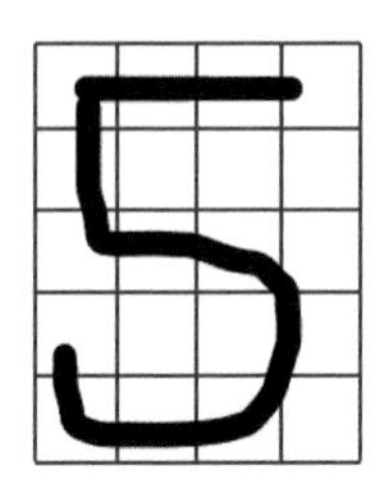

上述數字內共有 20 個方塊，假設我們將每個方塊又拆成 10 x 10 個像素點，這時我們可以使用此手寫數字所佔據的像素點數量當作數字 5 的特徵。如果以上述數字 5 為例，我們可以得到下列從左到右、從上到下的像素點數量 (這是筆者估計數量)：

第 1 個小方塊：18

第 2 個小方塊：30

第 3 個小方塊：30

第 4 個小方塊：6

第 5 個小方塊：30

第 6 個小方塊：0

...

依據上述觀念我們可以得到上述數字 5 的相關資料如下：

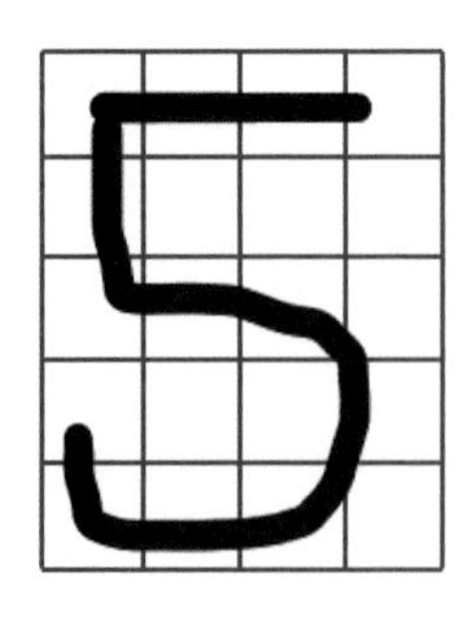

18	30	30	6
30	0	0	0
12	30	36	5
6	0	6	26
32	30	40	5

如果我們將上述數字轉成串列表示，可以得到下列結果。

```
[18,30,30,6,30,0,0,0,12,30,36,5,6,0,6,26,32,30,40,5]
```

上述串列就可以視為是手寫數字 5 的特徵值。

25-1-3 不同數字特徵值的比較

其他 0 ~ 9 的數字也可以依此方式計算特徵值，下列是數字 5 與數字 8 的特徵值比較。

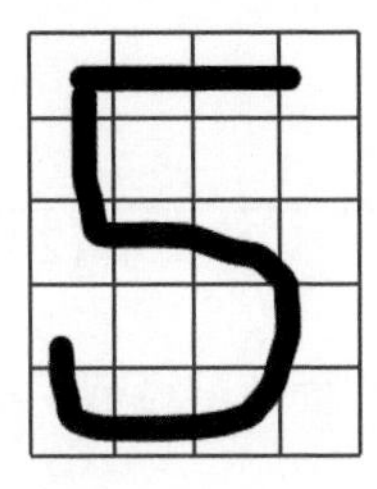

18	30	30	6
30	0	0	0
12	30	36	5
6	0	6	26
32	30	40	5

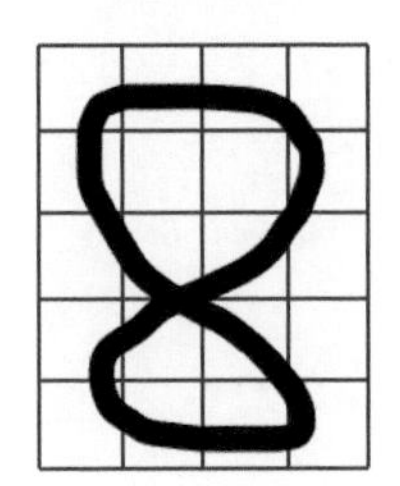

20	30	30	12
34	0	2	36
12	32	40	6
12	35	40	4
12	32	46	20

25-1-4 手寫數字分類原理

假設右邊有一個數字特徵如下：

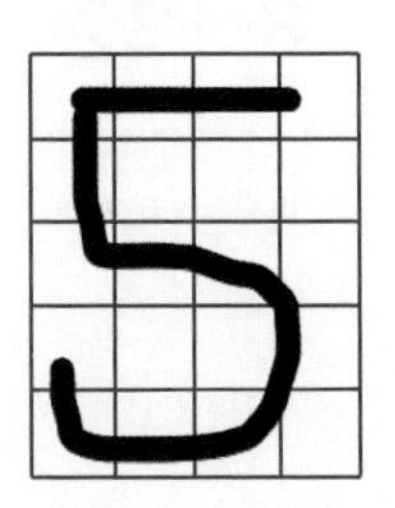

18	30	30	6
30	0	0	0
12	30	36	5
6	0	6	26
32	30	40	5

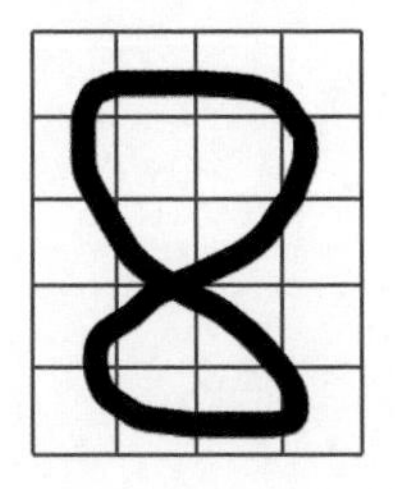

20	30	30	12
34	0	2	36
12	32	40	6
12	35	40	4
12	32	46	20

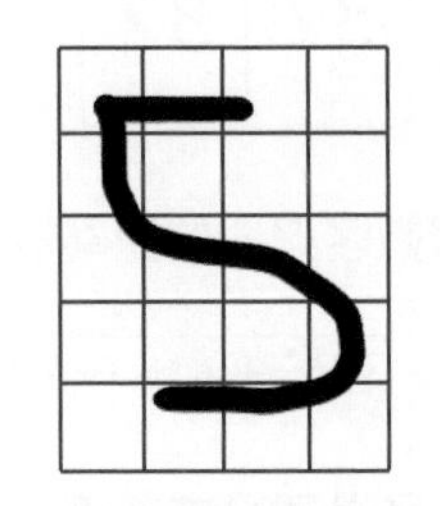

需要辨識的手寫數字

18	30	6	0
30	0	0	0
10	30	36	10
0	0	0	42
0	26	32	8

數字特徵

到底右邊需要辨識的數字比較接近左邊哪一個數字，這時就必須使用畢氏定理，因為有 20 個特徵數字，所以右邊數字與 5 的距離計算公式如下：

$$dist = \sqrt{(18-18)^2 + (30-30)^2 + \cdots (5-8)^2}$$

右邊數字與 8 的距離計算公式如下：

$$dist = \sqrt{(20-18)^2 + (30-30)^2 + \cdots (20-8)^2}$$

我們可以從上述計算結果，由距離比較小判斷待辨識數字屬於 5 或 8。

25-1-5　簡化特徵比較

假設我們簡化上述特徵值為 2 x 2 特徵，如下：

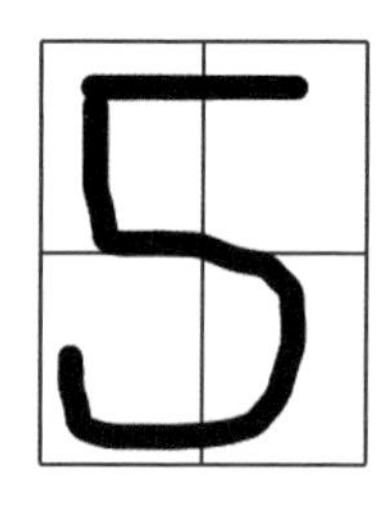

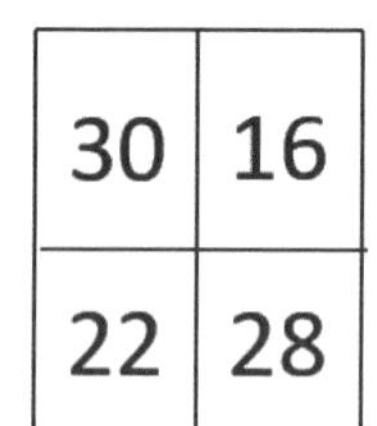

30	16
22	28

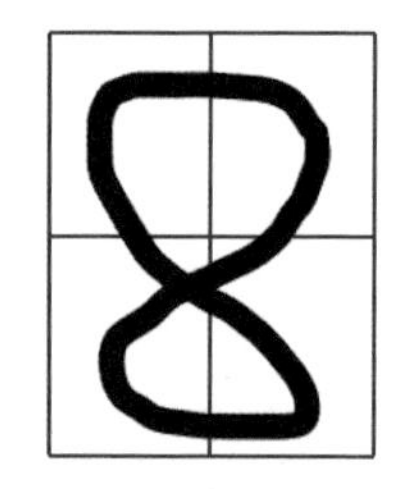

34	34
32	32

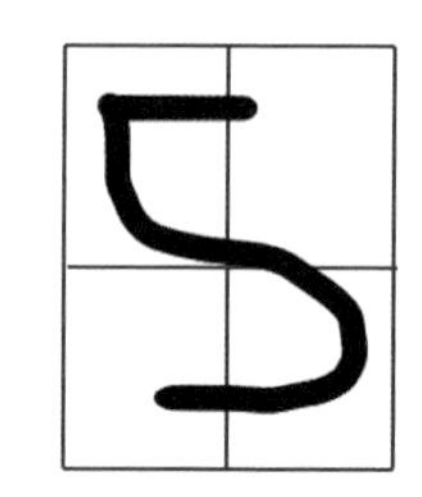

需要辨識的手寫數字

30	12
8	32

數字特徵

這時可以得到右邊數字與 5 的距離計算公式如下：

$$dist = \sqrt{(30-30)^2 + (16-12)^2 + (22-8)^2 + (28-32)^2} \approx 15.1$$

右邊數字與 8 的距離計算公式如下：

$$dist = \sqrt{(34-30)^2 + (34-12)^2 + (32-8)^2 + (32-32)^2} \approx 32.8$$

經過計算因為右邊數字距離 5 比較近，所以我們將需要辨識的手寫數字分類為 5。

25-2 認識 Numpy 與 KNN 演算法相關的知識

本書第 3 章已有介紹 Numpy 模組，在正式介紹使用 KNN 演算法執行數字辨識之前，筆者想先補充更多 Numpy 知識，這樣未來讀者看到正式的手寫數字辨識程式，可以快速了解相關語法與掌握知識。

25-2-1 Numpy 的 ravel( ) 函數

這個函數可用於將多維陣列「展平」成一維陣列，也就是將多維陣列拉平成一維的串列形式。其語法如下：

np.ravel(a, order='C')

上述參數意義如下：

- a：要展平的多維陣列或矩陣。
- order：指定展平的順序。
  - 'C'（預設）：依列展平（Row-major order），類似於 C 語言的記憶體順序。
  - 'F'：依行展平（Column-major order），類似於 Fortran 的記憶體順序。

此函數的特性

- 返回展平的陣列：回傳的是陣列的「視圖」，而不是副本（除非陣列的記憶體不連續）。
- 影響多維陣列的外觀，不改變其底層數據：np.ravel( ) 只是改變陣列的「外觀」，而不改變其記憶體結構。

程式實例 ch25_1.py：將二維陣列轉成一維陣列。

```
1    # ch25_1.py
2    import numpy as np
3
4    a = np.array([[1, 2, 3], [4, 5, 6]])
5    print(f"原陣列 : \n{a}")
6    print(f"展平後 : {np.ravel(a)}")
```

執行結果

```
================= RESTART: D:\OpenCV_Python\ch25\ch25_1.py =================
原陣列 :
[[1 2 3]
 [4 5 6]]
展平後 : [1 2 3 4 5 6]
```

讀者必須了解，原陣列是形狀是 (2, 3) 的二維陣列，經過展開後，變成 (6,)，不是 (1, 6)，兩者的差異是：

- (6,)：
  - 是一個一維陣列，只有 6 個元素，沒有多餘的維度。
  - 例如：array([1, 2, 3, 4, 5, 6])。
  - 此陣列可以直接用於數學計算或條件篩選。
- (1, 6)：
  - 是一個二維陣列，只有 1 列和 6 行。
  - 例如：array([[1, 2, 3, 4, 5, 6]])。
  - 雖然在外觀上和一維陣列類似，但它有兩個維度，且列和行的概念明確。

程式實例 ch25_2.py：將高維陣列轉成一維陣列。

```
1    # ch25_2.py
2    import numpy as np
3
4    a = np.array([[[1, 2], [3, 4]], [[5, 6], [7, 8]]])
5    print("原陣列 : \n", a)
6    print("展平後 : ", np.ravel(a))
```

執行結果

```
================== RESTART: D:\OpenCV_Python\ch25\ch25_2.py ==================
原陣列 :
 [[[1 2]
  [3 4]]

 [[5 6]
  [7 8]]]
展平後 :  [1 2 3 4 5 6 7 8]
```

◆ **將多維數據轉成一維數據，目的如下：**

- 簡化數據處理：在某些運算中，需要將多維數據展平為一維數據（例如機器學習中的特徵向量處理）。
- 快速遍歷數據：展平後可以輕鬆遍歷陣列中的所有元素。
- 轉換數據形狀：有時候需要將多維數據拉成一維進行其他操作。

25-2-2　Numpy 的 flatten( ) 函數

這個函數的用法也是將多維陣列展平為一維陣列。與 np.ravel( ) 不同的是，flatten( ) 會回傳一個新創建的一維陣列，這是一個副本，與原陣列無關。其語法如下：

a = ndarray.flatten(order='C')

上述參數意義如下：

- ndarray：要展平的多維陣列或矩陣。
- order：指定展平的順序。
  - 'C'（預設）：依列展平（Row-major order），類似於 C 語言的記憶體順序。
  - 'F'：依行展平（Column-major order），類似於 Fortran 的記憶體順序。

此函數特性：

- 生成副本：flatten( ) 總是返回展平後的新陣列，與原陣列無關。
- 適用於多維陣列：可以用於任何維度的陣列，返回一維展平結果。
- 不改變原陣列：
- flatten( ) 是不可變操作，原陣列的結構保持不變。

程式實例 ch25_3.py：flatten( ) 函數的基本用法。

```
1    # ch25_3.py
2    import numpy as np
3
4    a = np.array([[1, 2, 3], [4, 5, 6]])
5    print(f"原陣列 : \n{a}")
6    print(f"展平後 : {a.flatten()}")
```

執行結果

```
================ RESTART: D:\OpenCV_Python\ch25\ch25_3.py ================
原陣列 :
[[1 2 3]
 [4 5 6]]
展平後 : [1 2 3 4 5 6]
```

np.ravel( ) 和 flatten( ) 都能展平陣列，但有一個重要的區別：

- ravel( ) 回的是陣列的「視圖」，不會創建新的數據。
- flatten( ) 則回傳陣列的副本，創建新的數據。

程式實例 ch25_3_1.py：比較 ravel( ) 和 flatten( ) 的差異。

```
1    # ch25_3_1.py
2    import numpy as np
3
4    a = np.array([[1, 2], [3, 4]])
5
6    # 使用 ravel()
7    b = np.ravel(a)
```

```
8     b[0] = 10
9     print("原陣列 : \n", a)     # 原陣列會改變
10
11    # 使用 flatten()
12    c = a.flatten()
13    c[0] = 20
14    print("原陣列 : \n", a)     # 原陣列不會改變
```

執行結果

```
================= RESTART: D:/OpenCV_Python/ch25/ch25_3_1.py =================
原陣列 :
 [[10  2]
 [ 3  4]]
原陣列 :
 [[10  2]
 [ 3  4]]
```

上述第 13 列雖然設定「c[0] = 20」，但是 c 和 a 是 2 個不同的陣列，所以輸出時，這個設定不影響陣列 a 的內容。

25-2-3　數據分類

在機器學習領域我們常常要將數據分類，這一節將簡單講解使用 Numpy 執行數據隨機分類的方法。

程式實例 ch25_4.py：建立一個 5 x 2 的二維陣列 trains，然後建立一個 1 x 5 的分類陣列 labels(也可以想成是分類器)，此分類器的值是 0 代表紅色，1 代表藍色。如果值是 0 則將相對應的 5 x 2 陣列索引內容歸到紅色 (red) 類，如果值是 1 則將相對應的 5 x 2 陣列索引內容歸到藍色 (blue) 類。

```
1     # ch25_4.py
2     import numpy as np
3
4     np.random.seed(42)
5     trains = np.random.randint(0, 10, size = (5, 2))
6     print(f"列出二維陣列 \n{trains}")
7
8     # 建立分類, 未來 0 代表 red,  1 代表 blue
9     labels = np.random.randint(0,2,(5,1))
10    print(f"列出顏色分類陣列 \n{labels.ravel()}")
11
12    # 列出 0 代表的紅色
13    red = trains[labels.ravel() == 0]
14    print(f"輸出紅色的二維陣列 \n{red}")
15    print(f"配對取出 \n{red[:,0], red[:,1]}")
16
17    # 列出 1 代表的藍色
18    blue = trains[labels.ravel() == 1]
19    print(f"輸出藍色的二維陣列 \n{blue}")
20    print(f"配對取出 \n{blue[:,0], blue[:,1]}")
```

執行結果

```
================== RESTART: D:\OpenCV_Python\ch25\ch25_4.py ==================
列出二維陣列
[[6 3]
 [7 4]
 [6 9]
 [2 6]
 [7 4]]
列出顏色分類陣列
[1 1 1 0 1]
輸出紅色的二維陣列
[[2 6]]
配對取出
(array([2]), array([6]))
輸出藍色的二維陣列
[[6 3]
 [7 4]
 [6 9]
 [7 4]]
配對取出
(array([6, 7, 6, 7]), array([3, 4, 9, 4]))
```

上述程式很簡潔，但是不好懂，詳細說明如下：

❑ 生成數據

trains = np.random.randint(0, 10, size=(5, 2))

- 功能：生成一個形狀為 (5, 2) 的隨機整數陣列。
  - ■ 數值範圍在 [0, 10)（不包含 10）。
  - ■ 每列代表一個數據點的兩個座標 (x, y)。

❑ 為數據點分配分類標籤

labels = np.random.randint(0, 2, (5, 1))

- 功能：生成一個形狀為 (5, 1) 的隨機整數陣列，值為 0 或 1。
  - ■ 0：表示紅色類別。
  - ■ 1：表示藍色類別。

❑ 將分類標籤展平

print(f" 列出顏色分類陣列 \n{labels.ravel()}")

- 功能：將 labels 由形狀 (5, 1) 展平成 (5,) 的一維陣列，方便篩選數據。
- 輸出：[1 1 1 0 1]

❑ 篩選紅色數據

red = trains[labels.ravel( ) == 0]

- 功能：
  - ■ 使用布林索引篩選 labels 中類別為 0 的數據點。
  - ■ labels.ravel( ) == 0：
    - ◆ 創建布林陣列，標記哪些標籤為 0，例如：

      [False False False True False]
  - ■ trains[labels.ravel() == 0]：
    - ◆ 根據布林條件，篩選出對應的列。

      [[2, 6]]

❑ 輸出紅色數據及配對

```
print(f"輸出紅色的二維陣列 \n{red}")
print(f"配對取出 \n{red[:,0], red[:,1]}")
```

- red[:, 0]：取紅色數據的所有列的第 0 行（x 坐標）。
- red[:, 1]：取紅色數據的所有列的第 1 行（y 坐標）。

❑ 篩選藍色數據

blue = trains[labels.ravel( ) == 1]

- 功能：
  - ■ 使用布林索引篩選 labels 中類別為 1 的數據點。
  - ■ labels.ravel( ) == 1：
    - ◆ 創建布林陣列，標記哪些標籤為 1，例如：

      [True True True False True]
  - ■ trains[labels.ravel() == 1]：
    - ◆ 根據布林條件，篩選出對應的列。

      [[6, 3]
       [7, 4]
       [6, 9]
       [7, 4]

❑ 輸出紅色數據及配對

print(f"輸出藍色的二維陣列 \n{blue}")
print(f"配對取出 \n{blue[:,0], blue[:,1]}")

- blue[:, 0]：取藍色數據的所有列的第 0 行（x 坐標）。
- blue[:, 1]：取藍色數據的所有列的第 1 行（y 坐標）。

25-2-4 建立與分類 30 筆訓練數據

這一節程式是上一節程式的擴充，增加圖表功能。

程式實例 ch25_5.py：假設 (x, y) 代表數據的特徵，這個程式會繪製 30 筆訓練數據，然後也會用隨機數產生 0 或 1 的值，0 或 1 分別標記為紅色方塊或是藍色三角形，最後繪製此圖。條列式說明如下：

- 隨機生成 30 個二維數據點（每個點有 x 和 y 坐標）。
- 為每個數據點分配一個分類標籤（0 或 1），表示該數據點的類別。
- 根據分類標籤篩選數據點，將其分為紅色類別和藍色類別。
- 用 Matplotlib 繪製紅色和藍色數據點的散點圖，並添加圖例以區分兩類數據。

```
1   # ch25_5.py
2   import numpy as np
3   import matplotlib.pyplot as plt
4
5   # 數據生成
6   num = 30                                          # 數據數量
7   np.random.seed(5)
8
9   # 生成 30 列 2行的二維陣列, 內容是數據點
10  trains = np.random.randint(0, 100, size=(num, 2))
11  print("訓練數據 (trains):")
12  print(trains)
13
14  # 分類標籤 : 0 -> red, 1 -> blue
15  labels = np.random.randint(0, 2, (num, 1))
16  print("\n分類標籤 (labels):")
17  print(labels.ravel())                             # 將標籤展平為一維陣列輸出
18
19  # 篩選紅色數據
20  red = trains[labels.ravel() == 0]
21  print("\n紅色數據 (red):")
22  print(red)
23
```

```
24    plt.scatter(red[:, 0], red[:, 1], 50, 'r', 's', label='Red (Class 0)')
25
26    # 篩選藍色數據
27    blue = trains[labels.ravel() == 1]
28    print("\n藍色數據 (blue):")
29    print(blue)
30
31    plt.scatter(blue[:, 0], blue[:, 1], 50, 'b', '^', label='Blue (Class 1)')
32
33    # 設置圖例
34    plt.legend(loc='upper right')              # 將圖例放置在右上角
35
36    plt.show()
```

執行結果

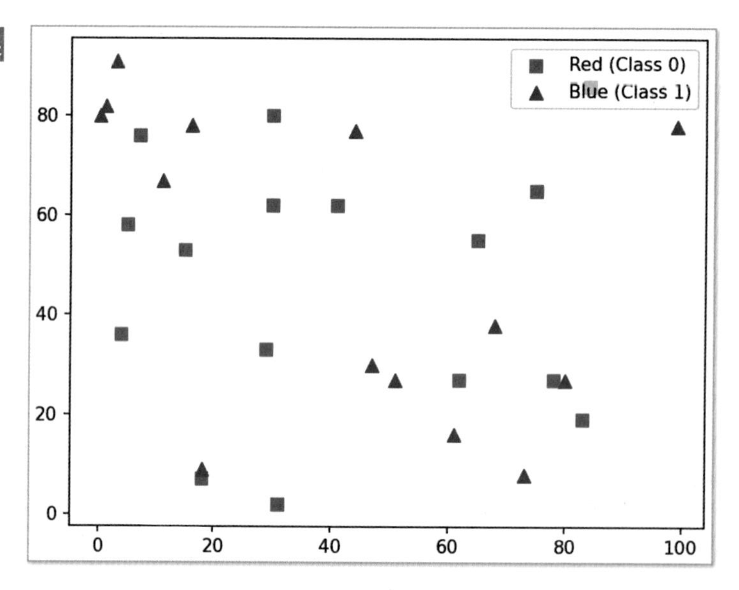

上述程式說明如下：

❑ 數據生成 (第 6 ~ 12 列)

- 定義數據總數量為 30。
- 使用 np.random.seed(5) 固定隨機數生成的種子，使每次運行程式時生成的隨機數相同（保證結果可重現）。
- 使用 np.random.randint( ) 生成一個形狀為 (30, 2) 的二維陣列：
  - 每列是一個數據點，包含兩個隨機整數值，範圍是 [0, 100)。
  - 每個數據點的兩個值表示該點的 x 和 y 坐標。

❑ 建立分類標籤 (第 15 ~ 17 列)

- 使用 np.random.randint(0, 2, (num, 1)) 生成一個形狀為 (30, 1) 的陣列，值為 0 或 1：
  - 0 表示紅色類別。
  - 1 表示藍色類別。
- 使用 labels.ravel( ) 將 labels 展平成一維陣列，便於後續條件篩選。

❑ 篩選紅色數據 (第 20 ~ 24 列)

- 使用布林索引篩選出標籤為 0（紅色類別）的數據點：
  - labels.ravel( ) == 0 生成一個布林陣列，標記哪些數據點的標籤為 0。
  - trains[labels.ravel( ) == 0] 根據布林條件篩選對應的列。
- 使用 Matplotlib 的 plt.scatter( ) 繪製紅色數據點：
  - red[:, 0]：紅色數據點的 x 坐標。
  - red[:, 1]：紅色數據點的 y 坐標。
  - 'r'：設置顏色為紅色。
  - 's'：設置標記形狀為方塊（square）。
  - 50：設置標記大小。
  - label='Red (Class 0)'：設置圖例標籤。

❑ 篩選藍色數據 (第 27 ~ 31 列)

- 使用布林索引篩選出標籤為 1（藍色類別）的數據點，邏輯與紅色數據的篩選相同。
- 使用 Matplotlib 的 plt.scatter( ) 繪製藍色數據點：
  - 'b'：設置顏色為藍色。
  - '^'：設置標記形狀為三角形（triangle）。

❑ 設置圖例與顯示圖像 (第 34 ~ 36 列)

- 使用 plt.legend( ) 顯示圖例，標示紅色類別和藍色類別。
  - loc='upper right'：設置圖例位置為右上角。
- 使用 plt.show( ) 顯示繪製的散點圖。

25-3 OpenCV 的 KNN 演算法函數

25-3-1　基礎實作

要使用 KNN 演算法需要首先要使用 cv2.ml.Knearest_create( ) 建立 KNN 物件，可以使用下列語法：

```
knn = cv2.ml.Knearest_create( )
```

接著使用 train( ) 訓練數據，語法如下：

```
knn.train(train, cv2.ml.ROW_SAMPLE, labels)
```

上述參數 train 是訓練的數據，cv2.ml.ROW_SAMPLE 是將整個陣列的長度視為 1 列，labels 是分類的結果，這個函數執行成功會回傳 True。

假設測試數據是 test，可以使用下列語法執行 KNN 演算法的測試數據分類。

```
ret, results, neighbours, dist = knn.findNearest(test, k=n)
```

上述 results 是數據分類的結果，neighbours 是目前相鄰數據的分類，dist 是目前相鄰數據的距離。findNearest( ) 函數所傳遞的參數 test 是測試數據，k 是設定依據多少組數據作判斷，如果 k = 1 代表是 1-KNN 演算法，如果 k = 3 代表是 3-KNN 演算法，其他依此類推。

其實 k 值會影響判斷結果，假設有一個測試數據用綠色圓表示，此數據的特徵圖如下：

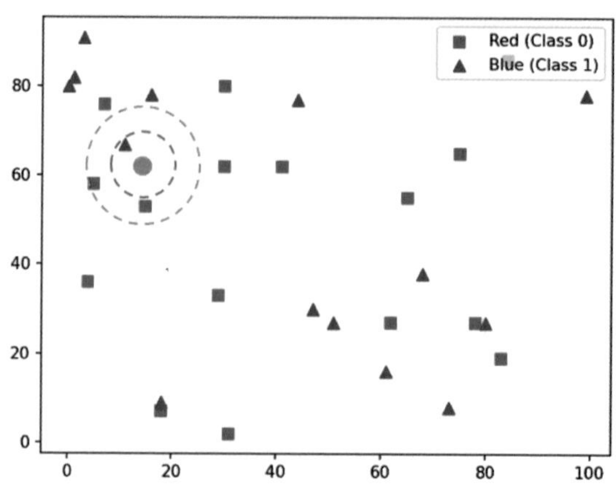

在上述情況如果 k = 1，則測試數據將分類藍色三角形類別，但是如果 k = 3 則測試數據將分類紅色方塊類別。

程式實例 ch25_6.py：設定 k = 3，延續 ch25_5.py 執行 KNN 演算法的測試數據分類，將測試數據用綠色圓表示。

```
1    # ch25_6.py
2    import cv2
3    import numpy as np
4    import matplotlib.pyplot as plt
5
6    # 數據生成
7    num = 30                                    # 數據數量
8    np.random.seed(5)
9
10   # 生成 30 列 2行的二維陣列, 內容是數據點
11   trains = np.random.randint(0, 100, size=(num, 2)).astype(np.float32)
12
13   # 分類標籤 : 0 -> red, 1 -> blue
14   labels = np.random.randint(0, 2, (num, 1))
15
16   # 篩選紅色數據
17   red = trains[labels.ravel() == 0]
18   plt.scatter(red[:, 0], red[:, 1], 50, 'r', 's', label='Red (Class 0)')
19
20   # 篩選藍色數據
21   blue = trains[labels.ravel() == 1]
22   plt.scatter(blue[:, 0], blue[:, 1], 50, 'b', '^', label='Blue (Class 1)')
23
24   # 設置圖例
25   plt.legend(loc='upper right')               # 將圖例放置在右上角
26
27   # test 為測試數據, 需轉為 32位元浮點數
28   test = np.random.randint(0, 100, (1, 2)).astype(np.float32)
29   plt.scatter(test[:,0],test[:,1],50,'g','o')          # 50大小的綠色圓
30
31   # 建立 KNN 物件
32   knn = cv2.ml.KNearest_create()
33   knn.train(trains, cv2.ml.ROW_SAMPLE,labels)          # 訓練數據
34
35   # 執行 KNN 分類
36   _, results, neighbours, dist = knn.findNearest(test, k=3)
37   print(f"最後分類              result = {results}")
38   print(f"最近鄰3個點的分類 neighbours = {neighbours}")
39   print(f"與最近鄰的距離        distance = {dist}")
40   plt.show()
```

執行結果

```
================== RESTART: D:\OpenCV_Python\ch25\ch25_6.py ==================
最後分類              result = [[0.]]
最近鄰3個點的分類 neighbours = [[0. 1. 0.]]
與最近鄰的距離        distance = [[324. 328. 857.]]
```

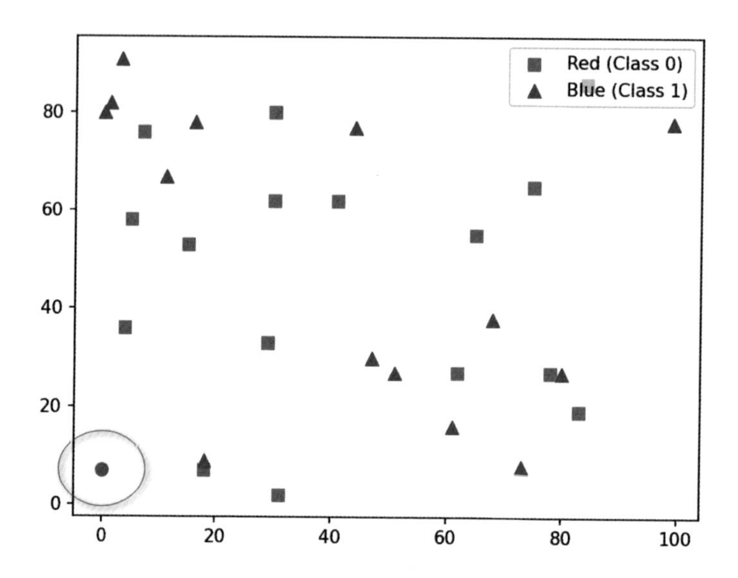

上述左下方可以看到測試數據的位置，很明顯可以看到，最近的 3 個點的類別分別是 [0, 1, 0]，所以數據是分類為 0，也就是紅色方塊類別。

25-3-2　更常見的分類

在機器學習過程有時候已經看到數據被分類了，我們可以使用將 0 ~ 50 之間的隨機數歸一類，將 50 ~ 100 之間的隨機數據歸為另一類，然後使用 np.vstack( ) 將數據合併，相關細節可以參考下列實例。

程式實例 ch25_7.py：重新設計 ch25_6.py，這一節的實例會建立兩個群聚的類別，然後使用 np.vstack( ) 將兩個群聚的類別合併，最後再測試數據，因為這一實例的種子值已更改為 np.random.seed(42)，所以可以得到不同的測試數據位置。

```
1     # ch25_7.py
2     import cv2
3     import numpy as np
4     import matplotlib.pyplot as plt
5
6     num = 30                                                    # 數據數量
7     np.random.seed(42)
8     # 建立 0 - 50 間的訓練數據 train0, 需轉為 32位元浮點數
9     train0 = np.random.randint(0, 50, (num // 2, 2)).astype(np.float32)
10    # 建立 50 - 100 間的訓練數據 train1, 需轉為 32位元浮點數
11    train1 = np.random.randint(50, 100, (num // 2, 2)).astype(np.float32)
12    trains = np.vstack((train0, train1))                        # 合併訓練數據
13    # 建立分類, 未來 0 代表 red,  1 代表 blue
14    label0 = np.zeros((num //2, 1)).astype(np.float32)
```

```
15    label1 = np.ones((num //2, 1)).astype(np.float32)
16    labels = np.vstack((label0, label1))
17    # 列出紅色方塊訓練數據
18    red = trains[labels.ravel() == 0]
19    plt.scatter(red[:, 0],red[:,1],50,'r','s',label='Red (Class 0)' )
20    # 列出藍色三角形訓練數據
21    blue = trains[labels.ravel() == 1]
22    plt.scatter(blue[:, 0],blue[:,1],50,'b','^',label='Blue (Class 1)')
23    # 設置圖例
24    plt.legend(loc='upper right')            # 將圖例放置在右上角
25
26    # test 為測試數據, 需轉為 32位元浮點數
27    test = np.random.randint(0, 100, (1, 2)).astype(np.float32)
28    plt.scatter(test[:,0],test[:,1],50,'g','o')           # 50大小的綠色圓
29    # 建立 KNN 物件
30    knn = cv2.ml.KNearest_create()
31    knn.train(trains, cv2.ml.ROW_SAMPLE,labels)           # 訓練數據
32    # 執行 KNN 分類
33    ret, results, neighbours, dist = knn.findNearest(test, k=3)
34    print(f"最後分類                result = {results}")
35    print(f"最近鄰3個點的分類 neighbours = {neighbours}")
36    print(f"與最近鄰的距離       distance = {dist}")
37
38    plt.show()
```

執行結果

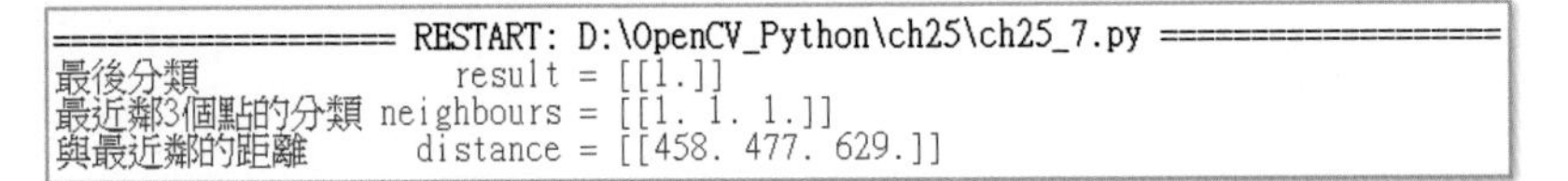

```
=================== RESTART: D:\OpenCV_Python\ch25\ch25_7.py ===================
最後分類               result = [[1.]]
最近鄰3個點的分類 neighbours = [[1. 1. 1.]]
與最近鄰的距離       distance = [[458. 477. 629.]]
```

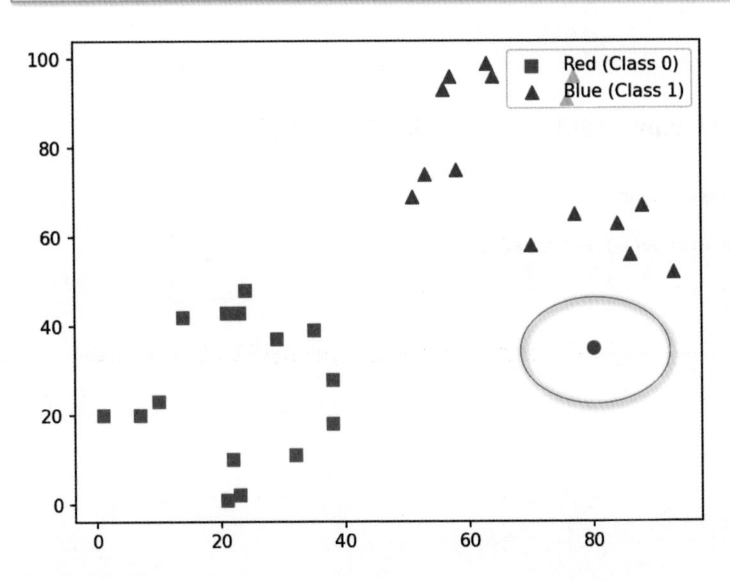

25-4 有關手寫數字識別的 Numpy 基礎知識

25-4-1 vsplit( ) 垂直方向分割數據

函數 vsplit( ) 可以垂直 (row) 方向分割數據，語法如下：

np.vsplit(ary, indices_or_section)

上述函數 ary 是陣列，這個函數不論維度，預設是依 axis = 0 方向分割數據，indices_or_sections 是分割多少份。

程式實例 ch25_8.py：使用 vsplit( ) 函數，將資料依垂直方向分割。

```
1  # ch25_8.py
2  import numpy as np
3
4  data = np.arange(16).reshape(4,4)
5  print(f"data = \n {data}")
6  print(f"split = \n{np.vsplit(data,2)}")
```

執行結果

```
================== RESTART: D:\OpenCV_Python\ch25\ch25_8.py ==================
data =
 [[ 0  1  2  3]
 [ 4  5  6  7]
 [ 8  9 10 11]
 [12 13 14 15]]
split =
[array([[0, 1, 2, 3],
       [4, 5, 6, 7]]), array([[ 8,  9, 10, 11],
       [12, 13, 14, 15]])]
```

程式實例 ch25_9.py：使用 vsplit( ) 函數，將三維度陣列做分割。

```
1  # ch25_9.py
2  import numpy as np
3
4  data = np.arange(8).reshape(2,2,2)
5  print(f"data = \n {data}")
6  print(f"split = \n{np.vsplit(data,2)}")
```

執行結果

```
================== RESTART: D:\OpenCV_Python\ch25\ch25_9.py ==================
data =
 [[[0 1]
  [2 3]]

 [[4 5]
  [6 7]]]
split =
[array([[[0, 1],
        [2, 3]]]), array([[[4, 5],
        [6, 7]]])]
```

程式實例 ch25_10.py：使用 vsplit( ) 函數，將四維度陣列做分割。

```
1  # ch25_10.py
2  import numpy as np
3
4  data = np.arange(16).reshape(2,2,2,2)
5  print(f"data = \n {data}")
6  print(f"data = \n {np.vsplit(data,2)}")
```

執行結果

```
================ RESTART: D:/OpenCV_Python/ch25/ch25_10.py ================
data =
 [[[[ 0  1]
   [ 2  3]]

  [[ 4  5]
   [ 6  7]]]


 [[[ 8  9]
   [10 11]]

  [[12 13]
   [14 15]]]]
data =
 [array([[[[0, 1],
         [2, 3]],

        [[4, 5],
         [6, 7]]]]), array([[[[ 8,  9],
         [10, 11]],

        [[12, 13],
         [14, 15]]]])]
```

25-4-2 hsplit( ) 水平方向分割數據

函數 hsplit( ) 可以水平 (column) 方向分割數據，語法如下：

np.hsplit(ary, sections)

上述函數 ary 是陣列，這個函數不論維度，預設是依 axis = 1 方向分割數據，indices_or_sections 是分割多少份。

程式實例 ch25_11.py：使用 hsplit( ) 函數，將資料依水平方向分割。

```
1  # ch25_11.py
2  import numpy as np
3
4  data = np.arange(16).reshape(4,4)
5  print(f"data = \n {data}")
6  print(f"split = \n{np.hsplit(data,2)}")
```

執行結果

```
================ RESTART: D:/OpenCV_Python/ch25/ch25_11.py ================
data =
 [[ 0  1  2  3]
 [ 4  5  6  7]
 [ 8  9 10 11]
 [12 13 14 15]]
split =
[array([[ 0,  1],
       [ 4,  5],
       [ 8,  9],
       [12, 13]]), array([[ 2,  3],
       [ 6,  7],
       [10, 11],
       [14, 15]])]
```

25-4-3 元素重複 repeat( )

函數 repeat( ) 可以執行元素重複，語法如下：

np.repeat(a, repeat, axis)

上述 a 是陣列，repeat 是整數或整數陣列代表重複次數，axis 代表軸預設是 0。

程式實例 ch25_11_1.py：repeat( ) 函數的基礎應用。

```
1  # ch25_11_1.py
2  import numpy as np
3
4  data = np.arange(3)
5  print(f"data = \n {data}")
6  x = np.repeat(data, 3)
7  print(f"After repeat = \n{x}")
```

執行結果

```
=============== RESTART: D:/OpenCV_Python/ch25/ch25_11_1.py ===============
data =
 [0 1 2]
After repeat =
[0 0 0 1 1 1 2 2 2]
```

程式實例 ch25_11_2.py：repeat( ) 函數更進一步的應用。

```
1  # ch25_11_2.py
2  import numpy as np
3
4  data = np.array([[1,2],[3,4]])
5  print(f"data = \n {data}")
6  x1 = np.repeat(data, 3, axis=1)
7  print(f"After axis=1 repeat  = \n{x1}")
8  x2 = np.repeat(data, 3, axis=0)
9  print(f"After axis=0 repeat = \n{x2}")
```

執行結果

```
================ RESTART: D:/OpenCV_Python/ch25/ch25_11_2.py ================
data =
 [[1 2]
 [3 4]]
After axis=1 repeat  =
[[1 1 1 2 2 2]
 [3 3 3 4 4 4]]
After axis=0 repeat =
[[1 2]
 [1 2]
 [1 2]
 [3 4]
 [3 4]
 [3 4]]
```

程式實例 ch25_11_3.py：repeat( ) 的應用。

```
1  # ch25_11_3.py
2  import numpy as np
3
4  data = np.arange(3)
5  print(f"data = \n {data}")
6  x = np.repeat(data, 3)[:,np.newaxis]
7  print(f"After repeat = \n{x}")
```

執行結果

```
================ RESTART: D:/OpenCV_Python/ch25/ch25_11_3.py ================
data =
 [0 1 2]
After repeat =
[[0]
 [0]
 [0]
 [1]
 [1]
 [1]
 [2]
 [2]
 [2]]
```

上述程式對於了解 ch25_12.py 的第 16 和 17 列有幫助。

25-5 識別手寫數字

25-5-1 實際設計識別手寫數字

在 OpenCV 的安裝中，有一個 digits.png 手寫數字檔案，內包含 0 ~ 9 的手寫數字，每個數字重複寫了 500 次，所以共有 5000 個手寫數字，此數字檔案如下：

如果局部放大影像可以看到下列內容。

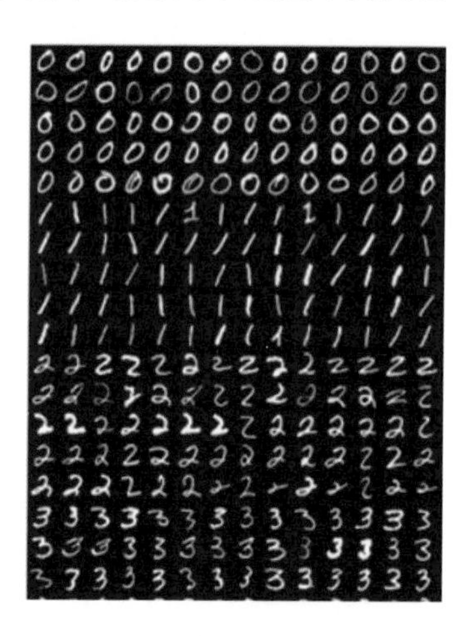

如果讀者看到上述影像模糊，建議可以開啟在螢幕檢視，可以很清楚看到上述影像，如果要將上述當作訓練和測試數據，可以將上述影像拆解為 5000 個數字影像。影像中每個數字是由 20 x 20 的像素組成，如果我們將數字影像展開，可以得到 1 x 400 的一維陣列這個就是我們的特徵數據集，所有數字像素點的灰階值。

程式實例 ch25_12.py：使用 k = 5 的 KNN 演算法，然後使用 digits.png 數字影像檔案的前 2500 個當作樣本訓練數據和使用後 2500 個手寫數字當作測試數據，最後列出後 2500 個手寫數字辨識成功率。

```
1  # ch25_12.py
2  import cv2
3  import numpy as np
4
5  img = cv2.imread('digits.png')
6  gray = cv2.cvtColor(img, cv2.COLOR_BGR2GRAY)
7
8  # 將digits拆成 5000 張, 20 x 20 的數字影像
9  cells = [np.hsplit(row, 100) for row in np.vsplit(gray, 50)]
10 # 將 cells 轉成 50 x 100 x 20 x 20 的陣列
11 x = np.array(cells)
12 # 將數據轉為訓練數據 size=(2500,400)和測試數據 size=(2500,400)
13 train = x[:,:50].reshape(-1,400).astype(np.float32)
14 test = x[:,50:100].reshape(-1,400).astype(np.float32)
15 # 建立訓練數據和測試數據的分類 labels
16 k = np.arange(10)
17 train_labels = np.repeat(k,250)[:,np.newaxis]
18 test_labels = train_labels.copy()
19 # 最初化KNN或稱建立KNN物件，訓練數據、使用 k=5 測試KNN演算法
20 knn = cv2.ml.KNearest_create()
21 knn.train(train, cv2.ml.ROW_SAMPLE, train_labels)
22 ret, result, neighbours, dist = knn.findNearest(test, k=5)
23 # 統計辨識結果
24 matches = result==test_labels                      # 執行匹配
25 correct = np.count_nonzero(matches)                # 正確次數
26 accuracy = correct * 100.0 / result.size           # 精確度
27 print(f"測試數據辨識成功率 = {accuracy}")
```

執行結果

```
================ RESTART: D:/OpenCV_Python/ch25/ch25_12.py ================
測試數據辨識成功率 = 91.76
```

25-5-2 儲存訓練和分類數據

當我們成功的訓練手寫數字辨識的資料後，可以將訓練數據 train 和分類數據 train_labels 儲存，未來我們要執行一般數字影像辨識時，就可以拿出來使用。儲存方式是使用 np.savez( ) 函數，此函數用法如下：

```
np.savez('name.npz', train=train,train_labels=train_labels)
```

上述第 1 個參數 name.npz 是所儲存的名稱，讀者可以自訂。第 2 個和第 3 個則是分別設定儲存訓練資料和分類數據。

程式實例 ch25_13.py：擴充設計 ch25_12.py，儲存訓練數據到檔案 knn_digit.npz。

```
28 np.savez('knn_digit.npz',train=train, train_labels=train_labels)
```

這個程式的執行結果與 ch25_12.py 相同，不過在 ch25 資料夾可以看到 knn_digit.npz 檔案。

25-5-3　下載訓練和分類數據

可以使用 np.load( ) 下載訓練和分類數據，整個格式如下：

```
with np.load('knn.digit.npz') as data:
    train = data['train']
    train_labels = data['train_labels']
```

程式實例 ch25_14.py：執行 8.png 影像測試，同時回應執行結果。

```
1  # ch25_14.py
2  import cv2
3  import numpy as np
4
5  # 下載數據
6  with np.load('knn_digit.npz') as data:
7      train = data['train']
8      train_labels = data['train_labels']
9  # 讀取數字影像
10 test_img = cv2.imread('8.png', cv2.IMREAD_GRAYSCALE)
11 cv2.imshow('img', test_img)
12 img = cv2.resize(test_img, (20, 20)).reshape((1, 400))
13 test_data = img.astype(np.float32)          # 將資料轉成foat32
14 # 最初化KNN或稱建立KNN物件，訓練數據、使用 k=5 測試KNN演算法
15 knn = cv2.ml.KNearest_create()
16 knn.train(train, cv2.ml.ROW_SAMPLE, train_labels)
17 ret, result, neighbours, dist = knn.findNearest(test_data, k=5)
18 print(f"識別的數字是 = {int(result[0,0])}")
```

執行結果

```
================= RESTART: D:/OpenCV_Python/ch25/ch25_14.py =================
識別的數字是 = 8
```

習題

1： 請建立 0 ~ 9 共 10 張影像，然後使用 ch25_14.py 做測試，下列是筆者使用 3.png 測試的結果。

```
==================== RESTART: D:/OpenCV_Python/ex/ex25_1.py ====================
識別的數字是 = 3
```

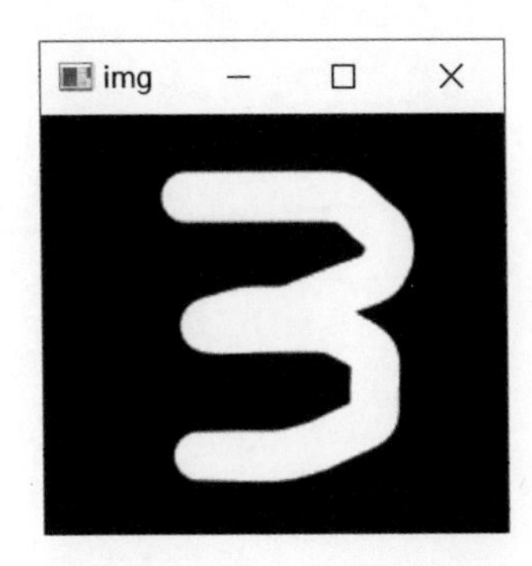

第二十六章
OpenCV 的攝影功能

26-1 啟用攝影機功能 VideoCapture 類別

一般筆電在螢幕上方皆有內建攝影機，桌上型電腦則須自購攝影機，OpenCV 有提供功能可以讀取和顯示攝影機鏡頭的內容。

26-1-1　初始化 VideoCapture

OpenCV 的 VideoCapture 類別的構造函數 VideoCapture( ) 可以完成初始化啟用攝影功能，這個函數的語法如下：

```
capture = cv2.VideoCapture(index)
```

上述參數 index 是指攝影機鏡頭的索引編號，一般筆電或是桌上型電腦可以有多個攝影機鏡頭，不過 OpenCV 並沒有提供功能可以檢索多個攝影機鏡頭。對 Windows 作業系統的筆電而言，index 設為 0 表示是使用筆電內建的鏡頭，所以一般可以使用下列指令啟用攝影功能。

```
capture = cv2.VideoCapture(0)
```

上述初始化啟用攝影功能完成後，相當於建立一個 VideoCapture 類別物件，如果有加裝額外鏡頭，其他鏡頭的索引編號是從 1, 2, … 開始編號。

26-1-2　檢測攝影功能是否開啟成功

OpenCV 的 isOpened( ) 函數可以檢測攝影功能是否開啟成功，假設 VideoCapture 類別已經建立了 capture 物件，則這個函數的語法如下：

```
retval = capture.isOpened( )
```

如果攝影功能開啟成功，isOpened( ) 會回傳 True，如果失敗會回傳 False。

26-1-3　讀取攝影鏡頭的影像

攝影機可以拍攝影片，所以可以說影片是由一系列的影像所組成。OpenCV 的 VideoCapture 類別提供了 read( ) 函數可以讀取影像，假設 VideoCapture 類別已經建立了 capture 物件這個函數的語法如下：

retval, frame = capture.read( )　　　# capture 是初始化攝影功能的物件

上述函數所回傳的參數如下：

- retval：如果讀取影像成功回傳 True，否則回傳 False。
- frame：如果讀取影像成功，frame 可以顯示回傳的結果，我們可以使用 OpenCV 的 imshow( ) 函數顯示影像。

註　在攝影術語通常將單一影像稱幀 (Frame)。

26-1-4 關閉攝影功能

OpenCV 官方手冊特別強調使用攝影功能結束後，需要關閉攝影功能，假設 VideoCapture 類別已經建立了 capture 物件，這時可以使用下列函數關閉攝影功能。

cv2.capture.release( )

所以我們可以知道啟用攝影功能的程式語法如下：

```
capture = cv2.VideoCapture(0)
  …
cv2.capture.release( )
```

26-1-5 讀取影像的基礎實例

程式實例 ch26_1.py：讀取影像的基礎實例，這個程式在執行時螢幕會開啟一個 Frame 視窗顯示所錄製的影像，若是按 Esc 鍵可以結束執行程式。

```
1  # ch26_1.py
2  import cv2
3
4  capture = cv2.VideoCapture(0)         # 初始化攝影功能
5  while(capture.isOpened()):
6      ret, frame = capture.read()       # 讀取設請鏡頭的影像
7      cv2.imshow('Frame',frame)         # 顯示攝影鏡頭的影像
8      c = cv2.waitKey(1)                # 等待時間 1 毫秒 ms
9      if c == 27:                       # 按 Esc 键, 結束
10         break
11 capture.release()                     # 關閉攝影功能
12 cv2.destroyAllWindows()
```

執行結果

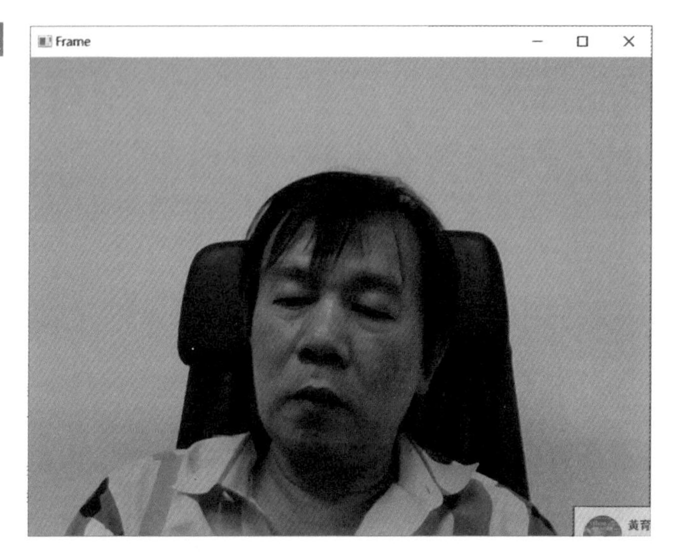

程式實例 ch26_2.py：重新設計 ch26_1.py，顯示 2 個視窗一個顯示彩色影像，另一個顯示灰階影像。

```
1  # ch26_2.py
2  import cv2
3
4  capture = cv2.VideoCapture(0)        # 初始化攝影功能
5  while(capture.isOpened()):
6      ret, frame = capture.read()      # 讀取設讀鏡頭的影像
7      cv2.imshow('Frame',frame)        # 顯示彩色影像
8  # 轉灰階顯示
9      gray_frame = cv2.cvtColor(frame, cv2.COLOR_BGR2GRAY)
10     cv2.imshow('Gray Frame',gray_frame)  # 顯示灰階影像
11     c = cv2.waitKey(1)               # 等待時間 1 毫秒 ms
12     if c == 27:                      # 按 Esc 键, 結束
13         break
14 capture.release()                    # 關閉攝影功能
15 cv2.destroyAllWindows()
```

執行結果

26-1-6 影像翻轉

OpenCV 的 flip( ) 函數可以執行影像翻轉，此函數的語法如下：

new_image = cv2.flip(image, flipCode)

這個函數可以將影像翻轉，上述 new_image 是回傳翻轉的影像， flipCode 參數意義如下：

- 1：水平翻轉
- 0：垂直翻轉
- -1：水平垂直翻轉

程式實例 ch26_3.py：影像水平翻轉。

```
1  # ch26_3.py
2  import cv2
3
4  capture = cv2.VideoCapture(0)        # 初始化攝影功能
5  while(capture.isOpened()):
6      ret, frame = capture.read()      # 讀取設請鏡頭的影像
7      cv2.imshow('Frame',frame)        # 顯示彩色影像
8
9      h_frame = cv2.flip(frame, 1)     # 水平翻轉
10     cv2.imshow('Flip Frame',h_frame) # 顯示水平翻轉
11     c = cv2.waitKey(1)               # 等待時間 1 毫秒 ms
12     if c == 27:                      # 按 Esc 键, 結束
13         break
14 capture.release()                    # 關閉攝影功能
15 cv2.destroyAllWindows()
```

執行結果

26-1-7 保存某一時刻的幀

我們可以使用 OpenCV 函數 imwrite( ) 保存攝影期間某一時刻的幀，或是說拍攝特定時刻的影像，簡稱拍照。

程式實例 ch26_4.py：當按下 Enter 鍵時，可以儲存當下的幀，同時存入 mypict.png。

```
1  # ch26_4.py
2  import cv2
3
4  capture = cv2.VideoCapture(0)          # 初始化攝影功能
5  while(capture.isOpened()):
6      ret, frame = capture.read()        # 讀取設請鏡頭的影像
7      cv2.imshow('Frame',frame)          # 顯示攝影鏡頭的影像
8      c = cv2.waitKey(1)                 # 等待時間 1 毫秒 ms
9      if c == 13:                        # 按 Enter 鍵
10         cv2.imwrite("mypict.png", frame)     # 拍照
11         cv2.imshow('My Picture',frame)       # 開視窗顯示
12     if c == 27:                        # 按 Esc 鍵
13         break
14 capture.release()                      # 關閉攝影功能
15 cv2.destroyAllWindows()
```

執行結果

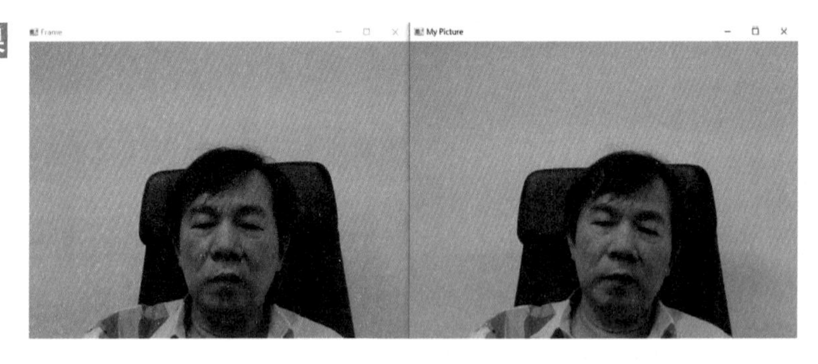

上述右邊是拍照的影像，程式執行後可以在 ch26 資料夾看到 mypict.png 檔案。

26-2 使用 VideoWriter 類別執行錄影

如果要錄製攝影機所拍攝的過程，可以使用影像保存 VideoWriter 類別。細節讀者可以參考 8-7 節，為了讓讀者熟悉各類影片檔案，這一節將用 AVI 或 MP4 的檔案儲存。

程式實例 ch26_5.py：將啟動以後的影片保留，存至 out26_5.avi。

```
1  # ch26_5.py
2  import cv2
3
4  capture = cv2.VideoCapture(0)                     # 初始化攝影功能
5  fourcc = cv2.VideoWriter_fourcc(*'XVID')      # MPEG-4
6  # 建立輸出物件
7  video_out = cv2.VideoWriter('out26_5.avi',fourcc, 30, (640,480))
8  while(capture.isOpened()):
9      ret, frame = capture.read()
```

```
10        if ret:
11            video_out.write(frame)                    # 寫入影片物件
12            cv2.imshow('frame',frame)                 # 顯示攝影鏡頭的影像
13        c = cv2.waitKey(1)                            # 等待時間 1 毫秒 ms
14        if c == 27:                                   # 按 Esc 键, 結束
15            break
16    capture.release()                                 # 關閉攝影功能
17    video_out.release()                               # 關閉輸出物件
18    cv2.destroyAllWindows()
```

執行結果

程式實例 ch26_5_1.py：重新設計 ch26_5.py，錄製影片用 MP4 格式儲存，檔案名稱是 out26_5_1.mp4，下列只是列出關鍵語法。

```
4     capture = cv2.VideoCapture(0)                     # 初始化攝影功能
5     fourcc = cv2.VideoWriter_fourcc(*'mp4v')          # MP4
6     # 建立輸出物件
7     video_out = cv2.VideoWriter('out26_5_1.mp4',fourcc, 30, (640,480))
```

26-3 播放影片

26-3-1 播放所錄製的影片

播放影片所使用的是 VideoCapture 類別，26-1 節已經敘述過此類別的基礎用法，如果要播放影片，這時的建構函數 VideoCapture( ) 用法如下：

video = VideoCapture(fn)

上述 fn 是所要開啟的影片檔案。

程式實例 ch26_6.py：播放 out26_5.avi 影片檔案。

```
1  # ch26_6.py
2  import cv2
```

```
 3
 4  video = cv2.VideoCapture('out26_5.avi')        # 開啟影片檔案
 5
 6  while(video.isOpened()):
 7      ret, frame = video.read()                  # 讀取影片檔案
 8      if ret:
 9          cv2.imshow('frame',frame)              # 顯示影片
10      else:
11          break
12      c = cv2.waitKey(50)                        # 可以控制撥放速度
13      if c == 27:                                # 按 Esc 鍵, 結束
14          break
15
16  video.release()                                # 關閉輸出物件
17  cv2.destroyAllWindows()
```

執行結果

上述程式同樣可以播放 MP4 檔案，只要第 4 列更改檔案名稱即可，讀者可以參考 ch26 資料夾的 ch26_6_1.py 程式，該程式播放了 springfield_video.mp4，得到下列結果。

26-3-2 播放 iPhone 所錄製的影片

OpenCV 支援影片播放的格式有許多，例如：我們使用 iPhone 錄製的影片副檔名是 mov，也可以使用上述方式播放。

程式實例 ch26_7.py：播放 iceocean.mov 檔案，這是筆者一個人到南極所拍攝的影片。

```
4  video = cv2.VideoCapture('iceocean.mov')     # 開啟影片檔案
```

26-3-3 灰階播放影片

如果想要顯示灰階影片，觀念和 ch26_2.py 相同。

程式實例 ch26_8.py：這個程式會同時顯示彩色和灰階影片。

```
1  # ch26_8.py
2  import cv2
3
4  video = cv2.VideoCapture('iceocean2.mov')    # 開啟影片檔案
5
6  while(video.isOpened()):
7      ret, frame = video.read()                # 讀取影片檔案
8      if ret==True:
9          cv2.imshow('frame',frame)            # 顯示彩色影片
10         gray_frame = cv2.cvtColor(frame, cv2.COLOR_BGR2GRAY)
11         cv2.imshow('gray_frame',gray_frame) # 顯示灰階影片
12     else:
13         break
14     c = cv2.waitKey(50)                     # 可以控制撥放速度
15     if c == 27:                             # 按 Esc 鍵, 結束
16             break
17
18 video.release()                              # 關閉輸出物件
19 cv2.destroyAllWindows()
```

執行結果

26-3-4　暫停與繼續播放

程式實例 ch26_9.py：當按下空白鍵可以暫停播放，如果再按一次空白鍵可以恢復播放。

```
1  # ch26_9.py
2  import cv2
3
4  video = cv2.VideoCapture('iceocean.mov')      # 開啟影片檔案
5
6  while(video.isOpened()):
7      ret, frame = video.read()                 # 讀取影片檔案
8      if ret:
9          cv2.imshow('frame',frame)             # 顯示影片
10         c = cv2.waitKey(50)                   # 可以控制撥放速度
11     else:
12         break
13     if c == 32:                               # 是否按 空白鍵
14         cv2.waitKey(0)                        # 等待按鍵發生
15         continue
16     if c == 27:                               # 按 Esc 鍵, 結束
17         break
18
19 video.release()                               # 關閉輸出物件
20 cv2.destroyAllWindows()
```

執行結果

26-3-5 更改顯示視窗大小

OpenCV 有提供 resizeWindow( ) 函數可以更改所顯示視窗的大小，這個函數的語法如下：

cv2.resizeWindow(window_name, width, height)

上述 window_name 是視窗名稱，width 是視窗寬度，height 是視窗高度。不過在更改視窗大小前，我們須使用 1-3-4 節的 namedWindow( ) 函數建立視窗。

程式實例 ch26_10.py：將視窗更改為寬 300，高 200，顯示 iceocean.mov 檔案。

```
1  # ch26_10.py
2  import cv2
3
4  video = cv2.VideoCapture('iceocean.mov')     # 開啟影片檔案
5
6  while(video.isOpened()):
7      ret, frame = video.read()                # 讀取影片檔案
8      if ret:
9          cv2.namedWindow('myVideo', 0)
10         cv2.resizeWindow('myVideo', 300, 200)
11         cv2.imshow('myVideo',frame)          # 顯示影片
12     else:
13         break
14     c = cv2.waitKey(50)                      # 可以控制撥放速度
15     if c == 27:                              # 按 Esc 鍵, 結束
16         break
17
18 video.release()                              # 關閉輸出物件
19 cv2.destroyAllWindows()
```

執行結果

26-4 認識攝影功能的屬性

26-4-1 獲得攝影功能的屬性

OpenCV 的 get( ) 函數可以獲得目前攝影功能的屬性，假設 VideoCapture 類別已經建立了 capture 物件，這個函數的語法如下：

retval = cv2.capture.get(propId)

上述主要是由參數 propId 了解想獲得的屬性資訊，此參數內容可以參考下表。

具名參數	propId	說明
CAP_PROP_POS_MSEC	0	影片目前的位置，以 ms 為單位
CAP_PROP_POS_FRAMES	1	從 0 開始索引接下來要解碼或捕捉的幀
CAP_PROP_POS_AVI_RATIO	2	影片相對位置，0 表開始，1 表結束
CAP_PROP_FRAME_WIDTH	3	幀的寬度
CAP_PROP_FRAME_HEIGHT	4	幀的高度
CAP_PROP_FPS	5	幀速度 (幀數 / 秒)
CAP_PROP_FOURCC	6	用 4 個符號表示的影片編碼格式，讀者可以參考 fourcc.org 獲得所有編碼格式
CAP_PROP_FRAME_COUNT	7	幀的數量

程式實例 ch26_11.py：獲得目前幀 (Frame) 的寬度和高度。

```
1  # ch26_11.py
2  import cv2
3
4  capture = cv2.VideoCapture(0)         # 初始化攝影功能
5  while(capture.isOpened()):
6      ret, frame = capture.read()       # 讀取設請鏡頭的影像
7      cv2.imshow('Frame',frame)         # 顯示攝影鏡頭的影像
8      width = capture.get(cv2.CAP_PROP_FRAME_WIDTH)     # 寬度
9      height = capture.get(cv2.CAP_PROP_FRAME_HEIGHT)   # 高度
10     c = cv2.waitKey(1)                # 等待時間 1 毫秒 ms
11     if c == 27:                       # 按 Esc 鍵
12         break
13 print(f"Frame 的寬度 = {width}")      # 輸出Frame 的寬度
14 print(f"Frame 的高度 = {height}")     # 輸出Frame 的高度
15 capture.release()                     # 關閉攝影功能
16 cv2.destroyAllWindows()
```

執行結果 本程式省略顯示影像視窗。

```
================ RESTART: D:/OpenCV_Python/ch26/ch26_11.py ================
Frame 的寬度 = 640.0
Frame 的高度 = 480.0
```

程式實例 ch26_12.py：了解目前影片 iceocean.mov 的寬度、高度、幀速度和幀數量。

```
1  # ch26_12.py
2  import cv2
3
4  video = cv2.VideoCapture('iceocean.mov')   # 開啟影片檔案
5  while(video.isOpened()):
6      ret, frame = video.read()              # 讀取影片檔案
7      cv2.imshow('Frame',frame)              # 顯示影像
8      width = video.get(cv2.CAP_PROP_FRAME_WIDTH)         # 寬度
9      height = video.get(cv2.CAP_PROP_FRAME_HEIGHT)       # 高度
10     video_fps = video.get(cv2.CAP_PROP_FPS)             # 速度
11     video_frames = video.get(cv2.CAP_PROP_FRAME_COUNT)  # 幀數
12     c = cv2.waitKey(50)                    # 等待時間
13     if c == 27:                            # 按 Esc 键
14         break
15 print(f"Video 的寬度    = {width}")        # 輸出 Video 的寬度
16 print(f"Video 的高度    = {height}")       # 輸出 Video 的高度
17 print(f"Video 的速度    = {video_fps}")    # 輸出 Video 的速度
18 print(f"Video 的幀數    = {video_frames}") # 輸出 Video 的幀數
19 video.release()                           # 關閉攝影功能
20 cv2.destroyAllWindows()
```

執行結果

```
================ RESTART: D:/OpenCV_Python/ch26/ch26_12.py ================
Video 的寬度    = 640.0
Video 的高度    = 360.0
Video 的速度    = 24.0
Video 的幀數    = 366.0
```

26-4-2 設定攝影功能的屬性

OpenCV 的 set( ) 函數可以設定目前攝影功能的屬性，假設 VideoCapture 類別已經建立了 capture 物件，這個函數的語法如下：

```
retval = cv2.capture.set(propId, value)
```

上述主要是由參數 propId 設定想攝影的屬性，此參數內容可以參考前一小節。

程式實例 ch26_13.py：設定幀的寬度和高度分別是 1280, 960。

```
1  # ch26_13.py
2  import cv2
3
4  capture = cv2.VideoCapture(0)          # 初始化攝影功能
5  capture.set(cv2.CAP_PROP_FRAME_WIDTH, 1280)  # 設定寬度
6  capture.set(cv2.CAP_PROP_FRAME_HEIGHT,960)   # 設定高度
7  while(capture.isOpened()):
```

```
 8         ret, frame = capture.read()        # 讀取設請鏡頭的影像
 9         cv2.imshow('Frame',frame)          # 顯示攝影鏡頭的影像
10         c = cv2.waitKey(1)                 # 等待時間 1 毫秒 ms
11         if c == 27:                        # 按 Esc 鍵
12             break
13     capture.release()                      # 關閉攝影功能
14     cv2.destroyAllWindows()
```

執行結果

26-4-3 顯示影片播放進度

程式實例 ch26_14.py：輸出影片，同時在影片左下角輸出 Frames (幀數) 和 Seconds (秒數) 計數器。

```
 1  # ch26_14.py
 2  import cv2
 3
 4  video = cv2.VideoCapture('iceocean.mov')      # 開啟影片檔案
 5  video_fps = video.get(cv2.CAP_PROP_FPS)       # 計算速度
 6  height = video.get(cv2.CAP_PROP_FRAME_HEIGHT)   # 影片高度
 7  counter = 1                                   # 幀數計數器
 8  font = cv2.FONT_HERSHEY_SIMPLEX               # 字型
 9  while(video.isOpened()):
10      ret, frame = video.read()                 # 讀取影片檔案
11      if ret:
12          y = int(height - 50)                  # Frames計數器位置
13          cv2.putText(frame,'Frames  : ' + str(counter), (0, y),
14                      font,1,(255,0,0),2)       # 顯示幀數
15          seconds = round(counter / video_fps, 2)     # 計算秒數
16          y = int(height - 10)                  # Seconds計數器位置
17          cv2.putText(frame,'Seconds : ' + str(seconds), (0, y),
18                      font,1,(255,0,0),2)        # 顯示秒數
19          cv2.imshow('myVideo',frame)           # 顯示影片
20      else:
21          break
22      c = cv2.waitKey(50)                       # 可以控制撥放速度
```

```
23         counter += 1                              # 幀數加 1
24         if c == 27:                               # 按 Esc 鍵，結束
25             break
26
27     video.release()                               # 關閉輸出物件
28     cv2.destroyAllWindows()
```

執行結果

26-4-4 裁剪影片

程式實例 ch26_15.py：將 iceocean.mov 裁剪為 5 秒長度的 out26_15.avi 影片。

```
1  # ch26_15.py
2  import cv2
3
4  video = cv2.VideoCapture('iceocean.mov')     # 開啟影片檔案
5  video_fps = video.get(cv2.CAP_PROP_FPS)      # 計算速度
6  width = int(video.get(cv2.CAP_PROP_FRAME_WIDTH))    # 寬度
7  height = int(video.get(cv2.CAP_PROP_FRAME_HEIGHT))  # 高度
8  # 建立裁剪影片物件
9  fourcc = cv2.VideoWriter_fourcc(*'I420')     # 編碼
10 new_video = cv2.VideoWriter('out26_15.avi', fourcc,
11                             video_fps, (width, height))
12 counter = video_fps * 5                      # 影片長度
13 while(video.isOpened() and counter >= 0):
14     ret, frame = video.read()                # 讀取影片檔案
15     if ret:
16         new_video.write(frame)               # 寫入新影片
17         counter -= 1                         # 幀數減 1
18
19 video.release()                              # 關閉輸出物件
20 cv2.destroyAllWindows()
```

執行結果 可以在 ch26 資料夾看到 out26_15.avi 影片文件。

26-5 車道辨識影片專題

18-5 節的 ch18_6.py 是圖片的車道檢測，這一節筆者將實作影片的車道檢測，其實原理相同，只是將圖片改成影片。

26-5-1　取得車道辨識影片

❑ 一步一步進入 GitHub 網站

為了實作，筆者下載 Github 網站的車道辨識影片，首先在 Chrome 瀏覽器的搜尋欄位輸入：

「lane detection test video」

Kaggle 或是 GitHub 網站皆有測試影片可以下載，這一節筆者使用 GitHub 網站的測試影片。

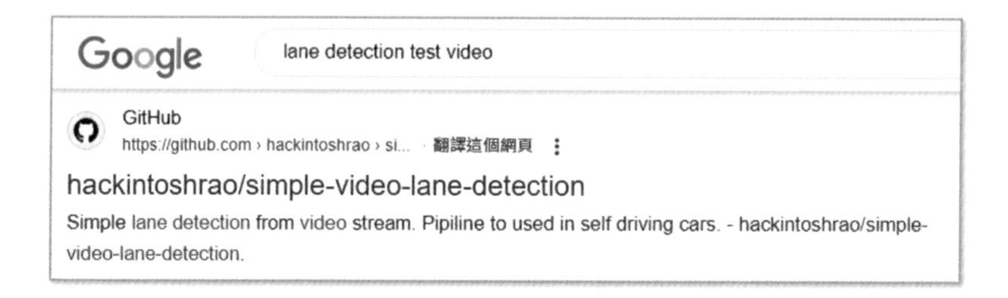

捲動視窗可以看到上述畫面，請點選可以進入下列畫面：

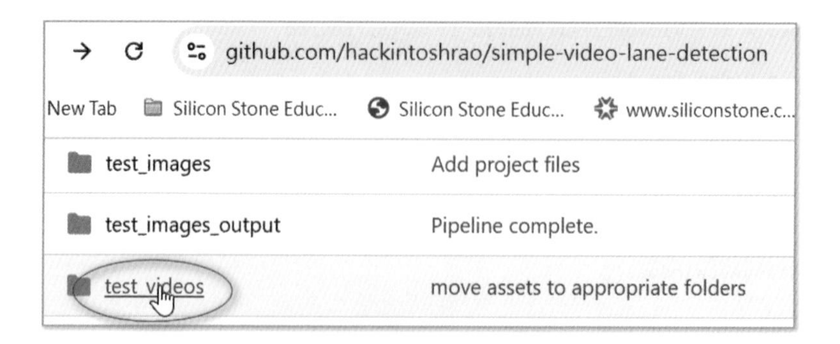

請點選 test_videos，可以看到下列畫面：

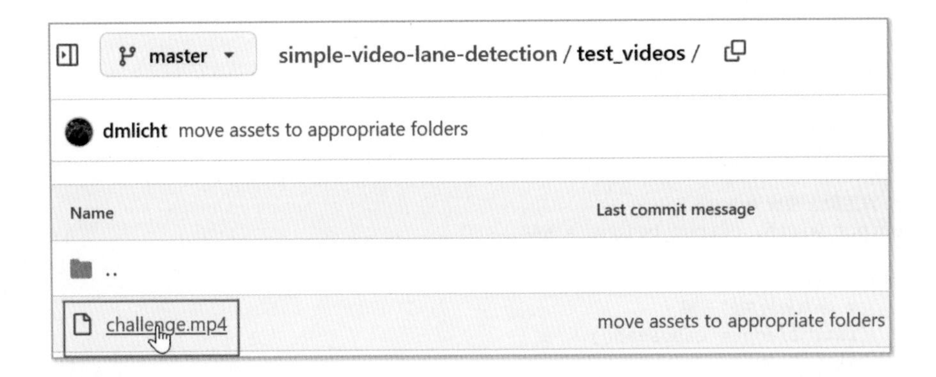

❑ 短網址進入 GitHub 網站

或是直接用下列短網址，也可以進入上述網站看到上述 challenge.mp4 檔案。

https://reurl.cc/eGanNj

讀者可以下載 challenge.mp4 檔案。

26-5-2 車道辨識影片程式實作

程式實例 ch26_16.py：車道辨識影片設計。

```
1   # ch26_16.py
2   import cv2
3   import numpy as np
4
5   def average_line(lines, height):
6       """
7       計算線段集合的平均線, 回傳擬合的單條車道線座標
8       : 參數 lines 由霍夫變換檢測到的線段列表
9       : 參數 height 圖像的高度, 用於確定線段的垂直範圍
10      : 回傳 擬合車道線的起點與終點座標 [x1, y1, x2, y2]
11      """
12      x_coords, y_coords = [], []
13      for line in lines:
14          x1, y1, x2, y2 = line[0]
15          x_coords += [x1, x2]
16          y_coords += [y1, y2]
17      if len(x_coords) == 0 or len(y_coords) == 0:
18          return None                                   # 防止空陣列
19      # 使用最小平方法擬合直線 (y = ax + b)
20      poly = np.polyfit(y_coords, x_coords, 1)
21      y1 = height                                       # 車道線底端
22      y2 = int(height * 0.6)                            # 車道線頂端
23      x1, x2 = int(np.polyval(poly, y1)), int(np.polyval(poly, y2))
24      return [x1, y1, x2, y2]
```

```
25
26  # 讀取影片
27  cap = cv2.VideoCapture("challenge.mp4")
28  if not cap.isOpened():
29      print("無法讀取影片，請確認檔案名稱和路徑是否正確")
30      exit()
31
32  # 設定輸出視窗大小
33  output_width, output_height = 640, 480
34
35  while True:
36      # 讀取影片中的一幀
37      ret, frame = cap.read()
38      if not ret:
39          break                                       # 如果讀取失敗，退出循環
40
41      # 調整幀大小
42      frame = cv2.resize(frame, (output_width, output_height),
43                         interpolation=cv2.INTER_AREA)
44
45      # 圖像處理
46      gray = cv2.cvtColor(frame, cv2.COLOR_BGR2GRAY)  # 轉換為灰階
47      blurred = cv2.GaussianBlur(gray, (5, 5), 0)     # 高斯模糊，減少噪聲
48      edges = cv2.Canny(blurred, 50, 150)             # 邊緣檢測
49
50      # 定義感興趣區域 (ROI)
51      height, width = edges.shape
52      mask = np.zeros_like(edges)                 # 創建與圖像大小一致的黑色遮罩
53      polygon = np.array([[                       # 定義多邊形區域
54          (int(width * 0.2), height),
55          (int(width * 0.8), height),
56          (int(width * 0.6), int(height * 0.5)),
57          (int(width * 0.4), int(height * 0.5))
58      ]], dtype=np.int32)
59      cv2.fillPoly(mask, polygon, 255)            # 在遮罩上填充白色多邊形
60      roi = cv2.bitwise_and(edges, mask)          # 提取感興趣區域的邊緣
61
62      # 霍夫線變換
63      lines = cv2.HoughLinesP(roi, rho=1, theta=np.pi / 180, threshold=50,
64                              minLineLength=100, maxLineGap=50)
65
66      # 分類與平均化車道線
67      left_lines, right_lines = [], []
68      if lines is not None:
69          for line in lines:
70              x1, y1, x2, y2 = line[0]
71              slope = (y2 - y1) / (x2 - x1) if (x2 - x1) != 0 else np.inf
72              if slope < -0.5:                    # 判斷為左車道
73                  left_lines.append(line)
74              elif slope > 0.5:                   # 判斷為右車道
75                  right_lines.append(line)
76
```

```
77        # 計算左車道線和右車道線的平均線
78        left_line = average_line(left_lines, height)
79        right_line = average_line(right_lines, height)
80
81        # 繪製車道線
82        output = frame.copy()                    # 複製原始幀作為輸出畫布
83        if left_line:                            # 如果存在用藍色繪製左車道
84            cv2.line(output, (left_line[0], left_line[1]),
85                     (left_line[2], left_line[3]), (255, 0, 0), 5)
86        if right_line:                           # 如果存在用藍色繪製右車道
87            cv2.line(output, (right_line[0], right_line[1]),
88                     (right_line[2], right_line[3]), (255, 0, 0), 5)
89
90        # 顯示結果
91        cv2.imshow("Detected Lanes", output)
92
93        # 按 'q' 鍵退出
94        if cv2.waitKey(1) & 0xFF == ord('q'):
95            break
96
97    # 釋放資源
98    cap.release()
99    cv2.destroyAllWindows()
```

執行結果

這個程式旨在檢測影片中的車道線，並將檢測結果顯示於每一幀上。程式使用 OpenCV 處理影片，並用以下步驟實作：

1. 逐幀讀取影片。
2. 進行圖像預處理（灰階轉換、模糊和邊緣檢測）。
3. 定義感興趣區域（ROI）。
4. 使用霍夫線變換檢測車道線段。

5. 計算車道線的平均直線。

6. 在原始幀上繪製車道線並顯示結果。

上述程式第 21 和 22 列，是繪製車道線，其中 y1 和 y2 的定義如下：

一般會依情況調整車道線頂端，例如：也常常看到程式設計師用「y2 = height * 0.5」，當作車道頂端線，這時車道頂端線是在上下置中的位置。其他整個程式設計重點如下：

❑ 影片讀取與初始化 (第 27 ~ 30 列)

- 使用 cv2.VideoCapture 打開影片文件 challenge.mp4。
- cap.isOpened( ) 檢查影片是否成功加載，若加載失敗，程式會退出。

❑ 設定輸出視窗大小 (第 33 列)

設定固定的輸出視窗大小，無論影片原始大小如何，都將幀縮放為 640 × 480 像素。

❑ 主迴圈：逐幀處理 (第 35 ~ 39 列)

- 使用 cap.read( ) 讀取每一幀：
  - ■ ret：表示是否成功讀取幀。
  - ■ frame：當前幀的圖像數據。

- 如果讀取失敗（如到達影片結尾），則退出迴圈。

❑ 圖像預處理 (第 42 ~ 48 列)

- 調整幀大小：使用 cv2.resize 將幀縮放為 640×480，方便後續處理和顯示。
- 灰階轉換：使用 cv2.cvtColor 將彩色圖像轉為灰階圖像，簡化數據處理。
- 高斯模糊：使用 cv2.GaussianBlur 平滑灰階圖像，減少噪聲對邊緣檢測的干擾。
- 邊緣檢測：使用 cv2.Canny 提取圖像中的邊緣，閾值範圍為 50 ~ 150。

❑ 定義感興趣區域（ROI）(第 51 ~ 60 列)

- 遮罩創建：創建一個黑色遮罩 mask，大小與邊緣圖像相同。
- 多邊形定義：定義四邊形多邊形，頂點範圍限制在車道所在區域。
- 填充遮罩：使用 cv2.fillPoly 在遮罩上填充白色多邊形。
- 提取 ROI：使用 cv2.bitwise_and 將邊緣圖像與遮罩按位與，保留感興趣區域的邊緣。

❑ 使用霍夫線變換檢測線段 (第 63 ~ 64 列)

霍夫線參數如下：

- rho=1：距離解析度為 1 像素。
- theta=np.pi / 180：角度解析度為 1 度。
- threshold=50：累積閾值，超過此值視為直線。
- minLineLength=100：檢測的最短線段長度。
- maxLineGap=50：允許連接的最大間隙。

❑ 車道線分類與平均化 (第 67 ~ 79 列)

- 斜率篩選：
  - 斜率為負：分類為左車道。
  - 斜率為正：分類為右車道。
- 平均線計算：
  - 使用 average_line( ) 函數，對多條線段進行擬合，生成單條平均直線。

❑ 繪製車道線 (第 82 ~ 88 列)

繪製平均直線如下：

- 使用 cv2.line 在圖像上繪製車道線。
- 左車道和右車道線分別用藍色（RGB 值 (255, 0, 0)）表示。

設計這個程式時，另外需要考量的是，如果碰上白色車道分隔線，間距比較長，可能會有短暫無法繪出車道分隔線的情況，這時可以調整第 64 列的參數：

```
minLineLength = 100        # 檢測直線最小長度是 100 像素
maxLineGap = 50.           # 間隙間最大允許間隙
```

習題

1： 擴充 ch26_3.py，增加垂直翻轉和水平垂直翻轉。

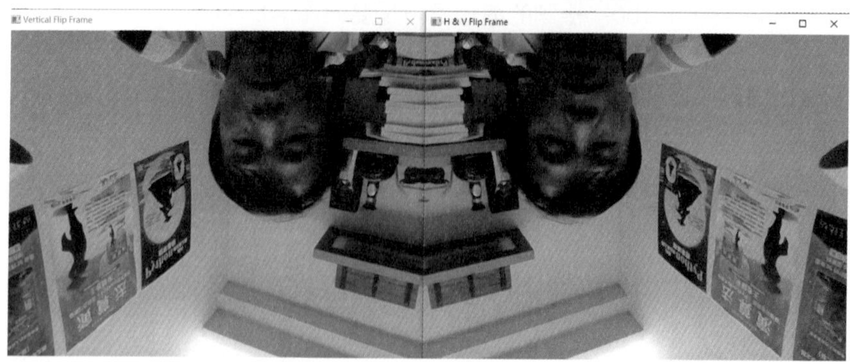

2： 重新修訂程式 ch26_14.py，改為在螢幕右下角顯示幀數 (Frames) 和秒數 (Seconds)，影片檔案使用 iceocean3.mov。

3： 擴充設計 ch26_16.py，增加輸出影片。

```
==================== RESTART: D:\OpenCV_Python\ex\ex26_3.py ====================
檢測結果已儲存在 : lane_detection_video.mp4 檔案
```

第二十七章

認識物件偵測原理與資源檔案

人臉辨識是計算機技術的一種，這個技術可以測出人臉在影像中的位置，同時也可以找出多個人臉，在檢測過程中基本上會忽略背景或其他物體，例如：身體、建築物或樹木，… 等。OpenCV 有提供一系列訓練測試過的資源檔，這些資源檔可以讓我們用很簡單的指令完成人臉、眼睛、身形、上半身、下半身、貓臉、車牌等檢測，這一章會先講解基礎原理，然後教導讀者認識與使用這些資源檔。

27-1 物件偵測原理

在正式進入 AI 視覺的熱門主題人臉辨識前，首先要判斷目前的影像是否存在人臉，當影像存在人臉後，才可以更進一步分析此人臉是誰。

27-1-1 階層分類器原理

Cascade Classifier 可以翻譯為階層式分類器，或是稱級聯分類器 (特別是簡體中文書)。這個分類器的基本原理是使用排除法，從簡單開始逐步排除不符合的檢測樣本，經過多次檢測後，最後所得到的符合我們所選的樣本，又稱此為正樣本。

例如：假設要檢測樣本是否是貓，首先可以檢測樣本是否有 4 條腿，如果樣本沒有 4 條腿，則排除此樣本，又稱此為負樣本，這樣就可以將雞、鴨、魚、等等排除。下一步可以檢測是否有尾巴，如果沒有尾巴的物件又可以排除。整個觀念如下：

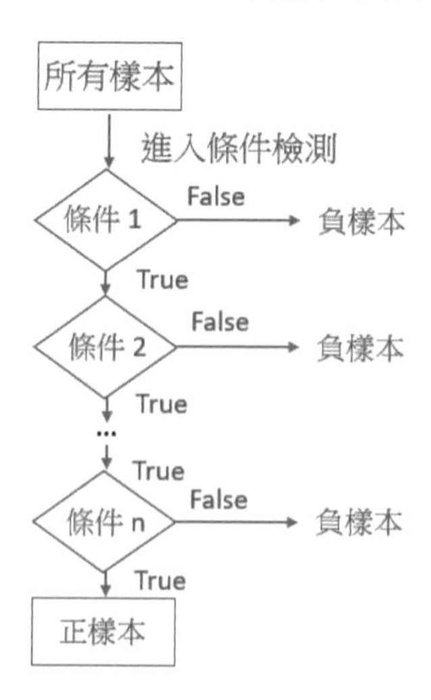

經過層層條件排除後，最後留下來的就是正樣本，這也是我們所要的數據。

27-1-2 Haar 特徵緣由

Haar-like features 中文翻譯是哈爾特徵，這是用於物體辨識的數位影像特徵，這個名稱是來自匈牙利科學家 Afred Haar。基礎原理是使用遮罩 (mask) 在影像內滑動，同時計算特徵值。

OpenCV 所支援的層次式分類器所採用的演算法是 2001 年 Paul Viola 和 Michael Jones 的論文 Rapid Object Detection using a Boosted Cascade of Simple Features，這是一種機器學習的演算法，階層函數是從大量的正樣本影像和負樣本影像中訓練出來，然後用來檢測其他影像的物件。

27-1-3 哈爾特徵原理

現在假設使用人臉識別為例，最初需要大量的正樣本影像 (人臉影像) 和負樣本影像 (沒有人臉的影像) 訓練分類器，計算特徵值的方法採用下列 Haar 特徵說明，下圖也像是卷積核。

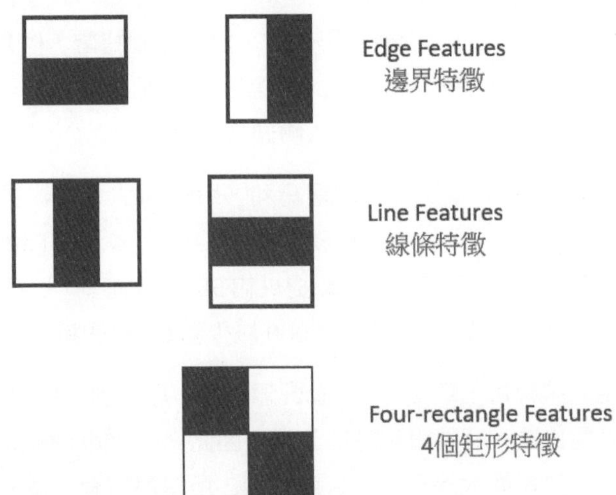

每個特徵點計算方式是黑色 (筆者使用藍色繪製) 部分像素總和減去白色部分的像素總和。使用上述觀念後，就會有許多特徵值計算發生，假設一張影像使用 24 x 24 的感興趣區塊也會產生超過 160000 個特徵值。為了解決這個龐大的計算，Paul Viola 和 Michael Jones 就導入了積分影像的觀念，不論影像多大，會將特徵值的計算減到只有涉及 4 個像素點的操作。

在計算過程中，會發現大多數是無關緊要的，例如：參考下圖，第一列顯示了兩個特徵，第一個區域是集中在眼睛區域通常比鼻子和臉頰區域更暗的特性。第二個特徵應用在眼睛比鼻樑更暗的特性，但是應用在臉頰或是其他地方相同的區塊是無關緊要。接著我們可以思考如何從 160000 個特徵中選出最好的特徵，所使用的方法是 Adaboost 方法。

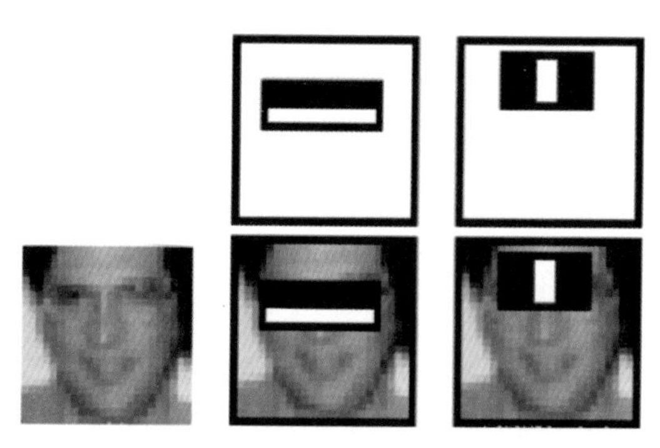

圖片來源：OpenCV 官方網站

為此將每個特徵應用到所有訓練的影像上，對於每個特徵，他會找到樣本正面部分為正樣本和負樣本的最佳閾值。雖然會有錯誤或錯誤分類，我們可以選擇最小錯誤率的特徵，這樣就可以準確地對人臉和非人臉做特徵分類。

最後分類器就是這些弱分類器的加權總和，所謂的弱分類器是因為它本身不能對影像分類，但是將所有弱分類器加總就形成了強分類器，在 Paul Viola 和 Michael Jones 的論文中，即使是 200 個特徵也可以提供約 95 的準確率，最終他們設定了 6000 個特徵，所以所需計算的特徵一下子從 160000 減少到 6000 個特徵。

假設現在使用一張照片，取 24 x 24 感興趣區塊，對應到使用 6000 個特徵，檢查是否人臉區域，其實也是一個繁重耗時的工作，因此 Paul Viola 和 Michael Jones 也提出了解決方式，觀念是影像大部分是非人臉區域，所以最好有一個簡單的方法檢查區塊是不是人臉區塊，如果不是就當作負樣本丟棄，讓工作專注於可能是人臉的區域。

他們所引用的是階層式分類器 (Cascade Classifier) 的觀念，不是在區塊使用所有 6000 個特徵，而是將特徵分組到分類器的不同階段逐一應用，如果區塊在第一階段失敗就丟棄，如果通過則往下檢視，直到此區塊通過所有的檢測。根據作者的檢測器有 6000 多個特徵，分成 38 個階段，前五個階段有 1、10、25、25 和 50 個特徵，根據作者的說法每個子區塊平均評估 6000 多個中的 10 個特徵。如果讀者想要瞭解更多，建議可以參考該論文。

OpenCV 則參考該論文除了人臉外，也完成許多類別的階層式分類器，這些已經訓練好的分類器我們稱是資源檔案，下一節將介紹這些分類器的使用。

27-2 找尋 OpenCV 的資源檔案來源

讀者可以到 OpenCV 的 github 資源託管平台下載，此網址如下：

https://github.com/opencv/opencv/tree/master/data/haarcascades

進入上述網址後，可以看到下列資源檔。

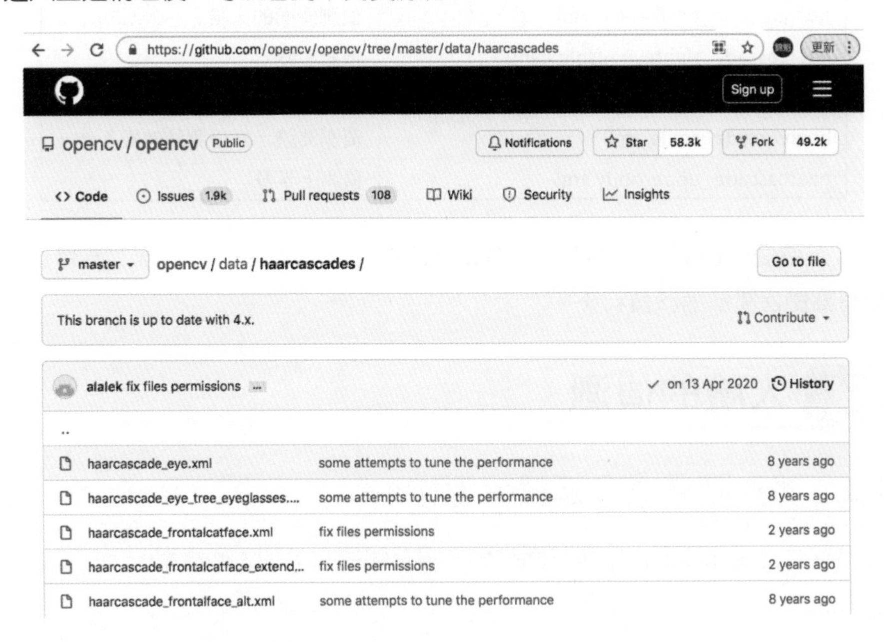

27-3 認識資源檔案

前一小節我們可以看到一系列的 XML 檔案，每個 XML 檔案就是一種已經使用哈爾 (Haar featured) 特徵訓練好的分類器，又可以稱階層式分類器檔案，每個分類器可以使用在不同物件的偵測，下表是 XML 檔案的偵測內容。

分類器檔案名稱	偵測內容
haarcascade_eye.xml	眼睛
haarcascade_eye_tree_eyeglasses.xml	戴眼鏡的眼睛
haarcascade_frontalcatface.xml	正面的貓臉
haarcascade_frontalcatface_extended.xml	擴充版正面的貓臉
haarcascade_frontalface_alt.xml	偵測正面人臉
haarcascade_frontalface_alt_tree.xml	偵測正面人臉
haarcascade_frontalface_alt2.xml	偵測正面人臉
haarcascade_frontalface_default.xml	偵測正面的人臉
haarcascade_fullbody.xml	偵測身形
haarcascade_lefteye_2splits.xml	偵測左眼
haarcascade_lowerbody.xml	偵測下半身
haarcascade_profileface.xml	偵測側面的人臉
haarcascade_righteye_2splits.xml	偵測右眼
haarcascade_russian_plate_number.xml	偵測車牌
haarcascade_smile.xml	偵測笑臉，註：測試效果不佳。
haarcascade_upperbody.xml	偵測上半身

為了方便使用資源檔，筆者已經將資源檔案改存至 C:\opencv\data 資料夾，所以本章所有實例皆需參考該資料夾。

27-4 人臉的偵測

27-4-1 臉形階層式分類器資源檔

在階層式分類器資源檔中與正面臉形分類有關的有下列 4 個檔案。

- haarcascade_frontalface_alt.xml
- haarcascade_frontalface_alt_tree.xml
- haarcascade_frontalface_alt2.xml
- haarcascade_frontalface_default.xml

上述檔案是使用不同檢測方法的臉形分類器資源檔，下一節筆者也會用實例解說。

27-4-2 基礎臉形偵測程式

這一節的目的是可以讓程式使用 OpenCV 將影像檔案的人臉標記出來，首先我們可以使用 CascadeClassifier( ) 類別下載偵測臉形的分類器資源檔。

```
pictPath = r'C:\opencv\data\haarcascade_frontalface_default.xml'
face_cascade = cv2.CascadeClassifier(pictPath)
```

上述 face_cascade 是辨識物件，當然你可以自行取名稱。接著需要使用辨識物件啟動 detectMultiScale( ) 方法，語法如下：

```
faces = face_cascade.detectMultiScale(img, scaleFactor, minNeighbors, minSize, maxSize)
```

上述參數意義如下：

- img：要辨識的影像檔案。
- scaleFactor：如果沒有指定一般是 1.1，主要是指在特徵比對中，圖像比例的縮小倍數，適度放大可以讓匹配變嚴格，若是縮小此值 (必須是大於 1.0) 可以讓匹配變寬鬆。
- minNeighbors：每個區塊的特徵皆會比對，設定多少個特徵數達到才算匹配成功，預設值是 3。適度增加此值，可以讓匹配變嚴格。
- minSize：可選參數，最小辨識區塊，小於此將被忽略。如果有比較小的區塊明顯不是我們想要的區域，可以設定此將該區域拋棄。
- maxSize：可選參數，最大的辨識區塊，大於此將被忽略。如果有比較大的區塊明顯不是我們想要的區域，可以設定此將該區域拋棄。

最常見的是設定前 3 個參數，例如：下列表示影像物件是 img，scaleFactor 是 1.1，minNeighbors 是 3。

```
faces = face_cascade.detectMultiScale(img, 1.1, 3)
```

上述執行成功後的回傳值是 faces 串列，串列的元素是元組 (tuple)，每個元組內有 4 組數字分別代表臉部左上角的 x 軸座標、y 軸座標、臉部的寬 w 和臉部的高 h。有了這些資料就可以在影像中標出人臉，或是將人臉儲存。我們可以用 len(faces) 獲得找到幾張臉。

程式實例 ch27_1.py：使用程式第 4 列所載明的人臉特徵檔案，標示影像中的人臉，以及用藍色框框著人臉，以及影像右下方標註所發現的人臉數量。下列程式可以應用在發現很多人臉的場合，主要是程式第 17 ~ 18 列，筆者將傳回的串列 (元素是元組)，依次繪製矩形將人臉框起。

```
1  # ch27_1.py
2  import cv2
3
4  pictPath = r'C:\opencv\data\haarcascade_frontalface_default.xml'
5  face_cascade = cv2.CascadeClassifier(pictPath)          # 建立辨識物件
6  img = cv2.imread("jk.jpg")                               # 讀取影像
7  faces = face_cascade.detectMultiScale(img, scaleFactor=1.1,
8          minNeighbors = 3, minSize=(20,20))
9  # 標註右下角底色是黃色
10 cv2.rectangle(img, (img.shape[1]-140, img.shape[0]-20),
11               (img.shape[1],img.shape[0]), (0,255,255), -1)
12 # 標註找到多少的人臉
13 cv2.putText(img, "Finding " + str(len(faces)) + " face",
14             (img.shape[1]-135, img.shape[0]-5),
15             cv2.FONT_HERSHEY_COMPLEX, 0.5, (255,0,0), 1)
16 # 將人臉框起來，由於有可能找到好幾個臉所以用迴圈繪出來
17 for (x,y,w,h) in faces:
18     cv2.rectangle(img,(x,y),(x+w,y+h),(255,0,0),2)      # 藍色框住人臉
19 cv2.imshow("Face", img)                                  # 顯示影像
20
21 cv2.waitKey(0)
22 cv2.destroyAllWindows()
```

執行結果

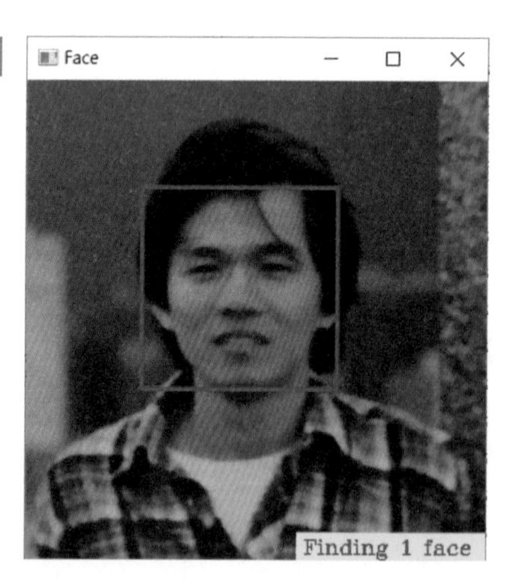

程式實例 ch27_2.py：使用 g5.jpg 辨識多張人臉的影像。

```
6  img = cv2.imread("g5.jpg")                               # 讀取影像
```

執行結果

當然使用上述偶爾也會出現辨識不是太完美的情況，可以參考下一節實例。

27-4-3 史上最牛的物理科學家合照

在臉形檢測過程，如果有多人合照時，難免也會有一些不可預期的結果產生。下列可能是當今科學界最火熱的一張照片，1927 年世界著名科學家在比利時布魯塞爾參加索維爾 (Solvay) 會議的合照，圖片下方最中間的是愛因斯坦，下圖共有 29 位科學家，其中 17 位是諾貝爾獎得主。

圖片來源維基百科

https://zh.wikipedia.org/wiki/%E9%98%BF%E5%B0%94%E4%BC%AF%E7%89%B9%C2%B7%E7%

88%B1%E5%9B%A0%E6%96%AF%E5%9D%A6#/media/File:Solvay_conference_1927.jpg

程式實例 ch27_3.py：重新設計 ch27_2.py，使用 solvay1927.jpg 影像偵測人臉。

```
6  img = cv2.imread("solvay1927.jpg")                      # 讀取影像
```

執行結果

上述我們看到了一些不完美，雖然 29 位科學家偵測到了 28 位科學家，但是也虛增了 4 個非人臉的框。碰上這類狀況可以修訂 scaleFactor、minNeighbors 參數，對於人臉偵測，我們也可以使用其他人臉分類器。

程式實例 ch27_3_1.py：將 minNeighbors 改為 5，也就是增加須符合的特徵點數量，重新設計 ch27_3.py。

```
7  faces = face_cascade.detectMultiScale(img, scaleFactor=1.1,
8            minNeighbors = 5, minSize=(20,20))
```

執行結果

情況有改善，但是有 3 個人沒有抓取，很可惜。另外，scaleFactor 是控制變數，如果更改為比較大可以減少檢測的圖像，不過這也會造成部分資料沒有檢測出來。

程式實例 ch27_4.py：改用 haarcascade_frontalface_alt.xml 檔案執行檢索臉形。

```
4   pictPath = r'C:\opencv\data\haarcascade_frontalface_alt.xml'
5   face_cascade = cv2.CascadeClassifier(pictPath)        # 建立辨識物件
6   img = cv2.imread("solvay1927.jpg")                    # 讀取影像
```

執行結果

從上述可以看到使用 haarcascade_frontalface_alt.xml 分類器檔案，人臉偵測改善許多，但是左邊仍是虛增了一個人臉。當左邊多出一個虛增的人臉時， 從螢幕看可以

發現此框比較大，這時可以設定參數 maxSize=( )，也就是當大於特定大小時予以忽略。

程式實例 ch27_4_1.py：重新設計 ch27_4.py，設定當影像框大於 (50,50) 時，予以忽略。

```
4  pictPath = r'C:\opencv\data\haarcascade_frontalface_alt.xml'
5  face_cascade = cv2.CascadeClassifier(pictPath)          # 建立辨識物件
6  img = cv2.imread("solvay1927.jpg")                      # 讀取影像
7  faces = face_cascade.detectMultiScale(img, scaleFactor=1.1,
8          minNeighbors = 3, minSize=(20,20), maxSize=(50,50))
```

執行結果

上述獲得完美的結果，這表示我們可以適度調整參數獲得好的結果。

如果使用 haarcascade_frontalface_alt2.xml 分類器檔案則是獲得和上述一樣的結果，可以參考下列實例 ch27_5.py。

程式實例 ch27_5.py：使用 haarcascade_frontalface_alt2.xml 分類器檔案，重新設計 ch27_4_1.py。

```
4  pictPath = r'C:\opencv\data\haarcascade_frontalface_alt2.xml'
5  face_cascade = cv2.CascadeClassifier(pictPath)          # 建立辨識物件
6  img = cv2.imread("solvay1927.jpg")                      # 讀取影像
7  faces = face_cascade.detectMultiScale(img, scaleFactor=1.1,
8          minNeighbors = 3, minSize=(20,20), maxSize=(50,50))
```

執行結果 與 ch27_4_1.py 相同。

程式實例 ch27_6.py：使用 haarcascade_frontalface_alt_tree.xml 分類器檔案，重新設

計 ch27_4.py。

```
4  pictPath = r'C:\opencv\data\haarcascade_frontalface_alt_tree.xml'
5  face_cascade = cv2.CascadeClassifier(pictPath)          # 建立辨識物件
6  img = cv2.imread("solvay1927.jpg")                      # 讀取影像
```

執行結果

上述 haarcascade_frontalface_alt_tree.xml 分類器則是有比較多人臉沒有偵測到。

27-5 偵測側面的人臉

27-5-1 基礎觀念

當一個人臉是側面向著鏡頭時，使用 27-3 節正面的人臉分類器，許多時候是無法偵測此人臉的。同樣是 1927 年索維爾 (Solvay) 會議的合照，另有一張後排右邊算起第 4 位，因為拍照時往右看，使用前一小節的方法無法偵測到。

程式實例 ch27_6_1.py：使用 s_1927.jpg 檔案重新設計 ch27_4.py。

```
4  pictPath = r'C:\opencv\data\haarcascade_frontalface_alt.xml'
5  face_cascade = cv2.CascadeClassifier(pictPath)       # 建立辨識物件
6  img = cv2.imread("s_1927.jpg")                       # 讀取影像
7  faces = face_cascade.detectMultiScale(img, scaleFactor=1.02,
8          minNeighbors = 3, minSize=(20,20))
```

執行結果

註 筆者有適度編修左下方科學家的衣領，因為衣領會造成額外圈選。

27-5-2　側面臉形偵測

在階層式分類器資源檔中與側面臉形分類有關的檔案如下：

haarcascade_profileface.xml

程式實例 ch27_6_2.py：重新設計 ch27_6_1.py，使用 haarcascade_profileface.xml 資源檔案偵測側面人臉。

```
1  # ch27_6_2.py
2  import cv2
3
4  pictPath = r'C:\opencv\data\haarcascade_profileface.xml'
5  face_cascade = cv2.CascadeClassifier(pictPath)       # 建立辨識物件
6  img = cv2.imread("s_1927.jpg")                       # 讀取影像
7  faces = face_cascade.detectMultiScale(img, scaleFactor=1.3,
8              minNeighbors = 4, minSize=(20,20))
```

執行結果

上述筆者修改參數後，只偵測到後排從右算起第 4 位科學家的人臉。

27-6 路人偵測

雖然特徵檔案使用的英文是 fullbody，可以翻譯為身體，這個分類器筆者感覺更類似追蹤路人，因為近距離的影像無法偵測，遠距離的影像比較可以偵測，

27-6-1 路人偵測

路人偵測的分類器檔案是 haarcascade_fullbody.xml。

程式實例 ch27_7.py：路人偵測的應用。

```
1  # ch27_7.py
2  import cv2
3
4  pictPath = r'C:\opencv\data\haarcascade_fullbody.xml'
5  body_cascade = cv2.CascadeClassifier(pictPath)       # 建立辨識物件
6  img = cv2.imread("people1.jpg")                       # 讀取影像
7  bodies = body_cascade.detectMultiScale(img, scaleFactor=1.1,
8          minNeighbors = 3, minSize=(20,20))
9  # 標註身體
10 for (x,y,w,h) in bodies:
11     cv2.rectangle(img,(x,y),(x+w,y+h),(255,0,0),2)  # 藍色框住身體
12 cv2.imshow("Body", img)                               # 顯示影像
13
14 cv2.waitKey(0)
15 cv2.destroyAllWindows()
```

執行結果 可以參考下方左圖。

程式實例 ch27_8.py：偵測多人群聚的路人。

```
6  img = cv2.imread("people2.jpg")                        # 讀取影像
```

執行結果 可以參考上方右圖。

經過測試，筆者感覺人潮不擁擠的路人偵測有比較好的效果，另外，如果是近距離的人像偵測效果也比較不好。

27-6-2　下半身的偵測

下半身偵測所使用的分類器檔案是 haarcascade_lowerbody.xml。

程式實例 ch27_9.py：使用的分類器檔案 haarcascade_lowerbody.xml，重新設計 ch27_7.py。

```
1  # ch27_9.py
2  import cv2
3
4  pictPath = r'C:\opencv\data\haarcascade_lowerbody.xml'
5  body_cascade = cv2.CascadeClassifier(pictPath)        # 建立辨識物件
```

```
6  img = cv2.imread("people1.jpg")                        # 讀取影像
7  bodies = body_cascade.detectMultiScale(img, scaleFactor=1.1,
8                minNeighbors = 3, minSize=(20,20))
9  # 標註身體
10 for (x,y,w,h) in bodies:
11     cv2.rectangle(img,(x,y),(x+w,y+h),(255,0,0),2)  # 藍色框住身體
12 cv2.imshow("Face", img)                                # 顯示影像
13
14 cv2.waitKey(0)
15 cv2.destroyAllWindows()
```

執行結果 可以參考下方左圖。

27-6-3 上半身的偵測

上半身偵測所使用的分類器檔案是 haarcascade_upperbody.xml。

程式實例 ch27_10.py：使用的分類器檔案 haarcascade_upperbody.xml，重新設計 ch27_7.py，這個實例筆者將 minNeighbors = 9，否則會有多出來的上半身。

```
7  bodies = body_cascade.detectMultiScale(img, scaleFactor=1.1,
8                minNeighbors = 9, minSize=(20,20))
```

執行結果 可以參考上方右圖。

27-7 眼睛的偵測

27-7-1　眼睛分類器資源檔

在分類器資源檔中與眼睛分類有關的有下列 3 個檔案。

haarcascade_eye.xml：偵測雙眼。

haarcascade_lefteye_2splits.xml：偵測左眼。

haarcascade_righteye_2splits.xml：偵測右眼。

27-7-2　偵測雙眼實例

程式實例 ch27_11.py：使用 haarcascade_eye.xml 檔案，執行眼睛的偵測。

```
1  # ch27_11.py
2  import cv2
3
4  pictPath1 = r'C:\opencv\data\haarcascade_frontalface_default.xml'
5  pictPath2 = r'C:\opencv\data\haarcascade_eye.xml'
6
7  face_cascade = cv2.CascadeClassifier(pictPath1)          # 建立人臉物件
8  img = cv2.imread("jk.jpg")                               # 讀取影像
9  gray = cv2.cvtColor(img, cv2.COLOR_BGR2GRAY)
10 # 偵測人臉
11 faces = face_cascade.detectMultiScale(img, scaleFactor=1.1,
12         minNeighbors = 3, minSize=(20,20))
13 # 偵測雙眼
14 eyes_cascade = cv2.CascadeClassifier(pictPath2)          # 建立雙眼物件
15 eyes = eyes_cascade.detectMultiScale(img, scaleFactor=1.1,
16         minNeighbors = 3, minSize=(20,20))
17 # 將人臉框起來，由於有可能找到好幾個臉所以用迴圈繪出來
18 for (x,y,w,h) in faces:
19     cv2.rectangle(img,(x,y),(x+w,y+h),(255,0,0),2)       # 藍色框住人臉
20 # 將雙眼框起來，由於有可能找到好幾個眼睛所以用迴圈繪出來
21 for (x,y,w,h) in eyes:
22     cv2.rectangle(img,(x,y),(x+w,y+h),(0,255,0),2)       # 綠色框住眼睛
23 cv2.imshow("Face", img)                                  # 顯示影像
24
25 cv2.waitKey(0)
26 cv2.destroyAllWindows()
```

執行結果　可以參考下方左圖。

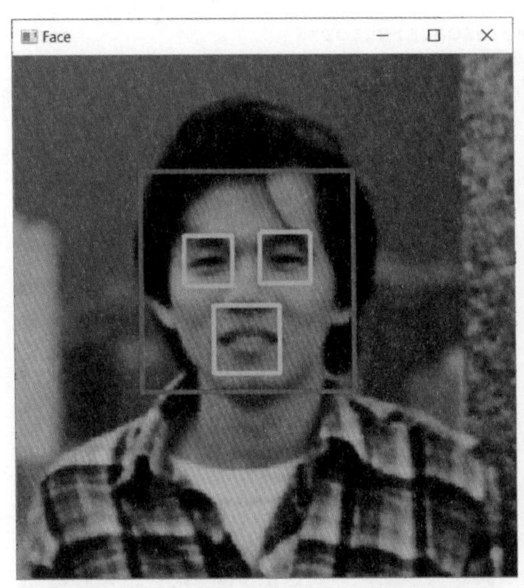

上述第 16 列設定 minNeighbors = 3 時左邊檢測口部也被當作眼睛處理，如果改為 minNeighbors = 7 則可以得到上述右邊的結果。另外，也可以設定 maxSize 參數，讓大於特定的區塊拋棄。

程式實例 ch27_12.py：設定 minNeighbors = 7，重新設計 ch27_9.py。

```
15  eyes = eyes_cascade.detectMultiScale(img, scaleFactor=1.1,
16              minNeighbors = 7, minSize=(20,20))
```

執行結果　可以參考上方右圖。

27-7-3　偵測左眼與右眼的實例

程式實例 ch27_13.py：使用 haarcascade_lefteye_2splits.xml 檔案，執行左眼眼睛的偵測。

```
 1  # ch27_13.py
 2  import cv2
 3
 4  pictPath1 = r'C:\opencv\data\haarcascade_frontalface_default.xml'
 5  pictPath2 = r'C:\opencv\data\haarcascade_lefteye_2splits.xml'
 6
 7  face_cascade = cv2.CascadeClassifier(pictPath1)          # 建立人臉物件
 8  img = cv2.imread("jk.jpg")                               # 讀取影像
 9  gray = cv2.cvtColor(img, cv2.COLOR_BGR2GRAY)
10  # 偵測人臉
11  faces = face_cascade.detectMultiScale(img, scaleFactor=1.1,
12              minNeighbors = 3, minSize=(20,20))
13  # 偵測左眼
14  eyes_cascade = cv2.CascadeClassifier(pictPath2)          # 建立左眼物件
```

```
15  eyes = eyes_cascade.detectMultiScale(img, scaleFactor=1.1,
16          minNeighbors = 7, minSize=(20,20))
17  # 將人臉框起來，由於有可能找到好幾個臉所以用迴圈繪出來
18  for (x,y,w,h) in faces:
19      cv2.rectangle(img,(x,y),(x+w,y+h),(255,0,0),2)       # 藍色框住人臉
20  # 將左眼框起來，由於有可能找到好幾個眼睛所以用迴圈繪出來
21  for (x,y,w,h) in eyes:
22      cv2.rectangle(img,(x,y),(x+w,y+h),(0,255,0),2)       # 綠色框住眼睛
23  cv2.imshow("Face", img)                                  # 顯示影像
24
25  cv2.waitKey(0)
26  cv2.destroyAllWindows()
```

執行結果　可以參考下方左圖。

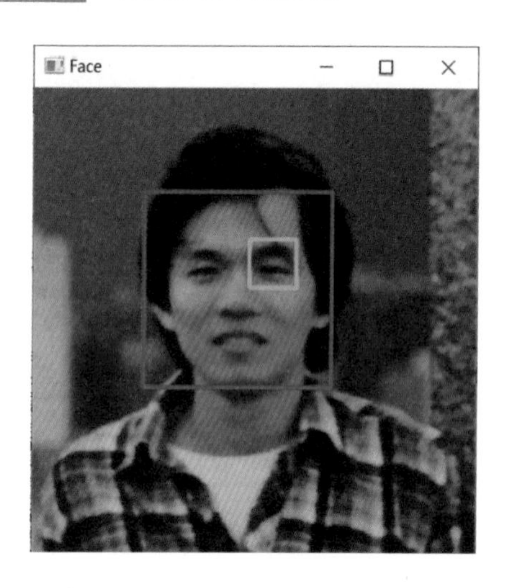

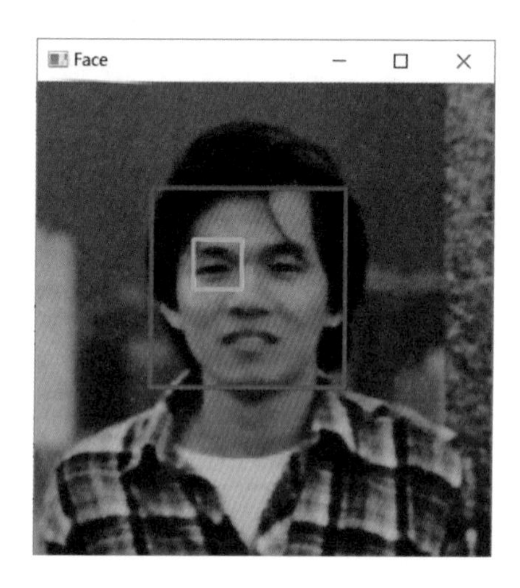

程式實例 ch27_14.py：使用 haarcascade_righteye_2splits.xml 檔案，執行右眼眼睛的偵測。

```
5  pictPath2 = r'C:\opencv\data\haarcascade_righteye_2splits.xml'
```

執行結果　可以參考上方右圖。

27-8 偵測貓臉

在分類器資源檔中與正面貓臉分類有關的檔案如下：

haarcascade_frontalcatface.xml。

筆者在測試過程也發現貓臉必須正面面向鏡頭，比較容易偵測到。

程式實例 ch27_15.py：偵測貓臉的應用。

```
1  # ch27_15.py
2  import cv2
3
4  pictPath = r'C:\opencv\data\haarcascade_frontalcatface.xml'
5  cat_cascade = cv2.CascadeClassifier(pictPath)          # 建立辨識物件
6  img = cv2.imread("cat1.jpg")                          # 讀取影像
7  faces = cat_cascade.detectMultiScale(img, scaleFactor=1.1,
8          minNeighbors = 3, minSize=(20,20))
9  # 將貓臉框起來, 由於有可能找到好幾個臉所以用迴圈繪出來
10 for (x,y,w,h) in faces:
11     cv2.rectangle(img,(x,y),(x+w,y+h),(255,0,0),2)    # 藍色框住貓臉
12 cv2.imshow("Face", img)                               # 顯示影像
13
14 cv2.waitKey(0)
15 cv2.destroyAllWindows()
```

執行結果

註 上述貓照片取材自英文版的維基網站，圖片作者是 Von.grzanka 網址如下：

https://en.wikipedia.org/wiki/Cat#/media/File:Felis_catus-cat_on_snow.jpg

程式實例 ch27_16.py：偵測多數貓的影像。

```
6  img = cv2.imread("cat2.jpg")                          # 讀取影像
7  faces = cat_cascade.detectMultiScale(img, scaleFactor=1.1,
8          minNeighbors = 9, minSize=(20,20))
```

執行結果

註　上述貓照片取材自英文版的維基網站，網址如下，圖片作者從左到右、從上到下分 別 是 Alvesgaspar、Martin Bahmann、Hisashi、Martin Bahmann、Von Grzan-ka、Dovenetel。

https://en.wikipedia.org/wiki/Cat#/media/File:Cat_poster_1.jpg

上述筆者第 8 列設定 minNeighbors = 9，如果保持原先的 3，則會有非貓臉產生。

27-9 俄羅斯車牌辨識

在分類器資源檔中與俄羅斯車牌分類有關的檔案如下：

haarcascade_russian_plate_number.xml。

筆者在測試過程發現台灣車牌幾乎無法辨識，為了測試此車牌辨識，筆者自行參考不同格式的俄羅斯車牌設計了俄羅斯車牌，的確可以正常辨識。

註　筆者將在第 30 章講解自行設計哈爾 (Haar) 分類器檔案，偵測台灣的車牌辨識。

程式實例 ch27_17.py：偵測台灣車牌，結果無法辨識。

```
1  # ch27_17.py
2  import cv2
3
4  pictPath = r'C:\opencv\data\haarcascade_russian_plate_number.xml'
5  car_cascade = cv2.CascadeClassifier(pictPath)        # 建立辨識物件
6  img = cv2.imread("car.jpg")                          # 讀取影像
7  plates = car_cascade.detectMultiScale(img, scaleFactor=1.1,
8          minNeighbors = 3, minSize=(20,20))
9  # 將車牌框起來, 由於有可能找到好幾個臉所以用迴圈繪出來
10 for (x,y,w,h) in plates:
11     cv2.rectangle(img,(x,y),(x+w,y+h),(255,0,0),2)  # 藍色框住車牌
12 cv2.imshow("Car Plate", img)                         # 顯示影像
13
14 cv2.waitKey(0)
15 cv2.destroyAllWindows()
```

執行結果 可以參考下方左圖。

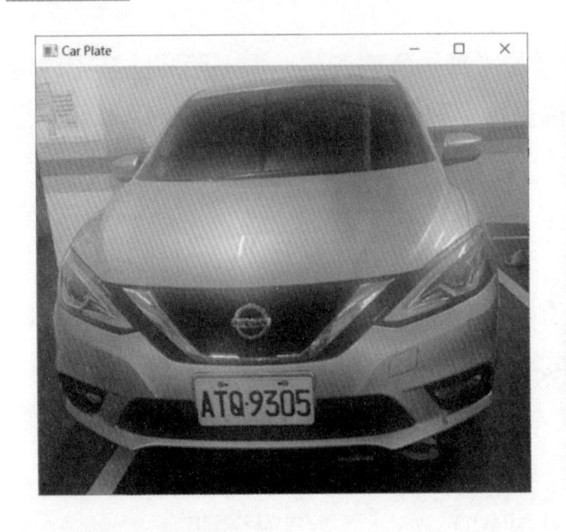

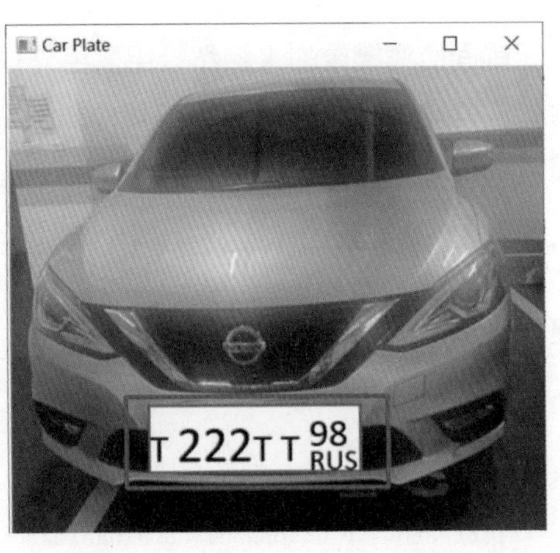

程式實例 ch27_18.py：偵測俄羅斯車牌的應用，只是改了影像擋，可以看到我們成功的讀取車牌區塊。

```
6  img = cv2.imread("car1.jpg")                         # 讀取影像
```

執行結果 可以參考上方右圖。

程式實例 ch27_19.py：更改另一種俄羅斯車牌格式。

```
6  img = cv2.imread("car2.jpg")                         # 讀取影像
```

執行結果

27-10 AI 監控系統設計專題

前面偵測圖像的人臉然後用藍色外框標記，算是靜態測試。這一節將此技術應用到影片，就形成了動態辨識，如果應用到攝影機就算是一種 AI 監控系統。這一節將從簡單說起。

27-10-1 圖像人臉標記

程式實例 ch27_20.py：使用 haarcascade_frontalface_alt2.xml 分類器檔案，標記圖像人臉，所讀取的圖像檔案是 deepwisdom.jpg。

```
1   # ch27_20.py
2   import cv2
3
4   pictPath = r'C:\opencv\data\haarcascade_frontalface_alt2.xml'
5   face_cascade = cv2.CascadeClassifier(pictPath)           # 建立辨識物件
6   img = cv2.imread("deepwisdom.jpg")                       # 讀取影像
7   faces = face_cascade.detectMultiScale(img, scaleFactor=1.1,
8           minNeighbors = 3, minSize=(20,20), maxSize=(50,50))
9   # 標註右下角底色是黃色
10  cv2.rectangle(img, (img.shape[1]-140, img.shape[0]-20),
11                (img.shape[1],img.shape[0]), (0,255,255), -1)
12  # 標註找到多少的人臉
13  cv2.putText(img, "Finding " + str(len(faces)) + " face",
14              (img.shape[1]-135, img.shape[0]-5),
15              cv2.FONT_HERSHEY_COMPLEX, 0.5, (255,0,0), 1)
16  # 將人臉框起來, 由於有可能找到好幾個臉所以用迴圈繪出來
17  for (x,y,w,h) in faces:
18      cv2.rectangle(img,(x,y),(x+w,y+h),(255,0,0),2)      # 藍色框住人臉
19  cv2.imshow("Face", img)                                  # 顯示影像
20
21  cv2.waitKey(0)
22  cv2.destroyAllWindows()
```

執行結果

27-10-2　影片人臉標記

程式實例 ch27_21.py：擴充 ch27_20.py，在影片內標記人臉，所使用的影片是 deepwisdom.mp4。

```
1   # ch27_21.py
2   import cv2
3
4   # 加載正面人臉的 Haar Cascades 模型
5   frontal_cascade_path = r'C:\opencv\data\haarcascade_frontalface_alt2.xml'
6   frontal_cascade = cv2.CascadeClassifier(frontal_cascade_path)
7
8   # 讀取視訊
9   cap = cv2.VideoCapture("deepwisdom.mp4")
10
11  frame_index = 0                                   # 用於計算幀數
12  unique_faces = []                                 # 存儲檢測到的人臉
13
14  while True:
15      ret, frame = cap.read()
16      if not ret:
17          break                                     # 到達視訊結尾, 結束迴圈
18      # 每 6 幀進行一次正面人臉檢測
19      if frame_index % 6 == 0:
20          # 檢測正面人臉
21          frontal_faces = frontal_cascade.detectMultiScale(frame, scaleFactor=1.1,
22                                  minNeighbors=3, minSize=(20, 20), maxSize=(100, 100))
23          # 儲存檢測結果
24          unique_faces = []
25          for (x, y, w, h) in frontal_faces:
26              unique_faces.append((x, y, w, h))
27      # 繪製藍色人臉框
28      for (x, y, w, h) in unique_faces:
29          cv2.rectangle(frame, (x, y), (x + w, y + h), (255, 0, 0), 2)
30      cv2.imshow("Real-time Face Detection", frame)         # 顯示結果
```

```
31        # 按 'q' 鍵退出, 每幀等待 30 毫秒, 確保影片正常播放速度
32        if cv2.waitKey(30) & 0xFF == ord('q'):
33            break
34
35        frame_index += 1                                  # 增加幀計數
36
37    cap.release()                                         # 釋放資源
38    cv2.destroyAllWindows()
```

執行結果

上述程式使用每 6 幀，進行一次人臉偵測，主要是偵測人臉是需要大量 CPU 計算，如果不如此，影片速度會變慢。如果讀者的電腦速度快，則可以取消每 6 幀進行一次人臉偵測與繪製外框，而是偵測每一幀。

27-10-3 影片人臉標記用 MP4 紀錄過程

程式實例 ch27_22.py：擴充 ch27_21.py，增加結果用 deepwisdom_faces.mp4 儲存。

```
1   # ch27_22.py
2   import cv2
3
4   # 加載正面人臉的 Haar Cascades 模型
5   frontal_cascade_path = r'C:\opencv\data\haarcascade_frontalface_alt2.xml'
6   frontal_cascade = cv2.CascadeClassifier(frontal_cascade_path)
7
8   # 讀取視訊
9   input_path = "deepwisdom.mp4"
10  output_path = "deepwisdom_faces.mp4"
11
12  cap = cv2.VideoCapture(input_path)
13
14  # 獲取視訊屬性
15  frame_width = int(cap.get(cv2.CAP_PROP_FRAME_WIDTH))
16  frame_height = int(cap.get(cv2.CAP_PROP_FRAME_HEIGHT))
17  fps = int(cap.get(cv2.CAP_PROP_FPS))
18  frame_index = 0                                     # 用於計算幀數
19
```

```
20  # 初始化影片寫入器
21  fourcc = cv2.VideoWriter_fourcc(*'mp4v')          # 使用 MP4 格式
22  out = cv2.VideoWriter(output_path, fourcc, fps, (frame_width, frame_height))
23
24  unique_faces = []                                 # 存儲檢測到的人臉
25
26  while True:
27      ret, frame = cap.read()
28      if not ret:
29          break                                     # 到達視訊結尾，結束迴圈
30      # 每 6 幀進行一次正面人臉檢測
31      if frame_index % 6 == 0:
32          # 檢測正面人臉
33          frontal_faces = frontal_cascade.detectMultiScale(frame, scaleFactor=1.1,
34                              minNeighbors=3, minSize=(20, 20), maxSize=(100, 100))
35          # 儲存檢測結果
36          unique_faces = []
37          for (x, y, w, h) in frontal_faces:
38              unique_faces.append((x, y, w, h))
39      # 繪製藍色框住人臉
40      for (x, y, w, h) in unique_faces:
41          cv2.rectangle(frame, (x, y), (x + w, y + h), (255, 0, 0), 2)
42      # 寫入到輸出影片
43      out.write(frame)
44      # 顯示結果
45      cv2.imshow("Real-time Face Detection", frame)
46
47      # 按 'q' 鍵退出，每幀等待 30 毫秒，確保影片正常播放速度
48      if cv2.waitKey(30) & 0xFF == ord('q'):
49          break
50
51      frame_index += 1  # 增加幀計數
52
53  # 釋放資源
54  cap.release()
55  out.release()
56  cv2.destroyAllWindows()
57  print(f"輸出影片已儲存為 : {output_path}")
```


```
39      # 繪製藍色框住人臉
40      for (x, y, w, h) in unique_faces:
41          cv2.rectangle(frame, (x, y), (x + w, y + h), (255, 0, 0), 2)
42      # 寫入到輸出影片
43      out.write(frame)
44      # 顯示結果
45      cv2.imshow("Real-time Face Detection", frame)
46
47      # 按 'q' 鍵退出，每幀等待 30 毫秒，確保影片正常播放速度
48      if cv2.waitKey(30) & 0xFF == ord('q'):
49          break
50
51      frame_index += 1  # 增加幀計數
52
53  # 釋放資源
54  cap.release()
55  out.release()
56  cv2.destroyAllWindows()
57  print(f"輸出影片已儲存為 : {output_path}")
```

執行結果

```
==================== RESTART: D:/OpenCV_Python/ch27/ch27_22.py ==================
輸出影片已儲存為 : deepwisdom_faces.mp4
```

讀者可以開啟 ch27 資料夾的 deepwisdom_faces.mp4，可以看到整個影片人臉出現就被框住的過程與結果。

27-10-4　AI 監控系統設計

前一小節筆者用影片為實例，設計標記人臉。如果改為用攝影機，同時即時標記每一個偵測的臉，這就是一個 AI 監控系統設計。

程式實例 ch27_23.py：修改程式實例 ch27_22.py，改成攝影機監控，當檢測到臉時會立即標記，按 q 可以結束程式，結果輸出到 camera_faces.mp4。

```
1     # ch27_23.py
2     import cv2
3
4     # 加載正面人臉的 Haar Cascades 模型
5     frontal_cascade_path = r'C:\opencv\data\haarcascade_frontalface_alt2.xml'
6     frontal_cascade = cv2.CascadeClassifier(frontal_cascade_path)
7
8     # 開啟攝影機
9     cap = cv2.VideoCapture(0)                        # 攝影機索引為 0
10
11    # 獲取攝影機屬性
12    frame_width = int(cap.get(cv2.CAP_PROP_FRAME_WIDTH))
13    frame_height = int(cap.get(cv2.CAP_PROP_FRAME_HEIGHT))
14
15    fps = 30                                         # 幀率
16    frame_index = 0                                  # 幀計數器
17
18    # 初始化影片寫入器
19    output_path = "camera_faces1.mp4"
20    fourcc = cv2.VideoWriter_fourcc(*'mp4v')     # 使用 MP4 格式
21    out = cv2.VideoWriter(output_path, fourcc, fps, (frame_width, frame_height))
22
23    while True:
24        ret, frame = cap.read()
25        if not ret:
26            print("無法讀取攝影機幀, 請檢查設備.")
27            break
28
29        # 每 10 幀執行一次檢測
30        if frame_index % 10 == 0:
31            # 執行人臉檢測
32            frontal_faces = frontal_cascade.detectMultiScale(frame, scaleFactor=1.1,
33                                    minNeighbors=3, minSize=(20, 20), maxSize=(100, 100))
34
35        # 繪製藍色框住人臉
```

```
36        for (x, y, w, h) in frontal_faces:
37            cv2.rectangle(frame, (x, y), (x + w, y + h), (255, 0, 0), 2)
38
39        # 寫入到輸出影片
40        out.write(frame)
41
42        # 顯示結果
43        cv2.imshow("Real-time Face Detection", frame)
44
45        # 按 'q' 鍵退出
46        if cv2.waitKey(30) & 0xFF == ord('q'):
47            break
48
49        frame_index += 1
50
51    # 釋放資源
52    cap.release()
53    out.release()
54    cv2.destroyAllWindows()
55    print(f"錄製完成, 影片已儲存為 : {output_path}")
```

執行結果

```
================== RESTART: D:/OpenCV_Python/ch27/ch27_23.py ==================
錄製完成, 影片已儲存為 : camera_faces.mp4
```

這個程式第 30 ~ 33 列使用每 10 個幀，處理一次檢測，因為檢測會耗用大量 CPU 處理時間。如果省略會造成錄製的影片幀數無法和影片同步，最後是類似快轉的結果。

習題

1：請使用 g4.jpg 影像執行人臉辨識，你可能會獲得有瑕疵的結果，請輸出此結果。

2：請自行調整上述有瑕疵的程式，讓辨識成功。

3： 請使用 dogcat.jpg 影像辨識貓臉，請自行設計與調整參數，請調整到可以辨識 2 隻貓臉。

4： 請調整上述影像可以辨識 4 個貓臉。

5： 整合 ch27_6_1.py 和 ch27_6_2.py，使用 s_1927.jpg 圈選所有的科學家。

6： 重新設計 ch27_22.py，取消每 6 幀進行一次人臉偵測與繪製外框，而是偵測每一幀。各位應該可以得到播放速度緩慢的影片，畫面內容和 ch27_22.py 相同。

```
==================== RESTART: D:/OpenCV_Python/ex/ex27_6.py ====================
輸出影片已儲存為 : deepwisdom_faces_modified.mp4
```

7： 請擴充程式實例 ch27_23.py，螢幕左下方增加顯示目前系統時間。

按 q 鍵後，可以得到下列結果。

```
==================== RESTART: D:/OpenCV_Python/ex/ex27_7.py ====================
錄製完成, 影片已儲存為 : camera_faces_with_time.mp4
```

第二十八章
攝影機與人臉檔案

28-1　擷取相同大小的人臉存檔

28-2　使用攝影機擷取人臉影像

28-3　自動化攝影和擷取人像

28-4　半自動拍攝多張人臉的實例

28-5　全自動拍攝人臉影像

第 26 章筆者介紹了使用 OpenCV 的攝影功能，第 27 章筆者介紹了人臉偵測，這一章將對這 2 個功能做整合性應用解說，當讀者瞭解本章內容後，下一章內容將正式介紹人臉辨識。

28-1 擷取相同大小的人臉存檔

第 27 章筆者介紹了偵測人臉的方法，由於偵測到的人臉回傳的寬 (w) 和高 (h)，每次大小不一定相同，未來我們做人臉辨識時所需的影像一定是要寬 (w) 和高 (h) 相同的影像，才可以做影像識別，這時可以使用 OpenCV 的 resize( ) 函數處理。

有了相同大小的人臉影像後，我將我們可以使用 Numpy 的切片觀念，將影像擷取，最後可以將這些影像存起來當作未來影像辨識之資料庫。

程式實例 ch28_1.py：擴充設計 ch27_2.py，使用 g5.jpg 辨別人臉，同時將人臉使用寬與高皆是 160 像素點，儲存在 ch28\facedata 資料夾。

註 第 5 ~ 6 列是檢查 facedata 資料夾是否存在，如果不存在就建立此資料夾。

```
1  # ch28_1.py
2  import cv2
3  import os
4
5  if not os.path.exists("facedata"):                    # 如果不存在資料夾
6      os.mkdir("facedata")                              # 就建立facedata
7
8  pictPath = r'C:\opencv\data\haarcascade_frontalface_alt2.xml'
9  face_cascade = cv2.CascadeClassifier(pictPath)        # 建立辨識檔案物件
10 img = cv2.imread("g5.jpg")                            # 讀取影像
11 faces = face_cascade.detectMultiScale(img, scaleFactor=1.1,
12         minNeighbors = 3, minSize=(20,20))            # 偵測影像
13 # 標註右下角底色是黃色
14 cv2.rectangle(img, (img.shape[1]-140, img.shape[0]-20),
15               (img.shape[1],img.shape[0]), (0,255,255), -1)
16 # 標註找到多少的人臉
17 cv2.putText(img, "Finding " + str(len(faces)) + " face",
18             (img.shape[1]-135, img.shape[0]-5),
19             cv2.FONT_HERSHEY_COMPLEX, 0.5, (255,0,0), 1)
20 # 將人臉框起來, 由於有可能找到好幾個臉所以用迴圈繪出來
21 # 同時將影像儲存在facedata資料夾, 但是必須先建立此資料夾
22 num = 1                                               # 檔名編號
23 for (x,y,w,h) in faces:
24     cv2.rectangle(img,(x,y),(x+w,y+h),(255,0,0),2)  # 藍色框住人臉
25     filename = "facedata\\face" + str(num) + ".jpg" # 路徑 + 檔名
26     imageCrop = img[y:y+h,x:x+w]                      # 裁切
27     imageResize = cv2.resize(imageCrop,(160,160))     # 重製大小
28     cv2.imwrite(filename, imageResize)                # 儲存影像
29     num += 1                                          # 檔案編號
30
```

```
31 cv2.imshow("Face", img)                          # 顯示影像
32 cv2.waitKey(0)
33 cv2.destroyAllWindows()
```

執行結果

從上圖可以看到所偵測的人臉外框大小不一致，但是在 ch28\facedata 資料夾可以看到這 5 個外框一樣大的影像，因為程式第 23 列將所偵測的人臉外框設為 (width, height) 為 (160,160)。

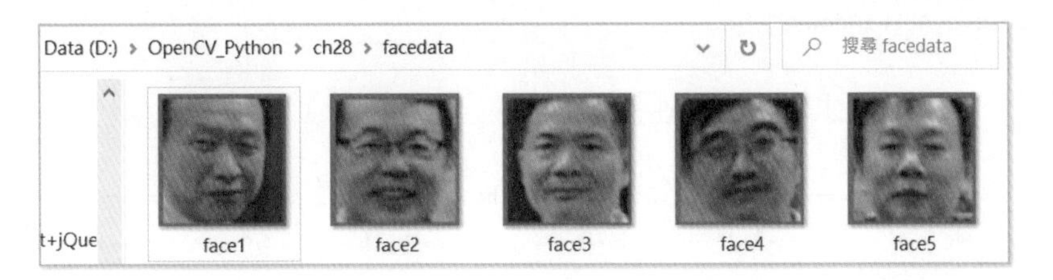

28-2 使用攝影機擷取人臉影像

這一節敘述的是程式設計技巧，所以直接使用程式實例解說。

程式實例 ch28_2.py：使用攝影機擷取人臉影像，這個程式在執行時會要求輸入英文名字，然後按 A 或是 a 可以拍照，最後將所拍的照片 (facePhoto) 和人臉影像 (faceName) 存在 ch28_2 資料夾，以所輸入的名字，和 jpg 為副檔名儲存。

```
1  # ch28_2.py
2  import cv2
3  import os
4
5  if not os.path.exists("ch28_2"):                   # 如果不存在ch28_2資料夾
6      os.mkdir("ch28_2")                             # 就建立ch28_2
7  name = input("請輸入英文名字 : ")
8  faceName = "ch28_2\\" + name + ".jpg"              # 人臉影像
9  facePhoto = "ch28_2\\" + name + "photo.jpg"        # 拍攝影像
10 pictPath = r'C:\opencv\data\haarcascade_frontalface_alt2.xml'
```

```
11 face_cascade = cv2.CascadeClassifier(pictPath)  # 建立辨識檔案物件
12 cap = cv2.VideoCapture(0)                        # 開啟攝影機
13 while(cap.isOpened()):                           # 攝影機有開啟就執行迴圈
14     ret, img = cap.read()                        # 讀取影像
15     cv2.imshow("Photo", img)                     # 顯示影像在OpenCV視窗
16     if ret == True:                              # 讀取影像如果成功
17         key = cv2.waitKey(200)                   # 0.2秒檢查一次
18         if key == ord("a") or key == ord("A"):  # 如果按A或a
19             cv2.imwrite(facePhoto, img)          # 將影像寫入facePhoto
20             break
21 cap.release()                                    # 關閉攝影機
22
23 img = cv2.imread(facePhoto)                      # 讀取影像facePhoto
24 faces = face_cascade.detectMultiScale(img, scaleFactor=1.1,
25         minNeighbors = 3, minSize=(20,20))
26
27 # 將人臉框起來
28 for (x,y,w,h) in faces:
29     cv2.rectangle(img,(x,y),(x+w,y+h),(255,0,0),2)  # 藍色框住人臉
30     imageCrop = img[y:y+h,x:x+w]                     # 裁切
31     imageResize = cv2.resize(imageCrop,(160,160))    # 重製大小
32     cv2.imwrite(faceName, imageResize)               # 儲存人臉影像
33
34 cv2.imshow("FaceRecognition", img)
35 cv2.waitKey(0)
36 cv2.destroyAllWindows()
```

執行結果　下列是要求輸入英文姓名的過程。

```
=================== RESTART: D:/OpenCV_Python/ch28/ch28_2.py ===================
請輸入英文名字 : hung
```

當進入攝影機後，可以按 A 或 a 鍵執行拍照，下列是拍照後可以看到人臉被框住的影像。

最後檢查 ch28\ch28_2 資料夾可以看到所儲存的影像。

28-3 自動化攝影和擷取人像

這一節也是敘述程式設計技巧，所以直接使用程式實例解說。

程式實例 ch28_3.py：使用攝影機擷取人臉影像，這個程式在執行時會要求輸入英文名字，然後可以看到攝影機拍攝影像時，人臉已經主動被框住了，按 A 或是 a 可以拍照，最後將所拍的人臉影像 (faceName) 存在 ch28_3 資料夾，以所輸入的名字，和 jpg 為副檔名儲存。

註 這個程式無法按其他鍵關閉攝影機，這將是讀者的習題。

```
1  # ch28_3.py
2  import cv2
3  import os
4
5  if not os.path.exists("ch28_3"):                  # 如果不存在ch28_3資料夾
6      os.mkdir("ch28_3")                             # 就建立ch28_3
7  name = input("請輸入英文名字 : ")
8  faceName = "ch28_3\\" + name + ".jpg"              # 人臉影像
9  pictPath = r'C:\opencv\data\haarcascade_frontalface_alt2.xml'
10 face_cascade = cv2.CascadeClassifier(pictPath)    # 建立辨識檔案物件
11 cap = cv2.VideoCapture(0)                          # 開啟攝影機
12 while(cap.isOpened()):                             # 攝影機有開啟就執行迴圈
13     ret, img = cap.read()                          # 讀取影像
14     faces = face_cascade.detectMultiScale(img, scaleFactor=1.1,
15             minNeighbors = 3, minSize=(20,20))
16     for (x, y, w, h) in faces:
17         cv2.rectangle(img,(x,y),(x+w,y+h),(255,0,0),2)  # 藍色框住人臉
18     cv2.imshow("Photo", img)                       # 顯示影像在OpenCV視窗
19     if ret == True:                                # 讀取影像如果成功
20         key = cv2.waitKey(200)                     # 0.2秒檢查一次
21         if key == ord("a") or key == ord("A"):     # 如果按A或a
22             imageCrop = img[y:y+h,x:x+w]                # 裁切
23             imageResize = cv2.resize(imageCrop,(160,160))  # 重製大小
24             cv2.imwrite(faceName, imageResize)     # 儲存人臉影像
25             break
```

```
26  cap.release()                                   # 關閉攝影機
27
28  cv2.waitKey(0)
29  cv2.destroyAllWindows()
```

執行結果 下列是要求輸入英文姓名的過程。

```
=================== RESTART: D:/OpenCV_Python/ch28/ch28_3.py ===================
請輸入英文名字 : hung
```

當進入攝影機後，人臉自動被偵測同時被框住，可以按 A 或 a 鍵執行拍照，下列是截圖的影像。

最後檢查 ch28\ch28_3 資料夾可以看到所儲存的影像。

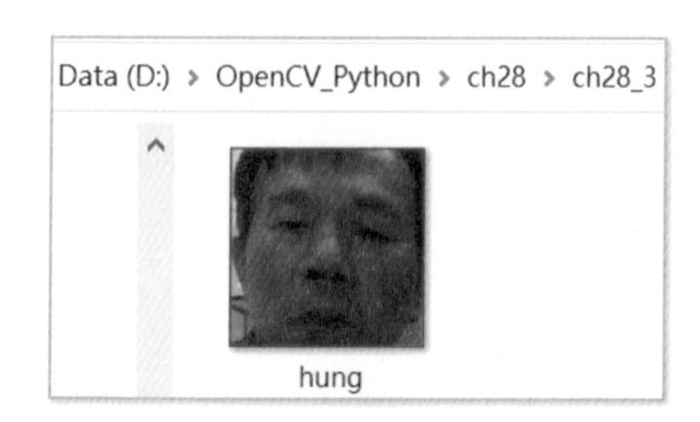

28-4 半自動拍攝多張人臉的實例

在執行人臉辨識前最好可以針對人臉建立多個影像，方便訓練人臉資料庫，下列實例是設計手動拍攝多張人臉的實例。

程式實例 ch28_4.py：擴充設計 ch28_3.py，當按下 a 或 A 鍵時可以拍照，同時將所拍的照片用加上編號方式儲存，每次拍攝成功會在 Python Shell 視窗顯示拍攝第幾次成功字串，當拍攝 5 次後可以自動結束程式。

```
1  # ch28_4.py
2  import cv2
3  import os
4  
5  if not os.path.exists("ch28_4"):                       # 如果不存在ch28_4資料夾
6      os.mkdir("ch28_4")                                 # 就建立ch28_4
7  name = input("請輸入英文名字 : ")
8  pictPath = r'C:\opencv\data\haarcascade_frontalface_alt2.xml'
9  face_cascade = cv2.CascadeClassifier(pictPath)  # 建立辨識檔案物件
10 cap = cv2.VideoCapture(0)                              # 開啟攝影機
11 num = 1                                                # 影像編號
12 while(cap.isOpened()):                                 # 攝影機有開啟就執行迴圈
13     ret, img = cap.read()                              # 讀取影像
14     faces = face_cascade.detectMultiScale(img, scaleFactor=1.1,
15             minNeighbors = 3, minSize=(20,20))
16     for (x, y, w, h) in faces:
17         cv2.rectangle(img,(x,y),(x+w,y+h),(255,0,0),2)  # 藍色框住人臉
18     cv2.imshow("Photo", img)                           # 顯示影像在OpenCV視窗
19     if ret == True:                                    # 讀取影像如果成功
20         key = cv2.waitKey(200)                         # 0.2秒檢查一次
21         if key == ord("a") or key == ord("A"):         # 如果按A或a
22             imageCrop = img[y:y+h,x:x+w]                       # 裁切
23             imageResize = cv2.resize(imageCrop,(160,160))      # 重製大小
24             faceName = "ch28_4\\" + name + str(num) + ".jpg"  # 儲存影像
25             cv2.imwrite(faceName, imageResize)  # 儲存人臉影像
26             if num >= 5:                               # 拍 5 張人臉後才終止
27                 if num == 5:
28                     print(f"拍攝第 {num} 次人臉成功")
29                 break
30             print(f"拍攝第 {num} 次人臉成功")
31             num += 1
32 cap.release()                                          # 關閉攝影機
33 cv2.destroyAllWindows()
```

執行結果 有關拍攝的影像可以參考 ch28_3.py，下列是 Python Shell 視窗的執行結果。

```
=================== RESTART: D:/OpenCV_Python/ch28/ch28_4.py ===================
請輸入英文名字 : hung
拍攝第 1 次人臉成功
拍攝第 2 次人臉成功
拍攝第 3 次人臉成功
拍攝第 4 次人臉成功
拍攝第 5 次人臉成功
```

下列是 ch28\ch28_4 資料夾的結果。

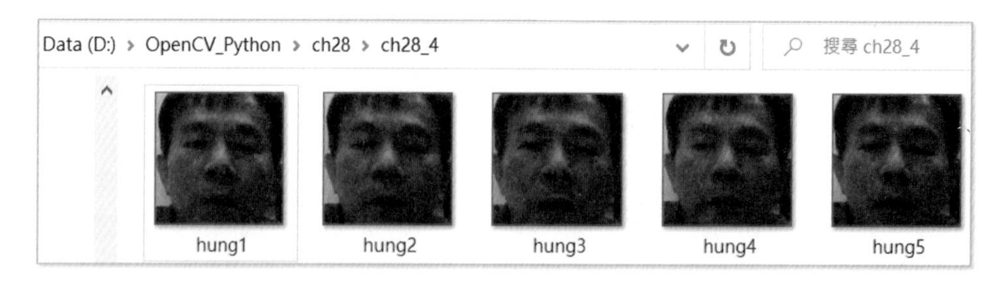

28-5 全自動拍攝人臉影像

我們也可以建立自動化拍攝環境，連續自動拍攝人臉影像，這個時候下列指令將是連續拍攝的關鍵。

cv2.waitKey(200)

前面的實例 waitKey( ) 函數的參數皆使用 200，這表示 0.2 秒檢查一次鍵盤輸入，我們也可以直接用此時間拍攝儲存一次人臉。

程式實例 ch28_5.py：重新設計 ch28_4.py，每隔 0.2 秒拍攝一次人臉並儲存，儲存的人臉張數可以由 Python Shell 視窗設定，當達到拍攝張數後，程式自動結束。

```
1  # ch28_5.py
2  import cv2
3  import os
4
5  if not os.path.exists("ch28_5"):                    # 如果不存在ch28_5資料夾
6      os.mkdir("ch28_5")                              # 就建立ch28_5
7  name = input("請輸入英文名字       : ")
8  total = eval(input("請輸入人臉需求數量 : "))
9  pictPath = r'C:\opencv\data\haarcascade_frontalface_alt2.xml'
10 face_cascade = cv2.CascadeClassifier(pictPath)   # 建立辨識檔案物件
11 cap = cv2.VideoCapture(0)                          # 開啟攝影機
12 num = 1                                            # 影像編號
13 while(cap.isOpened()):                             # 攝影機有開啟就執行迴圈
14     ret, img = cap.read()                          # 讀取影像
15     faces = face_cascade.detectMultiScale(img, scaleFactor=1.1,
16             minNeighbors = 3, minSize=(20,20))
17     for (x, y, w, h) in faces:
18         cv2.rectangle(img,(x,y),(x+w,y+h),(255,0,0),2)  # 藍色框住人臉
19     cv2.imshow("Photo", img)                       # 顯示影像在OpenCV視窗
20     key = cv2.waitKey(200)
21     if ret == True:                                # 讀取影像如果成功
22         imageCrop = img[y:y+h,x:x+w]                          # 裁切
```

```
23          imageResize = cv2.resize(imageCrop,(160,160))      # 重製大小
24          faceName = "ch28_5\\" + name + str(num) + ".jpg"  # 儲存影像
25          cv2.imwrite(faceName, imageResize)       # 儲存人臉影像
26          if num >= total:                         # 拍指定人臉數後才終止
27              if num == total:
28                  print(f"拍攝第 {num} 次人臉成功")
29              break
30          print(f"拍攝第 {num} 次人臉成功")
31          num += 1
32  cap.release()                                    # 關閉攝影機
33  cv2.destroyAllWindows()
```

執行結果 下列是 Python Shell 視窗的執行結果，假設筆者要儲存 10 張人臉。

```
=================== RESTART: D:/OpenCV_Python/ch28/ch28_5.py ===================
請輸入英文名字      : hung
請輸入人臉需求數量 : 10
拍攝第 1 次人臉成功
拍攝第 2 次人臉成功
拍攝第 3 次人臉成功
拍攝第 4 次人臉成功
拍攝第 5 次人臉成功
拍攝第 6 次人臉成功
拍攝第 7 次人臉成功
拍攝第 8 次人臉成功
拍攝第 9 次人臉成功
拍攝第 10 次人臉成功
```

下列是 ch28\ch28_5 資料夾的結果。

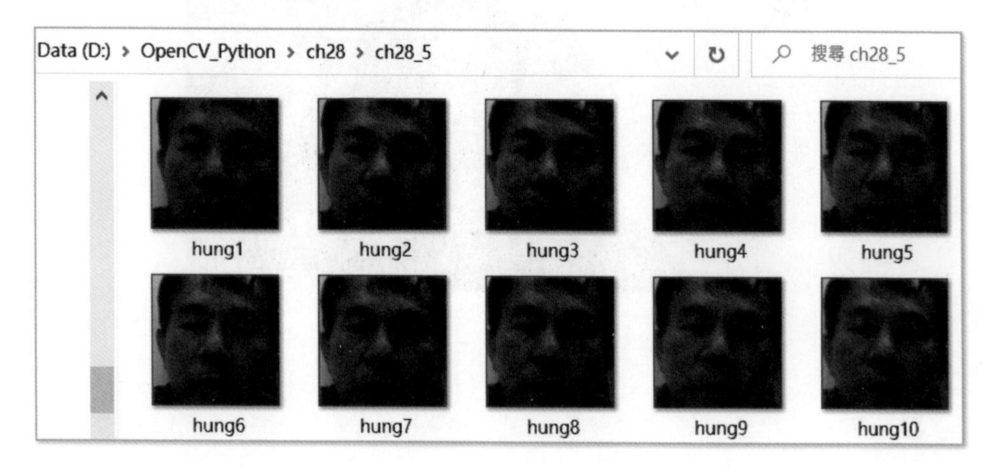

習題

1： 擴充 ch28_3.py 的功能，增加按 q 或 Q 鍵可以關閉攝影機，如果有拍攝人臉，請將人臉建立在 ex28_1 資料夾，執行過程影像可以參考 ch28_3.py。

2： 擴充 ch28_4.py，每次視窗皆會在右下方顯示目前要拍攝第幾張人臉，同時 Python Shell 視窗會顯示目前拍攝的進度。

```
==================== RESTART: D:\OpenCV_Python\ex\ex28_2.py ====================
請輸入英文名字 : hung
拍攝第 1 次人臉成功
拍攝第 2 次人臉成功
拍攝第 3 次人臉成功
拍攝第 4 次人臉成功
拍攝第 5 次人臉成功
```

第二十九章
人臉辨識

29-1　LBPH 人臉辨識

29-2　Eigenfaces 人臉辨識

29-3　Fisherfaces 人臉辨識

29-4　專題實作 - 建立員工人臉識別登入系統

29-5　專題實作 - AI 監控與人臉辨識

筆者曾經著作 Python 最強入門邁向頂尖高手之路王者歸來，在該書中筆者使用簡單的 histogram( ) 方法執行人臉辨識。這一章筆者將介紹 OpenCV 主要使用的人臉辨識方法，方法有 3 種，如下：

1： LBPH 人臉辨識

2： Fisherfaces 人臉辨識

3： EigenFaces 人臉辨識

每一種辨識方法採用的演算法不一樣，不過步驟觀念則是相同。

1： 建立辨識器

2： 訓練辨識器

3： 執行辨識

註 要執行本章程式必須同時有安裝擴展模組，可以參考 1-1-2 節。

29-1 LBPH 人臉辨識

LBPH（Local Binary Patterns Histograms）是常用於人臉辨識與紋理分析的一種方法，核心觀念是先用局部二值化（Local Binary Patterns, LBP）描述影像的紋理特徵，接著將整張影像（或人臉區域）依一定規則切分成小區塊，對每個區塊計算 LBP 統計直方圖（Histogram），最後將各小區塊的直方圖串接成整張影像的特徵向量，再用於後續的比對或辨識。

註 要辨識的人臉必須有相同的大小，當讀者要用人臉相片做測試時，可以使用 ch28_1.py 先將人臉擷取儲存。

29-1-1 LBP（Local Binary Patterns）基本概念

❑ 為何需要 LBP ？

在影像辨識或分類問題中，「紋理特徵」能夠提供區域性的區分度，例如人臉的皺紋、毛髮邊緣、眼睛周圍等都具有獨特的紋理。LBP 提供了一種簡單但有效的方式，用以量化（Quantify）局部紋理。

❑ LBP 的運作方式

最基礎的 LBP 運算如下（以 3×3 像素為例，這也是最常見的情況）：

- 中心像素 (Center Pixel)：以當前像素為中心，考慮它周邊 8 個像素。
- 閾值比較 (Thresholding)：將周邊的每個像素值與「中心像素值」進行比較。
    - 若「鄰近像素值」大於或等於「中心像素值」，則該位置標記為 1；否則標記為 0。
- 二進制模式 (Binary Pattern)：依照鄰近像素在空間上的順序（常見由上到下、左到右或順時鐘方向），將得到的 0/1 值串接起來，形成一個 8 位元的二進制數。
- 轉換為十進制 (Decimal Value)：將該二進制數轉為十進制，得到一個 0 ~ 255 的整數值。這個值即為該中心像素的 LBP 值。

例如：假設 3×3 像素點區域（可參考下方左圖），中心像素值是 5，其他鄰近像素值從左至右、從上至下，分別是「23187524」。用大於或等於 5 設為 1，小於 5 設為 0，經過比較，得到下方右圖結果，分別是「00010011」。

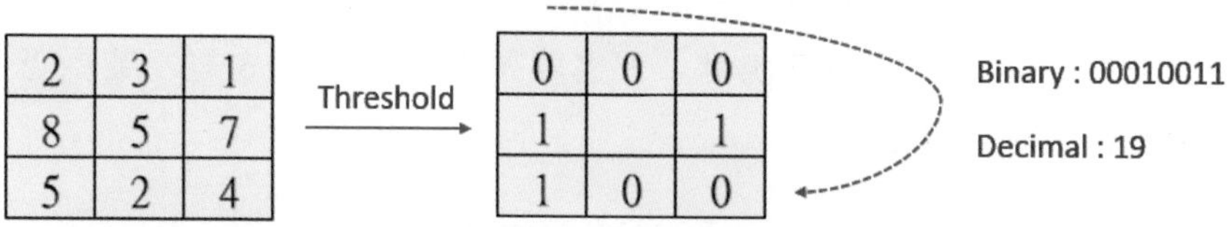

2	3	1
8	5	7
5	2	4

Threshold →

0	0	0
1		1
1	0	0

Binary : 00010011

Decimal : 19

上述轉換成十進制後，可以得到 19，這就是中心像素的 LBP 值。

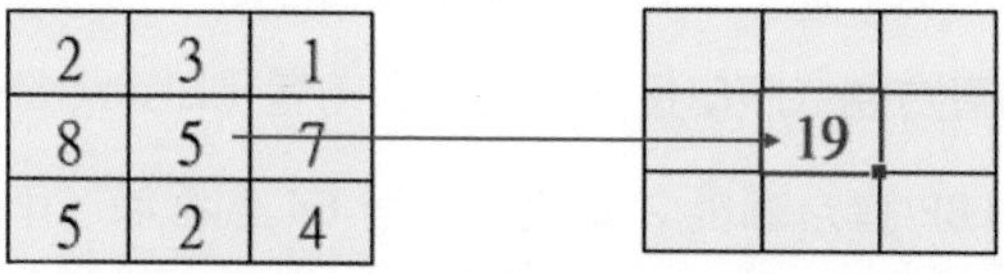

2	3	1
8	5	7
5	2	4

→

	19	

只要對影像所有其他像素點用相同方式處理，就可以得到影像的特徵圖。

❑ 其他變形與優化

- 半徑 (Radius) 與鄰點數 (Neighbors)：可延伸到較大的鄰域，例如半徑 = 2、鄰點數 = 16（將圓形分成 16 個採樣點），以捕捉更大範圍的紋理。
- Uniform LBP：關注二進制模式中「0 → 1 或 1 → 0 的切換次數」，如果切換次數較少（例如 ≤ 2），稱為 Uniform LBP。此方法可降低 LBP 向量的維度與噪聲。
- Rotation-Invariant LBP：為了消除影像旋轉對特徵的影響，會將二進制模式做循環移位比較，找出最小的二進制值作為最終編碼。

29-1-2　LBPH（Local Binary Patterns Histograms）步驟

LBPH 是將 LBP 結果與直方圖統計相結合的方式，特別在做人臉辨識時很常用。以下是執行 LBPH 的主要流程：

1. 將影像（如人臉區域）分割為多個子區域（Cell 或 Block）

- 常見做法是把人臉影像等比例縮放到固定大小（例如 100×100），再切成 N×N 個區塊（例如 8×8 個區塊，每個區塊大小約 12×12 像素）。
- 這樣做的目的是取得局部區域的 LBP 分佈，以保留空間分佈資訊（Spatial Information）。

2. 對每個子區域計算 LBP

- 在每個區塊中，對其所有像素各自計算 LBP。
- 會得到若干個（0~255）的 LBP 值（假設使用 8-neighbors）。
- 對這些 LBP 值做「頻率統計」，也就是做成一個 256 維（或更低，若用 Uniform LBP）的直方圖。

3. 直方圖串接（Concatenate）形成特徵向量

- 對每個子區域的 LBP 值計算直方圖後，就得到了一個區域性的特徵描述。
- 將所有區域的直方圖依序串接成大的特徵向量（Histogram Sequence）。

例如每個區域的 LBP 直方圖是 256 維，若有 64 個區域，串接後可能是 64×256 = 16384 維的向量（實際維度可依不同實作而異）。

4. 特徵比對

在辨識階段，可以將待測人臉的 LBPH 向量與資料庫中已知人臉的 LBPH 向量進行距離量測或相似度計算（常用歐幾里得距離、卡方距離、或 Histogram Intersection 等）。然後依據相似度，或距離閾值進行分類或匹配。

29-1-3　LBPH 用於人臉辨識的優點

❑ 計算簡單、速度快

- LBP 的運算量與記憶體需求相對較低，不需要複雜的浮點運算。
- 非常適合在即時系統（如監控攝影機）或硬體資源有限的系統中使用。

❑ 具有區域性特徵

人臉中的眼睛、鼻子、嘴巴區域都有獨特的紋理分佈；LBPH 能有效捕捉這些局部特徵。

❑ 對光照變化的魯棒性 (robustness)

雖然大幅度的光照變化仍會造成影響，但 LBP 主要是看局部對比（大於或小於），相對於直接使用灰度值，更不容易受到光強度絕對值的影響。

想像一下，你和朋友在白天陽光下玩耍，也能在晚上燈光下認出彼此，不會因為光線變亮或變暗就「搞不清楚對方是誰」。這種在不同光線條件下依然能認人的能力，就叫做「對光照變化的魯棒性」。

什麼是「魯棒性」？

「魯棒性」可以想像成「不怕外在環境改變，依然能做好工作的穩定能力」。就像有些東西很容易被破壞或影響，但有些東西非常堅固，怎麼改變環境都還能正常運作，那些堅固不容易壞的特性，就可以稱作「魯棒性」。

為什麼要強調光線的魯棒性？

如果一個人臉辨識方法只在光線明亮時好用，但在燈光昏暗或太陽太刺眼時就「認不出人」了，那就不夠好。所以我們希望它「不怕」光線強弱的變化，能在不同的光照環境都能準確辨認臉孔，這就是「對光照變化的魯棒性」。

29-1-4 LBPH 可能的侷限性

1. 對極端光照和姿勢變化較敏感

雖然 LBP 在小範圍的光照變化上具備一定穩定性，但若光源方向或臉部姿勢偏差過大，仍然會導致特徵不穩定。

2. 僅能捕捉局部紋理，無法表達整體拓撲結構

LBP 雖然能描述局部紋理，但如果臉部整體結構（如大角度旋轉、表情誇張變化

等）改變，LBP 可能不足以應付，需要配合其他方法（如形狀特徵、關鍵點對齊等）。

3. 特徵向量維度偏高

若分割的區域或 LBP 編碼維度高，特徵向量可能非常大，需在後續階段使用降維或更高效率的比對演算法。

29-1-5　LBPH 函數解說

OpenCV 提供了 3 個函數執行人臉辨識，這 3 個函數功能分別如下：

face.LBPHFaceRecognizer_create( )：建立 LBPH 人臉辨識物件。

recognizer.train( )：recognizer 是 LBPH 人臉辨識物件，訓練人臉辨識。

recognizer.predict( )：recognizer 是 LBPH 人臉辨識物件，執行人臉辨識。

❑ 建立人臉辨識物件

```
recognizer = cv2.face.LBPHFaceRecognizer_create(radius, neighbors,
                    grid_x, grid_y, threshold)
```

上述各參數意義如下，在初學階段建議可以全部使用預設值：

- radius：可選參數，圓形局部的半徑，預設是 1，建議使用預設值。
- neighbors：可選參數，圓形局部的相鄰點個數，預設是 8，建議使用預設值。
- grid_x：可選參數，每個單元格在水平方向的格數，預設是 8，建議使用預設值。
- grid_y：可選參數，每個單元格在垂直方向的格數，預設是 8，建議使用預設值。
- threshold：可選參數，人臉辨識時使用的閾值，建議使用預設值。

❑ 訓練人臉辨識

```
recognizer.train(src, labels)
```

上述 recognizer 是使用 cv2.face.LBPHFaceRecognizer_create( ) 所建立的人臉辨識物件，各參數意義如下：

- src：用來學習的人臉影像，也可以稱是人臉影像樣本。
- labels：人臉影像樣本對應的標籤。

❑ 執行人臉辨識

label, confidence = recognizer.predict(src)

上述 recognizer 是使用 cv2.face.LBPHFaceRecognizer_create( ) 所建立的人臉辨識物件，各參數意義如下：

- src：需要辨識的人臉影像。

回傳值意義如下：

- label：與樣本匹配最高的標籤索引值。
- confidence：匹配度的評分，如果是 0 代表完全相同，大於 0 但是小於 50，代表匹配程度可以接受。如果大於 80 代表匹配程度比較差。

29-1-6 簡單的人臉辨識程式實作

這一節將對下列人臉影像做辨識，所使用的是比較單純的方法。

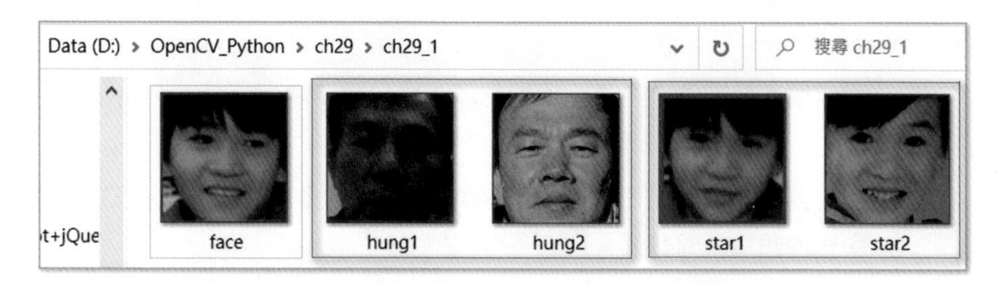

上述最左邊是待辨識的臉 face，然後有 2 組人臉，分別是 hung 和 star，在實務上建立可以建立至少 10 組人臉當作樣本人臉，未來辨識度會更精確。

程式實例 ch29_1.py：執行人臉辨識匹配，最後列出最相近的人臉，同時列出此人臉的名字。

```
1  # ch29_1.py
2  import cv2
3  import numpy as np
4
5  face_db = []                                                # 建立空串列
6  face_db.append(cv2.imread("ch29_1\\hung1.jpg",cv2.IMREAD_GRAYSCALE))
7  face_db.append(cv2.imread("ch29_1\\hung2.jpg",cv2.IMREAD_GRAYSCALE))
8  face_db.append(cv2.imread("ch29_1\\star1.jpg",cv2.IMREAD_GRAYSCALE))
9  face_db.append(cv2.imread("ch29_1\\star2.jpg",cv2.IMREAD_GRAYSCALE))
10
11 labels = [0,0,1,1]                                          # 建立標籤串列
12 faceNames = {"0":"Hung", "1":"Unistar"}                     # 建立對應名字的字典
13
14 recognizer = cv2.face.LBPHFaceRecognizer_create()           # 建立人臉辨識物件
15 recognizer.train(face_db, np.array(labels))                 # 訓練人臉辨識
16 # 讀取要辨識的人臉
17 face = cv2.imread("ch29_1\\face.jpg",cv2.IMREAD_GRAYSCALE)
```

```
18  label,confidence = recognizer.predict(face)          # 執行人臉辨識
19  print(f"Name       = {faceNames[str(label)]}")
20  print(f"Confidence = {confidence:6.2f}")
```

執行結果

```
================ RESTART: D:/OpenCV_Python/ch29/ch29_1.py ================
Name       = Unistar
Confidence =  53.96
```

上述結果的分析與評論：

- 辨識結果
  - 名稱：Name = Unistar
  - 表示模型辨識出的人臉標籤為 1，對應名字為 Unistar。
  - 可信度：Confidence = 53.96
    - 辨識可信度為 53.96，LBPH 模型中 值越低表示辨識越準確。
    - 53.96 的可信度屬於中等偏高，表明模型對該結果的信心一般。
- 可信度的意義
  - 高可信度（低數值）：表示模型對該人臉分類非常有信心，例如可信度小於 40。
  - 低可信度（高數值）：表示模型對該分類的信心較低，可能是因為待辨識圖片與訓練圖片差異較大。

註 這章節內容是基本的人臉識別教材，在實務上一個人的樣本數據最好是有各種光照條件、背景場景和面部表情，這對於訓練數據集更有幫助。

29-1-7　繪製 LBPH 直方圖

OpenCV 有提供 getHistograms( ) 函數可以繪製 LBPH 直方圖，可以使用 LBPH 人臉辨識物件啟用。

程式實例 ch29_1_1.py：繪製人臉 hung1.jpg 的直方圖。

```
1  # ch29_1_1.py
2  import cv2
3  import numpy as np
4  import matplotlib.pyplot as plt
5
6  image = cv2.imread("ch29_1\\hung1.jpg",cv2.IMREAD_COLOR)     # 彩色讀取
7  img = cv2.cvtColor(image, cv2.COLOR_BGR2RGB)                 # 轉RGB
8  plt.subplot(121)
9  plt.imshow(img)                                              # 顯示人臉
```

```
10  gray = cv2.cvtColor(image, cv2.COLOR_BGR2GRAY)           # 轉灰階
11  recognizer = cv2.face.LBPHFaceRecognizer_create()    # 建立人臉辨識物件
12  recognizer.train([gray], np.array([0]))              # 訓練人臉辨識
13  histogram = recognizer.getHistograms()[0][0]
14  axis_values = np.array([i for i in range(0, len(histogram))])
15  plt.subplot(122)
16  plt.bar(axis_values, histogram)
17  plt.show()
```

執行結果 可以參考下方左圖。

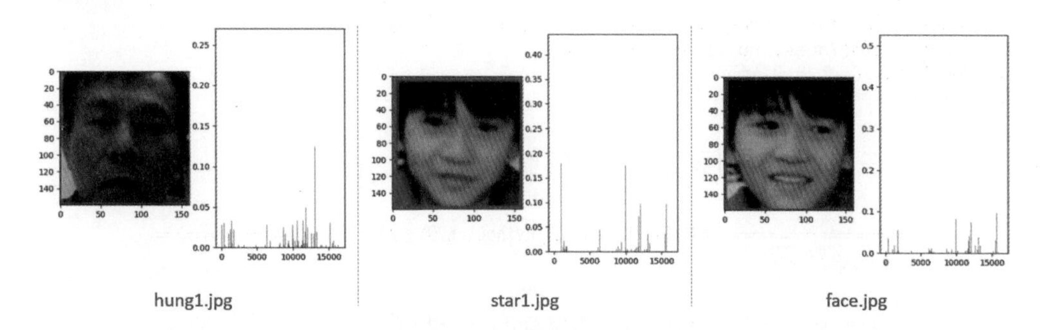

hung1.jpg　　star1.jpg　　face.jpg

上方中間的圖是 ch29_1_2.py 程式的執行結果，所讀取的是 star1.jpg 的人臉直方圖。上方右邊的圖是 ch29_1_3.py 程式的執行結果，所讀取的是待辨識人臉 face.jpg 的人臉直方圖。讀者可以比較上述直方圖，face.jpg 的直方圖與 star1.jpg 的直方圖比較類似。

29-1-8 人臉識別實務 – 儲存與開啟訓練數據

在實務上當人臉資料量很多時，如果每一次皆要重新訓練數據是一件麻煩的事，這時可以使用將訓練好的人臉數據模型儲存，未來需要人臉要辨識時，再開啟訓練數據。

儲存人臉辨識數據可以使用 save(filename) 函數，其中參數 filename 可以使用 xml 或是 yml 當作副檔名。

程式實例 ch29_2.py：使用與 ch29_1.py 相同的人臉數據，然後用 model.yml 儲存已經訓練好的人臉辨識數據。

```
1  # ch29_2.py
2  import cv2
3  import numpy as np
4
5  face_db = [                                          # 人臉資料庫
6              "ch29_2\\hung1.jpg",
```

```
 7                "ch29_2\\hung2.jpg",
 8                "ch29_2\\star1.jpg",
 9                "ch29_2\\star2.jpg"
10              ]
11
12  faces = []                                          # 人臉空串列
13  for f in face_db:
14      img = cv2.imread(f,cv2.IMREAD_GRAYSCALE)        # 讀取人臉資料庫
15      faces.append(img)                               # 加入人臉空串列
16  # 建立標籤串列
17  labels = np.array([i for i in range(0, len(faces))])
18  # 建立對應名字的字典
19  model = cv2.face.LBPHFaceRecognizer_create()        # 建立人臉辨識物件
20  model.train(faces, np.array(labels))                # 訓練人臉辨識
21  model.save("ch29_2\\model.yml")                     # 儲存訓練的人臉數據
22  print("儲存訓練數據完成")
```

執行結果 在 Python Shell 視窗看得到下列結果。

```
================== RESTART: D:\OpenCV_Python\ch29\ch29_2.py ==================
儲存訓練數據完成
```

在 ch29\ch29_2 資料夾可以看到所儲存的訓練數據模型。

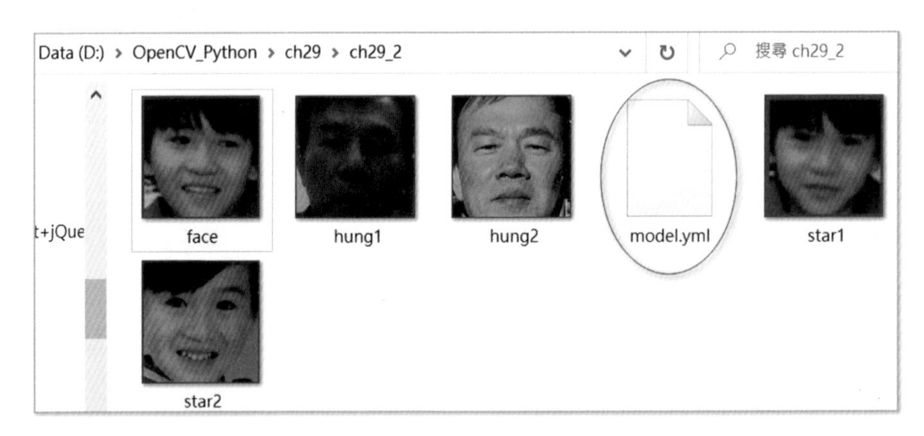

程式實例 ch29_3.py：開啟已經儲存的人臉辨識數據模型，然後讀取 face.jpg 執行匹配。

```
 1  # ch29_3.py
 2  import cv2
 3
 4  # 建立對應名字的字典
 5  faceNames = {"0":"Hung", "1":"Hung", "2":"Unistar", "3":"Unistar"}
 6  model = cv2.face.LBPHFaceRecognizer_create()       # 建立人臉辨識物件
 7  model.read("ch29_2\\model.yml")                    # 讀取人臉辨識數據模型
 8  # 讀取要辨識的人臉
 9  face = cv2.imread("ch29_2\\face.jpg",cv2.IMREAD_GRAYSCALE)
10  label,confidence = model.predict(face)             # 執行人臉辨識
11  print(f"Name       = {faceNames[str(label)]}")
12  print(f"Confidence = {confidence:6.2f}")
```

執行結果

```
================= RESTART: D:/OpenCV_Python/ch29/ch29_3.py =================
Name       = Unistar
Confidence =  53.96
```

29-1-9 結論

LBPH（Local Binary Patterns Histograms）結合了 LBP 紋理特徵與直方圖統計的方式，使得演算法在面對人臉特徵（尤其是局部紋理）時能達到不錯的效果。它具有計算成本低、對小範圍光照與表情變化有一定穩定性的優點，因此在傳統的人臉辨識系統中相當常見。

不過，面對大範圍的姿勢轉動、複雜光照或極端表情，它還是有其侷限，需要結合更先進的對齊或深度學習技術以達到更高的辨識準確率。

整體來說，LBPH 對於初學者理解人臉辨識的傳統方法非常有幫助，也為紋理分析提供了一個直觀且有效的切入點。透過 LBPH，可以更了解紋理特徵在影像辨識中的重要性，同時也能在實務系統中快速部署相對簡單又具穩定度的臉部辨識功能。

29-2 Eigenfaces 人臉辨識

Eigenfaces 處理人臉通常也可以稱為特徵臉，主要是使用主成份分析 (Principle Component Anaysis, 簡稱 PCA)，將一組人臉影像訓練數據從高維降為低維的臉空間（Face Space）上，然後拋棄無關緊要的部分，只用具有代表性的特徵，以抓住所有人臉的主要差異，再進行分析與處理，最後用這些特徵得到人臉辨識的結果。

這個演算法主要是考量，並非人臉所有部分對於人臉識別同等重要，事實上當我們看一個人時，通常是用此人的獨特特徵來識別此人，例如：前額、眼睛、鼻子、口部、臉頰。也就是說我們可以關注哪些區域有最大的變化，例如：從前額到眼睛、從眼睛到鼻子、從鼻子到嘴巴的變化。當我們有許多數據時，可以使用對這些區域做比較，透過捕捉臉形區域的變化可以讓我們區分不同的人臉。

在應用 Eigenfaces 時主要觀念是將所有人的所有訓練影像當作一個整體，方法是將每一個人臉用降維方式處理成一維的向量，假人臉影像寬與高皆是 m(寬與高也可以不相等)，可以展開成 m x m 的一維向量，如下所示：

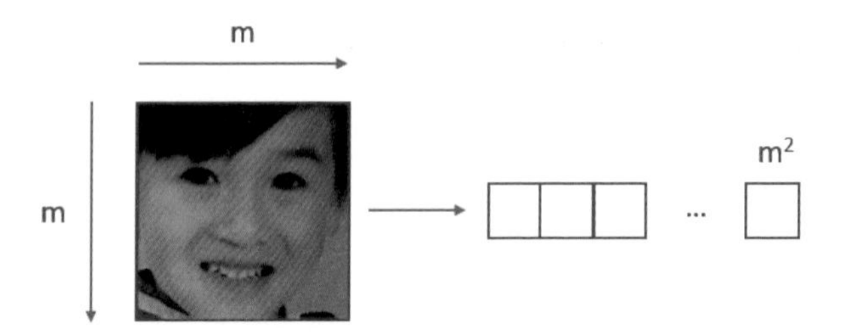

在整個數據集中，如果將所有影像降維，可以得到下列展開的所有影像矩陣，其中 n 是影像的總數。

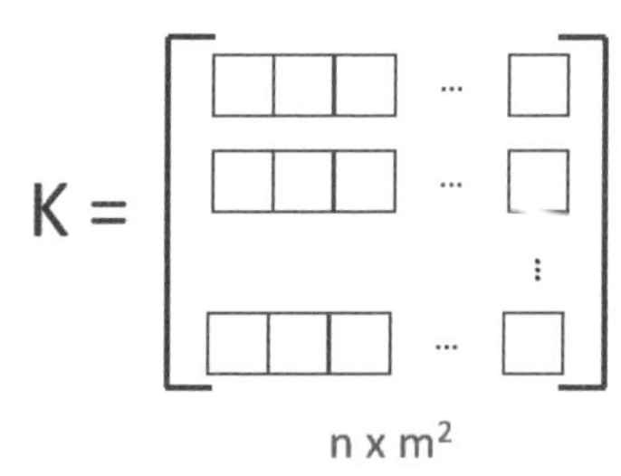

然後嘗試提取相關和有用的部份，同時拋棄其餘部份，這些有用的部份就是稱主成份。所謂的主成份在人臉識別中也可以稱高變化區域、有用特徵、或是變異數，下列是 OpenCV 提供人臉識別主成份的影像。

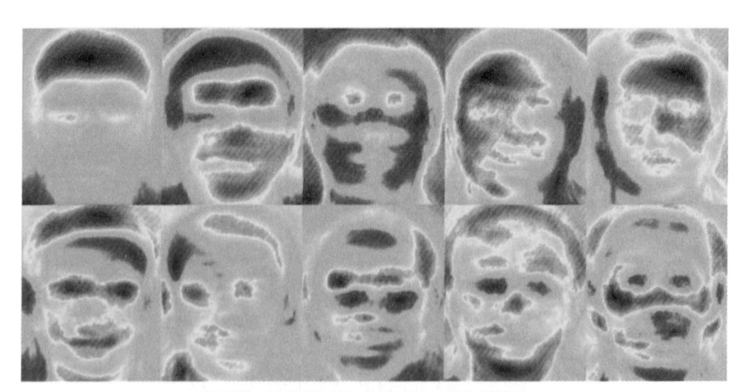

影像來源可以參考下列網址
https://docs.opencv.org/3.4/da/d60/tutorial_face_main.html

每當有新的影像時，Eigenfaces 是透過提取主成份來訓練自己，同時也會記錄哪些特徵是屬於哪些人，然後重複執行下列相同的過程。

1： 從新的影像中提取主成份。

2： 將這些主成份與訓練數據集的元素列做比較。

3： 找出最匹配。

4： 回傳最匹配的關聯標籤。

29-2-1 節則是完整的原理思維。

29-2-1 Eigenfaces 原理思維

1. 收集並對齊人臉影像

- 蒐集多張不同人的人臉影像（最好是同樣尺寸、同樣姿態、光線盡量一致）。
- 進行人臉對齊（alignment），確保眼睛、鼻子、嘴巴等位置盡可能對應一致。

2. 將影像轉成向量

- 每張臉皆為一張灰階影像，大小可為 $W \times H$。
- 將它「攤平成一個一維向量」。假設大小為 $W \times H$，那每張影像就會變成長度 $W \times H$ 的向量。
- 收集的 N 張臉，就會得到 N 個向量，分別記作 $x_1, x_2, \ldots x_N$。

3. 計算「平均臉」

- 將所有向量做平均，得到「平均臉」向量：

$$\boldsymbol{\mu} = \frac{1}{N}\sum_{i=1}^{N}\mathbf{x}_i$$

- 這個平均臉代表所有訓練臉在每個像素位置上的平均灰階值。

4. 計算差異向量（離均值向量）

- 對於每張臉，計算其與平均臉的差異向量：

$$\phi_i = \mathbf{x}_i - \boldsymbol{\mu}, \quad i = 1, \ldots, N.$$

- 這些差異向量反映了每張臉和平均臉之間的差異。

5. 進行主成分分析（PCA）

- 核心想法：在這些「差異向量」中找出能最大程度表達「臉部差異」的主軸（即特徵向量，Eigenvectors）。

- 做法：
  - 計算共變異數矩陣：但由於每張臉向量可能很長（維度 $W \times H$），C 會是一個非常大的矩陣（維度約 $(W \times H) \times (W \times H)$，直接做特徵分解計算量龐大。

$$\mathbf{C} = \frac{1}{N}\sum_{i=1}^{N}\phi_i\phi_i^T$$

  - Turk & Pentland 等人提出的方法：可以利用「臉的數量」通常小於「每張臉的像素總數」的特性，改計算另一個較小維度的矩陣，再做特徵分解。這是 Eigenfaces 的數值實作關鍵技巧之一。

6. 提取主要特徵向量（Eigenfaces）

- 對共變異數矩陣（或替代的較小矩陣）進行特徵分解，找出其特徵值（Eigenvalues）與特徵向量（Eigenvectors）。
- 挑選特徵值最大的前 k 個特徵向量，作為主要的人臉特徵空間。
- 這些特徵向量如果轉回影像空間觀察，會看到類似人臉的模糊灰階樣子，所以它們被稱作「Eigenfaces」（特徵臉）。

29-2-2　「Eigenfaces」如何表示臉部

❑ 特徵臉（Eigenfaces）

- 每個特徵臉是一個向量，代表了所有訓練臉之間某種「變化模式」。
- 排名前幾大的特徵臉，往往會對應到臉部最顯著的差別，例如：
  - 第一特徵臉可能主要表現臉部亮暗差（光照或整體輪廓）。
  - 第二特徵臉可能捕捉到眼睛、鼻子、嘴巴相對位置的變化。
  - 第三特徵臉再往下，可能捕捉到細部差異（如臉型、髮線、表情等）。

❑ 臉的投影（Projection）

- 當我們有了這些特徵臉（Eigenfaces）後，可以把任何一張臉（向量形式）投影到特徵臉所形成的子空間上，獲得一組「權重」。
- 用數學表示如下，其中 $\mathbf{u}_k$ 是第 k 個特徵臉向量，x 為某張待測臉向量；ω_k 就是該臉在第 k 個特徵臉上面的投影係數。

$$\omega_k = \mathbf{u}_k^T(\mathbf{x} - \boldsymbol{\mu})$$

- 透過前 k 個特徵臉，我們就能得到一個 k 維的「臉特徵向量」

$$\boldsymbol{\Omega} = (\boldsymbol{\omega_1}, \boldsymbol{\omega_2}, \dots, \boldsymbol{\omega_k})$$

29-2-3 優點與侷限

❑ 優點

- 計算相對簡單：數學基礎主要是 PCA，線性代數方法成熟，也有現成的演算法庫可用。
- 降維效果好：將原本高維的像素空間轉到相對較低維度（幾十到幾百維），減少儲存和運算量。
- 在條件穩定的影像中效果不錯：如光線、姿勢、表情變化不大時，能達到相對不錯的辨識性能。

❑ 侷限

- 對光照及姿勢變化敏感：如果人臉受光不均或大角度轉動，PCA 建立的特徵臉往往難以準確匹配。
- 只處理線性變化：Eigenfaces 是線性降維方法，無法表達人臉在非線性空間中的較複雜分佈。
- 需要對齊：在進入 PCA 前，需要臉部對齊（特徵點定位、大小調整等），不然誤差會很大。

29-2-4 Eigenfaces 函數解說

OpenCV 提供了 3 個函數執行人臉辨識，這 3 個函數功能分別如下：

- face.EigenFaceRecognizer_create( )：建立 Eigenfaces 人臉辨識物件。
- recognizer.train( )：recognizer 是 Eigenfaces 人臉辨識物件，訓練人臉辨識。
- recognizer.predict( )：recognizer 是 Eigenfaces 人臉辨識物件，執行人臉辨識預測。

❑ 建立人臉辨識物件

```
recognizer = cv2.face.EigenFaceRecognizer_create(num_components, threshold)
```

上述各參數意義如下，在初學階段建議可以全部使用預設值：

- num_components：可選參數，主要是 PCA 方法中要保留的分量個數，建議使用預設值即可。
- threshold：可選參數，人臉辨識時使用的閾值，建議使用預設值。

❑ 訓練人臉辨識

recognizer.train(src, labels)

上述 recognizer 是使用 cv2.EigenFaceRecognizer_create( ) 所建立的人臉辨識物件，各參數意義如下：

- src：用來學習的人臉影像，也可以稱是人臉影像樣本。
- labels：人臉影像樣本對應的標籤。

❑ 執行人臉辨識預測

label, confidence = recognizer.predict(src)

上述 recognizer 是使用 cv2.face.EigenFaceRecognizer_create( ) 所建立的人臉辨識物件，各參數意義如下：

- src：需要辨識的人臉影像。

回傳值意義如下：

- label：與樣本匹配最高的標籤索引值。
- confidence：匹配度的評分，值的範圍在 0 ~ 20000 之間，如果是 0 代表完全相同，大於 0 但是小於 5000，代表匹配程度可以接受。

29-2-5：簡單的人臉辨識程式實作

程式實例 ch29_4.py：使用 Eigenfaces 方法，重新設計 ch29_1.py 執行人臉辨識。

```
1  # ch29_4.py
2  import cv2
3  import numpy as np
4
5  face_db = []                                          # 建立空串列
6  face_db.append(cv2.imread("ch29_1\\hung1.jpg",cv2.IMREAD_GRAYSCALE))
7  face_db.append(cv2.imread("ch29_1\\hung2.jpg",cv2.IMREAD_GRAYSCALE))
8  face_db.append(cv2.imread("ch29_1\\star1.jpg",cv2.IMREAD_GRAYSCALE))
9  face_db.append(cv2.imread("ch29_1\\star2.jpg",cv2.IMREAD_GRAYSCALE))
10
```

```
11  labels = [0,0,1,1]                                    # 建立標籤串列
12  faceNames = {"0":"Hung", "1":"Unistar"}               # 建立對應名字的字典
13  # 使用EigenFaceRecognizer
14  recognizer = cv2.face.EigenFaceRecognizer_create()    # 建立人臉辨識物件
15  recognizer.train(face_db, np.array(labels))           # 訓練人臉辨識
16  # 讀取要辨識的人臉
17  face = cv2.imread("ch29_1\\face.jpg",cv2.IMREAD_GRAYSCALE)
18  label,confidence = recognizer.predict(face)           # 執行人臉辨識
19  print("使用Eigenfaces方法執行人臉辨識")
20  print(f"Name        = {faceNames[str(label)]}")
21  print(f"Confidence = {confidence:6.2f}")
```

執行結果

```
================== RESTART: D:/OpenCV_Python/ch29/ch29_4.py ==================
使用Eigenfaces方法執行人臉辨識
Name       = Unistar
Confidence = 2198.37
```

上述結果的分析與評論：

- 辨識結果
  - Name = Unistar：
  - 模型將輸入的人臉辨識為 "Unistar"，即標籤 1 對應的名稱。
  - Confidence = 2198.37：信心值為 2198.37，表示測試圖片與 Unistar 特徵空間的距離（誤差值）。
  - 在 EigenFace 方法中，信心值越低越好，表示輸入圖片與該類別的相似度越高。
- 對辨識結果的評論
  - 信心值的含義：2198.37 屬於中等偏好的可信範圍，表明測試圖片有一定可能性屬於 Unistar，但結果並不完全可靠。
  - 信心值大於 5000 通常需要謹慎對待，可以考慮將其視為不確定結果。

29-2-6 結論

Eigenfaces 透過 PCA，從大量臉部影像中找出「最能區分臉部差異」的主要特徵向量，把人臉投影到稱作「臉空間（Face Space）」的較低維度空間中，將複雜的臉部辨識問題化為對投影向量的比較。它是傳統人臉辨識歷史上相當經典、啟發後續研究的重要方法。

雖然在現代深度學習技術蓬勃的今天，Eigenfaces 已不是最前沿的方法，但理解它的原理能幫助我們掌握「為什麼臉能被降維到幾個主要的特徵上」以及「如何以線性代數的方式處理影像辨識問題」，對學習影像處理與人臉辨識的原理十分有益。

29-3 Fisherfaces 人臉辨識

Fisherface 人臉辨識可以說是 Eigenfaces 演算法的改良版本，這個演算法最早是由英國統計學家 Ronald Aylmer Fisher(1890 年 2 月 17 日 ~ 1962 年 7 月 29 日) 發表，這也是演算法名稱的由來。

Fisherface 是一種以線性判別分析（Linear Discriminant Analysis, LDA）為基礎的人臉辨識方法，核心理念在於透過最大化類別（人）之間的差異與最小化同類別（同一人的不同影像）之間的差異，來取得更具區分度的人臉特徵。它與 Eigenfaces（PCA）同樣使用線性降維的思路，不同之處在於它更著重「判別力」，而不是僅僅解釋整體影像的主要變異。

29-3-1　緣由與目標

❑ 對光照及表情變化的穩定度

- Eigenfaces（PCA）會找出「能代表所有臉影像主要差異」的方向，但「整體變異最大」不一定對辨識最有利。例如光照變化常造成很大的像素差異，但對於區分不同人來說不一定是最關鍵的資訊。
- Fisherface（LDA）則側重找出「同一人之間差異最小、不同人之間差異最大的方向」，因此它相對於光照、表情變化有更好的區分效果。

❑ 線性判別分析（LDA）的核心想法

- LDA 要同時考慮類內散佈（Within-Class Scatter） 及類間散佈（Between-Class Scatter）。
- 目標是尋找投影方向，使得「同一類別（同一人）的資料點」在該子空間盡量聚集、「不同類別（不同人）的資料點」彼此盡量分開。

29-3-2　主要步驟

❑ 步驟 1：資料預處理與降維（通常先用 PCA）

- 臉部對齊與影像向量化：與 Eigenfaces 相同，先將人臉影像對齊到固定大小、去除背景干擾，並將每張臉攤平成一個向量。
- (可選) 先做 PCA 降維

- 因為 LDA 需要計算類內散佈矩陣（Sw）的反矩陣，若資料維度太高（例如幾千到幾萬維像素），會造成巨大的運算量與數值不穩定。
- 通常會先以 PCA 將維度降到 $N - c$（或遠小於原維度），其中 N 是訓練影像數量，c 是人臉類別（人數）。
- 此步驟有時也被形象地稱為「PCA + LDA」的方法，是 Fisherface 常見的實作流程。

步驟 2：線性判別分析（LDA）

- 類內散佈矩陣（Within-Class Scatter）

$$S_W = \sum_{i=1}^{c} \sum_{\mathbf{x} \in \text{class } i} (\mathbf{x} - \boldsymbol{\mu}_i)(\mathbf{x} - \boldsymbol{\mu}_i)^T$$

其中 μ_i 是第 i 類（第 i 個人）臉影像的平均向量。

- 類間散佈矩陣（Between-Class Scatter）

$$S_B = \sum_{i=1}^{c} N_i(\boldsymbol{\mu}_i - \boldsymbol{\mu})(\boldsymbol{\mu}_i - \boldsymbol{\mu})^T$$

  - N_i 為第 i 類樣本數量。
  - μ 是所有臉影像的全域平均向量。

- LDA 目標
  - 尋找投影矩陣 $\boldsymbol{W}$，使得下列 J 最大化。

$$J(\mathbf{W}) = \frac{|\mathbf{W}^T S_B \mathbf{W}|}{|\mathbf{W}^T S_W \mathbf{W}|}$$

  - 以數學上常見的方式，解下列特徵方程，找到最大的特徵值對應的特徵向量。

$$S_W^{-1} S_B \mathbf{w} = \lambda \mathbf{w}$$

步驟 3：投影並辨識

- 投影到 LDA 空間
  - 找到前 k 個判別能力最強的特徵向量，形成投影矩陣 W（維度可視人數及資料分佈情況而定）。

- 將每張臉投影到 LDA 空間，得到一個低維度的向量表示。

- 比對與分類
  - 在辨識階段，對新臉執行相同投影，得到投影向量，與資料庫中的已知人臉投影向量以距離或相似度做比對。
  - 依距離最近或相似度最高的臉做判斷；若大於特定門檻，則判為未知。

29-3-3　Fisherface 與 Eigenfaces 的比較

❑ 辨識準確度

- Fisherface 針對「不同人的差異」進行最佳化，通常在光照、表情等差異上有更好的辨識準確度。
- Eigenfaces 對整體影像變化敏感（包含光照強弱），若人臉間的主要差異恰好是光照，Eigenfaces 反而將其視為最大變異，導致對真實場景的辨識效果不佳。

❑ 維度需求

- LDA 會將特徵數限制在最多 $c-1$（理論上，如有 c 個類別），若再考慮資料數量 N 的限制，維度常會更低。
- 實務上常先用 PCA 降維後，再套用 LDA，既避免計算過度龐大，也保留較多的有用資訊。

❑ 計算複雜度

- 如果直接對高維影像做 LDA，會遇到類內散佈矩陣不可逆或維度爆炸等問題，因此 Fisherface 幾乎都搭配 PCA 一起用。
- 這使得整體方法比純 Eigenfaces 來得複雜，卻能獲得更佳的判別效果。

29-3-4　Fisherfaces 函數解說

OpenCV 提供了 3 個函數執行人臉辨識，這 3 個函數功能分別如下：

face.FisherFaceRecognizer_create( )：建立 Fisherfaces 人臉辨識物件。

recognizer.train( )：recognizer 是 Fisherfaces 人臉辨識物件，訓練人臉辨識。

recognizer.predict( )：recognizer 是 Fisherfaces 人臉辨識物件，執行人臉辨識。

❑ 建立人臉辨識物件

recognizer = cv2.face.FisherFaceRecognizer_create(num_components, threshold)

上述各參數意義如下，在初學階段建議可以全部使用預設值：

- num_components：可選參數，主要是使用 Fisherfaces 方法中要保留的分量個數，建議使用預設值。
- threshold：可選參數，人臉辨識時使用的閾值，建議使用預設值。

❑ 訓練人臉辨識

recognizer.train(src, labels)

上述 recognizer 是使用 cv2.FisherFaceRecognizer_create( ) 所建立的人臉辨識物件，各參數意義如下：

- src：用來學習的人臉影像，也可以稱是人臉影像樣本。
- labels：人臉影像樣本對應的標籤。

❑ 執行人臉辨識

label, confidence = recognizer.predict(src)

上述 recognizer 是使用 cv2.face.FisherFaceRecognizer_create( ) 所建立的人臉辨識物件，各參數意義如下：

- src：需要辨識的人臉影像。

回傳值意義如下：

- label：與樣本匹配最高的標籤索引值。
- confidence：匹配度的評分，評分值的範圍與 Eigenfaces 方法相同，值的範圍在 0 ~ 20000 之間，如果是 0 代表完全相同，大於 0 但是小於 5000，代表匹配程度可以接受。

29-3-5 簡單的人臉辨識程式實作

程式實例 ch29_5.py：使用 Fisherfaces 方法，重新設計 ch29_4.py 執行人臉辨識。

```
1  # ch29_5.py
2  import cv2
3  import numpy as np
4
```

```
5  face_db = []                                              # 建立空串列
6  face_db.append(cv2.imread("ch29_1\\hung1.jpg",cv2.IMREAD_GRAYSCALE))
7  face_db.append(cv2.imread("ch29_1\\hung2.jpg",cv2.IMREAD_GRAYSCALE))
8  face_db.append(cv2.imread("ch29_1\\star1.jpg",cv2.IMREAD_GRAYSCALE))
9  face_db.append(cv2.imread("ch29_1\\star2.jpg",cv2.IMREAD_GRAYSCALE))
10
11 labels = [0,0,1,1]                                        # 建立標籤串列
12 faceNames = {"0":"Hung", "1":"Unistar"}                   # 建立對應名字的字典
13 # 使用FisherFaceRecognizer
14 recognizer = cv2.face.FisherFaceRecognizer_create() # 建立人臉辨識物件
15 recognizer.train(face_db, np.array(labels))               # 訓練人臉辨識
16 # 讀取要辨識的人臉
17 face = cv2.imread("ch29_1\\face.jpg",cv2.IMREAD_GRAYSCALE)
18 label,confidence = recognizer.predict(face)               # 執行人臉辨識
19 print("使用Fisherfaces方法執行人臉辨識")
20 print(f"Name       = {faceNames[str(label)]}")
21 print(f"Confidence = {confidence:6.2f}")
```

執行結果

```
================== RESTART: D:/OpenCV_Python/ch29/ch29_5.py ==================
使用Fisherfaces方法執行人臉辨識
Name       = Unistar
Confidence = 592.36
```

29-3-6　總結

Fisherface 運用 LDA 的核心思想，試圖最大化「類別之間的差異」與最小化「類別內部的差異」，在光照或表情上也有更好的穩定度。它與 Eigenfaces 同屬經典的人臉辨識方法，理解它能幫助我們掌握「線性判別分析」在影像辨識中的應用，也能體會傳統機器學習在特徵提取與降維時，是如何兼顧「表達影像主要變異」以及「對不同人臉可分性」之間的平衡。

29-4 專題實作 - 建立員工人臉識別登入系統

這個個專題包含 2 個程式，分別是 ch29_6.py 和 ch29_7.py，將分成兩小節解說。

29-4-1　建立與訓練人臉資料庫 – ch29_6.py

ch29_6.py 程式在執行時可以建立人臉資料庫，可以由不同人登入多次建立人臉資料庫，如果應用在公司系統，可以讓系統建立每個員工的人臉資料庫。

程式執行時會要求輸入英文名字，這個英文名字未來會建立在 ch29_6 資料夾下，然後系統會開始建立 5 張人臉影像，每個人所需的人臉樣本數可以在第 7 列使用變數 total 設定，所以讀者可以使用此 total 變數更改所要的人臉數。在建立人臉樣本時，

Python Shell 視窗會顯示目前所拍攝的影像。下列是程式執行 2 次的過程，在 Python Shell 視窗可以看到下列內容。

```
================== RESTART: D:/OpenCV_Python/ch29/ch29_6.py ==================
請輸入英文名字 : hung
拍攝第 1 次人臉成功
拍攝第 2 次人臉成功
拍攝第 3 次人臉成功
拍攝第 4 次人臉成功
拍攝第 5 次人臉成功
標籤名稱 = ['hung']
標籤序號 =[0, 0, 0, 0, 0]
建立人臉辨識資料庫
人臉辨識資料庫完成
>>>
================== RESTART: D:/OpenCV_Python/ch29/ch29_6.py ==================
請輸入英文名字 : jk
拍攝第 1 次人臉成功
拍攝第 2 次人臉成功
拍攝第 3 次人臉成功
拍攝第 4 次人臉成功
拍攝第 5 次人臉成功
標籤名稱 = ['hung', 'jk']
標籤序號 =[0, 0, 0, 0, 0, 1, 1, 1, 1, 1]
建立人臉辨識資料庫
人臉辨識資料庫完成
```

如果現在檢查 ch29_6 資料夾可以看到下列結果。

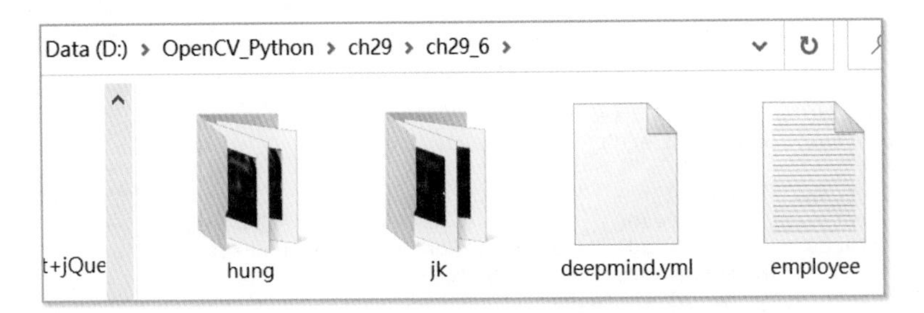

上述資料名稱功能如下：

hung：筆者第一次建立的員工 hung 的人臉資料庫，內容如下：

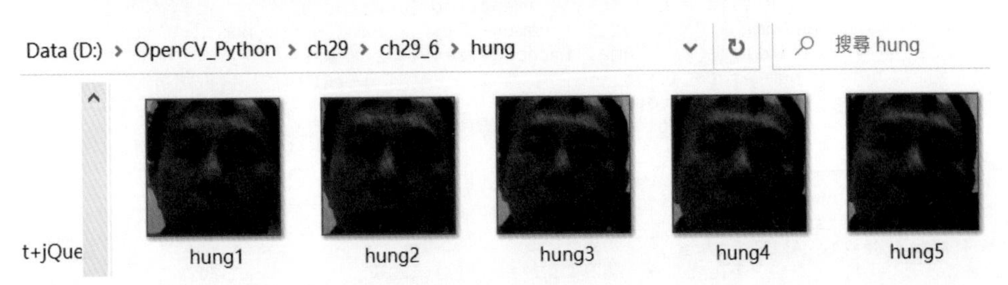

jk：筆者第二次建立的員工 jk 的人臉資料庫。

deepmind.yml：已經訓練的人臉資料庫。

employee.txt：這是未來要辨識人臉所需的標籤，相當於員工姓名列表，內容如下：

employee - 記事本

檔案(F) 編輯(E) 格式(O) 檢視(V) 說明

hung,jk

下列是整個程式內容，所有語法皆是前面已經敘述過的內容，只是整合處理。

```
1  # ch29_6.py
2  import cv2
3  import os
4  import glob
5  import numpy as np
6
7  total = 5                                              # 人臉取樣數
8  pictPath = r'C:\opencv\data\haarcascade_frontalface_alt2.xml'
9  face_cascade = cv2.CascadeClassifier(pictPath)         # 建立辨識檔案物件
10 if not os.path.exists("ch29_6"):                       # 如果不存在ch29_6資料夾
11     os.mkdir("ch29_6")                                 # 就建立ch29_6
12 name = input("請輸入英文名字 : ")

13 if os.path.exists("ch29_6\\" + name):
14     print("此名字的人臉資料已經存在")
15 else:
16     os.mkdir("ch29_6\\" + name)
17     cap = cv2.VideoCapture(0)                          # 開啟攝影機
18     num = 1                                            # 影像編號
19     while(cap.isOpened()):                             # 攝影機有開啟就執行迴圈
20         ret, img = cap.read()                          # 讀取影像
21         faces = face_cascade.detectMultiScale(img, scaleFactor=1.1,
22                 minNeighbors = 3, minSize=(20,20))
23         for (x, y, w, h) in faces:
24             cv2.rectangle(img,(x,y),(x+w,y+h),(255,0,0),2)  # 藍色框住人臉
25         cv2.imshow("Photo", img)                       # 顯示影像在OpenCV視窗
26         key = cv2.waitKey(200)
27         if ret == True:                                # 讀取影像如果成功
28             imageCrop = img[y:y+h,x:x+w]                       # 裁切
29             imageResize = cv2.resize(imageCrop,(160,160))      # 重製大小
30             faceName = "ch29_6\\" + name + "\\" + name + str(num) + ".jpg"
31             cv2.imwrite(faceName, imageResize)         # 儲存人臉影像
32             if num >= total:                           # 拍指定人臉數後才終止
33                 if num == total:
34                     print(f"拍攝第 {num} 次人臉成功")
35                 break
36             print(f"拍攝第 {num} 次人臉成功")
37             num += 1
38     cap.release()                                      # 關閉攝影機
39     cv2.destroyAllWindows()
40 # 讀取人臉樣本和放入faces_db, 同時建立標籤與人名串列
```

```
41  nameList = []                                           # 員工姓名
42  faces_db = []                                           # 儲存所有人臉
43  labels = []                                             # 建立人臉標籤
44  index = 0                                               # 員工編號索引
45  dirs = os.listdir('ch29_6')                             # 取得所有資料夾及檔案
46  for d in dirs:                                          # d是所有員工人臉的資料夾
47      if os.path.isdir('ch29_6\\' + d):                   # 獲得資料夾
48          faces = glob.glob('ch29_6\\' + d + '\\*.jpg')  # 資料夾中所有人臉
49          for face in faces:                              # 讀取人臉
50              img = cv2.imread(face, cv2.IMREAD_GRAYSCALE)
51              faces_db.append(img)                        # 人臉存入串列
52              labels.append(index)                        # 建立數值標籤
53          nameList.append(d)                              # 將英文名字加入串列
54          index += 1
55  print(f"標籤名稱 = {nameList}")
56  print(f"標籤序號 ={labels}")
57  # 儲存人名串列，可在未來辨識人臉時使用
58  f = open('ch29_6\\employee.txt', 'w')
59  f.write(','.join(nameList))
60  f.close()
61
62  print('建立人臉辨識資料庫')
63  model = cv2.face.LBPHFaceRecognizer_create()            # 建立LBPH人臉辨識物件
64  model.train(faces_db, np.array(labels))                 # 訓練LBPH人臉辨識
65  model.save('ch29_6\\deepmind.yml')                      # 儲存LBPH訓練數據
66  print('人臉辨識資料庫完成')
```

29-4-2 員工人臉識別 – ch29_7.py

這個程式在執行時會在人臉資料庫中找出最接近的員工標籤，如果匹配度是 60 分則算是通過，否則算是失敗，下列是程式執行過程與結果。

當準備好了以後可以按 A 或 a 鍵拍照，然後就進入匹配過程，下列是此範例的執行結果。

```
================== RESTART: D:/OpenCV_Python/ch29/ch29_7.py ==================
歡迎Deepmind員工 hung 登入
匹配值是  37.29
```

下列是整個程式內容。

```
1  # ch29_7.py
2  import cv2
3
4  pictPath = r'C:\opencv\data\haarcascade_frontalface_alt2.xml'
5  face_cascade = cv2.CascadeClassifier(pictPath)       # 建立辨識物件
6
7  model = cv2.face.LBPHFaceRecognizer_create()
8  model.read('ch29_6\\deepmind.yml')                    # 讀取已訓練模型
9  f = open('ch29_6\\employee.txt', 'r')                 # 開啟姓名標籤
10 names = f.readline().split(',')                      # 將姓名存於串列
11
12 cap = cv2.VideoCapture(0)
13 while(cap.isOpened()):                               # 如果開啟攝影機成功
14     ret, img = cap.read()                            # 讀取影像
15     faces = face_cascade.detectMultiScale(img, scaleFactor=1.1,
16                 minNeighbors = 3, minSize=(20,20))
17     for (x, y, w, h) in faces:
18         cv2.rectangle(img,(x,y),(x+w,y+h),(255,0,0),2)  # 藍色框住人臉
19     cv2.imshow("Face", img)                          # 顯示影像
20     k = cv2.waitKey(200)                             # 0.2秒讀鍵盤一次
21     if ret == True:
22         if k == ord("a") or k == ord("A"):           # 按 a 或 A 鍵
23             imageCrop = img[y:y+h,x:x+w]                     # 裁切
24             imageResize = cv2.resize(imageCrop,(160,160))    # 重製大小
25             cv2.imwrite("ch29_6\\face.jpg", imageResize)     # 將測試人臉存檔
26             break
27 cap.release()                                        # 關閉攝影機
28 cv2.destroyAllWindows()
29 # 讀取員工人臉
30 gray = cv2.imread("ch29_6\\face.jpg", cv2.IMREAD_GRAYSCALE)
31 val = model.predict(gray)
32 if val[1] < 50:                                      #人臉辨識成功
33     print(f"歡迎Deepmind員工 {names[val[0]]} 登入")
34     print(f"匹配值是 {val[1]:6.2f}")
35 else:
36     print("對不起你不是員工, 請洽人事部門")
```

29-5 專題實作 - AI 監控與人臉辨識

27-10-4 節筆者設計了 AI 監控系統設計，這一章筆者介紹了人臉辨識，我們可以將這 2 個功能合併。相當於在監控設計中，將所看到的人臉與資料庫的人臉比對，如果找到用紅色框框住，同時標記「Got It!」。

程式實例 ch29_8.py：AI 監控與人臉辨識，這個程式要找尋的人臉是 linda.jpg（可以參考 ch28_3.py 程式拍攝），最後將監控過程輸出到 camera_faces.mp4。

```
1  # ch29_8.py
2  import cv2
3  import numpy as np
4
5  # 加載正面人臉的 Haar Cascades 模型
6  frontal_cascade_path = r'C:\opencv\data\haarcascade_frontalface_alt2.xml'
7  frontal_cascade = cv2.CascadeClassifier(frontal_cascade_path)
8
9  # 加載比對用的臉部圖像
10 reference_image_path = "linda.jpg"
11 reference_image = cv2.imread(reference_image_path, cv2.IMREAD_GRAYSCALE)
12 if reference_image is None:
13     raise FileNotFoundError(f"找不到比對用的圖片 : {reference_image_path}")
14
15 # 初始化 LBPH 人臉辨識器
16 recognizer = cv2.face.LBPHFaceRecognizer_create()
17 recognizer.train([reference_image], np.array([0]))
18
19 # 開啟攝影機
20 cap = cv2.VideoCapture(0)                    # 攝影機索引為 0
21
22 # 獲取攝影機屬性
23 frame_width = int(cap.get(cv2.CAP_PROP_FRAME_WIDTH))
24 frame_height = int(cap.get(cv2.CAP_PROP_FRAME_HEIGHT))
25
26 fps = 30                                     # 幀率
27 frame_index = 0                              # 幀計數器
28
29 # 初始化影片寫入器
30 output_path = "camera_faces.mp4"
31 fourcc = cv2.VideoWriter_fourcc(*'mp4v')     # 使用 MP4 格式
32 out = cv2.VideoWriter(output_path, fourcc, fps, (frame_width, frame_height))
33
34 while True:
35     ret, frame = cap.read()
36     if not ret:
37         print("無法讀取攝影機幀, 請檢查設備.")
38         break
39
40     gray_frame = cv2.cvtColor(frame, cv2.COLOR_BGR2GRAY)
41
42     # 每 10 幀執行一次檢測
43     if frame_index % 10 == 0:
44         # 執行人臉檢測
45         frontal_faces = frontal_cascade.detectMultiScale(gray_frame, scaleFactor=1.1,
46                         minNeighbors=3, minSize=(20, 20), maxSize=(100, 100))
47
48     # 繪製框住人臉並執行比對
49     for (x, y, w, h) in frontal_faces:
50         face_roi = gray_frame[y:y+h, x:x+w]                       # 擷取人臉區域
51         face_resized = cv2.resize(face_roi, (reference_image.shape[1],
52                                   reference_image.shape[0]))      # 調整大小
53
54         # 使用 LBPH 進行比對
55         label, confidence = recognizer.predict(face_resized)
56
```

```
57            if confidence < 70:       # 比對成功
58                cv2.rectangle(frame, (x, y), (x + w, y + h), (0, 0, 255), 2)    # 紅色框
59                cv2.putText(frame, "Got It!", (x, y - 10),
60                            cv2.FONT_HERSHEY_SIMPLEX, 0.9, (0, 0, 255), 2)
61            else:                     # 比對失敗
62                cv2.rectangle(frame, (x, y), (x + w, y + h), (255, 0, 0), 2)    # 藍色框
63
64        # 寫入到輸出影片
65        out.write(frame)
66
67        # 顯示結果
68        cv2.imshow("Real-time Face Detection", frame)
69
70        # 按 'q' 鍵退出
71        if cv2.waitKey(30) & 0xFF == ord('q'):
72            break
73
74        frame_index += 1
75
76    # 釋放資源
77    cap.release()
78    out.release()
79    cv2.destroyAllWindows()
80    print(f"錄製完成, 影片已儲存為 : {output_path}")
```

執行結果

上述當 Linda 人物出現，因為與第 10 ~ 11 列所讀取的人臉相符，因此會將人臉用紅色框框著，與標記「Got It!」。

這段程式是用 OpenCV 的即時人臉檢測與比對工具，使用 Haar Cascades 模型檢測人臉並透過 LBPH（Local Binary Patterns Histograms）演算法 進行人臉比對，具備即時視訊顯示與錄製功能。

❑ 初始化 LBPH 人臉辨識器（第 16 ~ 17 列）

- LBPHFaceRecognizer 是基於局部二值模式直方圖的辨識器。
- 訓練辨識器時，將 reference_image 設為標籤 0，形成一個基本的比對模型。

❑ 攝影機設置與影片寫入器初始化（第 20 ~ 32 列）

- cap 用於捕捉即時視訊流，索引 0 表示使用預設攝影機。
- output_path 設定影片輸出檔案名稱。
- 使用 VideoWriter 將處理後的畫面保存為 MP4 格式影片。

❑ 即時人臉檢測與比對

- 人臉檢測（第 43 ~ 46 列）：
  - 每隔 10 幀執行一次人臉檢測以減少運算量。
  - 參數解釋
    - scaleFactor=1.1：每次檢測時，縮小 10% 搜索更小人臉。
    - minNeighbors=3：至少 3 個檢測框重疊才算為有效檢測。
    - minSize 和 maxSize：限制檢測人臉的最小與最大尺寸。
- 人臉比對（第 55 列）
  - 將偵測到的人臉調整為與參考圖像相同大小後，使用 LBPH 進行比對。
  - confidence 表示匹配程度，值越低匹配越好，此例使用 70 當作偵測成功。
- 結果處理（第 57 ~ 62 列）
  - 比對成功（confidence < 70）用紅色框標記並顯示文字「Got It!」。
  - 比對失敗用藍色框標記。

❑ 結果顯示與錄製（第 65 ~ 68 列）

- 即時將處理後的畫面儲存為影片並顯示在視窗。

上述我們獲得一個測試結果，不過這不是完美的程式，可以參考下列方式改進：

- 改善參考圖像：使用多張人臉參考圖像進行人臉訓練，提升比對效果。例如：可以參考 29-4-1 節。

- 環境光線調整：在低光環境下，使用更高效的深度學習方法（如 Dlib 或 FaceNet）。
- 結果分析：將比對結果的 confidence 值輸出至控制台，便於觀察模型準確性。

這是用 29-1 節的 LPBH 人臉辨識原理設計的 AI 監控，建議可以改採用 29-3-5 節觀念，使用 Fisherfaces 方法和採用一個人有多組人像資料庫，進行人臉辨識，可以獲得更高匹配度結果。

習題

1：使用一般相片，讀者可以參考 ex29_1 資料夾，然後重新設計 ch29_2.py，所以這個程式必須增加設計可以將一般相片處理成人臉相片。下列是 Python Shell 視窗的執行結果。

```
================== RESTART: D:\OpenCV_Python\ex\ex29_1.py ==================
儲存訓練數據完成
```

下列是 ex29_1 資料夾的內容，以及所建立的已經訓練好的人臉辨識數據模型。

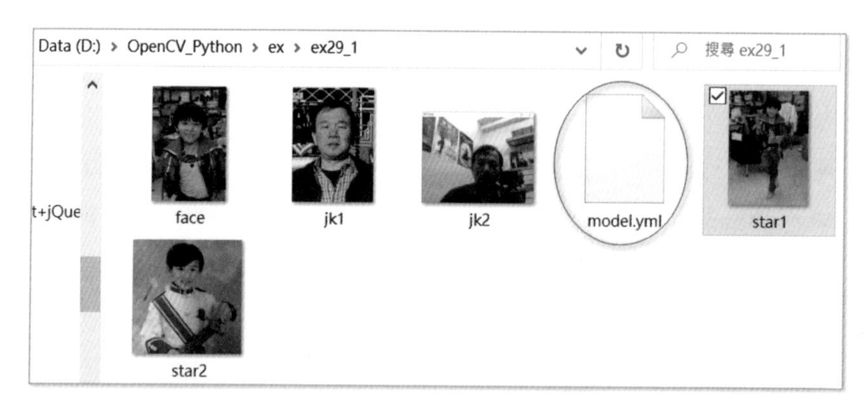

2：請參考 ch29_3.py 擴充設計 ex29_2.py，然後讀取 ex29_1 資料夾的 face.jpg 進行辨識，最後可以得到下列結果。

```
================== RESTART: D:/OpenCV_Python/ex/ex29_2.py ==================
Name       = Unistar
Confidence =  53.52
```

3：請參考 ch29-5 節的最後建議，重新設計 ch29_8.py。（註：本書沒有附此解答）

第三十章

建立哈爾特徵分類器
車牌辨識

第 27 章筆者介紹了 OpenCV 所提供的哈爾 (Haar) 特徵分類器資源檔案，偵測物件，這一節將以程式實例帶領讀者自行設計哈爾 (Haar) 特徵分類器資源檔案，一步一步學習設計程式辨識台灣汽車車牌。

30-1 準備正樣本與負樣本影像資料

這一章的內容是要建立可以辨識汽車車牌的哈爾 (Haar) 特徵分類器資源檔案，這時必須準備 2 類影像，其中含汽車車牌的影像我們可以稱正 (Positive) 樣本影像，不含汽車車牌的影像稱負 (Negative) 樣本影像。

30-1-1 準備正樣本影像 – 含汽車車牌影像

首先我們要準備汽車車牌，這些影像資料又稱正樣本影像，如下方左圖所示，然後我們期待可以設計程式將車牌框選，可以參考下方右圖。

目前台灣的汽車車牌有新式，相當於有 7 碼與 6 碼，為了單純化筆者選擇使用 7 碼當作車牌辨識的樣本影像。許多車牌辨識的停車場會將攝影機架在車身引擎蓋相同的高度或是略高一點，所以我們在拍攝汽車影像時，最好也是如此，建議拍攝汽車影像時注意下列三點：

1：固定高度。

2：固定距離。

3：光線良好，可以清楚顯示車身與車牌。

也就是我們模擬停車場的攝影機鏡頭，但是拍攝時很擔心被路人或車主撞見，被懷疑有不良企圖，因此筆者所準備的影像無法保持一定高度與距離，本章實例筆者只準備了約 50 張影像，部分影像則是相同影像裁剪不同部位而成，最後處理成 90 張影像。

正樣本影像數不夠，最大的缺點是影響辨識車牌的精確度，所以讀者學會本章觀念可以使用本章汽車影像為基礎，自行擴充拍攝汽車影像，這樣可以獲得更精確的結果，建議有 500 張影像以上。

此外，本書所有汽車影像皆是使用 7 碼的汽車影像做測試，筆者參考目前新式車牌大小，設定寬高比是 3.5。

30-1-2 準備負樣本影像 – 不含汽車車牌影像

所謂的負樣本影像就是指不含汽車車牌的影像，由於我們要訓練電腦可以認識汽車車牌，所以要準備一系列不含汽車車牌的影像告訴系統這些影像是不含汽車車牌，這些影像最好是包羅萬象，越多越好，本書筆者準備了約 295 張影像。

建議讀者學會本章內容後，可以準備 1000 張以上的影像。

30-2 處理正樣本影像

這本書筆者將原始拍攝的影像放在 ch30/srcCar 資料夾，如下所示：

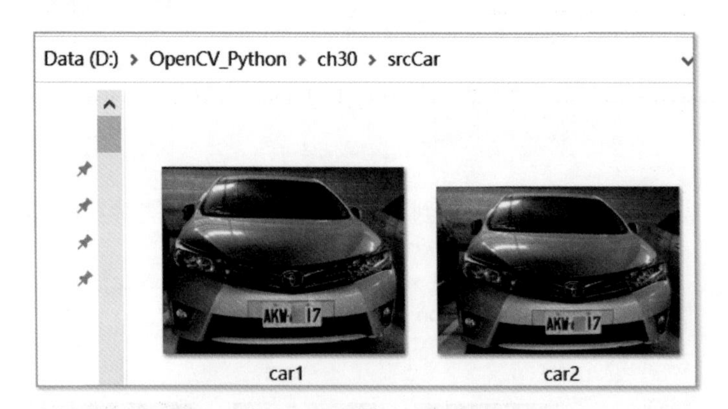

30-2-1 將正樣本影像處理成固定寬度與高度

停車場的攝影機由於固定在入口位置，所以可以保持一定高度與距離拍攝車輛，最後可以取得固定大小的影像，我們的影像是用手機拍攝，高度與距離無法完全相同，所以只能使用裁剪方式處理正樣本影像。

程式實例 ch30_1.py：將所有在 ch30/srcCar 資料夾內的檔案，處理成寬與高分別是 320 和 240 像素的影像，然後儲存在 ch30/dstCar 資料夾。因為程式會有多次測試，所以這個程式第 12 ~ 15 列筆者會先刪除原資料夾內的影像。

```
1  # ch30_1.py
2  import cv2
3  import os
4  import glob
5  import time
6  import shutil
7
8  srcDir = "srcCar"
9  dstDir = "dstCar"
10 width = 320
11 height = 240
12 if os.path.isdir(dstDir):                                   # 檢查是否存在
13 # 因為dstCar資料夾可能含資料, 所以使用shutil.rmtree()函數刪除
14     shutil.rmtree(dstDir)                                   # 先刪除資料夾
15     time.sleep(3)                                           # 休息讓系統處理
16 os.mkdir(dstDir)                                            # 建立資料夾
17 # 取得資料夾底下所有車子影像名稱
18 cars = glob.glob(srcDir + "/*.jpg")
19 print(f"執行 {srcDir} 資料夾內尺寸的轉換 ... ")
20 for index, car in enumerate(cars, 1):                       # 從1開始
21     img_car = cv2.imread(car,cv2.IMREAD_COLOR)              # 讀車子影像
22     img_car_resize = cv2.resize(img_car, (width, height))
23     car_name = "car" + str(index) + ".jpg"                  # 車子影像命名
24     fullpath = dstDir + "\\" + car_name                     # 完成路徑
25     cv2.imwrite(fullpath, img_car_resize)                   # 寫入車子影像
26 print(f"儲存 {dstDir} 資料夾內尺寸的轉換 ... ")
```

執行結果

```
================ RESTART: D:\OpenCV_Python\ch30\ch30_1.py ================
執行 srcCar 資料夾內尺寸的轉換 ...
儲存 dstCar 資料夾內尺寸的轉換 ...
```

開啟 ch30/dstCar 資料夾可以得到下列結果，同時每張影像寬與高分別是 320 和 240。

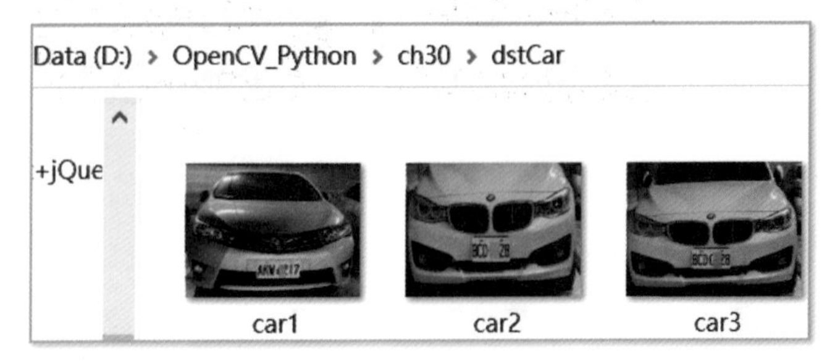

30-2-2 將正樣本影像轉成 bmp 檔案

為了要記錄我們建立哈爾分類器的過程，所以筆者採用逐步說明，使用不同資料夾儲存每一階段的執行結果。在講解程式實例 ch30_3.py 之前，筆者先介紹將含路徑的字串拆成資料夾與檔案名稱。

程式實例 ch30_2.py：由於要將 dstCar 資料夾所有汽車由 jpg 檔案轉成 bmp 檔案，我們必須要讀取所有 dstCar 資料夾的檔案，這時需要使用 glob 模組的 glob( ) 函數，這個函數可以得到檔案串列，這個實例是將檔案串列的路徑與檔案名稱拆開。

```
1  # ch30_2.py
2  import os
3  import glob
4
5  dstDir = "dstCar"
6  allcars = dstDir + "/*.JPG"                     # 建立檔案模式
7  cars = glob.glob(allcars)                       # 獲得檔案名稱
8  print(f"目前資料夾檔案名稱 = \n{cars}")          # 列印檔案名稱
9  # 拆解資料夾符號
10 for car in cars:
11     carname = car.split("\\")                   # 將字串轉成串列
12     print(carname)
```

執行結果 下列是部分結果。

```
================== RESTART: D:\OpenCV_Python\ch30\ch30_2.py ==================
目前資料夾檔案名稱 =
['dstCar\\car1.jpg', 'dstCar\\car10.jpg', 'dstCar\\car11.jpg', 'dstCar\\car12.jp
g', 'dstCar\\car13.jpg', 'dstCar\\car14.jpg', 'dstCar\\car15.jpg', 'dstCar\\car1
6.jpg', 'dstCar\\car17.jpg', 'dstCar\\car18.jpg', 'dstCar\\car19.jpg', 'dstCar\\
car2.jpg', 'dstCar\\car20.jpg', 'dstCar\\car21.jpg', 'dstCar\\car22.jpg', 'dstCa
r\\car23.jpg', 'dstCar\\car24.jpg', 'dstCar\\car25.jpg', 'dstCar\\car26.jpg', 'd
stCar\\car27.jpg', 'dstCar\\car28.jpg', 'dstCar\\car29.jpg', 'dstCar\\car3.jpg',
 'dstCar\\car30.jpg', 'dstCar\\car31.jpg', 'dstCar\\car32.jpg', 'dstCar\\car33.j
pg', 'dstCar\\car34.jpg', 'dstCar\\car35.jpg', 'dstCar\\car36.jpg', 'dstCar\\car
37.jpg', 'dstCar\\car38.jpg', 'dstCar\\car39.jpg', 'dstCar\\car4.jpg', 'dstCar\\
car40.jpg', 'dstCar\\car41.jpg', 'dstCar\\car42.jpg', 'dstCar\\car43.jpg', 'dstC
ar\\car44.jpg', 'dstCar\\car45.jpg', 'dstCar\\car46.jpg', 'dstCar\\car47.jpg', '
dstCar\\car48.jpg', 'dstCar\\car49.jpg', 'dstCar\\car5.jpg', 'dstCar\\car50.jpg'
, 'dstCar\\car51.jpg', 'dstCar\\car52.jpg', 'dstCar\\car53.jpg', 'dstCar\\car54.
jpg', 'dstCar\\car55.jpg', 'dstCar\\car56.jpg', 'dstCar\\car57.jpg', 'dstCar\\ca
r58.jpg', 'dstCar\\car59.jpg', 'dstCar\\car6.jpg', 'dstCar\\car60.jpg', 'dstCar\
\car61.jpg', 'dstCar\\car62.jpg', 'dstCar\\car63.jpg', 'dstCar\\car64.jpg', 'dst
Car\\car65.jpg', 'dstCar\\car66.jpg', 'dstCar\\car67.jpg', 'dstCar\\car68.jpg',
 'dstCar\\car69.jpg', 'dstCar\\car7.jpg', 'dstCar\\car70.jpg', 'dstCar\\car71.jpg
', 'dstCar\\car72.jpg', 'dstCar\\car73.jpg', 'dstCar\\car74.jpg', 'dstCar\\car75
.jpg', 'dstCar\\car76.jpg', 'dstCar\\car77.jpg', 'dstCar\\car78.jpg', 'dstCar\\c
ar79.jpg', 'dstCar\\car8.jpg', 'dstCar\\car80.jpg', 'dstCar\\car81.jpg', 'dstCar
\\car82.jpg', 'dstCar\\car83.jpg', 'dstCar\\car84.jpg', 'dstCar\\car85.jpg', 'ds
tCar\\car86.jpg', 'dstCar\\car87.jpg', 'dstCar\\car88.jpg', 'dstCar\\car89.jpg',
 'dstCar\\car9.jpg', 'dstCar\\car90.jpg']
['dstCar', 'car1.jpg']
['dstCar', 'car10.jpg']
['dstCar', 'car11.jpg']
```

了解上述程式後，讀者可以必較容易了解下列程式。

程式實例 ch30_3.py：將所有 ch30/dstCar 資料夾內的 .jpg 汽車影像轉成 .bmp 影像，同時存入 ch30/bmpCar 資料夾。

```
1  # ch30_3.py
2  import cv2
3  import os
4  import glob
5  import time
6  import shutil
7
8  dstDir = "dstCar"
9  bmpDir = "bmpCar"
10 if os.path.isdir(bmpDir):                               # 檢查是否存在
11 # 因為bmpDir資料夾可能含資料, 所以使用shutil.rmtree()函數刪除
12     shutil.rmtree(bmpDir)                               # 先刪除資料夾
13     time.sleep(3)                                       # 休息讓系統處理
14 os.mkdir(bmpDir)
15
16 allcars = dstDir + "/*.JPG"                             # 建立檔案模式
17 cars = glob.glob(allcars)                               # 獲得檔案名稱
18 #print(f"目前資料夾檔案名稱 = \n{cars}")                  # 列印檔案名稱
19 # 拆解資料夾符號
20 for car in cars:
21     carname = car.split("\\")                           # 將字串轉成串列
22     #print(carname)
23     car_img = cv2.cv2.imread(car,cv2.IMREAD_COLOR)  # 讀車子影像
24     outname = carname[1].replace(".jpg", ".bmp")        # 將jpg改為bmp
25     fullpath = bmpDir + "\\" + outname                  # 完整檔名
26     cv2.imwrite(fullpath, car_img)                      # 寫入資料夾
27 print("在 bmpCar 資瞭夾重新命名車輛副檔名成功")
```

執行結果

```
================== RESTART: D:\OpenCV_Python\ch30\ch30_3.py ==================
在 bmpCar 資瞭夾重新命名車輛副檔名成功
```

在 ch30/bmpCar 資料夾可以看到下列結果。

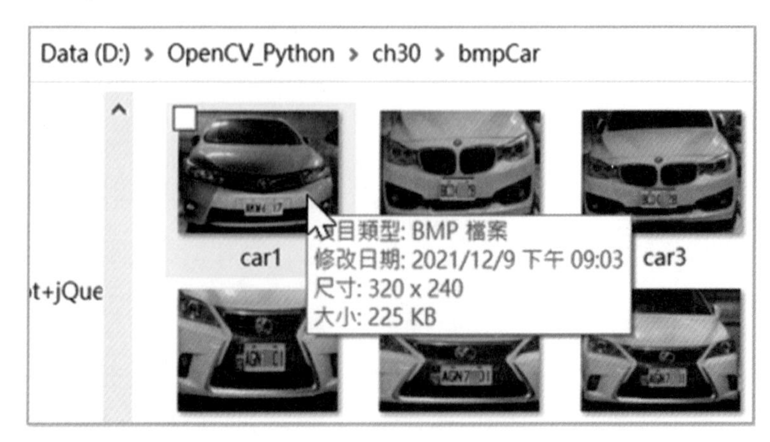

30-3 處理負樣本影像

如前所述負樣本影像就是不要含有汽車的影像，但是可以有與汽車相關的影像，例如：車道。當然為了能讓我們的哈爾 (Haar) 分類器可以辨識哪些影像是不含汽車，所以負樣本影像也是越豐富越好，在實務上建議有 1000 張以上的影像，這些影像必須轉成灰階色彩，同時負樣本影像寬與高必須大於正樣本影像。

筆者準備的負樣本影像是儲存在 ch30/notCar 資料夾。

程式實例 ch30_4.py：將 ch30/notCar 資料夾的所有負樣本影像轉為灰階，檔案名稱改為 notcar*.jpg，其中 * 是檔案編號，同時將寬與高改為 500 和 400，然後存至 ch30/notCarGray 資料夾。

```
1  # ch30_4.py
2  import cv2
3  import os
4  import glob
5  import shutil
6  import time
7
8  srcDir = "notCar"
9  dstDir = "notCarGray"
10 width = 500                                             # 負樣本寬
11 height = 400                                            # 負樣本高
12 if os.path.isdir(dstDir):                               # 檢查是否存在
13 # 因為notCarDir資料夾可能含資料, 所以使用shutil.rmtree()函數刪除
14     shutil.rmtree(dstDir)                               # 先刪除資料夾
15     time.sleep(3)                                       # 休息讓系統處理
16 os.mkdir(dstDir)
17
18 allcars = srcDir + "/*.JPG"                             # 建立檔案模式
19 cars = glob.glob(allcars)                               # 獲得檔案名稱
20 for index, car in enumerate(cars, 1):
21     img = cv2.imread(car,cv2.IMREAD_GRAYSCALE)          # 灰階讀車子影像
22     img_resize = cv2.resize(img, (width, height))       # 調整負樣本影像
23     imgname =  "notcar" + str(index)
24     fullpath = dstDir + "\\" + imgname + ".jpg"
25     cv2.imwrite(fullpath, img_resize)
26 print("在 notCar 資瞭夾將影像轉為灰階成功,同時存入notCarGray資料夾")
```

執行結果

```
================== RESTART: D:\OpenCV_Python\ch30\ch30_4.py ==================
在 notCar 資瞭夾將影像轉為灰階成功,同時存入notCarGray資料夾
```

下列是原先的 ch30/notCar 資料夾內容。

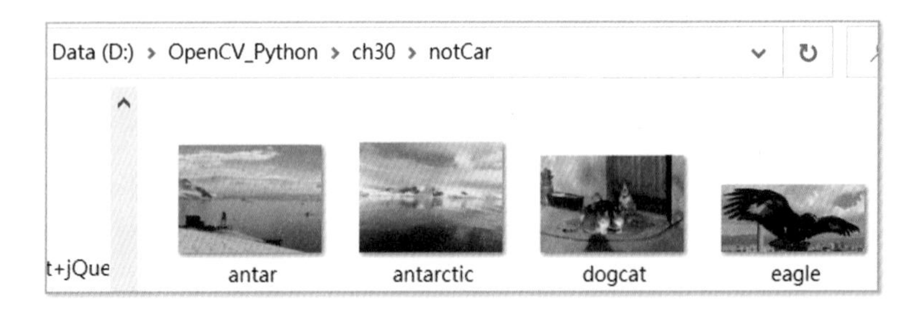

下列是執行結果 ch30/notCarGray 資料夾內容。

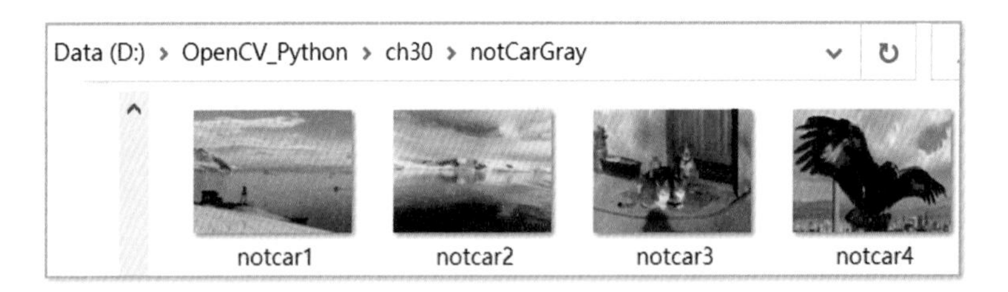

30-4 建立辨識車牌的哈爾 (Haar) 特徵分類器

30-4-1 下載建立哈爾特徵分類器工具

請進入下列網址。

https://github.com/sauhaardac/haar-training

然後可以看到下列網頁內容。

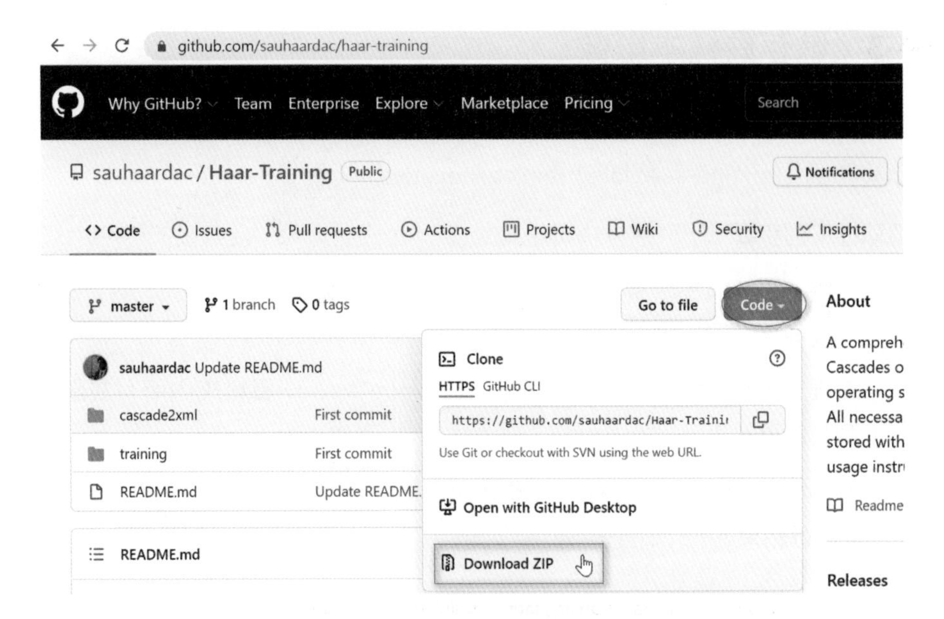

請點選 Code 內的 Download ZIP，可以下載 Haar-Training-master.zip 檔案，請解壓縮這個資料夾，可以得到 Haar-Training-master 資料夾，這個資料夾的資源主要是可以建立哈爾特徵分類器，由於目前是要建立車牌辨識，所以筆者將資料夾名稱改為 Haar-Training-car-plate。本書所附程式檔案已經有這個資料夾了，所以讀者可以省略下載步驟。

30-4-2 儲存正樣本影像

正樣本影像是必須儲存在下列資料夾：

ch30/Haar-Training-car-plate/training/positive/rawdata

請先將上述資料夾所有檔案刪除，然後將原先 ch30/bmpCar 資料夾的所有 bmp 影像拷貝至此資料夾，下列是執行結果。

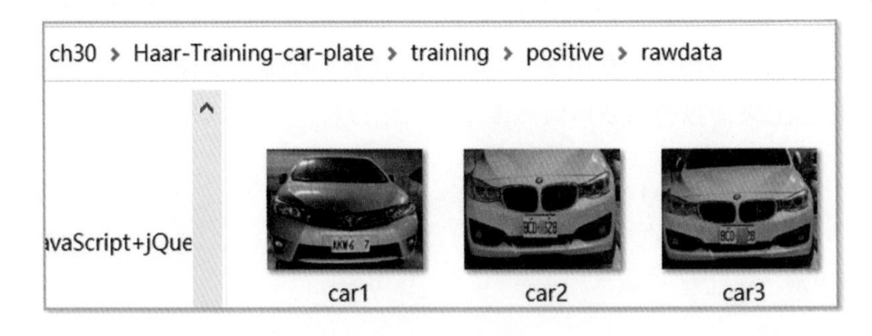

30-4-3 儲存負樣本影像

負樣本影像是儲存在下列資料夾：

ch30/Haar-Training-car-plate/training/negative

請執行下列步驟：

1： 先將上述資料夾所有影像檔案和 bg.txt 檔案刪除。

2： 只保留 create_list.bat。

3： 將程式實例 ch30_4.py 所建立的 ch30/notCarGray 資料夾內所有灰階影像複製至此資料夾。

檔案 create_list.bat 是批次檔，主要是建立 bg.txt，連按兩下可以建立此 bg.txt 檔案，下列是執行結果。

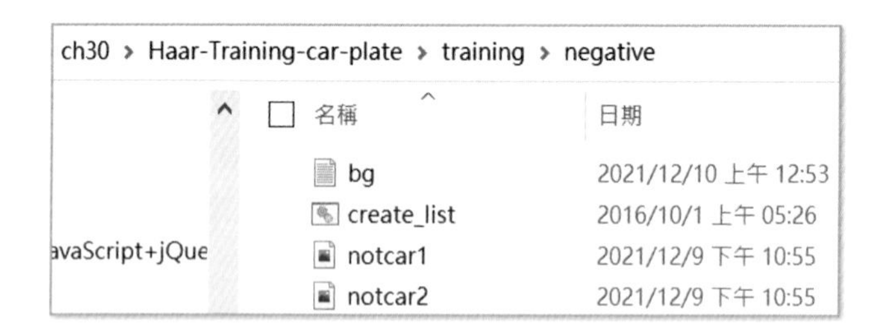

上述 bg.txt 則是記錄這個資料夾內的所有檔案名稱，如下所示：

```
notcar1.jpg
notcar10.jpg
notcar100.jpg
notcar101.jpg
notcar102.jpg
notcar103.jpg
```

30-4-4 為正樣本加上標記

我們必須告訴分類器所要偵測的物件，所以為正樣本加上標記就是將要分類器辨識的物件標記出來，我們想要辨識汽車車牌，所以標記的方式是使用框選汽車影像的車牌。

請開啟 Haar-Training-car-plate/training/positive 資料夾內的 objectmarker.exe 檔案，連按兩下可以開啟正的汽車樣本影像，然後請為每部車子的車牌加上外框，這個加外框的動作也稱標記，標記方式如下：

1： 將滑鼠游標移至車牌左上角，拖曳至車牌右下角，可以建立車牌框。

2： 同時按空白鍵和 Enter，可以自動出現下一輛車的影像。

上述重複執行直到所有正樣本影像框選結束，下列是框選某部車牌的實例。

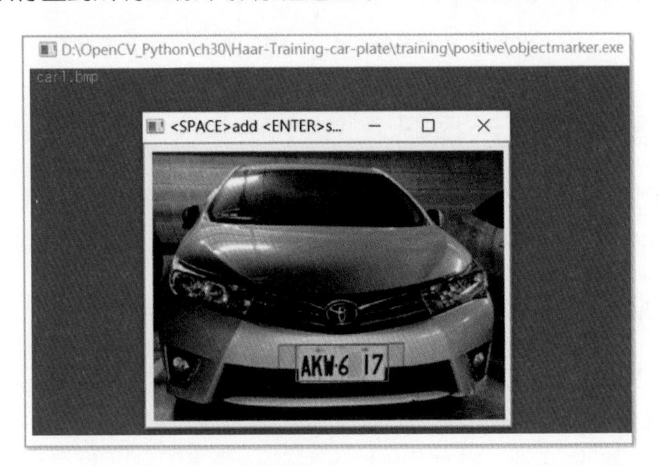

上述框選完車牌後請同時按空白鍵和 Enter，可以看到所框選的左上角座標和 width 與 height，同時顯示下一部車供框選。

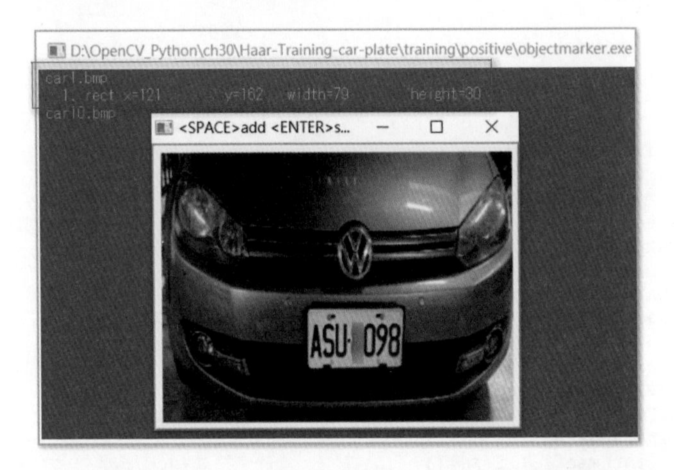

標記完成後，在相同的資料夾可以看到 info.txt 檔案，這個檔案紀錄正樣本影像的路徑與檔名、標記數量、標記座標、寬與高。

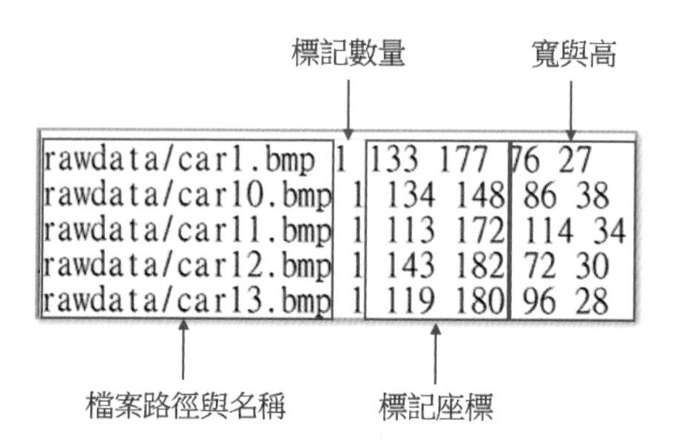

rawdata/car1.bmp	1	133 177	76 27
rawdata/car10.bmp	1	134 148	86 38
rawdata/car11.bmp	1	113 172	114 34
rawdata/car12.bmp	1	143 182	72 30
rawdata/car13.bmp	1	119 180	96 28

30-4-5 設計程式顯示標記

前一節我們為每個正樣本影像建立標記了，現在可以使用程式了解所建立的正樣本影像標記，如果感覺位置有偏差可以修訂 info.txt 的內容。

註 如果重新執行 objectmarker.exe 會造成原先的標記消失。

程式實例 ch30_5.py：顯示以及繪製車牌框線，讀者可以在 ch30/plate-mark 資料夾看到所有框選的結果。

```
1  # ch30_5.py
2  # 標記檢查
3  import cv2
4  import os
5  import shutil
6  import time
7
8  dstDir = "plate-mark"
9  path = "Haar-Training-car-plate/training/positive/"
10
11 if os.path.isdir(dstDir):                          # 檢查是否存在
12 # 因為notCarDir資料夾可能含資料, 所以使用shutil.rmtree()函數刪除
13     shutil.rmtree(dstDir)                          # 先刪除資料夾
14     time.sleep(3)                                  # 休息讓系統處理
15 os.mkdir(dstDir)
16
17 fn = open(path + 'info.txt', 'r')
18 row = fn.readline()                                # 讀取info.txt
19 while row:
20     msg = row.split(' ')                           # 分割每一列文字
21     img = cv2.imread(path + msg[0])                # 讀檔案
22     n = int(msg[1])
23     for i in range(n):
24         x = int(msg[2 + i * 4])                    # 取得左上方 x 座標
25         y = int(msg[3 + i * 4])                    # 取得左上方 y 座標
26         w = int(msg[4 + i * 4])                    # 取得 width 寬度
27         h = int(msg[5 + i * 4])                    # 取得 height 高度
```

```
28             cv2.rectangle(img, (x, y), (x+w, y+h), (255, 0, 0), 2)
29         imgname = (msg[0].split("/"))[-1]          # 使用-1是確定最右索引
30         print(imgname)                             # 輸出處理過程
31         cv2.imwrite(dstDir + "\\" + imgname, img)  # 寫入資料夾
32         row = fn.readline()
33     fn.close()
34     print("繪製車牌框完成")
```

執行結果

```
================ RESTART: D:\OpenCV_Python\ch30\ch30_5.py ================
car1.bmp
car10.bmp
car11.bmp
car12.bmp
car13.bmp
```

...

```
car88.bmp
car89.bmp
car9.bmp
car90.bmp
繪製車牌框完成
```

開啟 ch30/plate-mark 資料夾看到所有框選的結果。

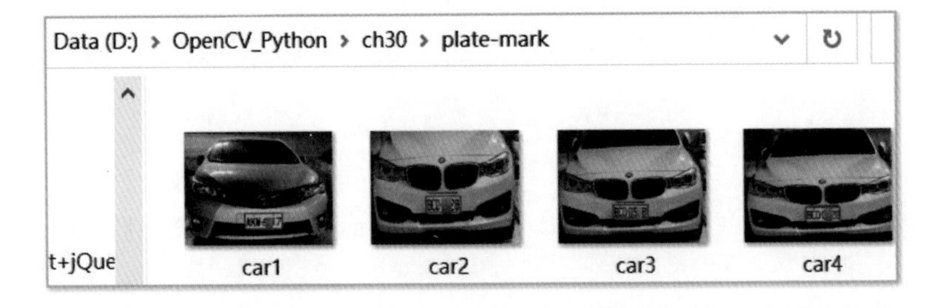

30-5 訓練辨識車牌的哈爾特徵分類器

30-5-1 建立向量檔案

正樣本影像必須打包為向量檔案才可以進行訓練，首先請編輯 ch30/Haar-Training-car-plate/training 資料夾的 samples_creation.bat，請參考下列修改內容：

```
createsamples.exe -info positive/info.txt –vec vector/facevector.vec
-num 90 -w 70 -h 20
```

上述內容與意義如下：

- createsamples.exe：打包向量檔案的程式。
- info positive/info.txt：positive/info.txt 是正樣本標記的路徑。
- vec vector/facevector.vec：建立向量檔的路徑和檔案名稱，相當於將向量檔案建立在 vector 資料夾，使用 facevector.vec 命名。
- num：正樣本影像的數量。
- w：偵測標記的寬度，
- h：偵測標記的高度。

連按兩下 samples_creation.bat 可以在 vector 資料夾建立 facevector.vec 向量檔案，下列是執行結果。

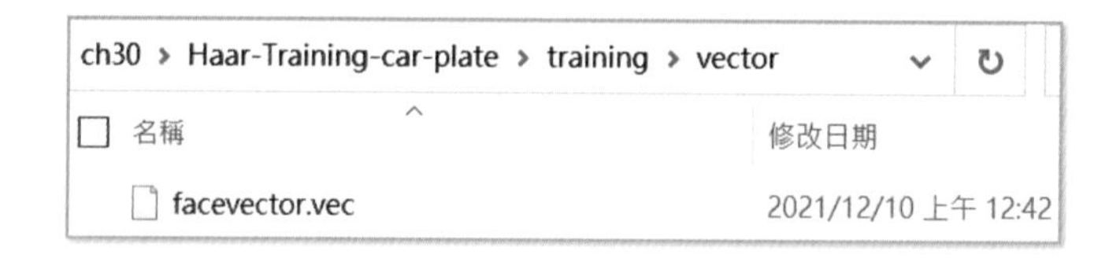

30-5-2　訓練哈爾分類器

請刪除 ch30/Haar-Training-car-plate/training/cascades 資料夾內容，如下所示：

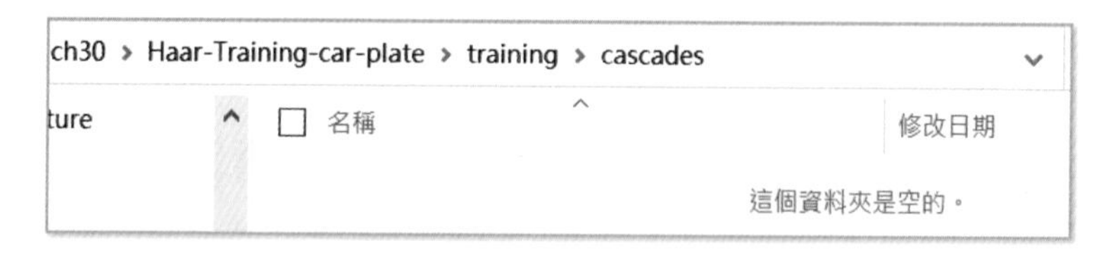

請編輯 ch30/Haar-Training-car-plate/training 資料夾的 haartraining.bat，這是批次檔，請參考下列修改內容：

```
haartraining.exe -data cascades -vec vector/facevector.vec -bg negative/bg.txt
-npos 90 -nneg 295 -nstages 15 -mem 512 -mode ALL -w 70 -h 20 -nonsym
```

上述內容與意義如下：

- haartraining.exe：訓練哈爾分類器的執行檔程式。
- data cascades：data 是指未來要儲存訓練結果的資料夾，cascades 是儲存結果的資料夾。
- vec vector/facevector.vec：vector/facevector.vec 是指正樣本的向量檔案。
- bg negative/bg.txt：是指負樣本的檔案。
- npos 90：是指正樣本的數量。
- nneg：是指負樣本的數量。
- nstages：是指訓練的級數，一般訓練級數越多所需時間越多，一般可以設定在 12 ~ 20 之間。
- mem：哈爾特徵訓練資料所需的記憶體，記憶體越大所需時間越多。
- mode：哈爾特徵的訓練模式，一般常用選項有，BASIC 是指線性特徵、CORE 是指線性和核心特徵、ALL 是指使用所有特徵。
- w：偵測物件的寬度 width。
- h：偵測物件的高度 height。
- nonsym：偵測物件使用非對稱方式，如果想要使用對稱方式可以設為 sym。

然後連點此批次檔兩下，執行此檔案，當看到下列畫面表示開始訓練資料

```
Number of features used : 956835

Parent node: NULL

*** 1 cluster ***
POS: 70 70 1.000000
NEG: 295 1
BACKGROUND PROCESSING TIME: 0.01
Precalculation time: 8.89
+----+----+-+---------+---------+---------+---------+
|  N |%SMP|F|  ST.THR |    HR   |    FA   | EXP. ERR|
+----+----+-+---------+---------+---------+---------+
|   1|100%|-|-0.942940| 1.000000| 1.000000| 0.027397|
+----+----+-+---------+---------+---------+---------+
```

訓練結束後，可以在 ch30/Haar-Training-car-plate/training/cascade 資料夾看到下列訓練結果。

Haar-Training-car-plate > training > cascades >

+jQue
Script-

名稱	修改日期
0	2021/12/10 上午 12:57
1	2021/12/10 上午 12:58
2	2021/12/10 上午 01:00
3	2021/12/10 上午 01:03
4	2021/12/10 上午 01:05
5	2021/12/10 上午 01:06
6	2021/12/10 上午 01:08
7	2021/12/10 上午 01:10
8	2021/12/10 上午 01:12
9	2021/12/10 上午 01:16
10	2021/12/10 上午 01:18

30-5-3　建立哈爾特徵分類器資源檔

請編輯 ch30/Haar-Training-car-plate/cascade2xml 資料夾的 convert.bat 檔案，內容如下：

```
haarconv.exe ../training/cascades ../../haar_carplate.xml 70 20
```

上述 ../ 代表上一層資料夾，其他內容與意義如下：

- haarconv.exe：建立哈爾特徵分類器資源檔所需要的可執行檔案。
- ../training/cascades：這是指哈爾特徵分類器的訓練結果資料夾，可以參考 30-5-2 節。
- ../../haar_carplate.xml：這是我們要建立的哈爾特徵分類器資源檔。
- 70 20：偵測物件的寬度和高度。

30-6 車牌偵測

現在就可以使用第 27 章的觀念偵測車牌，在 ch30/testCar 資料夾有 3 個供測試的汽車影像，分別是 cartest1.jpg、cartest2.jpg 和 cartest3.jpg。

程式實例 ch30_6.py：偵測 cartest1.jpg 車牌的實例。

```
1  # ch30_6.py
2  import cv2
3
4  pictPath = "haar_carplate.xml"                              # 哈爾特徵檔路徑
5  img = cv2.imread("testCar/cartest1.jpg")                    # 讀辨識的影像
6  car_cascade = cv2.CascadeClassifier(pictPath)               # 讀哈爾特徵檔
7  # 執行辨識
8  plates = car_cascade.detectMultiScale(img, scaleFactor=1.05, minNeighbors=3,
9                minSize=(20,20),maxSize=(155,50))
10 if len(plates) > 0 :                                        # 有偵測到車牌
11     for (x, y, w, h) in plates:                             # 標記車牌
12         cv2.rectangle(img, (x, y), (x+w, y+h), (255, 0, 0), 2)
13         print(plates)
14 else:
15     print("偵測車牌失敗")
16
17 cv2.imshow('Car', img)                                      # 顯示所讀取的車輛
18 cv2.waitKey(0)
19 cv2.destroyAllWindows()
```

執行結果

```
================= RESTART: D:/OpenCV_Python/ch30/ch30_6.py =================
[[193 338 146  42]]
```

下列兩張影像分別是 ch30_6_1.py 和 ch30_6_2.py 測試 cartest2.jpg 和 cartest3.jpg 的結果。

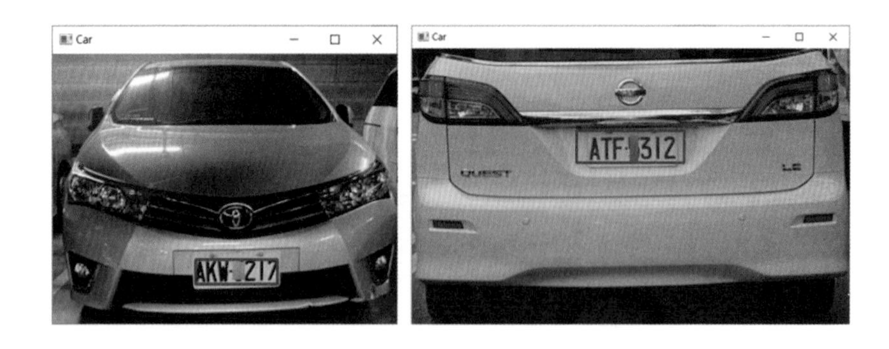

30-7 心得報告

這一個章節筆者講解建立車牌辨識哈爾分類器的整個步驟，經過測試其實辨識率仍有待加強，主要原因如下：

1： 拍攝車牌時筆者沒有固定距離與高度。

2： 車牌樣本數不足，建議至少 500 張不同車輛影像。

3： 負樣本數量仍不夠多，其實也應該多準備一些與車輛有關的影像 (但是不含車輛)，例如：道路影像。建議至少 500 張不同的負樣本影像。

習題

1： 請參照 30-7 節的心得修訂與改良本書的 haar_carplate.xml 哈爾特徵分類器檔案。

註 這一題沒有附習題解答。

第三十一章

車牌辨識

31-1 擷取所讀取的車牌影像

前一章內容我們學會了辨識車牌，其實就可以將所辨識的車牌影像擷取與儲存。

程式實例 ch31_1.py：在 ch31\testCar 資料夾有 cartest1.jpg，我們先使用哈爾特徵分類器找出車牌，然後將車牌影像擷取，以 atq9305.jpg 影像儲存，同時顯示此車牌。

```
1  # ch31_1.py
2  import cv2
3
4  pictPath = "haar_carplate.xml"                         # 哈爾特徵檔路徑
5  img = cv2.imread("testCar/cartest1.jpg")               # 讀辨識的影像
6  car_cascade = cv2.CascadeClassifier(pictPath)          # 讀哈爾特徵檔
7  # 執行辨識
8  plates = car_cascade.detectMultiScale(img, scaleFactor=1.05, minNeighbors=3,
9            minSize=(20,20),maxSize=(155,50))
10 if len(plates) > 0 :                                   # 有偵測到車牌
11     for (x, y, w, h) in plates:                        # 標記車牌
12         carplate = img[y:y+h, x:x+w]                   # 車牌影像
13 else:
14     print("偵測車牌失敗")
15
16 cv2.imshow('Car', carplate)                            # 顯示所讀取的車輛
17 cv2.imwrite("atq9305.jpg", carplate)
18 cv2.waitKey(0)
19 cv2.destroyAllWindows()
```

執行結果

31-2 使用 Tesseract OCR 執行車牌辨識

有關安裝 Tesseract OCR 的相關知識請讀者參考筆者 1-0 節，所著的 Python 書籍，這是文字辨識軟體，我們可以將所儲存的影像使用 Tesseract OCR 判讀車牌。

程式實例 ch31_2.py：讀取 ch31_1.py 所建立的 atq9305.jpg，然後列出此影像的車牌號碼。

```
1  # ch31_2.py
2  from PIL import Image
3  import pytesseract
4
5  config = '--tessdata-dir "C:\\Program Files (x86)\\Tesseract-OCR\\tessdata"'
6  text = pytesseract.image_to_string(Image.open('atq9305.jpg'),
7                                     config=config)
8  print(f"車號是 : {text}")
```

執行結果

```
=================== RESTART: D:\OpenCV_Python\ch31\ch31_2.py ===================
車號是 : ATQ9305
```

31-3 偵測車牌與辨識車牌

我們可以整合 31-1 與 31-2 節，讀取汽車影像後，同時列出車牌。

程式實例 ch31_3.py：讀取汽車影像，然後輸出此汽車的車牌。

```
1  # ch31_3.py
2  import cv2
3  import pytesseract
4
5  config = '--tessdata-dir "C:\\Program Files (x86)\\Tesseract-OCR\\tessdata"'
6  pictPath = "haar_carplate.xml"                              # 哈爾特徵檔路徑
7  img = cv2.imread("testCar/cartest1.jpg")                    # 讀辨識的影像
8  car_cascade = cv2.CascadeClassifier(pictPath)               # 讀哈爾特徵檔
9  # 執行辨識
10 plates = car_cascade.detectMultiScale(img, scaleFactor=1.05,
11          minNeighbors=3, minSize=(20,20), maxSize=(155,50))
12 if len(plates) > 0 :                                        # 有偵測到車牌
13     for (x, y, w, h) in plates:                             # 標記車牌
14         carplate = img[y:y+h, x:x+w]                        # 車牌影像
15 else:
16     print("偵測車牌失敗")
17
18 cv2.imshow('Car', carplate)                                 # 顯示所讀取的車輛
19 text = pytesseract.image_to_string(carplate,config=config)  # OCR辨識
20 print(f"車號是 : {text}")
21
22 cv2.waitKey(0)
23 cv2.destroyAllWindows()
```

執行結果

```
=================== RESTART: D:\OpenCV_Python\ch31\ch31_3.py ===================
車號是 : ATQ9305
```

上述我們獲得不錯的結果，但是 OCR 辨識也會失誤，可以參考下列實例。

程式實例 ch31_4.py：使用 testCar/cartest3.jpg 影像辨識，這個程式只是修改所讀取的汽車影像檔案。

```
7  img = cv2.imread("testCar/cartest3.jpg")                    # 讀辨識的影像
```

執行結果

```
================== RESTART: D:\OpenCV_Python\ch31\ch31_4.py ==================
車號是 : _ATES312
```

上述缺點有兩項，分別是 A 左邊出現底線符號 (_)，5 辨識為 S。

註 上述車牌號碼最右數字是 2，筆者用模糊化處理。

31-4 二值化處理車牌

這一節嘗試改良上一節的缺點。

程式實例 ch31_5.py：使用二值化處理車牌，同時將車牌存入 car_plate.jpg。

```
1  # ch31_5.py
2  import cv2
3  import pytesseract
4
5  carFile = "car_plate.jpg"
6  config = '--tessdata-dir "C:\\Program Files (x86)\\Tesseract-OCR\\tessdata"'
7  pictPath = "haar_carplate.xml"                          # 哈爾特徵檔路徑
8  img = cv2.imread("testCar/cartest3.jpg")                # 讀辨識的影像
9  car_cascade = cv2.CascadeClassifier(pictPath)           # 讀哈爾特徵檔
10 # 執行辨識
11 plates = car_cascade.detectMultiScale(img, scaleFactor=1.05, minNeighbors=3,
12          minSize=(20,20),maxSize=(155,50))
13 if len(plates) > 0 :                                    # 有偵測到車牌
14     for (x, y, w, h) in plates:                         # 標記車牌
15         carplate = img[y:y+h, x:x+w]                    # 車牌影像
16 else:
17     print("偵測車牌失敗")
18
19 cv2.imshow('Car', carplate)                             # 顯示所讀取的車輛
20 ret, dst = cv2.threshold(carplate,100,255,cv2.THRESH_BINARY)  # 二值化
21 cv2.imshow('Car binary', dst)                           # 顯示二值化車牌
22 text = pytesseract.image_to_string(carplate,config=config)  # OCR辨識
23 print(f"車號是 : {text}")
24
25 cv2.waitKey(0)
26 cv2.destroyAllWindows()
```

執行結果

```
================== RESTART: D:/OpenCV_Python/ch31/ch31_5.py ==================
車號是 : ATFS5312
```

上述得到 ATFS5312，字母 S 是多餘的，其實這個辨識是不穩定的，因為有時候得到的結果是 ATFS312，5 被辨識為 S。或是，有時辨識結果仍是 _ATES312。這表示影像仍有雜質，干擾辨識，下一節繼續解說。

31-5 形態學的開運算處理車牌

使用第 12 章所述形態學的開運算可以刪除噪音。

程式實例 ch31_6.py：形態學的開運算處理車牌。

```
1  # ch31_6.py
2  import cv2
3  import numpy as np
4  import pytesseract
5
6  carFile = "car_plate.jpg"
7  config = '--tessdata-dir "C:\\Program Files (x86)\\Tesseract-OCR\\tessdata"'
8  pictPath = "haar_carplate.xml"                              # 哈爾特徵檔路徑
9  img = cv2.imread("testCar/cartest3.jpg")                    # 讀辨識的影像
10 car_cascade = cv2.CascadeClassifier(pictPath)               # 讀哈爾特徵檔
11 # 執行辨識
12 plates = car_cascade.detectMultiScale(img, scaleFactor=1.05, minNeighbors=3,
13          minSize=(20,20),maxSize=(155,50))
14 if len(plates) > 0 :                                        # 有偵測到車牌
15     for (x, y, w, h) in plates:                             # 標記車牌
16         carplate = img[y:y+h, x:x+w]                        # 車牌影像
17 else:
18     print("偵測車牌失敗")
19
20 cv2.imshow('Car', carplate)                                 # 顯示所讀取的車輛
21 ret, dst = cv2.threshold(carplate,100,255,cv2.THRESH_BINARY)  # 二值化
22
23 cv2.imshow('Car binary', dst)                               # 顯示二值化車牌
24 kernel = np.ones((3,3), np.uint8)
25 dst1 = cv2.morphologyEx(dst, cv2.MORPH_OPEN, kernel)        # 執行開運算
26 text = pytesseract.image_to_string(dst1, config=config) # 執行辨識
27 print(f"車號是 : {text}")
28 cv2.imwrite(carFile, dst)                                    # 寫入儲存
29 cv2.waitKey(0)
30 cv2.destroyAllWindows()
```

執行結果

```
================== RESTART: D:/OpenCV_Python/ch31/ch31_6.py ==================
車號是 : ATF5312
```

31-6 車牌辨識心得

坦白說車牌要辨識成功，第 30 章建立好的哈爾辨識分類器仍是關鍵，前一節筆者使用二值化處理車牌影像，然後再去除車牌噪音，對整個辨識是有加分效果。

實務上當下停車場，繳費機在要求輸入車牌號碼後，會要求點選車牌影像其實就是擔心辨識錯誤，最終是靠所點選的車牌影像為繳費的依據。

這一章筆者使用 Tesseract-OCR 辨識系統，辨識車牌字母與阿拉伯數字，如果讀者要更進一步很精確也可以將車牌字母與阿拉伯數字拆開，相當於將字母與數字拆成 7 個影像，然後再單獨辨識字母與影像。

習題

1： 讀取 cartest2.jpg，如下所示：

請辨識車牌，最右側號碼是 7，筆者用模糊化處理。

```
==================== RESTART: D:/OpenCV_Python/ex/ex31_1.py ====================
車號是 : AKY6217
```

第三十二章

MediaPipe 手勢偵測與應用解析

在影像處理與電腦視覺領域，要能夠「即時」且「精準」地辨識手勢，一直是個充滿挑戰的課題。傳統方法往往要用色彩閾值、輪廓偵測或背景去除等複雜流程，還得不斷微調光線與參數，才能大致偵測出手部位置。若再要求判別指頭角度或手勢，開發成本更是居高不下。

MediaPipe Hands 的出現，為此提供了一條高效穩定的解決方案。透過 Google 內部研究累積的深度學習模型與精巧的管線設計，開發者在 Python 環境中只需少量程式碼，就能同時偵測多隻手、定位 21 個關節座標，甚至判斷出手指彎曲角度。無論是要用於簡單的「剪刀、石頭、布」遊戲，或是更進階的手語辨識、手勢交互控制，都能在短時間內完成初步雛形。

在本章，你將了解 MediaPipe Hands 的運作機制與主要組件，包括：

- 深度學習背後的兩階段偵測流程：手掌區域鎖定 (Palm Detection) 與手指關節推論 (Hand Landmark Model)。
- 關節座標 (Landmarks) 的意義：如何使用這些正規化座標去做基本的手指伸直判斷。
- 程式實例與應用：從最基本的單張圖片骨架繪製，到以攝影機即時辨識「剪刀、石頭、布」手勢，幫你奠定扎實的實作基礎。

本章的目標在於幫助你用最少的程式量，就能做出富有互動感且能適應多變環境的手勢應用。透過 MediaPipe Hands，你會更直觀地體會深度學習如何簡化傳統影像處理的複雜度，也能在後續開發中，將手勢辨識融入更多創新專案。準備好與 AI 視覺攜手，開啟這趟有趣的手勢之旅吧！

32-1 MediaPipe 是什麼

MediaPipe 可以說是 Google 所推出的一套「多平台、多模組」的影像與多媒體處理框架。使用前需要安裝此模組 (假設是安裝在 Python 3.12 版)：

```
py -3.12 -m pip install mediapipe
```

32-1-1 Google 的影像處理解決方案

在電腦視覺（Computer Vision）與機器學習（Machine Learning）技術持續發展的浪潮中，MediaPipe 可說是 Google 所推出的一套「多平台、多模組」的影像與多媒體處理框架。它的目標在於讓開發者能迅速且輕鬆地將影像偵測、追蹤，以及與人工智慧相關的功能，整合到不同應用環境中，從個人電腦到行動裝置、甚至嵌入式系統都能涵蓋。

在傳統電腦視覺工作流程中，我們往往需要手動串接各種函數庫或模型（例如 OpenCV + TensorFlow + 自行訓練的深度學習模型），並處理繁雜的資料流、執行緒管理以及效能優化問題。然而，MediaPipe 以「流程圖（Graph）」與「計算模組（Calculator）」的概念設計出一套管道（Pipeline）系統，能將各種處理步驟像積木一樣模組化、可視化地拼裝，減少了在整合階段耗費的大量時間與精力。

❑ MediaPipe 的背景與設計理念

- Google 內部需求：Google 在自家服務（如 YouTube、Google Photos、ARCore）中需要大量即時或離線的影像、視訊分析。為了應對規模龐大的運算與多平台部署需求，誕生了 MediaPipe 作為內部通用架構。其後，Google 將此框架開源，方便全球開發者使用。
- 跨平台支援：MediaPipe 提供了 C++ 與 Python 介面，同時支援 iOS、Android、Windows、macOS、Linux 等作業系統，甚至可以在樹莓派、NVIDIA Jetson 等嵌入式環境中運行。這種跨平台特性意味著，你在電腦上開發測試好的流程，能夠相對容易地移植到行動裝置或小型電腦上。
- Graph 架構：MediaPipe 最大的設計特色之一，就是透過「流程圖（Graph）」配置一連串的處理模組（Calculator）。每個模組都負責某項特定任務（例如：影像擷取、模型推論、後處理、視訊輸出等）。這種組合式設計，讓專案在日後維護或擴充時都更加彈性。註：本章沒有介紹這個主題。
- 效能與輕量化：為了在行動裝置上也能流暢執行，MediaPipe 著重在效能優化，內部善用硬體加速（CPU、GPU、NNAPI），同時保持較低的記憶體占用。這對需要即時回饋（如擴增實境、實時動作辨識）的應用來說相當關鍵。

❑ 核心能力 - 人臉偵測、姿勢估計、手勢偵測等

MediaPipe 並不只是架構而已，Google 也提供了一系列「Solution」，即預先訓練好的電腦視覺模型模組，能夠直接被開發者調用。這些解決方案包括但不限於：

- Face Detection（人臉偵測）：能迅速在影像中偵測一個或多個人臉，並輸出人臉的邊界框（Bounding Box）。常見的應用：臉部偵測、拍照對焦、美肌濾鏡等。
- Face Mesh（人臉網格）：除了偵測人臉位置，還能獲得臉部 468 個高度精細的關鍵點，能應用在 AR 特效（如加濾鏡、貼紙）、表情捕捉或虛擬角色的臉部驅動。
- Hands（手勢偵測）：MediaPipe Hands 能夠在視訊流中偵測手部，並追蹤 21 個手指關節關鍵點。這大幅簡化了傳統上需要透過輪廓或背景去除等手段達成的手勢辨識任務，像「剪刀、石頭、布」、「手語翻譯」、「手勢控制滑鼠鍵盤」等，都能更快落地實作。
- Pose（姿勢估計）：能偵測出人體 33 個關鍵點（如肩膀、手肘、膝蓋、腳踝等），並產生骨架連接資訊。這在運動動作監控、遊戲互動、健康姿勢提醒、舞蹈分析等領域大有用武之地。
- Object Detection / Tracking（物件偵測與追蹤）：提供對常見物件的即時偵測（例如手機、杯子、椅子等），或進階的 3D 物件姿態推論（Objectron）。可用於建構自動化檢測與管理系統，也可用來做擴增實境中的物件擺放與偵測。
- Holistic（整合人臉、手勢、姿勢於一體）：能在同一畫面同時偵測臉部關鍵點、雙手關鍵點以及人體姿勢骨架，更容易打造複雜的人體互動應用（例如完整的手語辨識、AR 形象合成等）。

除了以上常見的功能模組，MediaPipe 還支援影像分割（Segmentation）、鏡頭校正、多目標追蹤、物件分類等多種任務。若開發者有自訂的模型，也能透過 MediaPipe 的流水線（Pipeline）整合進去，將前處理（如影像縮放、顏色調整）與推論、後處理串成一條完整的處理流程。

❑ 結論

總的來說，MediaPipe 之所以受到廣泛關注，主要在於它高整合度、高效能、易於跨平台部署，再加上官方提供了各種「開箱即用」的電腦視覺模型，讓開發者可快

速落地各種應用。無論你是要做臉部特效、手勢控制，還是人體姿勢分析，都能在 MediaPipe 的模組中找到合適的切入點，減少從零開始開發的時間成本。接下來的章節，將帶領大家體驗如何利用 MediaPipe 的 Hands 模組，來實作有趣的「剪刀、石頭、布」遊戲手勢辨識範例。

32-1-2 為什麼要用 MediaPipe

在前面簡介過 MediaPipe 的概念之後，可能會好奇：「為什麼我們需要它？」事實上，MediaPipe 之所以深受開發者歡迎，主要在於它整合了深度學習模型與高效率的框架設計，相較於傳統影像處理方法，能提供更穩定、強大的功能，也大幅減少了開發難度。以下從兩個面向來看它的優勢。

❑ 與傳統影像處理方法相比的優勢

傳統的電腦視覺流程，常見做法是先利用 OpenCV 執行「背景去除、閾值分割、輪廓偵測、形態學處理」等，然後再經過複雜的判斷或幾何計算，才能對手勢或臉部等物體進行辨識。這樣的方式在下列情況下往往會遇到瓶頸：

- 環境光線、背景干擾大
  - 閾值或色彩範圍需要頻繁調整，對於光線明暗、膚色差異、背景雜訊的適應能力不足。
  - 一旦環境改變（例如室內轉到戶外），可能就要重新設定參數，否則偵測失敗率高。
- 需求複雜：如果不只想知道「手在哪裡」，還想精準得知「手指關節位置」或「臉部多個關鍵點」，需要再自行設計與組合更多演算法，或進行繁雜的機器學習流程。
- 開發與維護成本高
  - 程式中通常包含各種 if/else 邏輯與參數，判斷條件難以泛化。
  - 針對多樣化場景寫許多特例，日後維護代價高。

而 MediaPipe 結合了深度學習模型與模組化管線架構，可在多變的光線與背景下保持穩定偵測。它在 Google 內部已被廣泛應用於包含 Google Photos、YouTube、ARCore 等多項服務，所以其演算法與模型在大量實際使用中獲得驗證。對開發者而言，這意味著不用自行從零開始，便能獲得經過驗證的高效偵測功能。

❑ 簡化開發流程，提供高效能、即時的手勢偵測

- 開箱即用的高階 API
  - MediaPipe 不只是提供模型，更將模型流程包裝成模組化的 Solutions（如 Hands、Face Mesh、Pose 等）。
  - 開發者只需少量程式碼就能取得關鍵結果（例如手部 21 個關節點或人臉 468 個 landmark），非常符合快速開發的需求。
- 即時推論與高效能優化
  - MediaPipe 針對手機、平板、嵌入式裝置都進行了效能優化，例如使用 GPU/NNAPI 加速。
  - 這讓應用程式在普通筆電或行動裝置上，也能達到即時影像處理的速度（30fps 甚至更高）。
- 模組化 Graph 架構
  - 透過 Graph/Calculator 的管線設計，能將「擷取影像 → 模型推論 → 後處理 → 顯示結果」串接起來，避免繁瑣的函數調用與跨模組管理。
  - 這樣的架構有利於後續擴充或替換任一階段的運算模組（例如改用自訂的深度學習模型），而不影響其他處理步驟。
- 易於與 OpenCV、TensorFlow 等整合
  - MediaPipe 支援 Python 與 C++ API，並與常見工具生態系兼容。
  - 開發者能輕鬆用 OpenCV 擷取與顯示影像，再把畫面餵給 MediaPipe 進行手勢偵測，最後把結果結合其他深度學習模型（例如 TensorFlow 訓練的分類器）完成更進階的功能。

綜合來看，MediaPipe 幾乎是一個「電腦視覺與 AI 偵測的萬用工具箱」，免去了開發者自行蒐集訓練資料、設計網路結構、做效能優化等繁雜工作，同時也擁有優秀的跨平台與即時處理能力。這就是為什麼近年來，愈來愈多工程師或研究人員選擇 MediaPipe 作為手勢、臉部或物件偵測的首選方案。

❑ 結論

- 相較傳統影像處理需要大量的參數與演算法組合，MediaPipe 透過一系列預先訓練的深度學習模型與模組化流程，提供更穩定、更直觀的解決方案。

- 開發者僅需專注於如何使用偵測出的關鍵點或結果資料，不必自己實現複雜的前處理與特徵提取，既能縮短開發時間，也能在多樣化環境中保持高辨識度。
- 在後續章節，我們將實際運用 MediaPipe Hands 來做手勢辨識示例，感受「開箱即用」的便捷，以及如何在程式中快速整合這項功能。

32-2 初探 MediaPipe Hands 模組

在之前的章節，我們已熟悉了使用 OpenCV 進行影像讀取、顯示及進階的圖像操作技巧。現在，我們要進一步探討如何借助 MediaPipe Hands 來達成更複雜的手勢偵測功能。相較於傳統方法需要自己編寫判斷手形的邏輯或大量參數微調，MediaPipe Hands 直接使用深度學習模型，能在各種背景與光線條件下都保持良好魯棒性。

32-2-1 MediaPipe Hands 功能概覽

MediaPipe Hands 結合「手掌偵測 (Palm Detection)」與「手指關節預測 (Hand Landmark Model)」兩大卷積神經網路 (CNN, Convolutional Neural Network) 模型，能即時辨識手掌位置並標出 21 個手部關節點。下圖為官方提供的功能示意：

註 本章未來用 CNN 將省略「卷積神經網路」中文字。

MediaPipe Hands 的特色與優勢如下：

- 即時偵測與追蹤：透過兩階段 CNN 模型，能夠在一般電腦或行動裝置上流暢運行。
- 多手支援：可設定 max_num_hands 以偵測一隻或多隻手，同時輸出各自的關節位置。
- 高準確度：在背景複雜、光線多變的條件下也能維持良好穩定度。
- 易於整合：官方釋出了 Python 與 C++ 的 API，可與 OpenCV、TensorFlow 等深度學習或影像處理工具搭配。

32-2-2　21 個關鍵點的座標定義與排列

偵測到手部後，MediaPipe Hands 會輸出一組「21 個關節座標」。為了幫助讀者可視化這些關節點分布，請參考下圖：

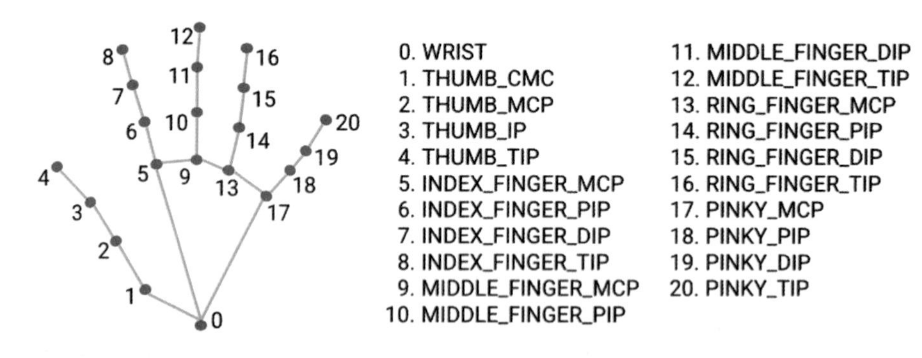

上圖是官方 Hands 模組文件中的示意圖- 手部 21 個關鍵點示意圖：

- 圖中標示每個 Landmark 的編號 (0 ~ 20)，並以線條連接成骨架形式。
- Landmark 0 是手腕 (Wrist)， Landmark 4 是拇指指尖 (Thumb Tip)， Landmark 8 是食指指尖 (Index Finger Tip)，以此類推。

依據官方定義，每個 Landmark 皆具備 (x, y, z) 三個維度資訊：

- x, y：通常為正規化（0 ~ 1）的座標，以影像左上為 (0, 0)，右下為 (1, 1)。
- z：相對深度，負值表示距離攝影機更近；正值則更遠（此值在 2D 應用中較少用到）。

下表列出 Landmark 編號與對應的手指 / 關節名稱，供參考：

Landmark	名稱	位置描述
0	Wrist	手腕
1	Thumb CMC	拇指掌腕關節 (接近手掌中心)
2	Thumb MCP	拇指掌指關節
3	Thumb IP	拇指指間關節
4	Thumb Tip	拇指指尖
5	Index Finger MCP	食指掌指關節
6	Index Finger PIP	食指近端指節 (近指關節)
7	Index Finger DIP	食指遠端指節 (遠指關節)
8	Index Finger Tip	食指指尖
9	Middle Finger MCP	中指掌指關節
10	Middle Finger PIP	中指近端指節
11	Middle Finger DIP	中指遠端指節
12	Middle Finger Tip	中指指尖
13	Ring Finger MCP	無名指掌指關節
14	Ring Finger PIP	無名指近端指節
15	Ring Finger DIP	無名指遠端指節
16	Ring Finger Tip	無名指指尖
17	Pinky MCP	小指掌指關節
18	Pinky PIP	小指近端指節
19	Pinky DIP	小指遠端指節
20	Pinky Tip	小指指尖

32-2-3 如何判斷手勢

拿到 21 個關節點後，我們就能對手勢做出更進一步的理解或分類。基本的判斷思路通常為：

❑ 判斷手指是否「伸直」或「彎曲」

- 例如以 y 座標（或 z 座標）比較指尖 (Tip) 與 PIP、MCP 等關節的上下 / 前後位置。
- 若指尖位置「高於」(y 更小) MCP 關節，則可視為「伸直」。若更接近掌心，可視為「彎曲」。

❑ 計算伸直手指數量

- 「剪刀、石頭、布」即是一種簡化邏輯：
  - 石頭 (Rock)：0 指伸直。
  - 剪刀 (Scissors)：2 指伸直（通常為食指、中指）。
  - 布 (Paper)：5 指伸直。
- 亦可搭配簡單的布林值陣列（如 [拇指 , 食指 , 中指 , 無名指 , 小指]），來一眼判斷哪幾根手指是伸直的。

❑ 自訂更多複雜手勢

想要加入「OK 手勢」、「讚 (Thumb up)」、「愛心手勢」等，可將 21 點 (x, y) 作進一步角度或距離計算，甚至餵進機器學習分類器，訓練出專屬的手勢偵測器。

32-2-4 偵測手勢的原理

CNN 模型如何協助找出手部骨架？

在傳統影像處理（如閾值化、形態學、輪廓分析）中，我們經常需要考量光線、背景、膚色等多種干擾；若要取得關節細節，更需複雜的幾何推算。MediaPipe Hands 背後的核心方法則是以深度學習 (CNN) 為基礎，整合了以下兩個步驟：

- Palm Detection（手掌偵測）：找出手掌所在的區域 (Bounding Box)，同時避免干擾物。
- Hand Landmark Model（關節預測）：在截取的手掌區域內，直接輸出 21 點關節位置 (x, y, z)。

有了這個深度學習模型做後盾，開發者無需再辛苦設計或調整各式門檻值，就能相對穩定、即時地獲得手指關節資訊。

32-3 剪刀、石頭、布的程式設計思路

在前面章節介紹了 MediaPipe Hands 的基礎後，我們將以「剪刀、石頭、布」的手勢辨識作為範例，幫助讀者快速理解如何使用手指關節座標來判斷手勢。這個遊戲示例不僅易懂且有趣，也能說明 MediaPipe Hands 在手勢應用的核心流程。

32-3-1 手指伸直判斷

為了判定使用者比出的手勢是「剪刀、石頭」或「布」，最簡單的方式，就是先透過每根手指的關節座標，來判斷該手指是否「伸直」。

❑ 何謂「手指伸直」

- 通常我們會將手指的「Tip」（指尖，Landmark 編號如 8、12、16、20 等）與「PIP」（近端指節，如 6、10、14、18）進行比較。
- 以 2D 座標（x, y）為例：如果指尖的 y 值相對於 PIP 關節更「上方」（y 值更小），通常可視為該手指「伸直」。如果它位於 PIP 關節下方或相距不大，則表示該手指「彎曲」。
- 拇指（Thumb）較為特殊，可依據 x 座標或與其他指尖距離來判定。

❑ 如何區分剪刀、石頭、布

- 石頭 (Rock)：無任何手指伸直（0 根伸直）。
- 剪刀 (Scissors)：只有 2 根手指伸直（多半是食指和中指）。
- 布 (Paper)：5 根手指全部伸直。

以上只是最簡單的判斷邏輯，實務中也可能透過更精準的角度計算或距離 值，讓偵測更可靠。

32-3-2 程式流程規劃

要在程式中實現即時的手勢判斷，大致可分為以下幾個步驟：

1. 攝影機擷取
   - 使用 OpenCV（cv2.VideoCapture(0)) 從攝影機取得畫面。
   - 將每一幀（frame）送入後續的處理流程。
2. MediaPipe Hands 偵測
   - 初始化 MediaPipe Hands，設定 max_num_hands=1 或視情況調整。
   - 將攝影機畫面（或其中一幀）轉為 RGB 後，丟給 MediaPipe 進行手部關鍵點偵測。

3. 分析關鍵點

■ 如果成功偵測到手部，會拿到一組 21 個手指關節座標（landmarks）。

■ 接著針對每根手指，判斷是否伸直（可比較 tip 與 PIP 的 y 座標）。

■ 累計伸直的手指數量，並依規則判斷為何種手勢。

4. 判斷手勢

■ 0 根伸直　「石頭」

■ 2 根伸直（且是食指 + 中指）　「剪刀」

■ 5 根伸直　「布」

■ 其他情況　未定義或「未知手勢」

5. 顯示結果

■ 用 OpenCV 在畫面上標示偵測到的關節位置，繪製骨架連線或顯示手指狀態（伸直 / 彎曲）。

■ 在畫面的一角（如左上角）以文字形式顯示「Scissors」「Rock」「Paper」等判斷結果。

■ 將處理後的畫面在視窗中即時播放，按下指定按鍵（如 ESC）則結束程式。

32-3-3　與 OpenCV 的整合繪製

要讓使用者更直觀地理解偵測結果，我們通常會結合 OpenCV 提供的繪圖功能，在螢幕上疊加骨架與文字標示：

❑ 骨架畫線

● 根據 MediaPipe Hands 預設定義的連接順序（例如手腕到拇指根、拇指根到拇指中間等），將關節點之間畫線。

● 可選用不同顏色、線條粗細，強調手的結構或幫助區分多隻手。

❑ 指尖繪製

● 將每個 Tip 點（4、8、12、16、20）的座標標註小圓點，凸顯手指指尖。

● 若判斷為伸直的指尖，也可以用特別顏色或不同圖示呈現。

❑ 手勢文字

在畫面左上角或右上角，使用 cv2.putText 將判定出來的手勢結果（Scissors / Rock / Paper）顯示給使用者。

32-4 偵測手語繪製關節

在正式介紹剪刀、石頭與布專題前，筆者想先介紹 MediaPipe 模組的關鍵語法，方便讀者未來可以很快了解專題程式的內容。

32-4-1 初始化 MediaPipe Hands 物件

偵測手勢前，常會用下列指令初始化 MediaPipe Hands 物件。

```
mp_hands = mp.solutions.hands
mp_drawing = mp.solutions.drawing_utils
```

上述指令意義如下：

- mp_hands = mp.solutions.hands
  - 這行程式碼將 MediaPipe 中「Hands 模組」 指派給一個名為 mp_hands 的變數。
  - MediaPipe Solutions 裡已預先定義了多種常見的電腦視覺功能，例如 Hands（手勢偵測）、Pose（人體姿勢）、Face Mesh（臉部網格）等。
  - 當你寫下 mp.solutions.hands，其實是存取 MediaPipe 提供的 Hand Landmark Model 與流程，它包含了：
    - ◆ Palm Detection（手掌偵測，用以快速鎖定手部位置）
    - ◆ Hand Landmark（手指 21 個關節的座標預測）
  - 之後你可以透過 mp_hands.Hands(...) 建立一個「手勢偵測器」物件，並呼叫它的 process( ) 方法，將影像餵進去進行分析。
- mp_drawing = mp.solutions.drawing_utils
  - 這行程式碼則將 MediaPipe 提供的「繪圖工具 (drawing_utils)」 指派給 mp_drawing。

- drawing_utils 包含了若干方便的函數，可直接將偵測到的 Landmark（關節座標）與骨架連線繪製到影像上，而不用你自己逐點畫線與圓點。
- 例如常見的 mp_drawing.draw_landmarks( ) 函數，就能根據手部 landmark 資料，畫出 21 個關節及它們之間的連線（也就是手指骨架）。

32-4-2　建立 Hands 物件

有了初始化 my_hands 物件後，可以使用 my_hands.Hands( ) 建立一個 Hands 物件，常見用法如下：

```
with mp_hands.Hands(
        static_image_mode=False,
        max_num_hands=1,
        min_detection_confidence=0.5,
        min_tracking_confidence=0.5
) as hands:
      ...
```

在這一行，我們透過 mp_hands.Hands(...) 建立一個「Hands 物件」，常見的參數有：

- static_image_mode (預設 False)
  - False：表示輸入的是連續影像 (Video Stream)，模型會做 Tracking（追蹤），並在後續影像中自動更新位置。
  - True：表示要偵測單張靜態影像，每次都重新偵測，適用於批次圖片或照片處理（但效能略低）。
- max_num_hands ：預設是 2，指定最多要同時偵測幾隻手。若只想偵測單手，設 1 即可。
- min_detection_confidence (預設 0.5)
  - 當模型第一次偵測手部時，需要達到這個信心水準才判定「偵測成功」。
  - 數值越高，誤偵測率會下降，但也會增加漏偵測的機率。
- min_tracking_confidence (預設 0.5)
  - 當已經偵測到手之後，模型使用追蹤機制來更新手部位置，這是追蹤階段的信心水準門檻。

- 同樣地，數值越高表示要更確定才會更新位置，但過高可能導致跳動或忽略部分動作。

上述程式碼「with mp_hands.Hands(...) as hands:」的意義：

- as hands 表示建立一個名為 hands 的變數，代表剛剛創建的 Hands 物件，後續要使用該物件來調用 hands.process(image) 方法進行手部偵測。
- 透過 hands，我們就能取得偵測到的手部關鍵點 (landmarks) 等資訊。

32-4-3 hands.process( ) 函數用法

參考前 2 小節，建立手勢偵測器物件 hands。然後，你就能呼叫這個 hands 物件的 process( ) 方法，將想要偵測的影像資料（例如一幀攝影機畫面）送進去。程式碼中常見的寫法如下：

```
results = hands.process(frame_rgb)
```

- frame_rgb：表示一張 RGB 色彩空間的影像 (Python numpy 陣列)，通常是從 OpenCV 擷取的 BGR 影像經過 cv2.cvtColor(frame, cv2.COLOR_BGR2RGB) 轉換而來。
- hands.process(...)：會將該影像送入 MediaPipe Hands 的手勢偵測流程，包括手掌偵測（Palm Detection）和手指關節 (Landmark) 預測。
- results：是一個 mediapipe.python.solution_base.SolutionOutputs 型別的物件，內含本次偵測到的相關結果（例如手部的關節座標），供後續使用。

❑ 執行流程與內部機制

- 手掌偵測 (Palm Detection)：深度學習模型首先在輸入影像中嘗試找到「手掌」所在位置，輸出其邊界框或區域範圍。
- 關節預測 (Hand Landmark Model)：
  - 接著，另一個模型會在已找到的手掌區域內，推論 21 個手指關節 (Landmark) 的 (x, y, z) 座標。
  - 如果偵測到多隻手（以 max_num_hands 為上限），則會輸出對應手數量的關節資訊。

這些動作都在 hands.process(frame_rgb) 中自動進行。開發者不需要自行處理或調參數給模型，MediaPipe 已經封裝好流程。

❑ results 物件內容

呼叫完成後，results 中會包含多個屬性，最常用的是：

- results.multi_hand_landmarks
  - 若偵測到手，這裡會是一個串列 (List)，其中每個元素是 NormalizedLandmarkList，代表該手的 21 個 Landmark。
  - 每個 Landmark 裡有 (x, y, z)，數值通常在 [0, 1] 範圍內，表示正規化座標。
  - 如果沒有偵測到手，可能是 None 或空陣列。
- results.multi_hand_world_landmarks (選用)
  - 與 multi_hand_landmarks 類似，但在 3D 空間中對應一個更真實的立體座標。
  - 若應用不需 3D 資訊，可不使用。
- results.multi_handedness (若啟用)
  - 若你想知道是「左手」還是「右手」，這裡會有分數和標籤（'Left' 或 'Right'）。
  - 在某些場景下 MediaPipe 會嘗試判斷是左手或右手，但也可能出現誤判。

以下舉例：

```
if results.multi_hand_landmarks:
    for hand_landmarks in results.multi_hand_landmarks:
        # hand_landmarks 是該手所有 21 個點
        for i, landmark in enumerate(hand_landmarks.landmark):
            x_val = landmark.x     # 正規化 x
            y_val = landmark.y     # 正規化 y
            z_val = landmark.z     # 相對深度
            # 這裡就能對每個關節做分析或繪圖
```

❑ 常見情境與用法

- 即時攝影機影像
  - 在主迴圈中，每次讀取一幀後，把該幀轉為 RGB，再用 hands.process(...) 處理並得到 results。
  - 最後根據 results.multi_hand_landmarks 來繪製骨架或進行手勢判斷。
- 單張圖檔
  - 若你有一張手勢照片 (靜態影像)，也可用同樣方式呼叫 hands.process(...)，得到該張圖的手部關節位置。
  - 這種情境可以透過設定 static_image_mode=True，讓模型每次都完整偵測，不作追蹤。
- 自訂參數與優化
  - 可以透過 min_detection_confidence、min_tracking_confidence 做調整，提高或降低偵測門檻，取得更理想的結果。
  - 若想偵測多手，請將 max_num_hands 設為 2（或更多）。

32-4-4 mp_drawing.draw_landmarks( ) 函數用法

此函數源自於 MediaPipe 的繪圖模組 mp.solutions.drawing_utils，主要用途是幫助開發者將偵測到的關鍵點 (Landmarks) 及其連線骨架 (Connections) 直觀地繪製到影像上，而不必自行撰寫繁瑣的繪圖邏輯。下列是常見的語法實例：

```
mp_drawing = mp.solutions.drawing_utils
mp_hands = mp.solutions.hands
    ...
# 假設已取得 frame (BGR 影像 ) 以及手部 landmark 資料 hand_landmarks
mp_drawing.draw_landmarks(
    frame,                          # 要繪製的目標影像 ( 通常是 BGR 格式 )
    hand_landmarks,                 # LandmarkList 或 NormalizedLandmarkList 物件
    mp_hands.HAND_CONNECTIONS,  # 骨架連線定義 (connections)
# ( 可選參數 ) landmark_drawing_spec=..., connection_drawing_spec=...
)
```

上述範例展示了最常見的用法：將 Landmark 和骨架繪製到 frame 影像上。

根據 MediaPipe 官方文件，draw_landmarks( ) 的主要參數如下：

- image
  - 要在其上繪圖的影像 (NumPy 陣列)，通常是從 OpenCV 擷取後的 BGR 影像。若是用前面片段程式碼，是指 frame。
  - 繪製動作會直接改動這個影像的像素內容。
- landmark_list
  - 必須是 MediaPipe 輸出的 Landmark 資料結構，如 NormalizedLandmarkList 或 LandmarkList。若是用前面片段程式碼，是指 hand_landmarks。
  - 針對每個 Landmark，函式會繪製一個點 (預設顯示關節位置)。
- connections（可選，但常用）
  - 指定 Landmark 之間的連線關係 (如 mp_hands.HAND_CONNECTIONS、mp_pose.POSE_CONNECTIONS 等)，用來畫骨架線條。
  - 如果不指定，函式僅繪製 Landmark 點，而無線條連接。
- landmark_drawing_spec（可選）
  - 指定 Landmark 點繪製的樣式，如顏色、大小、厚度等。
  - 預設會用 MediaPipe 內建的樣式；若想客製化，可傳入 mp_drawing.DrawingSpec 物件。
- connection_drawing_spec（可選）
  - 指定 Landmark 之間的連線繪製樣式，如顏色、線條寬度等。
  - 同樣若不指定，將採用內建預設樣式。

程式實例 ch32_1.py：用手的圖像偵測手指與繪製關節圖。

```
1   # ch32_1.py
2   import cv2
3   import mediapipe as mp
4
5   # 取得 MediaPipe 提供的 "Hands" 模組與 "drawing_utils" 繪圖工具
6   mp_hands = mp.solutions.hands
7   mp_drawing = mp.solutions.drawing_utils
8
9   # 使用 OpenCV 讀取 myhand.jpg 圖
10  frame = cv2.imread('myhand.jpg')
11
12  # 因為 OpenCV 讀取影像時預設為 BGR 顏色空間
```

```
13    # MediaPipe 模型通常需要 RGB 格式，所以要進行色彩轉換
14    frame_rgb = cv2.cvtColor(frame, cv2.COLOR_BGR2RGB)
15
16    # 用 with 建立 Hands 物件
17    with mp_hands.Hands(
18        static_image_mode = True,           # 表示要偵測單張靜態影像
19        max_num_hands = 2,                  # 最多偵測 2 隻手
20        min_detection_confidence = 0.5      # 初次偵測的信心水準門檻 (0~1)
21    ) as hands:
22        # 將影像餵給 hands.process(), 讓 MediaPipe Hands 模組偵測手部資訊
23        results = hands.process(frame_rgb)
24        # 若成功偵測到手部,
25        # 則 results.multi_hand_landmarks 會包含每隻手的 21 個 Landmark
26        if results.multi_hand_landmarks:
27            # 逐隻手進行處理或繪製
28            for hand_landmarks in results.multi_hand_landmarks:
29                mp_drawing.draw_landmarks(
30                    frame,                      # 要畫圖的目標影像
31                    hand_landmarks,             # 單隻手的 Landmark 資料
32                    mp_hands.HAND_CONNECTIONS)  # 骨架連線定義
33
34        # 顯示結果
35        cv2.imshow("Hand Detection", frame)
36        cv2.waitKey(0)
37        cv2.destroyAllWindows()
```

執行結果

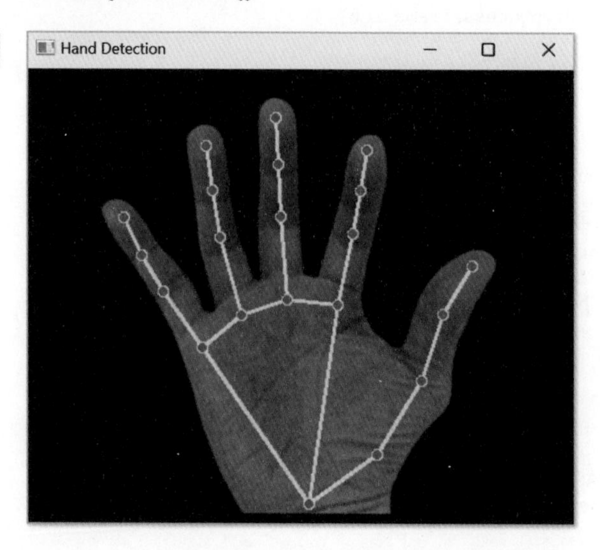

程式實例 ch32_2.py：使用攝影機偵測手指與繪製關節，按 Esc 鍵可以結束程式。

```
1    # ch32_2.py
2    import cv2
3    import mediapipe as mp
4
5    # 初始化 MediaPipe Hands 相關物件
6    mp_hands = mp.solutions.hands
7    mp_drawing = mp.solutions.drawing_utils
```

```
8
9    # 打開攝影機
10   cap = cv2.VideoCapture(0)
11   if not cap.isOpened():
12       print("無法開啟攝影機")
13
14   # 用 with 建立 Hands 物件
15   with mp_hands.Hands(
16       static_image_mode = False,           # 使用連續影像模式
17       max_num_hands = 2,                   # 最多偵測 2 隻手
18       min_detection_confidence = 0.5,      # 初次偵測的信心水準門檻 (0~1)
19       min_tracking_confidence = 0.5        # 追蹤偵測的信心水準門檻 (0~1)
20   ) as hands:
21
22       while True:
23           # 從攝影機擷取一幀畫面
24           ret, frame = cap.read()
25           if not ret:
26               print("讀取影像失敗, 結束程式")
27               break
28
29           # 將 BGR 顏色轉為 RGB, 供 MediaPipe 處理
30           frame_rgb = cv2.cvtColor(frame, cv2.COLOR_BGR2RGB)
31
32           # 使用 hands.process 進行手勢偵測
33           results = hands.process(frame_rgb)
34
35           # 將畫面轉回 BGR, 方便 OpenCV 繪製顏色
36           frame_bgr = cv2.cvtColor(frame_rgb, cv2.COLOR_RGB2BGR)
37
38           # 如果有偵測到手 results.multi_hand_landmarks 會有資料
39           if results.multi_hand_landmarks:
40               for hand_landmarks in results.multi_hand_landmarks:
41                   # 使用 MediaPipe 提供的 draw_landmarks 直接繪製手指骨架
42                   mp_drawing.draw_landmarks(
43                       frame_bgr,                  # 在這個畫面上繪圖
44                       hand_landmarks,             # 偵測到的手部關節點
45                       mp_hands.HAND_CONNECTIONS   # 手指骨架連接順序
46                   )
47
48           # 顯示結果畫面
49           cv2.imshow("MediaPipe Hands - Simple Demo", frame_bgr)
50
51           # 按下 ESC (ASCII 27) 離開
52           if cv2.waitKey(1) & 0xFF == 27:
53               break
54
55       # 釋放攝影機, 關閉視窗
56       cap.release()
57       cv2.destroyAllWindows()
```

執行結果

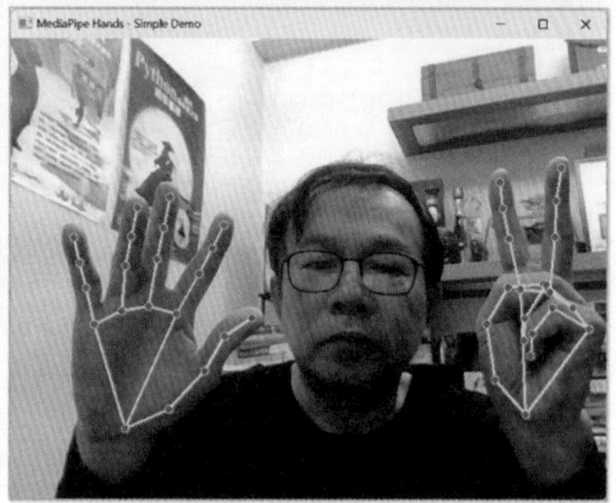

上述程式架構說明：

- 擷取影像：用 OpenCV 讀取電腦攝影機。
- 轉換色彩：OpenCV 預設 BGR，而 MediaPipe 需要 RGB 格式。
- MediaPipe Hands 偵測：取得單手或雙手的手部關鍵點資訊。
- 可視化：把每根手指關節骨架疊加繪製到畫面中。
- 顯示：將結果顯示在視窗，並在迴圈中不斷更新。

32-5 專題實作 - 剪刀、石頭與布

在正式介紹剪刀（Scissors）、石頭（Rock）與布（Paper）專題前，筆者想先介紹下列物件：

mp.solutions.drawing_styles

- mp.solutions.drawing_styles 是 MediaPipe 提供的一個樣式庫 (styles library)，用於在 Python 環境下配置繪製 Landmark（關鍵點）與其連線的顏色、大小、粗細等視覺效果。
- 這個模組可以與 mp.solutions.drawing_utils（常簡稱 mp_drawing）搭配使用，讓你在呼叫 mp_drawing.draw_landmarks( ) 時，為 Landmark 及骨架連線指定預設或自訂的樣式，而不需手動定義所有繪圖參數。

❑ 主要功能與常見函式 - 取得預設手部 Landmark 樣式

常看到的程式碼應用如下：

```
mp_drawing_styles = mp.solutions.drawing_styles
    ...
# 取得 MediaPipe Hands 預設的 Landmark 點樣式
default_hand_landmarks_style = mp_drawing_styles.get_default_hand_landmarks_style( )
```

- get_default_hand_landmarks_style( )
  - 回傳一個 dict 或自訂結構，其中包含手指關節點（Landmark）的預設繪製設定，如顏色 (BGR)、圓點大小、線條粗細等。
  - 適用 mp_drawing.draw_landmarks( ) 的參數 landmark_drawing_spec。

❑ 取得預設手部骨架連線樣式

常看到的程式碼應用如下：

```
# 取得 MediaPipe Hands 預設的骨架連線樣式
default_hand_connections_style = mp_drawing_styles.get_default_hand_connections_style()
```

- get_default_hand_connections_style( )
  - 回傳另一個預設結構，用於描繪 Landmark 之間連線的樣式設定 (顏色、線條粗細等)。
  - 用於 mp_drawing.draw_landmarks( ) 的參數 connection_drawing_spec。

程式實例 ch32_3.py：剪刀（Scissors）、石頭（Rock）與布（Paper）專題，當出現這些手勢時，螢幕左上方會顯示手勢名稱。如果偵測不出來，會顯示 Unknown。如果偵測不到手，則顯示 No Hands。

```
1	# ch32_3.py
2	import cv2
3	import mediapipe as mp
4	
5	def count_fingers(hand_landmarks):
6	    """
7	    根據手部關鍵點 hand_landmarks (21 個),
8	    判斷每根手指是否伸直，並回傳
9	    (伸直根數，[拇指,食指,中指,無名指,小指] 布林值)。
10	    """
11	    # landmark[i].x, landmark[i].y, landmark[i].z (0~1 之間)
12	    # 0 = wrist, 4 = thumb tip, 8 = index tip, 12 = middle tip,
13	    # 16 = ring tip, 20 = pinky tip
14	
15	    # 建立一個保存每根手指是否伸直的 list
16	    fingers_status = [False] * 5        # [thumb, index, middle, ring, pinky]
17	
18	    # 簡易判斷右手拇指 (thumb) : landmark[4].x < landmark[2].x 表示拇指張開
19	    # 若是左手，可能要反過來判斷，或可檢查 handedness 來區分
20	    if hand_landmarks[4].x < hand_landmarks[2].x:
21	        fingers_status[0] = True
22	
23	    # 食指 : tip = 8, pip = 6
24	    if hand_landmarks[8].y < hand_landmarks[6].y:
25	        fingers_status[1] = True
26	
27	    # 中指 : tip = 12, pip = 10
28	    if hand_landmarks[12].y < hand_landmarks[10].y:
29	        fingers_status[2] = True
30	
31	    # 無名指 : tip = 16, pip = 14
32	    if hand_landmarks[16].y < hand_landmarks[14].y:
33	        fingers_status[3] = True
34	
35	    # 小指 : tip = 20, pip = 18
36	    if hand_landmarks[20].y < hand_landmarks[18].y:
37	        fingers_status[4] = True
38	
39	    count = sum(fingers_status)             # 加總手指是否伸直數量
40	    return count, fingers_status            # 回傳手指數，手指是否伸直串列
41	
42	def classify_gesture(finger_count, fingers_status):
43	    """
44	    根據伸直指頭數量和哪幾根手指伸直,
45	    回傳 'Rock', 'Paper', 'Scissors' 或 'Unknown'
46	    """
47	    # 石頭Rock    : 0 指伸直
48	    # 布  Paper   : 5 指伸直
49	    # 剪刀Scissors: 2 指伸直 (通常是食指，中指)
50	    if finger_count == 0:
51	        return "Rock"
52	    elif finger_count == 5:
53	        return "Paper"
54	    elif finger_count == 2:
55	        # 如果是食指[1]，中指[2]伸直 => Scissors
56	        if fingers_status[1] and fingers_status[2]:
57	            return "Scissors"
58	        else:
59	            return "Unknown"
60	    else:
61	        return "Unknown"
62	
```

```
63    # 初始化 MediaPipe Hands 相關物件
64    mp_hands = mp.solutions.hands
65    mp_drawing = mp.solutions.drawing_utils
66    mp_drawing_styles = mp.solutions.drawing_styles
67
68    # 打開攝影機
69    cap = cv2.VideoCapture(0)
70    if not cap.isOpened():
71        print("無法開啟攝影機")
72
73    # 用 with 建立 Hands 物件
74    with mp_hands.Hands(
75        static_image_mode = False,          # 使用連續影像模式
76        max_num_hands = 2,                  # 最多偵測 2 隻手
77        min_detection_confidence = 0.5,     # 初次偵測的信心水準門檻 (0~1)
78        min_tracking_confidence = 0.5       # 追蹤偵測的信心水準門檻 (0~1)
79    ) as hands:
80
81        while True:
82            ret, frame = cap.read()
83            if not ret:
84                print("讀取影像失敗, 結束程式")
85                break
86
87            # 將 BGR 顏色轉為 RGB, 供 MediaPipe 處理
88            frame_rgb = cv2.cvtColor(frame, cv2.COLOR_BGR2RGB)
89
90            # 使用 hands.process 進行手勢偵測
91            results = hands.process(frame_rgb)
92
93            # 將畫面轉回 BGR, 方便 OpenCV 繪製顏色
94            frame_bgr = cv2.cvtColor(frame_rgb, cv2.COLOR_RGB2BGR)
95
96            gesture_result = "No Hand"      # 沒有偵測到手
97
98            if results.multi_hand_landmarks:
99                # 假設只偵測一隻手, 取第一個
100               for hand_landmark in results.multi_hand_landmarks:
101                   # 繪製手部 21 個關節和骨架連線
102                   mp_drawing.draw_landmarks(
103                       frame_bgr,
104                       hand_landmark,
105                       mp_hands.HAND_CONNECTIONS,
106                       mp_drawing_styles.get_default_hand_landmarks_style(),
107                       mp_drawing_styles.get_default_hand_connections_style()
108                   )
109                   # 分析關鍵點座標
110                   landmark_list = hand_landmark.landmark
111                   finger_count, fingers_status = count_fingers(landmark_list)
112
113                   # 判斷手勢 (剪刀, 石頭, 布)
114                   gesture_result = classify_gesture(finger_count, fingers_status)
115
116           # 在畫面上顯示結果文字
117           cv2.putText(frame_bgr, f"Gesture: {gesture_result}", (30,50),
118                       cv2.FONT_HERSHEY_SIMPLEX, 1.2, (0,255,0), 2)
119
120           # 顯示處理後的畫面
121           cv2.imshow("Rock-Paper-Scissors Detector", frame_bgr)
122
123           # 按下 ESC 退出
124           if cv2.waitKey(1) & 0xFF == 27:
```

```
125                 break
126     # 釋放攝影機，關閉視窗
127     cap.release()
128     cv2.destroyAllWindows()
```

執行結果

上述程式碼重點說明如下：

- count_fingers( ) 函數（第 5 ~ 40 列）
  - 接收 21 個 Landmark 物件（landmark[i].x, .y, .z），逐一判斷手指是否伸直。
  - 回傳「伸直根數」及每根手指的伸直狀態清單（布林值陣列）。
- classify_gesture( ) 函數（第 42 ~ 61 列）
  - 根據「伸直手指數」判斷是 Rock (0)、Paper (5)、Scissors (2) 或 Unknown。
  - 若要加入更多自訂手勢（如「OK 手勢」、「Thumbs Up」），可在此拓展邏輯。
- 主程式（第 64 ~ 128 列）
  - 從攝影機擷取影像。

- 使用 MediaPipe Hands 建立一個 hands 物件，並在迴圈中持續對每一幀畫面偵測手勢。
- 若偵測到手部，則會回傳 hand_landmarks；若無則結果為 No Hand。

透過 OpenCV putText( ) 在螢幕顯示判斷後的手勢文字。

上述程式在判讀手指是否伸直時，食指、中指、無名指與小指很容易判斷，只要用指尖的 y 軸是否小於指節的 y 軸做判斷，如果是「True」，則表示該手指有伸直。註：影像左上角是 (0, 0)，右下角是 (1, 1)。

拇指則無法用上述方法判斷，程式是用拇指指尖的 x 軸坐標與拇指掌指關節的 x 座標，做比較。在使用右手判斷時，請保持右手背面向鏡頭，這時如果拇指指尖的 x 軸坐標比較小，表示拇指有伸直。

註 1：我們看手指時，與攝影機鏡頭看的手指是相反的。
註 2：攝影鏡頭看左手或是右手，也是相反的。

下方左圖是手掌面對鏡頭，無法判斷的圖例。右圖則是手掌背對鏡頭，可以判斷的圖例。

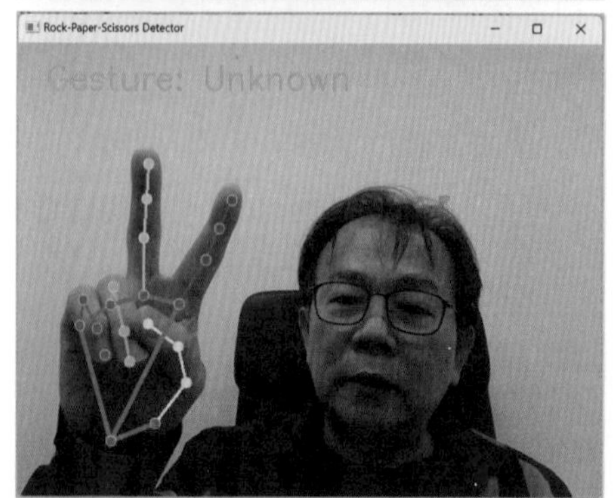

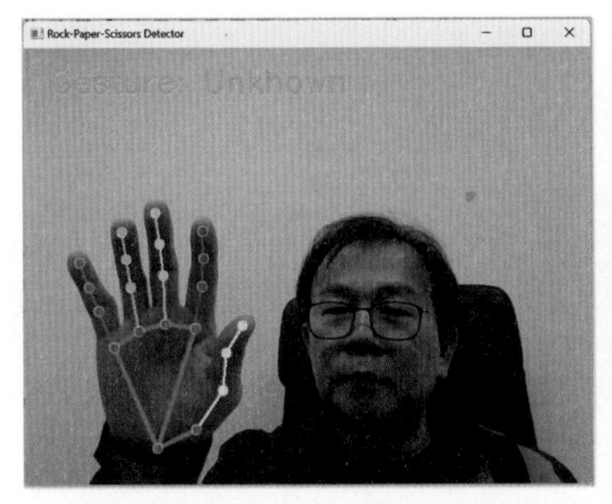

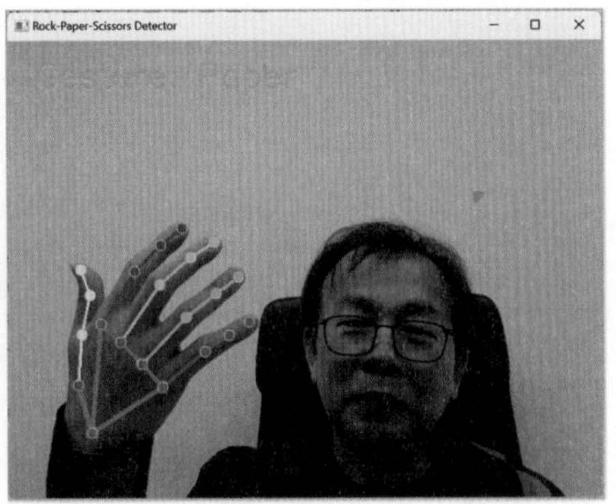

如果測試左手，可以得到相反的結果，有關上述程式的改良，請參考習題 2。

習題

1： 擴充 ch32_3.py，在視窗不斷列出，手指是否伸直的 fingers_status 串列，讀者可以由此輸出了解為何程式無法如所願顯示剪刀、石頭與布。

```
==================== RESTART: D:/OpenCV_Python/ex/ex32_1.py ====================
Finger Status: [False, False, True, False, False]
Finger Status: [True, True, True, False, False]
Finger Status: [True, True, False, False, False]
                              •••
```

2： 如果要避免手部正反面問題，可以用下列方式偵測：

- 如果是偵測到 0 或是 1 隻手指是 True，表示出石頭（Rock）
- 如果是偵測到 2 或是 3 隻手指是 True，表示出剪刀（Scisssors）。
- 如果是偵測到 4 或是 5 隻手指是 True，表示出布（Paper）。

執行結果可以參考下圖，已經不再有手掌正反面的問題了。另外，fingers_status 串列的輸出，因為這可以協助偵錯目前狀態。

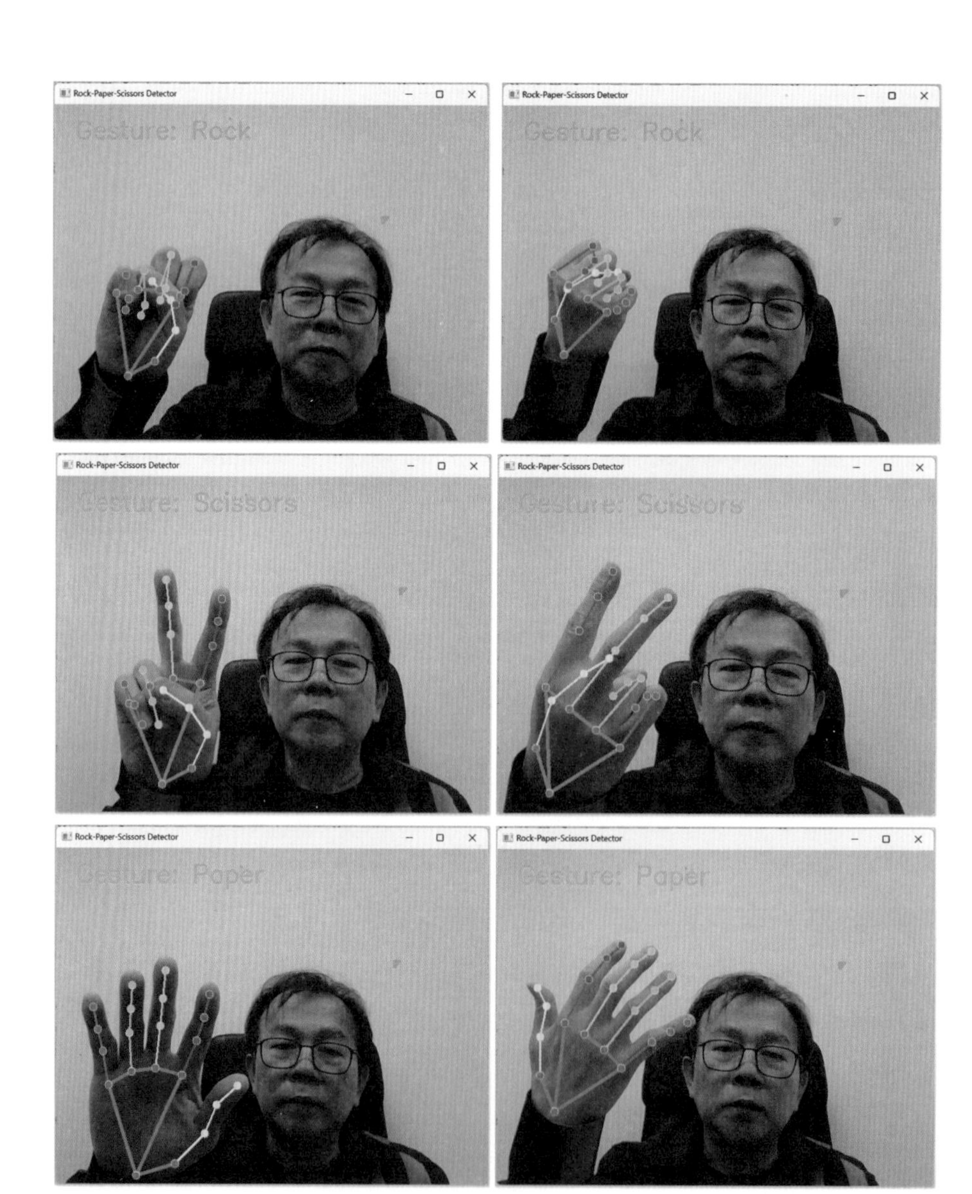
Rock-Paper-Scissors Detector
Gesture: Rock
Rock-Paper-Scissors Detector
Gesture: Rock
Rock-Paper-Scissors Detector
Gesture: Scissors
Rock-Paper-Scissors Detector
Gesture: Scissors
Rock-Paper-Scissors Detector
Gesture: Paper
Rock-Paper-Scissors Detector
Gesture: Paper

附錄 A

OpenCV 函數、名詞與具名常數索引表

Note

Note

Note

Note